洛阳优质烟叶生产技术研究

◎ 苏永士 叶红朝 韦凤杰 主编

中国农业科学技术出版社

图书在版编目（CIP）数据

洛阳优质烟叶生产技术研究 / 苏永士，叶红朝，韦凤杰主编 .—北京：中国农业科学技术出版社，2019. 1
ISBN 978-7-5116-3933-2

Ⅰ. ①洛… Ⅱ. ①苏…②叶…③韦… Ⅲ. ①烟叶-栽培技术-研究-洛阳 Ⅳ. ①S572

中国版本图书馆 CIP 数据核字（2018）第 287252 号

责任编辑 崔改泵
责任校对 贾海霞

出 版 者 中国农业科学技术出版社
北京市中关村南大街 12 号 邮编：100081
电　　话 （010）82109194（编辑室） （010）82109702（发行部）
（010）82109709（读者服务部）
传　　真 （010）82106650
网　　址 http://www.castp.cn
经 销 者 各地新华书店
印 刷 者 北京建宏印刷有限公司
开　　本 787 mm×1 092 mm 1/16
印　　张 27. 75
字　　数 675 千字
版　　次 2019 年 1 月第 1 版 2019 年 1 月第 1 次印刷
定　　价 98. 00 元

《洛阳优质烟叶生产技术研究》
编　委　会

主　　编： 苏永士　叶红朝　韦凤杰

副 主 编： 赵世民　王闷灵　任天宝　刘文涛

编写人员： 李柏杰　王新军　刘占卿　周俊学　石秋环
丁本孝　王海涛　陈平慧　江　凯　王　惠
孟石亮　彭玉富　田海英　程向红　王根发
张　琳　董昆乐　孔德辉　王　宏　冯俊升
张　涵　张　辉　常灵康　王伟杰　王　炜
李　欢　丁　玲　韦　来　李　翀　王之程
马君红　王玉洁　李丽华　荀　蒲　葛国峰
宋正熊　史龙飞　王　辉　刘少鹏　雷鹏岭
翟建光　孟笑男　杨庆敏　李文利　赵云波
包晓容　杜振标　段宏群　胡利伟

序　言

洛阳市横跨黄河中游两岸，位于暖温带南缘向北亚热带过渡地带，四季分明，气候宜人，境内山川丘陵交错，地形复杂多样，光照充足，土壤含钾量高，多种地理要素组合良好，属全国烟草种植区划划分的黄淮烟叶种植区豫西丘陵山地烤烟区，总耕地面积547万亩，适宜种烟耕地面积200余万亩，发展烟叶生产具有明显的自然优势。洛阳烟区主要分布在崤山、熊耳山丘陵地带的优质烟适宜区，海拔500~1 000m，光照充足，昼夜温差较大，红黏土质，含钾量高，森林覆盖率高，农业小气候明显，具有得天独厚的自然条件，所产烟叶色泽金黄、厚薄适中、油润丰满、结构疏松、化学成分协调。洛阳烟叶浓而有味，香而不腻，烟香柔亮，香气配伍性好，是“利群”“南京”和“黄金叶”卷烟品牌配方的骨干原料。

洛阳市烟草专卖局（公司）长期坚持问题导向和工业需求导向原则，紧紧围绕烟叶生产发展，立足自身、聚集烟叶高科技资源，与河南农业大学、河南科技大学、郑州烟草研究院、河南省农业科学院和河南中烟工业有限责任公司、浙江中烟工业有限责任公司等科研院所和工业企业开展深度合作，强化先进适用技术集成创新，加快科技成果转化应用，实现了烟区稳定发展，提高烟叶原料工业可用性，最大限度满足工业企业对洛阳浓香型烟叶的需求，为“利群”“黄金叶”等重点品牌卷烟提供高端原料保障，促进洛阳烟叶供给侧结构性改革，实现洛阳烟叶生产持续健康科学发展。

为了进一步提升洛阳烟区生产力水平和烟叶工业可用性，系统性解决烟叶生产过程中存在的技术问题，洛阳市烟草公司组织省、市、县有关技术专家，系统整理十余年科研项目成果，编写了这本洛阳优质烟叶生产技术研究，虽然不精，但比较适用，能解决洛阳优质烟叶生产上遇到的大部分问题，希望能为烟区农民致富有所帮助。同时，这本书也可作为市县基层技术人员的培训教材。

本书分为十三个部分。第一部分为洛阳优质烟叶生产概述，系统介绍了洛阳烟叶生产概况和洛阳烟叶生产力现状分析，提出了洛阳烟叶发展的基本思路；第二部分为洛阳优质烟叶质量特色研究，重点开展了洛阳烟叶风格评价与香型细分、洛阳与典型浓香型产区烟叶质量比较、洛阳不同风格区烟叶指纹图谱构建及典型物质挖掘研究；第三部分为洛阳烟区生态条件研究，从气候、土壤特征入手，系统研究生态因子与烟叶特色形成的关系；第四部分为洛阳烟区烟叶品种选育研究；第五部分为洛阳优质烟叶品种筛选和配套栽培技术研究；第六部分为洛阳烟区水分高效利用技术研究；第七部分为洛阳烟区旱作栽培技术研究；第八部分为洛阳烟区土壤保育技术研究；第九部分为生物炭改良土壤技术研究；第十部分为洛阳烟区烤烟营养调控技术研究；第十一部分为洛阳烟区提钾关键技术研究；第十二部分为洛阳烟区绿色防控技术研究；第十三部分为洛阳烟叶采收烘烤关键技术研究。

由于编写水平有限，时间仓促，错误和遗漏在所难免，敬请各位读者批评指正。

编　者

2018 年 10 月

目　　录

第一章 洛阳烟叶生产概述

第一节 洛阳烟叶生产概况

一、洛阳概况

（一）行政区域

洛阳市位于黄河下游，河南省西部，位于东经 111°8′~112° 59′、北纬 33° 35′~35°5′之间。东西最大距离 170km，南北最大距离 168km，总面积 15 229. 83km^2，占河南省版图面积的 9%，其中城市区规划面积 974. 85km^2，城市建成区面积 134. 3km^2。洛阳市辖 8 县 1 市 6 区，人口 654. 4 万人，其中农业人口 466. 4 万人，非农业人口 188 万人，农业人口占总人口的比重为 71. 3%。

（二）洛阳地貌

洛阳地处华北地台地区的西南隅，秦岭东延部分，为中国第二台阶前缘，是河南省主要山地之一，受重力、风力、流水、风化等外力作用，从西南向东北依次分布有中山、低山、丘陵，在山系之间镶嵌着大大小小的河谷、盆地，域内地面大部分在海拔 150~2 400m，耕地大部分在海拔 150~700m。山系主要由秦岭山系的四支余脉伏牛山、熊耳山、洛阳外方山和嵩山所构成；平原面积 2 096. 11 km^2，占全市土地面积的 13. 76%，主要分布在伊河中游平原和伊、洛两河下游平原。总的概念为“六山三陵一分川”，洛阳属全国烟草种植区划划分的黄淮烟叶种植区——豫西丘陵山地烤烟区，全市总耕地面积 547 万亩（1 亩≈667m^2。全书同），适宜种烟耕地面积 200 余万亩，发展烟叶生产具有明显的自然优势。

（三）洛阳水系

洛阳河流众多，分属黄河、淮河、长江三大流域。洛阳境内干、支河流及较大沟、涧、溪 27 万余条，流域面积在 100km^2 以上的较大支流 34 条。伊、洛河区域水资源量为 19. 6 亿 m^3，占全市水资源总量的 70%，且大部分在上游山区，洛河宜阳以下和伊河龙门以下地区只占 10. 9%，主要用水集中在伊河、洛河中下游地区。

（四）洛阳土壤

洛阳市土壤类型主要有褐土、棕壤、红黏土、潮土、黄棕壤、砂礓黑土、火山灰土、山地草土、紫色土、粗骨土和大石质土等。根据不同土壤的发生特性，地理分布规律及生产力特性，按照区别差异性、归纳共同性的要求，区分土壤资源，共划分为 4 个土区，即以棕壤土为主的西南部中山区，以褐土粗骨土为主的西南部低山区，以褐土、红黏土为主的北部黄土丘陵区和以潮土为主的伊洛河平原区。烟田以山地、丘陵和塬为主，主要植烟土壤类型为褐土、壤土和红黏土三大类，土壤速效钾平均含量为241.45mg/kg，属富钾水平，土壤氯离子含量适宜，土壤有效铁、锰和铜含量比较丰富。

（五）洛阳气候

洛阳辖区以伏牛山脊为界，以北属暖温带气候，以南的嵩县白河乡属亚热带气候。全市年日照时数2 083~2 246h，日照率47%~53%，无霜期210d。年平均气温12.1~14.6℃，年平均降水量550~900mm。烤烟生育期的总日照时数在559~1 168h，平均为832.41h，达到优质浓香型烟叶的生长发育要求；日均温大于20℃的有效辐射量在1 147.18MJ/m^2，占年有效辐射量的48%，≥20℃的终止日为9月上、中旬，处于烟叶最适宜生长的范围；全市烤烟全生育期降雨量平均为413.93mm，烤烟生育期光、温、水同步，较适宜于烤烟生长。

二、洛阳烟草概况

（一）总体情况

洛阳市烟草专卖局（分公司）成立于1983年1月，下辖1市2区8县共11个县级局（分公司）和1个孟津烟叶储备库，现有在岗职工2 100余人，主要负责全市的烟草专卖行政管理及执法监督、卷烟销售及网络建设、烟叶生产经营的组织等工作。全市年销售卷烟21万箱左右，位居全省第五；种植烟叶40万担（1担=50kg。全书同），位居全省第二；“两烟”销售收入62亿元左右，位居全省第三；实现税利16.7亿元左右，位居全省第三。

（二）卷烟销售

洛阳市现有卷烟营销从业人员1 200人，服务全市2.3万余卷烟零售商户。近年来，洛阳全面推进卷烟市场化取向改革，夯实“基本消费市场”，深耕精做“消费者输入市场”，积极探索“消费者输出市场”，同时创新“旅游+商圈”营销模式，推动洛阳卷烟旅游消费市场深入建设，做优卷烟市场。以省产烟结构提升为抓手，以黄金叶“壮腰”工程为契机，推动卷烟消费结构迭代升级，调优卷烟结构。树立“全市一盘棋”品牌培育指导思想，完善品牌引进退出机制，加大洛阳专销卷烟培育力度，品牌更加集中，结构更加合理，洛阳牡丹卷烟品牌知名度和成长性显著增强。通过做优市场，积极引导消费转型升级，精心培育适销对路品牌，提高了卷烟销售结构，实现卷烟销售收入，单箱销售额（含税）达到28 219元。

（三）专卖管理

洛阳市烟草专卖局紧紧抓住全省烟草业转型升级大好机遇，围绕“市场控制力、打假震慑力、专销结合力、队伍战斗力”的“四强”标准，切实做强专卖。树牢专卖管理“阵地”意识，强化以“月促进、季考评、年考核”为主体的专卖管理考评体系，市场监管考核更加科学有效；坚持专销结合不动摇、坚持市场管理与服务对等原则不动摇、坚持岗位目标和共同目标结合考核原则不动摇，实现了专卖、营销两条“战线”

有机结合，“双下沉”，促进了“双提升”。优化工作机制，建立专卖、营销、配送、内管、信息“五位一体”新机制，队伍战斗力不断提高。

（四）现代烟草农业发展概况

洛阳烟草系统以现代农业为抓手，以烟草示范园区建设为平台，以行业示范合作社建设为重点，不断提高烟叶生产机械化作业水平，加大职业烟农培育，不断提升现代烟草农业建设水平。“十二五”期间，全市烟草行业共投入资金5.8亿元，建设烟水、烟路、烟炕、育苗大棚等项目24 096个，解决了32.56万亩基本烟田的工程性缺水和资源性缺水问题，基础设施更加稳固。全市建成现代烟草农业基地单元5个，现代烟草农业示范区5个；综合服务型烟农专业合作社11个，入社农户3 860户，创建行业示范社2个；组建了一批育苗、整地、移栽、植保、烘烤、分级等专业化服务组织，专业化服务率和综合机械作业率均达到60%以上，烟叶生产组织化程度和管理水平不断提高，现代烟草农业扎实推进。

（五）科研论文及成果

洛阳市烟草局始终对烟草科研工作高度重视，连年承担国家局、省市公司多项科研项目，并撰写了多篇有价值的科研论文，获得了多项科研成果及技术专利。在“十二五”期间，全市系统共获得省部级科技进步奖2项，地厅级科学技术奖励11项，获得科技成果14项，共在全国各级刊物发表科技论文100多篇，获得发明专利2项，获得实用新型专利10项，被河南省烟草公司评为“科技创新先进集体”。

三、洛阳烟叶概况

（一）洛阳烟叶生产基本情况

洛阳从1982年开始成规模有计划种植烟叶，收购量最高时达到70万担（1担=50kg。全书同）左右，最低时28万担左右。目前，种植面积稳定在15万亩左右，收购量40万担左右，为河南烟叶主产区之一，全区产烟县有洛宁、宜阳、汝阳、嵩县、伊川、新安、孟津、栾川8个县。洛阳得天独厚的生态条件，生产出的烟叶香气量足、香气质好、烟叶配伍性好，符合工业企业特色优质烟叶原料需要，洛阳烟叶稳定进入了中华、利群（5%）、南京（3.5%）、黄金叶、黄鹤楼等知名品牌主配方。2009—2017年，洛阳为全国近10家工业企业提供了342.03万担优质原料，其中河南中烟、浙江中烟、江苏中烟累计调拨量分别达10.54万担、62.09万担、49.06万担，占全市调拨量的63.51%，有力支撑了黄金叶、利群、南京品牌的发展。

（二）洛阳烟叶生产工作取得的主要成绩

“十二五”期间，洛阳烟叶工作保持了持续稳定发展的良好态势。规模稳定，2012年取得了10年来的最好成绩，种植面积达25.6万亩，收购烟叶66.5万担，2014年国家局开展烟叶“调控”，2015—2016年稳定在40万担。规模化种植水平显著提升，全市户均面积由期初的12.3亩增加到22.8亩。

烟叶生产保障体系进一步完善。“十二五”期间，全市累计投入4.52亿元用于烟叶生产投入补贴，提高了种烟效益和种烟积极性；建立了烟叶种植风险基金，从2013

年开始每年投入400万元，为烟农种烟入保险，降低生产风险，保护烟农切身利益。

基础管理水平进一步提升。培育了一批素质高、技术好、稳定性强的烟叶生产工人，成为全市烟叶专业化生产的主力。技术推广体系、技术培训体系较为完善，技术支撑能力不断增强，为推进烟叶持续健康发展提供了政策支撑。

烟区质量信誉明显提升。烟叶收购等级合格率和工商交接等级合格率进一步提高，烟叶等级质量连续名列全省前茅，受到工业用户的赞誉。2018 年在全国烟叶计划调减800 万担的形势下，洛阳拿到了 35. 3 万担订单，较上一年的 34. 5 万担增加 0. 8 万担，是全省唯一一家计划不减反增的单位。

助农增收成效显著。狠抓烟农增收和减工降本，全面实施烟叶种植保险，发挥产业优势，助力精准扶贫，烟农实现收入 31. 8 亿元，户均收入 7. 6 万元，实现烟叶税 7. 2亿元，1 450户烟农摘掉了贫困帽子。

（三）洛阳烤烟生产的主要工作措施

洛阳烟草围绕“稳”字做文章，围绕“优”字下功夫，强力推进“市场稳定、总量稳产、品质提升”三大工程，狠抓生产措施落实。

强力推动市场稳定工程。深入推进烟叶供给侧结构性改革，突出订单生产、订单计划、订单布局，着眼工业结构需求和等级纯度，积极适应客户需求个性、特点和趋势，切实提高烟叶供给能力，努力解决供需矛盾。本着“有保、有压、有舍”的原则，对两烟客户实行分类动态管理。以目标客户原料需求为导向，确保核心客户、潜力客户的基本需求，增强原料的可用性，努力把洛阳烟叶培育成为目标客户主导品牌不可或缺的原料。

强力推动总量稳产工程。坚持以市场为导向，优化种植布局，把烟叶计划资源向生态优越、特色彰显、品质优良、需求旺盛、稳产性好的区域倾斜，向生态条件较好或可滴灌区域调整，向大乡、大村、连片成方区域转移。落实“维稳”种植面积，按照年度收购计划，根据种植区域常年可收烟叶单产水平，核准配套面积，种足“稳产”烟田。调整播期和栽期，栽期适当前移，播期同步调整。大力推广移动式滴灌，着力解决“干旱”对产量、质量的影响。调整施肥结构，为促进烟株早发快长和良好生长发育奠定营养基础。加快专业化烘烤推进步伐，推进专业化烘烤和互助式烘烤。积极组织开展人工影响天气项目，突出“防雹增雨”两大重点，通力配合气象部门，深入开展项目合作，增强烟区防御灾害能力。

强力推动品质提升工程。围绕工业企业需求和彰显浓香型风格特色的目标，进一步优化品种，以豫烟系列为主，合理布局种植中烟100、秦烟96，示范种植云烟87、云烟97，实行良种、良田和良法配套，彰显品种特色。持续抓好新技术示范引领，示范推广水肥一体化、豆浆灌根、节水灌溉等技术，以5个现代烟草农业市级示范区建设为抓手，引领全市进一步提高生产水平。实施优质烟开发，组织研发团队，筛选开发片区，落实开发方案，制定配套政策，努力实现局部突破。围绕核心客户对洛阳上部烟叶质量需求，强化技术措施落实，涵养“中棵烟”，转变上部烟叶采烤方式；围绕“提高烘烤质量、降低烘烤损失、增加烟农收益”的目标，以队伍建设为基础，以分层管理为模式，建立健全烘烤技术指导体系，着力满足工业企业对洛阳优质烟叶原料的需求。

科技创新引领新发展。扎实做好土壤保育、病虫害绿色防控等国家局重大专项；着力推行三项主推技术；开展品种试验与示范，储备优质品种资源。针对工业质量反馈，突出短板管理，强化科技创新，开展技术攻关，与河南中烟、江苏中烟、浙江中烟合作开展“上六片”技术开发与推广工作，提高上部烟叶烘烤质量与工业可用性。通过创新研究，加快科技成果转化应用，带动新技术示范推广，引领烟区发展。

创新工作机制。实施“职能+”的工作机制，对三大主产县的烟叶生产经营工作进行包干负责，并将承包县的生产经营业绩作为部门业绩考核的重要组成部分，推进各项工作措施在承包县的贯彻落实，以此带动全市烟叶工作扎实推进，推进全市烟叶条线转变工作作风。

第二节　洛阳优质烟叶生产力分析

烟叶质量具备独树一帜的口味、风格，是品牌核心竞争力的内在质量要求，烟叶的质量风格是卷烟产品设计时选择和使用的依据。长期以来，烟叶特色不明确、风格不突出、年际间质量不稳定、化学成分比值及其协调性较差等问题是制约洛阳烟叶质量提升的瓶颈问题。明确洛阳烟叶感官质量特征、化学质量特征、生态特征及烟叶质量风格特色形成的物质基础与生态制约和提升因子，明确洛阳烟叶在工业企业配方的使用情况；充分发挥产区生态资源优势，把条件和资源有效转变成烟叶的优质和特色；实施重点品牌客户原料供给差异化战略，合理布局烟叶生产，构建优质品牌原料保障体系，全面提升烟叶整体质量水平和供应能力，满足重点骨干品牌卷烟对洛阳优质原料的需求，是实现洛阳烟叶做优做强的必然选择。

一、洛阳烟叶工业可用性评价

（一）洛阳烟叶工业可用性总体评价

2014—2016 年 3 年的工业可用性评价统计见表 1-1，由表 1-1 可知洛阳烟叶的工业可用性整体较强，工业可用性主要处于 B（较强）、C（中等）水平。其中，可用性强的烟叶比例占 0.39%，可用于工业企业一类卷烟配方；中部叶可用性较强的烟叶占比 42.91%，可用性中等烟叶占比 50.97%；上部叶的工业可用性略低于中部叶，可用性较强的烟叶占比 31.07%，可用性中等烟叶占比 56.07%。

表 1-1　洛阳烟区烟叶工业可用性评价（2014—2016）

指标	A	B、B+、B−、B~C	C、C~B	D、C~D
上部		31.07	56.07	12.86
中部	0.39	42.91	50.79	5.91

卷烟配方品牌适用符合度表明：洛阳烟叶主要可用于四家工业企业的二类、二—三类、三类卷烟配方，且比例均达 70% 以上。其中可用于河南中烟二类、二—三类卷烟

配方样品比例占15.82%；可用于浙江中烟二类、二—三类卷烟配方样品比例占41.33%；可用于江苏中烟二类、二—三类卷烟配方样品比例占27.55%；可用于湖北中烟二类、二—三类卷烟配方样品比例占33.67%。浙江中烟对洛阳烟叶的配方符合度适用评价比较高，41.33%的样品可用于浙江中烟一、二类卷烟配方（图1-1）。

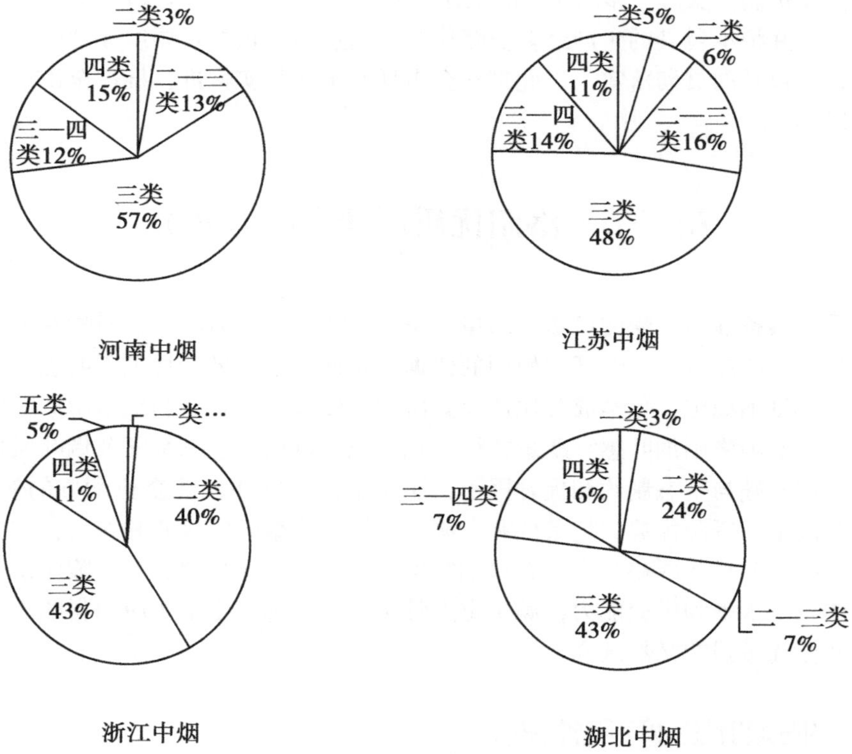

图1-1　不同卷烟品牌符合度评价

（二）不同产地烟叶工业可用性评价

浙江中烟认为，洛宁（下峪、罗岭、东宋、兴华、上戈、长水、王村）、嵩县（旧县、九店、闫庄）的烟叶均匀性好，吃味有代表性，具有典型的浓香型风格特征，为浙江中烟首选产地，其次为宜阳（高村、上观、柳泉、花果山、莲庄、董王庄）、伊川（鸣皋、葛寨、江左），这两个地方能够彰显地区烟叶风格特征，但存在烟香不明显，舒适度、甜感较弱；其他产地为第三类，汝阳上店、靳村的烟叶可用于浙江中烟二类卷烟配方。

江苏中烟认为，洛宁烟叶整体质量较好（小界、王村、山底、底张、下峪、兴华、上戈、罗岭），其次为宜阳（赵堡、上观、柳泉）、嵩县（田湖、九店）、栾川（秋扒、潭头）、伊川（鸣皋），上述5个县的烟叶的工业可用性较强，可用于江苏中烟二类卷烟配方。其中洛宁下峪、栾川秋扒烟叶可用于江苏中烟一类卷烟配方，洛宁上戈、宜阳上观、柳泉烟叶可用于江苏中烟一、二类卷烟配方。

河南中烟认为，洛宁烟叶整体质量较好（兴华、下峪、小界），其次为嵩县（田湖、九店)、孟津（横水)、新安（曹村)、栾川（秋扒）上述 5 个县的烟叶工业可用性较强，可用于河南中烟二、三类卷烟配方。

湖北中烟认为，洛宁和嵩县的烟叶适用性较强，其次为伊川（葛寨)，但是伊川烟叶的风格彰显较弱，新安（曹村、李村）湖北中烟评价工业可用性较强。

(三）不同品种烟叶工业可用性评价

浙江中烟认为，近 3 年中烟 100 质量表达较稳定，不可替代（表 1-2、表 1-3)。

表 1-2　浙江中烟对洛阳主栽品种的评价（2014—2016)　单位：分

品种	指标								总分
	程度	浓度	劲头	香气质	香气量	杂气	刺激性	余味	
豫烟 6 号	6.56	6.36	5.63	6.12	5.98	5.85	5.87	5.68	66.02
豫烟 10 号	6.20	6.32	5.64	5.72	5.84	5.49	5.31	5.39	62.45
豫烟 12 号	5.80	5.90	5.65	5.70	5.60	5.45	5.18	5.28	61.12
秦烟 96	6.48	6.32	5.32	6.12	5.97	5.82	5.82	5.66	65.84
中烟 100	6.45	6.47	5.51	5.95	6.01	5.45	5.44	5.26	63.70
云烟 87	6.77	6.66	5.59	6.25	6.31	5.78	5.62	5.75	67.23
LY1306	6.50	6.20	5.43	6.25	6.13	5.88	5.83	5.83	67.18

表 1-3　浙江中烟对洛阳主栽品种评价排序（2014—2016)

年份	序号						
	1	2	3	4	5	6	7
2014	秦烟 96	豫烟 6 号	中烟 100	豫烟 12 号	豫烟 10 号	—	—
2015	LY1306	中烟 100	云烟 87	豫烟 12 号	豫烟 6 号	秦烟 96	豫烟 10 号
2016	秦烟 96	云烟 87	豫烟 6 号	豫烟 12 号	中烟 100	豫烟 10 号	LY1306

备注：评价排序按感观评价得分高低依次排列

江苏中烟认为，秦烟 96 烟气更柔顺，更适于江苏中烟使用；豫烟 6 号、10 号的浓香表现力更强，但有地方性杂气（表 1-4、表 1-5)。

表 1-4　江苏中烟对洛阳主栽品种的评价（2014—2016)　单位：分

品种	指标								总分
	程度	浓度	劲头	香气质	香气量	杂气	刺激性	余味	
豫烟 6 号	5.90	5.92	5.50	5.69	5.56	5.57	5.56	5.61	62.28
豫烟 10 号	5.84	5.94	5.55	5.42	5.49	5.27	5.31	5.33	59.96
豫烟 12 号	5.48	5.58	5.35	5.37	5.39	5.34	5.31	5.38	59.62

（续表）

品种	指标								总分
	程度	浓度	劲头	香气质	香气量	杂气	刺激性	余味	
秦烟 96	5.88	5.98	5.61	5.85	5.64	5.68	5.71	5.83	63.88
中烟 100	5.94	6.03	5.59	5.55	5.51	5.42	5.42	5.50	61.12
云烟 87	5.78	5.96	5.61	5.51	5.48	5.44	5.28	5.50	60.64
LY1306	5.93	5.83	5.55	5.55	5.58	5.45	5.33	5.43	61.05

表 1-5　江苏中烟对洛阳主栽品种评价排序（2014—2016）

年份	序号						
	1	2	3	4	5	6	7
2014	秦烟 96	中烟 100	豫烟 12 号	豫烟 6 号	豫烟 10 号	—	—
2015	秦烟 96	中烟 100	豫烟 6 号	豫烟 10 号	LY1306	云烟 87	豫烟 12 号
2016	秦烟 96	中烟 100	豫烟 6 号	豫烟 12 号	豫烟 10 号	云烟 87	LY1306

河南中烟认为，豫烟 12 号香气质表现比较好，孟津豫烟 6 号表现较好（表 1-6、表 1-7）。

表 1-6　河南中烟对洛阳主栽品种的评价（2014—2016）　　单位：分

品种	指标								总分
	程度	浓度	劲头	香气质	香气量	杂气	刺激性	余味	
豫烟 6 号	5.22	6.02	5.78	6.03	5.92	5.86	5.95	5.87	66.06
豫烟 10 号	5.12	6.08	5.94	5.98	6.01	5.77	5.85	5.84	65.85
豫烟 12 号	5.08	6.03	5.76	5.98	5.94	5.80	5.85	5.84	65.67
秦烟 96	5.13	6.07	5.85	6.07	6.01	5.87	5.95	5.96	66.64
中烟 100	5.10	6.04	5.99	6.16	6.08	5.92	5.91	5.99	67.21
云烟 87	5.13	5.95	5.85	5.98	5.94	5.73	5.94	5.74	65.53
LY1306	5.23	6.08	5.73	6.05	6.08	5.78	5.95	5.95	66.70

表 1-7　河南中烟对洛阳主栽品种评价排序（2014—2016）

年份	序号						
	1	2	3	4	5	6	7
2014	秦烟 96	豫烟 6 号	中烟 100	豫烟 10 号	豫烟 12 号	—	—
2015	豫烟 6 号	中烟 100	豫烟 12 号	LY1306	豫烟 10 号	云烟 87	秦烟 96
2016	LY1306	豫烟 12 号	秦烟 96	中烟 100	豫烟 6 号	豫烟 10 号	云烟 87

湖北中烟认为，豫烟6号、豫烟10号浓香型表达比较好，尤其是豫烟6号（表1-8、表1-9）。

表1-8　湖北中烟对洛阳主栽品种的评价（2014—2016）　单位：分

品种	序号								总分
	程度	浓度	劲头	香气质	香气量	杂气	刺激性	余味	
豫烟6号	4.76	5.85	5.62	5.81	5.78	5.67	5.80	5.76	64.20
豫烟10号	5.35	6.09	5.83	5.90	5.81	5.66	5.81	5.79	64.66
豫烟12号	4.85	6.05	5.68	6.06	5.87	5.83	6.07	6.02	66.44
秦烟96	4.88	6.04	5.81	5.81	5.82	5.64	5.86	5.81	64.52
中烟100	5.89	6.15	5.94	5.96	6.05	5.79	5.99	5.92	66.36
云烟87	4.74	5.88	5.61	5.75	5.74	5.49	5.70	5.64	63.31
LY1306	5.25	5.63	5.50	5.93	5.50	5.75	5.75	5.75	63.64

表1-9　湖北中烟对洛阳主栽品种评价排序（2014—2016）

年份	序号						
	1	2	3	4	5	6	7
2014	豫烟12号	中烟100	秦烟96	豫烟6号	豫烟10号	—	—
2015	豫烟6号	秦烟96	豫烟12号	中烟100	豫烟10号	LY1306	云烟87
2016	豫烟12号	LY1306	豫烟6号	云烟87	中烟100	豫烟10号	秦烟96

整体来看，浙江中烟更倾向于中烟100，江苏中烟倾向于秦烟96；河南中烟建议洛阳烟叶应更偏重于提高浓香型表现和爆发力上。豫烟系列品种，豫烟6号、豫烟10号浓香型表达比较好，豫烟6号、豫烟12号质量表现优于豫烟10号，但存在地方性杂气；云烟87品种质量表现不稳定；LY1306舒适性较好，香韵甜、焦气少，表现有特色。

二、洛阳烟叶工业使用情况

2014—2016年，在洛阳调拨烟叶的工业有浙江中烟、江苏中烟、河南中烟、四川中烟等8家和天昌公司、中烟进出口公司，甘肃仅2014年使用洛阳烟叶，调拨数量排名前三的依次为河南中烟、浙江中烟、江苏中烟。近3年，洛阳烟叶收购、调拨量呈逐年增加趋势，其中浙江中烟2014年调拨量仅为7.73万担，2016年增加到11.26万担；江苏中烟2015年调拨量6.5万担，较2014年调拨量4万担增加2.5万担，2016年与2015年持平；河南中烟在洛阳调拨量2015年为13.5万担，较2014年的9.33万担增加了4.17万担，2016年略有下降；四川中烟的调拨量相对较小，2014年、2016年均为

1.5 万担，2015 年 1.0 万担；天昌公司 2015 年、2016 年均为 2.0 万担，2014 年 1.2 万担。

（一）浙江中烟洛阳烟叶使用情况

洛阳烟叶在浙江中烟配方中主要用于柔和烟气。其中，中部二级，主要用于“利群”品牌一类卷烟配方，用于塑造香气形态、柔和烟气、修饰口腔舒适度。中部三级，主要用于“利群”品牌二类卷烟配方，用于柔和烟气、调节余味。下部二级（含 C4），作为优质填充料，“利群”品牌一二类卷烟配方均有使用，用于柔和烟气。其中上部上等烟，主要在浙江中烟中档卷烟产品中使用，部分成熟度较好的上部上等烟通过跨省配打少量进入“利群”品牌二类或低焦产品配方中使用。浙江中烟认为洛阳烟叶存在烟碱含量上部叶偏高，各等级钾含量偏低等问题，钾氯比、糖碱比等协调性有待进一步提升。

（二）江苏中烟洛阳烟叶使用情况

洛阳烟叶主要用于南京品牌二、三类卷烟配方，江苏中烟偏好洛阳烟叶的正甜香韵，调拨产地主要分布在洛阳西部正甜焦甜平衡区。江苏中烟认为洛阳烟叶原料存在 3 个问题。一是基地化供应率不足。2016 年在洛阳调拨的 6.5 万担烟叶，基地县洛宁执行 3.56 万担，其余两县（宜阳、汝阳）共计执行 2.94 万担，基地化供应率为 51.84%。近几年，基地化供应率不足，不利于卷烟配方稳定性。二是品种符合度不够。江苏中烟对洛阳洛宁基地需求品种为秦烟 96，基地实际品种有秦烟 96 仅为 1.69 万亩，占 93%，离满足其品种需求尚有一定差距。三是内在质量个别指标欠协调，钾含量较低，各等级含量在 0.78%～1.35%，均低于需求范围，钾氯比不协调。

（三）河南中烟洛阳烟叶使用情况

河南中烟偏好洛阳烟叶的焦甜香韵。2015 年以前，洛阳烟叶主要用于黄金叶三、四类卷烟配方；2015 年以后，洛阳烟叶进入河南中烟一、二类卷烟配方使用。河南中烟认为洛阳上部烟叶的可用性较高，要求洛宁核心原料供给保证在 3 万担以上。烟叶质量方面，河南中烟建议洛阳烟叶提高钾含量，降低烟碱含量，改善氮碱比、糖碱比、钾氯比的协调性。

三、洛阳烟叶收购、调拨情况

对近 10 年工业客户对洛阳烟叶采购需求、洛阳烟叶生产、收购、调拨情况及变化趋势作了以下分析。

（一）2008—2017 年工业企业对洛阳烟叶需求情况

从图 1-2 数据变化分析得出：2008—2010 年工业采购总需求保持稳定；以 2011 年为临界点，工业总需求量呈近直线下降趋势，2014 年以来波动较小，基本保持稳定；上等烟需求量保持稳定，但总需求量与上等烟需求量越来越接近，也就是上等烟比例越来越高；对下等烟需求较少、甚至无需求；对中等烟需求自 2010 年以来呈直线下降趋势。

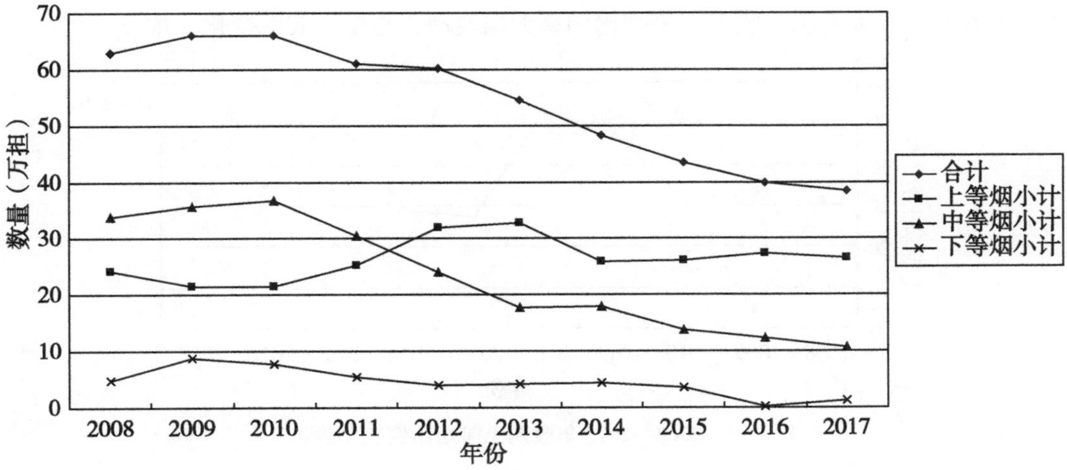

图 1-2　2008—2017 年工业需求总量及大等级变化图

从图 1-3 数据变化分析得出：工业对 C3F 需求一直较高，且自近 3 年保持平稳略有上升；对 C2F 等级需求稳中有降，C3L 需求直线下降，对 B2F、B3F 等级需求稳中有升，对 X2F 需求近年来急剧下降，对其他等级需求较低或基本无需求。

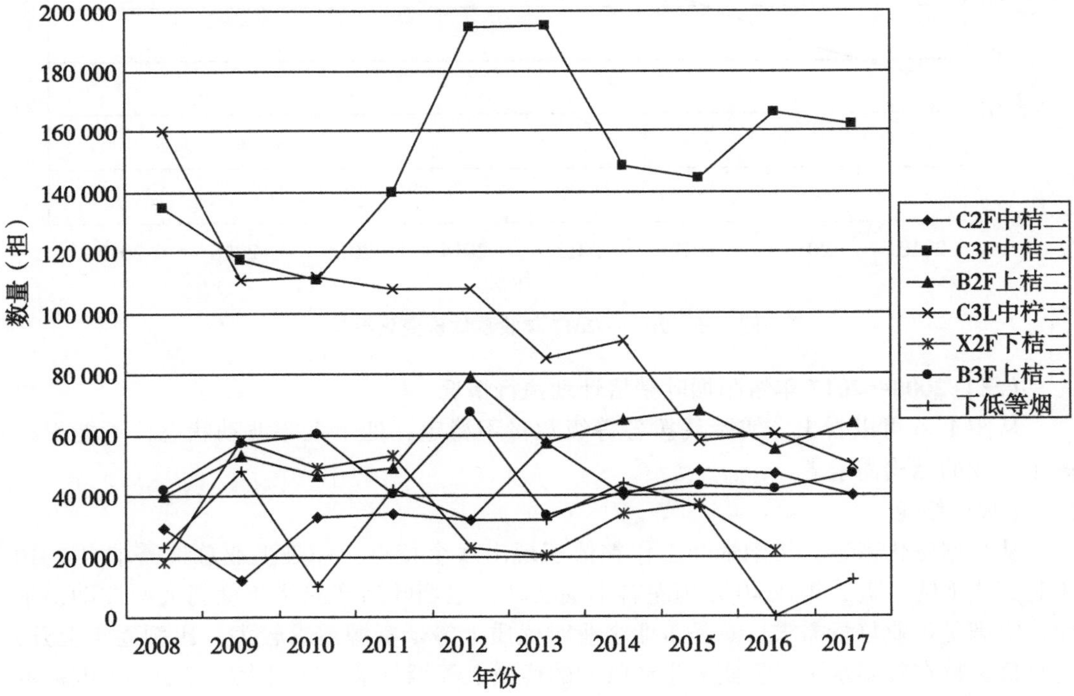

图 1-3　2008—2017 年工业需求小等级变化图

（二）洛阳烟区 2008—2017 年烟叶收购情况

从图 1-4 可以看出，收购上等烟比例呈大幅波动，与生产实际变化一致。

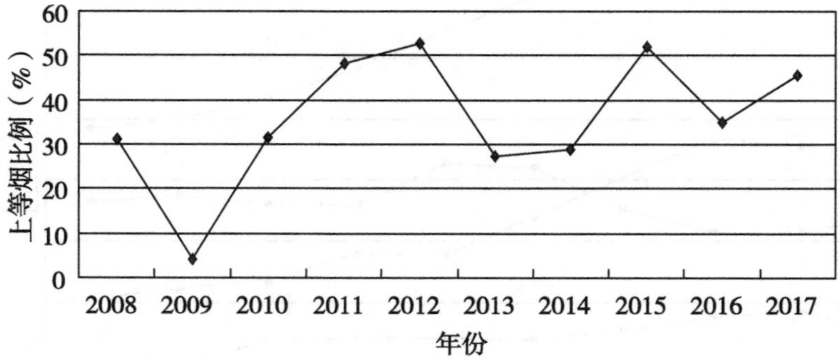

图 1-4　2008—2017 年收购上等烟比例变化趋势

从图 1-5 可以看出，近年来收购均价保持稳定，除 2014 年受灾有所下滑，整体处于逐年增长趋势，与烟叶生产量和烟叶价格变化一致。

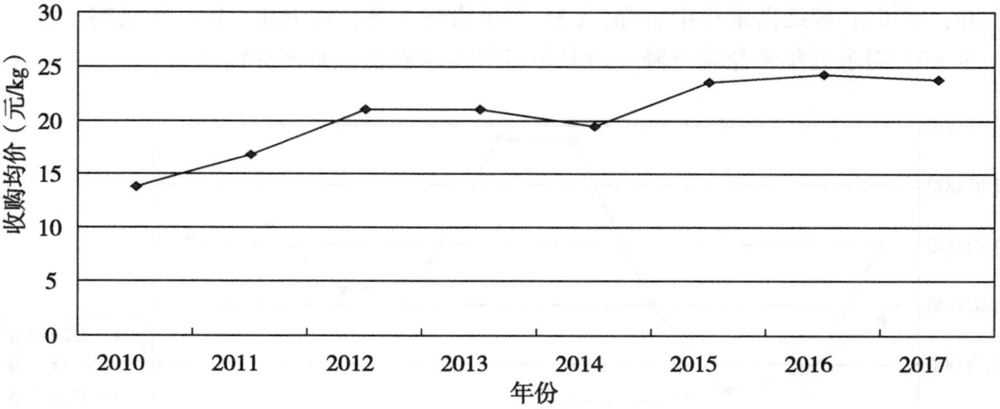

图 1-5　2010—2017 年收购均价变化趋势

（三）2008—2017 年洛阳烟叶销售计划执行情况

从图 1-6 可以看出，实际调拨各等级数量不稳定，处于大幅波动状态，不能很好满足工业的结构需求。

（四）结论

从数据变化来看，洛阳烟叶工作整体表现出 3 个特点：一是工业总量需求自 2010 年起直线下降，近 3 年在 40 万担左右小幅波动，但烟叶生产总量年度间大幅波动，不能稳定满足工业总量需求；二是工业企业对优质上等烟资源需求较大，比例逐年上升，且总量保持在较高水平，但实际生产收购的优质上等烟总量年度间大幅波动，不能稳定满足主要客户的核心需求；三是年度间收购均价基本稳定，呈稳中有升趋势，烟农队伍数量呈下降趋势，近年来维持在较低总量。

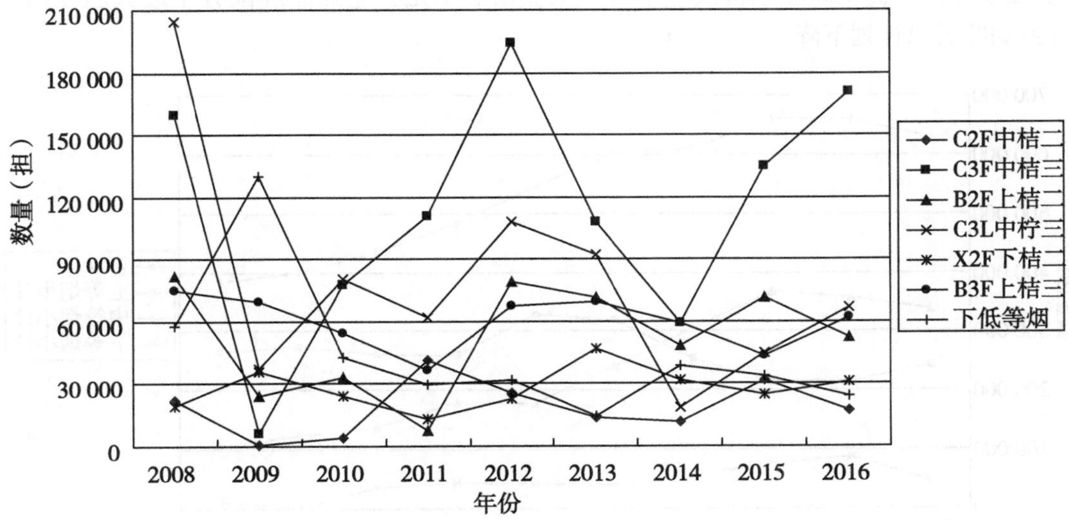

图 1-6 2008—2017 年工业实际调拨等级

四、洛阳烟叶生产存在的基本问题

近年来，随着全国烟叶“限产压库”工作的持续推进，烟叶市场形势发生了根本转变，市场需求在烟叶计划资源配置中起到了决定性作用。2018 年，全国国内烟叶生产收购计划总量控制在 3 300万担，工业购进计划小于年使用量，在此形势下，烟叶计划资源对工商双方都更为重要，烟区能否稳定地满足工业需求，将影响工业企业对计划资源的调整，决定着烟区能否稳定发展。洛阳作为河南烟叶的主产区，近年来市场需求在 40 万担左右波动，但生产收购总量、上等烟比例不稳，年际间变幅过大，严重影响了原料保障，成为当前烟区稳定发展的主要矛盾。

（一）烟叶有效供给能力不够高

洛阳烟区烟叶旺长期干旱、部分年份成熟期长期阴雨寡照、雹灾等自然灾害频发，导致年际间的烟叶总量波动较大，工业企业需要的核心等级难以形成有效供给。同时品种的保障能力、原料的基地化供应率难以完全满足工业需求，与洛阳重点客户的品牌对原料稳定性的要求有一定差距，严重影响了工业企业建基地、保计划的信心。在目前全国烟叶总量仍然过剩、布局加速调整的状况下，保持规模和数量的稳定是保证有效供给的首要任务。

在市场需求方面，市场需求总量呈下降趋势，近年来在 40 万担左右波动（图 1-7）。上等烟需求比例逐年上升，下部烟基本无需求，与烟区生产实际矛盾较大。工业烟叶库存高企，降库存压力大；卷烟销量下滑，科技进步、异型烟发展，烟叶年使用量降低，工业采购总量下降，导致对洛阳市烟叶需求量下降。质量特色与卷烟品牌发展需求不相适应。2009 年河南“黄金叶”品牌重组，洛阳烟叶未能进入品牌主配方，后经工商共同努力，洛阳烟叶重新进入配方，但计划已由 2008 年的 30 万担逐年下调至目前的 12.5 万担。优质烟叶原料供应不稳，工业信心不足，卷烟品牌配方不敢大胆使用，导致烟叶需求计划下降。

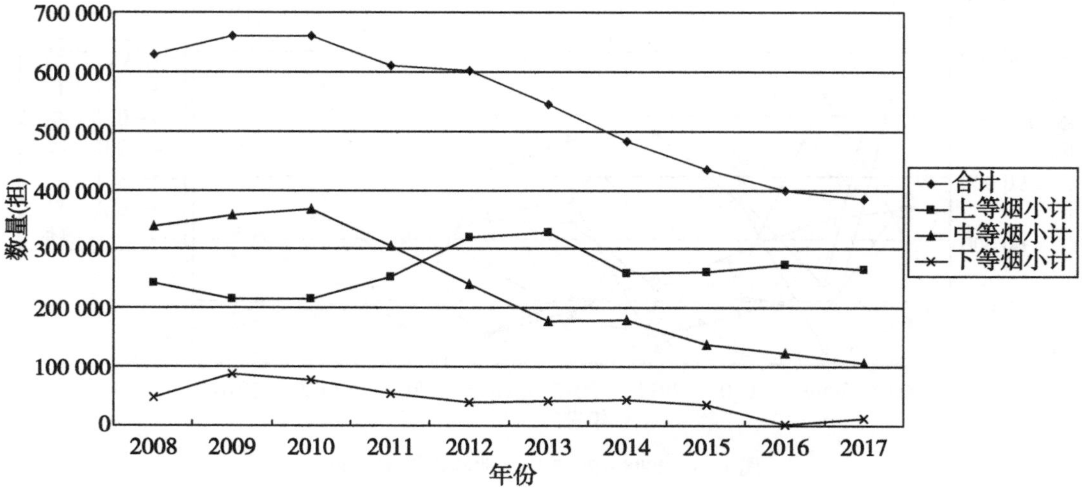

图 1-7　近 10 年工业调拨大等级需求变化

（二）烟叶质量特色不够突出

工业反馈洛阳烟叶产质量不稳定，年际间存在着一定差异，质量的稳定性有待提高。外观质量指标油分、色度的得分较低；化学成分指标，浙江中烟、江苏中烟反映的共性问题是上部叶烟碱高、钾含量偏低，钾氯比、糖碱比、两糖比协调性需要进一步提升；感官质量存在香气质不丰富、香气量略显不充足等浓香型产区存在的共性问题。缺乏适宜的当家品种，不能够充分彰显洛阳特定生态条件下的烟叶特色，也是洛阳烟叶质量特色不够突出的原因之一。

在质量方面，质量不稳定，收购上等烟比例变幅较大（图 1-8），与工业需求不相适应。产量不稳导致质量的不稳定，表现在收购上等烟比例变幅较大。烘烤技术不普及，应变烘烤技术落实不到位，导致多年来中部前两炕烟叶烘烤失误，既降低了中部烟比例，也影响了烟叶质量。收购过程控制不到位，烟叶纯度不高，等级质量不稳定。

（三）烟叶生产水平与优质产区存在差距

生产水平不高是制约洛阳市烟叶质量提高和产量稳定的主要因素之一。常规技术中耕培土、地膜覆盖、成熟采收、上六片一次性采收等方面标准的执行水平不高，关键技术旱作栽培执行到位率低是导致烟叶生产整体水平不高的主要原因，这方面与邻近豫西烟区三门峡还存在较大差距。

在生产方面，生产计划逐年下降，实际生产总量不稳，年际间变幅较大（图 1-9）。气候对产量的影响占据主导作用。洛阳多年来 6 月、7 月平均降雨分别为 63.8mm、90.5mm，不能满足旺长期烟叶对水分的需求；9 月平均降雨量 111.6mm，占全年降雨量的 20%，成熟期多雨寡照，不利于成熟采烤，造成不适用烟叶增加，工业需求烟叶严重不足。特别是 2011 年、2014 年、2017 年，3 年 9 月降雨量分别为 293mm、

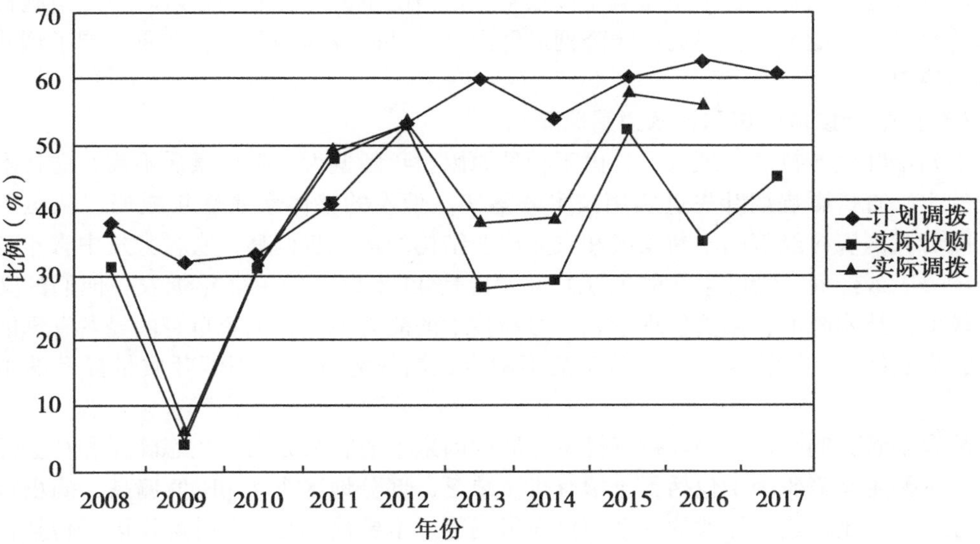

图 1-8　近 10 年工业计划与实际调拨上等烟比例趋势

221.5mm、178mm，占当年降雨量的 40.36%、37.35%、29.01%，造成大幅减产。品种生育期过长、施肥不当导致成熟期推迟，加大了气候带来的风险，且成熟期推迟不利于成熟采烤和质量的提升，烟农面临的风险大，烟农收入不稳，影响烟农种烟积极性。还苗期过长，成苗时间晚，炼苗时间短。洛阳烟区移栽期集中在 4 月底至 5 月初，但此时烟苗炼苗时间普遍不足，烟苗较弱；栽后成活率低，还苗期过长，甚至还苗期达到 1 个月，导致烟叶旺长期、成熟期推后，风险增大。标准化生产和旱作栽培技术落实不到位，烟叶抵御干旱等自然灾害的能力较弱。

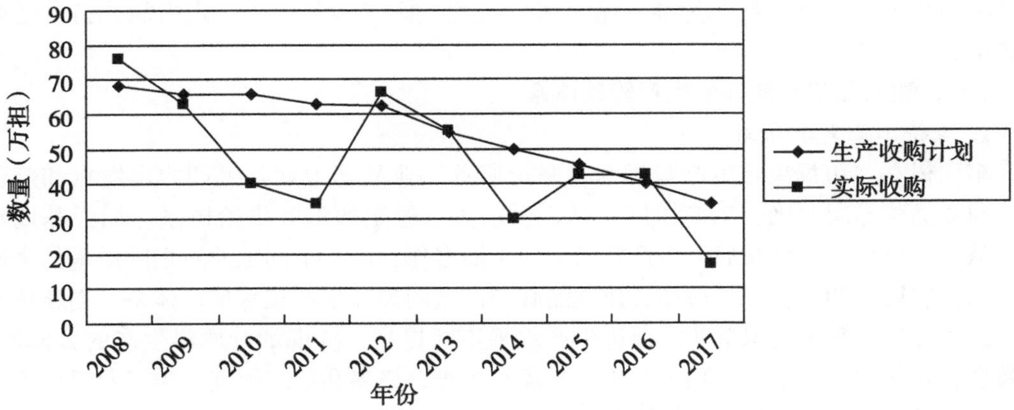

图 1-9　近 10 年洛阳烟区生产收购趋势

（四）烟叶生产基础仍然较薄弱、抗风险能力不强

目前，洛阳能够浇灌的烟田在 5 万亩左右，仅占全市烟叶种植面积的 40%，配套的

灌溉基础设施不完善，在烟田灌溉条件跟不上的情况下，只能靠旱作栽培生产措施提高烟株的自身抗旱能力，将旱灾影响降到最低限度，基础设施的薄弱，严重影响了烟叶产质量的稳定。

（五）烟叶技术队伍和技术力量薄弱

烟站烟叶生产技术管理人员，由于种种原因，年龄偏大，整体素质不高，懂技术会指导的少，直接影响烟叶先进实用技术的落实。烟农的整体素质逐年减弱、队伍不稳定。随着我国农村经济的不断发展和农业产业结构的进一步调整，农村大量中青年劳动力外出务工或经商，烟叶生产的主导力量大多是45岁以上的中老年烟农，他们的文化水平较低，技术陈旧，接受新理念和学习新技术的能力不强，烟农自身的经营管理能力不足，烟农队伍的不稳定、技术落实的不确定逐渐成为制约洛阳烟叶质量提升的主要矛盾。

综合来看，制约洛阳烟叶持续健康发展的因素主要有两方面：生态障碍和社会经济条件。主要生态障碍因子包括：土壤有机质缺乏，部分地区土壤pH值偏高，病虫害和灾害性天气加剧，连作导致的一系列负面影响等。主要社会经济条件障碍因子包括：种烟收入的比较效益下滑，其他就业机会的增多，导致烟农队伍的老龄化，烟叶生产抗风险能力相对较差，烟叶生产基础设施有待于进一步完善。

五、提高洛阳烟区优质烟叶生产力的路径

在“控总量、守红线”的基础上，立足洛阳实际，围绕做优做强烟叶目标，紧紧围绕烟叶供给侧改革这一主线，全面培育烟叶发展新动能，全面提高烟叶供给质量，全面提升烟叶市场竞争力，把满足市场需求作为首选目标，把提高供给质量作为主攻方向，把精益管理的思想理念贯穿渗透和落实到烟叶工作的各个方面，坚持品牌需求导向这个根本指挥棒，抓“精”标准、抓“细”过程、抓“实”结果，走内涵式持续健康发展道路。

（一）建立品牌导向型的生产管理体系

1. 坚持工业需求导向

牢固树立“市场决定生产”理念，坚持服务工业品牌为烟叶生产的出发点和落脚点，建立品牌导向明确、工商协同密切、供求关系稳定的烟叶供给体系。加强基地建设，从质量目标、品种布局、生产技术密切工商合作，满足不同工业对烟叶质量的个性化需求；以质量和信誉深耕市场，建立品牌导向型的烟叶生产技术推广体系，创新技术推广组织方式，狠抓技术落实，促进生产水平不断提高，实现烟叶原料生产的方向性、有效性；在收购质量上狠下功夫，进一步提高等级合格率和等级纯度，为工业提供特色突出、质量合格、纯度均匀的好原料。

2. 优化种植布局，发挥规模效益

坚持绿色生态优质发展方向，积极探索烟区布局发展新思路、新视野、新举措，推进烟区布局优化工作。把握生态环境决定烟叶风格特色的关键要素，结合烟区实际，把有限的计划资源向市场需求旺、质量信誉高、生态条件优的烟区转移，把优势生态、优

势田块、连片地块向种烟能手集中。选择生态优越、特色彰显、品质优良的区域，打造以千亩村、万担乡为主的骨干烟叶产地，单元式、区域化、品牌化整体推进连片种植，把生态优势转化为商品化优势，发挥品牌规模效益。

3. 加强创新驱动，强化科技支撑

立足科技创新，依托项目支撑，切实解决洛阳烟叶发展的技术短板。进一步探索提高上部烟叶可用性的技术，逐步缩小与工业需求的差距；开展抗旱栽培技术集成研究，解决制约烟叶质量提升的旺长期干旱问题；深化土壤保育技术研究，实施“五位一体”的土壤保育技术；开展烟叶烘烤大数据采集，进一步探索上六片烟叶采烤的本地化研究，提高烘烤质量与效率；拓展绿色植保的广度与深度，提高植保无人机的服务覆盖面积，探索基于洛阳烟叶主要病虫害防治的绿色防控模式。围绕烟叶质量和工业可用性抓好关键技术的系统集成，加快科技成果转化应用，带动新技术示范推广，切实发挥最佳综合效应，更好地满足卷烟品牌发展对优质原料的需求。

4. 完善优化烟叶生产技术体系

坚持市场导向，把握“生态决定特色，品种彰显特色，技术保障特色”理论的内涵要义，坚持生产管理过程“四优化”，完善烟叶生产技术保障体系。

优化土壤，打好优质生产基础。土壤保育是保障优质烟叶有效供给的重要措施，结合洛阳实际，坚持“改、保、补、控”土壤保育技术路线。改良土壤，实施以有机肥和高炭基肥为主（其中有机肥生产上，采取“市场化运作、工厂化生产、流程化操作，实施精准化作业”的方式，形成完备的有机肥工程化体系，实现供需衔接），豆浆灌根、绿肥掩青、秸秆覆盖为辅的“五位一体”的土壤保育技术，实现用养结合，提升土壤供肥能力。保水保肥，通过耕作层深耕，打破犁底层，加深耕作层，改善土壤理化性状，增强土壤保水保肥能力。控污修复，控施化肥农药，减少不合理投入量，控制农膜残留。补充营养，结合测土配方，增施磷肥，补充中微量元素，重点是硼、镁、锌。

优选优育品种，彰显风格特色。围绕工业企业需求，结合区域光、温、水、热、土、肥等资源禀赋，做好品种的储备、引进工作，优选好栽、好烤、质量风格突出的优良品种，做好“良种、良法、良田、良态”配套，适当优化调整配套技术，进一步彰显风格特色。

优化烟株个体发育，提升工业可用性。从源头调节，加大土壤基础数据的应用，扩大测土配方覆盖面，分区域制定配方施肥方案，精细化到田块、农户，实现养分平衡供应；以水调肥，加大以滴灌为基础的水肥一体化技术的推广力度，保证烟株各生长阶段对水分和养分的及时协调吸收，促进根、茎、叶的协调发育；规范田间管理，提高田间农事操作的标准化程度，提高整体均衡性和个体发育的协调性。

优化烘烤，提高烘烤质效。构建烟叶烘烤管理创新机制，以烘烤管理为抓手，以队伍建设为突破口，推动烟叶烘烤工作的规范化、精细化、高效化，推进洛阳烟叶烘烤降损增效。一是夯实管理基础，市、县、站逐级成立烘烤工作领导小组和技术服务组；二是夯实队伍基础，加强技术培训，培育职业烘烤能手，形成市公司烘烤总监、县公司烘烤总师、烟站合作社烘烤主管的烘烤人才梯队；三是创新专业化烘烤模式，在烘烤技术、烘烤模式、烘烤方式等方面积极探索，形成洛阳烟叶烘烤转型升级新动能。同时，按照“采收烘烤一体化、作业人员团队化、采烤作业流程化、工序作业标准化”的要求，积极探索推进“采烤分”一体化模式。

（二）建立科学的烟叶质量保障体系

积极探索建立一个生产全程的品牌原料监控体系，全面实施标准化生产，形成以ISO 9000标准模式为总体框架，在烟叶生产全过程全面推行GAP（烟草良好农业操作规范）管理，强调运用管理的系统方法、PDCA循环的过程方法对影响烟叶产品质量和管理效率的过程进行系统管理。

强化过程管理。构建覆盖育苗、整地起垄、烟叶生产、烘烤、收购、产品质量和服务全过程的品牌导向型烟叶标准化生产技术体系，在生产过程中，严格执行对标生产、对标收购、对标管理的标准化烟叶生产工作要求。同时，制定详细、可控、可量化的运行和考核标准及监督考核制度，将质量标准管理和监督考核贯彻到烟叶生产各环节中，推动各环节质量意识的形成，提升烟叶生产技术和质量管理水平。

强化溯源调节。采用PDCA方法，依据客户需求质量目标，围绕质量目标组织质量策划，根据策划方案落实作业标准，通过自查评估监测作业结果，开展交流研讨分析存在问题，突出问题导向改进策划方案，系统识别生产—收购—销售—售后服务—监视测量等环节，实现烟农、工商共赢。

（三）完善全方位的烟农服务体系

要做好品牌的原料保障工作，必须稳定烟叶种植规模，烟农种烟积极性的起伏，直接关系和影响着烟叶生产的总体规模。完善全方位的烟农服务体系，大力拓宽烟农增收渠道，可以最大限度地保护和激发烟农的种烟积极性。

1. 加快基础设施建设，提高烟区综合生产能力与抵御自然灾害能力

基础设施的建设逐步实现从“设施建设为主”向“设施建管并重”转变，以补充完善常规项目为主，合理规划项目投入，盘活存量、做优增量。增量重点向优质烟区、集中连片烟区、种植稳定烟区转移，投入重点向水源配套工程、机耕路、田间机械化转移，建设需求型、实用型设施。重点是依据烟田布局合理规划烟水工程，结合移动式地滴管、水肥一体化设施等，提高烟水配套工程的服务和管理水平，切实解决长期困扰洛阳的旺长期干旱问题。密集烤房和育苗大棚设施采用修复和功能完善方式，创新设施利用，发展多元化经营。通过配套建设项目的实施，带动烟区社会经济和生态环境全面发展，使农业生产长期受益，达到反哺农业基础设施目的。

2. 发展烟农合作社，培育新型职业烟农，提高烟叶生产的专业化程度

构建以职业烟农为主体、合作社为纽带、专业化服务为支撑的烟叶生产组织方式，提升规模种植化水平、机械化作业水平、原料基地化水平。

增强烟农合作社的服务能力与水平。一是优化服务，优化合作社的作业流程和关键节点，努力扩大重点环节的专业化服务覆盖面，提高技术措施的到位率和规范化、标准化生产水平。二是拓展合作社的服务能力，进一步细化分工，增强产前、产中、产后各个环节的服务能力。三是倡导社会化服务，服务重点由生产过程中的技术指导逐步转移到提高农民素质上，运用教育、交流、咨询、提供信息等形式，帮助农民做出烟叶生产、经营等方面的科学决策，并为烟农提供农事作业服务。

积极开展职业烟农培育，培育一批群体层次年轻、管理能力强、业务技术硬、协调水平高的职业烟农，形成稳定的核心烟农队伍，从根本上保证烟叶生产的持续健康发展。一是建立职业烟农管理体系，做好烟农等级评定、分类管理，制定分类指导及服务方案，形成长效机制；二是完善职业烟农培训制度，针对不同层次、类型的烟农，丰富培训形式与内容，推选有专业技能、操作熟练的烟农，将其培训成专业化烘烤、分级、机耕骨干队员；三是加大政策扶持，根据烟农星级评定结果进行差异化扶持。达到以差异补贴促技术落地，以职业烟农带动总体提升，以烟叶收购质量目标和价格引导烟农生产。

3. 建立完善科学的烟叶生产保障体系

烟叶生产的周期长、投入高、风险大，受自然条件影响较大，对外界条件有较强的依赖性。尤其是洛阳十年九旱，植烟县汝阳、嵩县、栾川和洛宁部分地区处在冰雹带，一个环节出问题就会影响全年的烟叶生产。提高人为干扰天气的能力，积极与气象部门合作，布局增雨防雹体系的布点建设，降低烟农种植风险，弥补各种自然灾害所致的直接经济损失。同时，按照“烟农出一点，烟草补一点”的原则，筹集资金，建立烟叶生产商业保险机制，遇到自然灾害，烟农也能得到一定程度补偿，稳定种烟信心。

（四）完善队伍建设体系

洛阳烟叶要实现可持续发展，人才队伍建社是关键。要加强 4 个队伍的建设，建立适度规模、以烟为主的现代化烟农队伍，建设完善技能水平、服务能力强的专业化服务队伍，建设适应现代化、基地化、特色化、信息化需要的基层站管理队伍，建设实践经验丰富、解决实际问题能力强的烟技员队伍。

1. 优化基层职工队伍建设，提升服务烟农水平

按照省局（公司）要求，全市的烟站布局进一步优化，收购站（点）由原来的 67 个精简到 46 个，较同期减少 21 个，烟站改造及中心站建设稳步推进，烟站的基层队伍向年轻化、知识化和专业化迈进了一步。以信息化管理为手段，转变基层管理职能为核心，全面加强基层服务能力和管理建设能力，提升烟站服务烟农水平。

2. 加强烟农建设管理，提高技术执行到位率

创新烟农责任主体管理方式，建立“烟农责任主体”管理制度，提高技术执行到位率。结合洛阳烟区实际情况，加强对烟农的培训与考核，实施考核激励，根据烟农生产技术落实情况和农事操作效果实行生产扶持补贴差异化，对没有按技术要求实行农事操作的进行适当的扣罚，改变烟农“不听话、不配合”的抵触心态，培养烟农良好的农事操作习惯，逐步扩大全市职业烟农的群体比例，让适用技术落实成为常态。

（五）建设烟叶信息化体系

信息化是我国现代烟草农业“一基四化”的重要组成部分，是实现烟草农业现代化的必然选择。目前洛阳烟区物资供应系统、烟叶收购环节、信息管理系统等实现了基础业务数据的信息化实时采集，但生产环节涉及烟田、土壤、设施等烟叶生产全过程数据采集的信息化建设尚不能实时监控。因此，强化顶层设计，深化集成整合，利用“互联网+”、云计算、移动互联等现代信息技术，开展烟叶生产全生命周期的信息化建设，构建烟叶生产全过程实时信息化、网格化管理系统，实现原料全周期的信息管理和

控制的必由之路。全面构建基本烟田、基础设施、烟叶生产收购、烟叶数据流通数据库。针对烟叶生产各阶段和关键环节技术到位率、农事操作完成的质量程度、烟叶田间的长势长相、烟叶田间的质量性状、农艺性状等的实时监控和管理，及时发现问题，加强有效的纠错，避免不必须的损失和浪费，促进烟叶生产质效的不断提高；针对烟农和烟农专业合作社，研发和应用信息化服务平台；针对育苗、烘烤、分级3个工厂实现集中化、智能化管理。通过系统信息化建设实现洛阳烟叶生产管理从定性到定量，从定量到定位，从静态到动态，从延迟到实时的转变，并实现工商共享，做到信息的横向畅通、纵向畅通。

（六）满足客户需求，促进市场稳定

市场需求是烟区稳定发展的前提，受多方面因素影响，核心因素是产区对数量、质量、结构需求能否稳定保障。

实行分类调拨，满足客户需求。把握工业客户对我市烟叶的核心需求，综合考虑各产区特点和工业企业对产地选择，结合当年生产收购实际及工业需求结构，满足工业客户的需求，确保调拨出库烟叶适销对路。

突出重点客户，保证品牌需求。保证浙江、江苏、河南中烟等重点客户的原料供应，重视与工业技术中心的沟通交流，综合工业反馈意见，指导生产收购，提高原料的适用性。依托利群、南京、黄金叶等卷烟品牌良好的发展态势，带动洛阳烟叶原料市场需求，稳步提高洛阳烟区的产购计划。

实施两烟联动，促进结构合理。浙江、江苏中烟是我们的主要客户，但对上等烟、中部烟需求比例过高，需求结构与生产收购实际存在较大矛盾。当前形势下，通过两烟联动，发展云南、四川、湖北中烟等潜在客户，拓宽需求等级，缓解等级结构矛盾，促进生产收购与市场需求结构相适应。

（七）建立考核评价体系

完善人才激励机制，强化过程、结果双向考核结果的应用，全面提升烟叶干部职工队伍的积极性与能动性。

完善考核机制，建立过程考核、年终考核双向考核机制，将过程考核纳入绩效考核重要内容，不仅要结果，更要重过程。生产过程管理目标考核采取定期考核和平时督查的考核办法，在移栽、大田管理和采烤分级预检3个环节集中重点考核生产目标完成情况、常规技术落实、新技术示范推广情况；年终考核，以县公司、烟站当年烟叶总体目标任务完成情况、收购任务完成情况、上等烟比例为主要考核指标。完善激励机制，将激励与考核挂钩，阶段目标、年度目标完成情况作为干部提拔任用的重要参考，综合运用增加薪资、授予荣誉、技能培训等人才激励手段，充分调动基层员工的积极性、主动性和创造性。

第二章　洛阳优质烟叶质量特色

第一节　洛阳烟叶风格评价与香型细分

长期以来，国内烟叶质量和香型风格的评价一般只停留于感官评价阶段，缺少外观、物理、化学和感官评吸四者相统一的完整评价指标体系。虽然各个企业制订有相对共同的烟叶质量的评价描述指标，但还缺乏全国统一的评价标准，且烟叶香型评价基本处于概念性阶段，不同香型的主要特征、评价指标、评价方法等都没有统一的概念描述，专家的评判主要依据各自的观点和认识，质量和香型评价方法及其技术含义的不确定性严重地阻碍烟叶的质量评价、香型细分、优质特色的研究等工作。本书将从感官质量特征、化学质量特征、生态特征、分子特征及其技术特征等方面来对洛阳烟叶进行解读，并期待利用现代指纹图谱技术与地理标志的建立来诠释洛阳烟叶的风格质量内涵。

烟叶的质量风格特色主要受化学成分、物理性状等因素影响，其中化学成分即化学物质基础是决定性因素。不同烟叶在化学成分的种类上基本没有区别，差异主要体现在不同化学成分的绝对含量和相对比例，这两方面的差异连同不同的物理特性，也就形成了烟叶的不同质量风格特色。烟草中化学成分众多，含量差别大，而且在烘烤、陈化过程中各种成分含量会发生变化，烟草的品质不能由少数几个指标决定，烟草化学成分间达到一定的平衡后烟草才能具有较高的品质。由于以上特点，使得烟草化学中化学组成与品质及风格特征关系的研究一直是烟草质量评价与风格定位研究的重点。

一、研究的材料与方法

（一）材料来源

针对洛阳特色烟叶质量风格，采取点面结合的方式，选取洛阳烟叶风格特色鲜明、发展潜力大的烟叶产区，共选取 49 个乡镇作为基点。2014 年洛宁、宜阳、汝阳、伊川、孟津、栾川、嵩县、和新安各点见表 2-1。样品均为 C3F 等级。同时，利用浓香型重大专项中的河南襄城县、安徽宣州、广东南雄、湖南桂阳和津巴布韦、巴西等地烟叶样品作为对比样品进行对比评价。

表 2-1　取样点设计表

洛宁县（13）	宜阳县（11）	汝阳县（7）	嵩县（6）	伊川（5）	新安（3）	孟津（2）	栾川（2）
河底、杨坡、中河、东宋、小界、王村、长水、罗岭、上弋、下峪、兴华、底张、山底	盐镇、柳泉、高村、三乡、连庄、上观、赵堡、白杨、樊村、董王庄、花果山	刘店、蔡店、柏树、上店、靳村、小店、三屯	旧县、大坪、闫庄、田湖、饭坡、九店	葛寨、常川、鸣皋、江左、吕店	铁门、李村、曹村	横水、小浪底	秋扒、谭头

（二）方法

测试项目与方法均根据《烟草样品化学分析检测平台建设方案的通知》（中烟叶生〔2011〕146 号）进行。

感官评价方法根据中国烟草总公司郑州烟草研究院牵头的《烟叶质量风格特色感官评价方法研究》以及最新的《烟叶质量风格特色感官评价方法》。

二、分析方法

（一）风格特征评价（一级评价体系）

1. 感官评价方法

根据烟叶评价委员会对烟叶样品进行感官评价的结果进行统计，统计时确定有效标度值（指 1/2 以上的评吸人员对感官质量风格特征指标的共同评定），最后，将同一评价指标的有效标度值相加，求其有效算术平均值（Σ有效标度值/Σ有效人数）。

依据《特色烟叶感官评价方法》中确定的评价指标体系，具体指标如表 2-2。

在《特色烟叶感官评价方法》研究中提出的风格特征分别有香型、香韵、香气状态、烟气浓度和劲头 5 个要素组成。但经项目组深入调研和详细讨论，认为在香型细分中烟气浓度和劲头对风格作用不大，因此选取香型、香韵和香气状态 3 个要素作为香型细分的依据。同时，并根据烟叶香型是由香韵组成的这一观点，在香型细分指标中对香韵赋予较大的权重。具体典型性评价指标体系如表 2-3。

表 2-2　风格特征评价指标

项目	指标		标度值					
风格特征	香型	清香型	0 [ ]	1 [ ]	2 [ ]	3 [ ]	4 [ ]	5 [ ]
		中间香型	0 [ ]	1 [ ]	2 [ ]	3 [ ]	4 [ ]	5 [ ]
		浓香型	0 [ ]	1 [ ]	2 [ ]	3 [ ]	4 [ ]	5 [ ]
	香韵	干草香	0 [ ]	1 [ ]	2 [ ]	3 [ ]	4 [ ]	5 [ ]
		清甜香	0 [ ]	1 [ ]	2 [ ]	3 [ ]	4 [ ]	5 [ ]
		醇甜香	0 [ ]	1 [ ]	2 [ ]	3 [ ]	4 [ ]	5 [ ]
		焦甜香	0 [ ]	1 [ ]	2 [ ]	3 [ ]	4 [ ]	5 [ ]
		青香	0 [ ]	1 [ ]	2 [ ]	3 [ ]	4 [ ]	5 [ ]
		木香	0 [ ]	1 [ ]	2 [ ]	3 [ ]	4 [ ]	5 [ ]
		豆香	0 [ ]	1 [ ]	2 [ ]	3 [ ]	4 [ ]	5 [ ]
		坚果香	0 [ ]	1 [ ]	2 [ ]	3 [ ]	4 [ ]	5 [ ]
		焦香	0 [ ]	1 [ ]	2 [ ]	3 [ ]	4 [ ]	5 [ ]
		辛香	0 [ ]	1 [ ]	2 [ ]	3 [ ]	4 [ ]	5 [ ]
		果香	0 [ ]	1 [ ]	2 [ ]	3 [ ]	4 [ ]	5 [ ]
		药草香	0 [ ]	1 [ ]	2 [ ]	3 [ ]	4 [ ]	5 [ ]
		花香	0 [ ]	1 [ ]	2 [ ]	3 [ ]	4 [ ]	5 [ ]
		树脂香	0 [ ]	1 [ ]	2 [ ]	3 [ ]	4 [ ]	5 [ ]
		酒香	0 [ ]	1 [ ]	2 [ ]	3 [ ]	4 [ ]	5 [ ]
	香气状态	飘逸	0 [ ]	1 [ ]	2 [ ]	3 [ ]	4 [ ]	5 [ ]
		悬浮	0 [ ]	1 [ ]	2 [ ]	3 [ ]	4 [ ]	5 [ ]
		沉溢	0 [ ]	1 [ ]	2 [ ]	3 [ ]	4 [ ]	5 [ ]
	烟气浓度		0 [ ]	1 [ ]	2 [ ]	3 [ ]	4 [ ]	5 [ ]
	劲头		0 [ ]	1 [ ]	2 [ ]	3 [ ]	4 [ ]	5 [ ]
总体评价	风格特征描述							

表 2-3　浓香型烟叶典型性评价指标及评分标度

指标		标度值		
		0~1	2~3	4~5
香型属性		无至微显	稍显著至尚显著	较显著至显著
香韵	焦甜香	无至微显	稍明显至尚明显	较明显至明显
	焦香	无至微显	稍明显至尚明显	较明显至明显
	醇甜香	无至微显	稍明显至尚明显	较明显至明显
	干草香	无至微显	稍明显至尚明显	较明显至明显
	木香	无至微显	稍明显至尚明显	较明显至明显
	坚果香	无至微显	稍明显至尚明显	较明显至明显
	辛香	无至微显	稍明显至尚明显	较明显至明显
香气状态		欠沉溢	较沉溢	沉溢

2. 风格特征划分方法

A. 区域划分：在对香型、香韵、香气状态三要素系统评价的基础上，分别赋予相应权重计算风格总得分（表2-4、表2-5），按得分值大小进行风格分区，并绘制出烟叶风格细分空间分布图。

B. 风格区命名：采用地理位置+香韵的命名办法，即把不同风格区的地理名称，加上标度值排在前两位的香韵作为该风格区的名称进行命名。

C. 风格特征描述：对划分的各个风格区的香型、香韵、香气状态、烟气浓度和劲头等风格构成要素进行详细描述。

表2-4 浓香型烟叶风格评价指标权重

指标	香型属性	香气状态	香韵
权重	0.3	0.2	0.5

表2-5 浓香型风格评价与香型细分中香韵各指标权重设置

指标	本香香韵（干草香）	主体香韵（焦甜香、焦香、木香）	辅助香韵（醇甜香、辛香、坚果香）
权重	0.2	0.55	0.25

（二）风格特征香型细分（二级评价体系）

香型细分研究系二级评价体系。在依香型属性、烟气状态对烟叶典型性进行评价的基础上，通过引入浓香型烟叶都存在的7种香韵干草香、焦甜香、焦香、木香、醇甜香、辛香、坚果香特征：对所有样品的香韵表现、香韵强弱和香韵排序情况进行统计性描述，来对浓香型烟叶做进一步的香型细分，并用标度值排名前两位或前3位的香韵名称来命名该亚型区。

（三）质量评价与区划方法（二级评价体系）

在风格评价的基础上，对洛阳各个风格区内烟叶的质量状况进行量化计算，并根据得分情况划分若干个质量分布区域，完成质量评价和区域划分。

1. 外观质量

参考《中国烟草种植区划》的评分标准，确定颜色、成熟度、叶片结构、身份、油分和色度为烤烟外观质量评价指标，建立烤烟外观质量评分标准（表2-6），并确定权重依次为0.30、0.25、0.15、0.12、0.10、0.08，采用指数和法评价烟叶外观质量：$P=\sum C_i \cdot P_i \times 10$。$P$ 为烤烟外观质量综合指数；C_i 为第 i 个外观指标的量化分值；P_i 为第 i 个外观指标的相对权重。

表2-6 烤烟外观质量评分标准

颜色	分数	成熟度	分数	结构	分数	身份	分数	油分	分数	色度	分数
橘黄	7~10	成熟	7~10	疏松	8~10	中等	7~10	多	8~10	浓	8~10

（续表）

颜色	分数	成熟度	分数	结构	分数	身份	分数	油分	分数	色度	分数
柠檬黄	6~9	完熟	6~9	尚疏松	5~8	稍薄	4~7	有	5~8	强	6~8
红棕	3~7	尚熟	4~7	稍密	3~5	稍厚	4~7	稍有	3~5	中	4~6
微带青	3~6	欠熟	3~5	紧密	0~3	薄	0~4	少	0~3	弱	2~4
青黄	1~4	假熟	0~4			厚	0~4			淡	0~2
杂色	0~3										

2. 物理特性

参考《中国烟草种植区划》的评分标准，确定物理特性评价指标为拉力、含梗率、平衡含水率、叶质重、厚度、单叶重、填充值等 8 项指标，建立物理特性指标赋值方法（表 2-7），并确定各指标权重依次为 0.3，0.3，0.13，0.13，0.05，0.03，0.06，采用指数和法评价烟叶物理特性：$P=\sum C_i \cdot P_i$。P 为烤烟物理特性综合指数；C_i 为第 i 个物理特性指标的量化分值；P_i 为第 i 个物理特性指标的相对权重。

表 2-7　物理特性指标赋值方法

指标	100.0	100~90	90~80	80~70	70~60	<60
拉力（N）	1.80~2.00	2.00~2.20 1.80~1.60	2.20~2.40 1.60~1.40	2.40~2.60 1.40~1.20	2.60~2.80 1.20~1.00	>2.80 <1.00
平衡含水率（%）	>13.50	13.50~13.00	13.00~12.00	12.00~11.00	11.00~10.00	<10.00
含梗率（%）	<22.0	22.0~25.0	25.0~28.0	28.0~31.0	31.0~35.0	>35.0
厚度（μm）	90.0~95.0	95.0~100.0 90.0~85.0	100.0~105.0 85.0~80.0	105.0~110.0 80.0~75.0	110.0~115.0 75.0~70.0	>115.0 <70.0
单叶重（g）	9.00~10.00	9.00~8.00 10.00~11.00	8.00~7.00 11.00~12.00	7.00~6.00 12.00~13.00	6.00~5.00 13.00~14.00	<5.00 >14.00
叶质重（g/m^2）	80.0~85.0	85.0~90.0 80.0~75.0	90.0~95.0 75.0~70.0	95.0~100.0 70.0~65.0	100.0~105.0 65.0~60.0	>105.0 <60.0
填充值（cm^3/g）	>4.0	3.50~3.00	3.00~2.50	2.50~2.00	2.00~1.50	<1.50

3. 化学成分

采用主成分分析方法确定各个指标的权重和得分，将得分转换成百分制进行综合评价。结合《中国烟草种植区划》、卷烟工业企业要求以及专家意见，构建浓香型烤烟常规化学成分评价体系，具体赋值及权重如表 2-8 至表 2-10 所示。

表 2-8　常规化学成分指标赋值方法

指标	100	100~90	90~80	80~70	70~60	<60
烟碱（%）	2. 20~2. 80	2. 20~2. 00	2. 00~1. 80	1. 80~1. 70	1. 70~1. 60	<1. 60
		2. 80~2. 90	2. 90~3. 00	3. 00~3. 10	3. 10~3. 20	>3. 20
总氮（%）	2. 00~2. 50	2. 50~2. 60	2. 60~2. 70	2. 70~2. 80	2. 80~2. 90	>2. 90
		2. 00~1. 90	1. 90~1. 80	1. 80~1. 70	1. 70~1. 60	<1. 60
还原糖（%）	18. 00~22. 00	18. 00~16. 00	16. 00~14. 00	14. 00~13. 00	13. 00~12. 00	<12. 00
		22. 00~24. 00	24. 00~26. 00	26. 00~27. 00	27. 00~28. 00	>28. 00
钾（%）	≥2. 50	2. 50~2. 00	2. 00~1. 50	1. 50~1. 20	1. 20~1. 00	<1. 00
氯（%）	0. 40~0. 60	0. 60~0. 70	0. 70~0. 80	0. 80~0. 90	0. 90~1. 00	>1. 00
		0. 40~0. 30	0. 30~0. 25	0. 25~0. 20	0. 20~0. 15	<0. 15
糖碱比	8. 50~9. 50	8. 50~7. 00	7. 00~6. 00	6. 00~5. 50	5. 50~5. 00	<5. 00
		9. 50~12. 00	12. 00~13. 00	13. 00~14. 00	14. 00~15. 00	>15. 00
氮碱比	0. 95~1. 05	0. 95~0. 80	0. 80~0. 70	0. 70~0. 65	0. 65~0. 600	<0. 60
		1. 05~1. 20	1. 20~1. 30	1. 30~1. 35	1. 35~1. 40	>1. 40
钾氯比	≥8. 00	8. 00~6. 00	6. 00~5. 00	5. 00~4. 50	4. 50~4. 00	<4. 00
多酚总量（mg/g）	≥32. 00	32. 00~28. 00	28. 00~24. 00	24. 00~20. 00	20. 00~16. 00	<16. 00
总生物碱（%）	2. 40~2. 60	2. 40~2. 20	2. 20~2. 00	2. 00~1. 80	1. 80~1. 60	<1. 60
		2. 60~2. 80	2. 80~3. 00	3. 00~3. 20	3. 20~3. 40	>3. 40
有机酸（mg/g）	90~80	80~70	70~60	60~50	50~40	<40
		90~110	110~120	120~130	120~130	>130
中性致香物质总量（μg/g）	≥1 400	1 400~1 200	1 200~1 000	1 000~800	800~500	<500

表 2-9　浓香型烤烟常规化学成分各指标权重

指标	还原糖	总氮	烟碱	钾	氯	氮碱比	钾氯比	糖碱比	两糖比
权重	0. 14	0. 09	0. 16	0. 08	0. 06	0. 11	0. 10	0. 17	0. 09

表 2-10　浓香型烤烟化学组分各指标权重

指标	常规化学成分	中性致香物质	总生物碱	多酚总量	有机酸
权重	0. 5	0. 3	0. 05	0. 08	0. 07

4. 感官质量

表 2-11　烤烟品质特征指标及评分标准

标度值指标		0~1	2~3	4~5
香气特性	香气质	差至较差	稍好至尚好	较好至好
	香气量	少至微有	稍有至尚足	较充足至充足
	透发性	沉闷至较沉闷	稍透发至尚透发	较透发至透发
	杂气	无至微有	稍有至有	较重至重
烟气特性	细腻程度	粗糙至较粗糙	稍细腻至尚细腻	较细腻至细腻
	柔和程度	生硬至较生硬	稍柔和至尚柔和	较柔和至柔和
	圆润感	毛糙至较毛糙	稍圆润至尚圆润	较圆润至圆润
	刺激性	无至微有	稍有至有	较大至大
口感特性	干燥感	无至弱	稍有至有	较强至强
	余味	不净不舒适至欠净欠舒适	稍净稍舒适至尚净尚舒适	较净较舒适至纯净舒适

品质标度值 = Σ标度值（香气质、香气量、透发性、细腻程度、柔和程度、圆润感、余味）-Σ标度值（刺激性、干燥感）-10；标度值越高，品质越高。

5. 烤烟品质综合评价

将外观质量、物理特性、化学成分、感官质量得分标准化后进行权重赋值（表 2-11、表 2-12），采用指数和法评价烤烟综合质量。$P=\Sigma C_i \cdot P_i$。P 为烤烟综合品质值；C_i 为烟综合品质第 i 个指标量化分值；P_i 为烤烟综合品质第 i 个指标的相对权重。

表 2-12　烤烟综合质量指标的权重

指标	外观质量	物理特性	化学成分	感官质量
权重	0.06	0.06	0.22	0.66

（四）烟叶品质档次区间划分标准（表 2-13、表 2-14）

表 2-13　烤烟烟叶化学成分协调性划分标准

指标	最协调	协调	较协调	尚协调	欠协调
糖碱比	8.50~9.50	8.50~7.00	7.00~6.00	6.00~5.50	<5.50
		9.50~12.00	12.00~13.00	13.00~14.00	>14.00
氮碱比	0.95~1.05	0.95~0.80	0.80~0.70	0.70~0.65	<0.65
		1.05~1.20	1.20~1.30	1.30~1.35	>1.35
钾氯比	>8.00	8.00~6.01	6.00~5.01	5.00~4.50	<4.50
两糖比	>9.00	9.00~8.01	8.00~7.51	7.50~6.50	<6.50

表 2-14　烤烟质量要素得分划分标准　　　单位：分

指标	区域Ⅰ	区域Ⅱ	区域Ⅲ	区域Ⅳ	区域Ⅴ
外观质量	>90.00	90.00~82.01	82.00~73.01	73.00~64.00	<64.00
物理特性	>90.00	90.00~82.01	82.00~73.01	73.00~64.00	<64.00
化学成分	>90.00	90.00~82.01	82.00~73.01	73.00~64.00	<64.00
感官质量	>60.00	60.00~55.01	55.00~50.01	50.00~45.00	<45.00
综合质量	>60.00	60.00~55.01	55.00~50.01	50.00~45.00	<45.00

（五）数据处理

数据处理通过 SPSS 20.0、Excel 2010、DPS 软件进行。处理方法主要包括描述性统计，方差分析、系统聚类分析（聚类距离为欧式距离的平方）、判别分析等统计方法。以 ArcGIS 系统为平台，利用 GIS 数字化推算模拟得到的各亚型区域烤烟烟叶质量及烟气化学成分要素值，采用反距离权重插值法、多项式插值法（Interpolating Polynomials）、最优插值法、克里格（Kriging）法等方法对筛选确定的烟叶风格指标采用统一标准进行区域分布规律研究，模拟和实现洛阳特色烟叶的风格区划和化学质量分区。

三、洛阳不同样点烟叶风格特征评价

（一）洛宁

洛宁烟叶在干草香烤烟本香的基础上，以醇甜香、焦甜香为主体香韵，辅以焦香、木香香韵。醇甜香韵相对明显，其次为焦甜香和焦香香韵。浓香型特征尚显著，香气状态较沉溢，烟气浓度稍大，劲头稍大（图 2-1、图 2-2）。

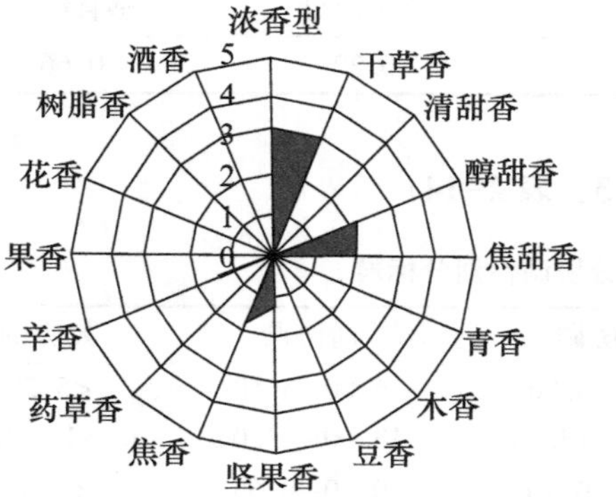

图 2-1　洛宁烟叶香型/香韵

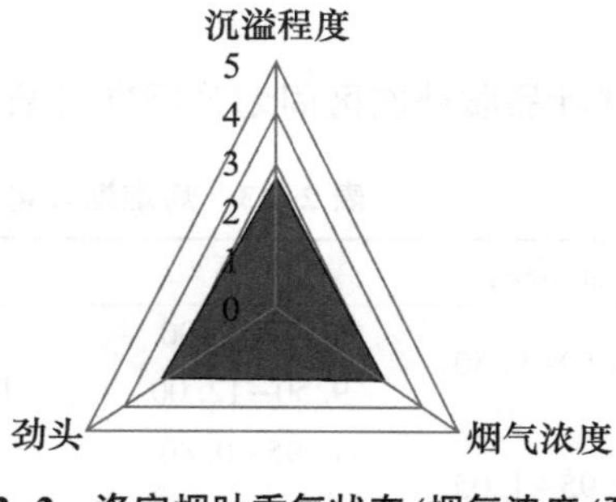

图 2-2　洛宁烟叶香气状态/烟气浓度/劲头

（二）宜阳

宜阳烟叶在烤烟本香干草香的基础上，以醇甜香、焦甜香为主体香韵，辅以焦香、辛香香韵。醇甜香香韵相对明显，其次为焦香和焦甜香香韵；浓香型特征尚显著，香气状态较沉溢，烟气浓度稍大，劲头稍大（图 2-3、图 2-4）。

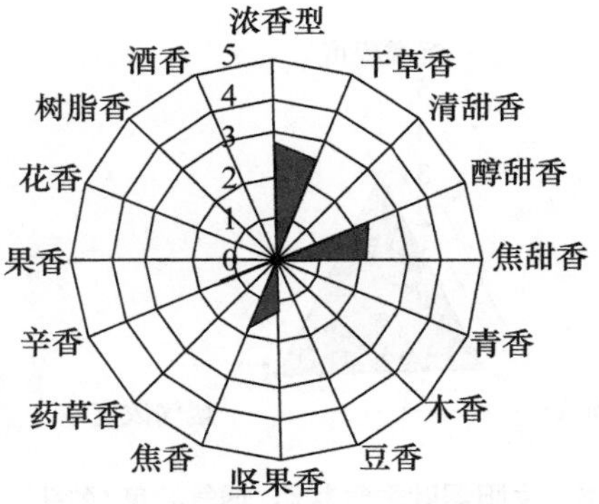

图 2-3 宜阳烟叶香型/香韵

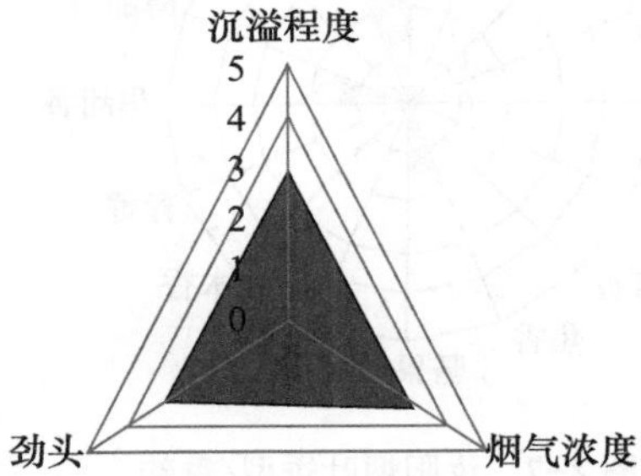

图 2-4 宜阳烟叶香气状态/烟气浓度/劲头

（三）新安

新安烟叶在烤烟本香干草香的基础上，以醇甜香、焦甜香为主体香韵，辅以木香、焦香香韵。醇甜香韵相对明显，其次为焦甜香和木香香韵；浓香型特征尚显著，香气状态较沉溢，烟气浓度稍大，劲头稍大（图 2-5、图 2-6）。

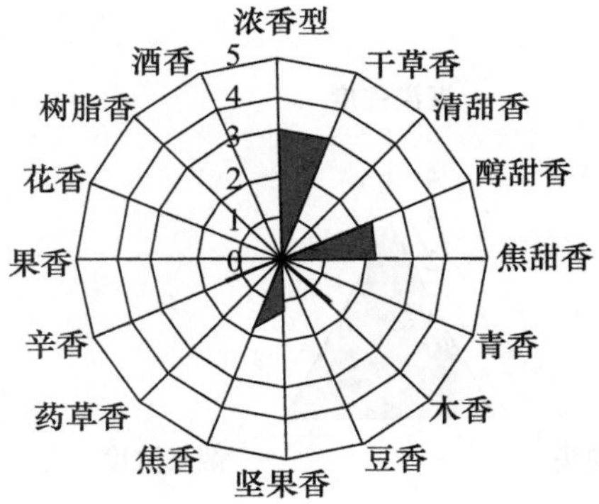

图 2-5 新安烟叶香型/香韵

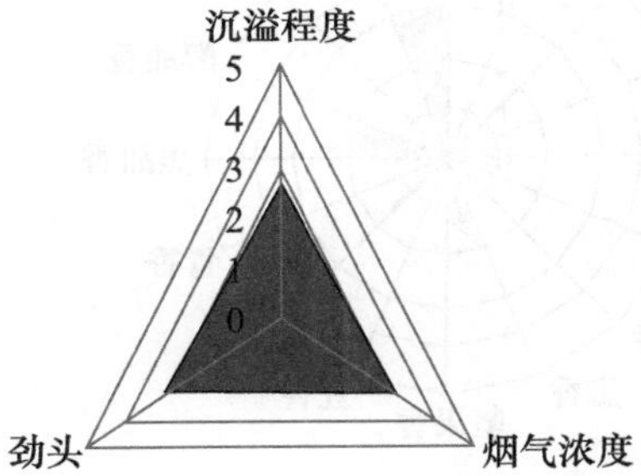

图 2-6 新安烟叶香气状态/烟气浓度/劲头

（四）汝阳

汝阳烟叶在干草香烤烟本香的基础上，以焦甜香、焦香为主体香韵，辅以醇甜香、木香香韵。焦甜香韵相对明显，其次为焦香和醇甜香韵；浓香型特征尚显著，香气状态较沉溢，烟气浓度较大，劲头稍大（图 2-7、图 2-8）。

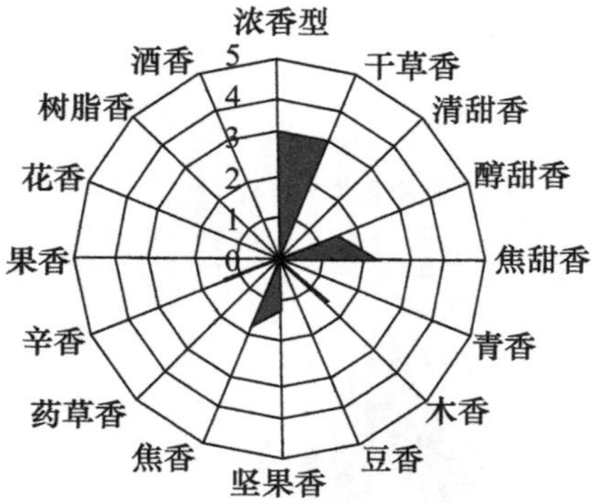

图 2-7　汝阳烟叶香型/香韵

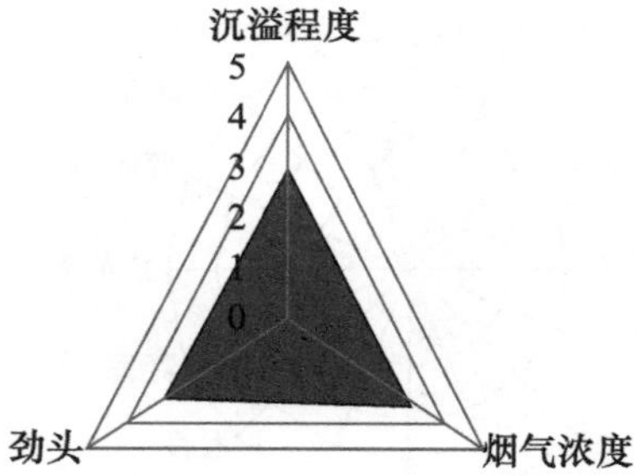

图 2-8　汝阳烟叶香气状态/烟气浓度/劲头

（五）伊川

伊川烟叶在干草香烤烟本香的基础上，以焦甜香、焦香为主体香韵，辅以醇甜香、木香香韵。焦甜香韵相对明显，其次为焦香和醇甜香韵；浓香型特征尚显著，香气状态较沉溢，烟气浓度稍大，劲头稍大（图 2-9、图 2-10）。

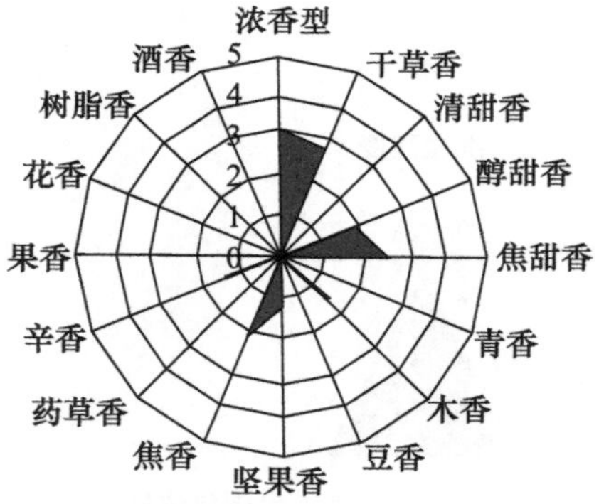

图 2-9　伊川烟叶香型/香韵

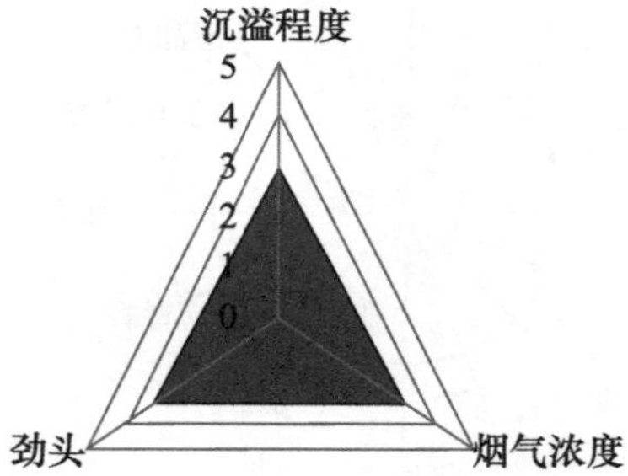

图 2-10　伊川烟叶香气状态/烟气浓度/劲头

（六）嵩县

嵩县烟叶在烤烟本香干草香的基础上，以焦甜香、焦香为主体香韵，辅以木香、醇甜香香韵。焦香香韵相对明显，其次为醇甜香和焦香香韵；浓香型特征尚显著，香气状态较沉溢，烟气浓度和劲头均较大（图 2-11、图 2-12）。

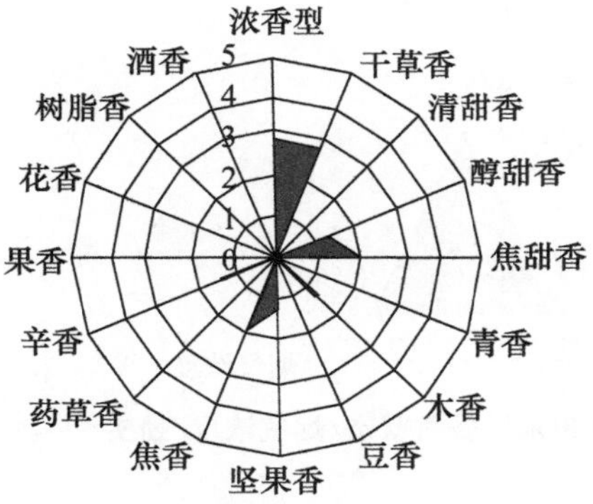

图 2-11　嵩县烟叶香型/香韵

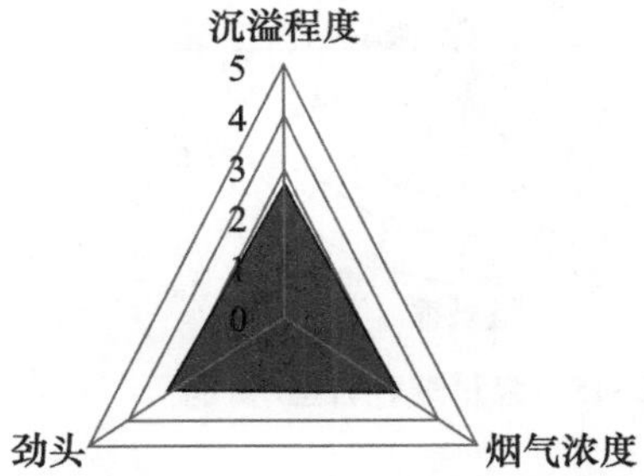

图 2-12　嵩县烟叶香气状态/烟气浓度/劲头

（七）孟津

孟津烟叶在烤烟本香干草香的基础上，以焦甜香、焦香为主体香韵，辅以醇甜香和坚果香香韵。焦甜香香韵相对明显，其次为焦香和醇甜香香韵；浓香型特征尚显著，香气状态较沉溢，烟气浓度和劲头均较大（图 2-13、图 2-14）。

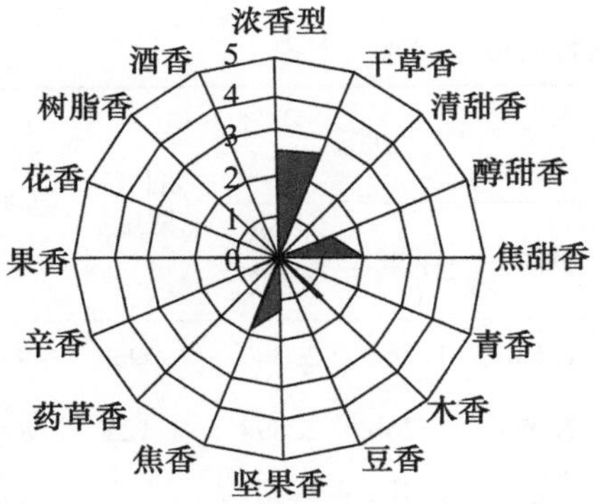

图 2-13　孟津烟叶香型/香韵

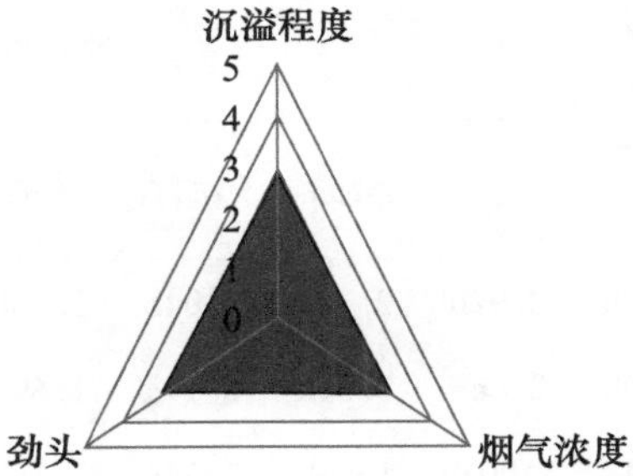

图 2-14　孟津烟叶香气状态/烟气浓度/劲头

（八）栾川

栾川烟叶在烤烟本香干草香的基础上，以焦甜香、醇甜香为主体香韵，辅以焦香、木香香韵。焦甜香香韵相对明显，其次为醇甜香和焦香香韵；浓香型特征尚显著，香气状态较沉溢，烟气浓度和劲头均较大（图 2-15、图 2-16）。

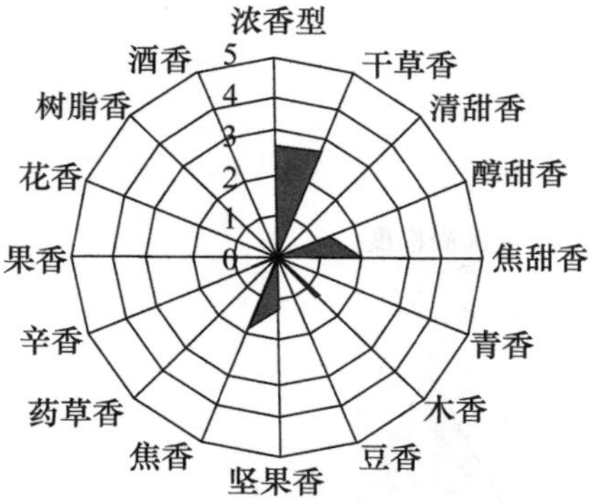

图 2-15　栾川烟叶香型/香韵

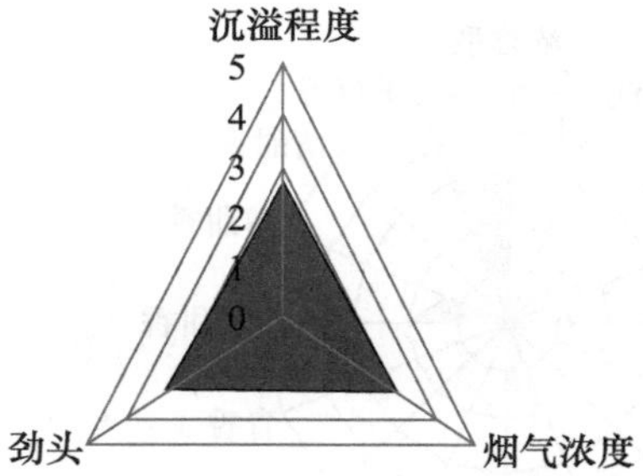

图 2-16　栾川烟叶香气状态/烟气浓度/劲头

四、洛阳烟叶总体风格特征评价

通过对 2014—2016 年洛阳各植烟县的烟叶风格进行评价（表 2-15），结果表明洛阳市的洛宁、宜阳、汝阳、伊川、新安、嵩县等地的烟叶风格总体表现为：浓香型属性特征表现为稍显著至尚显著，地区间变幅在 2.70～3.16；香韵特征表现为干草香稍明显，醇甜香、焦甜香、焦香次之；香气状态表现为较沉溢，标度值变幅在 2.38～2.89；烟气浓度中等至稍大，标度值变幅在 2.88～3.28，劲头中等至稍大，标度值变幅在 2.68～2.93。烟气浓度稍大，劲头较足。

表 2-15　洛阳各植烟县烟叶风格特征指标统计

取样点	香型程度	香韵指标							香气状态	烟气浓度	劲头
	浓香型	干草香	醇甜香	焦甜香	木香	坚果香	焦香	辛香	沉溢程度		
洛宁	2.93b	2.92b	2.39a	2.04b	1.36b	1.23a	1.65b	1.36a	2.38b	2.99ab	2.93a
宜阳	2.89b	2.66c	2.51a	2.19a	1.69a	1.30a	2.08a	1.26b	2.89a	3.12a	2.87b
汝阳	3.04a	3.00ab	1.56b	2.54a	1.38b	1.27a	1.98a	1.25b	2.89a	3.28a	2.68b
伊川	3.16a	2.89b	1.85b	2.58a	1.70a	1.28a	2.29a	1.17b	2.79a	3.05ab	2.77b
新安	2.95b	2.94b	2.28a	2.26a	1.62a	1.22a	1.64b	1.32a	2.70a	3.01ab	2.89b
嵩县	2.85b	2.82b	1.33b	2.04b	1.33b	1.37a	1.90b	1.05c	2.69a	2.88b	2.91a
孟津	2.70c	2.77c	1.21b	2.00b	1.38b	1.27a	1.87b	0.54c	2.66a	2.88b	2.93a
栾川	2.71c	2.84b	1.39b	1.99b	1.29b	1.31a	1.98a	0.54c	2.67a	2.93b	2.80b

注：表中字母是表示差异显著性。全书同

五、洛阳烟叶年际间烟叶风格特征比较

通过对洛阳烟叶 2014 年和 2015 年的烟叶比较可知（表 2-16），洛阳烟叶风格总体表现为：

（1）浓香型属性特征总体上表现较为显著，标度值在年度间、地区间有所差异。

（2）烟叶香韵丰富，存在着干草香、醇甜香、焦甜香、焦香、木香、坚果香、辛香 7 种香韵。除干草香为烟草本香外，洛阳烟叶的主体香韵为醇甜香、焦甜香、焦香。

（3）香气状态表现为较沉溢，在不同县域沉溢度存在着差异。

（4）烟气浓度、劲头均表现为中等至稍大，但年度间、县域间存在着差异（图 2-17、图 2-18）。

表 2-16 洛阳各样点烟叶年际间风格特征指标统计分析

地点	年份	香型程度	香韵指标							香气状态	烟气浓度	劲头
		浓香型	干草香	醇甜香	焦甜香	木香	坚果香	焦香	辛香	沉溢程度		
洛宁	2014	2.91b	2.84b	2.38a	1.97b	1.36b	1.25a	1.63b	1.29a	2.33b	2.94a	2.92a
	2015	2.95b	2.99a	2.40a	2.10b	1.36b	1.21a	1.67b	1.43a	2.42b	3.04a	2.94a
宜阳	2014	2.88b	2.72b	2.58a	2.17b	1.59a	1.27a	1.91b	1.32a	2.88a	3.03a	2.83a
	2015	2.90b	2.60b	2.43a	2.20b	1.78a	1.33a	2.25a	1.20a	2.90a	3.20a	2.90a
汝阳	2014	3.07a	3.08a	1.58c	2.49a	1.33b	1.23a	2.04a	1.19a	2.85a	3.23a	2.68b
	2015	3.00a	2.92a	1.53c	2.58a	1.42b	1.31a	1.91b	1.30a	2.92a	3.33a	2.67b
伊川	2014	3.13a	2.84b	1.80b	2.57a	1.69a	1.24a	2.26a	1.18a	2.84a	3.05a	2.83a
	2015	3.19a	2.94a	1.90b	2.59a	1.70a	1.31a	2.31a	1.16a	2.73a	3.05a	2.71b
新安	2014	2.96b	2.87b	2.25a	2.02b	1.66a	1.27a	1.64b	1.31a	2.76a	3.01a	2.77b
	2015	2.93b	3.00a	2.31a	2.50a	1.57a	1.17a	1.63b	1.33a	2.63a	3.00a	3.00a
嵩县	2014	3.03a	2.69b	1.25c	2.50a	1.46b	1.39a	2.10a	1.00b	2.74a	2.99a	2.97a
	2015	2.68c	2.95a	1.40c	1.58c	1.20b	1.34a	1.69b	1.11b	2.63a	2.77a	2.85a
孟津	2014	2.82b	2.75b	1.00c	2.40a	1.59a	1.29a	2.06a	1.00b	2.82a	3.12a	3.26a
	2015	2.57c	2.79b	1.42c	1.61c	1.17b	1.25a	1.68b	1.08b	2.50b	2.64a	2.61b
栾川	2014	2.78c	2.72b	1.40c	2.33a	1.33b	1.46a	2.28a	1.00b	2.69a	3.14a	3.00a
	2015	2.64c	2.96a	1.38c	1.64c	1.25b	1.17a	1.68b	1.08b	2.64a	2.71a	2.61b

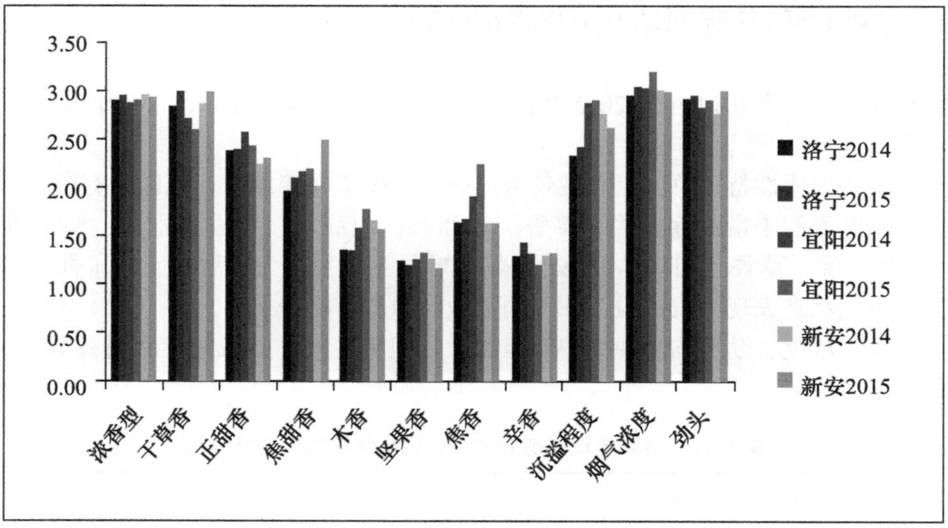

图 2-17　焦甜香醇甜香风格区年际间统计分析

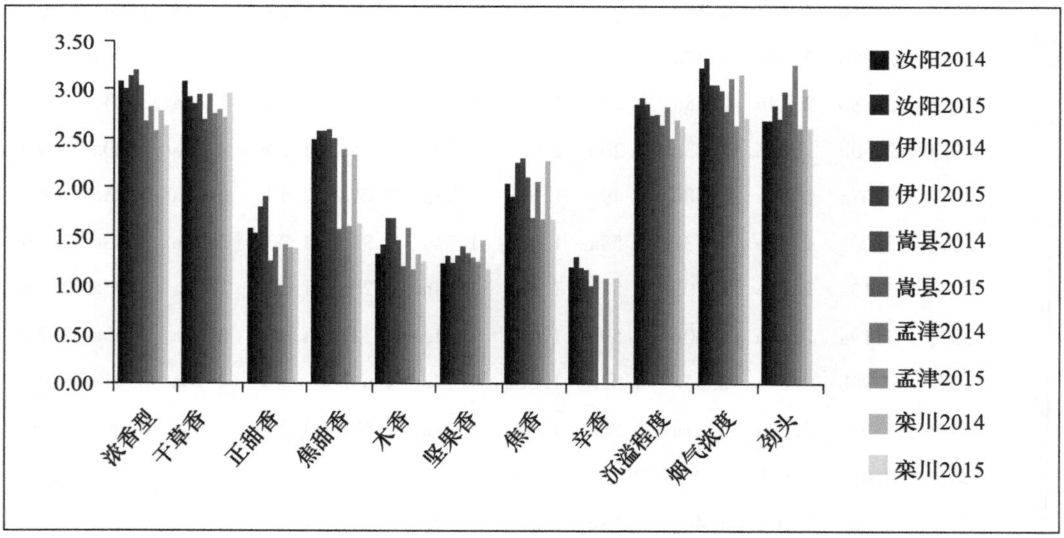

图 2-18　焦甜香焦香风格区年际间统计分析

六、洛阳烟叶与国内烟叶风格特征比较

通过对洛阳烟叶与其他浓香型产地烟叶进行风格评价比较（表 2-17），结果表明：

许昌襄城县、郴州桂阳与韶关南雄浓香型属性特征（即浓香型彰显程度）显著优于洛阳的8个取样点；洛阳的汝阳、伊川和嵩县与皖南宣州没有差异，这3个样点显著高于洛宁、宜阳、新安、栾川和孟津。干草香、木香、坚果香和辛香这4种香韵在浓香型各产区间无显著差异，而洛宁、宜阳和新安醇甜香韵显著高于其他产区，值得注意的是，洛阳洛宁、宜阳和新安这3个取样点的醇甜香韵显著高于其他浓香型产区；就焦甜香而言，洛阳的汝阳、孟津、嵩县、栾川和伊川与许昌襄城县、郴州桂阳、韶关南雄皖和皖南宣州没有差异且显著高于洛宁、宜阳和新安；就焦香而言，洛阳的汝阳、伊川和许昌襄城县没有差异且显著高于其他浓香型产区。

在香气的沉溢程度方面，许昌襄县、郴州桂阳、韶关南雄显著高于皖南宣州和洛阳的各样点，皖南宣州和洛阳的8个样点没有差异；在烟气浓度方面，许昌襄城县、郴州桂阳、韶关南雄、皖南宣州以及汝阳显著高于洛宁、宜阳、伊川和新安等8各样点；在劲头方面，许昌襄城县的劲头显著强于其他样点。

综上所述：①许昌襄城县的浓香型特征最为显著，郴州桂阳次之。②在各个香韵强度表现方面，12个样点中的干草香韵以汝阳标度值为最高，醇甜香以宜阳标度值最高；焦甜香以郴州桂阳标度值为最高，洛阳各样点烟叶以伊川烟叶的焦甜香标度值最高；木香以伊川标度值为最高；焦香以栾川标度值为最高；辛香以韶关南雄标度值为最高。③在浓香型沉溢程度方面，以许昌襄城县的烟叶最为沉溢、厚重，韶关南雄次之。④在浓香型劲头方面，许昌襄城县的劲头最强。⑤不同植烟区浓香型烟叶的香韵组成基本相同，但香韵明显程度存在较大差异。

表2-17　洛阳烟叶与国内浓香型烟叶风格指标比较

取样点	香型程度	香韵指标							香气状态	烟气浓度	劲头
	浓香型	干草香	醇甜香	焦甜香	木香	坚果香	焦香	辛香	沉溢程度		
洛宁	2.93b	2.92b	2.39a	2.04b	1.36b	1.23c	1.65b	1.36a	2.38c	2.99b	2.93a
宜阳	2.89b	2.66c	2.51a	2.19a	1.69a	1.30b	2.08a	1.26b	2.89b	3.12b	2.87b
汝阳	3.04a	3.00ab	1.56b	2.54a	1.38b	1.27c	1.98a	1.25b	2.89b	3.28b	2.68b
伊川	3.16a	2.89b	1.85b	2.58a	1.70a	1.28c	2.29a	1.17b	2.79b	3.05b	2.77b
新安	2.95b	2.94b	2.28a	2.26a	1.62a	1.22c	1.64b	1.32a	2.70b	3.01b	2.89b
嵩县	2.85b	2.82b	1.33b	2.04b	1.33b	1.37ab	1.90b	1.05c	2.69b	2.88b	2.91a
孟津	2.70c	2.77c	1.21b	2.00b	1.38b	1.27c	1.87b	0.54c	2.66b	2.88b	2.93a
栾川	2.71c	2.84b	1.39b	1.99b	1.29b	1.31b	1.98a	0.54c	2.67b	2.93b	2.80b
宣州	3.11b	2.73c	1.50b	2.66a	1.52ab	1.46a	1.85b	1.28b	2.96b	3.17a	2.85b
南雄	3.29a	2.83b	1.35b	2.49a	1.51ab	1.24c	1.79b	1.41a	3.14a	3.30a	2.88b
襄城县	3.63a	2.87b	1.23c	2.71a	1.60a	1.56a	2.10a	1.27b	3.48a	3.57a	3.08a
桂阳	3.51a	2.91b	1.50b	2.83a	1.35b	1.25c	1.76b	1.29b	3.21a	3.16b	2.79b

七、洛阳烟叶与国外烟叶风格特征比较

通过对洛阳和国外的烟叶风格评价结果表明（表2-18），国外巴西和津巴布韦的浓香型属性特征显著高于洛阳8个取样点，但洛阳8个取样点之间，汝阳、伊川和嵩县的浓香型彰显程度显著高于洛宁、宜阳、新安、孟津和栾川。在烟叶香韵表现方面，巴西、津巴布韦和汝阳烟叶中的烤烟本香香韵——干草香的香势（标度值）显著高于洛阳其他7各样点；醇甜香香韵洛宁、宜阳和新安显著高于巴西、津巴布韦以及汝阳、伊川、栾川、嵩县、孟津等样点；焦甜香香韵巴西和津巴布韦显著高于洛阳8个取样点，但洛阳8个取样点之间，汝阳和伊川的焦甜香香韵显著高于其他样点；焦香香韵孟津和伊川烟叶显著高于巴西、津巴布韦。

在浓香型香气状态方面，津巴布韦和巴西显著高于洛阳的8个样点，但是在这8个样点中洛宁的沉溢程度又显著低于其他的7个样点；在烟气浓度方面，巴西和津巴布韦显著高于洛阳的8个样点，这8个样点中无差异；在劲头方面，巴西和孟津的烟叶劲头显著高于其他9个样点，这9个样点间无差异。

综上所述：①津巴布韦的浓香型特征最为显著，巴西次之。②在各个香韵强度表现方面，干草香和焦甜香以津巴布韦的标度值最高，洛阳各样点烟叶以伊川烟叶的焦甜香标度值最高；醇甜香以宜阳的标度值为最高；木香和辛香以巴西的标度值最高；焦香以伊川的标度值最高。③在浓香型沉溢程度方面，津巴布韦最高，巴西次之。④在浓香型劲头方面，巴西的烟叶劲头最大。⑤不同植烟区浓香型烟叶的香韵组成基本相同，但香韵明显程度存在较大差异（图2-19）。

表2-18　洛阳烟叶与国外烟叶风格指标比较

取样点	香型程度	香韵指标							香气状态	烟气浓度	劲头
	浓香型	干草香	醇甜香	焦甜香	木香	坚果香	焦香	辛香	沉溢程度		
洛宁	2.93b	2.92b	2.39a	2.04b	1.36b	1.23c	1.65b	1.36a	2.38c	2.99b	2.93a
宜阳	2.89b	2.66c	2.51a	2.19a	1.69a	1.30c	2.08a	1.26b	2.89b	3.12b	2.87b
汝阳	3.04a	3.00ab	1.56b	2.54a	1.38b	1.27c	1.98a	1.25b	2.89b	3.28b	2.68b
伊川	3.16a	2.89b	1.85b	2.58a	1.70a	1.28c	2.29a	1.17b	2.79b	3.05b	2.77b
新安	2.95b	2.94b	2.28a	2.26a	1.62a	1.22c	1.64b	1.32a	2.70b	3.01b	2.89b
嵩县	2.85b	2.82b	1.33b	2.04b	1.33b	1.37c	1.90b	1.05c	2.69b	2.88b	2.91a
孟津	2.70c	2.77c	1.21b	2.00b	1.38b	1.27c	1.87b	0.54c	2.66b	2.88b	2.93a
栾川	2.71c	2.84b	1.39b	1.99b	1.29b	1.31c	1.98a	0.54c	2.67b	2.93b	2.80b
巴西	3.50a	3.00ab	1.75b	2.92a	1.83a	1.92a	1.83a	1.45a	3.42a	3.50a	3.50a
津巴布韦	3.67a	3.17a	1.58b	3.25a	1.67a	1.75b	1.83a	1.33a	3.58a	3.50a	3.00b

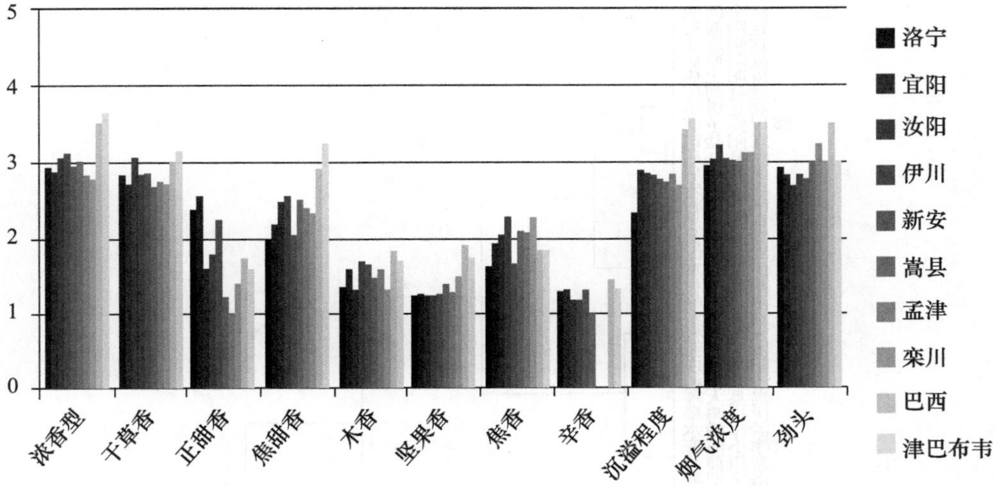

图 2-19　洛阳各样点烟叶与国外烟叶风格特征比较

八、洛阳烟叶风格细分与空间分布研究

（一）香型属性特征

在对洛阳烟叶香型属性系统评价的基础上，利用 GIS 技术对洛阳烟叶香型属性的空间分布规律进行了研究，发现分区结果与聚类的结果大体相一致（表 2-19），结果表明洛阳烟叶香型属性可以划分为香型明显区、香型稍显区两个区域。香型明显区，该区的标度值 90%以上在 2.50~3.16，主要在包含洛宁、伊川和汝阳的部分地区，嵩县、孟津县和栾川全部地区；香型稍显区，该区表该区的标度值 90%以上在 2.00~2.50，包含汝阳部分地区、宜阳和洛宁部分区域（图 2-20、图 2-21）。

表 2-19　香型属性聚类统计分析

指标	类别	得分（分）	样点
香型细分	香型稍显区	2.00~2.50	洛宁杨坡、洛宁小界、洛宁上戈、洛宁兴华、洛宁山底、宜阳花果山、宜阳上观、汝阳小店、汝阳三屯
	香型明显区	2.50~3.16	洛宁下峪、洛宁底张、宜阳三乡、宜阳白杨、宜阳董王庄、汝阳靳村、汝阳柏树、嵩县大坪、伊川鸣皋、孟津横水、孟津小浪底、栾川谭头、洛宁河底、洛宁东宋、洛宁王村、宜阳盐镇、宜阳柳泉、宜阳高村、宜阳连庄、汝阳蔡店、汝阳上店、嵩县旧县、嵩县闫庄、嵩县田湖、嵩县饭坡、嵩县九店、伊川吕店、伊川葛寨、栾川狮子庙、新安李村、洛宁罗岭、新安铁门、新安曹村、宜阳赵堡、宜阳樊村、伊川酒后、汝阳刘店

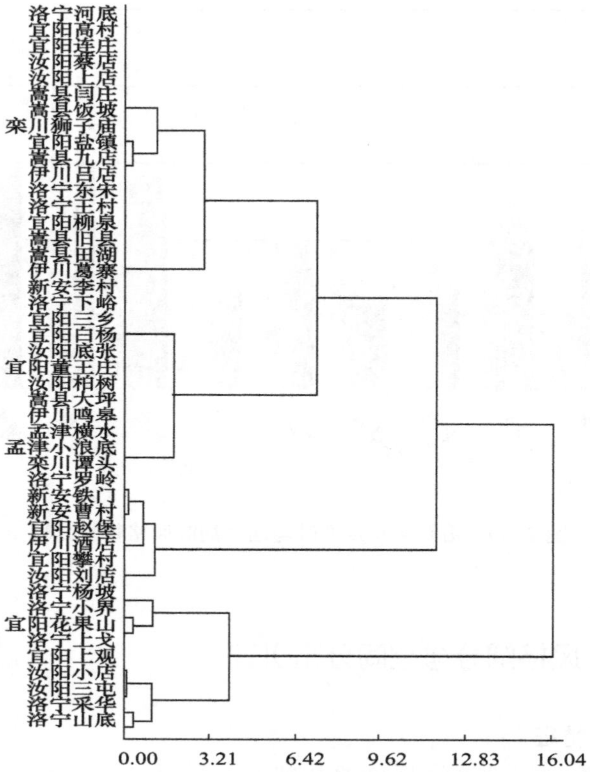

图 2-20　洛阳烟叶香型属性聚类

图 2-21　洛阳烟叶香型属性空间分布

（二）烟叶香韵特征细分

在对洛阳浓香型烟叶中共有的 7 种香韵评价的基础上，分别对各个香韵赋予均等权重，并利用 ArcGIS 技术研究了洛阳烟叶的香韵区域分布规律，发现分区结果与聚类的结果大体相一致。结果表明（表2-20、图2-22）：洛阳产区烟叶总香韵可以划分为凸显区、明显区和稍显区3个区域。香韵凸显区，表现为香韵凸显，该区的标度值85%以上在4.50~4.82，包含孟津全部地区，洛宁部分地区，嵩县西部和南部地区，宜阳和汝阳的西北部地区。香韵明显区，表现为香韵明显，该区的标度值95%以上在4.01~4.49，包含洛阳新安和栾川部分地区，洛宁和宜阳、汝阳、嵩县大部分地区，伊川除东北外的全部地区。香韵稍显区，该区的标度值90%以上在3.69~4.00，包含洛阳河底、罗岭、东宋和新安曹村等地（图2-23）。

表2-20　洛阳烟区香韵聚类统计分析

指标	类别	得分（分）	样点
香韵细分	凸显区	4.50~4.82	洛宁兴华、洛宁底张、洛宁上戈、洛宁山底、宜阳董王庄、宜阳上观、宜阳花果山、嵩县闫庄、嵩县大坪、嵩县田湖、伊川鸣皋、伊川葛寨、伊川吕店、汝阳三屯、汝阳小店、汝阳靳村、孟津横水、孟津小浪底、栾川谭头、新安李村
	明显区	4.01~4.49	洛宁杨坡、洛宁小界、洛宁王村、洛宁下峪、宜阳盐镇、宜阳柳泉、宜阳赵堡、宜阳白杨、宜阳樊村、宜阳高村、宜阳连庄、宜阳三乡、汝阳柏树、汝阳上店、汝阳蔡店、汝阳刘店、嵩县饭坡、嵩县旧县、嵩县九店、伊川酒后、新安铁门、栾川狮子庙
	稍显区	3.68~4.00	洛宁河底、洛宁罗岭、洛宁东宋、新安曹村

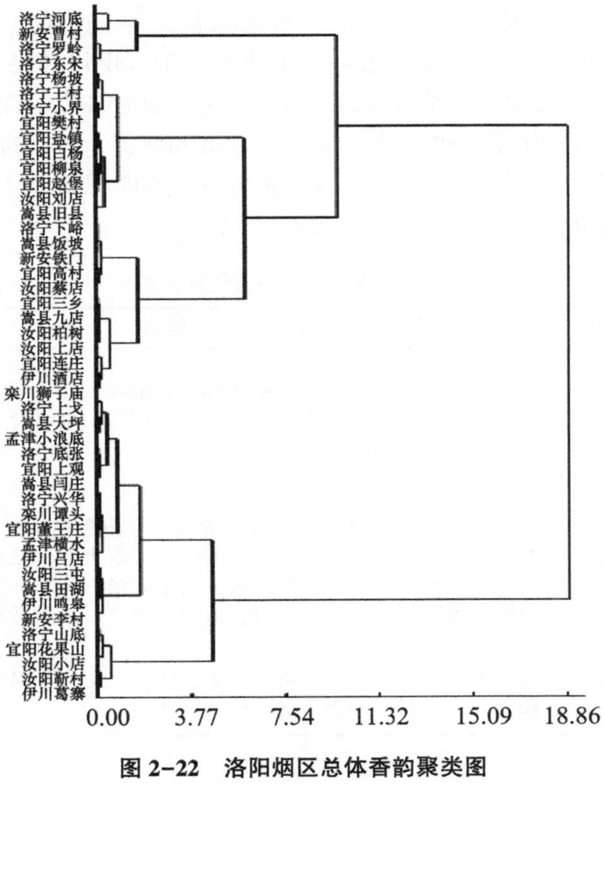

图2-22　洛阳烟区总体香韵聚类图

图 2-23 洛阳烟叶总香韵空间分布

（三）香气状态特征细分

在对洛阳烟叶香气状态系统评价的基础上，利用 GIS 技术对洛阳烟叶香气状态区域分布规律进行了研究，发现分区结果与聚类的结果大体相一致。结果表明：洛阳产区烟叶香气状态可以划分为较沉溢区、稍沉溢区和微沉溢区 3 个区域（表 2-21）。较沉溢区，该区的标度值 90%以上在 2.71~2.93，主要有宜阳、伊川和洛宁的部分地区，新安、嵩县和栾川的少部分地区；稍沉溢区，该区的标度值 85%以上在 2.50~2.70，包含洛阳伊川全部，汝阳除西南以外的全部，孟津的东部和南部，新安的东南部，宜阳的东部，嵩县的东部小部分地区；微沉溢区，该区的标度值 90%以上在 2.00~2.50，包含洛阳汝阳、洛宁和宜阳的少部分烟区（图 2-24、图 2-25）。

表 2-21 香型属性聚类统计分析

指标	类别	得分	样点
香气状态细分	较沉溢区	2.71~2.93	宜阳赵堡、宜阳樊村、宜阳盐镇、宜阳高村、伊川酒后、伊川吕店、新安铁门、新安曹村、嵩县旧县、汝阳刘店、栾川狮子庙、洛宁河底、洛宁王村、洛宁罗岭
	稍沉溢区	2.50~2.70	宜阳连庄、宜阳董王庄、宜阳柳泉、宜阳白杨、嵩县闫庄、嵩县大坪、嵩县田湖、嵩县九店、嵩县饭坡、汝阳蔡店、汝阳小店、汝阳上店、汝阳三屯、汝阳柏树、洛宁东宋、洛宁底张、洛宁下峪、伊川鸣皋、伊川葛寨、栾川谭头、新安李村、孟津小浪底、孟津横水
	微沉溢区	2.00~2.50	宜阳上观、宜阳三乡、洛宁兴华、洛宁上戈、汝阳靳村、洛宁山底、宜阳花果山、洛宁小界、洛宁杨坡

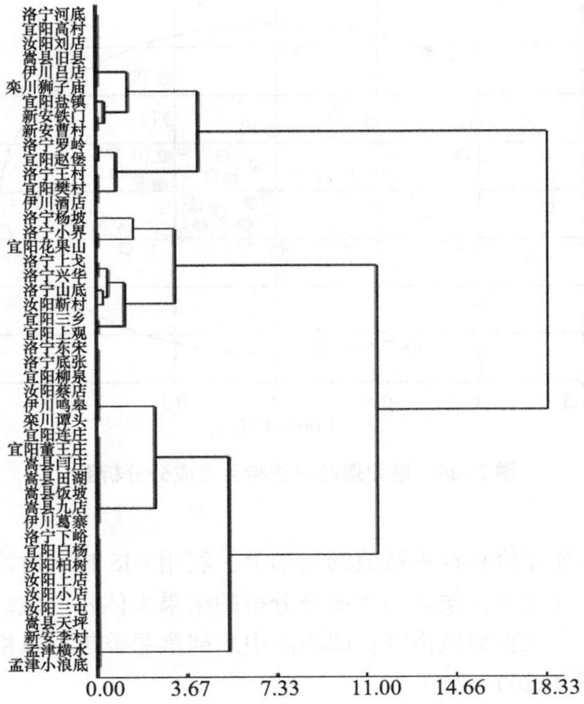

图 2-24　洛阳烟叶香气状态聚类图

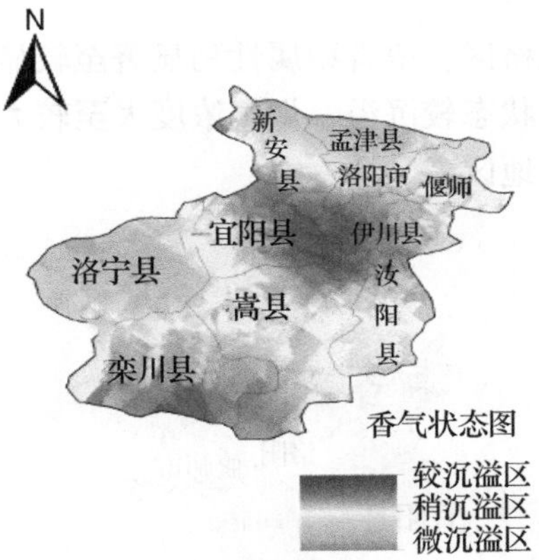

图 2-25　洛阳烟叶香气状态空间分布

（四）洛阳整体烟叶风格细分

采用主成分分析法对洛阳取样点烟叶样品风格特征总得分进行分析，将洛阳产烟县分成两大类。其中第Ⅰ类为栾川、嵩县、伊川等 24 个植烟区，风格特征总得分 >3.8 分，该类烟叶风格特征明显，口感较好。第Ⅱ类为洛宁、宜阳、新安等 22 个植烟区，风格特征总得分在 3.4~3.7 分，该类烟叶风格特征稍明显，口感稍好。

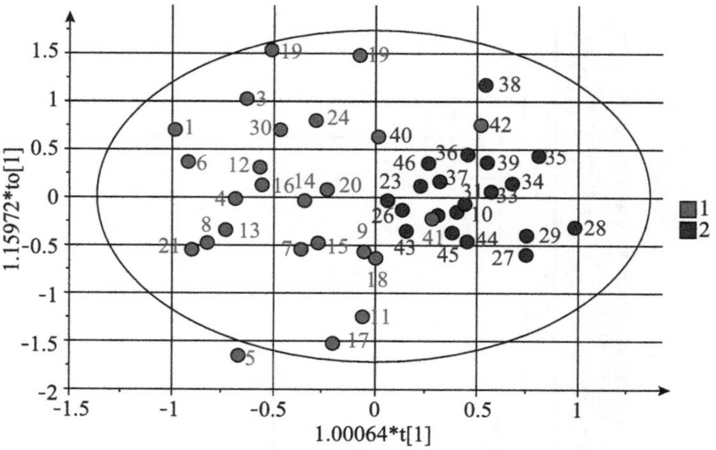

图 2-26　洛阳烟叶风格特色主成分分析图

在对风格要素系统评价和权重赋值的基础上，利用 GIS 技术对洛阳烟叶风格区域分布规律进行了研究，发现分区结果与主成分分析的结果大体相一致。结果表明，洛阳浓香型烟叶可细分为 2 个亚香型风格区：即洛阳中东部焦甜香焦香风格区和洛阳西部醇甜香焦甜香风格区（图 2-26）。

洛阳中东部焦甜香焦香风格区：该区浓香型属性显著，典型性强，焦甜香明显，焦香次之，烟气浓度相对较大，劲头较足，包括洛阳市的除醇甜香焦甜香风格区以外的所有烟区（图 2-27）。

洛阳西部醇甜香焦甜香风格区：浓香型属性稍显著至较显著，典型性中等偏弱，醇甜香明显，焦甜香次之，香气状态较沉溢，烟气浓度大至较大，劲头较大至稍大，主要包括洛宁、宜阳和新安大部分地区。

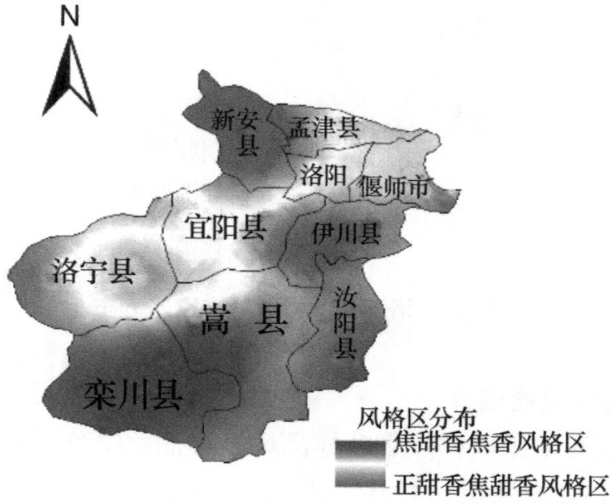

图 2-27　洛阳烟叶风格特色评价空间分布

第二节　洛阳烟叶质量区域分布规律

一、取样和分析方法

见本章第一节。

二、洛阳不同产地烟叶质量统计分析

（一）外观质量

表 2-22　洛阳烟叶外观质量各个指标不同产区间统计分析　　单位：分

地点	颜色	成熟度	叶片结构	身份	油分	色度
洛宁	7.00	6.60	6.70	6.70	5.00	4.50
宜阳	7.20	6.90	6.90	7.00	5.20	4.90
汝阳	8.00	7.60	8.00	7.60	6.30	5.30
嵩县	7.20	7.10	7.50	7.00	5.30	4.40
伊川	7.50	7.00	5.50	6.20	6.00	4.50
新安	7.10	6.60	6.40	6.70	5.20	4.80
孟津	7.40	7.10	6.80	6.30	6.50	5.30
栾川	7.80	7.30	8.00	7.30	6.00	5.00

通过对洛阳烟叶外观质量各个指标不同产区间统计（表 2-22、图 2-28），结果表明，不同产区烟叶质量虽然存在一定的差异，但总体上洛阳烟叶在烤后烟叶颜色、成熟度、叶片结构上、身份上相对于油分和色度的得分相对较高，说明洛阳烟叶田间生长发育、鲜烟叶素质上有待提高，而且油分和色度两项指标得分较低，说明洛阳烟叶香气质、香气量上需要大幅度提高。

不同产区相比较，汝阳在综合得分中每个指标均是最高的，说明汝阳的质量相对于其他各县的外观质量较好。颜色上的得分可看出，各个产区都处于橘黄范围，其中汝阳和栾川表现最好；在成熟度上：各个产区处于成熟和完熟之间，其中汝阳和栾川表现最好；在叶片结构上：各个产区都处于尚疏松的范围，其中汝阳和栾川表现最好；在身份上：各个产区都偏薄或偏厚，汝阳和栾川得分最高；在油分上：各个产区油分偏少，汝阳和孟津的油分表现最好；在色度上：各个产区色度普遍较差，汝阳和孟津表现稍好。整体来讲，洛阳地区烟叶成熟度表现较好，组织结构疏松感强、叶片柔软，但油润感不足，整体色度表现较差。

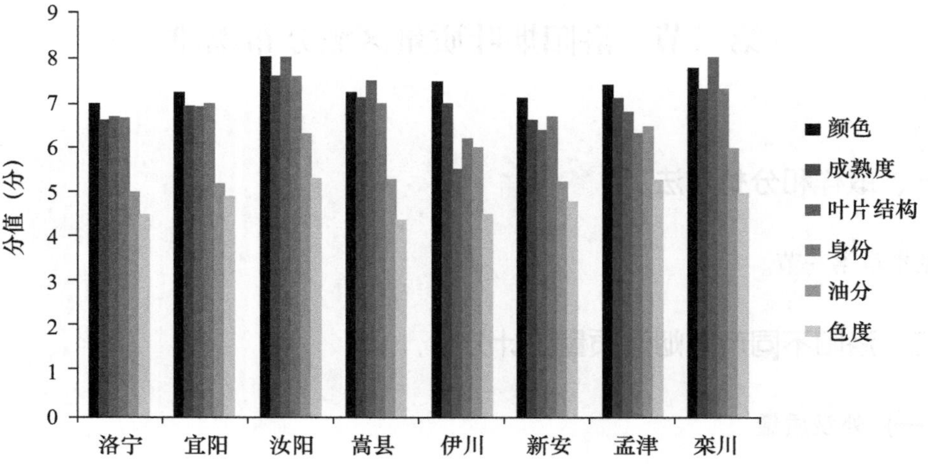

图 2-28 洛阳烟叶不同产区之间物理特性比较

（二）物理特性

通过对洛阳烟叶外观质量各个指标不同产区间统计结果表明（表 2-23，表 2-24），不同产区烟叶质量差异不大，总体上洛阳烟叶在烤后烟叶平衡含水率得分最高，填充值最好，而叶质重、含梗率、拉力以及厚度得分最低。在含梗率和叶质重上，烟叶叶片密度大，出丝率低，单箱耗丝量较大，说明洛阳烟叶的工业适用性有待提高。

不同产区相比较，汝阳在综合得分中每个指标均是最高的，说明汝阳的质量相对于其他各县的物理特性相对较好（图 2-29）。除了汝阳和嵩县在平衡含水率、填充值以及含梗率得分较高之外，其他各县仅有平衡含水率以及填充值较好。

表 2-23 洛阳烟叶物理特性各指标不同产区间统计分析

地点	叶质重（g/m^2）	平衡含水率（%）	含梗率（%）	填充值（cm^3/g）	拉力（N）	厚度（μm）
洛宁	103.70	10.94	24.31	4.86	1.28	145.89
宜阳	102.80	13.31	33.26	4.10	1.41	146.00
汝阳	138.00	16.03	16.75	5.03	1.12	166.00
嵩县	95.60	12.31	16.98	3.66	1.37	135.80
伊川	126.00	15.23	27.88	3.31	1.96	142.00
新安	124.44	15.83	21.09	3.13	1.82	141.74
孟津	128.18	16.59	20.18	2.80	1.96	139.94
栾川	102.00	14.85	30.16	4.13	1.22	146.00

表 2-24　洛阳烟叶物理特性各个指标不同产区间得分统计分析　　单位：分

地点	叶质重	平衡含水率	含梗率	填充值	拉力	厚度	综合得分
洛宁	68	68	93	100	75	60	76
宜阳	68	95	65	100	80	60	82
汝阳	60	100	100	100	65	60	82
嵩县	75	85	100	98	78	50	83
伊川	60	100	83	95	100	55	90
新安	55	100	100	93	100	55	91
孟津	55	100	100	85	100	55	91
栾川	55	100	73	100	73	55	80

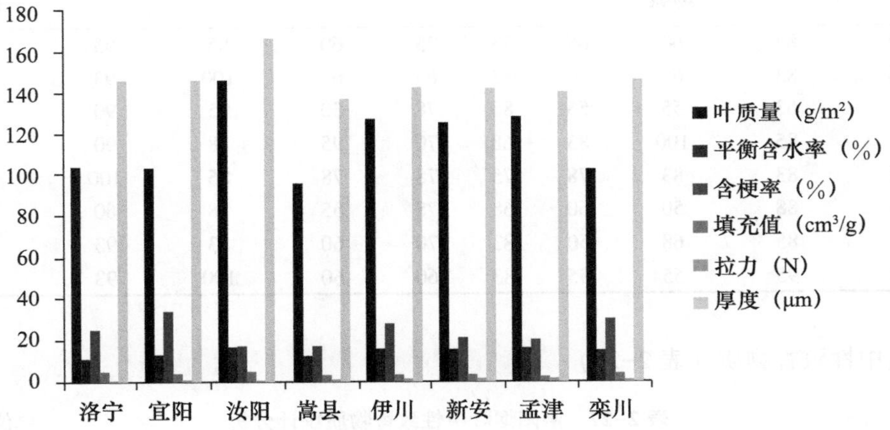

图 2-29　洛阳烟叶不同产区之间物理特性比较

（三）化学成分

通过对洛阳的烟叶常规化学成分统计分析（表 2-25、表 2-26），结果表明，洛阳的糖含量较优质烟叶的含量高，总氮含量偏低，钾含量偏低，在协调性上糖碱比偏高，钾氯比在优质烟的范围内，氮碱比宜阳和汝阳的偏高外，其他均在优质烟的范围内。说明洛阳烟叶的化学成分协调性不好，有待改善加强。

各个产区烟叶化学成分的稳定性上有待加强，整体呈现糖含量较高，钾含量低，造成洛阳整个地区的协调性失调，对烟叶的质量有较大影响，在调节烟叶的营养平衡方面有待加强。焦甜香焦香风格区即汝阳、伊川、嵩县、孟津和栾川：呈现碱高、钾低、糖适中，氮碱比、糖碱比相对协调；醇甜香焦甜香风格区即宜阳、洛宁和新安表现为：呈现糖、钾含量高，氮碱比、钾氯比适中。通过权重得分情况可知，洛阳整体得分偏低，含碱量偏低，可从降糖提碱的方面提高洛阳整体烟叶的协调性。

表 2-25　洛阳烟叶常规化学成分各指标多重比较分析　单位：%

地点	还原糖	总植物碱	氮	钾	氯	糖碱比	钾氯比	氮碱比
洛宁	25.60b	1.52cd	1.66b	1.30b	0.23b	16.84b	5.65b	1.09a
宜阳	24.80b	1.67bc	1.90a	1.61a	0.14d	14.85c	11.50a	1.14a
汝阳	27.40a	1.23ef	1.46d	1.69a	0.24a	22.28a	7.04b	1.19a
伊川	25.00b	2.31a	1.82b	1.16c	0.20c	10.82d	5.80b	0.79b
新安	25.80b	1.86bc	1.78b	1.40b	0.25a	13.87d	5.60b	0.96b
嵩县	25.76b	1.15f	1.57c	1.15c	0.24a	22.40a	4.79c	1.37a
孟津	25.14b	1.67b	1.37d	1.57a	0.19c	15.03c	8.31a	0.82b
栾川	23.53c	1.42c	1.52c	1.60a	0.11d	16.57b	15.21a	1.07a

表 2-26　洛阳烟叶常规化学成分指标得分比较　单位：分

地点	还原糖	总植物碱	氮	钾	氯	糖碱比	钾氯比	氮碱比	综合得分
洛宁	83	60	65	73	75	60	85	95	67
宜阳	83	68	90	83	63	68	100	93	73
汝阳	63	55	55	85	78	50	95	90	62
伊川	85	100	83	68	70	95	88	90	80
新安	83	83	78	75	78	78	85	100	75
嵩县	88	50	60	68	78	55	78	60	60
孟津	85	68	50	83	70	60	83	93	67
栾川	95	55	55	83	60	60	100	93	68

A. 中性致香物质（表 2-27）

表 2-27　洛阳烟叶中性致香物质统计分析　单位：μg/g

地点	芳香族氨基酸	美拉德反应物	类西柏烷类	新植二烯	类胡萝卜素	权重得分（分）
洛宁	3.52	2.95	32.83	453.37	61.22	63.00
宜阳	9.14	11.85	26.34	936.20	90.11	85.00
汝阳	3.49	9.09	21.68	526.74	66.41	68.00
伊川	9.87	12.01	62.51	613.54	95.02	70.00
新安	4.56	7.45	44.10	430.13	40.42	63.00
嵩县	5.00	12.00	28.75	281.68	68.00	50.00
孟津	3.80	3.50	28.91	725.98	68.00	73.00
栾川	4.20	3.40	28.94	543.01	54.00	65.00

通过对洛阳烟叶中性致香物质进行统计分析与评价结果表明，洛阳总体香气物质含量相对较低，不同产地相比较，以宜阳的中性香气成分含量最高，洛宁和新安的含量最低，烟叶中香气物质在年际间变动最大的物质是新植二烯，因此应加强新植二烯关键基

因挖掘与调控技术研究，以利于洛阳烟叶质量的稳定提高。在整体香气物质的提高方面有待加强，需要进一步的研究提高其整体烟叶的质量（图 2-30、图 2-31）。

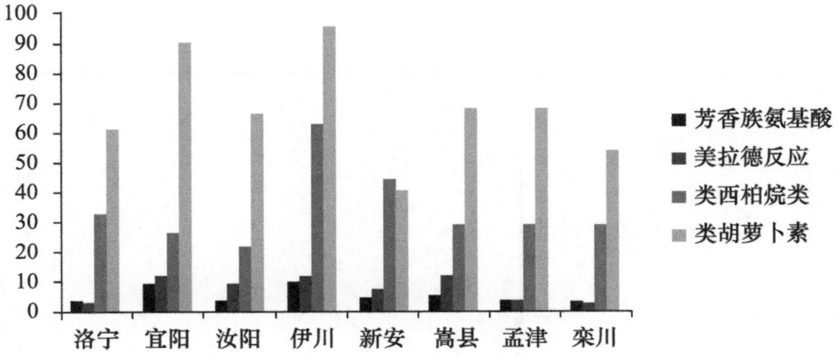

图 2-30 洛阳烟叶不同样点部分中性致香物质含量比例

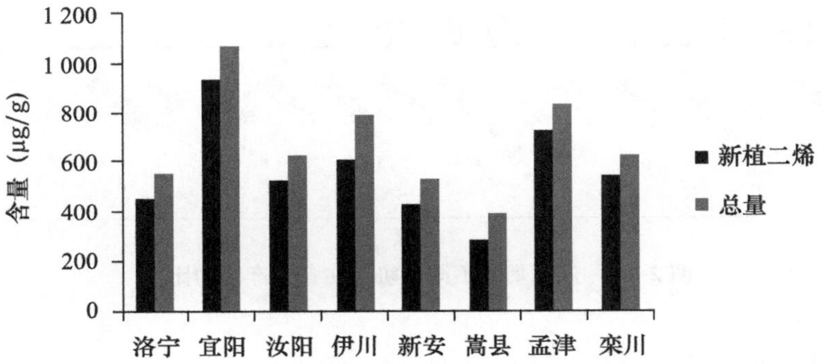

图 2-31 洛阳烟叶不同样点新植二烯、中性致香物质总量比较

B. 有机酸（表 2-28）

表 2-28 洛阳烟叶有机酸不同产区间比较

地点	草酸	丙二酸	γ-戊酮酸	富马酸	丁二酸	苹果酸	2，4-庚二烯酸	柠檬酸	棕榈酸	十七酸	亚油酸	油酸	硬脂酸	总量	权重得分（分）
洛宁	8.15	3.32	0.61	1.07	0.47	76.3	10.4	6.58	1.59	0.71	0.68	4.61	0.33	1 155	85
宜阳	3.56	2.02	1.08	0.86	0.36	43.3	13.1	4.04	1.72	0.75	0.57	4.94	0.34	76.7	95
汝阳	7.26	1.76	1.5	0.79	0.43	34.9	11.9	7.39	1.53	0.78	0.52	4.41	0.33	73.5	93
伊川	5.01	2.38	0.98	0.78	0.42	49.2	11.3	6.16	1.2	0.82	0.59	3.47	0.25	82.6	100
新安	4.6	2.63	1.89	0.61	0.41	41.9	12.1	4.66	1.6	0.72	0.64	4.68	0.39	76.9	95
嵩县	6.15	2.12	1.96	2.07	0.41	36.3	12.3	5.25	1.38	0.78	0.58	4.02	0.33	73.6	93
孟津	3.56	2.01	1.4	0.86	0.4	38.0	12.4	5.07	1.43	0.79	0.58	4.84	0.34	71.7	90
栾川	2.97	1.91	1.85	0.55	0.4	49.7	12.6	4.9	1.38	0.8	0.57	3.75	0.34	81.8	100

通过对洛阳产区有机酸进行分析（图2-32），洛阳烟区的有机酸表现较好，其中以伊川和栾川两个产区的有机酸表现最好，符合优质烟叶有机酸的要求，在优化烟叶其他问题的同时要保持原有的有机酸水平。

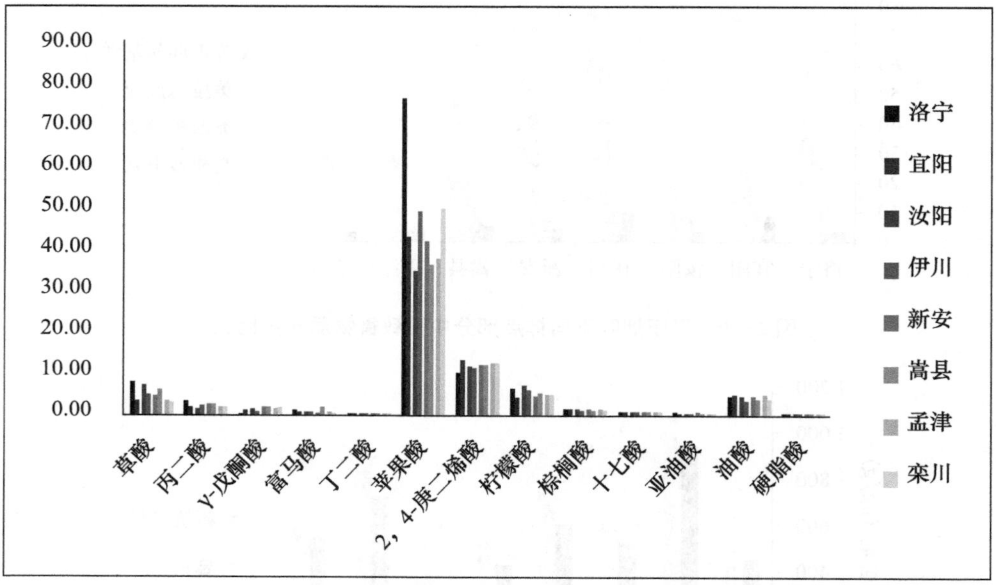

图2-32　洛阳烟叶不同有机酸在各个产区的比较

C. 多酚类物质（表2-29）

表2-29　洛阳烟叶多酚类物质不同产区间比较

地点	绿原酸（g）	芸香苷（g）	莨菪亭（g）	总值（g）
洛宁	1.09	0.67	0.01	1.77
宜阳	0.88	0.59	0.01	1.47
汝阳	0.84	0.60	0.01	1.45
伊川	1.05	0.66	0.01	1.72
新安	0.38	0.31	0.00	0.70
嵩县	1.46	0.99	0.01	2.47
孟津	0.56	0.41	0.01	0.98
栾川	0.65	0.43	0.01	1.10

通过对洛阳烟叶多酚含量的分析（图2-33），伊川和孟津的含量明显低于洛阳其他地方，说明孟津和伊川受胁迫产生的香气前体物明显低于其他各县；洛宁、新安、栾川含量较高，说明这3个县有产生高香气的条件，可以充分利用洛宁、新安、栾川的生态条件，选取优良品种提高洛阳烟叶中的香气。

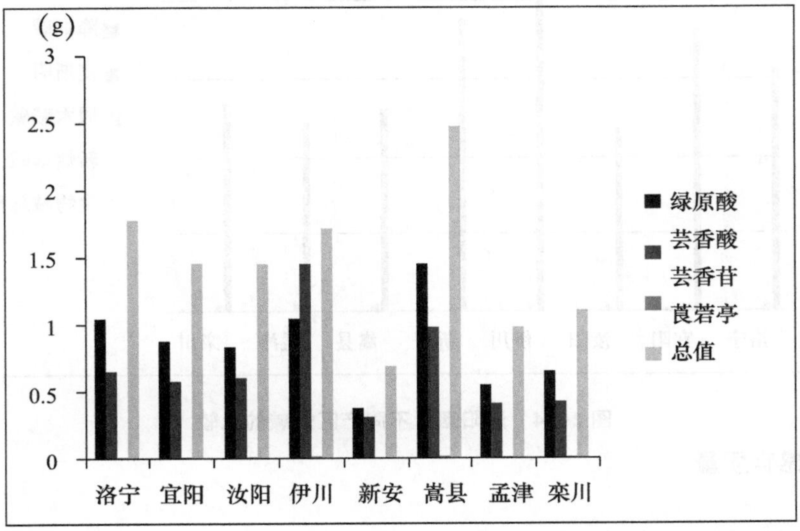

图2-33　洛阳烟叶不同产区多酚类物质的比较

D. 生物碱（表2-30）

表2-30　洛阳烟叶生物碱不同产区间比较

取样点	烟碱（%）	降烟碱（%）	麦斯明（%）	假木贼碱（%）	新烟草碱（%）	生物碱总量（%）
洛宁	1.56	0.06	0.0011	0.01	0.14	1.77
宜阳	1.81	0.04	0.0008	0.02	0.10	1.98
汝阳	1.19	0.05	0.0009	0.01	0.08	1.33
伊川	2.33	0.06	0.0010	0.02	0.17	2.58
新安	1.89	0.05	0.0007	0.02	0.15	2.10
嵩县	1.31	0.05	0.0007	0.02	0.15	1.52
孟津	1.22	0.05	0.0007	0.02	0.16	1.45
栾川	1.34	0.05	0.0006	0.16	0.17	1.72

通过对洛阳烟区生物碱的比较（图2-34），伊川烟叶的总生物碱含量符合优质烟叶的标准，其次宜阳和新安烟区表现较好，其他烟区的生物碱含量较低，影响着烟叶整体质量，应加强提高生物碱含量的技术研究，整体提高洛阳烟区的烟叶质量。

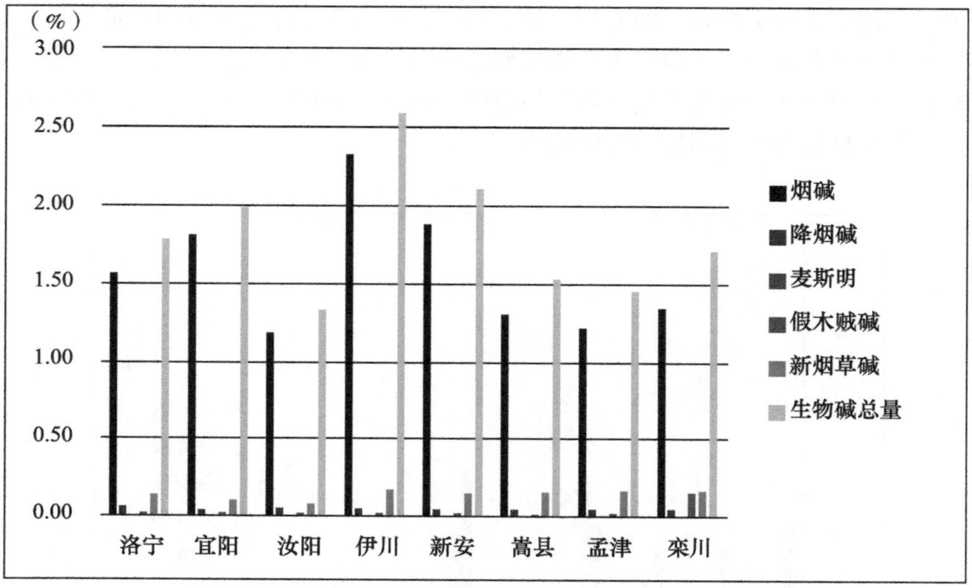

图 2-34　洛阳烟叶不同产区烟碱的比较

（四）感官质量

通过对洛阳烟叶感官质量各指标进行统计分析表明（表2-31），洛阳烟叶感官评吸质量总体较好，不同产地相比较新安的香气质和干燥感均是最强的，在细腻程度、柔和程度和圆润感方面汝阳均达到最高水平而且有着较小的刺激性和干燥感。说明各个产地烟叶的感官质量特点综合比较，汝阳的相对较好，新安的感官质量上存在着明显的差别需要进一步提高其内含物质改变其感官质量。汝阳、伊川、嵩县、孟津和栾川的感官质量表现为：香气量足、烟气浓度大，透发性强等特点，伴随有青杂气、生青气，干燥感、刺激性大，烟气不够细腻等缺点；而宜阳、洛宁、新安的感官质量主要表现为：烟气浓度适中、细腻、圆润等特点，伴随有枯焦气、刺激性稍大、干燥感稍强等缺陷（图2-35至图2-37）。

表 2-31　洛阳烟叶感官质量各指标年际间统计分析　　单位：分

地点	香气质	香气量	透发性	细腻程度	柔和程度	圆润感	刺激性	干燥感	余味	杂气总量	权重得分
洛宁	3. 01a	3. 12a	3. 21a	3. 04a	3. 12a	2. 90a	2. 15a	1. 89a	2. 88ab	4. 23ab	53. 08
宜阳	3. 05a	3. 24a	3. 15ab	3. 14a	3. 10a	2. 87a	2. 29a	1. 99a	3. 01a	4. 18ab	53. 94
汝阳	2. 87ab	3. 13a	3. 06ab	2. 80b	2. 87a	2. 67b	2. 07a	2. 03a	2. 74ab	4. 12ab	50. 98
伊川	3. 07a	3. 14a	3. 14ab	2. 93a	2. 93a	2. 79a	2. 29a	2. 00a	2. 79ab	4. 06b	52. 14
新安	2. 93ab	3. 00a	3. 20ab	3. 01a	2. 90a	2. 75a	2. 18a	1. 98a	2. 79ab	3. 96a	51. 54
嵩县	2. 84ab	2. 94a	2. 96ab	2. 84a	2. 94a	2. 78a	2. 23a	1. 97a	2. 76ab	4. 75ab	52. 34
孟津	2. 65a	2. 97a	2. 91b	2. 87c	2. 97b	2. 59c	2. 24a	2. 30b	2. 58b	4. 43ab	51. 72
栾川	2. 94ab	3. 08a	3. 14b	3. 00a	3. 00a	2. 97a	2. 00a	1. 92a	2. 78ab	4. 46ab	52. 70

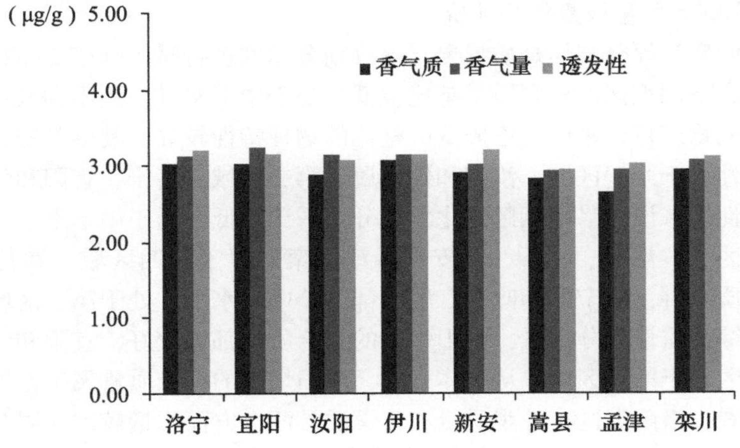

图 2-35　洛阳烟叶香气特性比较

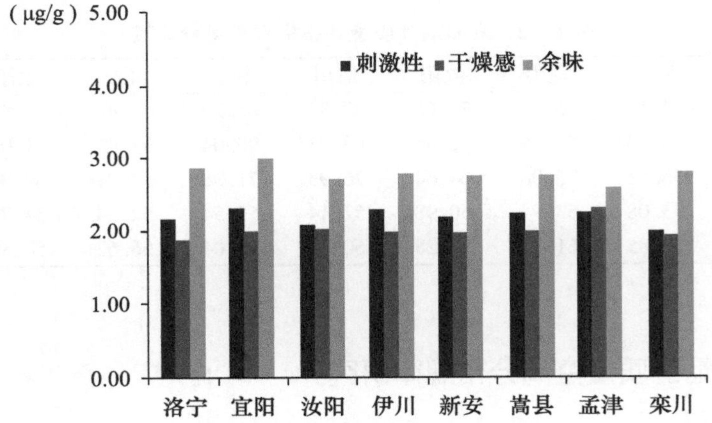

图 2-36　洛阳烟叶口感特性比较

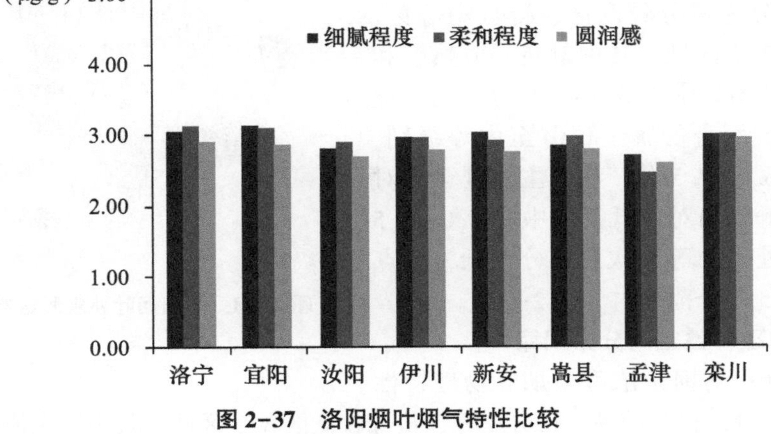

图 2-37　洛阳烟叶烟气特性比较

（五）洛阳烟叶质量权重得分评价

将洛阳烟叶质量评分与烤烟质量要素得分划分标准进行对照（表2-32），可知，从外观质量来讲，洛阳烟区的外观质量都比较低，处于中下水平，汝阳和栾川的的外观质量相对较好；从物理特性来讲：洛阳烟区整体的物理特性较好，其中新安，嵩县和孟津的烟叶物理特性属于第一区域，汝阳和伊川属于第二区域，洛宁、宜阳和栾川属于第三区域；从化学性质来说，洛阳烟区的化学成分水平比较低，属于中下水平，其中宜阳和伊川处于第三区域，洛宁、汝阳、新安、孟津和栾川属于第四区域，嵩县属于第五区域；从感官性质来讲，洛宁的烟叶感官质量都属于中等水平，处于第三区域，感官质量比较稳定。从综合质量得分来看，洛阳烟区的综合质量都比较好，宜阳和伊川处于第一区域，其他产区处于第二区域。从整体来看，洛阳烟区的综合质量属于上等水平，但是从各个指标来看，洛阳烟区在外观质量和化学质量两个方面质量较差，同时各个产区的质量相差也比较大。应加强对品种的选择来适应各个产区的生产，以提升洛阳烟叶各个方面的质量。

表2-32　洛阳烟叶质量各指标权重得分比较　　单位：分

地点	洛宁	宜阳	汝阳	伊川	新安	嵩县	孟津	栾川
外观性质	64.19	66.72	74.66	67.82	65.29	64.48	68.45	72.41
物理特性	75.83	81.79	82.30	83.03	90.04	91.48	91.00	80.29
化学性质	65.53	75.96	64.64	76.93	71.38	57.81	69.03	67.11
感官性质	53.08	53.94	50.98	52.14	51.54	52.34	51.72	52.70
合计	57.85	61.22	57.28	60.39	59.04	56.62	58.89	58.71

三、洛阳烟叶质量空间分布规律研究

（一）外观质量空间分布规律

研究结果表明：对洛阳烟叶外观质量依据得分可划分为得分较高区、得分中等区、得分较低区3个区域，其中颜色、成熟度和叶片结构得分均集中在6.5~8.0分，属于优良等级范畴；而身份属于稍薄至中等级别，得分集中在6.0~7.5分，油分主要处于相对不足范畴，得分相对偏低，集中在5.0~6.5分；色度则处于中等层次，得分偏低，重点集中在4.5~5.5分范围内（图2-38）。

图2-38　洛阳烟叶外观质量空间分布

（二）物理特性空间分布规律

研究表明，对河南浓香型烟叶物理特性依据得分可划分为得分较高、得分中等、得分较低区3个区域。其中填充值、平衡含水率、含梗率最为适中、合理，分别集中在 2.83 ~ 3.72cm^3/g，12.65% ~ 15.78% 和 27.00%~33.73%；而洛阳烟叶叶质重、厚度偏高，表现较差，分别处在 95.6~130g/m^2、135.8~166μm；洛阳烟叶的拉力指标相对偏低，分别集中在 1.12~1.96N（图 2-39）。

图 2-39　洛阳烟叶物理特性空间分布

（三）化学成分区域分布规律

研究表明，通过对洛阳烟叶常规化学成分测定和综合得分，可将烟叶化学质量划分为协调、较协调、次协调 3 个类型区。总体来看，洛阳烟叶还原糖含量较高，主要集中在 18%~32.13%的优质烟含量范围内；洛阳烟叶总植物碱、氮含量、氮碱比较好，含量分别集中在 1.23%~2.31%、1.3%~2.3%、0.7%~1.3%；烟叶中糖碱比有些偏高，主要集中在 10.15~25.43（图 2-40）。

图 2-40　洛阳烟叶化学成分空间分布

（四）感官质量区域分布规律

研究表明，洛阳烟叶感官质量评价得分可将感官质量划分为好、较好、一般区 3 个质量类型区。其中质量好的类型区包括洛阳市的东南部烟区，代表烟区为汝阳和伊川；质量较好的类型区则集中在洛阳北部大部分烟区，代表烟区为新安、洛宁等（图 2-41）。

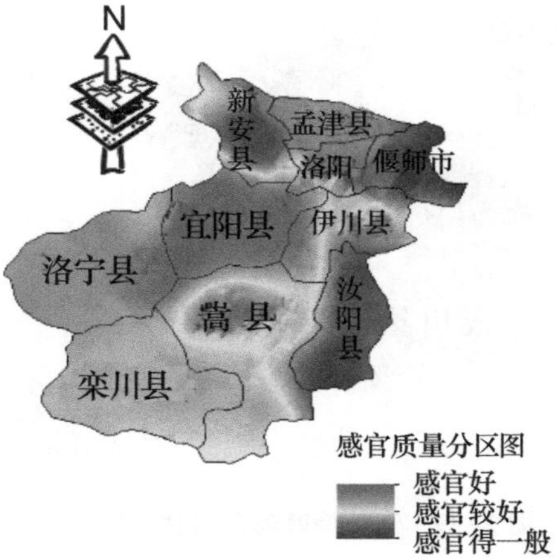

图 2-41　洛阳烟叶感官质量空间分布

第三节　洛阳与典型浓香型产区烟叶质量比较

一、取样和分析方法

见本章第一节。

二、外观质量分析

通过对洛阳与皖南宣州、韶关南雄、许昌襄县、郴州贵阳产区作对比（表 2-33），观察洛阳烟叶外观质量可知，在颜色上，宜阳、新安、洛宁的得分较低，其橘黄表现不明显，汝阳和宣州与在颜色上表现明显，显著高于其他产区，而伊川和栾川次之。成熟度上，汝阳、南雄、桂阳得分最高，显著高于洛阳其他产区，而宜阳、新安、洛宁的得分相对较低。叶片结构上，汝阳、栾川、宣州、南雄、桂州得分较高，叶片结构疏松，洛阳其他产区的叶片结构处于尚疏松状态。身份上，伊川和孟津的得分最低，身份稍薄；汝阳、栾川与宣州、桂阳的身份处于中等水平。油分上，洛阳 8 个产区与宣州、南雄、襄县、桂阳产区，油分均处于有但相对较少的水平。色度上均表现出中等水平，无显著性差异。

表 2-33　浓香型产区烟叶外观质量指标间统计分析　　单位：分

地点	颜色	成熟度	叶片结构	身份	油分	色度
洛宁	7.00	6.60	6.70	6.70	5.00	4.50
宜阳	7.20	6.90	6.90	7.00	5.20	4.90
汝阳	8.00	7.60	8.00	7.60	6.30	5.30
嵩县	7.20	7.10	7.50	7.00	5.30	4.40
伊川	7.50	7.00	5.50	6.20	6.00	4.50
新安	7.10	6.60	6.40	6.70	5.20	4.80
孟津	7.40	7.10	6.80	6.30	6.50	5.30
栾川	7.80	7.30	8.00	7.30	6.00	5.00
皖南宣州	7.83	7.33	8.17	7.33	5.50	5.17
韶关南雄	8.60	8.90	8.50	8.10	6.50	6.10
许昌襄城县	7.60	7.40	7.50	7.20	5.70	5.00
郴州桂阳	7.80	8.30	8.50	8.00	6.10	5.20

综上可知：①汝阳产区表现为橘黄较明显，成熟度良好，结构疏松，身份稍薄，油分有但较少，色度处于中等水平。②栾川得分次之，与汝阳表现相似，其他产区主要表现为橘黄色稍显，成熟度不高，结构处于尚疏松状态，身份在稍薄与稍厚之间徘徊，油分较少，色度处于中等水平。

三、物理特性分析

通过对洛阳烟区烟叶物理特性各个指标与全国典型烟区进行比较，发现在不同种类香气物质中，各个产地表现明显不同（表2-34）。其中，叶质重以郴州桂阳最高，许昌襄城县、韶关南雄、皖南宣州次之，洛阳洛宁、洛阳孟津、洛阳栾川、洛阳汝阳、洛阳伊川、洛阳宜阳含量相当，洛阳嵩县含量最低；洛阳烟区各产地平衡含水率平均值在14%左右，其他 4 个典型烟区的烟叶平衡含水率均在 11%左右；就含梗率来说，以郴州桂阳最高，洛阳宜阳、洛阳栾川和全国其他 3 个典型烟区含量在 30%附近，其余洛阳各烟区含梗率含量在 16.75%~27.88%；就填充值比较来看，以洛阳汝阳最高，洛阳孟津最低，其他烟区均在 3.13~4.86；抗张拉力以洛阳伊川、洛阳孟津最高，为 1.96N，以洛阳新安、皖南宣州次之，以郴州桂阳最低，为 0.82N，其余几个产烟区抗张拉力大小均在 1.12~1.41；烟叶厚度洛阳汝阳最大，为 166.00μm，其余洛阳产区烟叶厚度平均值在 140μm 左右，与全国其他典型烟区烟叶厚度相当。从含梗率和叶质重上，烟叶叶片密度大，出丝率低，单箱耗丝量较大，说明洛阳烟叶的工业适用性有待提高。

表 2-34　浓香型产区烟叶物理特性指标间统计分析

	叶质重（g/m^2）	平衡含水率（%）	含梗率（%）	填充值（cm^3/g）	拉力（N）	厚度（μm）
洛宁	103.70	10.94	24.31	4.86	1.28	145.89
宜阳	102.80	13.31	33.26	4.10	1.41	146.00
汝阳	138.00	16.03	16.75	5.03	1.12	166.00
嵩县	95.60	12.31	16.98	3.66	1.37	135.80
伊川	126.00	15.23	27.88	3.31	1.96	142.00
新安	124.44	15.83	21.09	3.13	1.82	141.74
孟津	128.18	16.59	20.18	2.80	1.96	139.94
栾川	102.00	14.85	30.16	4.13	1.22	146.00
皖南宣州	167.19	11.51	30.00	4.10	1.73	143.89
韶关南雄	193.87	11.92	28.51	4.17	1.41	144.67
许昌襄城县	241.91	11.25	28.06	4.45	1.41	154.56
郴州桂阳	258.87	11.98	37.93	3.76	0.82	137.00

四、中性致香物质分析

对洛阳烟区与全国典型烟区进行比较，发现全国浓香型不同产地相比较，烟叶中香气物质含量以郴州桂阳、洛阳宜阳总含量为最高，赣州石城、吉安安福次之，洛阳嵩县相对较低（表2-35）。在不同种类香气物质中，各个产地表现明显不同。其中，芳香族氨基酸降解产物含量以许昌襄城县最高，郴州桂阳、洛阳伊川、洛阳宜阳次之，洛阳洛宁、洛阳孟津、洛阳栾川、洛阳汝阳、皖南宣州、韶关南雄含量较低；美拉德反应降解产物以洛阳伊川、洛阳宜阳、郴州桂阳、韶关南雄为最高，洛阳新安和洛阳汝阳次之，洛阳洛宁、洛阳孟津、洛阳栾川的含量最低。在茄酮中，以洛阳伊川、皖南宣州为最高，洛阳新安和洛阳洛宁、郴州桂阳的含量次之，韶关南雄的含量最低；在叶绿素降解产物方面，郴州桂阳和洛阳宜阳的含量最高，洛阳孟津、洛阳伊川、洛阳栾川的含量次之，洛阳嵩县的含量最低。在类胡萝卜降解产物中，以洛阳伊川为最高，洛阳宜阳、韶关南雄、郴州桂阳、许昌襄县、皖南宣州次之，洛阳新安含量最低。

表 2-35　浓香型产区烟叶中性致香物质各指标分析　　单位：μg/g

地点	芳香族氨基酸	美拉德反应物	茄酮	新植二烯	类胡萝卜素
洛阳洛宁	3.52	2.95	32.83	453.37	61.22
洛阳宜阳	9.14	11.85	26.34	936.2	90.11
洛阳汝阳	3.49	9.09	21.68	526.74	66.41
洛阳伊川	9.87	12.01	62.51	613.54	95.02
洛阳新安	4.56	7.45	44.10	430.13	40.42

（续表）

地点	芳香族氨基酸	美拉德反应物	茄酮	新植二烯	类胡萝卜素
洛阳嵩县	5.00	12.00	28.75	281.68	68.00
洛阳孟津	3.80	3.50	28.91	725.98	68.00
洛阳栾川	4.20	3.40	28.94	543.01	54.00
皖南宣州	5.35	6.74	57.56	429.70	72.67
韶关南雄	5.39	11.22	12.05	454.84	88.73
许昌襄城县	14.30	10.77	27.94	529.01	79.72
郴州桂阳	10.36	11.96	28.36	987.00	87.79

五、感官质量分析

对洛阳烟叶与全国典型浓香型产区的宣州、南雄、襄城县和桂阳烟叶进行感官质量比较，主要对香气质、香气量、透发性、细腻程度和圆润感等指标进行比较（表2-36），可知，在香气特征上，洛阳烟叶的部分地区，如洛宁和宜阳、伊川的香气量、香气质和透发性上同全国典型浓香型产区皖南宣州、郴州桂阳、韶关南雄、许昌襄城县等地的香气特征相似，较洛阳其他产区的香气特征明显；在口感特性上，郴州桂阳的的余味得分最高，洛阳的其他产区与皖南宣州、韶关南雄、许昌襄城县等的全国典型浓香型产区的得分间无显著差异，在刺激性上和干燥感上，洛阳烟区的刺激性得分明显低于其他产区，说明洛阳烟叶在口感特性上的浓香型特征与典型烟区存在着显著差距，需要进一步提高烟叶的口感特性；在烟气特性上，通过比较烟气的细腻程度、柔和程度和圆润感，发现与皖南宣州、郴州桂阳、韶关南雄、许昌襄城县之间并无太大差距。在总体感官质量方面，以郴州桂阳、韶关南雄、洛阳洛宁得分相对较高，可见这些地区烟叶香气质、香气量、透发性、烟气细腻度、圆润感和余味等方面均有较好表现。而洛阳洛宁、许昌襄城县感官评吸得分次之，而新安、汝阳感官评吸得分较低，表现为香气量不足、烟气粗糙、余味舒适度相对较差。

综上所述：①香气特征上，洛宁、宜阳、汝阳、伊川的香气特征与典型烟区的特性表现一致，无明显差异性。②口感特征上与皖南宣州、郴州桂阳、韶关南雄、许昌襄城县典型烟区存在较大差异，烟叶的口感上需要进一步的提高。③在烟气特性上，洛阳产区尤其是洛宁和宜阳、新安、栾川等产区的烟气特征较明显，与全国典型烟区的烟气特性表现相似。

表2-36　浓香型产区烟叶感官质量各指标分析　　单位：分

地点	香气质	香气量	透发性	细腻程度	柔和程度	圆润感	刺激性	干燥感	余味	品质标度值
洛宁	3.01	3.12	3.21	3.04	3.12	2.90	2.15	1.89	2.88	7.25
宜阳	3.05	3.24	3.15	3.14	3.10	2.87	2.29	1.99	3.01	7.28
汝阳	2.87	3.13	3.06	2.80	2.87	2.67	2.07	2.03	2.74	6.05

（续表）

地点	香气质	香气量	透发性	细腻程度	柔和程度	圆润感	刺激性	干燥感	余味	品质标度值
伊川	3.07	3.14	3.14	2.93	2.93	2.79	2.29	2.00	2.79	6.50
新安	2.93	3.00	3.20	3.01	2.90	2.75	2.18	1.98	2.79	6.41
嵩县	2.84	2.94	2.96	2.84	2.94	2.78	2.23	1.97	2.76	5.87
孟津	2.65	2.97	2.91	2.70	2.47	2.59	2.24	2.30	2.58	4.34
栾川	2.94	3.08	3.14	3.00	3.00	2.97	2.00	1.92	2.78	7.00
皖南宣州	3.02	3.03	3.00	2.98	2.84	2.58	2.92	2.65	2.77	4.65
韶关南雄	3.23	3.17	3.26	3.07	2.84	2.71	2.72	2.43	2.94	6.07
许昌襄县	3.01	3.41	3.22	2.74	2.70	2.59	2.76	2.64	2.70	4.97
郴州桂阳	3.38	3.19	3.14	3.12	3.08	2.83	2.50	2.26	3.05	7.03

第四节　洛阳不同风格区烟叶指纹图谱构建及典型物质挖掘

首先通过对洛阳不同风格区烟叶样品及豫中典型烟叶样品进行整体化学物质的代谢指纹图谱方法构建，提取代谢指纹信息进行基于指纹信息的区域划分及数字化研究，之后通过对指纹信息进行多元统计分析，筛选出造成洛阳地区风格差异以及与豫中地区差异的代谢物质，并进行物质鉴定，从而得出洛阳不同风格区的典型物质。

一、取样和分析方法

见本章第一节。

二、UPLC-QTOF-MS/MS 数据的 PCA 分析

首先对洛阳 8 个县的烟草样品及豫中主要产区烟叶样品的代谢物质进行提取之后采用 UHPLC-QTOF-MSMS 进行分析，获得其烟叶中代谢物质的代谢指纹图谱。由于烟叶中的化学成分非常复杂，而正离子模式比较适合分析碱性代谢物质，负离子模式比较适合分析酸性物质，为更全面地分析烟叶中的各类代谢物质，采集了两种模式下的总离子流图，如图 2-42。

所获得的代谢指纹图谱数据包含噪声、缺失值以及一些数量级差异的大峰，对后期分析会造成影响，因此首先对所获得的数据进行包括对齐、峰值检测、峰值积分和保留时间（*RT*）校正等的预处理，处理之后进行 PCA 模式识别，得到简单的分区结果。

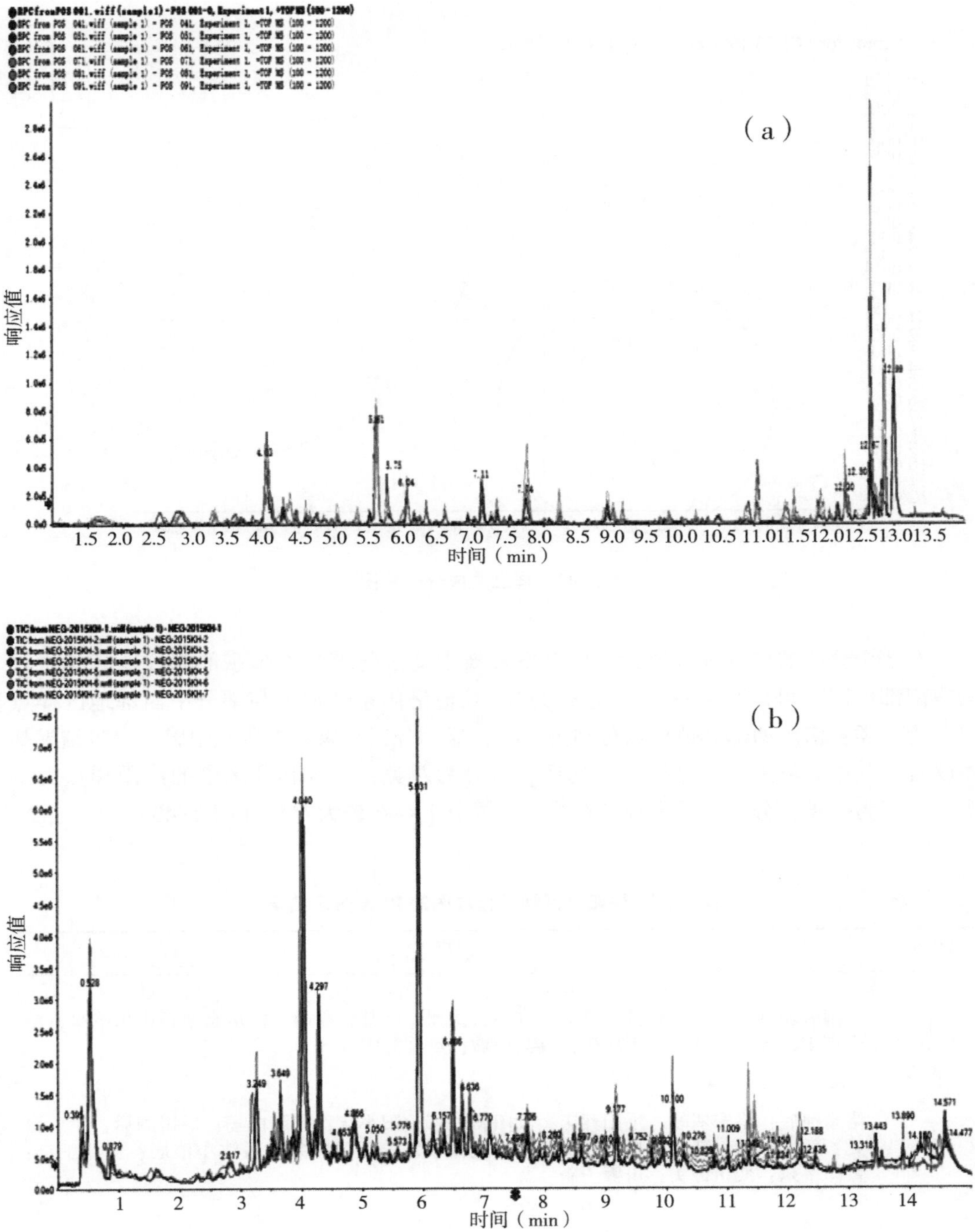

图 2-42　浓香型烟叶的 UPLC-QTOF-MS 分析代谢指纹总离子流（TIC）

（a）正离子模式下采集的 TIC 图；（b）负离子模式下的 TIC 图

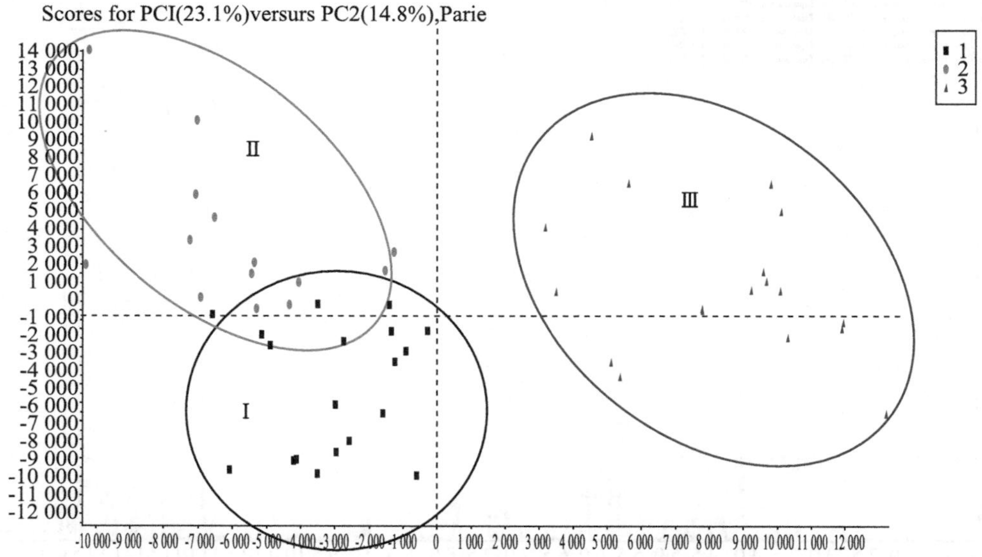

图 2-43 样品主成分分析图

对 3 个分区的样点进行统计，可以发现豫中地区与部分洛阳东部部分地区（主要为东南部地区）可以归为一类（表 2-37）；其他洛阳东部地区与部分中西部地区样点可归为一类；洛阳西部其他样点可归为一类，这个分区结果与本研究中感官评吸结果基本吻合。其中对洛阳地区进行分区的话，可分为两类，Ⅰ区和Ⅱ区中的洛阳样点为一类，Ⅲ区为一类，分区差异表现在在第一主成分上存在较大差异（图 2-43）。

表 2-37 洛阳产区烟叶指纹图谱 PCA 分区结果

类群	取样点
Ⅰ	河南襄城县；宝丰；郏县；临颍；许昌；禹州；叶县；鲁山；伊川葛寨；伊川鸣皋；洛宁东宋；汝阳刘店；汝阳柏树；嵩县饭坡；嵩县九店
Ⅱ	洛宁河底；洛宁罗岭；汝阳蔡店；汝阳靳村；汝阳小店；宜阳白杨；伊川酒后；伊川白元；新安李村；新安曹村；新安何沟；孟津横水；孟津常袋；孟津小浪底；孟津王良；孟津平乐；栾川谭头；川狮子庙
Ⅲ	洛宁上戈；洛宁山底；宜阳董王庄；宜阳三乡；宜阳盐镇；宜阳高村；嵩县旧县；嵩县闫庄；嵩县田湖；伊川吕店；新安铁门；新安石井；栾川秋扒；栾川三川；栾川城关

三、代谢差异物的筛选及鉴定

在 PCA 分析的基础上，进一步用 OPLS-da 分析对分区进行分析和验证。PLS-da是一种监督模式识别方式，其具有比 PCA 更好的判别能力，但当因子数目远大于样本数量时，其易出现过拟合现象，因此采用 OPLS-da 的模型识别方法。OPLS 可以在 pls 的样本空间分布基础上进行一定旋转，从而找到最好的区分度，提高区分效果的同时消除过拟合现象。

模型得分矩阵图如图 2-44. A。根据 OPLS-da 模型的 *VIP* 值筛选潜在的差异代谢物，要求 *VIP* 值大于 2，图 2-44. B 的因子载荷矩阵图中红色点即代表了 *VIP* 值大于 2 的变量因子。另外，对模型所划分的四组进行显著性检验和差异倍数检验，筛选出显著性检验 *P* 值小于 0. 05 同时差异倍数大于 2 的变量，图 2-44. C 即为以 *P* 值和差异倍数的 *log* 值为变量的火山图，其中红色点即为所挑选出的离子。将同时满足这三者的离子信息筛出后再进行 roc 曲线分析，如图 2-44. D。roc 曲线（receiver operator characteristic curve）即为受试者工作特征曲线，其可对数据的假阳性率进行分析，一般来说，其曲线下面积即 AUC 面积大于 0. 8，则说明此数据可用性极好。最终挑选出的差异代谢物

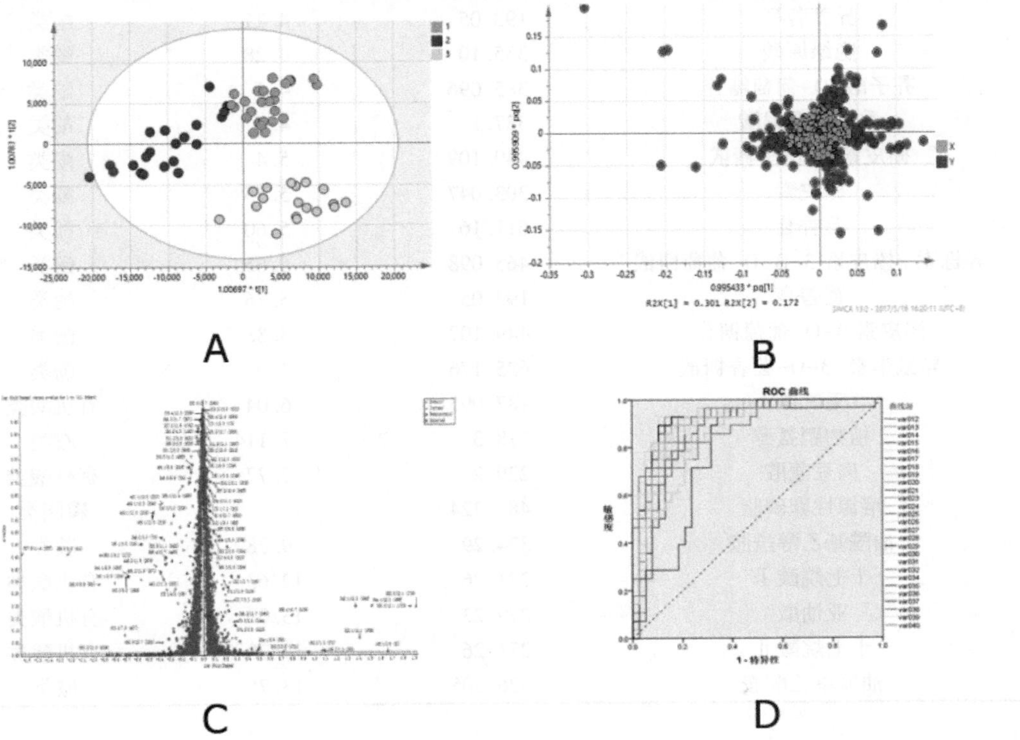

图 2-44 差异代谢物的筛选

A. opls 得分矩阵图；B. opls 模型因子载荷图；C. 火山图（根据 P 值与 Log 差异倍数绘制，红色区域为同时满足 P<0. 01 与差异倍数大于 2 的离子）；D. roc 曲线分析

离子需同时满足 *VIP* 值大于 2、显著性检验 *P* 值小于 0.05、差异倍数大于 2 及 AUC 面积大于 0.8 四个条件，之后对差异代谢物进行简单定性。

差异代谢物的结构鉴定主要包含了精确分子量的测量、二级质谱碎片的获得、数据库比对、保留时间比对等，本书结构鉴定主要通过 UPLC-QTOF-MSMS 数据分析平台 MASTERVIEW 进行，通过其与网上数据库获得理论的二级碎片结构，与数据中所获得的离子二级碎片结构对比推导出其可能的化学结构。鉴定结果如表 2-38。

表 2-38　部分差异代谢物鉴定结果

名称	质荷比	保留时间（min）	分类
尼古丁	163.123	0.508	胺类
柠檬酸	191.02	1.27	有机酸类
鸟嘌呤	284.098	1.51	核酸类
苯丙氨酸	166.084	1.6	氨基酸
阿魏酰奎尼酸	367.103	2.2	酚类
色氨酸	205.097	2.3	氨基酸
新绿原酸	355.10	3.31	酚类
黄尿酸	206.044	3.6	有机酸类
绿原酸	355.10	4.05	酚类
异莨菪亭	193.05	4.11	酚类
隐绿原酸	355.10	4.28	酚类
芥子酸-O-葡萄糖苷	385.096	4.5	酚类
香豆酰奎尼酸	337.1	4.77	酚类
槲皮素 3-鼠李糖甙	449.109	5.4	酚类
槲皮素	303.047	5.55	酚类
芸香苷	611.16	5.60	酚类
异栎素 /槲皮素 3-β-D-葡萄糖甙	465.098	5.65	酚类
莨菪亭	193.05	5.76	酚类
槲皮素 3-O-葡萄糖苷	449.107	5.88	酚类
异鼠李素-3-O-芸香糖甙	625.176	5.9	酚类
壬二酸	187.095	6.04	有机酸类
植物鞘氨醇	318.3	7.114	胺类
肉豆蔻酸	229.2	7.77	有机酸类
溶源性卵磷脂	482.324		磷脂类
油酰基乙醇酰胺	324.29	9.789	胺类
十七烷酸Ⅰ	271.26	12.63	有机酸类
亚油酸	279.23	13.00	有机酸类
十七烷酸Ⅱ	271.26	13.70	有机酸类
油酰单乙醇胺	326.305	13.75	胺类

从表 2-38 中可以看出，洛阳地区烟叶在酚类、有机酸类、胺类、氨基酸类等多种物质种群中都存在差异代谢物。

四、化学指纹图谱的建立及应用

对所筛选出的可能差异代谢物进行筛选，排除响应值过大及过小或峰形较差以及出峰时间相同的物质，对余下的物质进行 xic 图提取，作为其化学指纹图谱，图谱如图 2–45 所示。

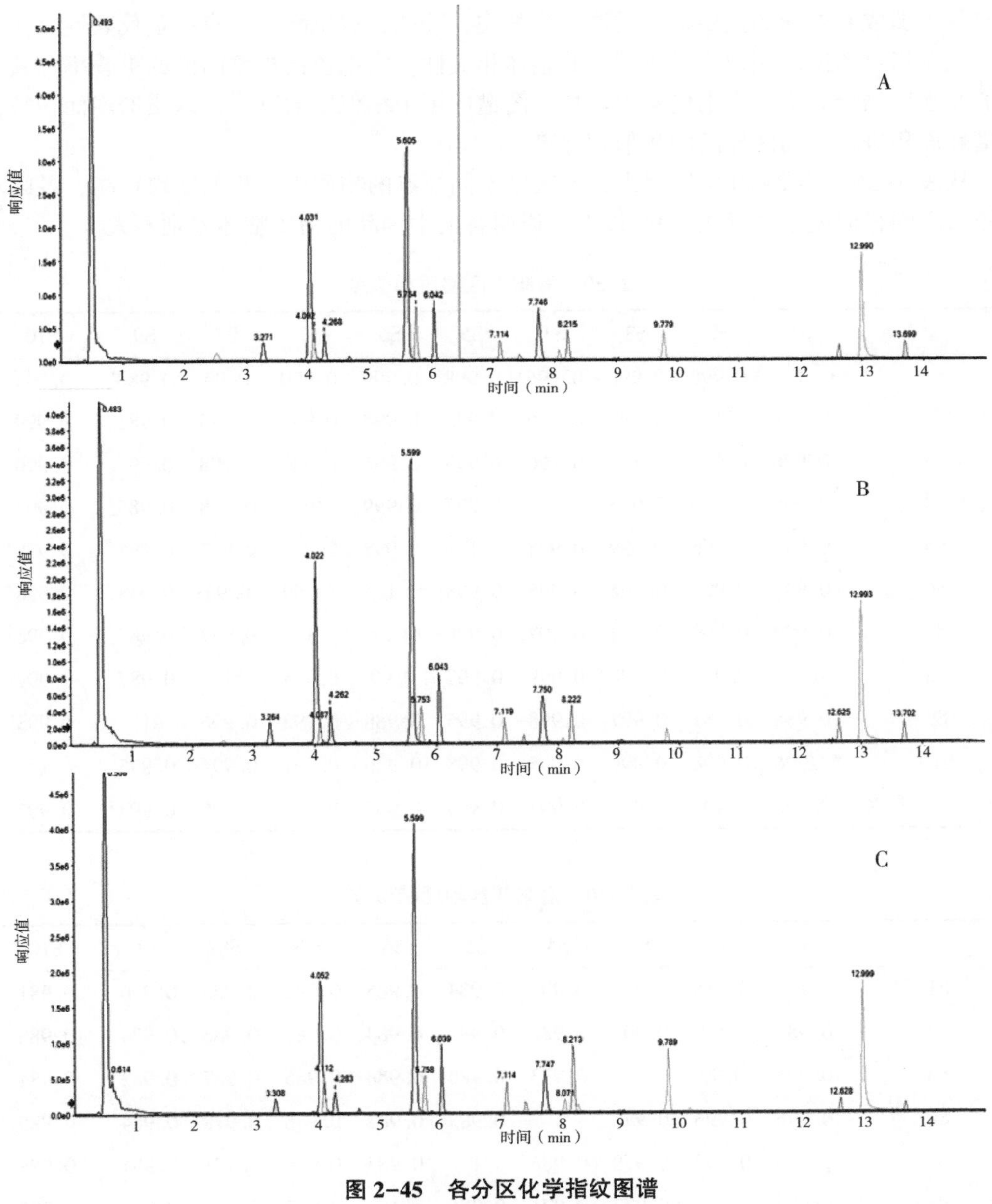

图 2–45　各分区化学指纹图谱

A. I 区；B. II 区；C. III 区

该化学指纹图谱所含共有峰 12 个，依时间顺序依次为烟碱（0. 508min）、新绿原酸（3. 31min）、绿原酸（4. 05min）、异莨菪亭（4. 11min）、隐绿原酸（4. 28min）、芸香苷（5. 60min）、莨菪亭（5. 76min）、壬二酸（6. 04min）、植物鞘氨醇（7. 114min）、肉豆蔻酸（7. 77min）、溶源性卵磷脂（3. 6. 1. 8. 21min）、油酰基乙醇酰胺（9. 789min）、十七烷酸 I（12. 63min）、亚油酸（13. 00min）、十七烷酸 Ⅱ（13. 70min）。该化学指纹图谱虽不能代表所有造成洛阳地区烟叶差异的主要物质信息，但包含了造成其差异的主要物质类群，多酚类，胺类，有机酸类，有一定代表性。

色谱指纹图谱的相似度是指图谱的整体相关性，它把色谱指纹图谱的重叠率和共有峰的峰强度结合起来。本书借鉴中药指纹图谱应用中相似度的算法，以质谱峰面积替代色谱峰面积进行不同区样品的相似度计算。

从表 2-39、表 2-40 可以看出，各区中不同样点的物质指纹相似度均较高，各区对照图谱之间相似度基本都在 0. 98 以上，说明各区中样品的物质整体差别不大。

表 2-39　洛阳 I 区物质相似度

	S1	S2	S3	S4	S5	S6	S7	S8	S9	S10
S1	1	0. 998	0. 996	0. 996	0. 998	0. 999	0. 999	0. 99	0. 988	0. 994
S2	0. 998	1	0. 993	0. 996	0. 995	0. 998	0. 999	0. 985	0. 981	0. 999
S3	0. 996	0. 993	1	0. 996	0. 999	0. 996	0. 994	0. 998	0. 997	0. 996
S4	0. 998	0. 999	0. 995	1	0. 997	0. 999	0. 998	0. 988	0. 985	0. 993
S5	0. 998	0. 995	0. 999	0. 998	1	0. 998	0. 996	0. 997	0. 995	0. 998
S6	0. 997	0. 998	0. 996	0. 995	0. 998	1	0. 999	0. 99	0. 988	0. 998
S7	0. 999	0. 999	0. 994	0. 997	0. 996	0. 999	1	0. 987	0. 983	0. 996
S8	0. 99	0. 985	0. 998	0. 999	0. 997	0. 99	0. 998	1	0. 987	0. 997
S9	0. 988	0. 981	0. 997	0. 998	0. 995	0. 988	0. 993	0. 996	1	0. 995
S10	0. 996	0. 998	0. 996	0. 995	0. 998	0. 999	0. 991	0. 994	0. 995	1
对照指纹图谱	0. 997	0. 995	0. 999	0. 997	0. 999	0. 997	0. 996	0. 995	0. 993	0. 997

表 2-40　洛阳 Ⅱ 区物质相似度

	S1	S2	S3	S4	S5	S6	S7	S8	S9	S10
S1	1	0. 985	0. 987	0. 987	0. 984	0. 985	0. 983	0. 973	0. 996	0. 981
S2	0. 988	1	0. 992	0. 988	0. 983	0. 984	0. 986	0. 986	0. 974	0. 986
S3	0. 993	0. 99	1	0. 973	0. 988	0. 988	0. 985	0. 987	0. 982	0. 984
S4	0. 996	0. 996	0. 978	1	0. 985	0. 982	0. 986	0. 978	0. 984	0. 985
S5	0. 993	0. 992	0. 979	0. 986	1	0. 985	0. 996	0. 971	0. 981	0. 983
S6	0. 997	0. 995	0. 977	0. 971	0. 986	1	0. 997	0. 982	0. 971	0. 983
S7	0. 974	0. 973	0. 979	0. 985	0. 988	0. 988	1	0. 982	0. 984	0. 984

（续表）

	S1	S2	S3	S4	S5	S6	S7	S8	S9	S10
S8	0.975	0.976	0.979	0.984	0.987	0.987	0.978	1	0.985	0.983
S9	0.976	0.977	0.979	0.982	0.975	0.975	0.977	0.981	1	0.982
S10	0.978	0.979	0.987	0.984	0.985	0.985	0.981	0.987	0.983	1
对照指纹图谱	0.981	0.986	0.984	0.985	0.988	0.983	0.983	0.983	0.982	0.986

通过对各个指标进行比较，Ⅰ区为洛阳中东部，通过评吸结果可确定该区为焦甜香焦香风格区，绿原酸、莨菪亭较高，Ⅱ区为洛阳西部，通过评吸结果可确定该区为焦甜香醇甜香风格区，芸香苷、亚油酸、溶源性卵磷脂较高。

第三章　洛阳烟叶的生态基础

第一节　洛阳烟叶产区生态因子分析

烟草品质的优劣、产量的高低和香气风格的形成，很大程度上是生态因素和栽培等技术措施相互作用的具体体现。烤烟风格特征是在特定的生态条件下产生的，其中需要充足的光照、丰富而适宜的热量和充沛的降水等气候生态条件。因此，烟草生产和优质烟的开发技术措施必须与当地的自然生态因子相结合才能显示优质特色烟叶生产的开发潜力和技术措施的作用，取得良好效果。

一、洛阳烟区生态因子现状分析

洛阳市辖8县1市6区，即孟津、新安、伊川、嵩县、栾川、宜阳、汝阳、洛宁8县，偃师市及西工、瀍河、老城、涧西、吉利、洛龙6区。全市总人口625万人，幅员面积1.5492万km^2。全区地势自西向东逐渐降低，西部地势高峻，海拔1 000m以上，东部海拔150~800m，多为丘陵岗地，地势较为低缓，全区地貌复杂，类型多样，大致可分为山地、丘陵、平川三大类，其中山地2 222.89万亩，占总面积的58.36%；丘陵1 230.4万亩，占32.3%；平川355.42万亩，占9.34%，总的概念为“六山三陵一分川”，非常适宜种植烟叶。目前，8个产烟县耕地面积424.8万亩，其中可灌溉面积120万亩，旱地304万亩，宜烟面积200余万亩，其中，可灌溉宜烟面积10万亩，旱地宜烟面积190万亩。目前种烟面积只占宜烟面积13.6%，具有很大的发展潜力，属暖温带大陆性季风气候区。农业以一年二熟和两年三熟制为主。年平均降水量600~700mm，大于或等于10℃活动积温在4 500℃以上；年平均气温13~15℃，1月气温平均0℃左右。总体上看，全区光照资源丰富，但本区降雨量总量普遍偏少，季节间分布很不平均，洛阳植烟明显受水资源的限制。为河南重要的优质烟叶产区。对洛阳烟区光、温、降水现状分析如下。

（一）日照充足

年日照时数1 800~2 200h，年日照辐射总量达4 300~6 100MJ/m^2，洛阳烟区全生育期内日照时数近5年来均保持在1 200~1 500h，年太阳辐射量为5 500MJ/m^2左右，是我国同纬度地区日照时数和总辐射量最多的地区之一。烤烟大田生长期的5—9月期间，正处雨季，多为晴阴相间、多云天气，天空云量平均为八成。阳光透过云层，折射、散射大地，或阳光被云层时遮时射形成和煦良好的光质，极有利于烤烟健壮的生长，形成优质的烟叶（图 3-1）。

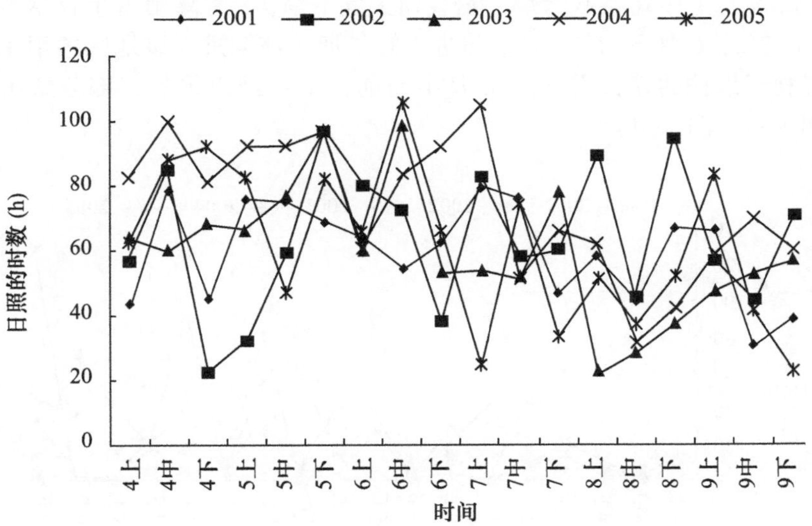

图 3-1　洛阳烟区 5 年间 4—9 月逐旬日照时数

（二）全年气候温和，夏无酷暑，冬无严寒

年平均气温 13～15℃，≥10℃的年积温 4 100℃以上，无霜期 200～240d。烤烟主产区的洛宁烤烟大田生长期，旬平均气温≥20℃的旬数为 9～11 个，烟叶成熟采收期内日平均气温≥20℃的适宜气温（20～28℃）持续时间>60d，气温≥35℃的天数极少出现（主产区年平均为 3～5d），有利于烟株干物质的合成与积累（图 3-2）。

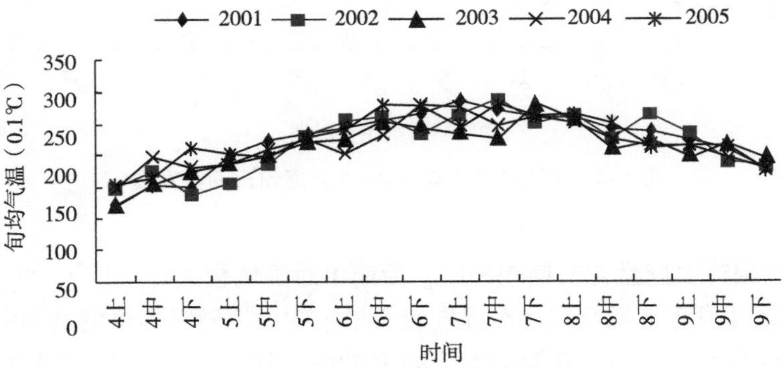

图 3-2　洛阳烟区 5 年间 4—9 月逐旬气温

（三）降水较少，年际、月际间变幅较大

年降水量600~700mm。雨季从5月至6月初开始，10月中旬结束，降水占全年降水量的70%~80%。烤烟主产区降水量集中在大田生长中后期（6—9月），总量为237~600mm。5月上中旬移栽烤烟，移栽期天气干旱，5月降雨占生育季节降水总量的2.8%~26.8%，6月下旬、7月上旬进入旺长期，该期进入该地区的雨季，充沛的降水非常有利于烟株的旺长需要。10月中旬前已基本结束采收，部分烟田受秋绵雨的影响（图3-3，图3-4）。

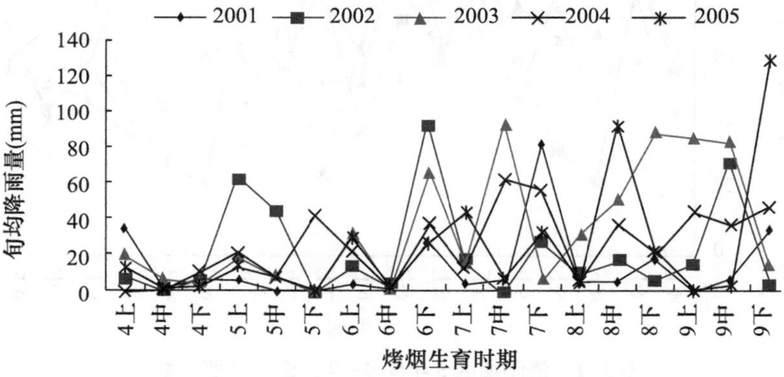

图3-3　洛阳烟区5年间4—9月逐旬降水量

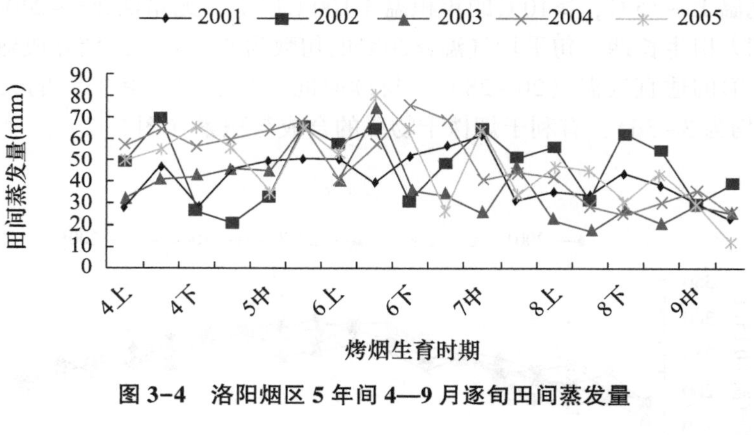

图3-4　洛阳烟区5年间4—9月逐旬田间蒸发量

（四）空气相对湿度生育前期较干旱，后期相对湿度较大

洛阳烟区烟叶发育前期空气相对湿度较干旱，中后期随降雨量的增加空气相对湿度缓慢增加。烟叶发育全期空气相对湿度平均为72%，其中5月底以前空气相对湿度平均为60%，6月空气相对湿度平均为70%，7月空气相对湿度平均为80%，8月空气相对湿度平均为85%，9月空气相对湿度平均为84%。发育后期空气相对湿度较大，对病害蔓延具有较好的促进作用，后期应注意防病（图3-5）。

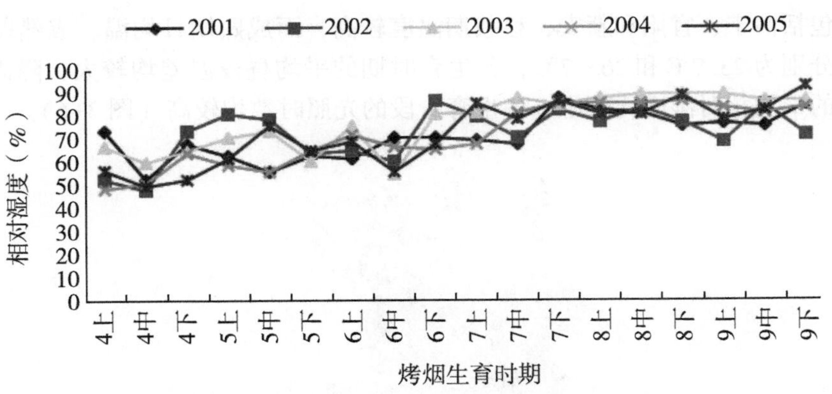

图 3-5　洛阳烟区 5 年间 4—9 月逐旬相对湿度

（五）洛阳烤烟产区生态因子与烤烟适宜生态因子比较（表 3-1）

表 3-1　洛阳烤烟产区生态因子与烤烟适宜生态因子比较

类型区	无霜期（d）	积温	日均气温≥20℃天数	地貌类型
不适宜区	<120	—	—	—
次适宜区	≥120	<2 600	50	—
适宜区	>120	>2 600	≥70	低山、丘陵、高原
最适宜区	>120	>2 600	≥70	低山、丘陵
洛阳烟区	220	5 000		低山、丘陵、高原

洛阳烟区属于暖温带季风型大陆气候，气温变化大，全年日照数 2 258. 5h，历年平均气温为 13. 7℃，日照时数多，日照百分率高，有利于光合作用和烟叶品质的提高。根据研究，大田日照时数为 500～700h，日照率达 40%以上，收烤期日照数为 280～400h，日照率达 40%以上，才能产生好烟。全年日照数为 2 258h，日照率为 51%，大田期日照时数为 470h，日照率为 54%，收烤期日照时数为 615h，日照率为 51%。从光、温能资源来看，可以满足烟叶生产的需要。

二、洛阳植烟区生态气候类型分布规律

（一）洛阳中东部高温长光低湿区

主要包括汝阳、伊川、嵩县、孟津和栾川，其全生育期温度较高，热量丰富，特别是成熟期日均温、成熟期>20℃积温较高，分别为 26. 4℃和 397. 2℃；昼夜温差中等至偏小；光照较为充足，光照时数较长；伸根期、成熟期降雨量偏少，平均相对湿度相对较低。

（二）洛阳西部中温长光低湿区

主要包括洛宁、宜阳和新安，移栽期温度较高，而成熟期日均温、成熟期>20℃积温较低，分别为23.7℃和265.7℃；各生育时期的平均昼夜温差均较大；降雨量较少，全生育期的平均相对湿度比较小；各生育阶段的光照时数均较高（图3-6）。

图3-6　洛阳烟叶生态分区

第二节　洛阳气象因子与烟叶风格和品质的相关性

一、温度与烟叶风格和品质的相关性

浓香型属型、烟气沉溢度与成熟期日均温、成熟期日均地温、>20℃积温、最高温>30℃天数等呈极显著正相关（表3-2），特别是与成熟期日均温和最高温>30℃天数相关系数较大，表明烟叶成熟期温度条件与浓香型风格的形成和彰显密切相关，浓香型风格的彰显不仅需要成熟期有较高的温度，而且需要达到一定的强度并持续一定的天数。浓香型显示度和沉溢度与成熟期昼夜温差等指标表现为显著负相关，这可能与夜温较低有关。

表3-2　温度与烟叶风格相关分析

指标		香型	香韵特征			香气状态	烟气浓度	劲头
		浓香型	焦甜香	焦香	醇甜香	烟气沉溢度		
日均温	伸根期	−0.15	−0.73**	0.37**	0.27*	−0.05	0.23	0.09
	旺长期	0.02	−0.71**	0.47**	0.13	0.11	0.37**	0.24
	成熟期	0.77**	0.30*	0.44**	−0.81**	0.79**	0.63**	0.51**
	全生育期	0.33*	−0.42**	0.56**	−0.26	0.43**	0.54**	0.41**
>10℃积温	伸根期	−0.13	−0.64**	0.23	0.26	−0.02	0.18	−0.01
	旺长期	−0.07	−0.57**	0.32*	0.18	0.01	0.16	0.12
	成熟期	0.13	0.08	0	−0.15	0.16	0.07	0.15
	全生育期	−0.05	−0.61**	0.28*	0.18	0.06	0.23	0.16

（续表）

指标		香型	香韵特征			香气状态	烟气浓度	劲头
		浓香型	焦甜香	焦香	醇甜香	烟气沉溢度		
>20℃积温	伸根期	-0.2	-0.54**	0.13	0.38**	-0.09	0.11	-0.14
	旺长期	0	-0.66**	0.44**	0.15	0.1	0.30*	0.19
	成熟期	0.62**	0.29*	0.31*	-0.68**	0.63**	0.46**	0.46**
	全生育期	0.37**	-0.35**	0.51**	-0.27*	0.47**	0.53**	0.39**
>20℃天数	伸根期	-0.26*	-0.62**	0.16	0.36**	-0.15	0.08	-0.12
	旺长期	-0.04	-0.57**	0.34**	0.14	0.02	0.18	0.17
	成熟期	0	0.12	-0.07	-0.06	0.05	-0.07	-0.01
	全生育期	-0.18	-0.62**	0.24	0.27*	-0.05	0.11	0.02
最高温>30℃天数	成熟期	0.84**	0.38**	0.41**	-0.82**	0.78**	0.60**	0.65**
地表日均温	伸根期	-0.31*	-0.82**	0.30*	0.42**	-0.23	0.1	0.03
	旺长期	-0.17	-0.81**	0.40**	0.31*	-0.09	0.23	0.13
	成熟期	0.56**	0.21	0.40**	-0.66**	0.54**	0.41**	0.39**
	全生育期	0.05	-0.60**	0.51**	-0.01	0.12	0.32*	0.26*
昼夜温差	伸根期	-0.38**	-0.79**	0.13	0.53**	-0.38**	-0.02	0.06
	旺长期	-0.17	-0.63**	0.18	0.34**	-0.22	0.09	0.24
	成熟期	-0.50**	-0.50**	-0.19	0.65**	-0.54**	-0.31*	-0.22
	全生育期	-0.38**	-0.70**	0.05	0.55**	-0.41**	-0.08	0.03

温度对烟草的生长和品质影响很大。由表3-3可知，香气量与成熟期日均温和成熟期>20℃积温呈极显著的正相关关系，相关系数分别为0.67和0.50，这可能是因为后期较高的温度有利于叶内同化物质的积累和转化，有利于增加烟叶的香气物质量。烟叶细腻度和柔和度与成熟期日均温和成熟期>20℃积温呈极显著的负相关关系，这可能是因为成熟期较高的温度和较大的积温会使烟叶的烟碱含量增加，进一步使烟叶评吸时的细腻度和柔和度降低。

表3-3 温度与烟叶风格相关分析

指标		香气特性		烟气特性			口感特性	
		香气质	香气量	杂气	细腻度	柔和度	刺激性	余味
日均温	伸根期	-0.09	0.01	0.28*	-0.21	-0.19	-0.15	-0.23
	旺长期	-0.1	0.15	0.37**	-0.34**	-0.33*	-0.16	-0.22
	成熟期	-0.11	0.67**	0.43**	-0.47**	-0.59**	0.07	0.14
	全生育期	-0.13	0.39**	0.51**	-0.46**	-0.49**	-0.05	-0.09

（续表）

指标		香气特性		烟气特性			口感特性	
		香气质	香气量	杂气	细腻度	柔和度	刺激性	余味
>10℃积温	伸根期	−0.14	−0.08	0.24	−0.22	−0.13	−0.19	−0.26*
	旺长期	−0.11	0.01	0.26*	−0.1	−0.17	−0.09	−0.25
	成熟期	−0.16	0.07	0.2	−0.26	−0.15	0.06	0.02
	全生育期	−0.19	0	0.37**	−0.28*	−0.24	−0.11	−0.24
>20℃积温	伸根期	0.11	−0.18	0.05	0.06	0.06	−0.13	−0.11
	旺长期	−0.11	0.08	0.33*	−0.22	−0.26	−0.14	−0.27*
	成熟期	−0.18	0.50**	0.41**	−0.47**	−0.48**	0.08	0.14
	全生育期	−0.15	0.36**	0.49**	−0.44**	−0.47**	−0.06	−0.09
>20℃天数	伸根期	−0.08	−0.19	0.19	−0.04	−0.01	−0.16	−0.2
	旺长期	−0.14	0.07	0.28*	−0.13	−0.18	−0.12	−0.23
	成熟期	−0.23	−0.14	0.18	−0.08	−0.04	0.05	−0.09
	全生育期	−0.22	−0.13	0.34**	−0.13	−0.12	−0.14	−0.28*
成熟期最高温>30℃天数	成熟期	−0.03	0.71**	0.25	−0.52**	−0.59**	−0.03	0.21
地表日均温	伸根期	−0.14	−0.12	0.23	−0.19	−0.15	−0.17	−0.29*
	旺长期	−0.19	0	0.32*	−0.29*	−0.28*	−0.2	−0.33*
	成熟期	−0.33*	0.51**	0.38**	−0.46**	−0.52**	0.05	0.02
	全生育期	−0.33*	0.18	0.46**	−0.42**	−0.44**	−0.1	−0.27*
昼夜温差	伸根期	−0.08	−0.2	0.09	−0.2	−0.15	−0.17	−0.29*
	旺长期	−0.04	−0.01	0.03	−0.34**	−0.28*	−0.15	−0.2
	成熟期	0.04	−0.43**	−0.29*	0.06	0.15	−0.17	−0.17
	全生育期	−0.04	−0.24	−0.05	−0.17	−0.1	−0.18	−0.24

二、光照时数与烟叶风格和品质的相关性

光照时数因子对洛阳烟叶的风格和品质的影响分析表明（表 3−4），品质特征方面：伸根期光照时数可影响烟气余味和杂气；旺长期光照时数与余味呈显著负相关；成熟期光照时数与香气量呈极显著负相关。风格特征方面：浓香型属型与成熟期光照时数呈极显著负相关，焦甜香与成熟期光照呈极显著负相关，醇甜香与光照时数无显著相关性，沉溢度与整个生育期均呈显著关系，劲头与整个生育期光照呈显著正相关关系。

表 3-4　光照时数与烟叶风格和品质的相关分析

指标			光照时数			
			伸根期	旺长期	成熟期	全生育期
品质特征	香气特性	香气质	-0.16	-0.14	-0.16	-0.19
		香气量	-0.17	-0.07	-0.46**	-0.29*
		杂气	0.36**	0.21	0.12	0.28*
	烟气特性	细腻度	-0.21	-0.07	0.03	-0.1
		柔和度	-0.2	-0.16	0.13	-0.09
	口感特性	刺激性	-0.16	-0.07	0.05	-0.07
		余味	-0.33*	-0.26*	-0.21	-0.32*
风格特征	香型	浓香型	-0.29*	-0.21	-0.62**	-0.46**
	香韵特征	焦甜香	-0.22	-0.18	-0.59**	-0.41**
		焦香	0.15	0.04	-0.38**	-0.09
		醇甜香	0.06	0.11	-0.24	-0.03
	香气状态	沉溢度	-0.79**	-0.60**	-0.49**	-0.77**
		烟气浓度	0.19	0.18	-0.27*	0.04
		劲头	0.41**	0.33*	0.62**	0.56**

三、降雨量与烟叶风格的相关性

降雨量因子对洛阳烟叶的风格和品质的影响分析表明（表 3-5），品质特征方面：伸根期降雨量与品质特征之间无显著相关性；旺长期降雨量与细腻程度、柔和程度呈显著正相关关系；成熟期降雨量可影响烟气的余味感，全生育期降雨量与余味呈显著正相关。在风格特征上，可知伸根期降雨量与焦甜香呈正相关，与沉溢度呈极显著正相关，与劲头呈显著负相关；旺长期降雨量与沉溢度呈极显著正相关，与劲头和烟气浓度呈显著负相关；成熟期降雨量与浓香型和焦甜香呈正相关关系，与沉溢度呈极显著正相关关系，与劲头呈显著负相关；全生育期降雨量与沉溢度呈极显著正相关关系，与劲头呈极显著负相关关系。

表 3-5　降雨量与烟叶风格和品质的相关分析

指标			降雨量			
			伸根期	旺长期	成熟期	全生育期
品质特征	香气特性	香气质	0.11	0.04	0.04	0.07
		香气量	0.04	-0.05	-0.02	-0.01
		杂气	-0.23	-0.08	-0.14	-0.18
	烟气特性	细腻度	0.16	0.30*	0.12	0.18
		柔和度	0.21	0.28*	0.13	0.2
	口感特性	刺激性	0.06	0.19	0.02	0.07
		余味	0.22	0.25	0.32*	0.32*

（续表）

指标			降雨量			
			伸根期	旺长期	成熟期	全生育期
风格特征	香型	浓香型	0.25	0.12	0.16	0.2
	香韵特征	焦甜香	0.23	0.13	0.14	0.19
		焦香	-0.1	-0.19	-0.22	-0.2
		醇甜香	-0.18	-0.22	-0.09	-0.16
	香气状态	沉溢度	0.67**	0.60**	0.73**	0.78**
		烟气浓度	-0.21	-0.27*	-0.24	-0.27*
		劲头	-0.33*	-0.28*	-0.33*	-0.36**

四、湿度与烟叶风格的相关性

湿度因子对洛阳烟叶的风格和品质的影响分析表明（表 3-6），在品质特征方面：伸根期相对湿度与香气量和余味呈显著正相关，旺长期相对湿度与细腻程度和柔和程度呈极显著正相关关系；成熟期相对湿度和全生育期相对湿度与品质特征间无显著相关性。在风格特征方面，伸根期相对湿度与浓香型属性和焦甜香、沉溢度间呈极显著正相关关系，与劲头呈极显著负相关关系；旺长期相对湿度与焦香和焦甜香、烟气浓度呈显著负相关关系；成熟期相对湿度与浓香型和焦甜香、焦香呈正相关关系，与烟气浓度、醇甜香呈显著正相关关系；全生育期相对湿度与浓香型、焦甜香呈正相关，与沉溢度呈显著正相关关系，与劲头呈极显著负相关关系。

表 3-6　湿度与烟叶风格和品质的相关分析

指标			平均相对湿度			
			伸根期	旺长期	成熟期	全生育期
品质特征	香气特性	香气质	0.08	0.07	-0.14	0.07
		香气量	0.26*	-0.17	0.1	0.07
	烟气特性	杂气	-0.1	-0.21	0.2	-0.1
		细腻度	0.05	0.40**	-0.2	0.1
		柔和度	0.05	0.42**	-0.25	0.13
	口感特性	刺激性	0.13	0.1	-0.05	0.08
		余味	0.30*	0.21	-0.05	0.22

（续表）

指标			平均相对湿度			
			伸根期	旺长期	成熟期	全生育期
风格特征	香型	浓香型	0.42**	-0.02	0.22	0.25
	香韵特征	焦甜香	0.37**	-0.03	0.22	0.22
		焦香	0.03	-0.30*	0.17	-0.05
		醇甜香	0.06	-0.39**	0.28*	-0.06
	香气状态	沉溢度	0.78**	0.66**	0.12	0.66**
		烟气浓度	-0.08	-0.35**	0.31*	-0.11
		劲头	-0.57**	-0.17	-0.31*	-0.41**

五、气候因子与烟叶风格的关系研究

通过对气候因子与烟叶的风格进行进一步的分析发现，烟叶浓香型和沉溢度与成熟期日均温和成熟期日最高温>30℃天数的关系，典型浓香型烟叶的形成一般需要成熟期日均温达到25℃以上，成熟期日最高温>30℃天数在35d以上；成熟期日均温度低于24.5℃，成熟期日最高温>30℃天数少于25d时，浓香型风格特色难以充分彰显。焦甜香和焦香是浓香型烟叶的典型香韵。图3-7至图3-16可以看出，焦甜香与多个气候指标的相关关系达到极显著水平，尤其与各个时期的降雨量均达到极显著的正相关关系。这可能是因为较多的降雨有利于烟叶后期氮素调亏，从而有利于烟叶焦甜香风格的彰显。焦香与旺长期日均温和成熟期日均温呈极显著的正相关关系。

醇甜香是中间香型的典型香韵特征，一般来说，醇甜香香韵的凸显往往伴随着浓香型典型性的减弱。可以看出，醇甜香与成熟期日均温和各个时期的昼夜温差分别达到极显著的负相关关系和极显著的正相关关系，尤其与成熟期日均温的相关系数达到了-0.81，说明烟叶醇甜香的决定因素是成熟期较低的温度和较大的昼夜温差，这与浓香型显示度呈现相反规律。

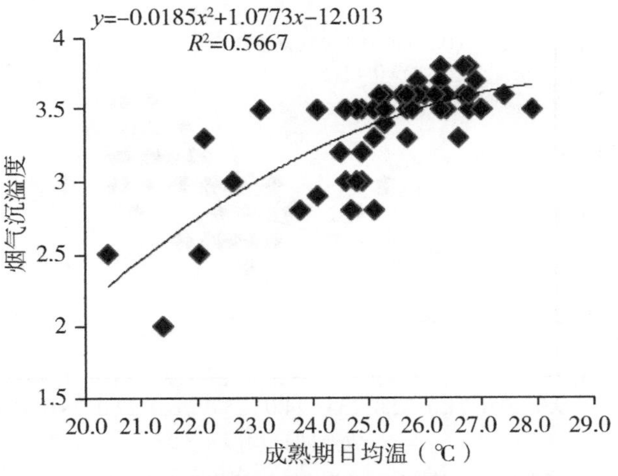

图3-7　烟气沉溢度与成熟期日均温的相关关系

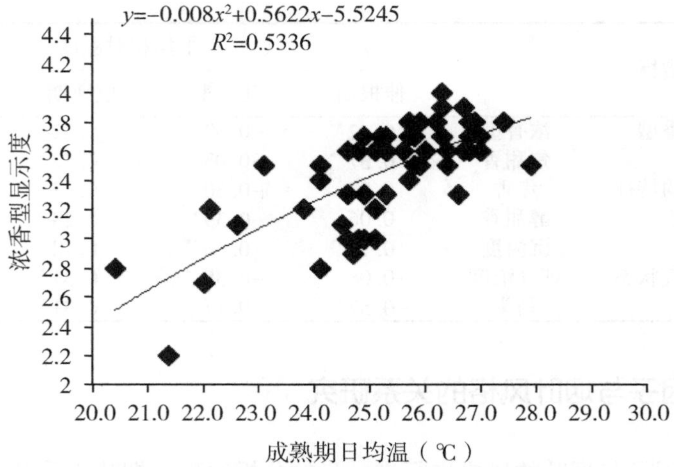

图 3-8　浓香型显示度与成熟期日均温的相关关系

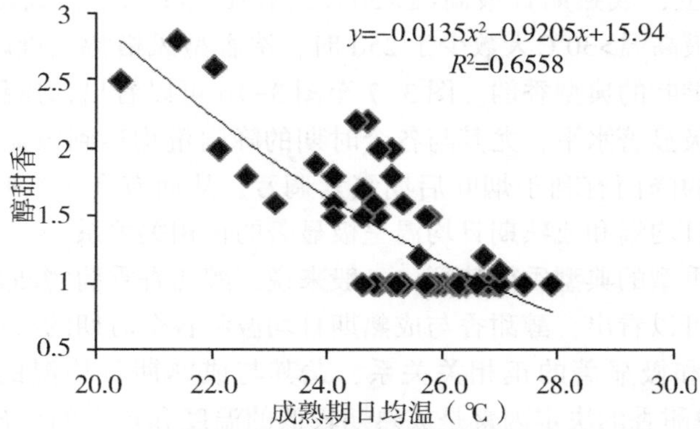

图 3-9　香气量与成熟期日均温的相关关系

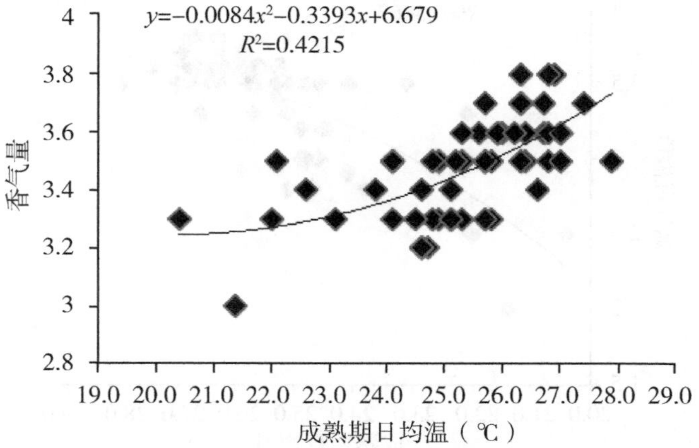

图 3-10　醇甜香与成熟期日均温的相关关系

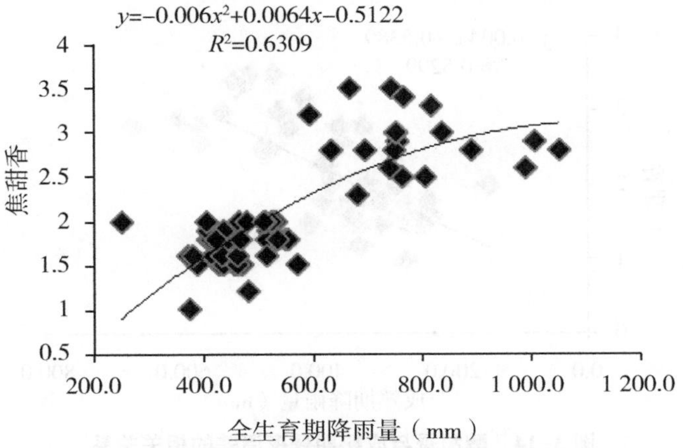

图 3-11　焦甜香与全生育期光照时数的相关关系

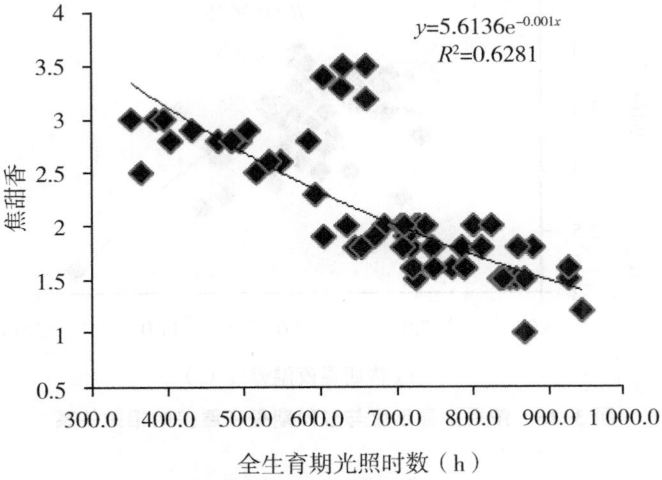

图 3-12　焦甜香与全生育期降雨量的相关关系

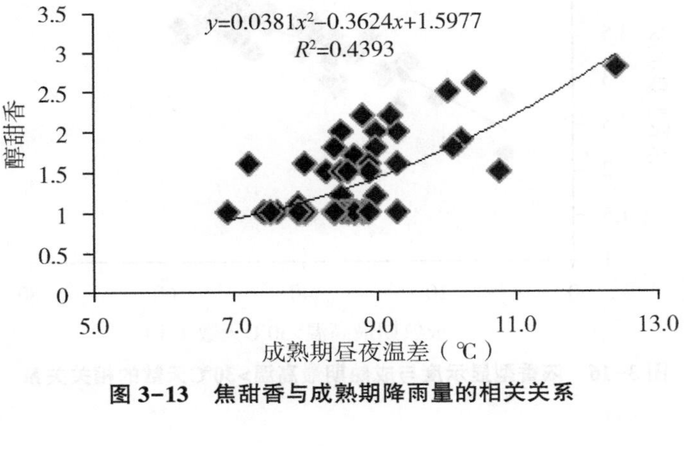

图 3-13　焦甜香与成熟期降雨量的相关关系

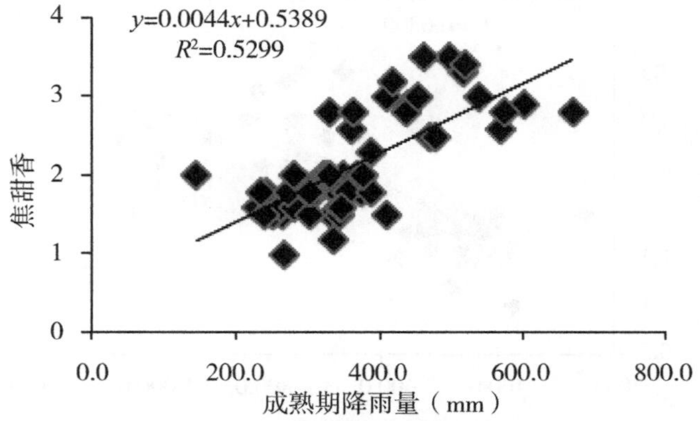

图 3-14　醇甜香与成熟期昼夜温差的相关关系

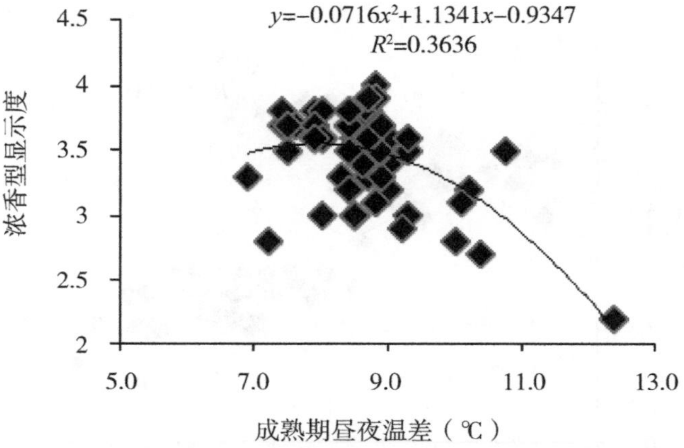

图 3-15　浓香型显示度与成熟期昼夜温差的相关关系

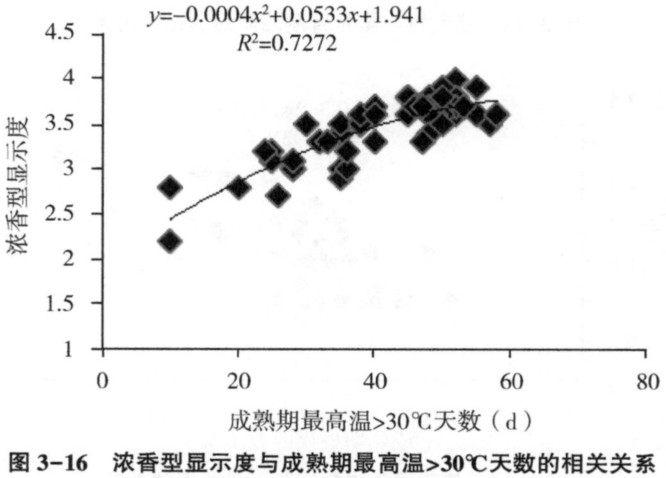

图 3-16　浓香型显示度与成熟期最高温>30℃天数的相关关系

第三节　洛阳烟区土壤状况分析

洛阳烟区具备种植优质烤烟的地貌类型和土壤类型条件，土壤宜烟性能好。一是地形地貌以中山、低山、丘陵和宽谷河坝为主，属种植优质烤烟的理想地貌类型。二是土壤种类多样。据土壤普查资料，该烟区属于褐土地带，主要土壤的特性与类型有：山地棕壤，分布在南部和西部山区地带，海拔多在800~1 200m；腐殖质多棕壤山坡褐土，是山区的主要耕作土壤，群众称作暗石土；淋溶褐土，群众称为红黏土，主要分布在低山丘陵区，是主要耕作土壤；碳酸盐褐土，主要分布在丘陵原区，适易种植耐旱作物；典型褐土，主要分布在浅塬和阶地的中上部，保水保肥较好，是比较好的耕作土壤；黄垆土，群众称油黄土，主要分布在原区的低洼土地和洛涧川地。三是土壤理化性状良好。烟区土壤多以淋溶褐土类、暗石土类为主，土层较厚，土壤表层疏松，通透性良好，保水、保肥力强，耕性较好，土壤pH值多为中性至微碱性，土壤有机质含量、土壤阳离子代换量、土壤养分等理化指标有利于优质烤烟生长，是优质烤烟生长的适宜土壤。

一、土壤pH值

植烟土壤pH值变动幅度为7.15~8.42。其中：pH值8.0~8.42土壤样占总土样的50.0%，7.5~8.0占46.2%，6.5~7.5占3.8%，大于7.5占95%以上。植烟土壤以中性及微碱性为主。pH值分布见图3-17。

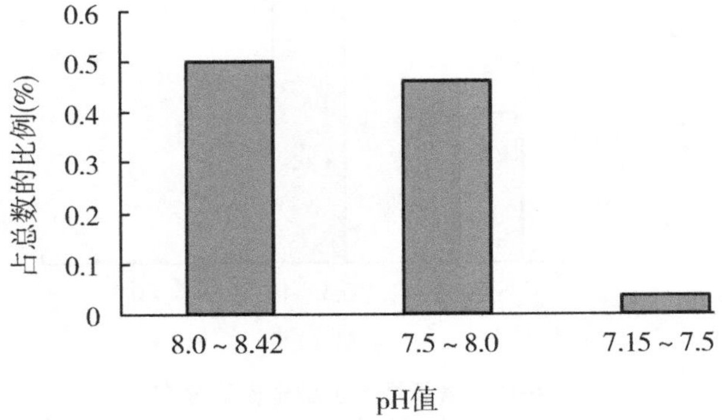

图3-17　洛阳产区土壤pH值分布

二、有机质

洛阳不同植烟乡镇土壤不同土层土壤有机质含量最高为16.75g/kg，最低4.92g/kg，平均为10.42g/kg。有机质大于10.0g/kg以上占总样品量的57.1%，其中有机质含量在 7.0g/kg 以下的样品占 9.0%左右（图 3-18）。土壤有机质较低。

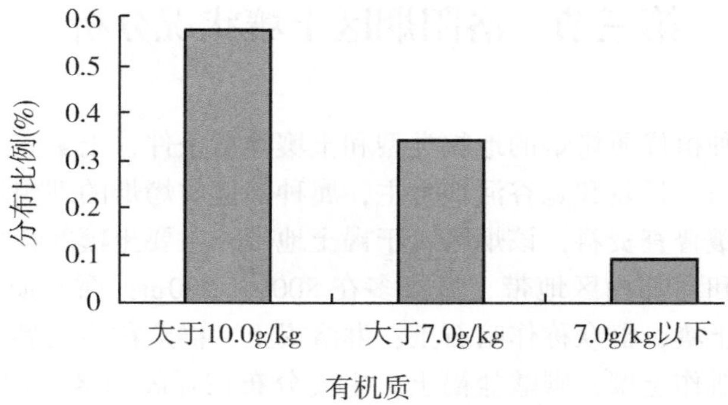

图 3-18　洛阳烟区有机质值分布

三、土壤氮、磷、钾含量

(一) 氮

洛阳不同植烟乡镇土壤不同土层土壤全氮变动幅度为 0.21～1.67g/kg，平均 0.92g/kg。其中：>1.0g/kg 土样数占总土样数的 31.4%，0.5～1.0g/kg 中等含量以上的土样占 67.9%，<0.5g/kg 较低仅占 1.0%以下。按照第二次土壤普查分级标准，植烟土壤全氮含量比较丰富。不同地区全氮含量见图 3-19。

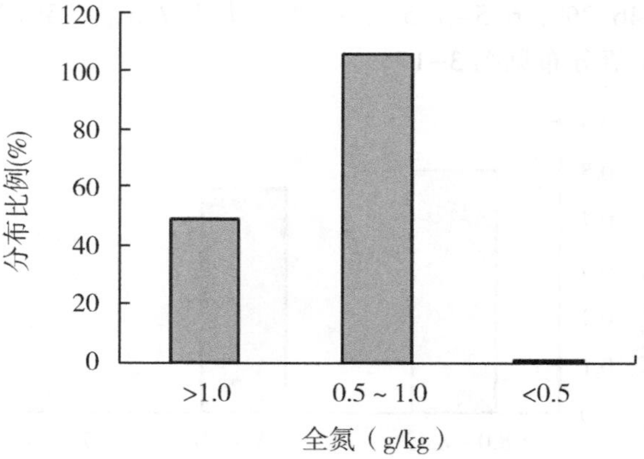

图 3-19　洛阳烟区土壤全氮值分布

洛阳土壤不同土层土壤速效氮平均 60.8mg/kg，变动幅度 25.6～93.0mg/kg，不同土壤和土层差异很大。一般认为，河南植烟土壤速效氮含量>65mg/kg 为高肥力烟田，30～65mg/kg 为中等肥力，30mg/kg 以下为中下等肥力烟田。其中>65mg/kg 以上土样数占 36.5%，30～65mg/kg 土样数占 62.2%，剩余 1.3%样品土壤速效氮含量在 3mg/kg 以下。植烟土壤速效氮总体在适宜范围的比例较大，表明洛阳烟区氮肥施用较为合理，土壤速效氮控制较好，对烟株生长过程中氮营养的调控有利，但对土壤速效氮含量均大于

65mg/kg 的烟田，今后种烟中一定要注意速效氮的施入量，要严格控施氮肥。全氮总体含量水平好于速效氮，说明洛阳烟区土壤氮活化率不一，在生产上要区别不同土壤对待和分析。

（二）磷

洛阳土壤不同土层土壤全磷平均 0.51g/kg，变幅 0.32～1.33g/kg。大于 0.80g/kg 以上丰富土样占土样 1.9%，0.4～0.8g/kg 中等以上土样占 85.3%，<0.4g/kg 较缺磷占 12.8%。各乡镇 0～15cm 土层中以兴华乡最高，达 0.80g/kg，15～25cm 土层以西山底、下峪和兴华含量较高，平均大于 0.55g/kg 以上，25～40cm 土层土壤仍以西山底和下峪含量较高，平均大于 0.55g/kg 以上。

速效磷平均含量 14.24mg/kg，变动幅度 0.68～64.47mg/kg。土壤磷素含量一般划分为丰富（>20mg/kg）、高（20～10mg/kg）中等（5～10mg/kg）和低（<5mg/kg）4 个水平，豫西处在 4 个水平的植烟土壤分别占 19.2%，37.8%，26.9%和 16.1%。据鲁如坤研究，当土壤速效磷含量大于 10mg/kg 时，一般作物即可从土壤中得到充分的磷素供应而不必施用磷肥。按此标准划分，洛阳有 57.0%的烟田土壤速效磷含量相当丰富，过多施入磷肥将会抑制烤烟对氮、钾的吸收利用，这部分烟田施肥时应减少磷的施用比例，也可采用隔年施磷的方法。而对于土壤速效磷含量较低的烟田应注意磷肥的施用，磷肥种类以三料磷肥（重过磷酸钙）、磷铵、硝酸磷等速溶性磷肥为宜，尽量减少肥料中钙、镁的施入。

（三）钾

众所周知，钾是烟叶最重要的品质元素，人们对烟田土壤钾素含量和钾肥的施用比较关注。洛阳植烟土壤以褐土和红黏土为主，土壤钾素含量相对较高。土壤缓效钾平均 920.1mg/kg，变动幅度 544.2～1 705.6mg/kg，土壤速效钾平均 122.3mg/kg，变动幅度 70.59～223.05mg/kg，其中：>100mg/kg 中等以上土样数占 76.9%，剩余 23.1%样品土壤速效钾含量在 70.59mg/kg 以上。据鲁如坤研究，土壤速效钾含量<100mg/kg 时就有较大可能缺钾，而洛阳仅有 23.1%的烟田土壤速效钾低于 100mg/kg ，可见，洛宁县植烟土壤钾素含量较丰富。有研究认为，当氮：钾达 1：2 后，烟叶中钾的增幅已很小。因此，钾肥的适宜用量应根据土壤供钾状况和洛阳市烤烟生长季节的气候特点科学确定，不宜盲目提高用量。建议速效钾含量>150mg/kg 的烟田施钾量为施氮水平的 2～2.5 倍，速效钾含量在 100～150mg/kg 的烟田施钾量为施氮水平的 2.5～3 倍，速效钾含量<100mg/kg的烟田施钾量为施氮水平的 3～3.5 倍。

四、中量元素钙、镁、硫

（一）钙、镁

土壤钙、镁养分交换性钙、镁是土壤中主要的交换性盐基成分，可被植物直接利用。一般认为，土壤中交换性钙、镁的临界含量分别为 400mg/kg、50mg/kg。当土壤中某养分含量低于其临界含量时，通过施肥适当补充该养分可产生明显效果。由表 3-7 可知，洛阳各类烟田土壤的钙、镁养分含量均超过其临界含量，不仅不必补充即可满足烤烟生长需要，而且应注意控制钙镁的带入。

表 3-7 洛阳主要植烟土壤养分含量状况

项目	平均值	变幅	变异系数（%）
钙（mg/ kg）	3 043. 3	515. 8~7 700. 9	42. 4
镁（mg/ kg）	279. 7	113. 7~574. 6	32. 7

（二）硫

土壤有效硫含量变幅为 2. 2~414. 3mg/kg，平均 52. 3mg/kg。有效硫临界含量为 16mg/kg，>30mg/kg 丰富的占 64. 1%，中等以上占 87. 2%，<16mg/kg 较低占 12. 8%。植烟土壤含硫总体来看较丰富，能够满足烟株生长的需要。需要补充硫元素或对烟草肥中硫的施入不产生明显负作用的土壤占 12. 8%。

五、微量元素硼、锌、铜、铁、锰、钼

（一）硼

植烟土壤水溶硼含量变幅为 0. 001~0. 469mg/kg，平均为 0. 174mg/kg。一般认为，缺硼土壤的临界含量水平为 0. 5mg/kg，<0. 5mg/kg 缺硼占 100. 0%，<0. 25mg/kg 严重缺硼占 80. 8%。烟区土壤硼量均处于很低水平，普遍缺硼或严重缺硼，需要全面补充硼元素。各烟区平均含量均属严重缺硼范围内。建议增施硼肥以弥补土壤中硼的不足，从而协调烟株营养，提高烟叶品质。

（二）有效 Zn

有效 Zn 变幅 0. 49~24. 96mg/kg，平均为 3. 88mg/kg。国内普遍认为，植烟土壤有效锌的临界含量为 1. 0mg/kg。其中：>1. 0mg/kg 中等以上占 90. 4%，<1. 0mg/kg 缺或少的土样占 9. 6%，这部分低锌土壤必需施用锌肥，改善烟株锌营养。今后在烟叶生产中应注意补锌。

（三）有效 Cu

土壤有效 Cu 变幅为 0. 30~1. 06mg/kg，平均为 0. 63mg/kg。按照全国第二次土壤普查标准，土壤有效 Cu 临界值为 0. 2mg/kg，样品中无低于临界值样品，中等以上占 100. 0%，植烟土壤铜较丰富。目前一些研究认为土壤临界值 1mg/kg，应该补充铜肥。四川省基地研究中表明，在 1mg/kg 土壤施铜肥，烟叶评吸质量有提高。洛阳土壤有效铜平均含量差异较小，均低于 1. 0mg/kg 以下，今后在烟叶生产中应注意补充铜元素。

（四）有效铁

土壤有效铁平均 9. 86mg/kg，变幅 5. 31~21. 54mg/kg。由河南烟区土壤养分临界含量指标可知，微量元素铁的临界含量为 2. 5mg/kg，植烟土壤铁含量均较丰富，不需要专门施用铁肥，土壤中铁完全能够满足烟株生长的需要。

（五）有效锰

土壤有效锰平均为 8. 14mg/kg，变幅 3. 74~20. 33mg/kg。由河南烟区土壤养分临界

含量指标可知，微量元素锰的临界含量为 1.0mg/kg，普遍不会存在缺锰。

（六）钼

土壤有效钼平均为 0.082mg/kg，变幅 0.00～0.39mg/kg。由河南烟区土壤养分临界含量指标可知，微量元素钼的临界含量为 0.15mg/kg，洛阳烟区仅有 3.8%的样品高于钼元素临界值，土壤有效钼含量普遍低于其临界水平，需注意钼肥的应用。有研究指出，钼是烟草必需的微量元素，对烟草的氮素营养及提高烟叶中叶绿素含量和稳定性、增强光合作用、促进碳水化合物的合成转移起着重要作用。

六、土壤水溶性氯含量

氯是烤烟品质的主要限制因素之一，土壤水溶性氯含量的高低与烟叶品质密切相关。一般认为，土壤水溶性氯含量大于 45.0mg/kg 不宜植烟，小于 30mg/kg 最适宜于优质烟的生长。除上戈、故县外，洛阳烟区植烟土壤水溶性氯平均含量较低（表 3-8），这应引起高度重视，采取严格的施肥措施，建议上戈、故县等烟区不但种烟当季不施 KCl 等含氯肥料，前茬作物也应禁施含氯肥料；同时含氯厩肥等有机肥也要慎重施用，严禁施用人粪尿；针对兴华、小界等土壤水溶性氯含量太低或检测不到的烟区，应开展适当补氯工作，适当补充含氯厩肥等有机肥，并且要每年定期检测，防止土壤水溶性氯含量过度积累。

表 3-8　洛阳烟区不同乡镇土壤水溶性氯含量　　单位：mg/kg

土层（cm）	兴华	小界	罗岭	下峪	河底	西山底	上戈	故县	东宋
0～15	0.00	6.90	6.90	13.81	6.90	5.70	117.38	75.95	6.90
15～25	0.00	0.00	6.90	13.81	6.90	6.90	158.81	55.24	6.90
25～40	6.90	0.00	13.81	13.81	6.90	4.20	48.33	20.71	6.90

第四节　植烟土壤与烟叶特色形成的关系

一、植烟土壤物理性质与烟叶特色形成的关系

（一）洛阳植烟土壤团粒结构与烟叶风格的相关性

研究表明，烟叶的风格特征与土壤的粒级组成大多数都达到显著相关的水平。烟叶浓香型显示度、醇甜香香韵、焦甜香香韵与细沙粒的含量达到极显著的正相关水平，烟气劲头与细沙粒含量达到极显著负相关水平；烟叶的烟气浓度与粗沙粒的含量呈极显著的正相关关系；烟叶的浓香型显示度、醇甜香和焦甜香香韵与土壤粉粒及黏粒含量均呈极显著或显著的负相关（表 3-9）。

表 3-9　土壤团粒结构与洛阳烟叶风格特色的相关关系

土壤团粒结构	浓香型显示度	香韵			烟气浓度	劲头
		醇甜香	焦甜香	焦香		
粗沙粒（0.2~2mm）	0.33**	0.11	0.17	-0.14	-0.12	0.12
细沙粒（0.2~0.02mm）	0.47**	0.30**	0.57**	0.24*	0.32**	-0.36**
粉粒（0.02~0.002mm）	-0.34**	-0.24*	-0.48**	0.07	0.06	0.26*
黏粒（< 0.002mm）	-0.62**	-0.28*	-0.61**	-0.06	-0.19	0.18

（二）洛阳植烟土壤团粒结构与烟叶风格特征的拟合方程

通过分析烟叶的风格指标与土壤团粒结构的关系，可知烟叶浓香型显示度随土壤中细沙粒含量升高而呈现升高的趋势，当土壤细砂粒含量低于10%时，烟叶浓香型显示度随砂粒含量的减少而急剧下降，其关系拟合方程为：$y=0.213\ln x+2.9361$；当土壤细沙粒含量低于10%时，烟叶焦甜香随土壤黏粒含量的增加呈急剧增加的趋势，其关系拟合方程是：$y=0.3981\ln x+1.9757$；当土壤砂粒含量高于10%时，烟叶焦甜香随细砂粒的增加呈缓慢增加的趋势。烟叶的浓香型显示度与焦甜香同土壤中的粉粒和黏粒含量呈负相关关系，其中当土壤粉粒含量高于40%时，烟叶的浓香型显示度得分普遍低于4.5，焦甜香的得分也低于3.0；当土壤中的黏粒含量高于25%时，烟叶的浓香型显示度低于3.5，焦甜香分值低于3.0，焦甜香韵显著降低。在此基础上，对浓香型显示度和焦甜香与土壤的团粒结构进行了通径分析发现，Y 浓香型显示度 $=-442.7618+4.4694X$ 沙粒 $+4.4619X$ 粉粒 $+4.4525X$ 黏粒（$R^2=0.6595$；$P=0.0001$），其中砂粒的通径系数最大，为269.0292，黏粒的通径系数最小，说明沙粒对烟叶浓香型显示的直接影响作用最大，黏粒的影响较小。Y 焦甜香 $=-871.7972+8.7611X$ 沙粒 $+8.7454X$ 粉粒 $+8.7354X$ 黏粒（$R^2=0.7213$；$P=0.0001$），其中沙粒对焦甜香的影响最大，通径系数为316.2097，黏粒的通径系数最小，影响较小（图3-20至图3-25）。

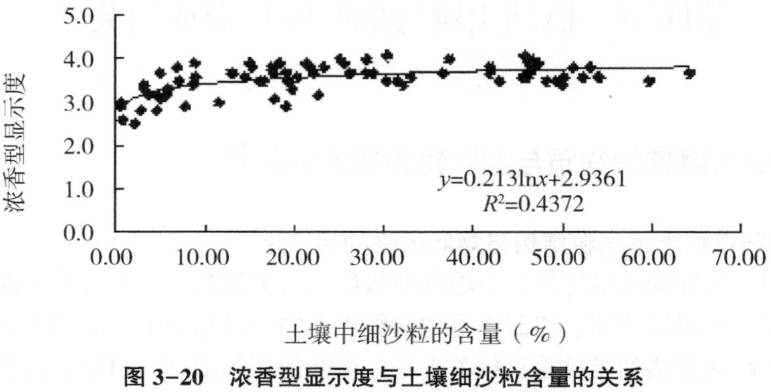

图 3-20　浓香型显示度与土壤细沙粒含量的关系

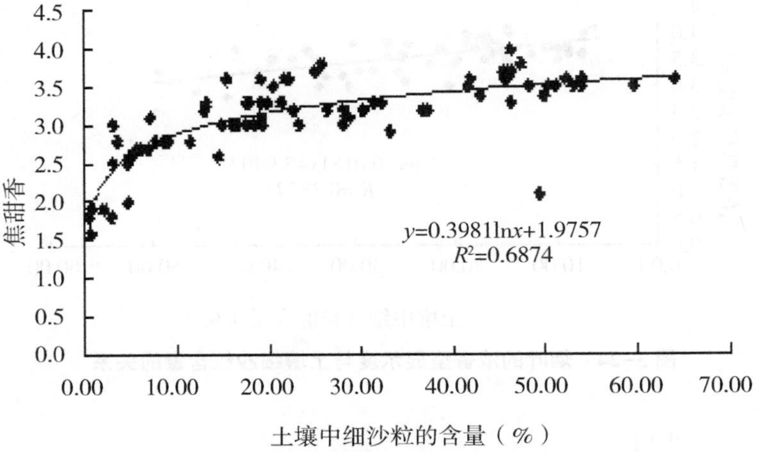

图 3-21 烟叶的焦甜香与土壤细沙粒含量的关系

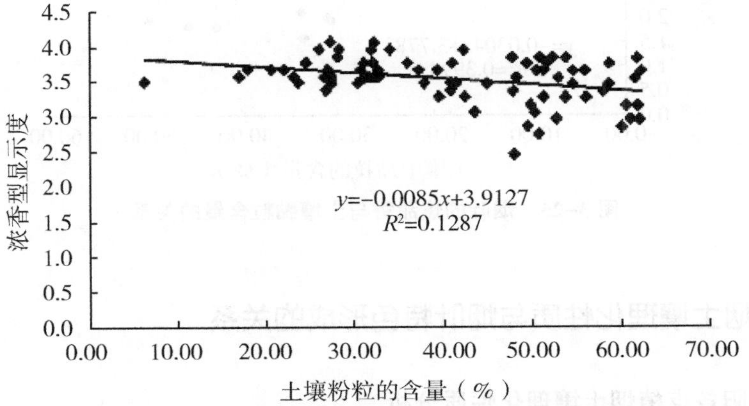

图 3-22 烟叶的浓香型显示度与土壤粉粒含量的关系

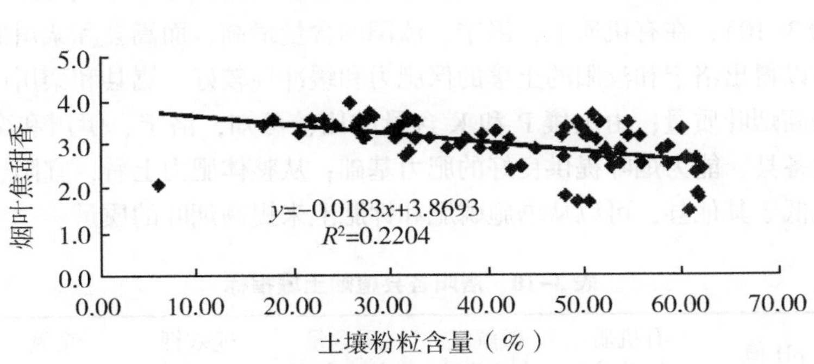

图 3-23 烟叶的焦甜香与土壤粉粒含量的关系

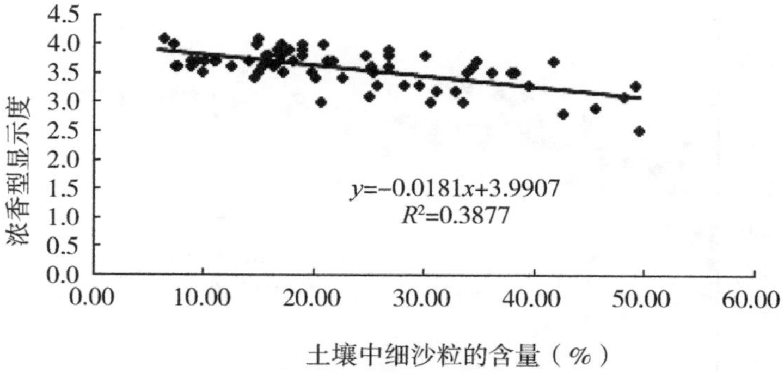

图 3-24　烟叶的浓香型显示度与土壤细沙粒含量的关系

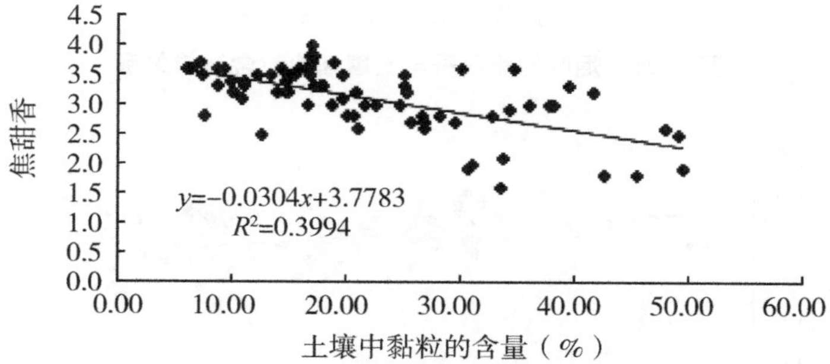

图 3-25　烟叶的焦甜香与土壤黏粒含量的关系

二、植烟土壤理化性质与烟叶特色形成的关系

（一）洛阳各点植烟土壤理化性质分析

对洛阳 8 个县的土壤指标的分析可知，洛阳整体土壤偏碱性，其中孟津和栾川的 pH 相对较高（表 3-10）；在有机质上，洛宁、汝阳的含量最高，而嵩县和栾川的有机质含量相对较低，可以得出洛宁和汝阳的土壤的保肥力和缓冲性较好，嵩县和栾川可以从提高土壤保肥力上提高烟叶质量；由土壤 P 和 K 含量的比较可知，洛宁、伊川和栾川的磷含量明显高于其他各县，能为烟叶提供良好的肥力基础；从整体肥力上看，宜阳、新安两县的肥力基础明显低于其他县，可以从增施磷肥和钾肥上来提高烟叶的质量。

表 3-10　洛阳各县植烟土壤指标

取样点	pH 值	有机质（g/kg）	碱解氮（mg/kg）	磷含量（mg/kg）	速效钾（mg/kg）	全氮（g/kg）	总含量（g/kg）
洛宁	7.75	6.85	94.55	6.45	99.13	0.41	207.39
宜阳	7.62	5.97	80.31	3.68	68.57	0.36	158.89
汝阳	7.57	6.65	89.66	4.22	116.38	0.40	217.31

（续表）

取样点	pH 值	有机质（g/kg）	碱解氮（mg/kg）	磷含量（mg/kg）	速效钾（mg/kg）	全氮（g/kg）	总含量（g/kg）
嵩县	7.72	4.48	74.38	4.84	112.67	0.27	196.63
伊川	7.44	6.49	82.86	6.59	135.01	0.39	231.34
新安	7.79	5.75	70.00	2.95	80.53	0.34	159.58
孟津	8.01	6.11	32.20	4.04	193.78	0.37	236.50
栾川	7.98	4.99	65.63	6.29	147.87	0.30	225.07

（二）洛阳植烟土壤理化性质与烟叶风格的相关性

对洛阳植烟土壤与风格特征的相关性分析可知，洛阳植烟土壤的指标中香型属性与土壤中的有机质和速效钾含量呈正相关关系，说明土壤中的钾含量和有机质含量越高，浓香型特征表现越明显；总体香韵与速效磷和速效钾含量呈正相关，总体香韵与氮含量呈显著负相关关系，说明氮的含量限制了烟叶香韵的形成，适量减少氮的含量可以提高烟叶中的香韵含量；香气状态的表现与碱解氮的含量呈正相关，与全氮含量呈负相关，说明香气状态与氮含量相关，但总氮量太高刺激性较强，影响香气的表现，适当增加烟叶中的碱解氮含量。其中土壤中的 pH 值含量与烟叶的香型属性和总体香韵都呈负相关（表 3-11）。

表 3-11　洛阳植烟土壤与风格特征的偏相关

风格特征	pH 值	有机质	碱解氮	速效磷	速效钾	全氮
香型属性	-0.07	0.13*	0.04	-0.12	0.14*	-0.13
总体香韵	-0.05	-0.09	-0.29*	0.03	0.02	-0.09
香气状态	0.00	-0.05	0.12	-0.01	0.01	-0.04

第四章　洛阳烟叶品种选育

第一节　豫烟6号（8303）的选育

新品种的选育与推广是烟叶生产发展的基础，优良品种对提高烟叶产量、质量和抗逆性有着重要作用。豫西、豫西南烟区是河南省主要烟区，但由于地势地貌复杂，加之干旱频繁，严重影响着烟区的生产稳定性和可持续发展，因此选育优质抗旱品种对稳定和发展干旱地区的烟叶生产有着重要意义。河南农业大学在河南省烟草专卖局的支持下，围绕优质、抗旱、适应性强的目标开展了烤烟杂交种的选育研究。

一、亲本来源及选育过程

豫烟6号（8303）是以MSK326做母本，以农大202为父本杂交选育而成的烤烟杂交种。

农大202是从豫西地方品种中选育出的变异株系，其特点是抗旱性强，烟叶开片较好，烟叶钾含量较高（在河南种植面积可达2.5%以上），但烤后烟叶颜色较淡，棕色烟较多，不抗角斑病。我们对筛选出的农大202进行了深入的研究（研究论文分别发表在植物营养学报、土壤学报、中国农业科学、植物生理学通讯等期刊中），发现该品系之所以具有较强的抗旱性与体内较高的脱落酸（ABA）含量有关，ABA是五大植物激素之一，是干旱信号传递物质，当干旱发生时能及时调节植物的生长，促进根系发育，同时促进烟叶钾含量提高，减轻干旱对植物的伤害作用。农大202生长点的ABA含量较高，比正常品种高出40%左右（不同生育期间有差异），故叶片较大，根系发达。为发挥“农大202”的优良特性，克服其缺点，我们还做了大量的遗传改良研究，用不同品种与其杂交，试图提高烟叶质量，同时保持其抗旱性和钾含量较高等特点，其中用MSK326做亲本效果最好。

豫烟6号（8303）烤烟杂交种于2004—2005年参加了河南省烤烟品种区域试验，2006—2007年参加了全国（北方区）烤烟品种区域试验，2008年参加全国（北方区）烤烟品种生产示范试验，同时2006—2007年参加河南省烤烟品种示范试验，并在洛阳、三门峡进行生产示范。2007年通过河南省烤烟品种审评委员会审评，2008年通过全国农业评审（图4-1）。

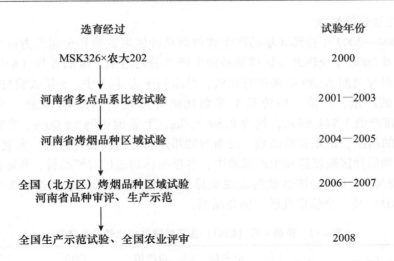

选育经过	试验年份
MSK326×农大202	2000
↓	
河南省多点品系比较试验	2001—2003
↓	
河南省烤烟品种区域试验	2004—2005
↓	
全国（北方区）烤烟品种区域试验 河南省品种审评、生产示范	2006—2007
↓	
全国生产示范试验、全国农业评审	2008

图 4-1 豫烟 6 号（8303）选育过程

二、豫烟 6 号（8303）主要特征特性

（一）主要植物学性状

豫烟 6 号（8303）打顶后植株筒形，打顶株高 116.2cm，茎围 10.8cm，节距 5.5cm，单株可采收叶数 20.9 片，腰叶长 67.0cm，腰叶宽 34.4cm，叶片椭圆形，叶色深绿，叶尖渐尖，叶耳中，主脉粗细中等，花冠粉红色，花序较分散，移栽至中心花开放 60~65d，大田生育期 115~120d，田间长势强（表 4-1）。

表 4-1 豫烟 6 号（8303）主要植株性状与对照品种的比较

年度	品种	株高（cm）	叶数（片）	茎围（cm）	节距（cm）	腰叶长（cm）	腰叶宽（cm）
2004 年省区试	Y8303	102.9	21.0	10.8	4.8	62.3	33.3
	NC89	93.4	20.0	9.2	4.2	59.3	27.2
2005 年省区试	Y8303	137.2	24.0	11.4	6.3	69.6	37.0
	NC89	126.9	24.0	9.2	5.8	65.5	32.1
2006 年全国区试	Y8303	100.8	19.9	10.8	5.0	66.5	31.7
	NC89	91.5	19.8	9.8	4.8	63.2	29.0
2007 年全国区试	Y8303	121.7	18.8	10.6	5.9	64.8	34.7
	NC89	105.2	18.6	9.8	5.2	63.2	31.4
2008 年生产试验	Y8303	118.5	21.0	10.4	5.4	71.7	35.1
	NC89	102.3	18.7	9.2	4.8	65.8	30.5
平均	Y8303	116.2	20.9	10.8	5.5	67.0	34.4
	NC89	103.9	20.2	9.4	5.0	63.4	30.0

注：表中数据来源于 2004—2008 年河南省和全国区域试验报告

（二）主要经济性状

根据2004—2007年连续4年的河南省烤烟品种区域试验和全国北方区烤烟品种区域试验，以及2008年全国北方区烤烟品种生产试验的结果，豫烟6号（8303）在主要经济性状方面与对照NC89品种进行比较，结果列于表4-2中。5年试验总结，豫烟6号（8303）的产量、产值、均价和上等烟比例等超过对照品种NC89。平均亩产量179.75kg，亩产值1 544.84元，均价8.59元/kg，上等烟比例22.00%，在吉林省的延边、辽宁省的昌图、山东省的诸城、河南省的邓州和三门峡表现较好。尤其是在连续3年的全国烤烟品种区域试验和生产试验中，各项指标均超过对照品种，年际间和试点间豫烟6号（8303）主要经济性状的表现变异系数小，全国区试总结连续3年都认为豫烟6号（8303）是一个稳定性较好的新品系。

表4-2　豫烟6号（8303）主要经济性状比较试验结果

年份	试验阶段	品 种	亩产量（kg）	亩产值（元）	均价（元/kg）	上等烟比例（%）
2004	省区试	8303	168.75	1 033.01	6.18	16.30
		NC89	130.79	689.18	5.47	12.70
		比NC89	27.96	343.83	0.71	3.60
2005	省区试	8303	215.00	2 018.06	9.49	16.70
		NC89	137.79	1 096.07	8.33	15.36
		比NC89	77.21	921.99	1.16	1.34
2006	全国区试	Y8303	170.28	1 302.62	7.76	21.96
		NC89	139.48	961.92	7.18	20.53
		比NC89	30.80	340.70	0.58	1.43
2007	全国区试	Y8303	166.16	1 345.89	8.17	28.54
		NC89	140.38	1 105.25	7.84	24.93
		比NC89	25.78	240.64	0.33	3.61
2008	生产试验	Y8303	178.55	2 024.63	11.34	26.48
		NC89	148.09	1 479.58	9.99	17.81
		比NC89	30.46	545.05	1.35	8.67
五年平均		Y8303	179.75	1 544.84	8.59	22.00
		NC89	139.31	1 066.40	7.76	18.27
		比NC89	38.44	478.44	0.83	3.73

注：表中数据来源于2004—2008年河南省和全国区域试验报告

（三）抗病性

在2004—2005年河南区域试验中，对豫烟6号（8303）杂交种田间自然发病情况进行调查，并与对照NC89品种进行比较，结果列于表4-3。从表4-3中可以看出，豫烟6号（8303）气候斑点病和角斑病较轻，对烟草病毒病（TMV、CMV、PVY）、赤星病的抗病能力与对照NC89相当。

表 4-3　2004—2005 年河南区域试验田间自然发病情况比较

年份	品种	病情指数					
		TMV	CMV	马铃薯 Y 病毒病	角斑病	赤星病	气候斑点病
2004	H8303	3.63	0.09	2.045	0.0	17.82	0.36
	NC89	3.09	0.17	1.74	0.30	9.23	0.29
2005	H8303	10.19	0.28	24	0.46	10.02	0.37
	NC89	13.99	—	31	2.62	12.60	1.26

注：表中数据来源于 2004—2005 年河南省区域试验报告

2006—2007 年全国（北方区）烤烟品种区试接种鉴定结果为（表 4-4）：豫烟 6 号抗黑胫病，青州所鉴定的病情指数为 2.1～8.6，云南所为 18.37～40.74；中抗青枯病，贵州所鉴定的病情指数为 34.4～36.1；中抗 TMV，青州所鉴定的病情指数为 28.95，云南所为 42.08；中感根结线虫病，云南所鉴定的病情指数为 59.67；中感赤星病和 PVY，感 CMV，综合抗性优于对照 NC89。2008 年生产试验鉴定结果为：中抗黑胫病、赤星病、青枯病，中感根结线虫病、TMV 和 PVY，感 CMV，综合抗病性好于对照品种 NC89。

表 4-4　2006—2007 年全国烤烟品种区试（北方区）和 2008 生产试验抗病性人工鉴定结果

品种	年份	CMV		黑胫病		TMV		赤星病		青枯病		根结线虫病		PVY					
		病指	抗性	病指	抗性	病指	抗性	病指	抗性	病指	抗性	病指	抗性	病指	抗性	病指	抗性	病指	抗性	病指	抗性
Y8303	2006	66.45	S	8.6	R	40.74	MR	28.95	MS	42.08	MR	78.06	S	12.2	MS	36.1	MR	59.67	MS	47.95	MS
NC89	2006	64.47	S	16.6	R	25.00	R	40.00	S	53.30	MS	85.75	S	23.4	S	53.1	MS	57.92	MS	54.76	S
Y8303	2007	25.71	S	2.1	R	18.37	R	NL	I	8.13	R	73.67	MS	11.6	MS	34.4	MR	47.5	MR	0.98	MS
NC89	2007	31.0	S	21.7	R	38.54	MR	49.32	MS	83.33	S	75.33	S	19.9	MS	51.4	MS	53.21	MS	0.51	MR
Y8303	2008	75.71	S	6.82	R	36.9	MR	27.57	64.46	64.46	MS	63.1	MS	23.47	MR	40.6	MR	51.67	MS	63.53	MS
NC89	2008	48.39	MS	7.22	R	34.52	MR	53.13	88.19	88.19	S	73.05	MS	35.89	MS	40.6	MR	46.19	MR	64.45	MS
鉴定单位		青州所		青州		云南所		青州所		云南所		云南所		青州所		贵州所		云南所		牡丹江	

注 I：免疫；R：抗病；MR：中抗；MS：中感；S：感病；表中数据来源于 2006—2008 年全国区域试验报告

（四）抗旱性

豫烟 6 号（8303）具有较强的抗旱性能。对其抗旱性进行了系统的研究（图 4-2），发现在正常水分条件下（土壤相对含水量为 80%），苗期和旺长期豫烟 6 号较 K326、NC89 在整株干物质重上均差别不大。在轻度干旱条件下（土壤相对含水量为 60%）和重度干旱条件下（土壤相对含水量为 40%）各生长 20d，豫烟 6 号干物质积累量均极显著地高于 K326、NC89 品种。

分析豫烟 6 号抗旱性较高的主要原因是：当受到干旱胁迫后，豫烟 6 号脱落酸

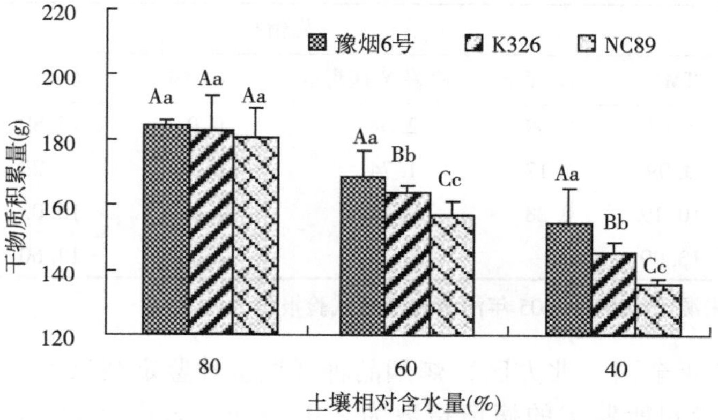

图 4-2　3 个烤烟品种在干旱胁迫下生长量的比较

（80%、60%、40%分别表示土壤 80%、60%、40%相对含水量；80%：正常水分条件；60%：轻度干旱条件；40%：重度干旱条件。6 月 24 日至 7 月 15 日间不同处理生长量的变化）

（ABA）含量水平较高，诱导叶片保水能力增强，维持了较高的光合能力，特别是根系生长量增加（图 4-3），提高了抗旱能力。

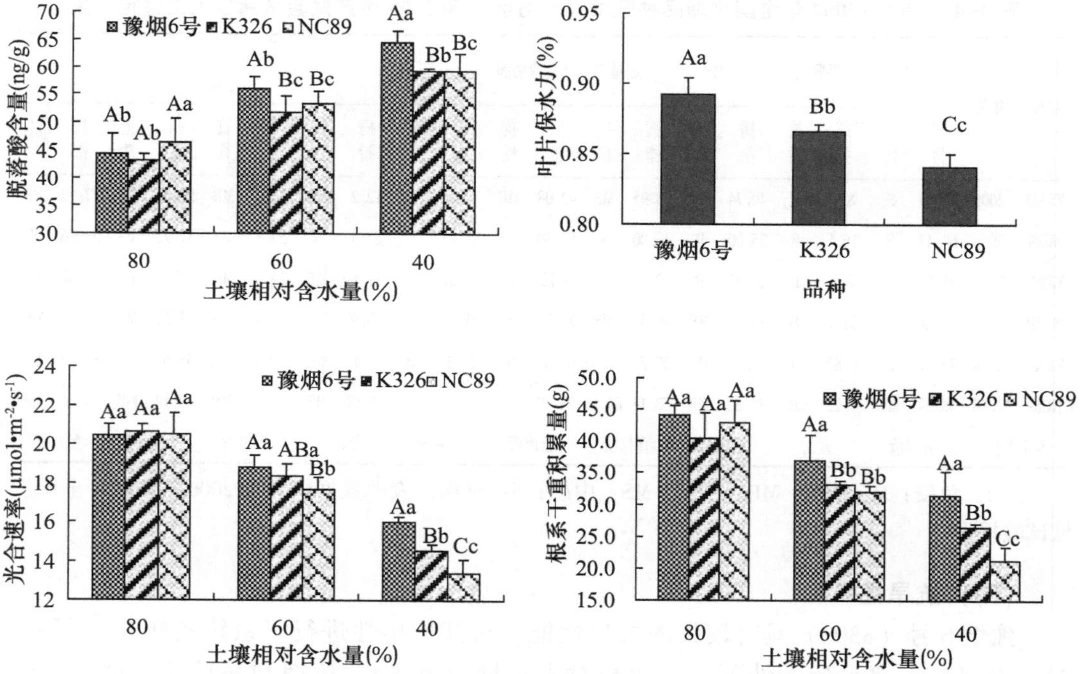

图 4-3　3 个烤烟品种茎尖脱落酸含量、叶片保水力、光合速率、根系干物质重在干旱胁迫下的变化的比较

（五）原烟外观质量与烟叶化学成分比较

2006—2007 年全国区试对豫烟 6 号（8303）杂交种外观质量评价结果表明，原烟多橘黄，成熟度较好，身份适中，结构疏松至尚疏松。油分多到有，光泽多较强。烟叶外观质量优于对照品种 NC89（表 4-5）。2008 年全国生产试验评价豫烟 6 号（8303）烤后 8~11 叶位的原烟微带青烟叶比例相对较高，其他质量性状好于或与对照 NC89 相当，整体质量与 NC89 相当；14~17 叶位的原烟外观质量略好于对照 NC89，主要反映在叶片结构和油分上要明显好于 NC89，同时其色度也好于 NC89。

表 4-5　2006—2007 年全国（北方）区试和 2008 年生产试验原烟外观质量鉴定

项目	档次	2006		2007		2008			
		Y8303	NC89	Y8303	NC89	Y8303（8~11）	NC89（8~11）	Y8303（14~17）	NC89（14~17）
颜色（%）	金黄			64.29	60.71	61.67	76.67	58.33	43.33
	深黄			14.29	12.14	0.00	0.00	25.00	36.67
	正黄			8.57	10.00	28.33	16.67	6.67	10.00
	微带青	5.00	31.00	12.86	17.15	10.00	0.00	5.00	10.00
成熟度（%）	成熟	83.00	47.00	67.14	66.43	70.00	72.50	59.17	75.00
	尚熟	15.00	50.00	32.86	33.57	30.00	27.50	40.83	25.00
叶片结构（%）	疏松	66.00	33.00	82.86	75.00	75.00	79.17	43.33	5.00
	尚疏松	31.00	73.00	17.14	25.00	25.00	20.83	56.67	78.33
身份（%）	中等	88.00	79.00	72.86	58.57	93.33	96.67	63.33	48.33
	稍薄	2.00	14.00	27.14	41.43	6.67	3.33	0.00	0.00
油分（%）	多	35.00	37.00	5.71	7.86	18.33	16.67	44.17	25.00
	有	50.00	57.00	82.14	76.43	75.00	79.17	54.17	68.33
	稍有	15.00	6.00	12.14	15.71	6.67	4.17	1.67	6.67
色度（%）	浓			0.00	0.00	3.33	0.00	0.00	0.00
	强	23.00	22.00	54.29	33.57	15.00	25.00	35.00	20.83
	中	77.00	68.00	36.43	65.00	80.00	67.50	60.00	70.83
	弱	7.00	6.00	9.29	1.43	1.67	7.50	5.00	8.33
长度（cm）				59.17	58.29	62.17	57.17	59.33	55.50

注：表中数据来源于 2006—2008 年全国区域试验报告（郑州烟草研究院鉴定）

2006—2007 年全国烤烟品种（北方）区试和 2008 年全国区试生产试验烟叶化学成分分析结果列于表 4-6。两年全国区试中 Y8303 烟叶烟碱含量平均为 2.52%，总糖 23.48%，还原糖 19.63%，氧化钾 1.43%，内在化学成分协调。

2008 年全国区试生产试验 Y8303 的两个叶位的原烟内在化学成分的含量和协调性上都要好于对照品种 NC89，主要体现在两个品系的烟碱含量和总氮含量均低于对照 NC89，较为适宜，同时两糖含量均高于 NC89，钾含量高于 NC89，淀粉含量相对较低。2008 年工业评价结果为：Y8303 中部烟叶化学成分协调性评价分值为 66.91（对照 73.62），上部烟叶为 77.76（对照 62.34），Y8303 上部烟叶化学成分协调性好，中部叶略差。

表 4-6　2006—2007 年北方区试和 2008 年生产试验烟叶化学成分　　单位:%

年份	品种	烟碱	总氮	还原糖	总糖	钾	氯	淀粉
2006	Y8303	2.59	1.82	19.63	23.48	1.43	0.54	4.08
	NC89	2.6	1.56	24.58	26.38	1.62	0.18	3.43
2007	Y8303	2.45	1.94	22.06	26.55	1.27	0.57	5.00
	NC89	2.68	1.98	22.25	26.45	1.16	0.58	4.77
平均	Y8303	2.52	1.88	20.85	25.02	1.35	0.56	4.54
	NC89	2.64	1.77	23.42	26.42	1.39	0.38	4.10
2008（8~11）	Y8303	1.90	1.52	24.89	29.40	1.57	0.42	5.06
	NC89	2.35	1.68	24.10	28.47	1.46	0.37	5.17
2008（14~17）	Y8303	2.90	1.77	23.56	27.87	1.22	0.39	4.44
	NC89	3.54	1.87	22.26	25.46	1.02	0.42	5.68

注：表中数据来源于 2006—2008 年全国区域试验报告（郑州烟草研究院分析鉴定）

（六）烟叶质量的评吸鉴定结果

2006—2007 年全国区试的评吸结果（表 4-7）表明，豫烟 6 号（8303）品系原烟评吸在香气质、杂气和燃烧性方面方面优于对照 NC89 品种。在质量档次评比中，两年 14 个点（样品），豫烟 6 号（8303）3 个点为中偏上，11 个点为中等，NC89 的表现浮动较大，中偏上有 1 个点，11 个点为中，2 个点中偏下。总评认为豫烟 6 号（8303）的内在质量与对照相当。

2008 年全国区试生产试验豫烟 6 号（8303）的工业评吸鉴定结果见表 4-8。8303 烟叶烟气在河南洛宁表现为浓香型，在山东莒县和和龙江宁安表现为中间香型。烟气特征多表现出杂气和刺激性略大，个别产地表现出香气较厚实。与对照 NC89 相比，烟叶烟气香型基本一致；中部烟叶样品整体吸食品质略低于对照；上部烟叶吸食品质整体略优于对照。

表 4-7　全国区试北方区评吸结果汇总（2006—2008 年）

项目	档次	2006		2007		2008			
		Y8303	NC89	Y8303	NC89	Y8303（8~11）	NC89（8~11）	Y8303（14~17）	NC89（14~17）
香气质	中偏上			1					
	中等	7	6			3	3		2
	中偏下		1	6	7			3	1

（续表）

项目	档次	2006		2007		2008			
		Y8303	NC89	Y8303	NC89	Y8303（8~11）	NC89（8~11）	Y8303（14~17）	NC89（14~17）
香气量	尚足		1	2			1		
	有	7	6	5	7	3	2	3	3
浓度	较浓								
	中等	7	7	7	7	3	3	3	3
杂气	略重	3	4	3	2		2	2	2
	有	4	3	4	5	3	1	1	1
劲头	中等	7	7	7	7	3	3	3	3
刺激性	有	6	6	7	5	3	3	3	3
	略大	1	1		2				
余味	尚适	6	7	7	6	3	2	3	2
	欠适	1			1		1		1
燃烧性	强	7	6	7	7	3	3	3	3
灰色	灰白	7	6	7	7	3	3	3	3
质量档次	中偏上		1	3			1		
	中等	7	4	4	7	3	2	2	
	中偏下		2					1	2
	较差								1

注：①表中数字表示该特征出现的试验点数；

②表中数据来源于2006—2008年全国区域试验报告（郑州烟草研究院评吸鉴定）；

③2008年数据为大安、昌图、洛南3个试验点的结果

（七）豫烟6号（8303）的栽培调制技术要点

2008年北方区生产试验结果（表4-9）表明，豫烟6号（8303）在黑龙江宁安点突出表现为随施肥量的增加，各主要经济性状均呈下降趋势，而在其他试验点则普遍存在随施肥量增加，增产、增效的现象显著，但存在随施肥量的增加，落黄变慢，烘烤难度有所增加的问题。综合分析豫烟6号（8303）的耐肥性相对较好，以中等肥力水平较为适宜。原烟外观质量也以中肥水平最好。在河南进行不同钾肥用量试验的结果表明，豫烟6号对钾肥比较敏感，随钾肥用量增加，烟叶产量、质量和抗病性的提高较其他品种幅度大。

豫烟6号（8303）烟叶比较耐成熟，要坚持成熟采收原则。下部叶片与其他品种比相对较大，成熟期要及早采收下部叶，增强田间通风透光条件。采用三段式烘烤工艺，易烘烤，与NC89比较，变黄较快，定色也较快，要采用低温变黄，稳火定色。

表 4-8　烤烟新品种豫烟 6 号（8303）的工业评吸鉴定结果汇总

编号	中部	A041	A042	A048	A047	A036	A035
	上部	A037	A039	A044	A043	A032	A031
品种		8303	NC89	8303	NC89	8303	NC89
香气质	中部	中等	中等	中偏上	中偏上	中等	中等
	上部	中偏上	中偏上	中偏上	中等	中等	中等
香气量	中部	尚足	尚足	尚足	尚足	有	有
	上部	较足	较足	尚足	尚足	有	尚足
浓度	中部	中等	中等	中等	中等	中等	中等
	上部	较浓	较浓	较浓	较浓	中等	中等
杂气	中部	有	有	有	有	有	有
	上部	有	有	有	有	有	有
劲头	中部	中等	中等	中等	中等	中等	中等
	上部	较大	中等	中等	中等	中等	中等
刺激性	中部	略大	有	有	有	略大	有
	上部	有	略大	有	有	略大	有
余味	中部	尚适	尚适	欠适	尚适	尚适	尚适
	上部	尚适	尚适	较舒适	尚适	尚适	尚适
燃烧性	中部	较强	较强	较强	较强	较强	较强
	上部	中等	中等	较强	较强	较强	较强
灰色	中部	灰	灰	灰白	灰白	灰白	灰白
	上部	灰	灰	灰白	灰白	灰白	灰白
香气特征文字描述	中部	青杂气稍突出，刺激较大	有甜韵感，香气较单薄	余味欠适		杂气、刺激性略大	杂气、刺激性略大
	上部	香气较厚实	刺激较大，其余指标较均衡	烟气舒适感较好，有甜感		刺激、杂气较大	刺激、杂气较大

注：表中数据来源于郑州院 2008 年工业评吸鉴定结果

表 4-9　2008 年北方区栽培试验经济性状统计分析

项目	品种	施肥量	平均	项目	品种	施肥量	平均
亩产量（kg/亩）	Y8303	低肥	168.51	亩产值（元/亩）	Y8303	低肥	1 956.35
		中肥	176.58			中肥	2 010.99
		高肥	182.24			高肥	2 068.57
	NC89	中肥	148.09		NC89	中肥	1 479.58

（续表）

项目	品种	施肥量	平均	项目	品种	施肥量	平均
均价（元/kg）	Y8303	低肥	11.59	上等烟比例（%）	Y8303	低肥	24.14
		中肥	11.38			中肥	25.34
		高肥	11.36			高肥	27.04
	NC89	中肥	9.99		NC89	中肥	17.81

注：表中数据来源于2008年全国区试生产试验报告

三、对豫烟6号（8303）杂交种的综合评价

豫烟6号（8303）是采用“MSK326”为母本，“农大202”为父本杂交选育而成的杂交种。已经通过品系比较试验、河南省区域试验和全国（北方）烤烟品种区域试验以及生产示范试验，通过河南省烟草品种审评委员会审评和全国农业评审、工业评价，程序完备。

豫烟6号（8303）打顶后植株筒形，打顶株高115.7cm，茎围10.9cm，节距5.5cm，单株可采收叶数20.9片，腰叶长65.8cm，腰叶宽34.2cm，叶片椭圆形，叶色深绿，叶尖渐尖，叶耳中，主脉粗细中等，花冠粉红色，花序较分散，移栽至中心花开放60~65d，大田生育期115~120d，田间长势强。

该杂交种在连续多年的试验中，4项主要经济指标均超过和显著超过对照品种NC89。尤其是在亩产量和亩产值方面分别较NC89提高45kg和500元以上。兼抗烟草黑胫病、青枯病、角斑病等3种主要病害，耐病毒病。特别是具有一定的抗旱性和烟叶开片性能较好的特点，适合在丘陵烟区种植。在2006—2007年的全国区试综合评价中被认为是一个稳定性较强的杂交种。

豫烟6号（8303）原烟外观质量为原烟多橘黄，成熟度较好，身份适中，结构疏松至尚疏松。油分多到有，光泽多较强。烟叶外观质量优于对照品种NC89。化学成分协调。中部烟叶样品整体吸食品质略低于对照；上部烟叶吸食品质整体略优于对照。内在质量综合评价与对照相当。

豫烟6号（8303）烤烟杂交种在河南不同烟区进行栽培调制示范试验表明，它的耐肥性比对照NC89品种略高，以中等施肥量为宜。在河南丘陵山区，高肥地块每亩施纯氮2.5~3.0kg为宜，中等肥力地块亩施纯氮3~3.5kg；在平原烟区亩施纯氮量3.5~4kg，氮磷钾比1：1：3比较合适。种植密度可在1 100株/亩左右，单株留叶叶数22~24片，亩产量在150~175kg。该品系烟叶比较耐成熟，易烘烤，采用三段式烘烤工艺。

第二节　烤烟杂交种豫烟 12 号选育

由于河南农业的发展和农作物产量水平的不断提高，多数烤烟品种耐肥性出现问题，急迫需要优质、多抗、丰产、耐肥和适应性广泛的烤烟新品种。河南农业大学围绕优质、多抗、丰产、耐肥、易烘烤和适应性强的目标，开展烤烟新品种选育研究。现将烤烟杂交种豫烟 12 号的选育情况报告如下。

一、亲本来源及选育过程

豫烟 12 号是河南农业大学以 MSG28 为母本，以自选的烤烟材料 YZ90 为父本杂交选育而成的烤烟杂交种（图 4-4）。

MSG28 是我国 20 世纪 70 年代从美国引进的优质抗病烤烟品种，高抗黑胫病，抗青枯病，较耐肥，容易烘烤，原烟橘黄色，油分多。自选的烤烟材料 YZ90 生长势强，对叶斑类病害抗性较好、较耐肥、耐旱，易烘烤，烤后烟叶颜色淡。

2006 年以 MSG28 为母本，以 YZ90 为父本杂交配制杂种 F_1。

选育经过	试验年份
↓	
MSG28×YZ90	2006
↓	
河南省多点品系比较试验	2007—2008
↓	
全国（北方区）烤烟品种区域试验	2009—2010
↓	
河南省烤烟品种区域试验	2011—2012
↓	
全国生产示范试验、农业评审	2013

图 4-4　豫烟 12 号选育过程

该杂交种 2007—2008 年参加品系比较试验，遗传性稳定，品质好，经济性状表现优良。2009—2010 年参加河南省烤烟品种区域试验，在河南省不同生态条件下进行比较鉴定，表现突出，2011—2012 年参加全国（北方区）烤烟品种区域试验。2013 年参加全国（北方区）烤烟品种生产示范试验。2013 年通过河南省烟草品种审评委员会审评，定名为豫烟 12 号。2013 年通过全国烟草品种审定委员会农业评审。

二、豫烟 12 号主要特征特性

（一）主要植物学性状

豫烟 12 号打顶后植株筒形，打顶平均株高 121.36cm，茎围 10.47cm，节距

5.14cm，单株可采收叶数 22.27 片，茎叶角度中等，腰叶长 68.69cm，腰叶宽 34.33cm，叶片椭圆形，叶色绿，叶耳中，主脉粗细中等，花冠粉红色，花序较分散，移栽至中心花开放 60~65d，大田生育期 115~120d，田间长势较强（表 4-10）。

表 4-10　豫烟 12 号主要植株性状与对照品种的比较

年度	品种	株高（cm）	叶数（片）	茎围（cm）	节距（cm）	腰叶长（cm）	腰叶宽（cm）
2009	Y8190	120.60	23.00	10.60	4.70	63.00	34.20
省区试	NC89	99.10	20.00	8.80	4.20	59.70	29.90
2010	Y8190	117.00	23.00	10.60	4.70	72.70	36.90
省区试	NC89	102.70	19.00	9.00	4.10	67.30	32.00
2011	Y8190	125.67	22.93	10.36	5.03	67.35	33.64
全国区试	NC89	113.76	20.59	9.37	4.83	64.04	29.48
2012	Y8190	118.54	21.32	10.55	5.72	70.85	32.52
全国区试	NC89	104.67	19.85	9.63	5.24	65.61	30.72
2013	Y8190	124.98	21.10	10.25	5.55	69.55	34.38
生产示范	NC89	98.85	17.18	8.75	5.02	62.68	28.08
平均	Y8190	121.36	22.27	10.47	5.14	68.69	34.33
	NC89	103.82	19.32	9.11	4.68	63.87	30.04

注：表中数据来源于 2009—2013 年河南省和全国烟草品种区域试验报告

（二）主要经济性状

根据 2009—2013 年连续 5 年的河南省烤烟品种区域试验和全国北方区烤烟品种区域试验的结果（表 4-11），豫烟 12 号在主要经济性状方面（亩产量、亩产值、均价和上等烟比例）均超过对照品种 NC89。平均亩产量 176.92kg，3 对照高 24.62kg/亩，亩产值 22 675.09元，比对照高 541.76 元/亩，均价 15.07 元/kg，比对照高 1.14 元/kg，上等烟比例和上中等烟比例分别为 26.04%和 78.87%，分别高于对照 3.76 个和 8.55 个百分点。在连续 3 年的全国烤烟品种区域试验中，各项指标均显著超过对照品种 NC89。该品系在黑龙江牡丹江和河南邓州表现较好。

表 4-11　豫烟 12 号主要经济性状比较试验结果

年份	试验阶段	品种	亩产量（kg）	亩产值（元）	均价（元/kg）	上等烟比例（%）	上中等烟比例（%）
2009	省区试	Y8190	152.40	1 998.70	13.20	21.60	
		NC89	142.60	1 830.70	12.70	19.70	
		比 NC89	9.80	168.00	0.50	1.90	

（续表）

年份	试验阶段	品种	亩产量（kg）	亩产值（元）	均价（元/kg）	上等烟比例（%）	上中等烟比例（%）
2010	省区试	Y8190	163.77	1 942.67	11.88	23.24	
		NC89	141.97	1 703.67	12.08	27.18	
		比 NC89	21.80	239.00	-0.20	-3.94	
2011	全国区试	Y8190	189.48	2 490.87	13.27	23.23	70.00
		NC89	160.63	1 917.34	11.91	17.08	64.73
		比 NC89	28.85	573.53	1.36	6.15	5.27
2012	全国区试	Y8190	207.97	3 552.64	17.18	35.33	81.77
		NC89	161.04	2 493.80	15.40	28.69	74.62
		比 NC89	46.93	1 058.84	1.78	6.64	7.15
2013	生产示范	Y8190	171.00	3 390.56	19.84	26.80	84.83
		NC89	155.13	2 721.13	17.57	18.75	71.59
		比 NC89	15.87	669.43	2.27	8.05	13.24
平均	Y8190	176.92	2 675.09	15.07	26.04	78.87	
		NC89	152.27	2 133.33	13.93	22.28	70.31
		比 NC89	24.65	541.76	1.14	3.76	8.55

注：表中数据来源于 2009—2013 年河南省和全国烟草品种区域试验报告

（三）抗病性

2011—2013 年 5 家承担病害抗性鉴定任务的科研单位，采用人工接种诱发鉴定的方式对黑胫病、青枯病、根结线虫病 3 种烟草根茎类病害和叶斑类病害赤星病及 TMV、CMV、PVY 3 种病毒病，共七种烟草主要病害进行了抗性鉴定；结果表明，Y8190（豫烟 12 号）抗黑胫病，中抗青枯病，中感赤星病、TMV、CMV 和 PVY，感根结线虫病，该品系对黑胫病、青枯病和赤星病的抗性优于对照 NC89，对根结线虫病的抗性略差，综合抗病性优于 NC89（表 4-12、表 4-13）。

表 4-12　全国烤烟品种区试（北方区）试验抗病性人工鉴定结果

病害	青枯病	黑胫病	根结线虫病	赤星病	TMV	CMV	PVY
Y8190	MR	R-	S	MS	MS	MS	MS
0408	MS	MS	MS	MS	MS	MS	MS
NC89	MS	MR	MR	S	MS	MS	S

I：免疫；R：抗病；MR：中抗；MS 中感；S：感病；+：表示偏强；-：表示偏弱；无标注表示中度

（四）原烟外观质量

2011—2013 年全国区试对 Y8190 外观质量评价结果（表 4-13），Y8190 颜色以金黄和正黄色为主，叶片结构疏松，成熟度一般，身份中等，油分与 NC89 相当，色度略差于 NC89，整体外观质量略优于或与对照品种 NC89 相当。

表 4-13　2011—2013 年全国（北方）区试原烟外观质量鉴定　　单位:%

项目	品种	2011		2012		2013 年 Y8190		2013 年 NC89	
		Y8190	NC89	Y8190	NC89	上部	中部	上部	中部
颜色	金黄	65.00	45.00	64.29	37.14	36.00	80.00	22.00	14.00
	正黄	0.00	0.00	28.57	15.71	0.00	4.00	0.00	0.00
	深黄	26.25	40.00	5.71	40.00	36.00	4.00	2.00	0.00
	微带青	2.50	8.75	0.00	7.14	36.00	80.00	22.00	14.00
	浅橘红	0.00	6.25						
	杂色	6.25	0.00	1.43	0.00	10.00	4.00	22.00	18.00
成熟度	成熟	80.00	71.88	71.43	77.14	64.00	84.00	32.00	12.00
	尚熟	20.00	28.13	14.29	22.86	36.00	16.00	68.00	88.00
	欠熟	14.29	0.00						
叶片结构	疏松	81.88	50.00	82.86	67.14	48.00	94.00	36.00	38.00
	尚疏松	18.13	50.00	17.14	32.86	52.00	6.00	56.00	62.00
	稍密	0.00	0.00	8.00	0.00				
身份	中等	86.25	60.00	82.86	74.29	68.00	52.00	32.00	26.00
	稍薄	6.25	6.25	8.57	7.14	14.00	48.00	36.00	44.00
	稍厚	7.50	33.75	8.57	18.57	18.00	0.00	32.00	30.00
油分	多	0.00	0.00	2.86	0.00	0.00	0.00	0.00	0.00
	有	87.50	88.75	88.57	91.43	52.00	40.00	26.00	22.00
	稍有	12.50	11.25	8.57	8.57	48.00	56.00	64.00	72.00
	少	0.00	4.00	10.00	6.00				
色度	弱	23.75	11.25	18.57	7.14	16.00	8.00	34.00	46.00
	中	68.75	83.75	68.57	78.57	76.00	86.00	64.00	54.00
	强	7.50	5.00	12.86	14.29	8.00	6.00	2.00	0.00
长度(cm)		57.91	55.88	59.81	60.70	65.20	64.20	64.75	63.95
宽度(cm)		26.40	24.45	22.53	23.17	20.67	21.03		

注：表中结果为辽宁昌图、吉林延边、黑龙江牡丹江、河南邓州和郏县、山东诸城和费县 7 点平均值

（五）原烟化学成分

根据 2011—2013 年连续 3 年的全国北方区烤烟品种区域试验的结果（表 4-14），Y8190（豫烟 12 号）中部烟叶平均烟碱含量为 1.92%，总糖为 27.97%，还原糖为 24.02%，氧化钾为 1.35%，总氮为 1.95%，内在化学成分协调。

表 4-14 2011—2013 年全国烟草区试烟叶化学成分 单位:%

年份	叶位	品种	烟碱	总氮	还原糖	总糖	钾	氯	淀粉
2011	中部	Y8190	2.27	2.20	21.02	25.12	1.05	0.47	4.12
全国区试	中部	NC89	3.84	2.65	17.44	20.88	1.04	0.47	3.73
2012	中部	Y8190	1.92	1.85	24.01	29.20	1.34	0.43	5.59
全国区试	中部	NC89	3.39	2.19	20.53	23.32	1.37	0.43	3.66
2013	中部	Y8190	1.57	1.81	27.04	29.59	1.65	0.47	5.79
生产示范	中部	NC89	2.93	2.36	19.62	21.38	1.51	0.63	4.76

（六）烟叶质量的评吸鉴定结果

2011—2012 全国区试北方区评吸结果（表 4-15、表 4-16）表明，2011 年 Y8190（豫烟 12 号）的香气质在各点差异较大，为中等至较好，香气量有至尚足，浓度中等至较浓，劲头中等，余味尚舒适-，杂气有至较轻，刺激性有，燃烧性中等至较强，灰色较暗，质量档次中等至中偏上，综合感官评吸质量较对照 NC89 略差。2012 年 Y8190（豫烟 12 号）的香气质为中偏下至中等，香气量有至尚足，浓度和劲头中等，余味欠适至尚舒适，杂气有-至有，刺激性有，燃烧性中等-至较强，灰色稍暗，质量档次中等下至中等，综合感官评吸质量较对照 NC89 略差。

表 4-15 2011—2012 全国区试北方区评吸结果

项目		2011 年		2012 年	
		Y8190	NC89	Y8190	NC89
香气质	较好	1	1		
	中偏上+	0	0		
	中偏上	1	3	0	1
	中偏上-	0	0	0	1
	中等+	2	1	0	2
	中等	1	3	5	2
	中等-	3	0	1	1
	中偏下	1	0		
香气量	较足	0	1		
	较足-	0	0		
	尚足+	0	0	0	3
	尚足	5	7	3	1
	尚足-	2	0	3	2
	有+	0	0	0	1
	有	1	0	1	0
浓度	较浓	1	6		
	较浓-	1	1		
	中等+	2	1	0	3
	中等	4	0	7	4
	中等-	0	0		

表 4-16　2011—2012 全国区试北方区评吸结果

项目		2011 年		2012 年	
		Y8190	NC89	Y8190	NC89
余味	尚舒适+	0	0	0	2
	尚舒适	3	7	3	4
	尚舒适-	4	1	3	1
	欠舒适	1	0	1	0
劲头	大	0	1		
	较大	0	3		
	较大-	0	1	0	1
	中等+	2	2	0	0
	中等	6	1	6	6
	中等-	0	0	1	0
杂气	较轻	1	0		
	有+	1	0	0	0
	有	2	5	2	4
	有-	4	3	5	3
刺激性	微有	1	0		
	有+	1	1		
	有	5	3	5	5
	有-	0	1	2	2
	略大-	0	1		
	略大	1	2	0	0
燃烧性	强	0	0		
	较强	2	2	3	3
	中等	6	6	3	3
	中等-	0	0	1	1
灰色	白	1	1		
	灰白	3	4	4	5
	灰	3	3	2	1
	黑灰	1	0	1	1

（续表）

项目		2011 年		2012 年	
		Y8190	NC89	Y8190	NC89
质量档次	中偏上+	0	0	0	0
	中偏上	1	5	0	1
	中偏上-	0	0	0	1
	中等+	0	0	0	2
	中等	5	1	1	0
	中等-	2	1	5	3
	中偏下	0	1	1	0

注：表中数字表示该特征出现的点数

2013 年从北方区 5 个生产试验点评价结果见表 4-17，参试材料的香味风格特征在禹州为浓香型，大安、莒县、洛南、宁安为中间香型；口感特征在禹州为焦甜感，大安、莒县、洛南、宁安为回甜感。0408 和 Y8190 的香味风格和口感特征彰显程度均较对照 NC89 略低；其中 0408 和 Y8190 的上部烟叶除刺激性的得分略高于对照 NC89 外，其他各项指标均较对照 NC89 略低；0408 的中部烟叶香气质较好，得分高于对照 NC89，其他各项指标得分略低于对照 NC89；Y8190 的中部叶余味较好，得分高于对照，其他各项指标均略低于对照 NC89；从各试验点的情况来看，在吉林大安和陕县洛南试点 0408 和 Y8190 的感官评吸质量优于对照 NC89，在其他试点感官评吸质量较对照 NC89 略差；综合来看，0408 和 Y8190 两个叶位的感官评吸质量均较对照 NC89 略差。

表 4-17　2013 年北方区生产试验感官质量汇总　　单位：分

品种	部位	风格特征评价				质量评价分值						劲头
		香味风格口		感特征								
		香型	程度	特征	程度	香气质	香气量	浓度	杂气	刺激性	余味	
0408	上部	见备注	6.12	见备注	5.26	5.70	5.78	6.16	5.36	5.82	5.54	5.72
	中部	见备注	6.12	见备注	5.80	6.06	5.92	5.82	5.62	5.86	5.74	5.44
Y8190	上部	见备注	6.08	见备注	5.24	5.60	5.76	6.18	5.26	5.70	5.56	5.62
	中部	见备注	6.16	见备注	5.78	5.96	5.98	5.66	5.64	5.88	5.90	5.44
NC89	上部	见备注	6.24	见备注	5.46	5.82	5.92	6.20	5.58	5.68	5.62	5.90
	中部	见备注	6.22	见备注	5.82	5.96	6.14	6.04	5.72	5.90	5.78	5.66

注：表中数据为 2013 年黑龙江宁安、吉林大安、陕西洛南、河南禹州、山东莒县 5 个试验点数据，其中香味风格特征在禹州为浓香型，大安、莒县、洛南、宁安为中间香型；口感特征在禹州为焦甜感，大安、莒县、洛南、宁安为回甜感

（七）主要配套技术

从北方区栽培试验结果来分析，Y8190 的产量和单叶重随着肥力的增加而增加，但均价和上等烟比例却随着肥力的增加而降低，产值和上中等烟比例以中等施肥时最高，从中期检查和各试验点的调查资料来综合分析，Y8190 耐肥性稍差，以中等偏低施肥水平表现较好，在生产中要注意控制氮肥施用量（表 4-18）。

表 4-18 2013 年北方区栽培试验经济性状统计分析

品种（系）	施肥量	亩产量（kg）	均价（元/kg）	亩产值（元）	上等烟（%）	上中等烟（%）	单叶重（g）
Y8190	高肥	177.87	16.33	2 868.18	15.53	70.81	11.56
	中肥	169.24	19.53	3 303.59	24.22	86.55	11.00
	低肥	156.63	20.06	3 160.03	27.35	81.95	10.84
0408	高肥	179.71	19.84	3 491.80	26.20	86.05	12.89
	中肥	170.45	21.04	3 567.55	33.24	88.41	12.59
	低肥	157.17	19.30	2 990.01	29.22	85.93	12.02
NC89	中肥	150.15	16.83	2 521.40	15.72	70.16	10.99

注：本表中不包括大安试验点，表中数据仅供参考

Y8190（豫烟 12 号）适宜在北方烟区种植。该杂交种耐肥性高于 NC89，氮用量较 NC89 增加 1kg/亩纯氮，与云烟 87 和中烟 100 品种相当，氮磷钾比 1：1：3 比较合适。种植密度 1 100株/亩左右，单株留叶数 22 片左右。前期应注意病毒病的预防，后期应注意叶斑类病害的防治。田间表现出对根结线虫病具有较强的抗性。田间烟叶易落黄，耐成熟，易烘烤。采用三段式烘烤工艺烘烤。

三、豫烟 12 号的综合评价

豫烟 12 号是河南农业大学以 MSG28 为母本，以自选的烤烟材料 YZ90 为父本杂交，选育而成的烤烟杂交种。2007—2008 年参加品系比较试验。2009—2010 年参加河南省烤烟品种区域试验。2011—2012 年参加全国（北方区）烤烟品种区域试验。2013 年参加全国（北方区）烤烟品种生产示范试验。2013 年通过河南省烟草品种审评委员会审评和全国烟草品种审定委员会农业评审。

豫烟 12 号打顶后植株筒形，平均打顶株高 121.36cm，茎围 10.47cm，节距 5.14cm，单株可采收叶数 22.27 片，茎叶角度中等，腰叶长 68.69cm，腰叶宽 34.33cm，叶片椭圆形，叶色绿，叶耳中，主脉粗细中等，花冠粉红色，花序较分散，移栽至中心花开放 60~65d，大田生育期 115~120d 该杂交种遗传性状稳定，群体整齐一致，田间长势强，烟叶分层落黄明显，耐成熟。人工诱发抗性鉴定结果表明，Y8190

（豫烟12号）抗黑胫病，中抗青枯病，中感赤星病、TMV、CMV和PVY，感根结线虫病，该品系对黑胫病、青枯病和赤星病的抗性优于对照NC89，对根结线虫病的抗性略差，综合抗病性优于NC89。

豫烟12号在主要经济性状方面（产量、产值、均价和上等烟比例）均超过对照品种NC89。平均亩产量176.92kg，比对照高24.62kg/亩，亩产值22 675.09元，比对照高541.76元/亩，均价15.07元/kg，比对照高1.14元/kg，上等烟比例和上中等烟比例分别为26.04%和78.87%，分别高于对照3.76个和8.55个百分点。主要经济性状均优于对照NC89。该品系原烟颜色较均匀，多金黄色，成熟度较好，结构疏松，身份、油分与NC89相近，整体外观质量好于对照品种NC89。Y8190（豫烟12号）的香气质在各点差异较大，为中等至较好，香气量有至尚足，浓度中等至较浓，综合感官评吸质量较对照NC89略差。中部烟叶平均烟碱含量为1.92%，总糖为27.97%，还原糖为24.02%，氧化钾为1.35%，总氮为1.95%，内在化学成分协调。

豫烟12号适宜在北方烟区种植。该品种耐肥性高于NC89，氮用量较NC89增加1kg/亩纯氮，氮磷钾比为1：1：3比较合适。种植密度1 100株/亩左右，单株留叶数22片左右。田间烟叶易落黄，耐成熟，易烘烤。采用三段式烘烤工艺烘烤。

第三节　烤烟新品系的LY1306选育

近几年来，随着烟叶的发展和卷烟工业对质量需求的不断提高，选育抗旱、抗病、优质、适产、生态适应性强的烤烟品种，满足豫西烟区乃至北方烟区种植需要显得极为重要。洛阳市烟草专卖局在河南省烟草专卖局的关心支持下，围绕优质、多抗、适产、耐肥、易烘烤和生态适宜性强的目标，积极与河南农业大学烟草学院进行项目合作，开展烤烟新品种选育研究，对豫西烟区的稳定和烤烟生产可持续发展起到一定的作用。现将烤烟新品系LY1306的选育情况报告如下。

一、亲本来源及选育过程

LY1306是洛阳市烟草专卖局2006—2007年对大田G80优良变异单株经系统选育，选育出遗传性状稳定的变异株系，2007年以G80稳定变异株系为母本，CV87为父本配制杂交组合，通过杂交育种系谱选择法选育出的烤烟新品系。2012—2015年与河南农业大学烟草学院和国家烟草栽培生理生化研究基地深入合作，2012—2013年进行品系比较试验，2014—2015年进行大田对比试验和生产示范，为品系暂命名为LY1306。2015年经河南省烟草公司组织的专家鉴定，认为该品种抗性突出，性状优良，耐烤性强，品质良好，一致同意通过鉴定，并于2016年参加全国品种区试。具体选育过程如表4-19所示。

表 4-19 LY1306 选育过程

试验年份	选育经过
2005	发现 G80 优良变异单株
2006—2007	自交获得稳定株系
2007—2008	G80 变异株系×CV87 获得杂交种
2009—2012	单株选择，获得稳定株系
2012—2015	小区对比试验
2014—2015	同时进行大田示范
2016	参加全国品种区试

LY1306 母本 G80 变异株系不仅带有 G80 耐干旱、高抗花叶病、黑胫病和根结线虫病、较轻赤星病和气候斑点病的特点，而且其叶片宽大椭圆、叶肉丰厚、叶脉中等、大田成熟度好；父本 CV87 是优良的具有典型抗旱性的材料，具有烟株高大、耐旱抗病等特点。该品系于 2012—2015 年进行小区品种对比试验，2014—2016 在洛阳市嵩县九店进行小区生产示范试验，成为具有田间生长整齐、遗传性状稳定、产量品质较好、抗逆性强、香气质好且对病毒病具有一定抗性的集三亲优点于一身的新品系。

二、烤烟新品系 LY1306 主要特征特性

(一) 主要植物学性状

LY1306 田间长势强，根系发达，生长整齐一致，平均打顶株高 136. 53cm，有效叶数 25. 21 片，茎围 12. 43cm，节距 5. 23cm，腰叶长 62. 45cm，腰叶宽 35. 59cm，打顶后株式筒形，叶片宽大，叶肉丰厚，叶形椭圆，叶尖渐尖，叶缘波浪形，叶面稍皱，叶色绿，茎叶角度中等，节距均匀，主脉粗细中等，花序分散，花冠粉红色，主要植物学性状遗传稳定，田间叶片自下而上分层落黄，耐成熟，易烘烤。

LY1306 移栽至中心花开放 60~65d，大田生育期 120d 左右。突出特点是伸根期生长稳健，叶片横向生长充分，团棵明显，进入旺长后节间快速伸长，节间较长。由表 4-20可知，与当地主栽品种秦烟 96 相比，LY1306 株高与秦烟 96 相当，但茎秆更为粗壮，抗倒伏能力更强。

表 4-20 LY1306 主要农艺性状与主栽、对照品种的比较

年份	品种	株高 (cm)	叶片数 (片)	茎围 (cm)	节距 (cm)	腰叶长 (cm)	腰叶宽 (cm)
2012	LY1306	139. 47	25. 61	13. 03	5. 34	68. 46	36. 97
	NC89	107. 93	22. 85	9. 74	4. 72	56. 13	32. 32
	中烟 100	121. 7	21	10. 8	4. 8	62. 3	33. 3
	秦烟 96	130. 6	24. 3	10. 25	5. 7	62. 5	34. 3

（续表）

年份	品种	株高（cm）	叶片数（片）	茎围（cm）	节距（cm）	腰叶长（cm）	腰叶宽（cm）
2013	LY1306	134.96	24.04	12.24	5.18	58.52	35.46
	NC89	103.35	22.63	9.69	4.57	54.38	28.75
	中烟 100	100.8	19.9	10.8	5	66.5	31.7
	秦烟 96	117.90	21.65	9.45	5.27	67.10	34.10
2014	LY1306	132.71	23.93	11.98	5.11	57.81	34.36
	NC89	102.52	21.59	9.58	4.75	52.67	27.22
	中烟 100	102.9	18.8	10.6	5.9	64.8	34.7
	秦烟 96	143.50	23.54	10.40	6.60	67.30	35.00
2015	LY1306	138.97	25.25	12.47	5.29	65.01	35.58
	中烟 100	118.5	23	10.4	5.4	71.7	35.1
	秦烟 96	125.40	24.30	11.30	4.90	67.50	33.80
2016	LY1306	147.1	22.2	12.2	6.62	86.8	42.2
	中烟 100	120.9	18.7	9.55	6.46	66.1	36.5
	秦烟 96	130.1	18.8	10.2	6.92	70	40.2
总均值	LY1306	138.64	24.21	12.38	5.51	67.32	36.91
	NC89	104.60	22.36	9.67	4.66	54.39	29.43
	中烟 100	112.96	20.28	10.43	5.51	66.28	34.26
	秦烟 96	129.50	22.52	10.32	5.88	66.88	35.48

注：表中数据来源于 2012—2016 年品系比较及小区生产示范试验总结

（二）主要经济性状

试验结果（表 4-21）表明，LY1306 在主要经济性状方面（产量、产值、均价和上等烟比例）均超过对照品种 NC89 和主栽品种秦烟 96、中烟 100，平均亩产量 191.9kg，比 NC89 高 47.5kg/亩，比秦烟 96 高 27.4kg/亩，比中烟 100 高 29.4kg/亩，亩产值3 803.57元，比 NC89 高1 316.68元/亩，比秦烟 96 高1 231.80元/亩，比中烟 100 高1 483.43元/亩，均价 19.81 元/kg，分别高 NC89、秦烟 96 和中烟 100 为 3.06 元/kg、4.2 元/kg、5.5 元/kg，上等烟比例和上中等烟比例为 38.66%和 91.66%，分别高于 NC89 为 9.75 和 20.66 个百分点，高于秦烟 96 为 5.36 个和 3.26 个百分点，各项指标均超过对照品种 NC89、秦烟 96 和中烟 100。

（三）田间发病情况

在 2012—2014 年品系比较及小区生产示范试验中，对 LY1306 杂交种田间自然发病情况进行调查，并与 NC89、秦烟 96、中烟 100 品种进行比较，结果列于表 4-22。从表 4-22 可以看出，LY1306 高抗赤星病，明显好于 NC89 抗性，田间无病害烟株发生；对烟草病毒病（TMV，CMV，PVY）、气候斑点病抗性较强，明显高于秦烟 96、中烟 100；黑胫病抗性能力明显好于秦烟 96，与中烟 100 相当；综合抗耐病性好于 NC89、秦烟 96

和中烟 100。

表 4-21　LY1306 主要经济性状比较试验结果

年份	品种	亩产量（kg）	亩产值（kg）	均价（元/kg）	上等烟比例（%）	上中等烟比例（%）
2012	LY1306	198. 25	3 800. 10	19. 17	35. 10	90. 05
	NC89	150. 20	2 186. 38	14. 56	28. 69	74. 60
	秦烟 96	155. 46	2 631. 40	16. 93	30. 50	89. 10
	中烟 100	168. 75	2 033. 01	12. 05	18. 3	68. 75
	比 NC89 加减（%）	31. 99	73. 81	31. 68	22. 34	20. 71
	比秦烟 96 加减（%）	27. 52	44. 41	13. 24	15. 08	1. 07
	比中烟 100 加减（%）	17. 48	86. 92	59. 11	91. 80	30. 98
2013	LY1306	183. 17	3 900. 50	21. 29	41. 04	93. 32
	NC89	146. 25	2 293. 80	15. 68	30. 25	75. 18
	秦烟 96	158. 70	2 193. 06	13. 82	34. 80	88. 50
	中烟 100	158. 55	2624. 63	16. 55	26. 48	70. 34
	比 NC89 加减（%）	25. 24	70. 05	35. 77	35. 67	24. 13
	比秦烟 96 加减（%）	15. 42	77. 86	54. 10	17. 93	5. 45
	比中烟 100 加减（%）	15. 53	48. 61	28. 64	54. 98	32. 67
2014	LY1306	194. 36	3 710. 12	19. 09	40. 30	90. 27
	NC89	146. 83	2 280. 50	15. 53	27. 79	64. 56
	秦烟 96	179. 50	2 890. 60	16. 10	34. 60	87. 60
	中烟 100	160. 28	2 302. 62	14. 37	21. 96	70. 15
	比 NC89 加减（%）	32. 37	62. 69	22. 90	45. 02	39. 82
	比秦烟 96 加减（%）	8. 28	28. 35	18. 54	16. 47	3. 05
	比中烟 100 加减（%）	21. 26	61. 13	32. 87	83. 52	28. 68
2015	LY1306	182. 3	3 582. 2	19. 65	35. 7	90. 2
	秦烟 96	163. 1	2 678. 1	16. 42	32. 3	85. 1
	中烟 100	160. 8	2 521. 3	15. 68	26. 6	70. 2
	比秦烟 96 加减（%）	11. 77	33. 76	19. 67	10. 53	5. 99
	比中烟 100 加减（%）	13. 37	42. 08	25. 32	34. 21	28. 49
2016	LY1306	196. 57	3 817. 49	19. 42	35. 75	90. 13
	秦烟 96	171. 12	2 750. 68	16. 07	32. 26	88. 61
	中烟 100	169. 73	2 676. 34	15. 77	27. 19	71. 53
	比秦烟 96 加减（%）	14. 87	38. 78	20. 81	10. 82	1. 72
	比中烟 100 加减（%）	15. 81	42. 64	23. 16	31. 48	26. 00

（续表）

年份	品种	亩产量（kg）	亩产值（kg）	均价（元/kg）	上等烟比例（%）	上中等烟比例（%）
总均值	LY1306	190.93	3 762.08	19.724	37.578	90.79
	NC89	147.76	2 486.89	15.25	28.91	71.00
	秦烟 96	165.58	2 628.76	15.87	32.89	87.78
	中烟 100	163.62	2 431.58	14.88	24.11	70.19
	比 NC89 加减（%）	29.89	52.94	29.89	33.72	29.09
	比秦烟 96 加减（%）	15.57	44.63	25.27	14.17	3.46
	比中烟 100 加减（%）	16.69	56.28	33.82	59.20	29.36

注：表中数据来源于 2012—2016 年品系比较及小区生产示范试验总结

表 4-22　LY1306 田间发病情况与主栽、对照品种比较　　单位:%

年份	品种	黑胫病	CMV	TMV	PVY	赤星病	气候斑点病
2012	LY1306	2.59	1.3	1	0	0	1.2
	NC89	3.23	10.28	5.2	7.89	18.32	4.3
	秦烟 96	13.3	7.5	3.2	0.9	1.5	5.2
	中烟 100	1.05	20.09	3.63	12.04	0	0.36
2013	LY1306	0	2.6	0.9	2.47	0	0
	NC89	7.22	4.33	3.2	10.34	23.2	2.1
	秦烟 96	11.2	5.2	2.5	3	2.6	1.6
	中烟 100	0	10.28	10.19	24	1.02	0.37
2014	LY1306	1.36	0	0	3.68	0	0
	NC89	6.43	3.05	2.3	9.57	13.68	5.7
	秦烟 96	7.5	2.55	1.7	0	2.48	0.9
	中烟 100	3.57	10.33	7.95	14.69	1.77	1.55
2015	LY1306	2.58	1.24	0	1.4	0	1.1
	中烟 100	4.67	18.64	2.43	6.28	1.44	2.51
2016	LY1306	0.25	1.02	0	0.51	0	1.02
	中烟 100	0.49	0.74	0.49	0.74	0.49	1.23
	秦烟 96	0.33	1.34	0.33	0.67	0.33	1.00

注：表中数据来源于 2012—2016 年品系比较及小区生产示范试验总结

（四）抗逆性

多年品种选育及品系比较和小区生产示范大田生产表明，在豫西烟区长年干旱的自然条件下，LY1306 根系发达，遇干旱年景，大田生长期间先开片后拔节，表现出较好的抗旱性；LY1306 耐低温，大田前期低温条件下无早花现象，如 2017 年 NC89 等品种大面积早花，LY1306 无早花发生。在突变忽冷忽热天气，无明显气候斑，综合抗逆性较强，比较适宜豫西烟区生产种植环境。

（五）原烟外观质量

品系比较及示范试验原烟外观质量鉴定结果（表4-23）表明，LY1306原烟颜色度均匀，多金黄色，组织尚疏松，油分有至稍有，成熟度好、厚薄适中。与主栽品种秦烟96相比，颜色、成熟度相当，身份略薄，色度稍强，整体外观质量好于对照品种NC89。

表4-23　LY1306原烟外观质量鉴定　　单位:%

项目	品种	2013年				2014年			
		LY 1306	NC 89	秦烟 96	中烟 100	LY 1306	NC 89	秦烟 96	中烟 100
颜色	金黄	65.5	44.6	70.5	5	74	37.14	85	40
	正黄	35.5	41.4	29.5	15	10	15.71	15	10
	深黄		8.75		55		40.12		15
	微带青						7.02		15
	杂色		6.25		25	16			20
成熟度	成熟	90.12	72.1	95	20	84.43	77.14	100	65
	尚熟	9.88	27.9	5	80		22.86		25
	欠熟					15.57			10
叶片结构	疏松		55.6	30	30		67.14	45	
	尚疏松	88.44	46.4	50	65	78	32.86	30	40
	稍密	11.56		20	5	22		25	60
身份	中等	80.05	60	20	50	82.86	16	35	45
	稍薄	19.95	6.25		20	17.14			
	稍厚		33.75	80	30		84	65	55
油分	多	2					90.43		
	有	17.5	87.5	80			9.57	75	15
	稍有	85.5	12.5	20	100	100	90.43	25	85
色度	弱		10	15	5		13.29		35
	中	78.45	78.75	85	85	84	79.57	100	55
	强	21.55	11.25		10	16	9.14		10
长度（cm）		57.93	56.88	58.32	59.31	60.31	59.77	59.84	60.48

注：表中数据2013年来源于《烤烟新品种LY1306试验与示范》年度总结；
2014年来源于小区生产示范试验报告（郑州烟草研究院分析鉴定）

2014年工业评价外观质量鉴定结果表明（表4-24），LY1306与秦烟96和中烟100相比，烟叶成熟度高于豫烟6号和中烟100，与秦烟96相当，叶片疏密程度与秦烟96相当，略次于豫烟6号和中烟100，油分稍有，色度比对照品种稍强，整体外观质量优于对照品种。

表 4-24　2014 年工业评价外观质量鉴定结果　　单位：分

品种	等级	颜色	成熟度	叶片结构	身份	油分	色度	总分
LY1306	C3F	7.2	7.1	5.5	6.8	4.0	5.0	35.6
LY1306	B2F	6.3	7.0	4.3	5.8	4.0	6.4	33.8
秦烟 96	C3F	7.7	7.3	5.5	6.5	6.0	5.0	38
秦烟 96	B2F	7.5	7.4	4.5	6.1	5.7	4.4	35.6
豫烟 6 号	C3F	5.1	5.9	6.2	6.4	5.6	4.0	33.2
豫烟 6 号	B2F	6.6	6.8	4.6	4.7	6.0	4.8	33.5
中烟 100	C3F	6.1	6.5	7.1	4.9	4.3	5.1	34
中烟 100	B2F	6.8	7.0	4.5	5.6	5.0	4.5	33.4

注：表中数据来源于《以品牌为导向的洛阳烟叶质量特征研究》，郑州烟草研究院分析鉴定

（六）原烟化学成分

根据 2012—2014 年品系比较和小区生产示范试验的结果（表 4-25），LY1306 中部烟叶平均烟碱含量 2.65%，总糖 25.05%，还原糖 21.64%，钾含量 1.63%，总氮 1.71%，氮碱比 0.64，糖碱比 8.16，各指标含量均在适宜范围内，其中烟碱含量和总氮含量均低于对照 NC89、秦烟 96，钾含量稍高于中烟 100、NC89，与秦烟 96 相当，原烟内在化学成分的含量和协调性上都要好于对照品种 NC89 和秦烟 96。

表 4-25　LY1306 原烟化学成分分析结果

年份	叶位	品种	烟碱（%）	总氮（%）	还原糖（%）	总糖（%）	钾（%）	氯（%）	淀粉（%）	氮碱比	糖碱比
2012	中部	LY1306	2.35	1.59	19.69	23.02	1.86	0.41	3.80	4.54	0.68
	中部	NC89	3.39	2.19	18.53	21.32	1.37	0.43	3.66	3.19	0.65
	中部	秦烟 96	2.74	1.69	21.59	25.49	1.63	0.39	4.00	4.18	0.62
	中部	中烟 100	1.97	1.91	23.15	25.06	0.9	0.35	3.49	2.57	0.97
2013	中部	LY1306	2.73	1.94	21.07	25.98	1.46	0.43	4.24	3.40	0.71
	中部	NC89	3.35	1.99	22.02	25.66	1.29	0.46	5.15	2.80	0.59
	中部	秦烟 96	3.00	2.35	20.55	21.45	1.48	0.70	1.91	2.11	0.62
	中部	中烟 100	2.36	1.88	23.79	26.07	1.22	0.71	2.11	1.72	0.92
2014	中部	LY1306	2.88	1.61	24.17	26.14	1.52	0.37	4.15	4.11	0.56
	中部	NC89	3.04	2.19	20.53	23.32	1.77	0.40	4.05	4.43	0.72
	中部	秦烟 96	2.95	2.34	22.84	23.82	1.74	0.86	2.00	2.02	0.79
	中部	中烟 100	1.84	1.76	22.63	23.99	1.16	0.43	2.52	2.70	1.12
2015	下部	LY1306	2.12	1.92	22.7	25.22	1.74	0.59	2.68	0.91	10.71
	下部	中烟 100	1.86	2.28	19.64	20.42	1.85	0.43	4.65	1.23	10.56
	中部	LY1306	1.95	1.21	24.98	27.34	1.85	0.28	–	0.62	6.54
	中部	NC89	2.49	1.22	20.30	22.65	1.84	0.21	–	0.75	2.58
	中部	秦烟 96	2.17	1.53	21.66	23.59	1.40	0.36	–	0.49	8.82
	中部	中烟 100	2.05	1.54	21.81	23.16	2.02	0.78	–	0.70	3.90
	上部	LY1306	2.35	1.35	25.93	32.93	1.52	0.27	–	0.57	11.04
	上部	NC89	3.31	1.73	23.03	24.83	1.97	0.21	–	0.79	8.13

（续表）

年份	叶位	品种	烟碱（%）	总氮（%）	还原糖（%）	总糖（%）	钾（%）	氯（%）	淀粉（%）	氮碱比	糖碱比
总均值	上部	秦烟 96	3.63	1.98	19.14	23.84	0.78	0.12	–	0.52	6.97
	上部	中烟 100	2.58	2.04	20.95	24.77	1.05	0.38	–	0.55	5.27
	中部	LY1306	2.51	1.61	22.31	25.51	1.66	0.33	4.06	3.92	1.82
	中部	NC89	3.11	1.94	20.35	23.27	1.54	0.39	4.28	2.89	1.00
	中部	秦烟 96	2.75	2.01	21.66	23.59	1.58	0.59	2.64	2.09	2.31
	中部	中烟 100	2.06	1.79	22.91	24.66	1.28	0.56	2.71	1.88	1.50

注：表中数据 2012—2014 年来源于洛阳烟叶年度质量报告，2015 年来源于洛阳市烟草公司分析检测中心和 2015 年年报。“–”表示未检测此项

（七）烟叶质量的评吸鉴定结果

2014 年浙江中烟对 LY1306 感官质量评价结果列于表 4-26。表 4-27 为 2014 年中部叶香韵香型评吸鉴定表。表 4-28 为河南、浙江、湖北、江苏各工业公司对 2014 年洛阳市嵩县主栽品种工业评吸鉴定汇总，可知，LY1306 浓香型风格略低于秦烟 96 和中烟 100，中偏浓香型特点突出，为干草香和焦甜香，香气沉溢程度适中，香气质尚好，香气量尚足，透发较透发，烟气浓度劲头适中，烟气尚柔和尚细腻，圆润感稍好，余味略涩口，燃烧性能中等。由表 4-28 可以看出各工业公司对洛阳嵩县九店各主栽品种的评吸鉴定结果均为 LY1306 最高。

表 4-26　2014 年 LY1306 感官质量评价

等级	香气特性				烟气特性			口感特性				风格特征		
	香气质	香气量	透发性	杂气	细腻度	柔和度	圆润感	刺激性	干燥感	余味	合计	香型	烟气浓度	劲头
	22	18	6	8	6	6	8	10	8	10	100			
C2F	14.5	13.5	4.0	4.0	4.5	4.5	4.5	4.5	5.5	5.5	66.0	中偏浓	中	中
C3F	13.0	12.0	3.5	3.5	4.5	4.5	4.5	5.0	5.0	5.5	61.0	中偏浓	中	中
B2F	12.0	11.5	4.0	4.0	4.0	4.5	4.0	5.5	5.5	5.5	60.5	中偏浓	中	中
X2F	11.0	10.5	3.5	3.5	4.0	4.0	4.0	5.0	5.0	5.0	55.5	中偏浓	中	中

注：表中数据来源于浙江中烟 2014 年河南洛阳嵩县基地单元烟叶质量评价报告

表 4-27　2014 年中部叶香韵香型评吸鉴定结果

品种	样点	香型程度	香韵指标							香气状态	烟气浓度	劲头
		浓香型	干草香	正甜香	焦甜香	青香	木香	坚果香	焦香	辛香	沉溢程度		
LY1306	九店	2.88	2.75	1.42	2.50		1.38	1.25	1.94	1.00	2.69	2.81	2.94
秦烟 96	葛寨	3.14	2.64	1.00	2.71		1.57	1.60	2.07		2.93	3.29	3.00
豫烟 6 号	旧县	3.00	2.64	1.10	2.43		1.64	1.40	1.93		2.64	2.93	2.93
豫烟 6 号	田湖	3.00	2.50		2.38		1.25	1.43	2.38		2.75	3.00	3.06
中烟 100	闫庄	3.13	2.94	1.50	2.50		1.44	1.29	2.19		2.69	2.94	2.94

注：表中数据来源于《洛阳洛阳牌烟叶风格特色解读与品牌提升工程研究》

表 4-28　2014 年洛阳市嵩县主栽品种工业评吸鉴定汇总

	品种	叶位	样点	香型	程度	浓度	劲头	香气质	香气量	杂气	刺激性	余味	总分
河南中烟工业评价	LY1306	B2F	九店	浓	5.0	6.5	6.5	6.0	6.1	5.7	6.0	5.9	47.7
	豫烟 6 号	C3F	旧县	浓	4.5	6.0	5.9	5.9	5.9	5.6	6.0	6.1	45.9
	中烟 100	C3F	闫庄	浓	5.0	6.0	5.9	6.1	6.0	6.0	6.0	5.9	46.9
	豫烟 6 号	C3F	田湖	浓	5.0	6.1	5.9	6.1	6.1	6.0	5.7	6.0	46.9
	豫烟 6 号	C3F	大坪	浓	5.0	6.0	5.9	6.1	6.1	6.0	6.0	6.0	47.1
	豫烟 6 号	C3F	饭坡	浓	5.0	6.0	6.0	6.2	6.5	6.0	6.0	6.0	47.7
浙江中烟工业评价	LY1306	B2F	九店	浓	6	6	6	5	5.5	4.5	4.5	4.5	42
	豫烟 6 号	C3F	旧县	中	5	5.5	5.5	5	5	4.5	5	5	40.5
	中烟 100	C3F	闫庄	浓	5	6	5.5	5	5	5	4.5	4.5	40.5
	豫烟 6 号	C3F	田湖	浓	5	5.5	5.5	5.5	5.5	5	4.5	5	41.5
	豫烟 6 号	C3F	大坪	浓	5	5.5	6	5.5	5	5	4.5	4.5	41
	豫烟 6 号	C3F	饭坡	浓	5	5.5	5.5	6	6	5.5	5	5	43.5
湖北中烟工业评价	LY1306	B2F	九店	浓	7	7	7	6	6.5	6	6.5	6	52
	豫烟 6 号	C3F	旧县	浓	6.5	6.5	6	6	6	5.5	6	6	48.5
	中烟 100	C3F	闫庄	浓	6.5	6.5	6	6	6	6	6	6	49
	豫烟 6 号	C3F	田湖	浓	6.5	6.5	6	6.5	6	6	6.5	6	50
	豫烟 6 号	C3F	大坪	浓	6.5	6.5	6	5.5	6	5.5	6	5.5	47.5
	豫烟 6 号	C3F	饭坡	浓	6	6.5	6	6	6	6	6	5.5	48
江苏中烟工业评价	LY1306	B2F	九店	浓	6	5.8	6.3	5.7	6	5.7	5.5	5.7	46.7
	豫烟 6 号	C3F	旧县	浓	5.8	5.8	5.3	5.3	5.4	5.3	5.5	5.5	43.9
	中烟 100	C3F	闫庄	浓	5.4	5.5	5.3	5.2	5.3	4.9	5.6	5.5	42.7
	豫烟 6 号	C3F	田湖	浓	5.5	5.5	5	5.5	5	5.5	6	6	44
	豫烟 6 号	C3F	大坪	浓	5	5.5	5.5	5.5	5	5.5	5	5.5	42.5
	豫烟 6 号	C3F	饭坡	浓	5.5	5	5.5	5	5.5	5	5.5	5	42

注：表中数据来源于郑州烟草研究院《以品牌为导向的洛阳烟叶质量特征研究》

三、对 LY1306 的综合评价

LY1306 是洛阳市烟草专卖局以 G80 变异株系为母本，K326、89112 为父本杂交选育而成的烤烟杂交种。2012—2016 年在洛阳市进行品系比较试验，2014—2016 在洛阳市嵩县进行小区生产示范试验，遗传性稳定，品质好，经济性状表现优良。

LY1306 打顶后植株筒形，平均打顶株高 138.64cm，有效叶数 24.21 片，茎围 12.38cm，节距 5.51cm，腰叶长 67.32cm，腰叶宽 36.91cm，株形合理，田间群体结构优良，群体整齐一致，主要植物学性状遗传稳定，移栽至中心花开放 60~65d，大田生育期 120d 左右，田间生长势强，耐肥性较好，田间落黄好，易烘烤，综合抗病性、主要经济性状、原烟外观质量、化学成分协调性均优于对照品种 NC89 和秦烟 96，可替代秦烟 96 在豫西烟区推广种植。

LY1306 平均亩产量 190.93kg，亩产值 3 762.08 元，均价 19.72 元/kg，上等烟比例和上中等烟比例分别为 37.58%和 90.79%，与秦烟 96 相比，产量提高 25.35kg/亩，产值提高 1 133. 32 元/亩，均价提高 3. 9 元/kg，上等烟比例提高 4. 69 个百分点，上中等烟提高 3. 01 个百分点。该品种耐干旱、高抗花叶病、黑胫病和根结线虫病，较轻赤星病和气候斑点病，在品质与抗性、适应性、品质与产量、易烤性的结合上，集三亲优点于一身，在烟叶质量、产量、抗逆性、易烤性等重要性能方面较能兼顾，综合性状优于对照 NC89 和秦烟 96，具有较稳定的农业经济效能和工业可用性，可替代秦烟 96 在豫西烟区推广种植，建议参加区试生产试验，以便更好服务烟区。

LY1306 浓香型风格略低于秦烟 96 和中烟 100，中偏浓香型特点突出，为干草香和焦甜香，香气沉溢程度适中，香气质尚好，香气量尚足，透发性较透发，烟气浓度劲头适中，但低于秦烟 96，圆润感稍好，适宜在稍干旱的豫西烟区种植，其耐肥性高于 NC89，氮施用量较 NC89 增加 1. 5kg/亩纯氮，氮磷钾比 1 : 1. 5 : 3 比较合适，种植密度在 1 000株/亩左右，单株留叶数 22 片左右。

LY1306 田间烟叶分层落黄好，易烘烤，下部烟叶变黄快，可适当缩短变黄时间提早定色；中部叶耐变易烤、变黄脱水温度不宜过低，定色不宜过快；上部烟叶变黄温度要适当提高，排湿不宜过快，定色要一慢、二看、三延长。上部烟叶黄烟率可达 90%以上。

第四节　基于电子束辐照技术的优良烤烟品系选育研究

烟叶是烟草行业原料的基本保障，是开展各项烟草生产工作的基本前提。优质品种是烟叶原料生产的基础，是提高烟叶质量和产量的重要因素。烟草品种的选育一直是烟草生产工作的重中之重。品种的更新换代是烟草生产稳步发展的前提和基础，目前，我国烟草生产中仍存在品种较单一、引进品种占主导地位等问题，因此，采用先进的育种手段和方法，加快烟草优质品种的选育显得尤为重要。诱变育种因为其突变频率高、范围广、可以缩短育种周期的优点，成为利用率极高的一种育种手段。诱变技术包括物理诱变和化学诱变等，已经成功应用到了水稻、玉米、小麦等农作物的育种上，但是在烟草育种方面的应用的还不是特别广泛。电子束辐照技术在食品安全、材料化工、农产品保鲜贮藏和杀菌消毒方面都有应用。电子束辐照作为辐射育种的一种手段具有辐射损伤低、诱变变异频率高、变异谱广等特点。前人利用电子束辐照技术成功选育了多个禾谷类作物品种，利用电子束辐照技术选育出更具观赏性的菊花品种。随着现代农业生产的进步，电子束辐照技术已经被广泛的应用到植物性状和种质的改良当中。

LY1306 品系为经系统选育出的遗传性状稳定的 G80 优良变异单株，2008 年以 G80 变异稳定株系为母本、K326 定为父本配制杂交组合，2009—2012 年进行烤烟杂交种的筛选，2013 年以耐旱、抗病为指标选育出的适应性强、抗性好、易烘烤、产值高、遗传性状稳定的株系，并暂命名为 LY1306。本品系烤烟含有 3 个相关品系分别为 LY1306-A、LY1306-B 与 LY1306-C，3 个品系遗传背景相同，大田长势无明显差别，本研究在系统分析 3 个株系的烤后烟质量的基础上利用电子束辐照技术诱变处理种子，从中筛选出具有较强抗性的优良品系，为从中筛选更为优良的烤烟品种奠定基础。

一、材料与方法

（一）试验材料

试验于2014—2016年洛阳市嵩县烤烟种植区进行，试验材料为烤烟品系LY1306-A、LY1306-B、LY1306-C，烤烟品种秦烟96，云烟87，中烟100，红花大金元。试验品种与烤后烟样由洛阳市烟草公司嵩县分公司提供。烤后烟检测等级为C3F。

（二）测定方法

1. 烟叶中性致香物质测定

前处理采用水蒸气蒸馏—二氯甲烷溶剂萃取法，所得样品由GC/MS鉴定结果和NIST库检索定性。采用美国Trace GC ULTRA-DSQ II型气质联用仪对烟叶样品进行定性分析，内标法定量，测定条件及步骤参照赵进恒等的方法进行。

2. 烟叶化学成分测量

取烤后烟叶样品，于50℃下烘干，研碎，并过孔径0.25mm的筛，化学常规采用AAⅢ型连续流动化学分析仪测定（德国BRAN+LUEBBE公司生产）。

3. 电子束辐照方法

以电子束辐照为诱变方法，在上海束能辐照技术有限公司进行，辐照强度为500Gy、1 000Gy、1 500Gy。

4. 出苗率检测方法

试验采取漂浮育苗的方法，基质用水淋湿，装于育苗盘中，育苗盘规格为10×20，每个穴内加入2颗烟草种子，将各品种分别种于育苗盘中，然后将育苗盘放置于大盆中，盆中加入15L水，发芽成长至小十字期后统计出苗率，按照生产规程进行幼苗培育，并适时移栽至营养土中或移栽大田，按照常规种植方法管理种植。

5. 种子发芽率试验方法

试验采用实验室培养皿进行发芽试验，在培养皿中铺设滤纸，浸入清水，撒入待测种子，七天后统计发芽率。

（三）数据处理

采用SPSS17.0和Microsoft Excel 2013软件进行数据分析。

二、结果与分析

（一）LY1306-A、LY1306-B与LY1306-C品系烤后烟质量分析

试验以LY1306-A、LY1306-B、LY1306-C为材料，以秦烟96与云烟87为对照，研究候选品系的化学成分及致香成分差异，对3个品系烤烟的烤后烟的质量进行评价。

1. 化学成分研究

从表4-29分析可知，LY1306-A、LY1306-B与LY1306-C与对照品种相比，钾含量高，其中LY1306-A的钾含量最高，并显著高于其他4个品种（系）。还原糖含量秦烟96中含量为最高，LY1306-A、B、C的还原糖含量高于云烟87。各品种（系）的烟

碱含量适中，氯含量处于适宜范围[24]。从化学成分协调性来说，LY1306-A 的糖碱比适中，钾氯比最高，优于其他品系。该结果说明，LY1306-A 化学成分组成优于其他 2 个品系。

表 4-29 LY1306-A、LY1306-B 及 LY1306-C 和对照品种化学成分分析

品种	钾（μg/g）	还原糖（μg/g）	烟碱（μg/g）	氯（μg/g）	糖碱比	钾氯比
LY1306-A	18.3aA	245.9cB	23.4bB	4.7cB	10.50cC	3.92aA
LY1306-B	16.1Bb	253.3cB	26.1aA	4.1cB	9.71dC	3.93aA
LY1306-C	12.9cC	271.5bAB	21.6cC	6.1bA	12.59bB	2.10bB
云烟 87	12.8cC	206.3dC	25.1aA	6.7aA	8.22eD	1.91bB
秦烟 96	12.9cC	286.1aA	18.5dD	6.2abA	15.47aA	2.08bB

注：同列数据后小写字母不同表示 0.05 显著水平，大写字母不同表示 0.01 显著水平

2. 香气成分研究

不同的致香物质具有不同的化学结构和性质，对人的嗅觉产生不同的刺激作用，因而对烟叶香气的质量、香型具有不同的贡献。从表 4-30 可知，在香气成分中含量较多的为茄酮、β-大马酮、巨豆三烯酮、新植二烯、法尼基丙酮，这些也是组成烟叶香气成分的主要成分。烤后烟叶样品中鉴定出 29 种中性致香成分分为 5 组，在 3 个试验品系中，LY1306-A 的胡萝卜素降解物和新植二烯含量最高，类西柏烷、苯丙氨酸类和棕色化产物含量居中。从香气总含量来说，云烟 87>LY1306-A>LY1306-B>秦烟 96>LY1306-C。结果说明，LY1306-A 品系在 3 个自育品系中质量较优，但香气总量略低于云烟 87。

表 4-30 各品种烤后样中性致香成分含量及组成 单位：μg/g

中性致香成分	类胡萝卜素降解物				
	LY1306-A	LY1306-B	LY1306-C	秦烟 96	云烟 87
β-大马酮	23.79	22.42	22.01	20.85	37.93
β-二氢大马酮	10.40	9.34	7.92	7.40	8.39
香叶基丙酮	4.68	3.95	4.71	4.54	4.11
二氢猕猴桃内酯	0.98	1.62	1.25	1.79	2.22
巨豆三烯酮 1	0.82	0.67	0.63	0.66	0.89
巨豆三烯酮 2	4.25	3.64	3.02	3.34	4.78
巨豆三烯酮 3	1.52	2.70	2.01	2.50	2.91
巨豆三烯酮 4	7.56	6.61	5.77	6.24	8.24
螺岩兰草酮	0.71	0.54	0.62	1.02	0.96
法尼基丙酮	14.33	13.12	14.00	11.89	11.18

（续表）

中性致香成分	类胡萝卜素降解物				
	LY1306-A	LY1306-B	LY1306-C	秦烟 96	云烟 87
芳樟醇	0. 85	0. 91	0. 97	1. 20	1. 18
3-羟基-β-二氢大马酮	1. 13	0. 97	0. 97	1. 27	1. 45
6-甲基-5-庚烯-2-醇	0. 15	0. 12	0. 14	0. 45	0. 71
6-甲基-5-庚烯-2-酮	0. 91	0. 80	0. 95	2. 31	2. 45
异佛尔酮	0. 42	0. 56	0. 37	0. 68	0. 89
氧化异佛尔酮	0. 17	0. 16	0. 17	0. 17	0. 17
藏花醛	0. 16	0. 14	0. 14	0. 20	0. 22
β-环柠檬醛	0. 19	0. 28	0. 25	0. 43	0. 67
小计	72. 85aA	68. 54aA	65. 89aA	66. 93aA	89. 34aA
类西柏烷类					
茄酮	26. 37	32. 80	23. 58	46. 48	77. 69
小计	26. 37dD	32. 80cC	23. 58eE	46. 48bB	77. 69aA
苯丙氨酸类					
苯甲醛	0. 63	0. 44	0. 45	0. 62	0. 95
苯甲醇	1. 41	2. 57	1. 56	6. 04	7. 56
苯乙醛	2. 78	2. 01	1. 89	2. 81	2. 98
苯乙醇	0. 33	0. 55	0. 37	0. 92	1. 35
小计	5. 15cCD	5. 57cC	4. 27dD	10. 39bB	12. 84aA
棕色化产物类					
糠醛	10. 93	11. 32	11. 50	12. 53	11. 94
糠醇	1. 08	1. 76	2. 00	1. 30	0. 79
2-乙酰基呋喃	0. 46	0. 41	0. 44	0. 33	0. 26
5-甲基糠醛	0. 13	0. 12	0. 09	0. 21	0. 46
3，4-二甲基-2，5-呋喃二	0. 83	1. 20	1. 79	1. 74	1. 29
小计	13. 42aA	14. 81aA	15. 81aA	16. 12aA	14. 74aA
新植二烯					
	857. 22	784. 00	614. 52	593. 74	836. 86
小计	857. 22aA	784. 00aA	614. 52bB	593. 74bB	836. 86aA
总计	975. 02abAB	905. 72bB	724. 07cC	733. 66cC	1 031. 47aA

注：同行数据后小写字母不同表示 0. 05 显著水平，大写字母不同表示 0. 01 显著水平

（二）电子束辐照对 LY1306-A、LY1306-B 及 LY1306-C 品系出芽率的影响

通过对 LY1306-A、LY1306-B 和 LY1306-C 的烤后烟叶进行分析，以电子束辐照为诱变方法，确定合适的电子束辐照剂量并对辐照过的种子进行发芽和出苗试验，研究不同品系的抗性差异，从中确定抗性优异的品系，进一步筛选优良烤烟种质。

1. 辐照剂量的确定

对试验用品种进行500Gy、1000Gy、1500Gy 3个剂量的辐照后，只有500Gy辐照后的种子具有一定的出苗能力，经1000Gy与1500Gy剂量辐照后的种子均没有出苗，因此确定500Gy为适合的辐照试验剂量。

2. 500Gy辐照剂量对LY1306-A、B与C品种发芽率的影响

以500Gy的辐照剂量对LY1306-A、B与C品系分别进行电子束辐照，辐照组分别标记为A500、B500、C500。通过相同条件下的清水发芽试验对各自发芽率进行统计（表4-31），结果显示，在500Gy辐照强度下，A品系的发芽率最高，平均发芽率大于80%，且最接近未辐照的对照组。B、C品系抗辐照能力较差，辐照后的种子出芽率明显降低，只有50%左右。结果表明，背景相同的3个，其抗辐射能力有较大的差异，A品系的抗辐照能力大大优于其他两个品系，表明其潜在的优良种质特性，同时也表明辐照处理也是一种筛选优良种质的一个有效途径。

表4-31　LY1306-A、B与C品系及辐射后种子的出芽率　单位：%

品种	出芽率1	出芽率2	出芽率3	出芽率4	出芽率5	出芽率6	平均值
A	88	86	91	87	90	92	89
A500	81	83	84	80	82	80	82
B	87	83	84	88	80	81	84
B500	59	58	62	61	57	55	59
C	87	83	86	84	82	81	84
C500	57	61	55	57	56	54	57

3. 500Gy辐照剂量对LY1306-A、B与C品系基质出苗率的影响

在对种子发芽率测试的基础上，也进行了基质育苗试验（表4-32、图4-5）。试验结果仍然是A品系辐照后的种质表现最优，A、B与C品系出苗率平均分别为79%，78%与72%，辐射后种质A500，B500与C500的出苗率分别为61%、55%与52%，结果说明LY1306-A品系的内在抗性强于LY1306-B与LY1306-C品系。辐照后A500种质出苗率高，且生长状态接近对照正常组，而B与C品系经过辐照后的种质出苗率不仅低，且长势较差。

表4-32　辐射后种质基质出苗率的比较　单位：%

品系	出芽率1	出芽率2	出芽率3	平均值
A	87	71	79	79
A500	58	61	63	61
B	78	76	79	78
B500	55	58	53	55
C	70	73	73	72
C500	55	51	50	52

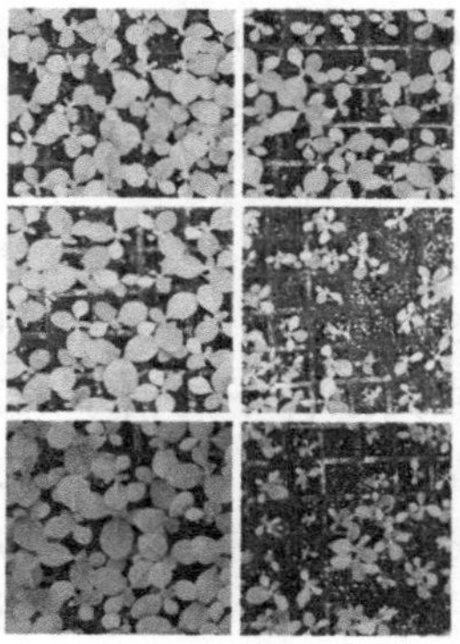

图 4-5　辐照对 A、B 与 C 品系基质出苗的影响

（三）电子束辐照对 M0 代植株圆顶期农艺性状的影响

LY1306-A 和 LY1306-C 的农艺性状与各自辐照后 M0 代相比，株高具有较大差异，辐照后 A500 平均株高小于 LY1306-A，C500 平均株高则大于 LY1306-C。辐照后 A500 和 C500 的 M0 代田间长势良好，基本与辐照前无差异，B500 由于抗病性较差等原因，在圆顶之前全部死亡（表 4-33）。

表 4-33　辐照后 M0 代植株圆顶期农艺性状

品种	株高（cm）	茎围（cm）	节距（cm）	叶片数	中部叶		上部叶	
					叶长（cm）	叶宽（cm）	叶长（cm）	叶宽（cm）
LY1306-A	157	13	6.4	24	75	34	69	28
A500	130	11	5.5	23	60	24	54	22
LY1306-C	134	9	5.8	23	65	26	58	23
C500	147	11	5.9	25	64	26	61	24

（四）辐照诱变一代（M1）株系的田间筛选

试验田共种植 3 亩诱变单株，对 A500、B500、C500 品系 M0 代进行观察，A500 整体长势较好，抗旱抗病性强，B500 与 C500 抗病性较差，长势不均匀。对 A、B、C 辐照后 M0 代进行大田观察并标记，筛选田间表现优秀并具有较强抗性的单株，获得 M1 代种子。选定 M1 代单株 98 株，存活留种 8 株。其中 A500 选定 60 株分别标记为 AM1-1、AM1-2、AM1-3…AM1-60，存活 5 株；B500 选定 16 株，分别标记为BM1-1、BM1-2、BM1-3…BM1-16，留种 0 株；C500 选取 22 株，分别标记为CM1-1、CM1-2、CM1-3…CM1-22，存活 3 株，除保留单株外，其余均在不同时期感病死亡，主要原因为黑胫病。由此可见，LY1306-B 抗辐射能力差，导致辐射后 B500 抗病性也较差，不适合进一步进行培育和栽种。经过反复对比，最终筛选出 5 个优异 M1 代株系，其基本农艺性状及各株系特征如表 4-34、表 4-35、图 4-6。

表 4-34　辐照后 M1 代筛选单株特征

编号	株形	叶形	叶色	叶柄	叶面	叶缘	叶耳	叶尖	花序	花色	长势	抗病性
AM1-7	筒形	椭圆	绿	有	较平	较平	中等	渐尖	松散	淡红	强	强
AM1-9	筒形	椭圆	绿	有	较皱	波浪	中等	渐尖	集中	淡红	强	强
AM1-10	筒形	椭圆	绿	有	较平	波浪	中等	渐尖	集中	淡红	强	强
AM1-12	筒形	椭圆	绿	有	较皱	波浪	中等	渐尖	松散	淡红	强	强
AM1-40	筒形	椭圆	绿	有	较平	较平	中等	渐尖	松散	淡红	强	强

表 4-35　辐照 M1 代单株的农艺性状统计

编号	株高（cm）	茎围（cm）	节距（cm）	叶片数	下部叶		中部叶		上部叶	
					叶长（cm）	叶宽（cm）	叶长（cm）	叶宽（cm）	叶长（cm）	叶宽（cm）
AM1-7	120	10	5.5	22	55	27	60	28	50	26
AM1-9	140	11	5.6	25	59	35	65	25	68	30
AM1-10	150	12	6	25	66	31	70	25	64	24
AM1-12	150	11	6	25	58	21	67	23	60	24
AM1-40	155	12	6.4	24	68	32	64	24	60	19
CM1-1	155	13	6.2	25	72	30	72	27	70	25
CM1-19	137	12	5.5	25	54	23	65	28	62	29
CM1-22	147	11	6.1	24	62	28	66	28	64	21

图 4-6　A500 品系 M1 代单株的生长情况

（五）AM1 代种质出芽率统计

以中烟 100 和红花大金元为对照，通过清水发芽试验对辐照后 M1 代种质进行了发芽率的测定。如表 4-36 所示，各品种（系）平均出芽率 LY1306-A 为 93%，中烟 100 为 87%，红花大金元为 92%，AM1-7 为 49%，AM1-9 为 70%，AM1-10 为 90%，AM1-12为 91%，AM1-40 为 92%。结果表明，辐照对 M1 代种质产生了不同程度的影响，从而造成有些发芽率降低，有些则保持发芽率，反映了不同诱变株系的优良程度。LY1306-A 辐照后 M1 代种质中除 2 个株系的出芽率较低，其余 3 个株系即 AM1-10，AM1-12 与 AM1-40 与全国推广品种中烟 100 和红花大金元无显著差异，与辐照前的 LY1306-A 品系的出芽情况也无显著差别，表现出该 3 株诱变株系潜在的优良特性。

表 4-36　AM1 代出芽率记录表

单位：%

品种	出芽率 1	出芽率 2	出芽率 3	出芽率 4	出芽率 5	出芽率 6	平均值
LY1306-A	92	93	94	93	95	92	93
中烟 100	89	85	85	86	87	88	87
红花大金元	89	98	92	91	93	91	92
AM1-7	49	49	47	48	52	50	49
AM1-9	68	72	69	71	71	70	70
AM1-10	88	90	93	89	89	91	90
AM1-12	94	92	95	88	87	89	91
AM1-40	93	95	95	89	90	89	92

（六）AM1 代种质圆顶期田间病害情况调查和农艺性状

由表 4-37 可知，各品种均未发现黑胫病，根黑腐病。AM1 代株系未发现赤星病，AM1-10 与 AM1-12 气候斑点病发病率明显低于对照品种（系）LY1306-A，红花大金元与中烟 100。而 3 个对照烤烟品系（种）中均有赤星病的发生、气候斑点病发病率较高，烟草花叶病在 6 个试验品种（系）中均有发生，结果表明，AM1 代各株系与对照烤烟及辐照前品系 LY1306-A 相比对气候斑和赤星病的抗性较好，尤其是 AM1-10 与 AM1-12 的表现尤为突出，表明辐照诱变使 AM1 个别代株系抗病性得到了增强。

表 4-37　AM1 代及对照品种圆顶期田间病害情况调查

单位：%

品种	黑胫病	烟草花叶病	赤星病	气候斑点病	根黑腐病
AM1-10	0.00	1.79	0.00	0.51	0.00
AM1-12	0.00	1.54	0.00	0.51	0.00
AM1-40	0.00	1.03	0.00	1.29	0.00
LY1306-A	0.00	1.02	1.02	1.27	0.00
中烟 100	0.00	1.25	1.25	1.50	0.00
红花大金元	0.00	1.48	1.73	2.22	0.00

由表 4-38 可知，辐照后 AM1 代农艺性状与 LY1306-A 基本一致，株高和叶片数明显大于中烟 100 和红花大金元 2 个对照品种，在叶长叶宽个方面，AM1 代与 LY1306-A 及对照品种基本无差异，都属于优质范围。

表 4-38　AM1 代及对照品种圆顶期农艺性状

品种	株高（cm）	茎围（cm）	节距（cm）	叶片数	下部叶		中部叶		上部叶	
					叶长（cm）	叶宽（cm）	叶长（cm）	叶宽（cm）	叶长（cm）	叶宽（cm）
AM1-10	132	13	6.1	22	83	48	78	31	68	28
AM1-12	137	12	6.4	22	86	43	79	32	67	29
AM1-40	131	12	6.1	22	81	42	78	33	68	30
LY1306-A	137	13	6.6	21	90	46	82	31	76	31
中烟 100	99	9	6.1	16	64	38	69	32	73	32
红花大金元	114	12	7.5	15	78	44	81	37	73	28

（七）辐照二代（AM2 代）筛选

试验田共种植 1 亩 AM1 代筛选单株，对辐照后 M1 代进行观察，M1-10、AM1-12 和 AM1-40 品系整体长势较好，抗旱抗病性强。对辐照后 M1 代进行大田观察并标记，筛选田间表现优秀并具有较强抗性的单株，获得 M2 代种子。选定 M2 代单株共 74 株，存活 56 株。其中 M1-10 选定 28 株分别标记为 AM2-10-1、AM2-10-2…AM2-10-28，存活 22 株，留种 4 株；AM1-12 选定 24 株，分别标记为 AM2-12-1、AM2-12-2…AM2-12-24，存活 16 株，留种 3 株；AM1-40 选取 34 株，分别标记为 AM2-40-1、AM2-40-2…AM2-40-34，存活 18 株，留种 2 株。除保留单株外，其余单株在不同时期因长势较差，感染病虫害等原因淘汰。经过反复对比，最终筛选出 9 个优异株系，其编号基本农艺性状及各株系特征如表 4-39、表 4-40、图 4-7。

表 4-39　辐照后 M2 代筛选单株特征

编号	株形	叶形	叶色	叶柄	叶面	叶缘	叶耳	叶尖	花序	花色	长势	抗病性
AM2-10-9	筒形	椭圆	绿	有	较皱	较平	中等	渐尖	集中	淡红	强	强
AM2-10-18	筒形	椭圆	绿	有	较平	较平	中等	渐尖	集中	淡红	强	强
AM2-10-24	筒形	椭圆	绿	有	较平	较平	中等	渐尖	集中	淡红	强	强
AM2-10-25	筒形	椭圆	绿	有	较平	较平	中等	渐尖	集中	淡红	强	强
AM2-12-2	筒形	椭圆	绿	有	较平	较平	中等	渐尖	集中	淡红	强	强
AM2-12-15	筒形	椭圆	绿	有	较平	较平	中等	渐尖	松散	淡红	强	强
AM2-12-21	筒形	椭圆	绿	有	较平	较平	中等	渐尖	集中	淡红	强	强
AM2-40-26	筒形	椭圆	绿	有	较平	较平	中等	渐尖	集中	淡红	强	强
AM2-40-34	筒形	椭圆	绿	有	较皱	较皱	中等	渐尖	集中	淡红	强	强

表 4-40　辐照 M2 代单株的农艺性状统计

编号	株高（cm）	茎围（cm）	节距（cm）	叶片数	下部叶		中部叶		上部叶	
					叶长（cm）	叶宽（cm）	叶长（cm）	叶宽（cm）	叶长（cm）	叶宽（cm）
AM2-10-9	139	13.5	6.6	21	80	41	79	28	65	28
AM2-10-18	146	13.5	6.1	24	82	59	80	36	68	26
AM2-10-24	133	13	6.3	21	81	45	72	29	58	20
AM2-10-25	142	13	6.2	23	88	50	86	38	69	32
AM2-12-2	140	13	6.7	21	85	43	76	28	63	24
AM2-12-15	129	11.5	6.5	20	80	34	83	34	64	25
AM2-12-21	136	11.5	6.2	22	80	46	82	37	68	37
AM2-40-26	115	11.5	6.4	18	76	47	75	29	61	24
AM2-40-34	129	13	6.1	21	82	48	76	32	71	31

图 4-7　M2 代单株的生长情况

三、讨论和结论

（一）LY1306-A 品系烤后烟品质较好

以秦烟 96 和云烟 87 为对照品种，对 LY1306-A、B 和 C 的化学成分和致香物质进行分析。结果表明，LY1306-A 品系钾含量高，烟碱含量适中，化学成分较为协调，糖碱比适中，钾氯比高，优于 LY1306-B 和 LY1306-C 两个品系。从致香物质含量来说，LY1306-A 主要致香物质含量高于剩余两个品系，新植二烯和类胡萝卜素含量显著高于 LY1306-B 和 LY1306-C。从香气总量来看，LY1306-A 品系高于秦烟 96 但略低于云烟 87。综合来看，LY1306-A 品系在化学成分和香气物质成分上在 3 个豫西自育品系中质量最优，品质与云烟 87 和秦烟 96 最为接近。

（二）LY1306-A 品系抗辐照能力较强

试验表明，不同辐照剂量对种子萌发的影响较为显著，在 500Gy、1 000Gy 和 1 500 Gy 电子束辐照后，只有在 500Gy 辐照后各品系种子具有一定的出芽能力，由于 1 000Gy 和 1 500Gy 电子束辐照剂量太大，对种子造成伤害严重，各品系种子均无法出芽。未经辐照的情况下，LY1306-A、B、C 的出芽率并无显著差异，辐照后各品系出芽率差异明显。各个品系种子，抗辐照能力具有显著差异。辐照后 A500、B500 与 C500 品系与辐照前 LY1306-A、B 与 C 品系之间进行比较，A500 品系发芽率和基质出苗率都较高，出芽率达到 80%以上，出苗率在 60%以上，且出苗后长势旺盛。B500 与 C500 种子发芽率和出苗率与辐照前相比较低，发芽率与出苗率均在 50%左右，且出苗后长势较差。结果表明，LY1306-A 品系抗辐照能力较强，明显优于 LY1306-B 和 C 品系，具有更强的潜在抗性。经过试验鉴定和筛选，LY1306-A 品系更为优质，辐照后的 A500 品系可用于进一步筛选优良烤烟种质。

（三）辐照后各代抗病性强

在嵩县进行的大田试验表明，对辐照后的品系 A500、B500、C500 的 M1 代分别进行标记，并对其大田长势进行分析，并筛选出 3 个优异单株进行 M2 代筛选。在 M2 代筛选过程中，对 M1 代筛选的品系 AM1-10、AM1-12 和 AM1-40 进行病害调查，调查结果表明辐照后 M1 代对赤星病、气候斑和黑胫病的抗性较好，辐照后 M1 代整体抗病性强。

（四）结论

自育品系 LY1306-A 烤后烟的品质较好，LY1306-A 具有较强的抗辐照能力，在辐照诱变之后能够较好的保持出芽率、出苗率和大田长势，辐照后种质对赤星病、气候斑和黑胫病的抗性较好，整体抗病性强，是筛选优良抗性的优秀株系。

第五章　洛阳烟叶品种筛选和配套栽培技术

第一节　洛阳烟区特色烤烟品种的筛选评价

一、品种的适应性与丰产性的评价

2014—2015 年在洛宁、汝阳、嵩县、宜阳、伊川等县设置田间试验与示范，以豫烟系列品种为核心进行多点比较和烟叶质量评价（表 5-1、表 5-2）。

表 5-1　2014 年品种主要经济性状小区试验比较结果

品种	产量（kg/亩）	产值（元/亩）	均价（元/kg）	上等烟比例（%）
洛宁品牌比较				
豫烟 6 号	227.66	3 647.61	18.6	29.2
豫烟 7 号	178.97	3 458.29	18.3	26.4
豫烟 9 号	215.60	3 729.88	17.3	25.5
豫烟 10 号	212.24	3 780.87	18.1	32.3
豫烟 11 号	191.03	2 961.02	15.5	16.6
豫烟 12 号	224.62	3 167.54	17.4	24.6
Y8126	220.90	3 575.01	18.9	27.1
云烟 105	198.10	3 645.04	18.4	26.6
NC 297	186.43	2 171.62	14.8	13.0
中烟 100	196.52	3 174.48	19.1	30.7
汝阳品种比较				
豫烟 6 号	229.45	3 564.23	15.3	23.7
豫烟 7 号	191.03	2 961.02	15.5	16.6
豫烟 9 号	235.16	3 267.58	14.4	21.7
豫烟 10 号	228.58	3 714.90	16.2	26.3
豫烟 11 号	189.47	2 781.90	14.1	17.8
豫烟 12 号	241.82	3 617.44	15.1	25.1
Y 8126	195.50	3 434.43	16.9	28.7
中烟 100	168.09	2 504.49	14.9	15.5

（续表）

品种	产量（kg/亩）	产值（元/亩）	均价（元/kg）	上等烟比例（%）
端县品种比较				
豫烟 6 号	229.45	4 017.04	17.5	28.7
豫烟 7 号	202.86	3 662.84	18.1	29.6
豫烟 9 号	191.63	2 969.06	15.7	25.6
豫烟 10 号	228.58	4 001.75	17.5	28.7
豫烟 11 号	204.83	3 173.59	15.5	25.4
豫烟 12 号	241.82	3 702.51	15.3	25.1
Y 8126	186.41	3 149.83	16.9	27.7
云烟 105	231.99	4 457.63	19.2	31.5
中烟 100	195.50	3 374.91	17.3	28.3

表 5-2　2014 年品种田间自然发病情况比较结果

品种	黑胫病	赤星病	气候性斑点病	根结线虫病	花叶病
洛宁品种比较					
豫烟 6 号	0.0	0.0	12.2	1.2	4.5
豫烟 7 号	0.0	0.0	9.3	0.0	3.7
豫烟 9 号	0.0	1.4	14.5	5.0	2.1
豫烟 10 号	0.0	2.2	15.7	5.0	5.2
豫烟 11 号	0.0	0.0	11.3	0.0	4.8
豫烟 12 号	0.0	0.0	5.3	0.0	3.1
云烟 105	0.0	2.8	20.5	8.1	1.6
Y8126	0.0	1.5	14.2	2.1	2.6
NC297	0.0	0.0	22.2	6.7	6.9
中烟 100	0.0	2.4	17.7	5.7	4.6
汝阳品种比较					
豫烟 6 号	0.0	0.0	5.0	1.0	4.0
豫烟 7 号	6.0	2.0	2.0	0.0	6.0
豫烟 9 号	2.0	4.0	4.0	0.0	8.0
豫烟 10 号	3.0	5.0	5.0	0.0	5.0
豫烟 11 号	4.0	0.0	3.0	0.0	10.0
豫烟 12 号	0.0	0.0	0.0	0.0	2.0
云烟 105	11.0	7.0	13.0	0.0	8.0
Y8126	0.0	8.0	0.0	0.0	2.0
NC297	6.0	9.0	13.0	0.0	4.0
中烟 100	13.0	5.0	17.0	0.0	8.0

（续表）

品种	黑胫病	赤星病	气候性斑点病	根结线虫病	花叶病
			嵩县品种比较		
豫烟 6 号	0.0	4.0	5.0	0.0	4.0
豫烟 7 号	0.0	2.0	2.0	0.0	6.0
豫烟 9 号	0.0	4.0	4.0	0.0	8.0
豫烟 10 号	0.0	5.0	5.0	0.0	5.0
豫烟 11 号	0.0	0.0	3.0	0.0	10.0
豫烟 12 号	0.0	0.0	0.0	0.0	2.0
云烟 105	0.0	7.0	13.0	0.0	8.0
Y8126	0.0	8.0	0.0	0.0	2.0
中烟 100	0.0	5.0	17.0	0.0	8.0

豫烟 6 号：生长势强，抗病性较好，适应性强，较易烘烤，烤后烟叶均匀度好，外观质量较好，上等烟比例较高。

豫烟 7 号：生长势强，抗病性较好，不易烘烤，烤后烟叶外观质量较好。

豫烟 9 号：生长势强，抗病性中等，不易烘烤，烤后烟身份薄，上等烟比例中等。

豫烟 10 号：抗病性较好，易烘烤，烤后烟叶均匀度好，外观质量较好，上等烟比例较高。

豫烟 11 号：生长势强，抗病性较好，不易烘烤，外观质量较好。

豫烟 12 号：生长势强，抗病性较好，适应性强，较易烘烤，上等烟比例较高。

二、品种的外观质量的比较分析

3 个试点烟叶外观质量评价中，均以豫烟 6 号、豫烟 10 号外观质量在 3 个试点得分较高，相对稳定，且优于对照品种中烟 100，其次是豫烟 7 号品种。豫烟 9 号和豫烟 12 号在嵩县点烟叶外观质量较好，但在汝阳点较差（表 5-3 至表 5-5）。

表 5-3　2014 年洛宁县品种试验原烟外观质量的比较　　单位：分

品种	部位	颜色	成熟度	叶片结构	身份	油分	色度	叶面组织	柔软性	光泽	总分
豫烟 6 号	中	8.2	0.5	8.8	9.0	7.0	5.5	5.5	6.0	6.5	77.80
豫烟 7 号	中	8.5	8.8	8.8	7.5	5.0	4.0	4.0	5.5	3.5	70.45
豫烟 9 号	中	8.5	8.5	9.0	6.0	6.0	4.5	6.0	6.5	5.0	71.75
豫烟 10 号	中	8.0	8.5	8.3	8.5	5.3	5.0	4.8	4.8	5.5	72.20
豫烟 11 号	中	8.2	8.5	8.2	7.5	5.5	5.0	4.0	4.0	4.5	69.60
豫烟 12 号	中	7.8	8.5	8.3	7.8	5.3	5.0	5.0	5.0	5.5	71.15
Y8126	中	8.2	5.5	6.5	8.5	6.5	3.0	4.0	4.0	4.0	60.45

（续表）

品种	部位	颜色	成熟度	叶片结构	身份	油分	色度	叶面组织	柔软性	光泽	总分
云烟 105	中	8.3	7.0	8.0	8.5	5.5	4.5	4.0	4.0	5.0	67.55
NC297	中	9.0	8.8	6.5	8.5	5.0	4.0	4.0	4.0	3.0	66.85
中烟 100	中	8.0	8.5	8.3	9.0	6.0	5.0	4.8	4.8	5.0	73.40

表 5-4　2014 年汝阳县品种试验中部烟外观质量的比较　　单位：分

品种	颜色	成熟度	叶片结构	身份	油分	色度	叶面组织	柔软性	光泽	总分
豫烟 6 号	9.0	9.0	8.5	8.0	7.0	5.0	4.5	4.5	4.0	74.50
豫烟 7 号	8.2	8.5	8.5	8.5	5.5	5.0	4.0	4.0	4.5	71.70
豫烟 9 号	8.5	8.5	8.8	5.5	6.0	5.0	4.5	4.5	4.0	68.85
豫烟 10 号	8.6	8.5	8.2	8.8	6.5	4.5	4.0	4.0	5.0	72.70
豫烟 11	8.8	8.5	8.2	8.5	6.0	4.8	4.0	4.0	4.0	71.75
豫烟 12	8.2	8.0	8.0	7.5	6.0	4.5	4.0	4.0	5.0	68.45
Y8126	8.8	9.0	8.5	7.5	6.5	5.0	4.0	4.0	4.0	72.55
中烟 100	8.5	8.5	8.2	8.0	6.0	4.0	4.5	4.5	4.5	70.65

表 5-5　2014 年嵩县县品种试验中部烟外观质量的比较　　单位：分

品种	颜色	成熟度	叶片结构	身份	油分	色度	叶面组织	柔软性	光泽	总分
豫烟 6 号	9.0	9.0	8.5	8.0	7.0	5.0	4.5	4.5	4.0	74.50
豫烟 7 号	8.2	8.5	8.5	8.5	5.5	5.0	4.0	4.0	4.5	71.70
豫烟 9 号	8.5	8.4	9.0	8.0	5.5	5.5	6.0	5.5	6.5	75.30
豫烟 10 号	8.8	9.0	8.2	8.5	6.0	5.0	4.0	4.0	4.0	72.95
豫烟 11 号	8.8	8.2	8.0	8.8	7.0	5.0	4.0	4.0	4.0	72.40
豫烟 12 号	8.0	8.5	8.3	8.2	5.3	5.2	5.6	5.2	5.3	72.45
Y8126	8.5	5.5	6.5	5.5	6.0	3.0	4.0	4.0	4.0	55.75
云烟 105	8.8	9.0	6.5	8.5	6.0	4.5	4.5	4.5	4.0	69.55
中烟 100	8.2	8.2	7.0	8.5	5.5	4.5	4.0	4.0	5.0	67.85

三、烤烟品种化学成分与感官质量评价分析

2014 年评价中，豫烟 6 号的烟叶外观质量表现突出，其次是豫烟 10 号，优于中烟 100，豫烟 7 号、豫烟 12 号烟叶外观质量表现不一致，与对照相接近（表 5-6 至表 5-8）。

豫烟6号、7号、10号感官质量优于中烟100。

表 5-6　2014 年 洛宁县品种比较试验烟叶化学成分

单位:%

品种	蛋白质	总氮	烟碱	还原糖	总糖	钾	氯
豫烟6号	8.39	1.79	2.53	19.01	22.64	1.99	0.23
豫烟7号	11.02	2.28	3.19	12.13	17.63	1.71	0.68
豫烟9号	9.27	1.79	2.02	11.54	19.97	2.01	0.40
豫烟10号	11.26	2.42	3.95	12.12	14.92	1.40	0.57
豫烟11号	10.23	2.17	3.36	14.09	15.66	1.73	0.66
豫烟12号	8.77	2.00	3.52	16.78	18.60	2.01	0.40
云烟105	11.53	2.52	4.67	11.51	11.54	1.69	0.56
NC297	10.81	2.37	4.08	10.52	11.98	1.76	0.60
Y8126	11.46	2.35	3.38	18.73	20.13	1.21	0.46
中烟100	10.09	2.12	2.99	17.27	18.60	2.00	0.34

表 5-7　2014 年汝阳县品种比较试验原烟化学成分

单位:%

品种	蛋白质	总氮	烟碱	还原糖	总糖	钾	氯
豫烟6号	9.01	1.91	2.43	19.90	21.01	1.87	0.17
豫烟7号	12.13	2.52	3.24	16.97	20.05	1.81	0.71
豫烟9号	11.54	2.35	2.72	21.01	23.78	2.04	0.44
豫烟10号	8.12	1.81	2.92	20.18	22.40	1.94	0.35
豫烟11号	10.09	2.06	2.18	29.20	33.92	2.08	0.39
豫烟12号	9.78	2.12	2.88	21.82	26.17	2.15	0.37
Y8126	11.51	2.36	3.40	17.93	20.48	1.15	0.43
中烟100	10.73	2.26	3.00	21.62	25.56	1.91	0.36

河南中烟技术中心专家对2014年洛宁参试品种烟叶进行了感官质量评价。

表 5-8　2014 年洛宁县品种比较试验感官质量

单位：分

品种	香型	香气质	香气量	浓度	柔细度	余味	杂气	刺激性	总分
豫烟6号	2.0	6.1	5.6	6.1	6.3	6.1	5.8	6.2	42.2
豫烟7号	2.6	6.0	5.9	6.0	6.1	6.1	6.0	5.9	42.0
豫烟9号	1.8	5.1	5.3	5.9	6.1	5.6	5.1	6.1	39.2
豫烟10号	2.0	5.6	5.6	5.8	5.9	5.6	5.6	6.0	40.1
豫烟11号	2.0	5.6	5.7	6.0	6.0	5.6	5.5	6.0	40.4
豫烟12号	2.6	6.1	6.0	6.2	6.0	6.0	5.8	5.9	42.0
NC297	2.8	6.2	6.4	6.1	6.1	6.2	6.1	5.0	42.1
Y8126	2.6	6.0	6.1	6.1	5.9	5.9	6.0	5.9	41.9
中烟100	2.4	6.0	6.1	6.1	6.0	6.0	5.5	5.8	41.5

四、不同品种间的中性致香成分分析

通过对豫烟 6 号、豫烟 7 号、豫烟 10 号、豫烟 12 号、中烟 100、秦烟 96 这 6 个品种的中性致香成分进行分析，不同品种烟叶中中性香气物质总量差异较大（表 5-9），表现为豫烟 7 号>豫烟 12 号>中烟 100>豫烟 6 号>秦烟 96>豫烟 10 号。豫烟 12 号含有 32 种香气物质，其中有 9 种香气物质含量最高。从新植二烯上可以发现，豫烟 12 号、豫烟 7 号的新植二烯成分含量相对较高。

表 5-9 各品种间的中性致香成分之间的比较 单位：μg/g

中性致香成分	豫烟 6 号	豫烟 7 号	豫烟 10 号	豫烟 12 号	中烟 100	秦烟 96
类胡萝卜素类	68.34	93.44	65.14	77.77	70.93	59.32
芳香族氨基酸类	8.81	3.69	8.56	9.15	11.1	7
西柏烷类	23.98	27.97	42.97	27.12	19.58	22.64
棕色化产物	13.7	7.57	18.82	12.17	16.08	15.98
新植二烯	852.98	1 269	604.66	1 185	855.02	638.66
总量	967.82	1 401.67	740.15	1 311.12	972.72	743.59

由于香气种类较多，对其进行了分类分析，分为类胡萝卜素类、芳香族氨基酸类、西柏烷类、棕色化产物、新植二烯五大类，对其分析可知，在类胡萝卜类香气成分上，豫烟 7 号的明显高于其他品种，其次是豫烟 12 号、中烟 100；在芳香族氨基酸类上，中烟 100、豫烟 12 号显著高于其他物质；在西柏烷类上，豫烟 10 号的含量呈极显著，其次是豫烟 12 号和豫烟 7 号；棕色化产物上豫烟 10 号和中烟 100 相对较高；新植二烯是影响中性致香成分的关键物质，可知豫烟 7 号、豫烟 12 号香气明显高于其他品种，综上可知从香气总和含量上，可以选择豫烟 12 号和豫烟 7 号作为高香气特色品种，从品种上彰显特色，达到提升洛阳洛阳烟叶品牌的目的。

五、不同品种间的矿质元素分析

（一）不同品种间大量元素的比较

通过对不同品种的烤后烟叶中的矿质元素进行测定发现，烟叶中的 Ca 含量，豫烟 12 号显著高于其他品种，豫烟系列的 Ca 含量明显高于中烟 100 和秦烟 96（图 5-1）；从烟叶中钾含量上，豫烟 6 号和中烟 100 的含钾量较高，其次是秦烟 96、豫烟 10 号和豫烟 12 号；从烟叶中镁的含量上可知，豫烟 12 号含量显著高于其他品种，其次是豫烟 7 号、豫烟 10 号和豫烟 6 号；中烟 100 和秦烟 96 含量较低；从烟叶中磷的含量上可知，豫烟 6 号和豫烟 12 号的含量较高，豫烟 7 号和豫烟 10 号磷含量在同一水平上，中烟 100 和秦烟 96 的含量比较低。

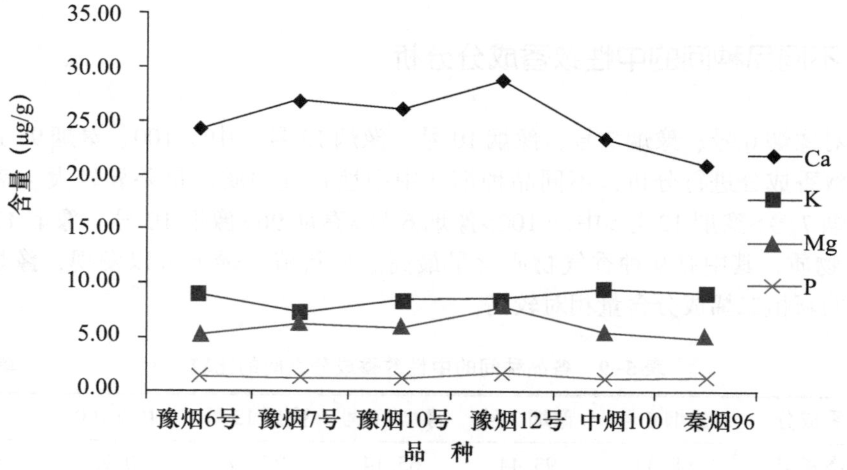

图 5-1 不同品种间大量元素含量的变化

综上可知，豫烟 12 号的烟叶的钙、镁、磷的含量显著高于其他品种，而中烟 100 的钾含量显著高于其他成分，烟叶的燃烧性较好，其次为豫烟 6 号和豫烟 7 号，它们的钾含量相对较高，能够作为辅助的优质烟叶的品种。

（二）不同品种间微量元素的比较

通过对不同品种间烟叶中微量元素含量进行测定可知，从 B 含量上可知，豫烟 10 号和豫烟 12 号的 B 含量显著高于其他品种，豫烟 6 号、豫烟 7 号和中烟 100 的含量相差不大，秦烟 96 的含量最低（图 5-2）；从 Cu 含量上可知，豫烟 6 号、豫烟 7 号含量高于其他品种；从 Fe 含量上可知，豫烟 12 号和豫烟 6 号的含量显著高于其他品种，其次是豫烟 7 号、豫烟 10 号和秦烟 96，中烟 100 的含量显著低于其他品种；从 Mn 含量上可知，豫烟 10 号、豫烟 12 号和豫烟 7 号的含量较高于其他品种；从 Na 含量上看，秦烟 96、豫烟 12 号、豫烟 10 号的含量相对高于其他品种；从 Zn 的含量上可知，豫烟 10 号、豫烟 12 号、豫烟 7 号的含量显著高于其他品种。

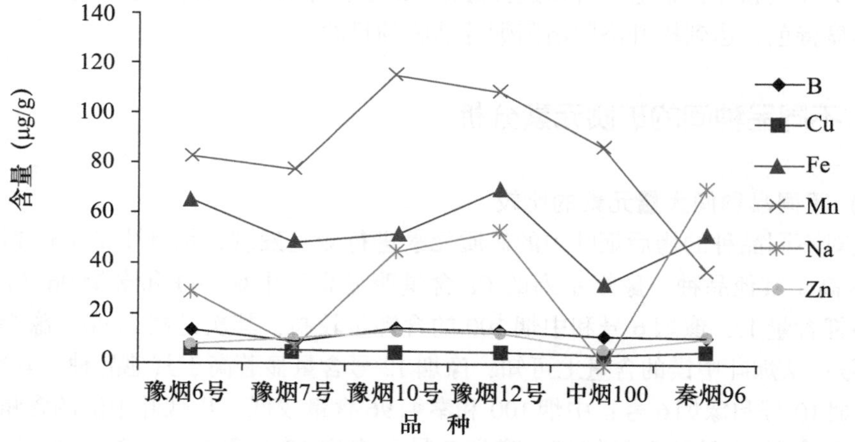

图 5-2 不同品种间微量元素含量间的变化

通过对烤后烟叶中的矿质元素进行分析可知，豫烟12号、豫烟10号含有丰富的矿质元素，可作为洛阳烟区的优质品种。

六、大面积示范烟叶主要经济性状与质量性状的评价分析

（一）主要经济性状和抗病性的比较

大区示范结果表明，在3个试点豫烟6号、豫烟10号、豫烟12号产值、产量均超过中烟100。中烟100因病害严重（花叶病均较严重）示范效果较差（表5-10至表5-15）。

表5-10　洛宁县品种大区示范主要经济性状比较

品种	产量（kg/亩）	产值（元/亩）	均价（元/kg）	上等烟比例（%）
豫烟6号	220.9	4 175.0	18.9	38.1
豫烟7号	215.6	3 729.9	17.3	25.5
豫烟10号	208.1	4 228.0	21.6	37.3
豫烟11号	193.0	3 648.5	18.9	21.6
豫烟12号	215.8	3 997.9	19.4	33.6
中烟100	171.0	2 942.0	17.2	19.7

表5-11　洛宁县田间自然发病情况的比较　　单位：分

品种	黑胫病	赤星病	气候性斑点病	野火病	角斑病	根结线虫病	TMV	CMV
豫烟6号	3.1	0.6	3.3	0.0	0.0	0.0	14.1	12.4
豫烟7号	5.8	3.2	7.1	0.0	0.0	4.3	26.4	16.1
豫烟10号	4.5	0.0	8.9	0.0	0.0	0.0	11.3	8.7
豫烟11号	2.7	4.2	3.2	0.0	0.0	3.2	12.8	5.3
豫烟12号	1.8	0.0	6.1	0.0	0.0	0.0	18.7	4.2
中烟100	8.3	3.8	16.8	0.0	0.0	11.7	33.8	21.6

表5-12　汝阳县品种大区示范主要经济性状比较

品种	产量（kg/亩）	产值（元/亩）	均价（元/kg）	上等烟比例（%）
豫烟6号	212.2	3 114.2	18.1	32.3
豫烟11号	191.0	1 961.0	15.5	16.6
豫烟12号	224.6	2 900.9	17.4	24.6
中烟100	156.5	2 108.5	19.1	30.7

表 5-13　汝阳县品种大区示范田间自然发病情况比较　　单位：分

品种	黑胫病	赤星病	气候性斑点病	根结线虫病	花叶病
豫烟 6 号	3.5	0.0	12.2	1.2	5.5
豫烟 11 号	2.3	0.0	11.3	0.0	4.8
豫烟 12 号	1.7	0.0	5.3	0.0	6.1
中烟 100	6.2	6.4	17.7	5.7	25.7

表 5-14　嵩县大区示范主要经济性状比较

品种	产量（kg/亩）	产值（元/亩）	均价（元/kg）	上等烟比例（%）
豫烟 6 号	207.7	2 980.9	18.6	29.2
豫烟 10 号	212.2	3 104.9	18.1	32.3
豫烟 12 号	224.6	2 900.9	17.4	24.6
中烟 100	151.4	2 311.7	18.4	21.6

表 5-15　嵩县品种大区示范田间自然发病情况比较　　单位：分

品种	黑胫病	赤星病	气候性斑点病	根结线虫病	花叶病
豫烟 6 号	0.0	0.0	9.3	0.0	3.7
豫烟 10 号	4.6	1.4	14.5	5.0	2.1
豫烟 12 号	0.0	0.0	11.3	0.0	4.8
中烟 100	7.6	2.8	20.5	8.1	16.3

（二）不同品种大面积示范烟叶质量性状的评价分析

上海集团技术中心专家对不同品种 2015 年中部初烤烟叶样品吸食品质评价结果表明：①就香型及其彰显程度而言，豫烟 10 号样品“浓香型”的香型彰显程度较高（表 5-16）；②就感官“质量总分”而言，豫烟 10 号、豫烟 12 号的总分较高。因此，对于洛阳而言，应重点关注豫烟 6 号、豫烟 10 号、豫烟 12 号品种。同时进行烟叶外观质量评价，豫烟 6 号、豫烟 10 号烟叶外观质量显著优于中烟 100（表 5-17）。

表 5-16　不同品种初烤烟中部叶样品吸食质量评价结果　　单位：分

品种	浓香型彰显度	香气质	香气量	浓度	柔细度	余味	杂气	刺激性	劲头	燃烧性	灰色	总分
中烟 100	3.4	6.1	5.9	6.1	6.2	6	5.8	6	9	7	6	66.2
豫烟 6 号	3.4	6	6	6	6	6.1	6	6	9	7	7	67.1
豫烟 7 号	3.4	6.4	6.4	6.1	6.1	6.1	6	6.1	9	7	7	65.4
豫烟 10 号	3.5	6.3	6.1	6.1	6.1	6	6	5.9	9	7	7	68.2
豫烟 12 号	3.3	6.5	6	6	6.3	6.3	6.1	6.1	9	7	7	68.4
K326	3.2	6	6	6	6	5.9	5.7	5.9	9	7	7	66.2

表 5-17　不同品种部初烤烟中叶样品外观质量评价结果　　单位：分

品种	颜色	成熟度	叶片结构	身份	油分	色度	叶组织	柔软性	光泽	总分
豫烟 6 号	8.3	8.5	8.5	8.5	6.5	4.0	5.5	5.5	4.0	73.05
豫烟 7 号	8.5	8.5	8.8	5.5	6.0	5.0	4.5	4.5	4.0	68.85
豫烟 10 号	8.5	8.5	8.8	8.2	6.5	5.0	5.5	6.5	4.0	74.90
豫烟 12 号	8.5	8.5	6.5	8.0	4.5	5.0	4.0	4.0	4.5	66.25
中烟 100	8.0	8.5	6.0	5.0	5.0	3.5	4.0	3.5	3.5	58.50

连续 2 年的研究评价，筛选出了在洛阳烟区适宜推广的新品种 3 个，即豫烟 6 号、豫烟 10 号、豫烟 12 号。豫烟 6 号抗旱抗病，烟叶质量较好，且产量、产值适中，适合于丘陵烟田种植。豫烟 10 号易烤性和抗病较好，烟叶质量较优，产量产值适中，适合于高水肥烟田种植。豫烟 12 号易烤性和抗旱性较好，对根结线虫病抗性较强，产量产值适中，烟叶质量较好，适合于根结线虫病较重烟田种植。

第二节　豫烟 6 号品种特色挖掘与关键配套技术

一、豫烟 6 号钾吸收特色与提高烟叶钾含量的栽培技术

（一）不同供钾水平条件下豫烟 6 号干物质积累差异

在低钾条件下，豫烟 6 号根、叶干重及总干重极显著高于 K326，而与农大 202 差异不显著。其中，豫烟 6 号和农大 202 的根干重分别是 K326 的 1.34 倍、1.38 倍，而总干重分别是 K326 的 1.46 倍、1.45 倍。在高钾条件下，各品种根、茎、叶干重及总干重均比低钾条件升高。各生物量指标豫烟 6 号与农大 202 差异不显著，而显著高于 K326（茎干重差异不显著）。结果显示，无论是低钾还是高钾条件，豫烟 6 号的干物质积累量均显著高于 K326，而与富钾品种农大 202 差异不显著（表 5-18）。

表 5-18　不同供钾水平条件下各基因型烟草各器官干重　　单位：g/株

供钾条件	品种	根	茎	叶	总干重
K^-	豫烟 6 号	1.82aA	3.79aA	10.67aA	16.37aA
	农大 202	1.87aA	3.59aA	11.24aA	16.28aA
	K326	1.36bB	3.61aA	6.24bB	11.21bB
K^+	豫烟 6 号	2.74aA	8.35aA	14.31aA	25.40aA
	农大 202	2.57aA	7.23aA	14.57aA	24.37aA
	K326	2.33bA	7.79aA	12.33bA	22.45bB

注：“K^-”代表低钾条件，“K^+”代表高钾条件。同一列中标以不同大小写字母的值分别在 1%和 5%水平差异显著。下同

（二）不同供钾水平条件下豫烟 6 号各器官钾含量

钾含量是一个能直接反映出植物的吸收和积累钾素能力的强度指标，其值越高表明植物富钾能力越强。表 5-19 中，高钾水平显著提高了各基因型烟草根、茎、叶钾含量。无论是低钾水平还是高钾水平，烟株根、茎、叶中钾含量均表现为：农大 202>豫烟 6 号>K326，其中，豫烟 6 号和农大 202 叶中钾含量在低钾条件下分别是 K326 的 1. 14 倍、1. 19 倍，而在高钾条件下两者分别是 K326 的 1. 10 倍、1. 12 倍，差异达到极显著水平，而两者之间烟叶钾含量差异并不显著。豫烟 6 号和农大 202 根和茎中钾含量均高于 K326，根中钾含量差异显著，但茎中钾含量差异不显著（表 5-19）。

表 5-19　不同供钾水平条件下各基因型烟草各器官钾（K_2O）含量　单位：g/kg

供钾条件	品种	叶	茎	根
K^-	豫烟 6 号	28. 793aA	9. 983aA	4. 385aA
	农大 202	29. 954aA	10. 326aA	4. 403aA
	K326	25. 169bB	9. 675aA	3. 856bA
K^+	豫烟 6 号	32. 756aA	11. 917aA	5. 012aA
	农大 202	33. 235aA	12. 013aA	5. 231aA
	K326	29. 734bB	11. 797aA	4. 874bA

（三）不同供钾水平条件下豫烟 6 号的根系生理特性

根系活跃吸收面积和总吸收面积可以用来表示植物根系有效的和潜在的吸收水分和养分的能力。在高钾水平下，各品种根体积、根系活跃吸收面积、总吸收面积以及比表面积均比低钾条件升高，农大 202 增幅最大，豫烟 6 号次之，K326 增幅最小。在不同供钾条件下，豫烟 6 号的根体积、活跃吸收面积、总吸收面积和比表面积均高于 K326，差异达到极显著水平，而豫烟 6 号与农大 202 差异不显著。低钾条件下，豫烟 6 号的活跃吸收面积和总吸收面积分别是 K326 的 1. 30 倍、1. 35 倍；而在高钾条件下，这 2 个指标分别是 K326 的 1. 33 倍、1. 41 倍。这表明在不同供钾条件下，豫烟 6 号的根系量和根系吸收养分和水分的能力均极显著地高于 K326（表 5-20）。

表 5-20　不同供钾水平条件下各基因型烟草根系形态学参数差异

供钾条件	品种	根体积（ml/株）	总吸收面积（m^2）	活跃吸收面积（m^2）	比表面积（m^2/m^3）
K^-	豫烟 6 号	23. 667aA	5. 596aA	1. 967aA	0. 236aA
	农大 202	24. 333aA	5. 732aA	2. 132aA	0. 235aA
	K326	21. 333bB	4. 155bB	1. 518bB	0. 195bB
K^+	豫烟 6 号	32. 667aA	10. 846aA	3. 653aA	0. 332aA
	农大 202	34. 333aA	12. 071aA	4. 072aA	0. 352aA
	K326	28. 667bB	8. 132bB	2. 598bB	0. 284bB

（四）不同供钾水平条件下豫烟 6 号的根系活力

根系活力反映根系吸收能力，根系活力越强，植物根系吸收矿质营养和水分的量也就越多。本研究中根系活力用根系对 TTC 的还原能力来表示。3 个烤烟品种根系的还原力表现为农大 202>豫烟 6 号>K326，其中豫烟 6 号与农大 202 差异不显著，而与 K326 差异极显著。供钾水平提高以后，各基因型烤烟根系还原力随之增强。低钾条件下，农大 202 和豫烟 6 号的根系还原力分别是 K326 的 1. 23 倍、1. 29 倍，而在高钾条件下这 2 个品种的根系还原力分别是 K326 的 1. 19 倍、1. 15 倍；这表明豫烟 6 号根系活力较强，具有较强的钾吸收和转运能力（表 5-21）。

表 5-21　不同供钾水平条件下烟草基因型间根系活力差异

单位：μg/（g・h）

品种	K^-	K^+
豫烟 6 号	328. 089aA	483. 429aA
农大 202	346. 548aA	501. 827aA
K326	267. 610bB	421. 633bB

（五）豫烟 6 号根系钾吸收动力学特征

植物根系钾吸收动力学参数 V_{max}，K_m 和 C_{min} 可以定量的表示根系对溶液中 K^+ 的最大吸收速率、亲和能力和低养分离子的耐受能力高低。V_{max} 值越大，植物对养分离子的吸收强度就越大。C_{min} 值越小，植物对钾含量越低的土壤耐受性就越强。K_m 值越小，根系对 K^+ 亲和力就越高，而反之则越低。豫烟 6 号和农大 202 的 V_{max} 均大于 K326，分别是 K326 的 3. 88 倍，3. 95 倍，差异达到极显著水平。各基因型烤烟品种 K_m 及 C_{min} 差异不显著。这表明豫烟 6 号具有较高的钾吸收速率，但是耐低钾能力和对钾离子的亲和力并不强。

表 5-22　各基因型烟草根系钾吸收动力学特征参数比较

品种	V_{max}［μmol/（g・FW・h）］	K_m（μmol/L）	C_{min}（μmol/L）
豫烟 6 号	86. 71aA	166. 67aA	51. 67aA
农大 202	88. 15aA	168. 33aA	48. 78aA
K326	22. 33bB	159. 21aA	46. 33aA

（六）小结

相对于低供钾条件，高供钾条件显著提高了各基因型烟草的根系量、根系活跃吸收面积以及根系活力，3 个品种烟草均表现出干物质积累增加、烟叶钾含量升高的特点。由此可见，钾素能促进烟草根系的生长和对养分的吸收。

在不同供钾水平条件下，豫烟 6 号均表现出根系量大、根系活跃吸收面积大，以及根系活力强的特点，干物质积累量和烟叶钾含量与富钾品种农大 202 差异不显著，而极显著地高于对照品种 K326。由此可见，豫烟 6 号富集钾素能力强，是一个富钾基因型品种。

钾吸收动力学参数表明，豫烟 6 号具有高的最大吸收效率（V_{max}），其值接近农大202，而极显著高于 K326，但是其 K_m 值和最低浓度 C_{min} 比之对照并没有明显的优势，但这也从另一个角度说明高供钾水平更有利于豫烟 6 号钾素的吸收和积累。

植物主要通过根系获取养分，根系的生理特性在其矿质营养和水分吸收中起着至关重要的作用。钾高效型品种的根系发达，根系量大，根吸收面积大，且都与钾吸收量有显著的正相关关系，而钾低效型品种则表现相反，这一结果已经在小麦、水稻、苎麻、玉米上得到验证。张喜琦的研究表明，钾高效基因型烟草在不同供钾水平条件下，其根系活力均显著高于钾低效基因型，具有较强的吸收和转运钾的能力。因此，通过对烟草不同基因型表面吸收特性、氧化还原力和 K^+ 吸收动力学等参数，以及干物质积累和植株含钾量的研究，可以了解不同基因型烟草根系吸收和积累钾素的能力。本试验中，豫烟 6 号在不同供钾条件下，根系量、根系活跃吸收面积和总吸收面积以及根系活力均极显著高于对照品种 K326，高钾条件下这种差异更明显。因而豫烟 6 号干物质积累多、植株钾含量高。

在植物对矿质营养吸收的研究中，养分离子吸收动力学占有重要的地位，一部分研究者将离子吸收动力学参数作为一个重要的筛选富集某种养分的基因型的指标。本研究中，豫烟 6 号具有高的最大吸收效率（V_{max}），对钾素吸收强度大，但是并不耐低钾，生产中需要注意及时追施钾肥。

K^+ 是维持作物细胞渗透压最主要的离子，在严重干旱条件下 K^+ 在提高作物抗旱性方面的相对贡献率达 48.58%，因而具有独特的优势。已有研究表明，将大麦暴露在干热风中后，其蒸腾速率迅速增加，高钾植株很快做出反应，从逆境下恢复的也快，而低钾植株关闭气孔就需要较长时间。马新明通过研究小麦发现，充足的钾素供应可以减少小麦叶片中水分的蒸腾损耗，在相对含水量上，高钾植株显著高于缺钾植株。由此可见，豫烟 6 号作为一个抗旱品种，根系量大、吸收养分，尤其是钾素能力强可能是其抗旱的原因之一。

（七）豫烟 6 号提高烟叶钾含量的栽培技术

1. 各处理生育时期的比较

表 5-23　各处理主要生育时期记载表

处理	移栽期（月．日）	现蕾期（月．日）	脚叶成熟期（月．日）	顶叶成熟期（月．日）	大田生育期（d）
CK1					134
CK2					137
T1					145
T2					145
T3					150
T4					150
T5					150

从表 5-23 中现蕾期来看，T3 和 T4 现蕾较早，为 7 月 12 日；不采用水肥一体化措施的 CK1 和 CK2 处理现蕾时间最晚，为 7 月 19 日，采用水肥一体化的 T1 和 T2 处理现蕾时间相同，为 7 月 17 日，T5 处理现蕾时间为 7 月 15 日。

从脚叶成熟期看，不采用水肥一体化的 CK1 和 CK2 处理脚叶成熟较早，采用水肥一体化的 T3 处理脚叶成熟较晚。

从顶叶成熟期看，采用水肥一体化的 T2～T5 处理顶叶成熟最晚，常规栽培的 CK1 处理最早成熟。

从整个生育期看，水肥一体化的 T2～T5 的生育期较长，长达 150d 左右，常规栽培的 CK1 和 CK2 较短，分别为 134d 和 137d。

2. 各处理大田农艺性状的比较

就株高而言，采用水肥一体化措施的 TI～T5 处理普遍高于常规栽培的 CK1 和 CK2 处理（表 5-24），其中 T3 处理最高，为 174cm，CK1 处理最低，为 127cm。

表 5-24　各处理大田主要农艺性状记载表

处理	株高（cm）	茎围（cm）	节距（cm）	留叶数（片）	腰叶长（cm）	腰叶宽（cm）
CK1	127	10	5.5	18	56.2	31
CK2	145	10	5.1	18	54.5	30
T1	166	11	6.3	21	66	39
T2	169	11.5	6.5	22	67.6	37.2
T3	174	11.8	6.7	22	69	42.5
T4	162	10.9	6.2	22	63.3	35
T5	165	11	6.3	21	64.5	35

就茎围而言，各处理之间差异不大，采用水肥一体化措施的 T1～T5 处理稍高于常规栽培措施的 CK1 和 CK2，其中 T3 处理最大，为 11.8cm，T2 处理次之，为 11.5cm，T1 和 T5 处理相同，为 11cm，T4 处理为水肥一体化处理中最小，为 10.9cm。

就节距而言，依然表现为 T3 最大，为 6.7cm，T2 次之，为 6.5cm，T1、T4 和 T5 处理差异不大，分别为 6.3cm、6.2cm 和 6.3cm，CK1 和 CK2 较小，分别为 5.5cm 和 5.1cm。

就留叶数而言，水肥一体化处理留叶数均在 20 片以上，T2、T3、T4 处理均为 22 片，T1 和 T5 处理均为 21 片，而常规栽培处理的 CK1 和 CK2 处理均为 18 片。

就叶片大小而言，T3 处理叶片最大，其次是 T2 处理和 T1 处理，T4 和 T5 处理差异不大，CK1 和 CK2 处理叶片最小。

3. 各处理杀青样测定数据的比较

不同处理烟株干物质积累变化规律曲线（图 5-3），以干物质积累量为因变量，以移栽后天数为自变量，对不同处理干物质的积累曲线进行拟合，不同处理的拟合曲线均

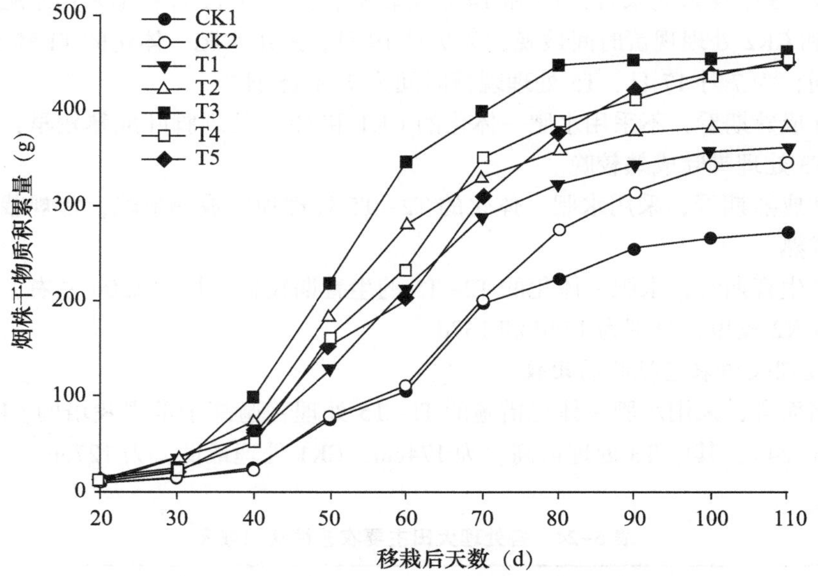

图 5-3　不同处理烟株干物质积累变化规律

呈“S”形，拟合方程为 $y=y_0+a/[1+(x/x_0)\ b]$，其中，y 为干物质积累量（g/株），x 为移栽后天数（d），x_0、y_0、a、b 为待定参数。回归方程经 F 测验得到的 P 值均小于 0.0001，达极显著水平，即拟合方程具有统计学意义。

表 5-25　不同处理干物质积累量的拟合特征参数

处理	x_0	y_0	a	b	R_2	P	最大积累速率出现的时间段（d）	最大积累速率（g/d）
CK1	63.6051	11.932	270.5999	-6.003	0.9938	<0.0001	60~70	9.2
CK2	65.505	17.1181	321.4312	-6.9642	0.9946	<0.0001	60~70	10.92
T1	57.4987	18.4597	355.7432	-5.3196	0.9986	<0.0001	50~60	8.27
T2	51.3917	8.0509	377.8139	-5.9683	0.9996	<0.0001	40~50	11.09
T3	51.0048	9.7476	456.6677	-5.9946	0.9992	<0.0001	50~60	12.8
T4	58.2932	6.0716	455.9186	-5.2725	0.9968	<0.0001	60~70	11.8
T5	62.9016	9.1549	480.6838	-4.6186	0.9966	<0.0001	60~70	10.67

根据不同处理烟株在不同时期干物质积累量，计算出不同时期干物质积累速率（图 5-4），从各处理最大积累速率表现为 T3>T4>T2>CK2>T5>CK1>T1，分别为 12.8g/d、11.8g/d、11.09g/d、10.92g/d、10.67g/d、9.2g/d、8.27g/d；T2 处理最大积累速率出现最早，为 40~50d，接着是 T3 和 T1 处理，最大积累速率出现在 50~60d，CK1、CK2、T4 和 T5 处理最大积累速率均出现在 60~70d（图 5-5）。

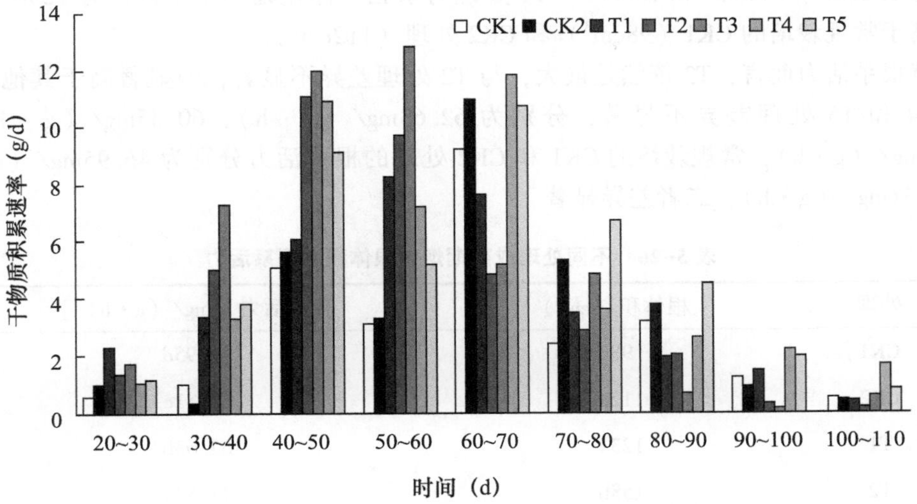

图 5-4　不同处理烟株在不同时期干物质积累速率

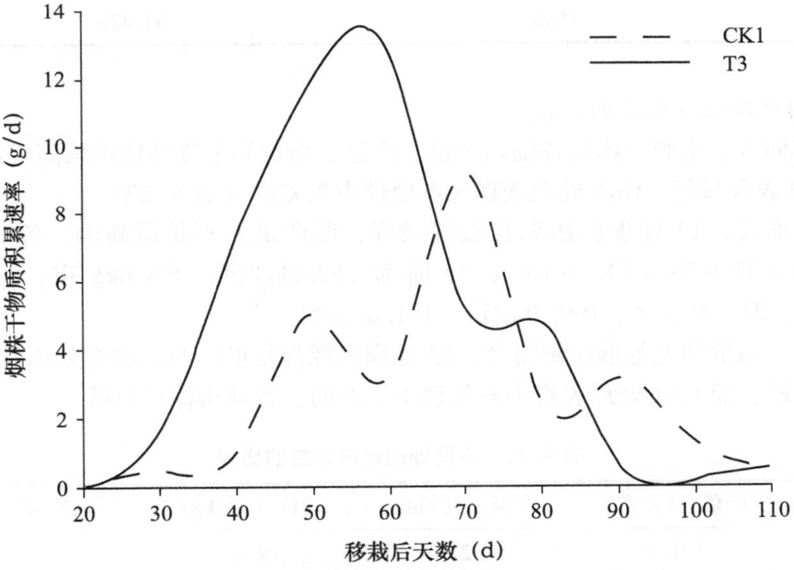

图 5-5　CK1 处理和 T3 处理不同生育期烟株干物质积累速率变化规律

4. 各处理根系发育情况比较

就整体而言，水肥一体化各处理的根体积和根系活力均高于常规栽培处理（表 5-26），其中水肥一体化 T3 处理的根体积和根系活力均为各处理中最高，为 $199cm^3$ 和 76. 62mg/（g · h）；常规栽培 CK1 处理的根体积和根系活力最低，为 $98cm^3$ 和 46. 95mg/（g · h）。

就根体积而言，T3 处理最大，显著高于其他处理，T2、T4 和 T5 处理差异不明显，分别为 158cm³、144cm³ 和 150cm³，T1 处理为水肥一体化处理中最低，为 123cm³，但是要高于常规栽培的 CK1（98cm³）和 CK2 处理（112cm³）。

就根系活力而言，T3 依然是最大，与 T2 处理差异不显著，但显著高于其他处理，T1、T4 和 T5 处理差异不显著，分别为 62. 63mg/（g・h）、60. 35mg/（g・h）和 65. 42mg/（g・h），常规栽培的 CK1 和 CK2 处理的根系活力分别为 46. 95mg/（g・h）和 55. 31mg/（g・h），二者差异显著。

表 5-26　不同处理成熟期烟株根体积和根系活力

处理	根体积（cm³）	根系活力［mg/（g・h）］
CK1	98d	46. 95d
CK2	112c	55. 31c
T1	123c	62. 63b
T2	158b	73. 53a
T3	199a	76. 62a
T4	144b	60. 35bc
T5	150b	65. 42b

5. 不同处理经济效益的比较

就总体而言，水肥一体化各处理产量、产值、均价和上等烟比例均高于常规栽培处理，T3 处理表现最好，CK1 处理表现为各处理中最差的（表 5-27）。

就产量而言，T3 处理虽然综合表现最好，但产量并不是最高的，各处理表现为 T4>T2 > T3 > T5 > T1 > CK2 > CK1，分别为 252. 2kg/亩、246. 6kg/亩、243. 5kg/亩、236. 2kg/亩、211. 3kg/亩、199. 3kg/亩、191. 6kg/亩。

就产值、均价和上等烟比例而言，T3 处理表现都是最好的，这充分体现了 T3 处理烟叶品质较好，而 CK1 处理表现为各处理中最差的，各项指标均最低。

表 5-27　不同处理经济效益的比较

处理	产量（kg/亩）	产值（元/亩）	均价（元/kg）	上等烟比例（%）
CK1	191. 6	3 527. 4	18. 41	23. 4
CK2	199. 3	3 858. 4	19. 36	27. 6
T1	211. 3	4 369. 7	20. 68	34. 7
T2	246. 6	5 149. 1	20. 88	36. 8
T3	243. 5	5 660. 7	23. 25	41. 2
T4	252. 2	5 021. 3	19. 91	29. 8
T5	236. 2	5 116. 1	21. 66	38. 3

就各处理的成本而言，水肥一体化各处理要低于常规栽培处理，而在水肥一体化处理中 T1 处理因未使用黄腐酸钾故肥料成本高于其他处理；具体来说，水肥一体化处理在肥料、人工方面每亩分别比常规栽培处理低 70 元、538 元，在燃料、设备方面每亩分别比常规栽培处理高 10 元、350 元。

就各处理的纯收入而言，各处理表现为 T3>T2>T5>T4>T1>CK2>CK1（表 5-28），分别为每亩 3 918.7元、3 407.1元、3 374.1元、3 279.3元、2 427.7元、1 868.4元、1 537.4元。

表 5-28 不同处理烤后烟叶经济效益比较 单位：元/亩

处理	化肥	农药	水电费	地膜	人工	燃料	设备	总成本	产值	纯收入
CK1	250	30	15	20	1425	200	50	1 990	3 527.4	1 537.4
CK2	250	30	15	20	1425	200	50	1990	3 858.4	1 868.4
T1	200	30	15	20	887	210	400	1 762	4 369.7	2 427.7
T2	180	30	15	20	887	210	400	1 742	5 149.1	3 407.1
T3	180	30	15	20	887	210	400	1 742	5 660.7	3 918.7
T4	180	30	15	20	887	210	400	1 742	5 021.3	3 279.3
T5	180	30	15	20	887	210	400	1 742	5 116.1	3 374.1

6. 各处理病虫害发病情况比较

各处理病虫害情况存在差异，主要表现在根结线虫病的防治上，试验田烟株在移栽 60d 时爆发根结线虫病，水肥一体化各处理通过滴灌滴施阿维丁硫，药物通过滴管直接滴到烟株根系附近，快速高效地控制住了根结线虫病的传播和加重，常规栽培处理通过喷雾器使用阿维丁硫灌根，病情也得到了控制，但是由于喷雾器作业任务量大，耗时长，因此受害面积较水肥一体化处理要大。这说明采用水肥一体化滴施药物能快速高效地防治根系病虫害。

7. 试验结论

从整体来看，水肥一体化各处理在农艺性状、干物质积累量、根系活力、经济效益和病虫害防治方面的表现均要好于常规栽培处理。在水肥一体化的各处理中，滴施黄腐酸钾的 T2~T5 处理表现均好于不滴施黄腐酸钾的 T1 处理，其中 T3 处理各项指标表现最好，各处理表现为 T3>T2>T5>T4>T1；常规栽培的两个处理中，CK2 处理要好于 CK1 处理，但是二者均没有水肥一体化处理表现好，这说明撒施黄腐酸钾对烟株生长有一定促进作用，但是效果不明显。

总之，使用水肥一体化技术全生育期滴施黄腐酸钾可以明显地改善烟株的长势状况，增加干物质积累量和积累速率，促进烟株根系发育，提高根系活力，整体提升烟叶品质，增加烟农经济效益，同时，在防治根系病虫害方面有优异表现。

二、豫烟 6 号耐肥性研究与适宜氮用量

（一）氮素对豫烟 6 号农艺性状的影响

随施氮量的增加，烤烟株高增高，茎围增粗，叶数增多，叶面积增大，但过量施氮限制烤烟的正常生长发育。豫烟五号、豫烟七号株高较高，中烟 100 最低。豫烟七号、豫烟五号叶数较多，中烟 100 最少。豫烟 5 号、豫烟 6 号叶面积较大，中烟 100 最小。各品种茎围、节距差别不大（表 5-29）。

表 5-29　氮素对不同基因型烤烟农艺性状（圆顶期）的影响　　单位：cm

施氮量	品种	株高	茎围	节距	叶数	最大叶长	最大叶宽
低	中烟 100	52. 8cB	7. 3aA	3. 28aA	20. 6bA	42. 4bB	25. 1bB
	豫烟 5 号	63. 6aA	7. 7aA	3. 01bB	22. 6aA	47. 4aA	28. 8aA
	豫烟 6 号	62abA	7. 5aA	2. 96bB	21. 4abA	48. 4aA	29. 1aA
	豫烟 7 号	58. 8bA	7. 5aA	3. 15abAB	22. 2aA	46. 8aA	28. 7aA
中	中烟 100	105cC	9. 8bB	3. 63aA	27. 4bB	59cC	32. 2bB
	豫烟 5 号	122aA	11aA	3. 38bA	30. 8aA	70aA	37. 1aA
	豫烟 6 号	109. 8bB	10. 8aA	3. 37bA	28. 2bB	68. 7aA	37. 4aA
	豫烟 7 号	123. 6aA	10. 8aA	3. 47abA	31aA	64. 4bB	35. 5aA
高	中烟 100	89. 2bB	9. 2aA	3. 46aA	24. 4cA	58. 1cB	31cB
	豫烟 5 号	97. 8aA	9. 6aA	3. 29aA	26. 4aA	65. 6aA	35. 6aA
	豫烟 6 号	91. 2bB	9. 8aA	3. 26aA	24. 8bcA	64. 2abA	34. 6abA
	豫烟 7 号	98. 6aA	9. 5aA	3. 34aA	26. 2abA	62. 2bA	33. 2bAB

（二）氮素对豫烟 6 号干物质积累的影响（表 5-30）

表 5-30　氮素对不同基因型烤烟干物质积累影响　　单位：g

时期	施氮量	品种	根	茎	上部叶	中部叶	下部叶	整株
团棵期	低	中烟 100	4. 88cB	3. 52cC		17. 64cB（所有叶）		26. 04cC
		豫烟 5 号	6. 66aA	6. 68aA		26. 01aA（所有叶）		39. 35aA
		豫烟 6 号	5. 78bAB	5. 42bB		23. 83abA（所有叶）		35. 02bAB
		豫烟 7 号	5. 81bAB	4. 88bB		22. 44bA（所有叶）		33. 12bB
	中	中烟 100	5. 6dC	5. 13dD		22. 51cC（所有叶）		33. 24dC
		豫烟 5 号	9. 25aA	8. 92aA		40. 49aA（所有叶）		58. 66aA
		豫烟 6 号	8. 13bB	7. 35bB		38. 74aA（所有叶）		54. 22bA
		豫烟 7 号	7. 19cB	6. 19cC		33. 83bB（所有叶）		47. 21cB
	高	中烟 100	2. 04bB	2. 22aA		6. 38aA（所有叶）		10. 64aA
		豫烟 5 号	3. 3aA	2. 88aA		8. 31aA（所有叶）		14. 25aA
		豫烟 6 号	3. 03aAB	2. 63aA		8. 33aA（所有叶）		14. 24aA
		豫烟 7 号	2. 52abAB	2. 35aA		6. 28aA（所有叶）		11. 15aA

（续表）

时期	施氮量	品种	根	茎	上部叶	中部叶	下部叶	整株
旺长期	低	中烟 100	11.09cB	20.81cC	7.73cB	22.84cB	21.06cC	83.53dC
		豫烟 5 号	14.75aA	27.55aA	10.93aA	29.71aA	27.73aA	110.68aA
		豫烟 6 号	14.26aA	25.87abAB	9.97abA	28.41abA	26.74aAB	105.25bA
		豫烟 7 号	12.64bAB	23.67bBC	9.36bA	26.22bAB	24.06bBC	95.94cB
	中	中烟 100	17.4cC	35.51cC	14.52dC	36.72cC	33.11dC	137.25dD
		豫烟 5 号	23.06aA	50.12aA	20.63aA	52.69aA	50.74aA	197.25aA
		豫烟 6 号	19.38bBC	44.13bB	17.24cB	47.25bB	45.57cB	173.57cC
		豫烟 7 号	20.03bB	45.85bB	19.29bA	50.67aAB	48.3bAB	184.14bB
	高	中烟 100	14.87bA	33.94bB	10.97cB	31.45bB	31.19bB	122.42cC
		豫烟 5 号	16.62aA	37.54aA	13.59aA	37.52aA	36.96aA	142.24aA
		豫烟 6 号	15.29abA	34.89bAB	11.78bcB	32.11bB	32.19bB	126.25bcBC
		豫烟 7 号	15.76abA	35.05bAB	12.54abAB	33.66bB	33.2bB	130.21bB
圆顶期	低	中烟 100	16.02bB	26.59bB	14.04cB	27.28bB	23.53bB	107.45cC
		豫烟 5 号	20.26aA	32.63aA	19.22aA	34.5aA	29.54aA	136.15aA
		豫烟 6 号	19.96aAB	32.14aA	18.25abA	33.76aA	28.67aA	132.77aA
		豫烟 7 号	18.24abAB	29.76abAB	16.35bAB	30.13bAB	26.75aAB	121.23bB
	中	中烟 100	49dC	76.17dD	45.19dD	55.82dD	44.11dC	270.28dD
		豫烟 5 号	74.94aA	104.7aA	68.12aA	82.87aA	66.24aA	396.87aA
		豫烟 6 号	60.49cB	86.45cC	53.95cC	65.43cC	53.12cB	319.45cC
		豫烟 7 号	71.86bA	99.73bB	62.57bB	76.66bB	62.32bA	373.15bB
	高	中烟 100	24.96cC	46.18cC	16.44cC	35.28cC	33.48cC	156.34dD
		豫烟 5 号	37aA	57.42aA	23.34aA	53.03aA	50.42aA	221.22aA
		豫烟 6 号	30.39bB	51.38bB	19.06bBC	41.59bB	40.23bB	182.66cC
		豫烟 7 号	35.49aA	55.94aAB	21.17bAB	50.08aA	49.01aA	211.69bB

（三）氮素对豫烟 6 号氮素积累的影响

各个处理烟株的根、茎、叶及整株的氮素积累量都随生育期推进而呈现逐渐增加的趋势。在团棵期时，各处理烟株的整株氮素积累量均较低。进入旺长期后，各个处理整株氮素积累量显著增加。由此可见，烟株氮素积累比干物质积累提前进入吸收高峰。从试验结果可知，氮素在烤烟根、茎、叶各器官的积累在各生育期均以叶片中最多，茎次之，根最少。豫烟 5 号烟株各个部分氮素积累量均最高，豫烟 7 号次之，中烟 100 最低。

（四）氮素对豫烟 6 号根系生理指标的影响

随施氮量增加烤烟根系体积、伤流强度、根系活力、总吸收面积、活跃吸收面积均增大，但过量施氮烤烟根系体积、伤流强度、根系活力、总吸收面积、活跃吸收面积均降低。豫烟五号根系体积、伤流强度、根系活力、总吸收面积、活跃吸收面积均最大，豫烟 6 号次之，中烟 100 最小（表 5-31）。

表 5-31　氮素对不同基因型烤烟根系生理指标影响

施氮量	品种	根系体积（cm^3）	伤流强度（g/h）	根系活力［μg/（g·h）］	总吸收面积（m^2）	活跃吸收面积（m^2）	活跃吸收面积比（%）
低	中烟 100	45.67bB	1.15bA	174.08bA	8.34cB	1.28cB	0.15cC
	豫烟 5 号	65.33aA	1.4aA	202.41aA	11.59aA	2.21aA	0.19aA
	豫烟 6 号	63.67aA	1.39aA	197.71abA	11.31aA	2.06abA	0.18abAB
	豫烟 7 号	53.67bAB	1.28abA	188.02abA	10.15bA	1.72bAB	0.17bBC
中	中烟 100	114.33cC	2.88cC	426.05cC	17.45dC	6.45dD	0.37dC
	豫烟 5 号	153.67aA	4.23aA	596.2aA	22.46aA	9.72aA	0.43aA
	豫烟 6 号	151aA	4.09aA	571.35aA	21.19bA	8.6bB	0.41bB
	豫烟 7 号	135.33bB	3.41bB	505.29bB	19.39cB	7.57cC	0.39cB
高	中烟 100	78bB	3.1cB	436.5bB	14.92bB	4.44cB	0.3bB
	豫烟 5 号	92.67aA	3.91aA	472.11aAB	16.89aA	5.73aA	0.34aA
	豫烟 6 号	89.33aAB	3.86aA	475.29aA	16.61aA	5.53abA	0.33aA
	豫烟 7 号	83.67abAB	3.39bB	468.32aAB	16.11aAB	5.34bA	0.33aA

（五）小结

豫烟 6 号对氮肥的敏感性高于推广品种中烟 100，中氮（施纯氮 3g/盆）烤烟株高增高，茎围增粗，叶数增多，叶面积增大，干物质积累量、氮素积累量均增加，根系体积、伤流强度、根系活力、总吸收面积、活跃吸收面积均增大，但高氮（施纯氮 6g/盆）水平各个指标均降低。豫烟 6 号耐肥性低于中烟 100。

三、豫烟 6 号烘烤特点及烘烤工艺

烤烟新品种豫烟 6 号的成熟度与烘烤工艺研究。洛阳汝阳试验点的结果如下。试验在汝阳刘店乡沙苹村，选用当地普通小型烤房进行烘烤，一品种一炕，记载温湿度变化（每 4h 观察 1 次），绘制出符合新品种烘烤的烘烤曲线图。分别于烘烤前、烘烤中（变

黄期每 6h 取 1 次样），测定烟叶中质体色素含量，测定叶片失水率。

（一）豫烟 6 号烘烤过程中温湿度和叶片失水率的变化（图 5-6 至图 5-9）

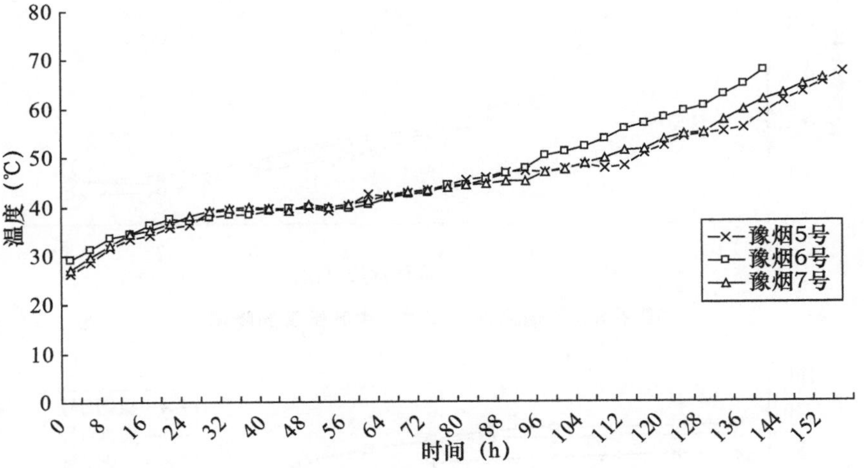

图 5-6　烤烟品种烘烤过程中温度的变化

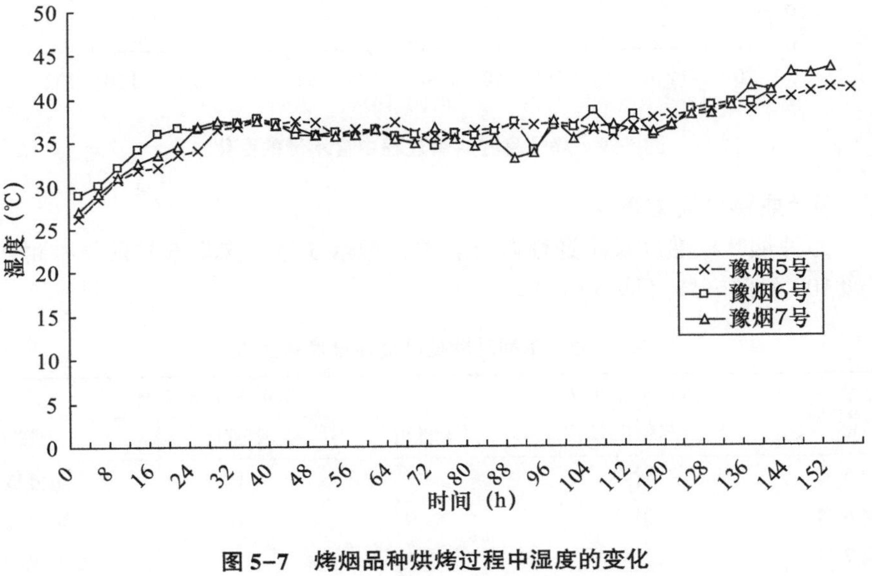

图 5-7　烤烟品种烘烤过程中湿度的变化

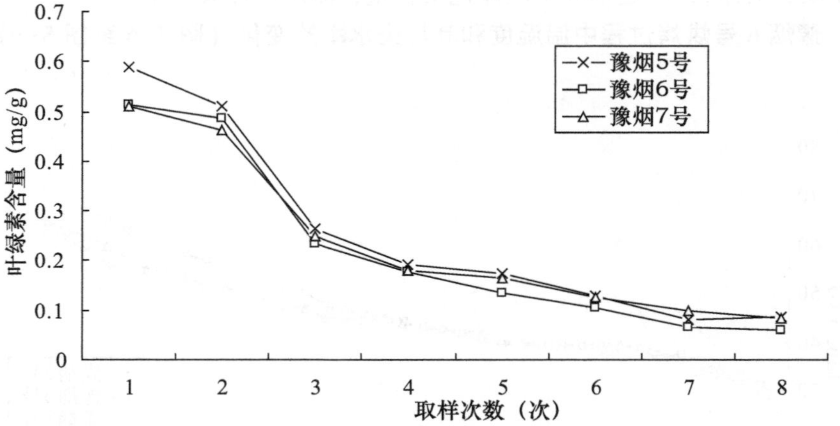

图 5-8　烤烟品种烘烤过程中叶绿素的降解

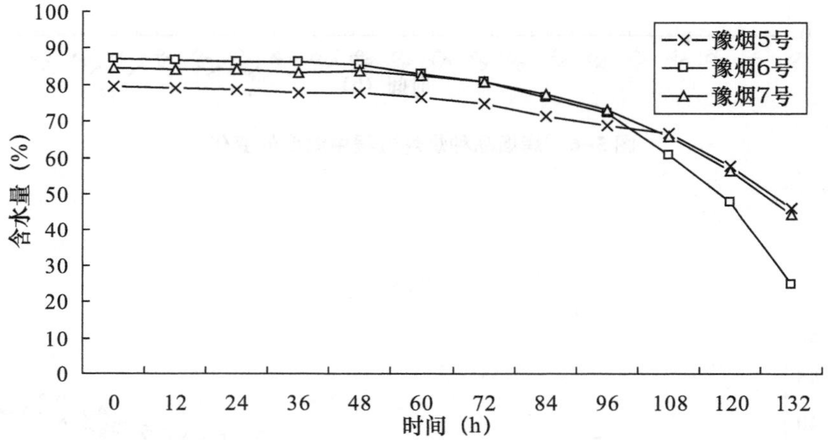

图 5-9　烤烟品种烘烤过程中含水量的变化

（二）烟叶成熟度调查表

从 4 个品种烟叶成熟度及抗逆性调查表看，豫烟 5 号、豫烟 6 号两品种耐熟，豫烟 7 号和中烟 100 耐熟一般（表 5-32）。

表 5-32　不同品种烟叶成熟度调查结果

品种名称	叶片落黄程度及耐熟性	烟叶采收成熟度		
		下部叶	中部叶	上部叶
豫烟 5 号	耐熟	9	10	充分成熟
豫烟 6 号	耐熟	8~9	10	充分成熟
豫烟 7 号	中	8	9	成熟
中烟 100	中	7~8	9	成熟

（三）不同品种烘烤特性观察（表 5-33）

表 5-33　不同品种烟叶烘烤特性观察

品种名称	烘烤特性观察
豫烟 5 号	由于叶片稍薄，应采取高温变黄，适当缩短变黄期，低温定色
豫烟 6 号	低温变黄，稳火定色，灵活运用三段式烘烤工艺
豫烟 7 号	变黄较快，失水较慢，适当缩短变黄期，延长定色期，适当提前转火

（四）各品种烤后原烟外观质量评价（表 5-34）

表 5-34　各品种烤后原烟外观质量评价

品种名称	等级	颜色	光泽	油分	叶片结构	叶片厚度	整竿烟综合评价
豫烟 5 号	C3F	正黄	强	有	尚疏松	稍薄	柠色多
豫烟 6 号	C3F	橘黄	浓	多	疏松	中	多橘少柠
豫烟 7 号	C3F	正黄	强	多	疏松	中	多柠少橘
中烟 100	C3F	正黄	强	多	疏松	中	橘柠各半

烤后原烟外观质量比较可以看出，豫烟 6 号颜色橘黄，组织结构疏松，油分足，色泽强，身份适中，外观质量综合评价好，豫烟 7 号和中烟 100 外观质量次之，豫烟 5 号颜色稍淡，外观质量稍差。

（五）小结

豫烟 5 号：较耐熟，下部叶适时采收，中部叶成熟采收，上部叶充分成熟采收，顶叶 4~6 片成熟一次采收，采用三段式烘烤工艺。

豫烟 6 号：豫烟 6 号下部叶开片好，叶片较大，成熟期要及早采收下部叶，增强田间通风透光条件，有利中上部叶质量提高。该品种易烘烤，采用低温变黄，稳火定色，严格按照三段式烘烤工艺进行操作。

豫烟 7 号：田间成熟分层落黄较快，采收应掌握好成熟度，下部叶适当早收，中部叶成熟采收，上部叶充分成熟采收。不易烘烤，灵活采用三段式烘烤工艺，变黄较快，失水较慢，应适当缩短变黄期，延长定色期，适当提前转火。

四、豫烟 6 号抗旱性评价

（一）干旱胁迫条件下不同烤烟品种生长指标的变化

1. 干旱胁迫条件下不同烤烟品种干、鲜重积累量的变化

结合烟株田间长势可知，不同程度的干旱胁迫均导致 4 个基因型烤烟生长受到抑制（表 5-35），其干、鲜重积累量与对照相比都呈明显的下降趋势。其中，在正常供水条件下，其干、鲜重积累量大小顺序表现为：豫烟 6 号>豫烟 5 号>秦烟 96>K326，品种间

差异显著（$P<0.05$）。当遭受轻度干旱胁迫时，K326反应最为敏感，最不耐旱，其干、鲜重积累量分别较对照下降了27.46%、19.78%，烤烟品种豫烟5号次之；4个基因型烤烟品种中以豫烟6号下降幅度最小，分别为15.59%、10.04%，其田间长势最好，生长发育受干旱胁迫影响也最小，最为抗旱；经显著性检验，豫烟6号、秦烟96、豫烟5号、K326 4个烤烟品种之间分别达到了极显著差异（$P<0.01$）。在重度干旱胁迫条件下，烟株的生长进一步受到抑制，其干、鲜重积累量较对照也进一步呈下降趋势。K326干、鲜重积累量分别较对照下降43.64%、37.56%，仍为四个基因型烤烟品种中下降幅度最大的一个，豫烟6号受干旱影响最小，其干、鲜重积累量与对照相比分别下降28.00%、19.85%；经显著性检验，各基因型烤烟之间分别两两达到了极显著差异（$P<0.01$）。干旱条件造成烟株的生物积累量下降，说明在缺水条件下，各基因型烤烟品种的正常生理生化代谢明显受阻，原因是水分胁迫影响了光合作用，从而抑制烤烟的生长。

表5-35　干旱胁迫对不同烤烟品种干、鲜重积累量的影响

品种	干重积累量（g）			鲜重积累量（g）		
	正常供水	轻度干旱	重度干旱	正常供水	轻度干旱	重度干旱
豫烟6号	69.47Aa	58.64Aa	50.02Aa	564.33Aa	507.67Aa	452.33Aa
秦烟96	53.15Cc	44.22Cc	37.00Cc	471.00Bb	419.00Cc	371.33Cc
豫烟5号	63.82Bb	49.82Bb	41.47Bb	561.33Aa	482.33Bb	417.33Bb
K326	51.63Cc	37.45Dd	29.10Dd	431.33Cc	346.00Dd	269.33Dd

2. 干旱胁迫条件下不同烤烟品种株高增量的变化（表5-36）

不同供水条件下，烟株株高增量的变化与干、鲜重积累量的变化趋势相一致。正常供水条件下，豫烟6号、秦烟96、豫烟5号、K326的株高增量分别为64.60cm、47.00cm、64.60cm、52.60cm，经显著性检验，豫烟6号与豫烟5号之间差异不显著（$P>0.05$），与秦烟96、K326之间分别达到极显著差异水平（$P<0.01$）。当轻度干旱胁迫时，4个基因型烤烟株高增量均减小，其幅度分别为39.01%、42.55%、48.30%、55.89%；经显著性检验，4个基因型间差异达到极显著水平（$P<0.01$）。当重度干旱胁迫时，K326株高增量与对照相比，下降了86.31%，仍为4个品种中下降幅度最大的一个，豫烟5号次之，豫烟6号最小；经显著性检验，豫烟6号分别与秦烟96、豫烟5号、K326达到极显著差异水平（$P<0.01$），而秦烟96和豫烟5号之间差异不显著（$P>0.05$）。

表5-36　干旱胁迫对不同烤烟品种株高增量的影响

品种	正常供水	轻度干旱		重度干旱	
	株高增量（cm）	株高增量（cm）	比对照减少（%）	株高增量（cm）	比对照减少（%）
豫烟6号	64.60Aa	39.40Aa	39.01	25.20Aa	60.10
秦烟96	47.00Cc	27.00Cc	42.55	15.60Bb	66.81

（续表）

品种	正常供水	轻度干旱		重度干旱	
	株高增量（cm）	株高增量（cm）	比对照减少（%）	株高增量（cm）	比对照减少（%）
豫烟5号	64.60Aa	33.40Bb	48.30	16.60Bb	74.30
K326	52.60Bb	23.20Dd	55.89	7.20Cc	86.31

3. 干旱胁迫条件下不同烤烟品种根系体积增量的变化

正常供水条件下，各烤烟品种根系体积增量存在显著性差异（$P<0.05$）。当受到干旱胁迫时，4个品种型烤烟的根系体积增量与正常供水相比均减小，各烤烟品种的表现趋势一致，但不同品种间的下降幅度因抗旱性差异又不尽相同（表5-37）。轻度干旱胁迫时，豫烟6号、秦烟96、豫烟5号、K326根系体积增量与对照相比分别下降了16.67%、17.65%、19.87%、27.88%，豫烟6号下降幅度最小，受干旱胁迫影响最小，而K326下降幅度最大；经显著性检验，4个品种型间两两分别达到了极显著差异水平（$P<0.01$）。重度干旱胁迫条件下，品种K326根系体积增量下降幅度依旧最大，达到了56.51%，豫烟5号次之；经显著性检验，4个烤烟品种间呈极显著差异水平（$P<0.01$）。

表5-37 干旱胁迫对不同烤烟品种根系体积增量的影响

品种	正常供水	轻度干旱		重度干旱	
	根体积增量（ml）	根体积增量（ml）	比对照减少（%）	根体积增量（ml）	比对照减少（%）
豫烟6号	96.00Bb	80.00Bb	16.67	64.00Aa	33.33
秦烟96	85.00Cd	70.00Cc	17.65	55.00Bb	35.29
豫烟5号	107.33Aa	86.00Aa	19.87	65.67Aa	38.81
K326	89.67BCc	64.67Dd	27.88	39.00Cc	56.51

（二）干旱胁迫条件下不同烤烟品种生理生化指标的变化

1. 干旱胁迫条件下不同烤烟品种根系活力的变化

豫烟6号、秦烟96、豫烟5号、K326在正常供水条件下，其根系活力分别为219.19μg/（g·h）、183.44μg/（g·h）、205.00μg/（g·h）、191.18μg/（g·h），经显著性检验，4个基因型间差异达到极显著水平（$P<0.01$）。当遭受轻度干旱胁迫时，4个基因型烤烟的根系活力下降，其下降幅度分别为7.41%、9.70%、14.23%、13.99%；经显著性检验可知，豫烟6号与秦烟96、豫烟5号、K326之间差异达到极显著水平（$P<0.01$），而秦烟96与豫烟5号之间差异不显著（$P>0.05$）。在重度干旱条件下，4个烤烟根系活力进一步下降，其中豫烟5号下降幅度达到了26.39%，仍为4个品种中下降幅度最大的一个，K326次之，为25.13%，豫烟6号最小；经显著性检验，豫烟6号和秦烟96、豫烟5号、K326之间差异达到了极显著水平（$P<0.01$），而秦烟96和K326之间差异不显著（$P>0.05$）（表5-38）。

表 5-38　干旱胁迫对不同烤烟品种根系活力的影响

品种	正常供水	轻度干旱		重度干旱	
	根系活力（μg/（g·h））	根系活力［μg/（g·h）］	比对照减少（%）	根系活力［μg/（g·h）］	比对照减少（%）
豫烟 6 号	219. 19Aa	202. 95Aa	7. 41	177. 02Aa	19. 24
秦烟 96	183. 44Dd	165. 64Cc	9. 70	143. 57Cc	21. 73
豫烟 5 号	205. 00Bb	175. 83Bb	14. 23	150. 91Bb	26. 39
K326	191. 18Cc	164. 43Cc	13. 99	143. 14Cc	25. 13

2. 干旱胁迫条件下不同烤烟品种光合速率的变化

不同程度的干旱胁迫均导致 4 个品种烤烟光合作用减弱，光合速率下降，但其下降的程度又因品种不同而存在差异，表现为：豫烟 6 号下降幅度最小，秦烟 96 次之，K326 下降幅度最大。其中，在正常供水条件下，4 个烤烟品种间光合速率呈显著性差异（$P<0.05$），其大小顺序为秦烟 96>豫烟 6 号>K326>豫烟 5 号。在土壤相对含水量为 60%的轻度干旱胁迫条件下，豫烟 6 号和秦烟 96 的光合速率与对照相比分别下降 3. 74%、6. 32%，而 K326 则由 17. 60μmolCO_2/（m^2·s）降到了 16. 00μmolCO_2/（m^2·s），降幅达到了 9. 09%；经显著性检验，豫烟 6 号和秦烟 96 之间差异不显著（$P>0.05$），而豫烟 5 号、K326 分别和豫烟 6 号达到了极显著差异水平（$P<0.01$）。在土壤相对含水量为 40%的重度干旱胁迫条件下，4 个基因型烤烟品种的光合速率进一步下降，与对照相比分别下降了 7. 49%、11. 05%、12. 64%、14. 20%；经显著性检验，豫烟 6 号和秦烟 96 之间差异依旧不显著（$P>0.05$），而豫烟 5 号、K326 则分别和豫烟 6 号达到了极显著差异水平（$P<0.01$）（表 5-39）。

表 5-39　干旱胁迫对不同烤烟品种光合速率的影响

品种	正常供水	轻度干旱		重度干旱	
	光合速率［μmolCO_2/（m^2·s）］	光合速率［μmolCO_2/（m^2·s）］	比对照减少（%）	光合速率［μmolCO_2/（m^2·s）］	比对照减少（%）
豫烟 6 号	18. 70ABa	18. 00Aa	3. 74	17. 30Aa	7. 49
秦烟 96	19. 00Aa	17. 80Aa	6. 32	16. 90Aa	11. 05
豫烟 5 号	17. 40Bb	16. 10Bb	7. 47	15. 20Bb	12. 64
K326	17. 60Bb	16. 00Bb	9. 09	15. 1Bb	14. 20

3. 正常供水条件下不同基因型烤烟叶片保水力的比较

叶片保水力指叶片在离体条件下（没有水分供应，只有水分散失），保持原有水分的能力。保水力的高低与植物遗传特性有关，与细胞特性，特别是与原生质胶体特性有关。叶片保水力与植物的抗旱性呈正相关，叶片保水力越强，说明植株的抗旱能力越强；反之，抗旱能力差。因此，本试验只测定土壤相对含水量为 80%（适宜水分）情况下的叶片保水力，以比较各品种抗旱性差异。图 5-10 显示，4 个基因型烤烟之间叶片保水力存在着显著差异（$P<0.05$），其中，豫烟 6 号的叶片保水力最大，达到了

84.65%；秦烟96次之，为80.17%；K326最小，为79.38%；经显著性检验，秦烟96、豫烟5号、K326之间差异不显著（$P>0.05$），三者分别与豫烟6号达到极显著差异水平（$P<0.01$）。

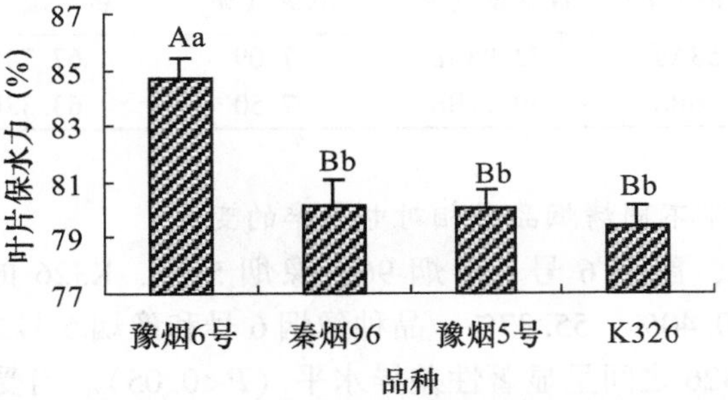

图5-10　正常供水条件下不同基因型烤烟叶片保水力的比较

4. 干旱胁迫条件下不同烤烟品种叶片相对含水量的变化

干旱条件下，烟叶相对含水量（RWC）的变化是烟株自身对干旱胁迫的一种适应性反应。干旱的直接作用就是引起烟叶组织失水，导致各种代谢活动的紊乱，因此烟叶相对含水量可在一定程度上反映品种的耐旱性强弱。由表5-40可知，不同程度的干旱胁迫均导致4个基因型烤烟的叶片相对含水量极显著下降（$P<0.01$），在相同干旱程度下其下降幅度均表现为豫烟6号<秦烟96<豫烟5号<K326。其中，在正常的水分供应条件下，豫烟6号、秦烟96、豫烟5号、K326的叶片相对含水量分别为77.42%、77.17%、78.53%、75.26%；豫烟6号、秦烟96、豫烟5号三者之间差异不显著（$P>0.05$），而K326则分别和豫烟6号、豫烟5号之间差异达到了极显著水平（$P<0.01$）。在轻度干旱条件下，豫烟6号、秦烟96、豫烟5号、K326的叶片相对含水量与正常供水条件下相比分别下降了6.02%、6.66%、7.09%、7.50%；经显著性检验，豫烟6号、秦烟96、豫烟5号3个烤烟品种叶片相对含水量之间无显著性差异（$P>0.05$），而品种K326与上述3个品种之间达到了极显著差异水平（$P<0.01$）。在重度干旱胁迫条件下，品种K326的叶片相对含水量与对照相比下降幅度依旧最大，达到了15.90%，另外3个品种豫烟6号、秦烟96、豫烟5号则分别为11.51%、12.63%、13.74%；经显著性检验，品种豫烟6号与秦烟96之间差异达到显著水平（$P<0.05$），与K326之间差异达到极显著差异水平（$P<0.01$），K326与上述3个烤烟品种之间均达到极显著差异水平（$P<0.01$）。

表5-40　干旱胁迫对不同烤烟品种叶片相对含水量的影响

品种	正常供水	轻度干旱		重度干旱	
	叶片相对含水量（%）	叶片相对含水量（%）	比对照减少（%）	叶片相对含水量（%）	比对照减少（%）
豫烟6号	77.42Aa	72.76Aa	6.02	68.51Aa	11.51
秦烟96	77.17ABa	72.03Aa	6.66	67.42Ab	12.63

（续表）

品种	正常供水	轻度干旱		重度干旱	
	叶片相对含水量（%）	叶片相对含水量（%）	比对照减少（%）	叶片相对含水量（%）	比对照减少（%）
豫烟 5 号	78.53Aa	72.96Aa	7.09	67.74Aab	13.74
K326	75.36Bb	69.71Bb	7.50	63.38Bc	15.90

5. 干旱胁迫条件下不同烤烟品种相对电导率的变化

正常供水条件下，豫烟 6 号、秦烟 96、豫烟 5 号、K326 的相对电导率分别为 51.40%、57.26%、50.40%、55.37%，品种豫烟 6 号和豫烟 5 号之间差异不显著（$P>0.05$），秦烟 96 和 K326 之间呈显著性差异水平（$P<0.05$）。当受到干旱胁迫时，4 个烤烟品种相对含水量均增加，但增加幅度又因品种间抗旱性差异而不尽相同。其中，轻度干旱胁迫条件下，豫烟 6 号、秦烟 96、豫烟 5 号、K326 的相对电导率分别比正常供水条件下增加 11.79%、12.89%、14.42%、17.19%；经显著性检验，品种豫烟 6 号和豫烟 5 号之间以及秦烟 96 和 K326 之间差异不显著（$P>0.05$），而豫烟 6 号、豫烟 5 号则分别与秦烟 96、K326 之间达到极显著差异水平（$P<0.01$）。在重度干旱胁迫条件下，豫烟 6 号、秦烟 96、豫烟 5 号、K326 的相对电导率分别为 63.23%、71.32%、65.25%、74.33%，与对照相比，分别增加了 23.02%、24.55%、29.46%、32.24%；经显著性检验，品种 K326 分别与豫烟 6 号、豫烟 5 号、秦烟 96 达到了极显著差异水平（$P<0.01$），秦烟 96 与豫烟 5 号之间差异极显著（$P<0.01$），而豫烟 5 号与豫烟 6 号之间为显著差异水平（$P<0.05$）（表 5-41）。

表 5-41　干旱胁迫对不同烤烟品种相对电导率的影响

品种	正常供水	轻度干旱		重度干旱	
	相对电导率（%）	相对电导率（%）	比对照增加（%）	相对电导率（%）	比对照增加（%）
豫烟 6 号	51.40Bc	57.46Bb	11.79	63.23Cd	23.02
秦烟 96	57.26Aa	64.64Aa	12.89	71.32Bb	24.55
豫烟 5 号	50.40Bc	57.67Bb	14.42	65.25Cc	29.46
K326	55.37Ab	64.89Aa	17.19	74.33Aa	34.24

（三）干旱胁迫条件下不同烤烟品种自我调节指标的变化

1. 干旱胁迫条件下不同烤烟品种超氧化物歧化酶含量的变化

正常供水条件下，豫烟 6 号、秦烟 96、豫烟 5 号、K326 的超氧化物歧化酶含量分别为 198.74U/g、223.90U/g、242.59U/g、225.34U/g；经显著性检验，品种秦烟 96 与 K326 之间差异不显著（$P>0.05$），其他品种两两之间均达到极显著差异水平（$P<0.01$）。不同程度的干旱胁迫均导致烤烟品种超氧化物歧化酶含量的增加，但不同烤烟品种间又因抗旱性差异而不尽相同。其中，在轻度干旱胁迫条件下，4 个烤烟品种中豫烟 6 号的超氧化物歧化酶含量增加幅度最大，达到了 17.72%，秦烟 96 次之，为

16.53%，K326增加幅度最小，为8.29%；经显著性检验，豫烟6号、秦烟96、豫烟5号、K326之间均达到极显著差异水平（$P<0.01$）。在重度干旱胁迫条件下，4个烤烟品种的超氧化物歧化酶进一步增加，豫烟6号、秦烟96、豫烟5号、K326增加的幅度分别为36.35%、35.95%、30.22%、25.84%，；经显著性检验，4个烤烟品种之间均达到极显著差异水平（$P<0.01$）（表5-42）。

表5-42 干旱胁迫对不同烤烟品种超氧化物歧化酶含量的影响

品种	正常供水	轻度干旱		重度干旱	
	超氧化物歧化酶含量（U/g）	超氧化物歧化酶含量（U/g）	比对照增加（%）	超氧化物歧化酶含量（U/g）	比对照增加（%）
豫烟6号	198.74Cc	233.96Dd	17.72	270.98Dd	36.35
秦烟96	223.90Bb	260.92Bb	16.53	304.40Bb	35.95
豫烟5号	242.59Aa	272.78Aa	12.44	315.90Aa	30.22
K326	225.34Bb	244.03Cc	8.29	283.56Cc	25.84

2. 干旱胁迫条件下不同烤烟品种过氧化物酶含量的变化

正常供水条件下，豫烟6号、秦烟96、豫烟5号、K326的过氧化物酶含量分别为：1 356.67U/（g·FW·min）、1 210.00U/（g·FW·min）、1 296.67U/（g·FW·min）、1 216.67U/（g·FW·min）；经显著性检验，品种秦烟96、豫烟5号、K326分别与豫烟6号之间达到了极显著差异水平（$P<0.01$），品种秦烟96与K326之间差异不显著（$P>0.05$），二者分别与豫烟5号达到极显著差异水平（$P<0.01$）。不同程度的干旱胁迫均导致4个烤烟品种过氧化物酶含量的增加，但不同烤烟品种增加的幅度存在差异。其中，轻度干旱胁迫条件下，豫烟6号、秦烟96、豫烟5号、K326的过氧化物酶含量与对照相比分别增加了42.01%、39.67%、33.93%、29.31%；经显著性检验，4个烤烟品种之间差异两两之间分别达到了极显著差异水平（$P<0.01$）。在重度干旱胁迫条件下，豫烟6号的过氧化物酶含量与对照相比增加幅度达到了101.23%，依旧为4个烤烟品种中增加幅度最大的，秦烟96次之，为99.45%，K326增加幅度最小，为76.44%；经显著性检验，4个基因型烤烟之间差异达到极显著水平（$P<0.01$）（表5-43）。

表5-43 干旱胁迫对不同烤烟品种过氧化物酶含量的影响

品种	正常供水	轻度干旱		重度干旱	
	过氧化物酶含量［U/（g·FW·min）］	过氧化物酶含量［U/（g·FW·min）］	比对照增加（%）	过氧化物酶含量［U/（g·FW·min）］	比对照增加（%）
豫烟6号	1 356.67Aa	1 926.67Aa	42.01	2 730.00Aa	101.23
秦烟96	1 210.00Cc	1 690.00Cc	39.67	2 413.33Cc	99.45

（续表）

品种	正常供水	轻度干旱		重度干旱	
	过氧化物酶含量［U/（g·FW·min）］	过氧化物酶含量［U/（g·FW·min）］	比对照增加（%）	过氧化物酶含量［U/（g·FW·min）］	比对照增加（%）
豫烟5号	1 296.67Bb	1 736.67Bb	33.93	2 503.33Bb	93.06
K326	1 216.67Cc	1 573.33Dd	29.31	2 146.67Dd	76.44

3. 干旱胁迫条件下不同烤烟品种丙二醛含量的变化

正常供水条件下，豫烟6号、秦烟96、豫烟5号、K326的丙二醛含量分别为8.04μmol/g、6.74μmol/g、8.34μmol/g、7.69μmol/g，4个基因型烤烟之间差异达到极显著水平（$P<0.01$）。不同程度的干旱胁迫均导致烤烟丙二醛含量的增加，但不同烤烟品种间增加的幅度又因品种间抗旱性不同而存在差异。其中，在轻度干旱胁迫条件下，豫烟6号、秦烟96、豫烟5号、K326丙二醛的下降幅度次序为豫烟6号<秦烟96<豫烟5号<K326；经显著性检验可知，4个基因型烤烟之间丙二醛含量达到了极显著差异水平（$P<0.01$）。而在重度干旱胁迫条件下，4个烤烟品种的丙二醛含量则分别达到了10.57μmol/g、8.93μmol/g、11.42μmol/g、11.06μmol/g，分别比对照下降了31.47%、32.49%、36.93%、43.82%；经显著性检验，各烤烟品种间呈极显著差异水平（$P<0.01$）（表5-44）。

表5-44 干旱胁迫对不同烤烟品种丙二醛含量的影响

品种	正常供水	轻度干旱		重度干旱	
	丙二醛含量（μmol/g）	丙二醛含量（μmol/g）	比对照增加（%）	丙二醛含量（μmol/g）	比对照增加（%）
豫烟6号	8.04Bb	9.35Cc	16.29	10.57Cc	31.47
秦烟96	6.74Dd	7.88Dd	16.91	8.93Dd	32.49
豫烟5号	8.34Aa	10.06Aa	20.62	11.42Aa	36.93
K326	7.69Cc	9.54Bb	24.06	11.06Bb	43.82

4. 干旱胁迫条件下不同烤烟品种脯氨酸含量的变化

正常供水条件下，豫烟6号、秦烟96、豫烟5号、K326的脯氨酸含量分别为103.17μg/g、90.71μg/g、101.17μg/g、95.17μg/g；经显著性检验，品种豫烟5号与豫烟6号之间差异显著（$P<0.05$），秦烟96、K326分别与豫烟6号达到极显著差异水平（$P<0.01$），而秦烟96、K326、豫烟5号三者之间差异为极显著水平（$P<0.01$）。不同程度的干旱胁迫均导致4个基因型烤烟品种脯氨酸含量增加，但品种间存在差异。在轻度干旱胁迫条件下，豫烟6号、秦烟96、豫烟5号、K326 4个烤烟品种的脯氨酸含量与正常供水相比分别增加了34.49%、33.24%、26.52%、23.49%；经显著性检验，烤烟品种秦烟96、豫烟5号、K326分别与豫烟6号达到极显著差异水平（$P<$

0.01)，秦烟 96 与 K326 之间呈显著性差异（$P<0.05$），二者分别与豫烟 5 号达到极显著差异水平（$P<0.01$）。在重度干旱胁迫条件下，豫烟 6 号、秦烟 96、豫烟 5 号、K326 的脯氨酸含量分别为 182.51μg/g、155.77μg/g、163.96μg/g、146.36μg/g，与正常供水条件相比，分别增加了 76.90%、71.72%、62.06%、53.79%；经显著性检验，4 个基因型烤烟间分别两两达到极显著差异水平（$P<0.01$）（表 5-45）。

表 5-45　干旱胁迫对不同烤烟品种脯氨酸醛含量的影响

品种	正常供水	轻度干旱		重度干旱	
	脯氨酸含量（μg/g）	脯氨酸含量（μg/g）	比对照增加（%）	脯氨酸含量（μg/g）	比对照增加（%）
豫烟 6 号	103.17Aa	138.75Aa	34.49	182.51Aa	76.90
秦烟 96	90.71Cd	120.86Cc	33.24	155.77Cc	71.72
豫烟 5 号	101.17Ab	128.00Bb	26.52	163.96Bb	62.06
K326	95.17Bc	117.53Cd	23.49	146.36Dd	53.79

（四）不同烤烟品种抗旱性的综合评价（表 5-46）

目前抗旱性的评定仍无统一的指标，人们多采用抗旱系数，但其极差较小，给分级带来一定的困难，因此在本研究中，采用的是隶属函数法。

表 5-46　不同基因型烤烟品种隶属函数值（U_i）

性状	豫烟 6 号	秦烟 96	豫烟 5 号	K326
干重积累量	0.467 8	0.469 5	0.452 6	0.374 3
鲜重积累量	0.547 2	0.539 5	0.497 8	0.506 4
株高增量	0.589 1	0.574 8	0.540 9	0.550 8
根体积增量	0.577 1	0.530 2	0.535 3	0.547 6
根系活力	0.488 5	0.451 9	0.428 5	0.460 8
光合速率	0.527 0	0.485 1	0.488 6	0.494 1
叶片保水力	1.000 0	1.000 0	1.000 0	1.000 0
相对含水量	0.518 5	0.487 3	0.519 8	0.406 8
相对电导率	0.535 0	0.512 4	0.496 1	0.451 9
叶绿素含量	0.636 0	0.599 1	0.551 8	0.443 1
超氧化物歧化酶	0.594 9	0.462 8	0.465 5	0.358 9
过氧化物酶	0.668 3	0.583 3	0.581 2	0.479 5
丙二醛含量	0.619 1	0.548 1	0.354 7	0.376 6
脯氨酸含量	0.557 2	0.462 7	0.505 6	0.429 8
$U(i)$	8.325 7	7.706 7	7.418 4	6.880 6
$\underline{U(i)}$	0.594 7	0.550 5	0.529 9	0.491 5

4 个基因型烤烟的隶属函数值大小顺序为：豫烟 6 号>秦烟 96>豫烟 5 号>K326，其值分别为 0.594 7、0.550 5、0.529 9、0.491 5。由此可以看出，品种豫烟 6 号最为抗旱，秦烟 96 次之，K326 最小。

第三节　豫烟10号品种的特色与关键配套技术

一、豫烟10号耐肥性研究与适宜氮用量

氮素对烤烟生长和烟叶品质的形成有重要影响，烟叶成熟衰老期是质量和风格特色形成的关键时期，氮代谢强度直接影响着烟叶物质的转化和降解。很多研究证明，品种间氮代谢存在着遗传差异，具体表现在耐肥性不同。2012年在河南省许昌市禹州，选用烤烟品种豫烟10号、NC89为材料，N用量分别为15.00kg/hm^2、22.50kg/hm^2、30.00kg/hm^2、37.50kg/hm^2、45.00kg/hm^2（豫烟10号的各处理分别用YN1、YN2、YN3、YN4和YN5表示，NC89用NN1、NN2、NN3、NN4和NN5表示），探讨不同品种烟叶成熟过程中氮代谢差异及其对质体色素的降解的影响，以期为筛选浓香型特色品种提供依据。

（一）施氮量对烤烟品种经济性状的影响

品种间经济性状有较大差异（表5-47）。豫烟10号与NC89相比产量、均价都是最高，且上等烟及中上等烟比例较高，产值最高；随着施氮量的增加，豫烟10号产值增加，到处理YN4之后开始下降，而NC89产值在处理NN2达到最高，之后就开始下降，其上等烟和中上等烟的比例也随施氮量的增加而降低。说明豫烟10号耐肥性高于NC89。

表5-47　主要经济性状的比较

品种	处理	产 量（kg/亩）	均 价（kg/元）	产值（元/亩）	上等烟（%）	中上等烟比例（%）
豫烟10号	YN1	146.83	19.24	2 825.01	30.47	81.33
	YN2	169.54	18.95	3 212.78	32.13	79.25
	YN3	170.61	19.26	3 285.95	33.45	81.36
	YN4	178.36	19.32	3 445.92	34.52	82.42
	YN5	179.64	17.84	3 204.78	32.62	78.35
NC89	NN1	146.48	18.27	2 676.19	28.15	78.32
	NN2	160.21	18.93	3 032.78	28.92	80.25
	NN3	169.76	16.87	2 863.85	26.54	75.36
	NN4	178.41	14.92	2 661.88	22.85	72.21
	NN5	183.38	14.46	2 651.67	20.72	68.35

叶片叶绿素含量在同一施氮量处理下NC89高于豫烟10号，并且施氮量越大NC89品种叶绿素含量越高，两品种之间差值增大。

（二）品种间氮代谢关键酶活性变化动态的比较分析

谷氨酰胺合成酶（GS）是烟株氮代谢关键酶，其作用是催化无机氮向有机氮的转

化反应，植物体内 95% 的 NH_4^+ 首先通过 GS 催化合成谷氨酰胺，将氨固定到有机物当中。施氮量对烟叶氨气补偿点有影响（表 5-48）

表 5-48 施氮量对烟叶氨气补偿点的影响

处理	叶龄（d）									
	40		50		60		70		80	
	YY10	NC89	YY10	NC89	YY10	NC89	YY10	NC89	YY10	NC89
N15	13.13c	11.84bc	25.26d	12.36b	30.68d	14.32c	15.93c	4.87c	4.40e	2.06b
N30	18.12b	14.86b	40.33c	28.72a	45.44b	25.42a	24.51b	14.48a	9.60a	4.00a
N45	37.61a	18.77a	50.03a	28.15a	55.40a	25.50a	28.79a	13.68a	8.96b	5.70a
N60	13.68c	9.16c	46.81b	14.91b	45.70b	20.19b	28.21a	9.91b	6.06c	1.69b
N75	5.36d	2.25d	33.07cd	15.78b	36.50c	15.94c	27.93a	10.14b	5.52d	1.47b

GS 酶活性在烟草叶龄 50d 时达到高峰，而后随着自然衰老过程不断下降。两个品种叶片的 GS 活性在各叶龄阶段存在明显差异，并随施氮量的增加变化动态也差异很大（图 5-11），充分表现出基因型间氮代谢差异的生化基础。主要表现在以下 3 点。

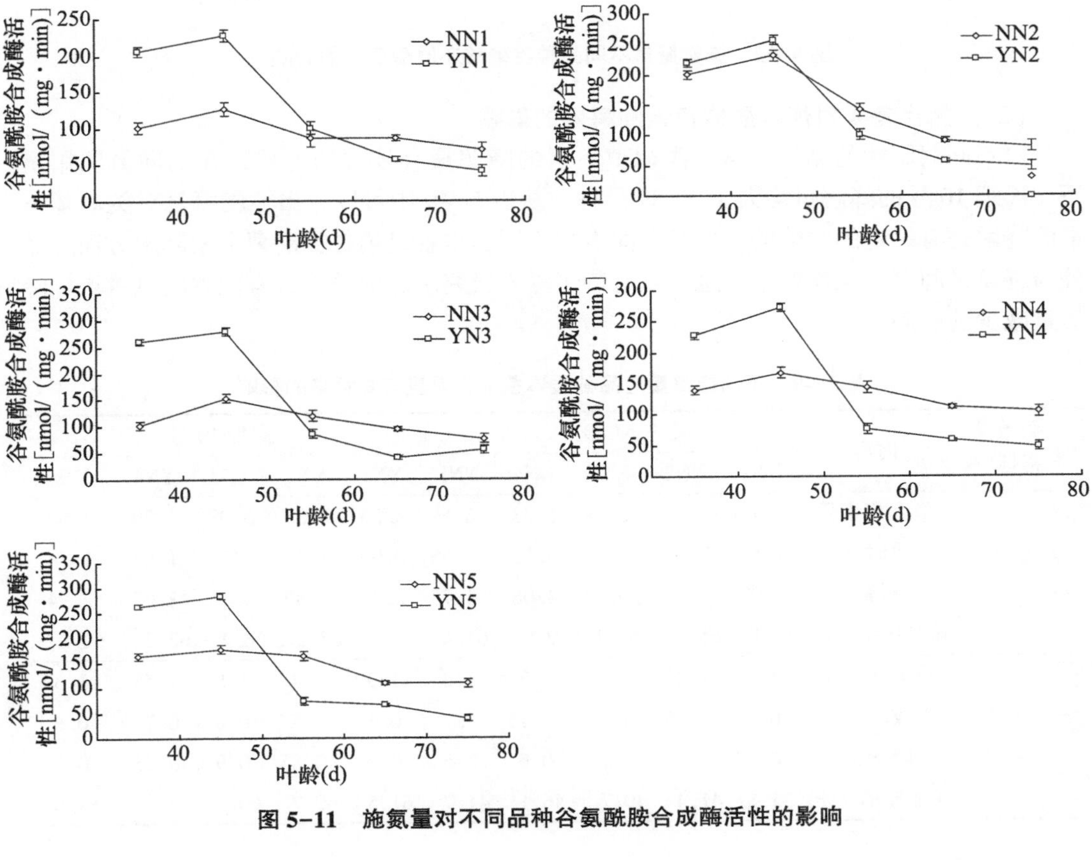

图 5-11 施氮量对不同品种谷氨酰胺合成酶活性的影响

第一，叶龄在50d以前，豫烟10号的GS酶活性高于NC89，各施肥量间表现一致。说明豫烟10号氮代谢旺盛，氮同化能力较强，有利于烟株和叶片的生长。

第二，豫烟10号在叶龄50d以后GS酶活性下降速度较快，而且在叶龄60d时低于NC89，各施肥量间表现一致。氨气补偿点升高，氨挥发量增大，豫烟10号显著高于NC89。说明豫烟10号品种氮代谢遗传特性受施氮量多少或土壤氮供应能力大小的影响较小，即使在较高的氮素供应能力下，也能保持稳定的衰老进程，因此烟叶落黄好。而NC89却不同，随着施氮量的增加，GS酶活性下降越来越缓慢，这就是NC89品种在土壤碱解氮较高下烟叶易贪青晚熟的原因。

第三，豫烟10号的硝酸还原酶活性在烟叶生长和成熟过程中，无论是低氮或高氮条件下，均与NC89变化一致，说明豫烟10号对氮素吸收的能力和NC89相当（图5-12）。

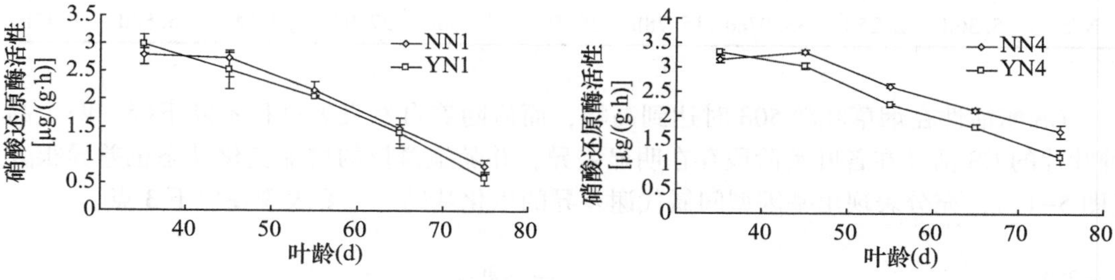

图5-12 施氮量对不同品种谷硝酸还原酶活性的影响

（三）氮代差异对烟叶质体色素降解量的影响

对不同耐肥性的品种而言，类胡萝卜素的降解量有较大的差异，在不同氮肥用量下，豫烟10号的降解量均大于NC89品种。从表5-49中可以看出，施氮量对类胡萝卜素的降解是有一定的影响的，但品种间表现不同，也就是说在类胡萝卜素降解方面，品种与施氮量间存在互作效应，这一点有待于深入研究。总的来看，有随着施氮量增加降解量减少的趋势。

表5-49 不同施氮量对品种质体色素积累量与降解量的影响

测定指标	内容	NC89					豫烟10号				
		NN1	NN2	NN3	NN4	NN5	YN1	YN2	YN3	YN4	YN5
叶绿素（mg/g）	最大积累量	4.47	5.37	5.7	6.33	6.6	3.33	4.53	3.99	4.29	4.68
	采收时含量	1.5	1.86	2.16	2.55	2.55	0.99	1.41	1.74	1.62	1.74
	降解量	2.97	3.51	3.54	4.08	3.75	2.34	3.09	2.25	2.67	2.94
	降解比率（%）	66.4	65.4	62.1	59.7	61.4	70.3	68.2	56.4	62.2	62.8
类胡萝卜素（mg/g）	最大积累量	1.1	1.45	1.35	1.3	1.2	1.3	1.4	1.5	1.55	1.3
	采收时含量	0.7	0.85	0.8	0.75	0.7	0.5	0.55	0.6	0.7	0.6
	降解量	0.35	0.6	0.55	0.6	0.5	0.8	0.85	0.9	0.85	0.7
	降解比率（%）	31.8	41.4	40.7	46.1	41.7	61.5	60.7	60	54.8	53.8

（四）氮代谢对烟叶香气前体物质的影响

采用盆栽，设置氮素用量 3 个处理，低氮 N1（45kg/hm²）、中氮 N2（60kg/hm²）、高氮 N3（75kg/hm²），比较豫烟 10 号和 NC89 品种香气前体物质的变化。利用 GS/MS 方法从烤后烟叶中分离鉴定出 15 种类胡萝卜素降解产物（表 5-50）。

表 5-50　施氮量对类胡萝卜素降解产物的影响　　单位：μg/g

类胡萝卜素降解产物	高氮		中氮		低氮	
	豫烟 10 号	NC89	豫烟 10 号	NC89	豫烟 10 号	NC89
氧化异佛尔酮	0. 19	0. 1	0. 1	0. 12	0. 11	0. 11
6-甲基-5-庚烯-2-酮	1. 14	0. 29	1. 43	1. 29	1. 26	0. 45
6-甲基-5-庚烯-2-醇	0. 89	0. 41	0. 92	0. 94	1. 14	0. 56
芳樟醇	0. 52	0. 21	1. 13	0. 54	0. 72	0. 31
β-二氢大马酮	12. 87	11. 04	14. 35	12. 18	13. 56	13. 62
β-大马酮	15. 49	11. 08	24. 25	13. 89	16. 43	14. 34
香叶基丙酮	2. 21	1. 39	4. 9	2. 29	2. 95	1. 69
二氢猕猴桃内酯	2. 97	1. 18	0. 39	0. 3	3. 85	1. 95
巨豆三烯酮 1	1. 88	0. 96	1. 53	1. 05	1. 79	1. 1
巨豆三烯酮 2	6. 53	3. 71	7. 83	3. 29	5. 36	4
巨豆三烯酮 3	1. 48	0. 87	1. 69	1. 25	1. 32	0. 99
巨豆三烯酮 4	10. 75	5. 93	8. 78	6. 76	7. 82	6. 87
3-羟基-β-二氢大马酮	1. 78	0. 37	0. 22	0. 9	2. 85	1. 02
螺岩兰草酮	2. 68	0. 59	0. 55	0. 38	2. 83	0. 8
法尼基丙酮	11. 9	5. 55	11. 24	6. 34	10. 1	6. 51
总量	73. 28	43. 67	79. 31	51. 52	72. 09	54. 31

类胡萝卜素降解产物以 β-二氢大马酮、β-大马酮、巨豆三烯酮和法尼基丙酮含量较高，香叶基丙酮、二氢猕猴桃内酯、螺岩兰草酮和 3-羟基-β-二氢大马酮含量较低，其他物质含量极少。豫烟 10 号类胡萝卜素降解产物高于 NC89，在各施氮量下表现一致，这与豫烟 10 号品种烟叶成熟期氮代特性密切相关。豫烟 10 号在中氮下类胡萝卜素降解产物含量最高，高氮下有小幅下降。NC89 低氮最高，高氮条件下最低。类胡萝卜素降解产物对烤烟香型和香气质量的影响很大，成熟期鲜烟叶类胡萝卜素含量与烤后烟类胡萝卜素降解产物呈极显著的正相关关系。成熟后期氮代谢强度减弱有利于类胡萝卜素降解产物的形成，这可能是豫烟 10 号品种的优势所在。

由于豫烟10号的耐氮肥性强，对比2013年的品种比较试验的化学成分可知，豫烟10号在品种间的总氮含量均为最低（表5-51），2015年的试验也表明，其总氮含量处于最低或较低水平。对比评吸结果可知，豫烟10号的刺激性在品种间也处于较低水平，这与其氮代谢运筹密切相关。与此同时，耐肥性品种在成熟后期，衰老速度快，香气前体物降解量大，香气产物含量较高，含氮化合物总量低，结合近三年的评吸结果中，豫烟10号香气质好、刺激性小，这可能是浓香型突出的原因。

表5-51 2013年品种比较试验化学成分

单位：%

产地	品种	总氮	烟碱	产地	品种	总氮	烟碱	产地	品种	总氮	烟碱
许昌	豫烟10号	1.56	2.47	平顶山	云烟105	1.86	3.01	南阳	豫烟10号	1.73	1.65
	NC297	2.20	3.67		豫烟10	1.79	2.53		NC71	1.69	2.04
	PVH2254	2.09	3.15		PVH2254	2.30	3.55		豫烟5号	2.27	2.63
	云烟105	1.93	3.11		豫烟6号	2.21	3.80		中烟100	1.99	2.02
	豫烟6号	1.54	2.91		中烟100	1.93	3.08		云烟105	1.76	1.54
	云烟87	1.70	2.80		豫烟12	2.19	3.30		NC297	2.16	2.74

二、豫烟10号的烘烤特性分析

豫烟10号和中烟100的烘烤温度在烘烤24h之后表现出明显的差异（图5-13）。其中在38℃时豫烟10号变黄较快，提温较早，在温度48h即升温到42℃，即豫烟10号较中烟100变黄期较短，变黄快，在60~120h的定色期，同一时期两个品种的温度相差4~5℃。升温速率豫烟10号较快，38~42℃的升温速率为每4~5h升高1℃，中烟100为每6h左右升高1℃。在定色末期和干筋前期，温度上升速率较快，豫烟10号较中烟100早进入干筋期，并且早24h结束烘烤。湿度的变化基本一致，在120h前基本一致，之后由于豫烟10号提前完成定色进入干筋期，豫烟10号较中烟100提前进入38~41℃的过程。烤后烟叶的外观质量是烟叶烘烤特性的外在表现，烤后烟叶的外观质量中，与中烟100相比，豫烟10号黄烟比例较高，微带青和杂色烟比例较低，青黄烟较少，极少黑糟烟。因此在平顶山的烘烤情况表明，豫烟10号田间落黄程度高，成熟度高有关，豫烟10号烘烤过程中易变黄和易定色，是易烘烤的品种（表5-52）。

表5-52 豫烟10号烤后烟叶外观质量调查表

单位：%

品种	黄烟	微带青	青黄烟	杂色烟	黑糟烟
豫烟10号	75.02	12.16	2.11	10.30	0.41
中烟100	60.02	14.16	6.04	16.30	3.48

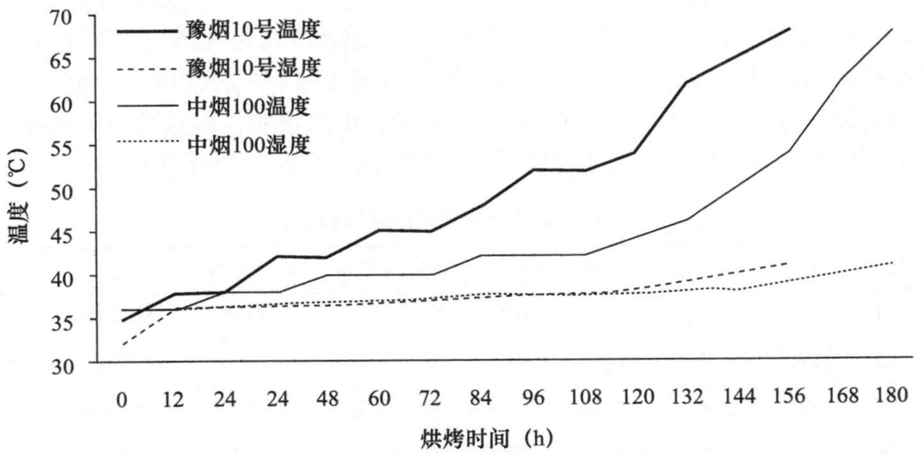

图 5-13　豫烟 10 号烘烤过程中温湿度变化示意图

第四节　豫烟 12 号品种的特色挖掘与关键配套技术

一、豫烟 12 号适宜氮用量研究

（一）不同施氮量对烤烟农艺性状的影响

含氮量的多少，要得到适当产量和优良品质的烟叶都必须施用氮肥，氮素缺乏和过量都会导致烤烟的非正常生长（表 5-53），降低烤烟质量，影响烤后烟叶的香吃味。株高、茎围、叶片数、叶面积和节距都随施氮量的增加而升高，中氮水平豫烟 12 号的株高、叶片数和叶面积与对照中烟 100 较接近。

表 5-53　不同施氮量对烤烟农艺性状的影响

处理	株高（cm）	茎围（cm）	叶片数（片）	叶面积（cm^2）	节距（cm）
N1	116.50	10.03	21.60	1 526.14	5.29
N2	123.60	10.20	22.00	1 575.05	5.44
N3	127.70	11.47	22.30	1 638.08	5.76
CK	120.27	11.01	22.00	1 577.93	5.16

（二）不同施氮量对烤烟外观质量的影响

烟叶的分级是通过烟叶的内在质量表现出来的外观特征来确定的，烟叶的等级直接关系到烟叶的产值。从表 5-54 可以看出上部叶中各个处理包括对照品种的颜色、成熟度、油分和光泽均为橘黄、成熟、有和较鲜亮。N2 处理的身份中等，色度强，叶面组织较粗糙-，叶片结构疏松，N2 处理的整体表现要优于其他处理和对照品种，其次是 N3 处理。不同施氮量处理中部叶中颜色均为橘黄，成熟度均为成熟，光泽同为较鲜亮，与对照品种相比，只有 N2 处理优于对照品种。从图 5-14 中的雷达图中也可以看出，中部叶和上部叶各处理中 N2 外观质量总得分最高，由此说明，施氮量的不足或者过多都会影响烟叶的品质，中施氮量的处理可以使烟叶获得更好的外观质量。

表 5-54　供试烤烟原烟外观质量比较

等级	处理	颜色	成熟度	叶片结构	身份	油分	色度	叶面组织	柔软性	光泽
B2F	N1	橘黄	成熟	疏松-	中等+	有	强-	较粗糙-	较柔软-	较鲜亮
	N2	橘黄	成熟	疏松	中等	有	强	较粗糙-	较柔软-	较鲜亮
	N3	橘黄	成熟	尚疏	稍厚	有	强-	较粗糙+	硬脆-	较鲜亮
	CK	橘黄	成熟	尚疏	稍厚	有	强-	较粗糙+	较柔软-	较鲜亮
C3F	N1	浅橘	成熟	疏松	中等-	稍有	中	较细腻-	较柔软	较鲜亮
	N2	浅橘	成熟	疏松	中等+	有	中	较细腻	较柔软-	较鲜亮
	N3	浅橘	成熟	疏松-	稍厚-	有-	中	较细腻	较柔软	较鲜亮
	CK	橘黄	成熟	疏松	中等+	有-	强-	较粗糙+	较柔软-	较鲜亮

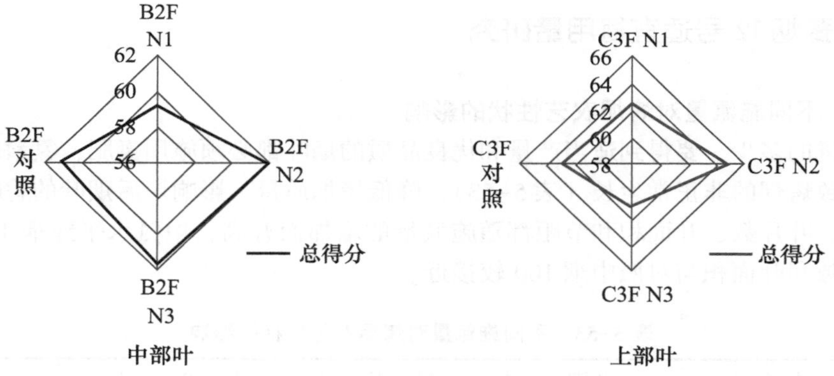

图 5-14　豫烟 12 号外观质量总分雷达图

（三）不同施氮量对烤烟化学成分的影响

施氮水平对豫烟 12 号的两个部位烟叶的影响不尽相同（表 5-55）。上部叶中处理 N1 的烟碱、总氮和蛋白质的含量最低，且与其他两个处理差异极显著；处理 N3 的还原糖、总糖和蛋白质的含量最高，且与其他两个处理差异显著，且其钾、氯含量最低。与对照品种相比，在烟碱、还原糖、总糖、钾含量均与 3 个氮素处理差异极显著。关于中部叶中 3 个氮素处理中只有蛋白质的含量之间差异不明显（但与对照差异显著），其他因素含量之间差异显著；再者 3 个氮素处理中的烟碱、蛋白质和钾的含量随氮素的增加而提高。

表 5-55 不同处理对烤烟不同部位化学成分的影响 单位:%

等级	处理	烟碱	还原糖	总糖	总氮	蛋白质	钾	氯
B2F	N1	2.44Bb	22.95BCc	28.04Cc	1.64Bb	7.38Bc	1.45 Bb	0.25Bb
	N2	2.75Aa	22.28Cc	26.66Dd	1.89Aa	8.05Ab	1.43 Bb	0.38Aa
	N3	2.62ABa	24.18Bb	30.28Bb	1.81Aa	8.26Aa	1.41 Bb	0.24Bb
	CK	2.00Cc	27.89Aa	32.30Aa	1.58Bb	7.34Bc	1.92Aa	0.39Aa
C3F	N1	1.45Bc	27.98Aa	35.78Aa	1.33Bb	6.75Ab	2.87 Aa	0.18Ab
	N2	1.33Bd	28.32Aa	35.25Aa	1.32Bb	6.76Ab	2.65Ab	0.20Aa
	N3	1.86Aa	26.11Bb	31.22Bc	1.44Aa	6.98Ab	2.82Aa	0.24Aa
	CK	1.65Bb	25.56Bb	32.05Bb	1.48Aa	7.53Aa	1.40Bc	0.14Bb

注：各列数字后小写字母、大写字母分别表示差异达 5%显著水平、1%极显著水平，下同

通常认为优质烟化学成分品质指标总糖与烟碱的比值以 6~10 较为适宜，总氮与烟碱的比值接近 1 为佳，钾氯比值大于 4 为宜，总糖与蛋白质比值以 2~2.5 为佳。可以看出中、上部叶中包括对照品种在内，从 4 个比值因素来看只有处理 N2 与优质烟化学成分指标更为接近，虽然钾氯比值低了点，但整体协调性较好（表 5-56）。

表 5-56 不同部位不同处理下化学成分协调性分析

等级	处理	总糖/碱	总氮/碱	钾/氯	总糖/蛋白质
B2F	N1	10.70	0.68	5.88	3.39
	N2	9.69	0.69	3.76	3.31
	N3	12.41	0.67	5.80	4.50
	CK	16.15	0.89	4.92	4.40
C3F	N1	24.68	0.92	15.92	5.30
	N2	26.50	0.96	13.27	5.21
	N3	26.78	0.77	11.75	4.17
	CK	19.42	0.90	10.00	4.26

(四) 不同施氮量对烤烟经济性状的影响

施氮量的不同显著影响了烤烟的经济性状，其中产量随着施氮量的增加而呈上升趋势，但从产值、均价和上等烟比例来看，三者均有所下降。与对照品种相比，产量、产值、均价和上等烟比例均优于对照品种，而且三个处理均与对照品种的差异极显著。从表 5-57 中还可以看出，处理 N2 的产量虽然不高，低于处理 N1、N3，但产值、均价和上等烟比例均高于其他两个处理，且差异均极显著。由此可知，处理 N2 即中施氮量最适宜豫烟 12 号。

表 5-57 不同处理对烤烟经济性状的影响

处理	产量（kg/hm^2）	产值（元/hm^2）	均价（元/kg）	上等烟比例（%）
N1	2 973.78Ab	60 790.50Bb	20.44Bb	36.32bB
N2	3 038.50Ab	71 250.00Aa	23.46Aa	42.15Aa
N3	3 297.63Aa	67 243.50ABa	20.38Bb	37.63Bb
CK	2 625.94Bc	48 750.00Cc	18.56Bc	31.08Cc

(五) 结论与讨论

试验研究结果表明，豫烟 12 号高施氮量（52kg/hm²）处理的农艺性状较好，但从其经济性状来看，中施氮量的经济性状最好，产值高达 71 250元/hm²，均价高达 23.5 元/kg，高施氮量反而降低了烟叶的产值与品质，这说明施肥量与产量呈正相关，然而过量的氮素使烟株氮代谢强度增大，拉长营养生长期推迟烟叶成熟，进而影响烟叶的品质及产值，氮素的缺乏导致烟株营养不良，影响正常生长，从而降低烟叶品质和产值，这与前人研究结果一致。豫烟 12 号中等施氮量（45kg/hm²）的烟叶化学成分较为协调且中施氮量的处理可以使烟叶获得更好的外观质量，说明烟叶化学成分是决定物理特性的内在因素，物理特性则是烟叶化学成分的外在表现。烟叶化学成分是决定评吸质量和烟气特性等质量特性的内在因素。从化学成分的还原糖与烟碱的比值、总糖与烟碱的比值可以看出，烤烟豫烟 12 号不同氮素处理株体内糖的含量都较高，是导致烟叶化学成分不协调主要原因。上、中部叶中的高氮处理中的比值有些超过了其适宜范围，这可能与高氮用量可以改善烟株碳氮代谢，在增大了叶面积的基础上使其碳、氮化合物之间平衡协调有关，也可能与当地生态环境有关。另外，中部叶氮素处理比上部叶氮素处理的钾氯比都高，这可以改善烟叶香气质量和燃烧性，并能降低烟叶杂气和刺激性，从而改善烟叶品质。

通过以上各个因素的比较，洛阳烟区豫烟 12 号施氮量在 45kg/hm²左右时可获得最佳的产质量效益。由于试验研究仅为一年的研究成果，在洛阳烟区推广种植豫烟 12 号是还需要充分考虑到不同地块的基础肥力和当年的气候特点，采用灵活的基肥和追肥比例，以达到产质量效益的协调。

二、豫烟 12 号不同成熟度烟叶对产质量的影响

(一) 不同成熟度烤后烟叶经济性状比较

成熟度对烤后烟叶的经济性状有着直接的影响。不同成熟度烟叶的烘烤特性差异较大，其烘烤要点各有千秋，烤后烟叶的质量明显不同。在烘烤过程中，过熟烟叶易烤黑，欠熟烟叶易烤青。准确把握烟叶成熟度，能够显著提高烤后烟叶经济性状。由表 5-58可知，就单叶重而言，适熟烟叶单叶重最大，过熟烟叶单叶重最小，且差异均显著；就上等烟比例而言，适熟烟叶最高，高出过熟烟叶 0.97 个百分点，且差异显著；就上中等烟比例而言，适熟烟叶最高，为 83.31%，欠熟烟叶最低，为 72.13%。

表 5-58 不同成熟度烤后烟叶经济性状比较

成熟度	单叶重（g）	上等烟比例（%）	上中等烟比例（%）
欠熟	11.73±0.47b	33.20±2.79c	72.13±2.75c
适熟	12.43±0.57a	41.59±1.70a	83.31±2.10a
过熟	11.13±0.47c	37.89±2.37b	76.64±1.74b

注：不同小写字母代表 0.05 水平上的显著性差异

(二) 不同成熟度烤后烟叶外观质量比较

外观质量是烟叶内在质量的外在体现。不同成熟度烤后烟叶的外观质量差异较大。

在颜色、成熟度两方面，适熟和过熟烟叶得分相同，而高于欠熟；就叶片结构而言，欠熟和适熟烟叶得分高于过熟；在身份、油分、叶面组织、柔软性等方面，不同成熟度烟叶得分相同；适熟烟叶色度、光泽的得分高于欠熟、适熟。总的来说，适熟烟叶的总分最高，过熟次之，欠熟最低，分值为 49.50（表 5-59）。

表 5-59　不同成熟度烤后烟叶外观质量比较　　单位：分

成熟度	颜色	成熟度	叶片结构	身份	油分	色度	叶面组织	柔软性	光泽	总分
欠熟	7.50	4.00	6.00	5.50	4.00	3.00	4.00	4.00	5.50	49.50
适熟	8.50	8.50	6.00	5.50	4.00	5.00	4.00	4.00	6.50	62.00
过熟	8.50	8.50	4.50	5.50	4.00	4.50	4.00	4.00	5.00	57.75

（三）不同成熟度烤后烟叶化学成分比较

烟叶的化学成分影响着烟叶的品质。烟叶中化学成分含量的高低及其协调性对烟叶的吸食品质有着重要的影响。成熟度好的烟叶，其化学成分更为协调；成熟度差的烟叶，其化学成分协调性差，吸食品质不好。还原糖的含量在适熟时最高，为 23.08%，过熟时最低，为 17.81%；不同成熟度烤后烟叶中氯含量的变化范围在 0.12%~0.18%，大小排序是过熟>适熟>欠熟；不同成熟度烤后烟叶中总糖含量适熟比欠熟略有增加，过熟降低明显；烟碱含量的大小排序是欠熟<适熟<过熟；烤后烟叶的钾含量在适熟时最高，其次是欠熟，过熟最低；总氮的含量大小排序是欠熟>适熟>过熟；糖碱比在 6.86~9.48 变化；欠熟烟叶的氮碱比最高，为 0.77；就钾氯比而言，欠熟>适熟>过熟；糖碱比在过熟时达到最大，欠熟时最小（表 5-60）。

表 5-60　不同成熟度烤后烟叶化学成分比较

成熟度	还原糖（%）	氯（%）	总糖（%）	烟碱（%）	钾（%）	总氮（%）	还原糖/碱	总氮/烟碱	钾/氯	还原糖/总糖
欠熟	21.80	0.12	27.42	2.30	1.30	1.78	9.48	0.77	10.43	0.80
适熟	23.08	0.15	27.60	2.48	1.33	1.72	9.31	0.69	9.07	0.84
过熟	17.81	0.18	19.29	2.60	1.18	1.65	6.86	0.64	6.54	0.92

（四）不同成熟度烤后烟叶中性致香物质含量比较

成熟度是影响我国烟叶香气进一步提高的关键因素。烟叶中的香气物质与烟叶成熟和调制过程中各类物质尤其是香气前体物质的代谢产物组成有关，烟叶成熟度必然影响烟叶最终的香气物质含量。随着成熟度提高，除了 2-乙酰基呋喃、2-乙酰基吡咯、3，4-二甲基-2，5-呋喃二酮、2，6-壬二烯醛、b-环柠檬醛、6-甲基-5-庚烯-2-醇、3-羟基-β-二氢大马酮等物质，其他致香物质均表现出了“先升高后降低”的趋势。其中新植二烯的含量在适熟较欠熟时提高了 17.37%，在过熟时较适熟时降低了 24.84%；茄酮含量在适熟时最高，为 17.62μg/g，在欠熟时最低，为13.28μg/g。就各大类致香物质而言，苯丙氨酸类降解产物含量在适熟时较欠熟时增幅最大，为33.43%，其次是类西柏烷类降解产物，棕色化反应产物的增幅最小，为11.20%。适熟烟叶的中性致香物质的总量最大，过熟烟叶最小（表5-61）。

表5-61　不同成熟度烤后烟叶中性致香物质含量比较　单位：μg/g

致香物质	欠熟	适熟	过熟
苯甲醇	8.76	10.10	4.02
苯甲醛	0.45	0.62	0.39
苯乙醇	2.15	2.94	1.23
苯乙醛	2.64	5.02	2.06
苯丙氨酸类降解产物	14.00	18.68	7.70
茄酮	13.28	17.62	15.10
类西柏烷类降解产物	13.28	17.62	15.10
2-乙酰基呋喃	0.07	0.02	-
2-乙酰基吡咯	0.23	0.15	0.07
3，4-二甲基-2，5-呋喃二酮	0.50	0.33	0.13
5-甲基糠醛	0.88	1.14	0.49
糠醛	11.68	13.32	6.52
糠醇	1.08	1.18	0.58
2，6-壬二烯醛	0.33	0.25	0.31
藏花醛	0.13	0.17	0.12
b-环柠檬醛	0.12	0.10	0.08
棕色化反应产物	14.99	16.66	8.29
氧化异佛尔酮	0.13	0.17	0.08
6-甲基-5-庚烯-2-酮-醇	0.36	0.45	0.33
芳樟醇	0.74	0.91	0.67
螺岩兰草酮	0.92	1.02	0.47
β-大马酮	18.26	18.85	16.75
二氢猕猴桃内酯	1.38	1.61	1.04
法尼基丙酮	5.24	6.94	4.89
巨豆三烯酮1	1.06	1.48	1.02
巨豆三烯酮2	4.82	6.10	4.22
巨豆三烯酮3	1.00	1.34	0.74
巨豆三烯酮4	6.62	7.13	4.09
愈创木酚	0.72	0.92	0.68
6-甲基-5-庚烯-2-醇	0.63	0.50	0.26
β-二氢大马酮	11.78	13.43	9.31
3-羟基-β-二氢大马酮	0.31	0.16	0.13
香叶基丙酮	1.91	2.31	1.73
类胡萝卜素类降解产物	55.86	63.31	46.41
新植二烯	618.41	725.83	545.57
叶绿素降解产物	618.41	725.83	545.57
总量	687.59	804.16	599.58

（五）结论与讨论

成熟度是烟叶生长的核心，同时也是衡量烟叶质量的首要因素。成熟度与烤后烟叶的经济性状、外观质量、化学成分、中性致香物质含量等四个方面相互作用，而这4个方面也是紧密关联的。

经济性状、外观质量二者相辅相成，其好坏，在某种意义上也是烟叶质量的具体体现。在烟草农业生产中，欠熟的烟叶经过调制加工后，多数烟叶都会呈现出“青痕、青筋、甚至青片”的特征，即使经历后期的储藏、发酵，也很难完全去除，在烟叶分级时，属于青杂烟，收购价格低，工业利用价值也较低。而过熟烟叶虽然成熟度较高，但是经过科学合理的烘烤，能够较少的避免“烤黑、糟片”。虽然欠熟烟叶单叶重大于过熟烟叶，但整体来说，豫烟12号适熟烟叶的经济性状明显优于过熟烟叶，欠熟烟叶最次。同时这也解释了豫烟12号欠熟烟叶外观质量得分较低的原因。

化学成分的协调性是优质烟叶的内在保证。随着成熟度的提高，豫烟12号烟叶中还原糖、氯、总糖、烟碱、钾等常规化学成分的变化规律与前人研究一致，但烟叶中的还原糖、总糖含量整体偏高，这可能与当地生态条件有着密切的联系。还原糖与总糖之比是衡量烤烟化学协调性的重要指标，两糖比较高时，说明调制后期烟叶总糖转化充分。由此可知，豫烟12号烟叶过熟时的化学成分更加协调。

香气成分是评价烟叶质量的核心。烟叶中的致香物质可以分为苯丙氨酸类降解产物、类西柏烷类降解产物、棕色化反应产物、类胡萝卜素类降解产物、叶绿素降解产物五大类。试验研究表明随着成熟度的提高，五大类致香物质含量均呈现出“先上升后下降”的趋势，并在适熟时达到最大值，这与赵铭钦等的研究结果一致。

洛阳烟区，尤其是洛宁烟区，在每年的7月下旬以后，常进入长时间的“伏旱”，再加上烟区灌溉条件有限，烤烟烟叶很容易因受到水分胁迫而“假熟”。准确掌握烟叶采收成熟度决定着烤后烟叶产质量的优劣。综上所述，洛阳烟区豫烟12号适时适熟采收尤为必要。

三、豫烟12号抗旱性评价

（一）不同处理叶片含水率变化特征

两个品种的干旱处理相对含水率均低于正常处理的相对含水率。在各处理下部叶的烟叶含水率中，不论是正常浇水处理还是干旱处理，中烟100的相对含水率都比豫烟12号要高。正常浇水处理中部叶相对含水率基本维持不变，干旱处理的相对含水率呈现先降低后升高的趋势，其中以旺长后期烟叶相对含水率最低，豫烟12号的相对含水率比同处理中烟100略高。各处理上部叶相对含水率随时间呈缓慢增加趋势。各处理上部叶在移栽后55d时相对含水率最低。正常浇水处理中，中烟100的相对含水率在移栽后55d时比豫烟12号低，其他时期均比豫烟12号含水率要高。干旱处理中，中烟100的相对含水率在移栽后55d和70d时比豫烟12号低，其他时期较豫烟12号高（图5-15）。

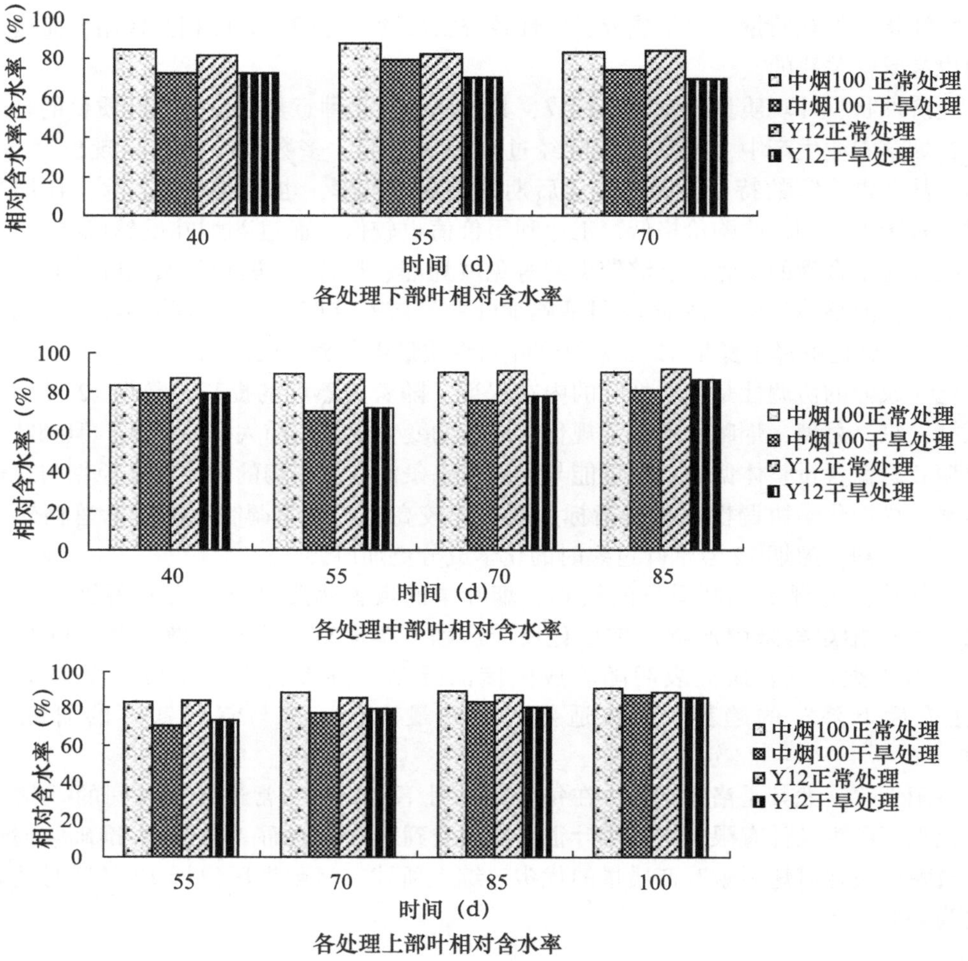

图 5-15　不同干旱处理不同部位叶片相对含水率

（二）不同处理叶片 POD 酶活变化特征

各处理 POD 酶活性总体呈现随时间增加而升高的趋势。正常处理的烟叶 POD 酶活性比干旱处理的 POD 酶活性低。除移栽后 40d 豫烟 12 号各处理比中烟 100 酶活性低外，其他时期豫烟 12 号各处理 POD 酶活性均比中烟 100 高。表明豫烟 12 号下部叶抗旱性较中烟 100 好。

各处理中部叶 POD 酶活性总体呈现先降后升的趋势，在移栽后 70d 达到最低值。豫烟 12 号各时期 POD 酶活性明显高于中烟 100。

中烟 100 各处理和豫烟 12 号正常处理在移栽后 70d 时 POD 酶活性达到最低，然后随着时间而升高。豫烟 12 号干旱处理 POD 酶活性先升高，在移栽后 70d 达到最大值，随后又呈现下降趋势。总体来看，除移栽 100d 干旱处理豫烟 12 号 POD 酶活性低于中烟 100 外，其他时期各处理豫烟 12 号 POD 酶活性均高于中烟 100（图 5-16）。

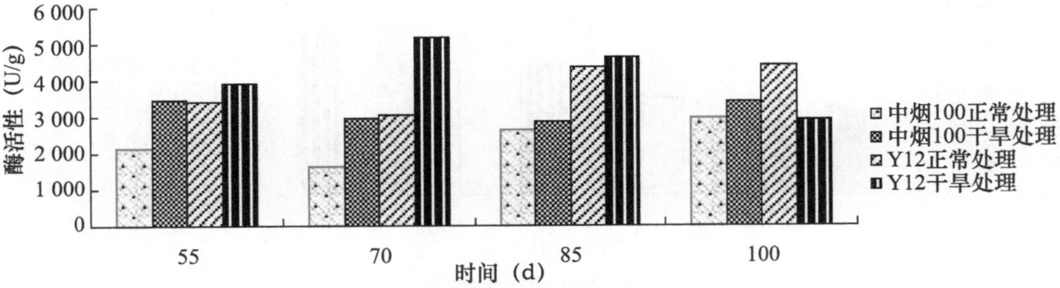

各处理上部叶POD酶活性

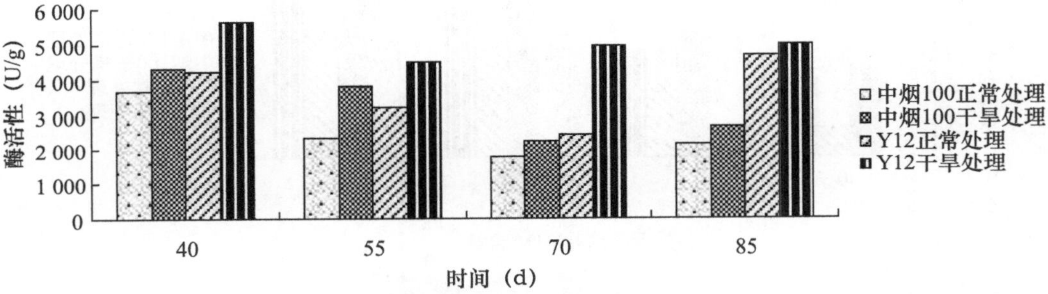

各处理中部叶POD酶活性

图 5-16　不同干旱处理不同部位叶片 POD 酶活

（三）不同处理叶片 MDA 酶活变化特征

各处理 MDA 含量呈现逐渐增加的趋势。两个品种下部叶的干旱处理 MDA 含量均比正常处理 MDA 含量高。正常处理下中烟 100 下部叶在移栽 40d 时 MDA 含量比豫烟 12 号低，其他时期均高于豫烟 12 号 MDA 含量，干旱处理下中烟 100 下部叶在移栽 55d 时 MDA 含量比豫烟 12 号低，其他时期高于豫烟 12 号（图 5-17）。

各处理中部叶 MDA 含量随时间逐渐增加。各处理中烟 100MDA 含量均比豫烟 12 号 MDA 含量高。

各处理上部叶 MDA 含量随时间而增加。移栽 55d 时中烟 100 正常浇水处理和干旱处理时 MDA 含量均高于豫烟 12 号 MDA 含量。在移栽后 70d 时中烟 100 干旱处理 MDA 含量比豫烟 12 号 MDA 含量略低。其他各时期中烟 100MDA 含量均高于豫烟 12 号 MDA 含量。

综上所述，豫烟 12 号抗旱性强于中烟 100。

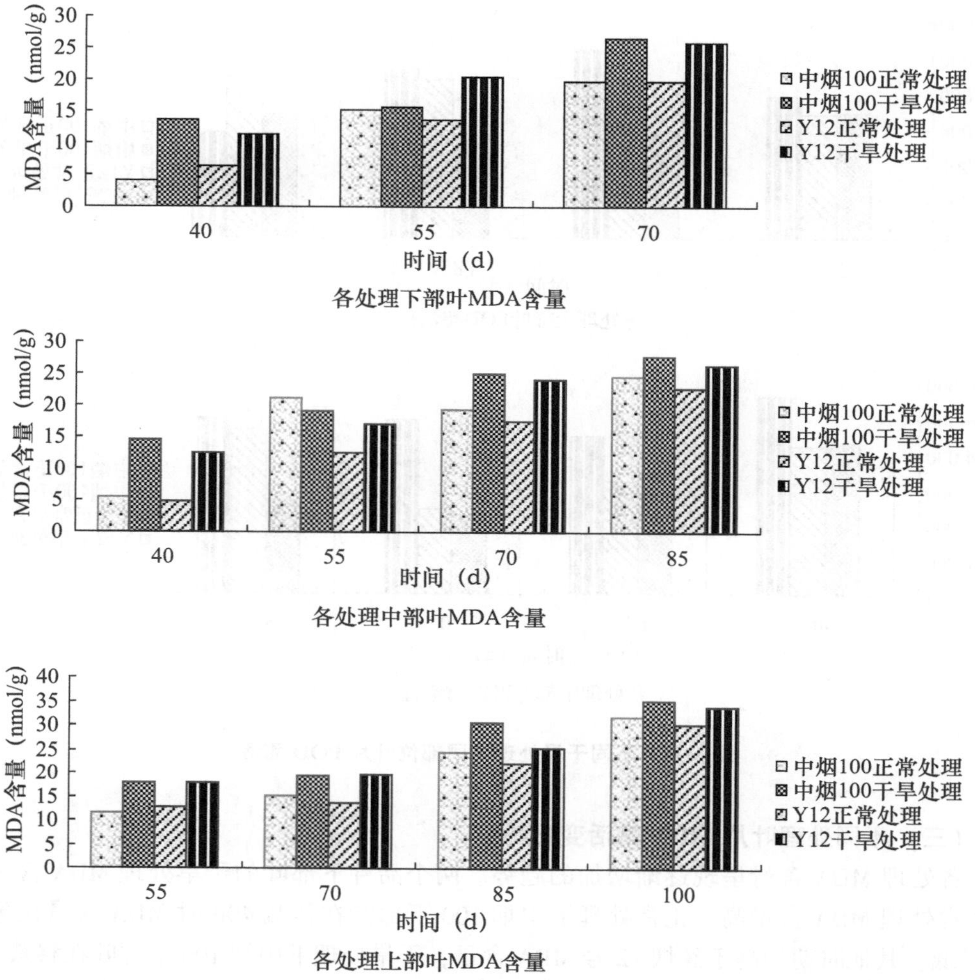

图 5-17　不同干旱处理不同部位叶片 MDA 酶活

四、洛阳烟区特色烤烟品种推广

（一）洛阳烟区特色烤烟品种推广调查

洛阳市在汝阳县新品种的调查情况表明，豫烟 6 号、豫烟 10 号和豫烟 12 号生长势均较强或与中烟 100 相当。豫烟系列抗病性以豫烟 10 号表现最好，豫烟 12 号次之。豫烟 6 号、豫烟 10 号、豫烟 12 号的产量和产值均优于中烟 100，上等烟比例与中烟 100 相当（表 5-62）。

表 5-62　洛阳试点豫烟系列推广主要经济性状调查表

品种	产量（kg/亩）	产值（元/亩）	均价（元/kg）	上等烟比例（%）
豫烟 6 号	116. 30	1 013. 20	8. 71	19. 3
豫烟 10 号	121. 66	1 028. 37	8. 45	14. 6
豫烟 12 号	107. 96	1 100. 00	10. 19	20. 6
中烟 100	89. 72	992. 45	11. 06	19. 3

（二）洛阳烟区特色烤烟品种推广成果

根据各地市材料初步统计 2015 年洛阳豫烟系列特色品种种植面积达 7. 33 万亩，占洛阳烤烟种植面积的 46. 70%（表 5-63）；2016 年洛阳豫烟系列特色品种种植面积达 10. 48 万亩，占洛阳烤烟种植面积的 66. 75%（表 5-64），是河南省推广豫烟品种面积较大的地市，同时也是取得成效最显著的地市。

表 5-63　2015 年洛阳豫烟系列特色品种推广面积统计　单位：万亩

地市	总面积	豫烟 6 号	豫烟 10 号	豫烟 12 号	豫烟 7、9 号	合计	比例
洛阳	15. 7	5. 41	1. 05	0. 87		7. 33	46. 7%

表 5-64　2016 年洛阳豫烟系列特色品种推广面积统计　单位：万亩

地市	总面积	豫烟 6 号	豫烟 10 号	豫烟 12 号	豫烟 7、9 号	合计	比例
洛阳	15. 7	7. 24	2. 94	0. 3		10. 48	66. 75%

第六章　洛阳烟区水分高效利用技术

第一节　洛阳烟区生态条件与节水灌溉技术分析

一、洛阳烟区降水和湿度分析

（一）降水较少，年际、月际间变幅较大

洛阳烟区年降水量600~700mm。雨季从5月至6月初开始，10月中旬结束，降水占全年降水量的70%~80%。烤烟主产区降水量集中在大田生长中后期（6—9月），总量为237~600mm。5月上中旬移栽烤烟，移栽期天气干旱，5月份降水占生育季节降水总量的2.8%~26.8%，6月下旬、7月上旬进入旺长期，该期进入该地区的雨季，充沛的降水非常有利于烟株的旺长需要。10月中旬前已基本结束采收，部分烟田受秋绵雨的影响（图6-1）。

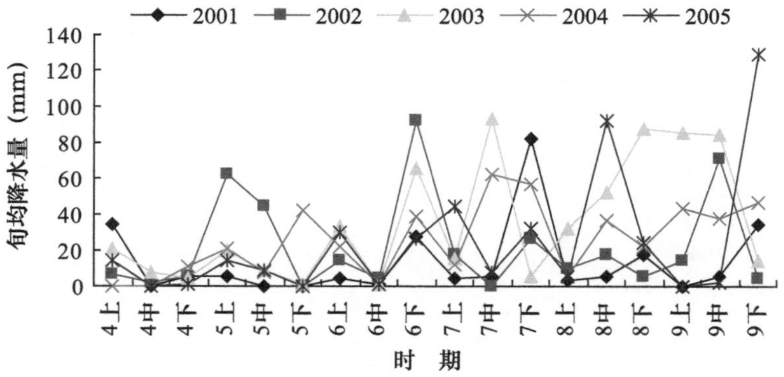

图6-1　洛阳烟区5年间4—9月逐旬降水量

（二）空气相对湿度生育前期较干旱（图6-2），后期相对湿度较大

洛阳烟区烟叶发育前期空气相对湿度较小，中后期随降水量的增加空气相对湿度缓慢增加。烟叶发育全期空气相对湿度平均为72%左右，其中5月底以前空气相对湿度平

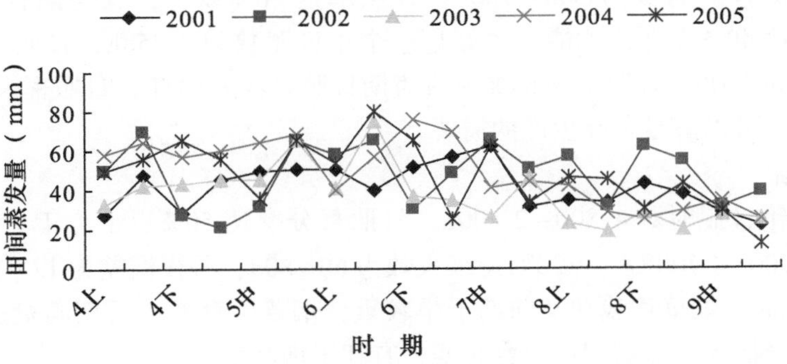

图 6-2　洛阳烟区 5 年间 4—9 月逐旬田间蒸发量

均为 60%左右，6 月空气相对湿度平均为 70%左右，7 月空气相对湿度平均为 80%左右，8 月空气相对湿度平均为 85%左右，9 月空气相对湿度平均为 84%左右。发育后期空气相对湿度较大，对病害蔓延具有较好的促进作用，后期应注意防病（图 6-3）。

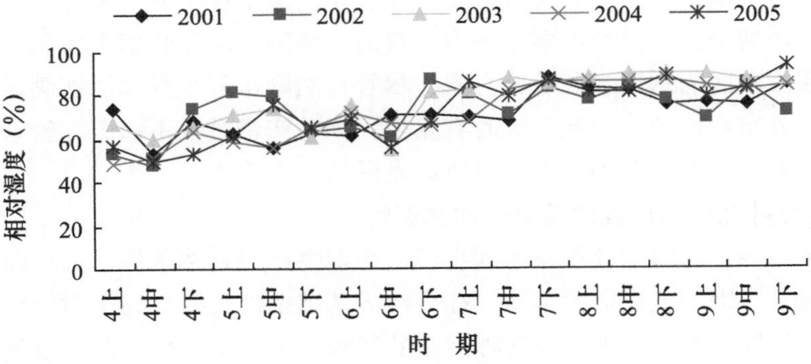

图 6-3　洛阳烟区 5 年间 4—9 月逐旬相对湿度（单位：%）

（三）洛阳烤烟产区生态因子与烤烟适宜生态因子比较（表 6-1）

表 6-1　洛阳烤烟产区生态因子与烤烟适宜生态因子比较

类型区	无霜期（d）	≥10℃积温（℃）	日均气温≥20℃天数（d）	地貌类型
不适宜区	<120	–	–	–
次适宜区	≥120	<2 600	50	–
适宜区	>120	>2 600	≥70	低山、丘陵、高原
最适宜区	>120	>2 600	≥70	低山、丘陵
洛阳烟区	220	5 000		低山、丘陵、高原

洛阳烟区属于暖温带季风型大陆气候，气温变化大，全年日照数 2 258. 5h，历年平均气温为 13. 7℃，日照时数多，日照百分率高，有利于光合作用和烟叶品质的提高。

根据研究，大田日照时数为500~700h，日照率达40%以上，收烤期日照数为280~400h，日照率达40%以上，才能产生好烟。全年日照数为2 258h，日照率为51%，大田期日照时数为470h，日照率为54%，收烤期日照时数为615h，日照率为51%。从光、温能资源来看，可以满足烟叶生产的需要。

（四）小结

洛阳烟区年日照时数1 800~2 200h，日照百分率达50%以上。年均气温13.7℃，≥10℃积温4 100~4 700℃，≥20℃持续天数为60~80d，昼夜温差为12~18℃，年降水量在600~700mm。烟草移栽期及前期干旱较重，烟草生育的中后期雨量过大。应在前期开展旱作栽培技术，提前烟草生育时期，有利于烟叶生产。

二、洛阳烟区烟水配套设施建设与节水情况

（一）烟区烟叶生产基础设施建设现状

辖区内水资源丰富，境内的主要河流有黄河、洛河、伊河、汝河、涧河、白河和志河，分属于黄河、淮河、长江三大流域。其他大小河流7 600条，多为季节性河流。全区各类水库、池塘195座。经过多年努力，目前，洛阳旱涝保收烟田面积有7万亩，其他分布于丘陵浅山区的烟田水利设施有限，尽管自然降水等水资源能够满足烟叶生长需要，但是时空分布不均匀，导致旱灾时有发生，烟叶产量质量不稳定，给烟叶生产造成一定的风险，成为影响洛阳烟区烟叶可持续发展的一大障碍。

（二）加强基础设施建设的重要性和必要性

洛阳各级党委、政府十分重视烤烟生产，烤烟生产的自然条件得天独厚，产品质量优良，市场前景广阔，土地资源丰富，社会经济基础条件较好，为优质烟生产发展奠定了良好的基础条件。但是，由于受各种因素的制约，全区烟叶生产基础设施建设与烟区发展需求仍存在着不小的差距，还远远不能满足洛阳优质烤烟可持续发展的需要，加强基础设施建设任务仍很艰巨。

1. 基本烟田建设的客观要求

2005年，洛阳市出台了全市基本烟田规划，提出经过5年努力，在全区8个主要烤烟生产县、80个烤烟生产乡（镇），打造44.14万亩环境条件能够满足优质烤烟生产需要的基本烟田，保证基本烟田内以烟为主进行合理轮作。这就要求必须建立与之配套的烟叶生产基础设施。

2. 降水的影响

全市多年平均浅层地下水蕴藏量为17.61亿m^3，可利用部分计为7.13亿m^3，全市规划基本烟田保护区44.14万亩，目前区内可灌溉面积只有60 000亩。地下水主要由自然降水补给。据气象部门多年统计，全区年降水量平均在550~900mm。但由于降水时空分布不匀，年际间及区域差别较大，春旱和伏旱时有发生，干旱概率高，加之全区烟田多分布于丘陵山区，水源贫乏，积雨困难，多数烟田仍难以灌溉，严重制约烟区发展，因此，加快基本烟田水利配套设施建设十分必要。

（三）烟区水利设施建设目标

5 年内，在全区 8 个烤烟主产县、80 个烤烟生产乡（镇）规划 44.14 万亩基本烟田（洛宁县 13.25 万亩；宜阳县 13.25 万亩；伊川县 4.38 万亩；汝阳县 4.38 万亩；嵩县 4.38 万亩；孟津县 2 万亩；新安县 2 万亩；栾川 0.5 万亩）。以烟水配套工程和集约化烘烤工程为主，初步建立起排灌自如、能够有效抵御自然灾害，生态环境和烘烤条件能够满足优质烤烟生产要求的相对稳定的烟叶生产基础设施。有效解决烟叶生长关键时期供水不足及烟叶采收烘烤中的问题，保证烟叶生产科学轮作，促进洛阳烤烟生产可持续发展。

（四）烟区水利设施建设任务

5 年内，计划投入资金 40 000 万元，在基本烟田规划区内，以水窖、水池、沟渠、管网、机井、提灌站、小塘坝整治等项目为主，进行烟水配套，使全区 44.14 万亩基本烟田内，集、蓄水能力达到 60.57 万 m^3，亩均蓄水 $1.5m^3$ 以上。以小型烤房密集化改造为主、新建密集烤房为辅，改善全区烘烤设施。从根本上解决丘岭山地种烟缺水的问题和烟叶采收烘烤中存在的问题。具体任务是：

2005 年基础设施建设：修建水窖 181 口，总容量 6 $871m^3$；修水池 85 个，总容量 26 $654m^3$；机井 14 口；小塘坝工程 1 处；新修沟渠 20 条，总长度 20 585m；建管网 35 条，总长度 74 813m。计划投入资金 3 334.352万元，其中申请国家局补贴资金 1 000.7 万元。

2006 年实施：修建水窖 3 359 口，总容量 112 $495m^3$；修水池 53 个，总容量 23 $646m^3$；机井 34 口；小塘坝工程 1 处；新修沟渠 33 条；建管网 104 条，总长度 98 200m；建提灌站 20 座。其中，申请国家局补贴资金 3 384.430 5 万元，申请省局补贴 263.929 万元，分、县公司配套资金 1 861.347 5 万元，烟农投资与投工投劳 3 761.026 5万元。

2007—2009 年实施：每年投入资金 9 134.686 万元，其中水利设施投入 5 765.103 万元。

（五）烟区水利设施总投资规模和效益

以水窖、蓄水池、机井、提灌站、沟渠、管网、小塘坝整治等项目为主，加强烟田水利基础设施建设。

全市基本烟田基础设施建设配套工程实施后，将涵盖全市 8 个烤烟生产县 80 个种烟乡镇，可使 40 余万亩烟田从移栽到成熟采收的用水问题得到解决。同时，从社会效益看，可解决丘岭陵山区 40 万人，15 万头牲畜的饮水问题。

三、烤烟节水灌溉的技术分析

烤烟是需水量较多的作物，整个生育期的需水量为 400~600mm。并且各生育阶段对水分的需求不同，一般还苗期保证土壤含水量占土壤最大田间持水量的 70%~80%、伸根期 60%、旺长期 80%、成熟期 60%~70%，便能保证烤烟正常的生长发育，利于品质的形成。我国是水资源相对短缺的国家，而且在时间和空间上严重分布不均，影响了烤烟的正常生长。北方烟区在烤烟生长前期干旱严重，植株生长缓慢；后期雨水偏多，土壤中肥料得到重新利用，叶片成熟推迟，难以落黄。南方烟区雨量充沛，满足了烤烟前中期正常的生长需求，但成熟期伴有阶段性干旱发生，同样不利于烤烟正常成熟落黄和优质烟叶的生产。因此，很有必要合理利用水分，优化水分管理，节约用水。

（一）烤烟节水灌溉的研究现状

烤烟不同于水稻、玉米等其他需水量较大的作物，这同其生育期内对水分的特殊需求有直接的关系；另外，各烟区不同的降雨量也决定了是否进行节水灌溉以及采取那种形式的节水技术。因此，大多数烟区对烤烟节水灌溉的重视不够，研究也不深入系统，即使干旱地区的研究仍处于试验示范阶段，而降雨较多地区的主要任务还是排水防涝，并非优化水分管理，水资源浪费严重。所以，对烤烟节水灌溉的研究现状进行分析，以便为将来烤烟节水灌溉制定更好的技术体系。

1. 烤烟节水灌溉工程技术

目前，烤烟生产中应用较广的工程技术主要有滴灌、喷灌、渗灌、穴灌等。滴灌和喷灌节水效果显著，灌水产出分别达 82. 19 元/m^3、67. 95 元/m^3；灌溉投入产出比分别为 68. 5 和 56. 6，而沟灌仅为 8. 9。烤烟滴灌通过管道系统和安装在末级管道上的滴头，将有压水按烟株实际耗水量适时、适量、准确地补充到其根部土壤进行灌溉，因而达到了节水增产的效果。杨忠波指出，滴灌技术在烤烟栽培中的应用合理可行，效益可观；与地面灌溉相比可省水 20%~30%，对地面的适宜性强，特别是丘陵和坡地，并且可以防旱、增产、增效，单位面积可增产 20%~30%。与不灌水烟叶相比，滴灌可使新叶增加 2. 5%、根系生长量增加 23. 0%，干根重增加 145%、单株产量增加 79%，单叶重增加 68%，滴灌比不灌处理增加纯效益 1. 686万元/hm^2、单方水纯效益 14. 05 元。滴灌与喷灌相比，对烟叶产量、品质、内在化学成分等方面的影响并无显著差异，但滴灌以其低廉的成本，在烟草移栽时可作为一种行之有效的技术来代替喷灌。垄台平铺式滴灌节水增收效果显著，每公顷节水 1 200~1 350m^3、增收 3 750~4 500元，且比垄下埋管式渗灌操作方便、节水显著、经济实惠，易于推广应用。研究表明，将 1. 5kg/（株・次）作为旱地烤烟团棵期穴灌的经济有效指标，正常年份穴灌 1 次和干旱、特大干旱年份穴灌 2~3 次，烤烟增产增值效果显著或极显著，上等烟比例提高 3. 6~8. 3 ，并可一定程度上提高烟叶香、吃味；穴灌的投入产出比为 1：（1. 87~3. 39），而雨量较丰年份穴灌基本无效，甚至有不利影响。另外，豫西洛阳烟区在 5，6 月份采用打孔滴注灌溉的方法，可以节约灌溉用水，提高水的利用率，扩大灌溉面积，增强抵御干旱的能力，保证烟叶的正常生长，提高烟叶的产量和品质，不失为一种简单、易行的好方法。

国内对以上各节水工程技术的研究基本上都只是从节水对提高烤烟产量方面进行的，对不同的节水技术与传统的沟灌或者与不灌水进行了比较，以及不同的节水技术之间也作了对比，得到了一些结果，对指导生产有一定的作用。Reynolds 和 Rosa 研究了灌水时间及灌水量对烤烟的影响，汪耀富等对不同灌水量条件下烤烟耗水规律与水分利用效率也进行了研究，但从农田水利学的角度出发，对于不同节水技术条件下烤烟的需、耗水规律和灌溉制度的研究还很少。烤烟每次的灌水定额、灌水次数，以及整个生育期内的灌溉定额，只是根据以往经验或是借鉴于其他作物已有的结果，尤其是对烤烟灌溉指标以及建立灌溉指标体系及模型的研究还未见有报道。

2. 烤烟节水灌溉农艺技术

（1）地膜覆盖技术。地膜覆盖在烤烟栽培上应用广泛，这方面的研究也比较透彻。地膜覆盖的栽培机制在于提高地温，保墒防旱，改善土壤理化性状，提高土壤肥力，除杂草、防病虫，促进烟株生长，提高烟叶的产量和品质。地膜覆盖也可促进烟株腋芽的生长，尤以栽后20d破膜掏苗为甚。在盖膜时间上以盖膜40d或全生育期盖膜（50d后撕破地膜）比较理想。地膜覆盖也会给烤烟带来一定的负面影响，比如灼伤幼苗，使病虫害提前发生，危害时间加长，植株矮小、根量少，易早衰，抗逆性差，易倒伏等。栽培中地膜覆盖可使降雨流失、有效性降低，土壤通透性变差，中后期土温过高肥效发挥提前，中耕培土措施受限制等；在烟株上表现为根系发育不良，生长前旺后衰，生理性不协调，株形变化等；烤后中上部烟叶外观质量下降，烟碱含量低，杂气增多，劲头下降等。对地膜覆盖负效应采取的对策有高茎壮苗深栽；改变垄型，使垄面稍平、开沟或留凹槽；改变覆膜方式，多雨地区采用露脚式覆盖；及时揭膜（栽后45~60d），中耕培土；分次施肥，追肥在栽后25d进行，加强病虫草害防治等。

（2）秸秆覆盖技术。秸秆覆盖在其他作物上研究和应用推广比较多，但烤烟上的报道还不多见。秸秆覆盖能够改善田间小气候，提高土壤肥力，增强烟株的抗逆性，提高烟叶品质。秸秆覆盖保持水分的效果随秸秆量的增加而增加。另外，秸秆覆盖与抗旱剂相结合可以改善烟株农艺性状，提高烟叶的产量和产值，秸秆覆盖量以6 000kg/hm^2，并喷洒抗旱剂420g/hm^2 最为理想。也有研究指出，覆盖量4 500kg/hm^{2}对提高烟叶的产量产值效果最佳。因此在秸秆覆盖量、覆盖方式、覆盖时间上都需进一步的试验研究。

（3）水肥耦合技术。水肥耦合技术作为一种重要的农艺节水措施在烤烟栽培中研究较少，这方面的文献还未见更多报道。目前多集中在水氮、水钾互作对烤烟产量、品质、养分含量变化等方面的研究上，而对于水肥耦合模型及水氮对烤烟产质“贡献率”的研究很少。作为干旱少雨地区一项重要的技术措施，烤烟的水肥耦合效应研究以及水肥耦合模型的建立迫在眉睫。

（4）化学制剂节水技术。在烤烟生产中也有施用土壤保水剂方面的报道。据汪耀富等报道，在豫西旱区烟田施用聚丙烯酰胺可以降低烟叶的蒸腾速率，改善其光合特性，提高水分利用效率，增强烟株抗旱性；使烟叶的叶面积增大、比叶重减小、单叶重增加，从而提高烟叶的产量、产值、均价和上等烟比例，改善烟叶化学成分；且以聚丙烯酰胺用量22. 5kg/hm^{2}对提高烟叶产量和经济性状的效果较为明显。

3. 烤烟农水结合技术

烤烟农水结合技术措施已有不少应用于烤烟生产中，常见的主要有膜上滴灌和膜下滴灌技术。膜下滴灌技术在新疆的棉花生产中已被广泛应用，新疆凉城县烤烟栽培中也引进了膜下滴灌技术，取得了很好的效益。河南省嵩县积极推广膜上灌溉，在槽型垄上覆盖地膜，水在膜上流动，到烤烟长出孔处渗入土壤，这样灌水效率高，一般可节水25%~35%，增产15%~20%。国外对塑料薄膜下烤烟灌溉也有很多研究。但国内外的研究结果有所不同。据报道，采用滴灌和薄膜覆盖相结合的烟草生长良好，施纯氮量至少要提高到 118kg/hm^{2}才能获得较好的产量及含氮量，大大提高了肥料用量，且移栽前施肥和将肥料注入滴灌系统两种施肥方法，在产量、质量和烤后烟叶化学成分方面的效果相同。当前，我国很多烟区都在进行地膜覆盖，地膜覆盖具有较多的优点，地膜覆盖条件下如何进行灌溉，特别是干旱少雨地区如何进行节水、使用哪种形式的节水措施以及地膜覆盖下水肥耦合技术等内容是很有必要进行探究的。

4. 烤烟节水管理技术

现阶段，各烟区在节水管理方面还很落后，土壤墒情的预测预报、灌溉的预测以及节水灌溉制度研究等方面还未有报道，这与烤烟的需水特性以及各烟区降雨的时间分布有很大的关系，这也从一定程度上限制了烤烟水分优化管理。在国外关于灌溉预测预报方面的尝试很多，比如古巴对灌溉需水量的预测、印度的指示灌溉法以及希腊的参考作物需水量（ETO）研究，都促进了当地烟草水平的改善与烟叶品质的提高。这些做法或成果很值得我们去借鉴与研究。但在水源的合理使用、水分优化配置等方面，各地通过利用水库、河流、坑塘、蓄水池、水窖、打井配套以及筑溢流坝等措施大大增强了烤烟的生产水平、特别是应对阶段性干旱的水平，提高了烟叶品质。比如，广东南雄、河南洛阳建设蓄水池，已解决了几万亩烤烟的灌溉问题；云南、贵州、湖北等地兴建水窖亦取得了很好的经济效益；河南省驻马店市在确山、泌阳、遂平等主产烟区建造溢流坝，有效地解决了烟叶生产季节中干旱的问题；山东省临沂市的塘堰坝在烟叶生产上也发挥了很好的作用。目前，在云南、贵州、河南、福建、湖北等地开展的烤烟节水配套设施建设以及烤烟优化灌溉理论和技术的研究与应用项目一定会促进烤烟节水管理技术的发展。

（二）洛阳烟区烤烟节水灌溉分析

如前所述，烤烟节水灌溉的研究还处于起步阶段，且多集中于农艺技术的研究，节水工程技术的研究甚少。另外，烤烟的耗水规律特别是节水灌溉条件下的耗水规律以及节水灌溉制度还没有一个很好的定论，理论还不充分。因此，为了更好地在洛阳烟区进行节水灌溉，优化水分、肥料管理，很有必要从理论研究、节水技术、灌溉方法等方面进行探讨和商榷。

（1）开展水肥一体化灌溉理论研究。今后烤烟节水灌溉的重点在于制定烤烟节水灌溉制度；提出烤烟节水高效灌溉指标，各生育时期烤烟对水分的敏感系数；在有灌溉条件的烟区要研究不同节水技术的节水效应与措施和建立节水技术模型和水肥耦合模型。

（2）开展水肥一体化节水技术研究。各烟区受自然和经济条件的限制，是否采用节水技术以及采用哪种节水技术一定要因地制宜，量力而行。干旱地区以抗旱保墒为主，宜采用覆盖保墒技术和水肥耦合技术等农艺节水技术。有条件的丘陵地区宜采用喷灌技术。南方多雨地区在遇到阶段性干旱时也要采用相应的技术措施进行灌溉，比如蓄积雨水灌溉等，以减少水分的损失。条件落后的地区要对已有的渠系进行防渗处理，减少水分渗漏。

（3）开展水肥一体化灌溉方法研究。烤烟灌溉一般以沟灌为主，为了节约用水、降低成本、提高效益，可以把调亏灌溉和控制性交替灌溉（隔沟灌）引用到烤烟生产中。

烤烟上还需对调亏灌溉进行系统的研究，比如进行烤烟调亏灌溉是否会影响到其产量和品质以及调亏灌溉亏水度、亏水历时，最佳调亏生育阶段等问题。隔沟灌溉改变了以往烤烟逐沟灌溉的方法，更具有借鉴意义。孙敬权等对烤烟隔行灌溉作了初步的研究。烤烟隔沟灌溉中灌水次数、灌溉定额以及灌水指标等问题还有待于进一步研究。因此，很有必要对调亏灌溉和隔沟灌溉进行深入探讨，打破常规的灌水方式，做到灌水方式上的突破。

第二节　烟田 WK-1 自动化注灌机设备的研究开发

一、烟田 WK-1 自动化注灌机设备总体分析设计

（一）烟田水肥一体自动注灌设备

主要包括动力部分、三缸活塞泵、电源（12V）和充电器、单穴注灌设备、高压胶管等组成（图 6-4）。由固定于可移动车架的汽油发动机提供动力带动三缸活塞泵输出水肥一体液，通过高压胶管连接到单穴注灌设备。外部电源提供单穴注灌设备部件的电路能量。通过调节三缸活塞泵的压力控制输出水肥一体液的距离和压力，通过调整单穴注灌设备的旋钮可控制水肥一体液的施入量、且通过灌水尖端 12 控制深浅度（图 6-5）。

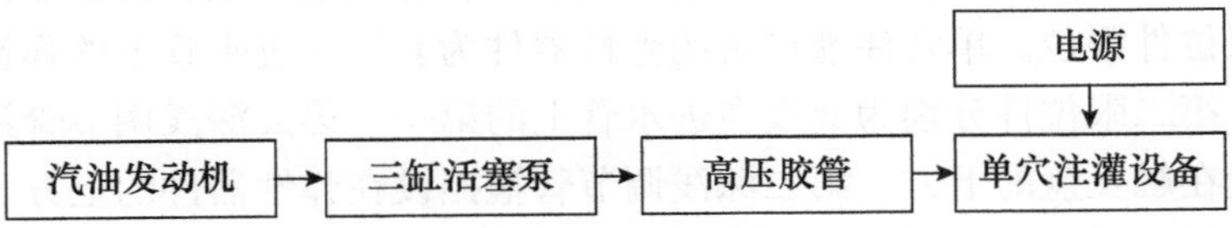

图 6-4　烟田水肥一体自动注灌设备原理图

单穴注灌设备是重要的部件（图 6-5）。单穴注灌设备包括进水管，进水管下端设置成用于扎入地面的灌水尖端（图 6-6），灌水尖端上还设置有与进水管连通的灌水孔；进水管上还设置有控制进水管通断时间的水量控制器以及水量控制器触发装置，水量控制器触发装置与水量控制器电连接。其结构原理：单穴注灌设备包括弯折成 90°角的进水管 2，进水管 2 上连接有手柄 1，进水管 2 下端设置成用于扎入地面的灌水尖端 12，灌水尖端 12 中空、周壁上均匀设置有多个灌水孔 5，用于出水；进水管 2 的进水端部还设置有水量控制器 10，进水管 2 的下部设置有水量控制器触发装置，水量控制器触发装置与水量控制器 10 电连接。水量控制器包括触发行程开关 6；所述的水量控制器触发装置还包括套设在进水管下部的第一、第二两个深浅调节管箍 71、72 以及触发盘 4 和弹簧 3，弹簧 3 设置在触发盘 4 的上方，第一、第二深浅调节管箍 71、72 分别设置在触发盘 4 的下方、弹簧 3 的上方，用于对触发盘 4 和弹簧 3 限位；触发行程开关 6 固定在进水管上，触发行程开关 6 的触发头设置在触发盘 4 的盘面上方。手持手柄 1，

将灌水尖端 12 插入土壤内，触发盘 4 触到土壤被抬起，弹簧 3 被压缩，直到触发盘 4 的上盘面接触到触发行程开关 6 的触发头，触发行程开关 6 的触发头被触动，其信号输出端即发出一进水信号至水量控制器 10。

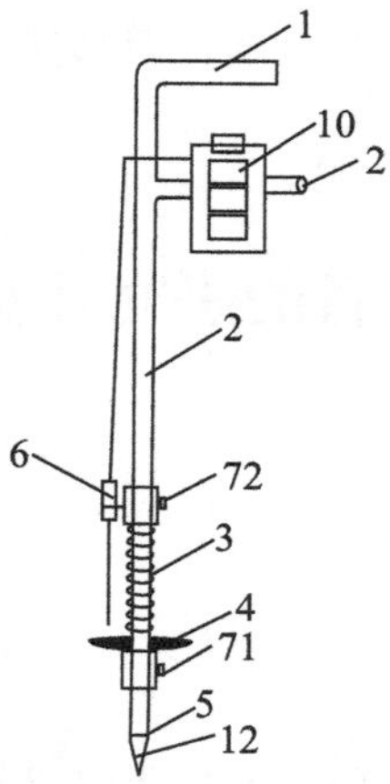

图 6-5　单穴注灌设备图

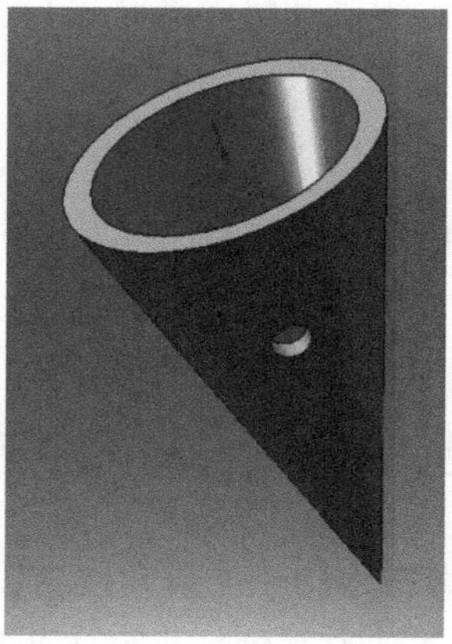

图 6-6　灌水尖端图

（二）单穴注灌设备的水量控制器

包括控水电磁阀、触发行程开关；所述的水量控制器触发装置包括套设在进水管下部的触发盘和弹性器件，弹性器件设置在触发盘的上方，触发行程开关设置在进水管上，触发行程开关的触发头设置在触发盘面的上方，触发盘下端、弹性器件上端分别由第一、第二限位件限位。单穴注灌设备的弹性器件为套设在进水管上的弹簧。单穴注灌设备的第一、第二限位件分别为套设在进水管上的第一、第二深浅调节管箍，第一深浅调节管箍设置在触发盘的下方，第二深浅调节管箍挡设在弹性器件的上方。

单穴注灌设备的水量控制器还包括电源，振荡器，送水控制继电器，水量调节电位器，第一、第二电容以及上拉电阻和分压电阻，其中，电磁阀设置在进水管路上，电磁阀与送水控制继电器的常开接点的串联电路连接在电源与地之间；振荡器的触发端一路通过上拉电阻连接电源、另一路通过触发行程开关接地，振荡器的输出端通过送水控制继电器的线圈接地；水量调节电位器与分压电阻串联后一端同时连接在振荡器的放电端和阈值端、另一端与复位端同时连接电源，第一电容串接在水量调节电位器与振荡器的放电端、阈值端的中间接点与地之间，第二电容串接在水量调节电位器与分压电阻的中间接点与地之间。

PE555 是一种应用特别广泛作用很大的的集成电路，属于小规模集成电路，在很多电子产品中都有应用。PE555 的作用是用内部的定时器来构成时基电路，给其他的电路提供时序脉冲。PE555 时基电路有两种封装形式有，一是 DIP 双列直插 8 脚封装，另一种是 SOP-8 小型（smd）封装形式。其他 HAL7555、LM555、CA555 分属不同的公司生产的产品。内部结构和工作原理都相同。PE555 的内部结构可等效成 23 个晶体三极管、17 个电阻、两个二极管，组成了比较器、RS 触发器等多组单元电路。特别是由三只精度较高 5k 电阻构成了一个电阻分压器，为上、下比较器提供基准电压，称之为 555。

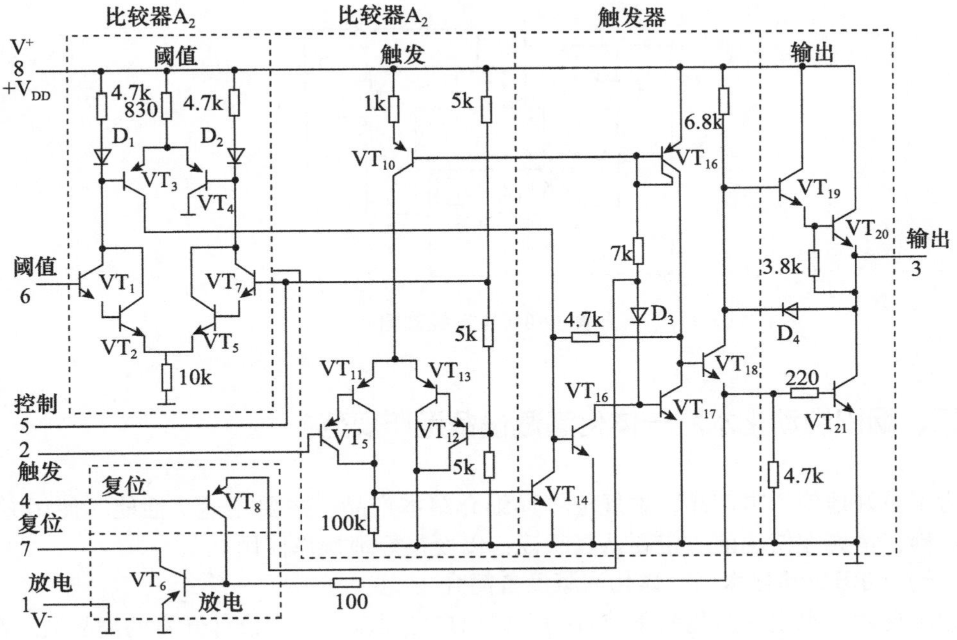

图 6-7　555 内部结构原理图

具体电路的水量控制器 10 还包括 12V 电源，控水电磁阀 M1，振荡器 U1，送水控制继电器 J1，水量调节电位器 W1，第一、第二电容 C1，C2 以及上拉电阻 R1 和分压电阻 R2，其电路图如图 6-7 所示，其中，电磁阀 M1 设置在进水管路上，电磁阀 M1 与送水控制继电器 J1 的常开接点 J1-2 的串联电路连接在 12V 电源与地之间；振荡器 U1 电源输入端 8 脚、接地端 1 脚分别连接 12V 电源、地，其触发端 2 脚一路通过上拉电阻 R1 连接 12V 电源、另一路通过触发行程开关 K1 接地，其输出端 3 脚通过送水控制继电器 J1 的线圈 J1-1 接地，水量调节电位器 W1 与分压电阻 R2 串联后一端同时连接在振荡器 U1 的放电端 7 脚和阈值端 6 脚上、另一端与复位端 4 脚连接后连接于电源上，第一电容量串接在水量调节电位器 W1 与振荡器 U1 的放电端 7 脚、阈值端 6 脚的中间接点与地之间，第二电容 C2 串接在水量调节电位器们与分压电阻 R2 的中间接点与地之间；振荡器 U1 采用时基集成芯片 PE555，通过如上连接构成振荡器；在触发行程开关 N 断开时，振荡器 U1 的触发端 2 脚通过上拉电阻 R1 连接至 12V 电源，得到高电平，振荡器 U1 不工作，在在触发行程开关 K1 闭合连通时，振荡器 U1 的触发端 2 脚接地，为低电平，振荡器 U1 内部处理器捕捉到该电平变化，被触发开始工作，振荡器 U1 的输出端 3 脚即输出高电平，继电器 J1 的线圈 J1-1 得电，继电器 J1 的常开接点 J1-2 吸合导通，电磁阀 M1 得电导通，进水管 2 即可进水。振荡器 U1 得电触发后，其输出端 3 脚输出高电平的时间长短由调节电位器 W1，分压电阻 R2 以及第一、第二电容 C1，C2 决定，通过调整调节电位器 W1 的阻值，来改变继电器 J1 的线圈 J1-1 得电时间的长短，即控制继电器 J1 的常开接点 J1-2 的吸合时间长短，即电磁阀 M1 导通使进水管进水的时间长短，如此，灌水量的多少即可通过调节电位器W1来调整（图6-8）。

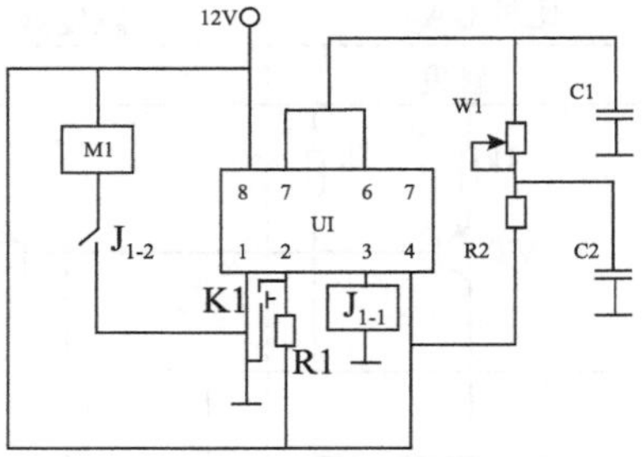

图6-8 电路控制图

二、烟田自动化水肥一体化灌溉设备操作规范

为了更好地使用本产品，本规范将详细介绍本产品，主要用途、性能、使用方法、维修保养，请您在使用前一定要认真阅读，以便很好地操作使用。

（一）烟田自动化水肥一体化灌溉设备简介

烟田自动化水肥一体化灌溉装置是根据用户之需求，独立设计开发的高品质、高技术含量的最新专利产品，填补了国内市场空白。该机设计精巧、流畅、美观，而且使用维修十分简便。可根据烟苗施肥施水要求调节施入量以及深浅度。该产品获河南省烟草公司2008年技术改进项目支持。

使用该产品，每灌溉1棵烟苗需时间5s，每亩需时1.5h，每天工作8h计算，每人每天灌水5亩。移栽时期提高移栽效率300%；提高灌溉效率600%，同时节约用水90%以上；提高豆浆灌根效率600%；降低劳动强度50%以上。

（二）设备的主要组成部分

烟田自动化水肥一体化灌溉装置主要由自动喷射部件、蓄电池、柱塞泵、汽油发动机、车架、高压胶管组成。

（三）应用范围

平地、坡地的烟苗肥水灌溉。作业半径坡地500m，平地1 000m，有效增压高度30m。

（四）操作与维修

调整本机皮带轮与动力机皮带轮，使已装妥之三角带呈一直线，三角皮带不可松置，以免下降或掉落。

由加油口注入30号机油，使油面刚好在探油盖一半处，第1次使用20h后更换油，第二次以后每使用50h更换机油1次。适当换油时间是操作后机器降温时，取下放油螺栓即可放油，并清理曲轴箱内杂质。

汽缸室上的3个油杯经常要加满黄油，每使用2h即需顺时针旋紧黄油杯盖两转。

1. 操作

（1）分别将吸水管、回水管、灌溉管装妥于吸水口、回水口及出水开关，务必旋紧不可漏气。

(2) 将调压把手上升到最高点并关上出水开关。

(3) 启动发动机（请参考发动机说明书）。

(4) 当本机正常运转后，将调压把手下降到最低点，调整调压螺丝，使压力表示数在25kg左右，旋紧固定螺帽。

(5) 放开出水开关，即可进行灌溉操作。

2. 故障排除

(1) 不能吸水或压力不稳定。

a. 检查吸水管是否装牢或漏气，如发现漏气，则将其上紧。

b. 检查吸水网有无阻塞，如发现阻塞，则将其清除。

c. 打开开关一会儿，让存留的气体排出再关上。

d. 取下吸水室看3个吸水活门是否堵塞，如发现有堵塞，则将其清除。

e. 取下排水室看3个出水活门是否堵塞，如发现有堵塞，则将其清除。

f. 检查活门塞、活门座是否磨损，如发现有磨损，则将其更换。

(2) 压力下降。

a. 检查3个角带是否松弛，如有松弛，则按“操作与维修”的第1点进行调整。

b. 检查灌溉管是否破裂，灌溉管接头垫片是否破损，如灌溉管有破裂或接头垫片有破损，则将其更换。

(3) 汽缸室漏水。取下防尘盖，旋紧汽缸室的3个迫紧压环，如仍然漏水不止，则更换汽缸内的V型迫紧及△型支撑环。

（五）灌溉喷头装置操作

将肩挎式蓄电池与灌溉喷头装置连接；水路与灌溉喷头手泵装置连接完整；根据施水量调节电路盒上方旋纽控制出水量大小；根据苗木根部位置调节喷头杆上两个可调螺丝确定灌溉深浅即可。

（六）注意事项

按照机械说明注意安全操作；烟田不同地块的灌水深度需在灌水前确定，平均20cm。

第三节　烟田WK-1自动化注灌机灌溉技术

一、集雨水窖烟田水肥一体化灌溉技术研究

为了充分利用集雨水窖把有效的自然降水、地表径流水统一集中在水窖内，天旱时用水肥一体机械灌溉，解决烟草生产用水，尤其是解决洛阳干旱地区旺长期的灌水问题，特设该试验，进行专项研究。集雨水窖建在洛宁县王村乡祝家园村司振平家烟田。试验设计，A：在烟草生育期内，特别是烟草旺长期时，遇到天旱年份用水窖中的水，

采用水肥一体机械逐棵灌溉烟株 1～2 次，每株每次灌水 2kg 左右；B：大田烟叶为对照。试验方法，在烟田地头便于收集雨水的地方建水窖，水窖规格为上口小，窖底大。底面直径 3m，深度 3m，中间最大处直径 4m，口径 0.7m，窖口旁边便于积水的地方设有沉淀池。在下雨时收集雨水（表 6-2），以利烟叶生长时使用。供试品种：中烟 100。每处理 1 亩，不设重复。

（一）集雨水窖当年雨季的集水量

汛期结束 10 月 2 日测量水深为 2.73m，集水量为 21.2m³。渗漏后第 2 年移栽前 4 月 25 日测量水深为 2.02m，集水量为 15.3m³。渗漏率为 27.8%。

（二）干旱年份保障烟株正常生长所需的水量

每株烟移栽需水 1kg，团棵、旺长期灌水 2 次，每次每株 2kg，每亩烟田1 110株，1 亩烟田可用水 6m³。一个集水量为 20m³ 左右的水窖经渗漏后，每年可满足 2 亩烟田的正常生长用水。

表 6-2　气温与降雨量记载表

项目	月份								
	1	2	3	4	5	6	7	8	9
气温（℃）	0.95	4.1	8.9	15.3	20.3	24.1	26.2	24.9	20.1
降水量（mm）	4.7	7.7	19.4	6.0	83.7	54.3	181.4	82.7	128.9

（三）圆顶期的植物学性状

由各处理圆顶期生物学性状调查表（表 6-3）可以看出，烟叶在旺长期干旱时用水肥一体浇灌，对烟株的生物学性状有较大的影响，利于烟株拔节和开秸开片，从调查看株高可增加 45.4cm，叶数可增加 2.1 片，节距可增长 1.6cm，茎围可增粗 1.3cm，叶片长、宽同样有较大幅度的增长。

表 6-3　各处理圆顶期的植物学性状（mm）

处理	株高（cm）	叶数（片）	节距（mm）	茎围（mm）	最大叶长×宽（mm×mm）
水肥一体浇灌	152.6	26.4	5.8	10.5	68×39.6
大田	106	24.3	4.2	9.2	63.9×30.9

（四）病害调查分析

由各处理病害调查表（表 6-4）可以看出，用水肥一体机浇灌烟田，病毒病发生程度较轻，大田处理的病毒病发生相对较重，病株率高出 6.7 个百分点、病指高出 2.5 个百分点。气候斑相差不明显。赤星病水肥一体浇灌烟田长势强，落黄晚，赤星病发生比大田重。病株率比大田高出 6.8 个百分点、病指高出 2.4。说明水肥一体机浇灌烟田促进烟株生长发育，有利于提高烟株的营养抗性，降低病毒病的发病率，在生长后期浇灌烟田长势强，后期出现贪青晚熟，赤星病发生较重。

表 6-4　各处理病害调查表

处理	病毒病		气候斑		赤星病		黑胫病	
	病株率（%）	病指（%）	病株率（%）	病指（%）	病株率（%）	病指（%）	病株率（%）	病指（%）
水肥一体浇灌	25.6	9.6	13.6	6.8	30.1	9.3	—	—
大田	32.3	12.1	15.5	7.7	23.3	6.9	—	—

（五）产值结果分析

由各处理产值结果调查表（表 6-5）可以看出，团棵、旺长期用水肥一体机浇灌的烟田，亩产量、亩产值、均价、上等烟比例均有较明显的增长，亩产量增加 32kg、亩产值增加 438.82 元、每千克均价增加 0.88 元、上等烟比例增加 9.6 个百分点。说明用水肥一体机浇灌烟田，能够利用少量的水源促进烟株生产发育，提高烟叶的经济性状，对烟叶生长极为有利。

表 6-5　各处理产值结果调查表

处理	亩产量（kg）	亩产值（元）	均价（元/kg）	上等烟比例（%）	中等烟比例（%）
水肥一体浇灌	163.3	1 561.14	9.56	32.3	60.2
大田	129.3	1 122.32	8.68	22.7	63.5

（六）试验结果

试验研究表明，集雨小水窖渗漏率为 27.8%，合理修建一个集水量为 20m^3 左右的水窖经渗漏后，每株烟移栽需水 1kg，团棵、旺长期灌水 2 次，每年可满足 2 亩烟田的正常生长用水。水肥一体浇灌在干旱条件下适时浇灌有利于烟株及早开秸开片，有利于提高烟叶的产量和质量。修建集雨水窖用水肥一体机灌溉是解决干旱地区烟株生长用水、稳定干旱地区烟叶产量的最好方法，适宜在干旱地区大力推广应用。

二、水肥一体化垄沟移栽灌溉对水分的高效利用

该试验设在洛宁县王村乡祝家园村，设 2 个处理。水肥一体灌溉为冬耕起垄，垄高 10~15cm 垄上盖膜，膜宽 1.0m，垄沟栽烟，沟内覆盖秸秆，团棵、旺长期干旱时采用水肥一体机每亩灌水 2m^3。对照为常规栽植方法冬耕起垄，垄高 25~30cm 栽烟前趁墒盖膜，垄上栽烟团棵、旺长期干旱时挖穴浇灌每亩灌水 2m^3。实验地为中等肥力的旱平地，水肥一体灌溉为 4 亩，对照 1 亩，前茬作物为烟叶，在烟叶收获后及时秋耕耙耱，冬耕起垄时将每亩 2 000kg粗肥均撒施在地内然后起垄。供试品种为：中烟 100，亩施

复合肥 20kg，饼肥 15kg，硝酸钾 6kg，硫酸钾 12kg，重钙 12kg，复合肥、饼肥、重钙起垄时开沟条施，硫酸钾移栽时浇灌，硫酸钾旺长期追施，移栽期为 5 月 7 日，种植密度为 1.2m×0.5m，栽后育管理同当地规范化生产技术要求。

（一）生育期记载

由表 6-6 可知，水肥一体灌溉各生育时期均比对照提前 5d 以上，烟叶长势强，对照烟田生长势较弱。说明水肥一体灌溉在严重干旱年份用少量水缓解烟叶短期干旱效果明显，能够促进烟株早发快长和生长发育。

表 6-6　生育时期调查表　　月．日

处理	移栽期	团棵期	旺长期	现蕾期	圆顶期	始烤期	长势
水肥一体灌溉	5.8	7.18	8.5	8.10	8.27	9.2	强
常规移栽	5.8	7.23	8.10	8.15	9.8	9.2	弱

（二）不同耕层地温土壤含水量调查

移栽后 20d、40d、60d、80d 分别测量耕层土壤含水量与 0~10cm、10~20cm、20~30cm 的土壤温度。由表 6-7 可知，不同时期烟田耕层含水量是水肥一体灌溉较高，常规移栽处理的含水量较差。从不同时期不同耕层的温度测量结果看：水肥一体灌溉 5 月 28 日至 6 月 18 日不同耕层地温均较低，随着后期降雨的增多耕层之间温度差别不大。从栽后 20~80d 各处理 30cm 耕层地温看，水肥一体灌溉处理地温稳定，温度变幅小而常规移栽处理在晴天变幅较大。正午时分地表温度过高易影响烟叶生长，而水肥一体灌溉耕层地温比较稳定，有利于促进烟株的生长发育。

表 6-7　不同时期土壤含水量、地温调查表

处理	5月28日			6月18日			7月8日			7月28日		
	含水量（%）	深度（cm）	温度（℃）	含水量（%）	深度（cm）	温度（℃）	含水量（%）	深度（cm）	温度（℃）	含水量（%）	深度（cm）	温度（℃）
水肥浇灌		0~10	23.66		0~10	32.1		0~10	28.1		0~10	27.8
	10.	10~20	22.66	12.8	10~20	26.6	11.6	10~20	26.8	12	10~20	26.6
		20~30	22.03		20~30	26.2		20~30	26.2		20~30	26.2
常规移栽		0~10	23.63		0~10	33.7		0~10	28.8		0~10	28.3
	8.5	10~20	23.1	12.2	10~20	26.5	11.1	10~20	27.6	11.6	10~20	26.5
		20~30	22.83		20~30	26.1		20~30	27.2		20~30	26.1

（三）团棵期植物学性状

由表 6-8 可知水肥一体灌溉团棵期株高、节距、叶数、茎围、最大叶长和宽均有差别，但差异表现不明显。

表 6-8　团棵期植物学性状调查表

处理	株高（cm）	节距（cm）	叶数（片）	茎围（cm）	最大叶长×宽（cm×cm）
水肥一体灌溉	38.8	3.4	13.8	7.2	42.3×24.6
常规移栽	36	3.3	13.4	6.86	39.6×23.9

（四）圆顶期的植物学性状调查

由表 6-9 可知：水肥一体灌溉处理圆顶期株高、叶数、节距、茎围、最大叶长宽、顶叶长宽均较好，常规移栽处理较差。主要原因是当年天气比较干旱，烟株栽在垄沟采用水肥一体灌溉可以节水保墒，有利于烟株吸收深层水分，加之浇灌后垄沟内的保水保肥力较强，而常规移栽灌水后土壤水分散失较快，烟株吸水困难不利于叶片的开展。

表 6-9　圆顶期植物学性状调查表

处理	株高（cm）	叶数（片）	节距（cm）	茎围（cm）	最大叶长×宽（cm×cm）	顶叶长×宽（cm×cm）
水肥一体灌溉	114.5	24.6	4.3	9.62	58×27.5	51.4×24.7
常规移栽	100.7	21.8	3.8	9	55.1×24.8	48.2×22.2

（五）大田病害调查

由表 6-10 可知，团棵期发生的病害主要是花叶病和气候斑点病，花叶病、气候斑点病以水肥一体灌溉稍重，常规移栽稍轻；圆顶期以角斑、赤星病为主。这两种病害均以常规处理较重，水肥一体灌溉较轻。由于气候等方面的原因，当年花叶病发生较轻，随着后期气温升高，烟株生长速度加快，加之有效的药剂防治花叶病得到有效控制，后期病株率病指均较低，角斑病呈逐渐加重之势但随着下部叶的采收两种病害均无造成多大危害。

表 6-10　大田病害调查表

病害名称 / 处理	花叶病		气候斑		角斑病		赤星病	
	发病率（%）	病情指数	发病率（%）	病情指数	发病率（%）	病情指数	发病率（%）	病情指数
水肥一体灌溉	9	2.25	4	1	6	1.5	16	8
常规移栽	6	1.5	3	0.75	12	3	22	11

（六）烟株根系调查

由表 6-11 可知，水肥一体灌溉的根长最长，根幅最大；常规移栽的根长最短，根幅最小，从观察可以看出，垄沟移栽烟株根系大而长，次生根较少，常规移栽根系小而短，烟茎基部布满次生根。

表 6-11 各处理根系测定结果调查表

处理	根长（cm）	根幅（cm）	根鲜重（g）	根干重（g）
水肥一体灌溉	126.3	203.8	267.3	77.6
常规移栽	103.7	183.3	284.1	87.8

（七）产值结果分析

由表 6-12 可知，亩产量、亩产量、均价、上中等烟比例均以水肥一体灌溉较高，常规移栽较差。主要原因是垄沟栽加上水肥一体灌溉，沟内保湿性能好，土壤湿度较大，地温稳定，烟株生长发育快，在生育期的每个环节均以垄沟栽烟长势较好。常规移栽处理在烟株进入团棵期以后土壤湿度小，地温很不稳定，正午以后地温较高，可能会抑制烟株的正常生长，大田调查结果和最后产值结果相吻合。说明水肥一体灌溉确实能够起到增产增质的良好作用。是干旱地区解决烟株生长用水的一项关键性技术措施。

表 6-12 产值结果调查表

处理 \ 项目	亩产量（kg）	亩产值（元/亩）	均价（元/kg）	上中等烟比例（%）
垄沟移栽	168.5	1 644.56	9.76	96.3
常规移栽	137.3	1 106.63	8.04	87.8

（八）化学成分分析

由表 6-13 可知，烟碱含量常规移栽较低，氮含量常规移栽上部烟较低，还原糖含量较高，钾含量上部叶较低，氯含量差别不大，淀粉含量中部叶较低、上部叶较高，主要原因可能是烟株根系含水量较低，吸收水分比较困难，而导致氮素缺乏进而造成烟碱含量、氮含量、钾含量较低；还原糖、淀粉含量较高的主要原因。

表 6-13 化学成分分析结果

单位：%

处理 \ 项目	部位	烟碱	总氮	还原糖	钾	氯	淀粉
水肥一体灌溉	中部	2.69	2.33	25.55	1.46	0.32	9.77
常规移栽	中部	1.98	2.34	28.70	1.49	0.27	7.94
水肥一体灌溉	上部	2.74	2.54	25.08	1.39	0.42	8.10
常规移栽	上部	2.32	2.20	28.68	1.06	0.26	11.92

（九）试验结果

研究表明，水肥一体垄沟移栽灌溉各生育期时均比对照提前 5d 以上，烟叶长势强，地温温度变幅小，圆顶期株高、叶数、节距、茎围、最大叶长宽、顶叶长宽均较好，耕层地温比较稳定，根长最长，根幅最大，产值、产值、均价上中等烟比例均较高，化学成分较好。水肥一体灌溉垄沟栽烟保水作用明显，使垄沟内的土壤湿度较大，有利于烟株对水分和养分的吸收，对烟叶产量、质量的提高较有利。尤其是行间盖地膜和垄沟内覆盖秸秆，不仅可起到导水的作用，而且土壤的保水保肥性将会更好，此项技术是解决干旱地区烟株生育期水分严重不足的一项关键性技术措施。常规移栽该处理产量、产值、上中等烟、均价均较低，主要原因是在团棵期以前可起到提高地温和保墒的作用，但进入旺长期以后不但不能接纳雨水，而且灌水蒸发面积大，失水快，地温较高对烟株生长极为不利，地膜覆盖烟田进入旺长期以后，地膜的提温保墒作用对烟株生长已不再有利。因此，烟田旺长期要及时进行揭膜培土，或提倡使用光解膜 ，防止雨水沿地膜表面流失，烟株不能吸收有效的水分影响产量。

三、洛阳烟区穴灌次数研究

试验设在洛宁县下峪乡后上庄村孙明武家烟田，地势为缓坡地，土壤类型为红黏土，前茬作物为烟叶，肥力中等，种植品种中烟 100，符合洛宁县大面积种烟的基本情况。试验设计：该试验共设 4 个处理。①常规栽培（干旱期盖膜不灌），②灌水一次(水肥一体机注灌)，③灌水 2 次，④灌水 3 次。采用大区对比设置，不设重复，每处理面积 1 亩，处理 1 于栽后 10d 进行，处理 2、处理 3 间隔 15d 灌水。田间农事操作：冬前对全部试验田进行机耕，3 月 18 日起垄，5 月 15 日移栽，8 月 5 日开烤，10 月 5 日烘烤结束。各处理施纯氮 5. 28kg/亩，$N:P_2O_5:K_2O=1:2:3$，亩施宜阳产烟草专用肥 30kg，宜阳产腐殖酸饼肥 30kg，重钙 20kg，硝酸钾 5kg，硫酸钾 15kg，复合肥、饼肥、重钙起垄时开沟条施，硝酸钾移栽时穴施，硫酸钾团棵期后追施，田间管理按照洛宁县优质烟管理技术进行操作。

（一）田间农艺性状调查与分析

由图 6-9 至图 6-12 可以看出，一次注水后 10d 各处理的株高、茎围、叶数、最大叶长、宽均比常规栽培方法对照有较大幅度的增加；二次注水后 15d 各处理的株高、叶数、最大叶长宽随着注水次数的增加而增加，烟株茎围差距不大；随着注水次数的增加各处理的株高、茎围、叶数、最大叶面积均在增加，但二次注水和三次注水之间差距不太明显。说明在团棵期内的干旱期对烟田采用水肥一体机进行注灌可有效缓解干旱期烟叶生长的需求，进入旺长后期随着烟株生长速度的加快，少量灌水已不能满足烟株快速生长的需求，只能通过注水维持烟叶在短时间内度过严重干旱期，保持烟叶的产量不受或少受损失。

（二）产值结果分析

由表 6-14 可以看出：亩产量依次是灌水三次>灌水二次>灌水一次>常规栽培；产值、均价、上等烟比例、上中等烟比例依次为灌水二次>灌水三次>灌水一次>常规栽培，表明在烟叶生产的关键时期团棵到旺长期遇到干旱，对烟株灌水 1～2 次即可解决干旱对烟叶产量和质量造成的严重影响。

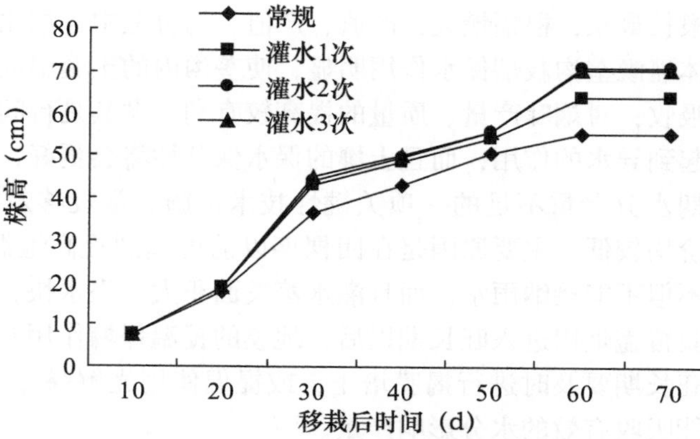

图 6-9　不同处理不同生育期株高变化

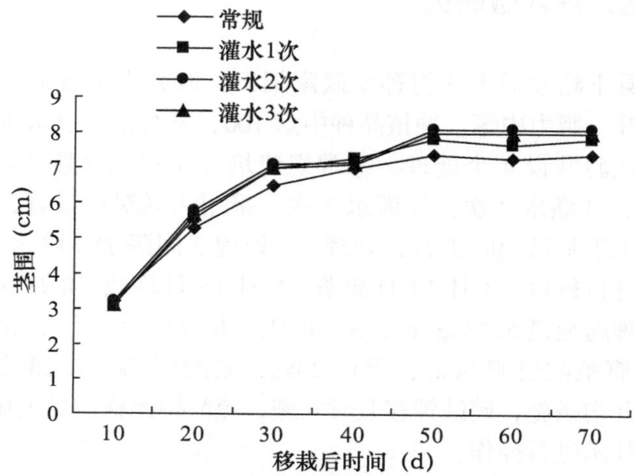

图 6-10　不同处理不同生育期茎围变化

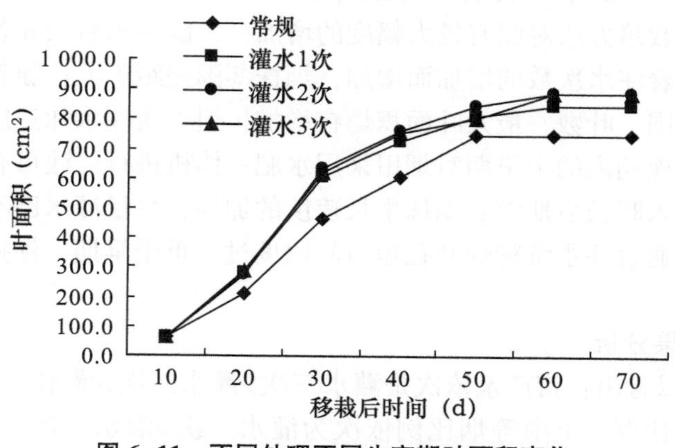

图 6-11　不同处理不同生育期叶面积变化

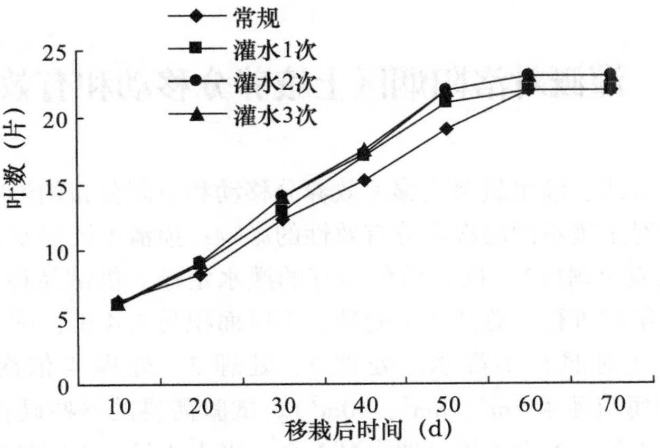

图 6-12　不同处理不同生育期叶数变化

表 6-14　灌水试验产值结果调查表

处理	亩产量（kg）	亩产值（元）	均价（元/kg）	上等烟比例（%）	上中等烟比例（%）
常规	153.6	1 632.38	10.62	12.2	80.1
灌水一次	173	2 048.7	11.84	31.2	80.52
灌水二次	179.6	2 228.8	12.42	37	88.86
灌水三次	180.8	2 220.24	12.28	36.8	87.98

（三）试验结论

试验表明，采用水肥一体机进行穴灌，团棵期可有效缓解干旱对烟叶生长的需求，旺长后期随着烟株生长速度的加快；产量随灌水次数增加而增加，产值、均价、上等烟比例、上中等烟比例均以灌水二次较好。烟田自动化水肥一体灌溉装置，在地膜覆盖的前题下，烟叶生长的关健时期遇干旱，及时对烟株进行灌水追肥，每株烟仅需水1～2kg,既能实现烟株尽快团棵，并顺利进入旺长期，又能解决后期降雨使烟草错过了有效的生育期，造成烟株生长发育滞后、贪青晚熟的困难。对解决水资源短缺，灌溉条件不良，灌溉技术落后有较大的促进作用。在烟株移栽前后至团棵期内，利用该设备给烟株定量均衡供水，能提高水分利用效率，给烟株均衡供水供肥，确保均衡生长发育。在干旱条件下变被动为主动，关键时期给烟株提供救命水，以最高的水分利用效率使干旱损失最小化。充分利用有限的水资源［1 000kg/（次·亩）左右］，提高水分利用效率（膜下根际注水）对洛阳烟区烟叶生产可持续发展有较大的促进作用。

第四节　灌溉对洛阳烟区土壤养分移动和有效性影响

通过不同灌水方式、灌水量对土壤速效养分移动和空间分布的影响研究；了解不同灌溉方式和灌水量对土壤不同层次养分有效性的影响；摸清不同灌水量的水、肥互作效应（正效应，负效应及阈值），确定单位适宜的灌水定额。供试品种为中烟100；在伸根至旺长前土壤干旱时进行。总共4个处理，小区面积为0.4亩，试验过程中的每小区灌水量为：处理1（对照）不灌水，处理2、处理3、处理4依次分别为：0.8m^3、3.2m^3和16m^3（即每亩灌水2m^3、8m^3、40m^3）。试验需要的一些硬件设备有：水肥一体机1台、微喷带4条，主管1根，抽水泵1个，水表4只。不同处理土壤湿润层深度在灌水后24h测定，不同土层土壤物理性状，分0~10cm、10~20cm、20~30cm、30~40cm、40~50cm 5个土层测定容重、孔隙度、含水量。在灌水后2d和10d各测1次。不同土层土壤养分含量，结合第2项测定进行取样，测定不同层次速效氮、磷、钾及微量矿质元素含量，农艺和生育性状调查项目：株高、茎围、叶面积、每10d测定1次产量、质量性状调查、水分和养分生产率及利用率。

一、对烟株生长发育的影响（不同时期株高、茎围、叶长、宽等）

从表6-15可以看出，对照、水肥一体灌溉、微喷、沟灌各各处理差异不大，说明地力、肥力差异不大。

表6-15　灌水前测定的农艺性状

单位：cm

	处理1（CK）	处理2	处理3	处理4
株高	58.5	61.6	63	62.5
	54.5	64	56.8	68.2
	52.8	62	63.2	67.1
	55.6	58.4	62	69
	57.1	62.3	63.4	63
茎围	6.9	7.7	7.9	7.9
	6.8	8.5	8	8.3
	6.6	6.8	7.4	7.4
	7.5	8.0	8.1	7.6
	8.0	8.1	8	8.1
长×宽	49.4×30.8	49.5×30.2	45.2×31	48.6×29.2
	46×29.7	52.8×31.6	48.1×25.4	54.2×33.3
	40.8×24	47.3×28.8	50×32.1	46.2×28.9
	40.4×24.8	48.3×25.7	51.1×35.2	55.6×32.8
	48.6×28	51.3×30.3	49.9×27	51.0×30.2

从表 6-16 可以看出，水肥一体、微喷、沟灌处理灌水后均比对照有明显差异，沟灌最好，微喷次之，水肥一体第三，对照最差，但是水肥一体比微喷和沟灌显著省水、省力，节约用水。

表 6-16　喷水 10d 后测定的农艺性状　　单位：cm

	处理 1（CK）	处理 2	处理 3	处理 4
株高	107	113.6	127	131
	102	121	120	124
	100	123	123	126
	98	118	123	128
	110	116	118	123
茎围	8.5	7.8	8.7	9.6
	8.1	9.2	9.1	10.4
	8.9	8.9	8.2	9.4
	7.8	9.2	9.3	9.1
	7.6	9.6	9.5	10.0
长×宽	61×30.1	51×29.2	65.5×30.8	69.5×34
	52×29.7	58.6×33.2	60.5×31.1	73×32.6
	59×28.5	53×30.8	63.2×31	70×33.5
	58.1×29.0	65.8×31.1	68.3×32.8	66.5×37
	53×27.7	56×36.4	61.3×29.7	67×29

二、对土壤性状的影响

从表 6-17 可以看出，沟灌湿润层最深，其次是微喷，水肥一体湿润层较浅。

表 6-17　喷水 24h 土壤湿润层深度

	处理 1（CK）	处理 2	处理 3	处理 4
湿润层（cm）		9	15	26

从表 6-18、表 6-20 可以看出，CK（对照）不同深度土壤容重均较低，其次为水肥一体，微喷和沟灌土壤容重较高，说明不喷水和采用水肥一体灌溉能够增加土壤通透性，改良土壤结构。微喷、沟灌不同深度土壤容重较高，使土壤板结，降低土壤通透性。

表 6-19、表 6-21 表明，喷水 24h 和 10d 后，土壤含水量以微喷和沟灌较高，充分说明微喷和沟灌对提高深层土壤含水量具有较大的作用，尤其微喷对提高 30cm 以下的土壤含水量作用较大。水肥一体由于用水量较少对提高土壤含水量同样有一定的作用，但对深层土壤含水量影响不大，节水效果明显，在严重干旱时期，少用沟灌浇一亩烟可

以挽救20亩烟田，该方法对干旱缺水地区最适用。

表6-18　喷水24h土样的容重　　单位：g/cm³

土层（cm）	处理1（CK）	处理2	处理3	处理4
0~10	1.38	1.74	1.65	1.82
10~20	1.49	1.87	1.72	1.76
20~30	1.63	1.80	1.68	1.88
30~40	1.59	1.69	1.82	1.69
40~50	1.66	1.91	1.78	1.70

表6-19　喷水24h土壤含水量　　单位：g/kg

土层（cm）	处理1（CK）	处理2	处理3	处理4
0~10	143.2	192.6	163.9	215.3
10~20	150.1	198.2	186.2	213.7
20~30	159.8	174.7	180.6	207.1
30~40	168.5	178.1	195.9	200.3
40~50	177.6	181.7	193.4	216.4

表6-20　喷水10d土壤容重　　单位：g/cm³

土层（cm）	处理1（CK）	处理2	处理3	处理4
0~10	1.33	1.61	1.74	1.49
10~20	1.56	1.46	1.43	1.76
20~30	1.80	1.88	1.72	1.71
30~40	1.66	1.74	1.82	1.90
40~50	1.83	1.79	1.49	1.65

表6-21　喷水10d土壤含水量　　单位：g/kg

土层（cm）	处理1（CK）	处理2	处理3	处理4
0~10	141.8	179.4	195.8	207.3
10~20	167.3	193.3	216.5	225.7
20~30	178.2	190.7	207.3	215.2
30~40	180.6	203.6	204.8	216.8
40~50	187.2	253.5	231.0	224.2

三、对经济性状的影响（产量、产值、均价、上等比例等）

由表6-22可知，水肥一体灌溉产量最高，对照最低，但各处理之间差异不明显；产值、均价、上等烟比例均以水肥一体最高，以微喷处理次之，沟灌第三，对照最差。

主要原因是微喷处理发病程度轻，烟叶损失少，产量、产值较高，沟灌用水量大，土壤板结严重破坏土壤结构，使病害加重，但比对照轻。

表 6-22　经济性状调查表

处理	亩产量（kg）	亩产值（元）	均价（元/kg）	上等烟比例（%）
处理 1	158.5	1 896.05	1 196.25	1 608.83
处理 2	171	2 195.05	1 283.65	1 871.35
处理 3	170.5	2 095.5	1 229.03	1 788.86
处理 4	166.5	2 033.9	1 221.56	1 756.76

四、试验结论

试验表明，水肥一体穴灌能以少量的水解决烟叶生产叶的干旱问题，作用效果明显；微喷比沟灌省水、省力；微喷和沟灌对提高深层土壤含水量具有较大的作用，尤其沟灌对提高 30cm 以下的土壤含水量作用较大；处理 1（对照）和水肥一体穴灌不同深度土壤容重较低，说明不喷水或采用水肥一体灌溉，由于不改变土壤结构，能够增加土壤通透性，提高烟株根系活力，提高烟株的吸收能力和水肥利用率。微喷、沟灌不同深度土壤容重较高，使土壤板结，降低土壤通透性。水肥一体穴灌和微喷处理发病程度轻，烟叶损失少，产量、产值较高，沟灌用水量大，破坏土壤结构，使病害加重，但比对照轻。亩产量、亩产值、上等烟比例、均价以水肥一体灌溉处理最好，微喷次之，沟灌第三，对照最差。水肥一体穴灌处理的总耗水量比沟灌处理的总耗水量低，其次是微喷处理且水分生产率均比沟灌处理高，而水肥一体穴灌设备省水、省力、省工，少用沟灌浇一亩烟可以挽救 20 亩烟田，该方法对干旱缺水地区最适用，对解决洛阳地区烟田缺水灌溉和烟株中后期难追肥等最适用。

第七章　洛阳烟区旱作栽培技术

第一节　旱作烟田的土壤环境及保水技术研究

一、试验设计

试验在洛宁县王村进行，采取双因素裂区实验设计，主因素为保水剂处理：T_1（CK）—当地常规栽培措施（不施保水剂）T_2—CK$^+$保水剂 15kg/hm^2；T_3—CK$^+$保水剂 30kg/hm^2；T4—CK$^+$保水剂 45kg/hm^2；副因素为秸秆覆盖：B_1（CK）—移栽后 30d 揭地膜；B_2—移栽后 30d 揭地膜，同时垄体垄沟全部覆盖陈年麦秸7 500kg/hm^2，共 8 个处理，重复 3 次，共 24 个小区。

田间每小区定 5 株记载植物学性状，成熟采取时各小区单采收单分级单记录，采用三段式烘烤工艺进行调制，按烤烟 42 级国际进行分级。移栽期 5 月 13 日，种植密度 1 000株/亩，各品种处理施肥和田间管理同常规，试验地要求土壤肥力中等，地势平坦，排灌方便。

测定烟株的农艺性状，各个时期的土壤物理、化学性质以及土壤水分动态，烤后样选取 C3F，对物理特性、化学性质、感官评价以及外观质量进行评价分析。

二、结果分析

（一）不同处理对土壤含水率的影响

土壤含水率在整个生育期内变化趋势一致，总体呈现先升高再降低又升高的趋势，各个时期含水率与保水剂施用量呈正比（表 7-1）。在团棵期，由于移栽时浇水以及地膜覆盖，土壤含水率呈增高趋势，在此阶段保水剂处理含水率显著高于 CK，其中 T4 含水率最高，显著高于其他处理；在旺长期和团棵期，由于移栽 45d 之后烟田揭除地膜，土壤的水分散失加快，以及随着烟株的生长耗水量也在增大，土壤的含水率处于下降阶段，含水率的降低速率和保水剂的施用量成反比，其中 T4 和 T3 的土壤含水率显著高于 T2 和 CK；直到成熟期，由于天气降水比较集中，土壤的含水率迅速升高，土壤含水率的升高速率和保水剂施用量呈正比，T4 的含水率最高，显著高于其他处理，T3 的含水率也显著高于 T2 和 CK；在中部叶采收时，保水剂不同处理量之间没有显著差异，但都显著高于对照。

表 7-1　不同处理的土壤含水率　　单位:%

处理	移栽前	团棵期	旺长期	圆顶期	成熟期	中部叶采收
CK	2.86	2.90c	2.74b	2.64b	3.15c	3.08b
T2	2.86	2.96b	2.78b	2.68b	3.25c	3.12ab
T3	2.86	2.99b	2.88a	2.84a	3.38b	3.27a
T4	2.86	3.03a	2.93a	2.88a	3.41a	3.33a

注：同列不同小写字母表示不同处理差异达显著水平（$P<0.05$），下同

（二）不同处理对土壤碱解氮含量的影响

各处理之间大田生育期内土壤碱解氮含量变化趋势相似，均呈现先增高再降低的趋势（图 7-1），各个时期碱解氮含量和保水剂的施用量均呈正相关关系。从移栽期到旺长期，土壤的碱解氮含量一直在增加，T4 的碱解氮含量显著高于其他处理，T3 处理显著高于 T2 和 CK，T2 和 CK 之间没有显著差异；在圆顶期，土壤的碱解氮含量开始降低，降低速率与保水剂施用量呈反比，T4 和 T3 显著高于 CK，T2 和 CK 没有显著差异。成熟期，各个处理的碱解氮含量均无显著差异；在中部叶采收阶段，T4 和 T3 显著高于 T2 和 CK。

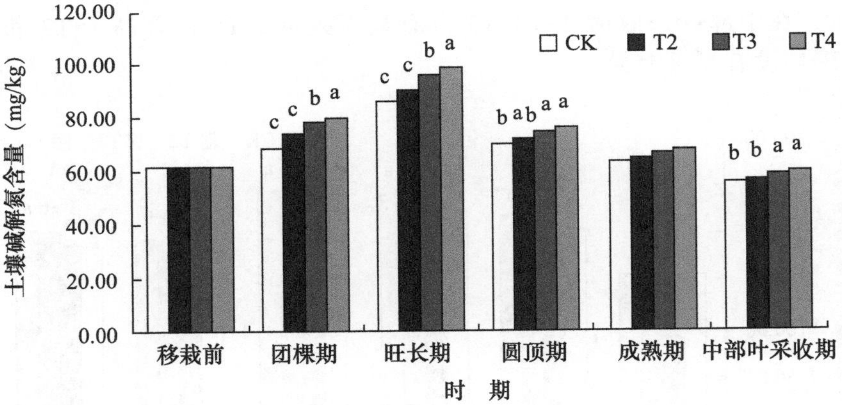

图 7-1　不同处理的土壤碱解氮含量

（三）不同处理对土壤速效磷含量的影响

所有处理烤烟根际土壤的速效磷含量在整个生育期基本呈降低趋势（图 7-2），这和烤烟的整个生育期对磷的吸收规律一致。在团棵期，由于移栽时烟苗较小，加上底肥的施入会使速效磷有短暂的增加过程，T4 和 T3 显著高于 T2 和 CK；从旺长期到成熟期，土壤的速效钾含量一直在降低，T4 显著高于 T3，这 2 个处理显著高于 CK 和 T2；在成熟后期，T4、T3 和 T2 之间没有显著差异，这 3 个处理显著高于 CK。

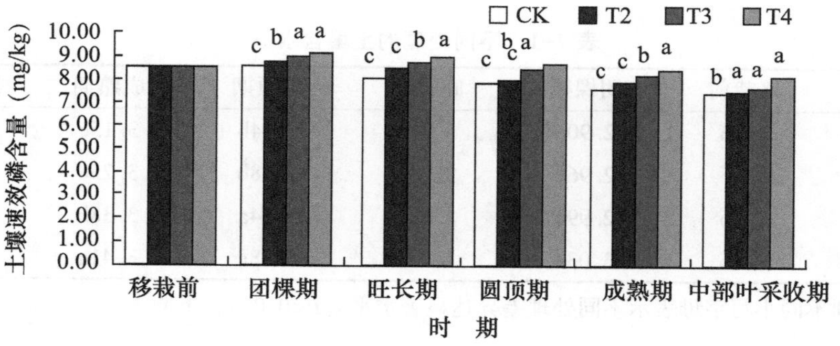

图 7-2 不同处理的土壤速效磷含量

（四）不同处理对土壤速效钾含量的影响

所有处理烤烟根际土壤的速效钾含量在整个生育期的变化趋势都是一致的（图 7-3），呈现出先升高再降低的趋势，并在圆顶期达到最大，即在烤烟生长的中后期达到最高，符合优质烤烟生长对“钾素后移”的要求。在圆顶期之前土壤的速效钾含量增加的速度和施用保水剂的量呈正比，T4 显著高于 T3，T3 显著高于 T2，T2 显著高于 CK；在成熟期，T4 显著高于其他处理，T3 和 T2 没有显著差异，但显著高于 CK，在中部叶采收时 T4 和 T3 没有显著差异，T4 显著高于 T2 和 CK，T3 和各个处理均没有显著差异。

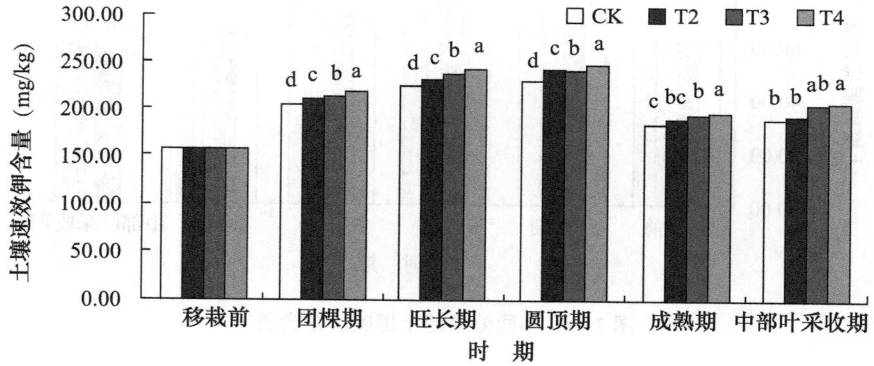

图 7-3 不同处理的土壤速效钾含量

（五）不同处理对土壤有机质含量的影响

所有处理烤烟根际土壤的有机质含量在旺长期之前呈增长趋势之后开始降低直到成熟阶段（图 7-4），到采收后期又快速上升。在生长前期低施用量保水剂对土壤有机质的含量影响不大，T4 显著高于其他处理，其他处理之间没有显著差异；到成熟期之后，各个处理之间的差异显著，T4 显著高于 T3，T3 显著高于 T2 和 CK。

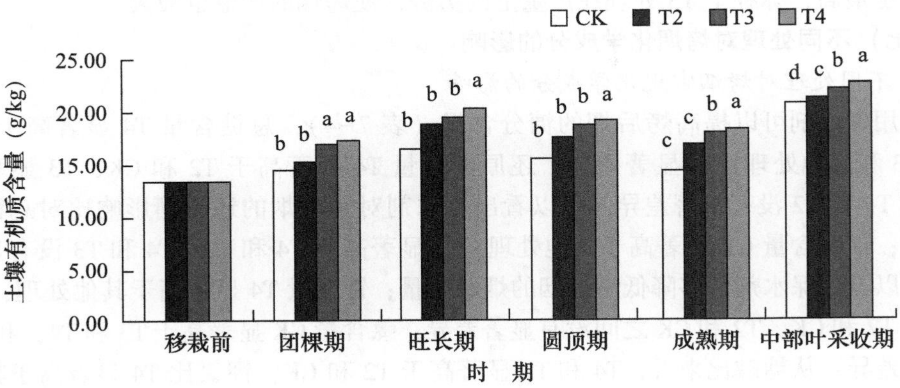

图 7-4　不同处理的土壤有机质含量

（六）不同处理对烤烟生长和产量的影响

1. 不同处理对烟株农艺性状的影响

表 7-2　不同处理的烟株农艺性状（旺长期）

处理	株高（cm）	茎围（cm）	最大叶面积（cm^2）
CK	110. 00b	9. 43b	1 390. 35b
T2	110. 13b	10. 00a	1 396. 66b
T3	113. 33a	10. 06a	1 496. 64a
T4	114. 20a	10. 02a	1 531. 15a

在旺长期内，不同处理之间烟株的株高 T4 最大（表 7-2），T4 和 T3 显著高于 T2 和 CK；不同处理之间茎围 T3 最大，T4、T3 和 T2 显著高于 CK；不同处理之间 T4 最大叶面积最大，T4 和 T3 显著高于 T2 和 CK。保水剂不同施用量处理各个农艺性状指标均高于对照，其中 T3 和 T4 显著高于 CK。

2. 不同处理对烤烟经济形状的影响

表 7-3　不同处理的烤烟经济性状

处理	产量（kg/hm^2）	产值（元/hm^2）	均价（元/kg）	上等烟比例（%）
CK	2 517. 30c	64 870. 80c	25. 77b	33. 84b
T2	2 622. 75c	67 798. 05b	25. 85b	35. 73b
T3	2 775. 20b	74 763. 05a	26. 94a	41. 08a
T4	2 839. 35a	74 646. 45a	26. 29ab	38. 42ab

不同保水剂处理的各个烤烟经济形状均高于对照（表 7-3），其中 T2 和 CK 之间并没有显著差异，从产量上看，T4 显著高于 T3，T3 显著高于 T2 和 CK；从上等烟比例来看，T3 的上等烟比例最高，显著高于 T2 和 CK；由于 T3 的上等烟比例最大，从而 T3

的均价也最高，弥补了T3处理在产量上的劣势，使烤烟的产值也最大。

（七）不同处理对烤烟化学成分的影响

1. 不同处理对烤烟常规化学成分的影响

施用保水剂可以提高烤后烟的糖分含量（表7-4），总糖含量T4显著高于T2和CK，T3和其他处理没有显著差异；还原糖含量T4显著高于T2和CK，T3显著高于T2，和T4和T2没有显著差异，可以看出保水剂对烤后烟的还原糖影响比对总糖的影响稍大；烟碱含量CK显著高于其他处理，T2显著高于T4和T3，T4和T3没有显著差异，可以看出保水剂能够降低烤后烟的烟碱含量；钾含量T4显著高于其他处理，T3显著高于T2和CK，T2和CK之间没有显著差异；氯含量CK显著高于T3和T4，和T2没有显著差异；从糖碱比来看，T4和T3显著高于T2和CK；钾氯比T4显著高于其他处理，T3显著高于T2和CK。各个处理烤后烟总氮和氮碱比没有显著差异。

表7-4 不同处理的烤烟常规化学成分含量

处理	总糖（%）	还原糖（%）	总氮（%）	烟碱（%）	钾（%）	氯（%）	糖碱比	氮碱比	钾氯比
CK	28.58b	20.99c	1.75	1.74a	1.17c	0.41a	16.41b	1.00	2.84c
T2	29.45b	21.49bc	1.74	1.75b	1.27c	0.39ab	16.84b	0.99	3.23c
T3	30.22ab	22.67ab	1.71	1.66c	1.32b	0.38b	13.61a	1.03	3.46b
T4	30.34a	23.90a	1.71	1.56c	1.36a	0.38b	19.43a	1.09	3.56a

2. 不同处理对烤烟中性致香成分的影响

各个处理之间除类胡萝卜素类外都有显著差异（表7-5），其他芳香族氨基酸类、类西柏烷类、棕色化产物和新植二烯各成分T3和T4两个处理之间没有显著差异，T2和CK之间也没有显著差异。T3和T4的棕色化产物和新植二烯显著高于T2和CK，芳香族氨基酸类和类西柏烷类显著低于T2和CK。

表7-5 不同处理的烤烟中性致香成分含量

单位：μg/g

处理	类胡萝卜素类	芳香族氨基酸类	类西柏烷类	棕色化产物	新植二烯	总量
CK	59.51d	7.00a	22.62a	15.97b	638.56b	743.66b
T2	61.42c	7.00ab	22.60a	16.03b	642.65b	749.71b
T3	63.90b	6.90b	22.43b	16.20a	650.73a	760.17a
T4	64.97a	6.73b	22.30b	16.25a	652.77a	763.02a

三、结论

随着保水剂施用量的增加，烟田土壤的含水率、碱解氮、速效磷、速效钾以及有机质等养分含量均会有不同程度的增加，可以为烤烟的生长提供更多的水分和养分，以

T4（45kg/hm^2）和 T3（30kg/hm^2）的效果最好。

施用保水剂可以改善烤烟的化学成分和中性致香成分含量，协调烟叶化学成分的比例，提高烟叶的化学品质，以 T4（45kg/hm^2）和 T3（30kg/hm^2）的效果为好。不同施用量的保水剂处理可以不同程度地增加烤烟的产量和收购质量，进而提高烤烟的经济收入。在保水剂处理 T3（30kg/hm^2）时经济效益达到最好。

第二节　施肥与灌溉对烤烟产质的影响及其生理机制

一、试验设计

试验采用双因素，以施肥为因素 A，有灌溉为因素 B。A1—有机肥基施，A2—有机肥窝施；B1—自然降水，B2—遇旱注水，B3—遇旱限量沟灌；随机排列，3 次重复，共 18 个处理。

针对施肥与灌溉对烤烟产质的影响及其生理机制研究，分别在团棵、旺长、现蕾、圆顶期测定株高、茎围、叶数、单株叶面积、茎及叶片鲜重、干重，根系鲜重、干重。烤后烟在每个处理烟叶烘烤过后采取，各个处理取不同的等级，取样等级为 X2F、C3F、B2F 三个级别，每个处理各 1. 5kg 并挑取若干烘干磨碎，过 60 目筛，装入自封袋保存。烤后样品在河南农业大学烟草学院进行物理特性、常规化学成分等指标的分析测试。

二、结果分析

（一）各处理间烟叶的农艺性状分析

在旺长期：处理 A2B1 株高最高、叶数最多、茎围和单株叶面积最大，在株高上与其他处理相比差异显著，在叶数上和 A1B1 与其他处理差异显著，在茎围上，A1B2 和 A2B2 与其他处理差异显著，在单株叶面积上与其他各处理差异显著；现蕾期：A2B2 株高最大，和 A2B1 与其他处理差异显著，处理 A2B1 叶数最大，与其他各处理差异显著，A2B2 茎围最大，与 A1B1 和 A2B1 与其他处理差异显著，A1B3 单株叶面积最大，与其他处理差异显著；从旺长期的长势情况可以发现 A2B2 和 A2B1 的大田长势较其他处理的好。

圆顶期：A1B2 株高最大，A1B1 叶数最多，A1B3 和 A2B1 茎围最大，与其他处理差异显著，A2B2 单株叶面积最大，与其他处理差异极显著。

通过对不同处理在不同时期干物质积累均值的比较，因为移栽时已经浇足了移栽水，在团棵期可以明显地观察到有机肥窝施的烟叶长势好于有机肥条施，到旺长期可以发现灌水对于烟叶中干物质的积累有着明显的促进作用（表 7-6）。在现蕾期时对比限量灌溉和遇旱灌溉发现，看到限量灌溉有助于干物质的积累。为了进一步看到烟叶内部的化学成分的变化，仍需进行分析。

表 7-6　不同处理不同时期干物质积累均值的比较　单位：g

处理	团棵期		旺长期		现蕾期		成熟期	
	鲜叶重	干叶重	鲜叶重	干叶重	鲜叶重	干叶重	鲜叶重	干叶重
A1B1	144.74	18.84	322.34	42.01	478.16	59.45	834.12	111.37
A1B2	106.72	12.76	408.1	43.61	397.31	52.7	762.18	100.24
A1B3	149.24	19.45	403.92	45.78	516.28	69.29	761.73	105.79
A2B1	186.77	23.53	385.7	47.49	562.04	70.18	682.31	96.13
A2B2	178.96	24.04	442.68	50.91	542.68	75.7	878.31	107.24
A2B3	175.06	21.52	355.61	42.93	559.41	81.35	768.44	99.63

（二）不同处理间烟叶常规化学成分的分析

通过对各个处理的中部烟叶的常规化学成分的分析（图 7-5 至图 7-8），可知在团棵期时，A2B2 处理的总糖和还原糖含量明显高于其他处理；A1B2 和 A1B3 的烟碱含量较高，钾含量上 A2B3 的含量明显高于其他处理；在氯含量上 A1B2 的含量相对较高。在旺长期时，A2B2 在还原糖和总糖上明显高于其他处理，在氯和烟碱上，可以发现 A2B2 总氮上含量相对较低，在总氮含量上 A1B2 显著高于其他处理；在现蕾期时，A1B3 的总糖和还原糖含量相对较高，A1B2、A2B2 的含氮量较高于其他处理。在成熟期，发现 A2B2 和 A2B3 的还原糖和总糖成分较高，A2B3 的其他成分也较高于其他处理。

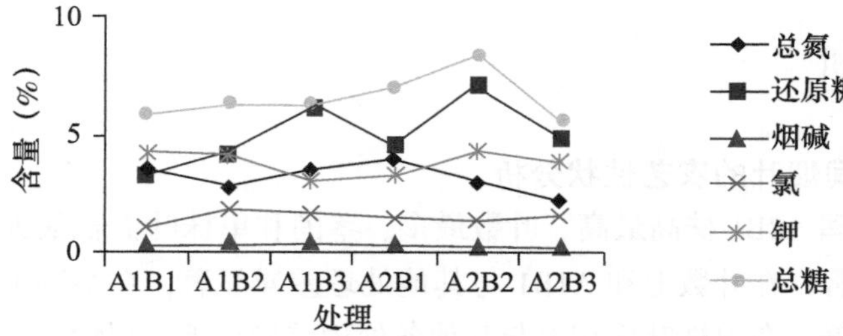

图 7-5　团棵期不同处理间的化学成分比较

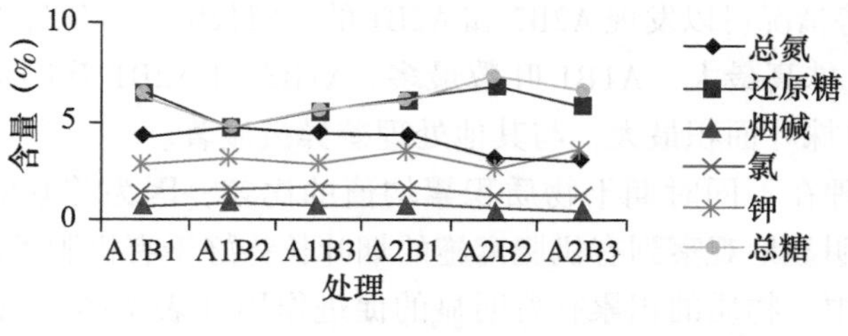

图 7-6　旺长期不同处理间的化学成分比较

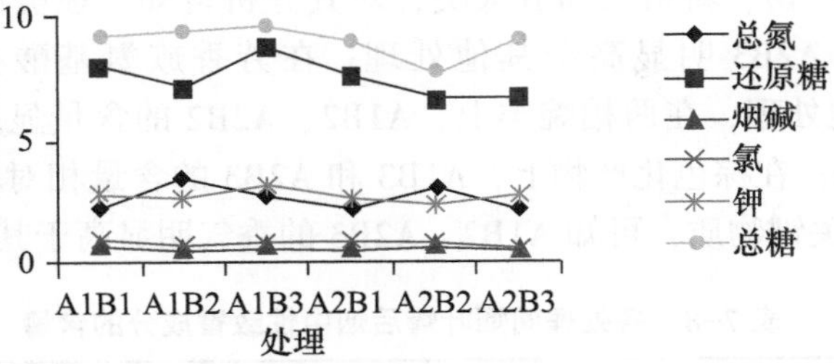

图 7-7 现蕾期不同处理间的化学成分比较

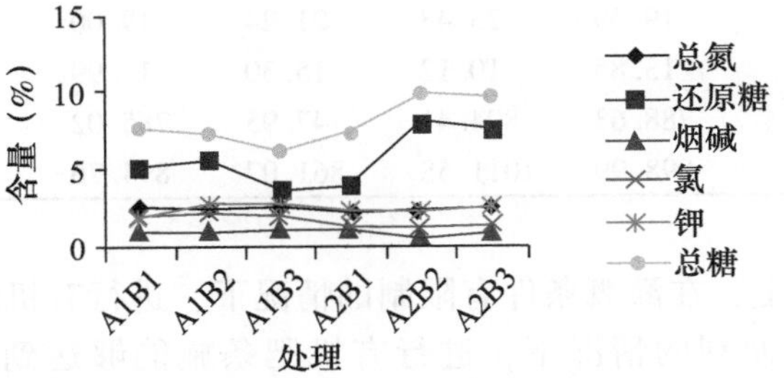

图 7-8 成熟期不同处理间的化学成分比较

（三）各处理间烤后烟叶常规化学成分比较

对烤后烟叶的 C3F 进行了常规化学成分间的比较，发现两糖比上 A1B3 和 A2B3 的比值较高，其协调性相对较好（表 7-7）；在钾氯比上 A1B1，A1B3 和 A2B2 的含量较高，有助于助燃；在氮碱比上，A1B2 和 A2B2 的比值含量较高，有助于协调烟叶的香吃味。

表 7-7 各处理间烤后烟叶常规化学成分的分析 （单位：%）

单位	总氮	还原糖	烟碱	氯	钾	总糖	钾氯比	氮碱比	两糖比
A1B1	1.85	16.73	2.69	0.66	1.45	22.06	2.20	0.69	0.76
A1B2	1.84	18.00	2.32	1.01	1.78	21.77	1.76	0.79	0.83
A1B3	1.76	13.6.1.8.20	2.45	0.67	1.34	21.46	2.00	0.72	0.85
A2B1	1.85	17.03	2.74	0.76	1.23	20.15	1.62	0.68	0.85
A2B2	1.75	18.05	1.28	1.22	2.41	22.05	1.98	1.37	0.82
A2B3	1.85	18.53	2.70	0.77	1.32	0.64	1.71	0.69	0.90

（四）各处理间烟叶烤后烟中性致香成分的分析

在中性物质方面，研究表明，A2B3 的中性致香物质较多于 A2B2 的含量，说明在限制水量的情况下，有助于提高烟叶的品质和质量。穴施比条施的方法好，有利于烟叶吸收养分。在各处理间 A2B3 和 A2B2 的表现较好（表 7-8）。为大田管理提供了一定的方向。

由于香气种类较多，对其进行了分类分析，分为类胡萝卜素类、芳香族氨基酸类、西伯烷类、棕色化产物、新植二烯五大类，对其分析可知，在类胡萝卜素类香气成分上，A1B2、A2B2、A2B3 明显高于其他处理；在芳香族氨基酸类上，A1B2、A2B2、A2B3 显著高于其他处理；在西柏烷类上，A1B2、A2B2 的含量显著高于其他处理，其次是 A1B3 和 A2B3；在棕色化产物上，A1B3 和 A2B3 的含量相对较高；新植二烯是影响中性致香成分的关键物质，可知 A1B2、A2B3 的香气明显高于其他处理。

表 7-8　各处理间烟叶烤后烟中性致香成分的含量　　单位：μg/g

中性致香成分	A1B1	A1B2	A1B3	A2B1	A2B2	A2B3
类胡萝卜素类	67.01	70.84	66.74	66.00	70.29	70.06
芳香族氨基酸类	10.11	12.78	9.85	10.74	12.18	15.45
西伯烷类	19.39	23.43	21.24	19.00	24.37	20.07
棕色化产物	13.85	10.12	15.30	13.99	14.09	14.47
新植二烯	788.63	894.41	747.95	785.02	668.39	878.60
总量	898.99	1011.58	861.07	894.76	789.32	998.64

从香气总和含量上，在灌溉条件有限制的情况下，进行有机肥窝施能够提高烟叶的品质；在灌溉条件便利的情况下，进行有机肥条施能够达到一个高香气的标准，调高烟叶的抽吸品质和总体质量。此试验为在干旱地区施肥与灌溉提供了一定的依据。

三、结论与讨论

目前，我国大部分地区对烟草灌溉都是采取大水漫灌的方式，这不仅造成了水资源的浪费，还严重降低了土壤肥力。所以，应制定科学的施肥灌溉方法，以此适应烟株的生长发育。本研究发现，不同灌水处理烤烟的化学成分之间存在显著性差异，适当地限量灌溉可以提高烟叶中糖类的含量；施肥方式对烤烟生长发育具有显著影响，其中穴施的烤烟进入生长期快，株高、茎围、绿叶数、单株最大叶面积和最大单叶质量等性状均显著高于其他各施肥处理，干物质累积量和累积强度也高于其他处理。不同的施肥方式不仅会影响烤烟的产值，还会影响烤烟的品质。研究发现，经过穴施肥法处理的烟叶中的还原糖、钾含量相对较高，糖碱、钾氯、总氮烟碱也更为协调，品质更好。

第三节　秸秆覆盖对洛阳烟区水资源的有效利用研究

通过不同覆盖方式对洛阳水资源利用和品质形成的影响研究，解决豫西丘陵山区，干旱少雨、气温低，农作物复种指数高，土壤有机质含量偏低，土壤团粒结构差。烟叶抵御风险（旱、病）能力差，烟叶产、质年际间有波动等问题。在烟叶生产中采用秸秆、地膜覆盖栽培，解决土壤保蓄水分、促进烟株早发快长，对烟株中、后期协调生长，烟叶产量、质量的稳定提高具有重要的意义。

一、试验设计

本研究以烟田起垄后用作物秸秆覆盖为对象，以增强烟株抗逆性，提高烟叶品质为目的，根据烟叶生产实际设4个处理：①不覆盖秸秆（对照）；②移栽前7d覆盖秸秆；③移栽时覆盖；④栽移后7d覆盖。覆盖秸秆用量：全部覆盖处理秸秆用量为800kg/亩。试验地设在陈吴乡谷圭村，杨小虎家烟田，位于E34°20′315″，N111°41′193″，海拔436m的万亩塬上，试验地面积5亩，该试验田为地势平坦、肥力均匀一致的中等肥力地。供试品种为中烟100。试验不同处理施肥一致，具体施肥措施：每小区施优质芝麻饼肥3.75kg、烟草专用肥1.87kg、硫酸钾2.08kg、硝酸钾0.24kg和重过磷酸钙0.83kg，全部饼肥和烟草专用肥的80%条施，20%的烟草专用肥和硝酸钾、硫酸钾追施。试验小区面积为250m^2，长25m、宽5m，四行烟。每行100株（行距1.2m、株距0.5m）随机排列，重复3次，试验地四周设保护行。该试验田4月10日机耕，4月15日起垄施肥，5月5日移栽，覆盖时间全部按试验要求进行，7月28日、8月8日采烤，9月20日采收结束。每个处理选定有代表性烟株作标记，每处理定5株在团棵期、旺长期、园顶期调查测定烟叶生物学性状。

二、结果分析

（一）各处理不同生育期调查结果

从不同生育时期生物学性状调查表可以看出（表7-9至表7-11），叶数以不覆盖处理较少，旺长期以移栽时覆盖秸秆烟田长势强，叶色绿，抗病性较好，旺长期以后不同覆盖秸秆处理均表现较强的生长势，不覆盖烟田前期生长势较弱，抗性较低，病害发严重，尤其是豫西山区，由于气温较低，烟叶生长前期促烟早发快长是关键，应大力提倡秸秆覆盖。

表7-9　团棵期不同处理生物学性状

处理	叶数（片）	株高（cm）	最大叶长（cm）	最大叶宽（cm）
不覆盖	9.2	34	27	16.8
栽前7d覆盖	9.8	35.4	43.2	28
移栽时覆盖	10.2	37.6	40.4	25.8
移栽后7d覆盖	10.2	39.2	43.8	29.8

表7-10　旺长期不同处理生物学性状

处理	叶数（片）	株高（cm）	茎围（cm）	最大叶长（cm）	最大叶宽（cm）
不覆盖	19.8	93	8.3	65	21
栽前7d覆盖	19.6	99	8.4	65	24.8

（续表）

处理	叶数（片）	株高（cm）	茎围（cm）	最大叶长（cm）	最大叶宽（cm）
移栽时覆盖	20.6	101.8	8.3	65	24
移栽后 7d 覆盖	17.8	97.4	8.2	63	25.2

表 7-11　园顶期不同处理生物学性状

处理	叶数（片）	株高（cm）	茎围（cm）	最大叶长（cm）	最大叶宽（cm）
不覆盖	19.6	91	7.9	63.8	22.6
栽前 7d 覆盖	20.2	94	8.2	65.8	23.4
移栽时覆盖	20	95.8	8.2	64	25
移栽后 7d 覆盖	19.4	92	8	64	23.4

（二）不同处理试验不同深度土壤含水量变化

由不同处理 5cm 不同时期土壤含水量图可以看出（图 7-9），不同时期调查的结果有所不同，移栽 10d 时，以不覆盖土壤含水量最低，栽后 7d 最高；20d 时，不覆盖处理土壤迅速下降，覆盖处理下降均较慢，且大致相同；20~30d 期间，各处理均快速下降，其中移栽前 7d 下降最快，30d 时移栽前覆盖秸秆和不覆盖处理土壤含水量均较低；30~40d 期间各处理土壤含水量均增加，其中移栽后 7d 和移栽前 7d 移栽处理增加较快，40d 时，移栽后 7d 土壤含水量较高。总体来说，秸秆覆盖处理均提高了洛阳烟区 5cm 土壤含水量，秸秆覆盖在移栽后 30d 内效果明显。

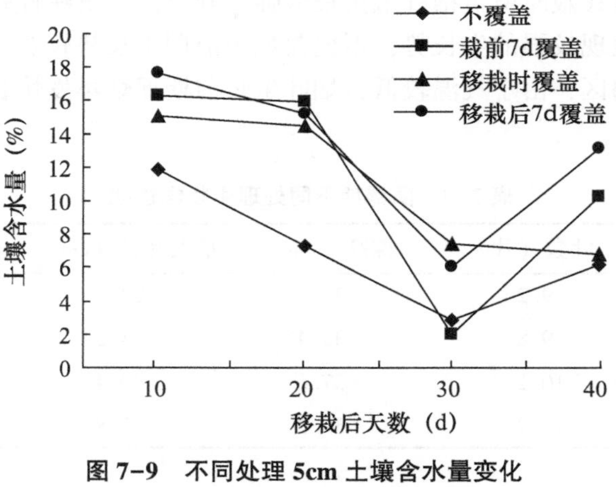

图 7-9　不同处理 5cm 土壤含水量变化

由不同处理 10cm 不同时期土壤含水量图可以看出（图 7-10），不同时期调查的结果有所不同，移栽 10d 时，以不覆盖土壤含水量最低，秸秆覆盖处理均较高；10~20d 阶段，不覆盖处理和移栽时覆盖处理土壤含水量下降迅速，20d 时移栽前 7d 和移栽后 7d 处理含水量较高，且大致相同；20~30d 期间，各处理均较快下降，其中不覆盖处理下降最快，30d 时移栽前覆盖秸秆和不覆盖处理土壤含水量均较低；30～40d 期间各处理土壤含水量均增加，其中移栽后 7d 和移栽前 7d 移栽处理增加较快，40d 时，移栽时覆盖处理土壤含水量较高。总体来说，秸秆覆盖处理均提高了洛阳烟区 10cm 土壤含水量，移栽时覆盖和移栽前覆盖效果较好。

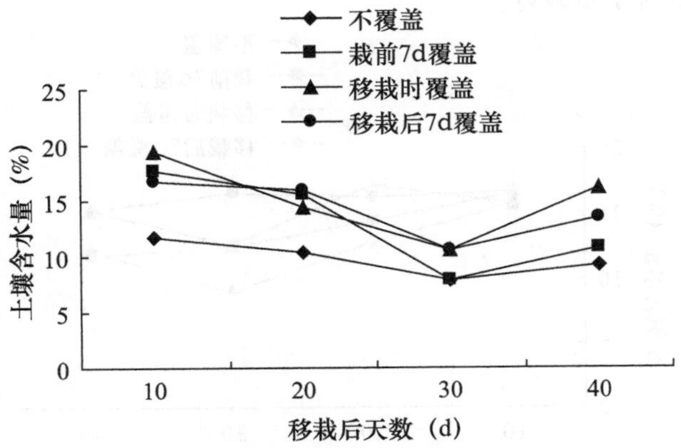

图 7-10　不同处理 10cm 土壤含水量变化

由不同处理 15cm 不同时期土壤含水量图可以看出（图 7-11），不同时期调查的结果有所不同，移栽 10d 时，以不覆盖土壤含水量最低，秸秆覆盖均较高；10～20d 时，不覆盖处理土壤缓慢回升，覆盖处理缓慢下降，20d 时各处理差异较小；20～30d 期间，各处理均快速下降，其中不覆盖处理下降较快，30d 时不覆盖处理土壤含水量较低；30～40d 期间各处理土壤含水量均增加，其中移栽后 7d 和移栽时覆盖处理增加较快，40d 时，移栽时覆盖处理土壤含水量较高。总体来说，秸秆覆盖处理均提高了洛阳烟区 15cm 土壤含水量，移栽时秸秆覆盖处理效果明显。

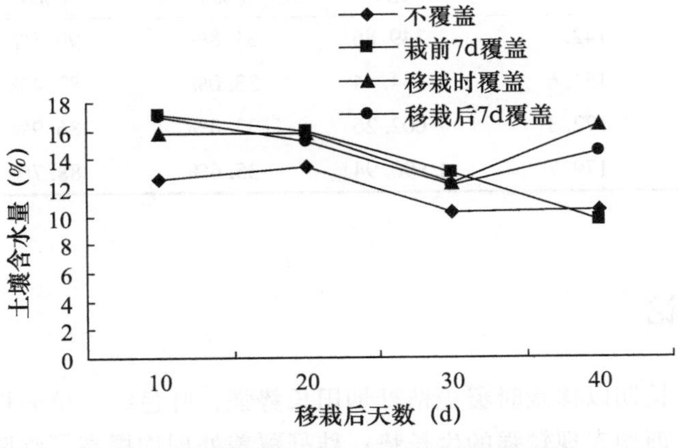

图 7-11　不同处理 15cm 土壤含水量变化

由不同处理 20cm 不同时期土壤含水量图可以看出（图 7-12），不同时期调查的结果有所不同，移栽 10d 时，秸秆覆盖处理与不覆盖处理差异较小；20d 时，不覆盖处理土壤迅速下降，移栽前 7d 覆盖处理下降较慢，移栽时覆盖和移栽后 7d 覆盖略有回升；

20~30d 期间，各处理均下降，其中不覆盖处理和移栽时覆盖处理下降较快，30d 时不覆盖处理土壤含水量较低；30~40d 期间各处理土壤含水量均增加，其中不覆盖处理和移栽前 7d 移栽处理增加较快，40d 时，移栽后 7d 覆盖处理和移栽时覆盖处理土壤含水量较高。总体来说，秸秆覆盖处理均提高了洛阳烟区 20cm 土壤含水量，移栽时覆盖处理的 20cm 深度土壤含水量较好。

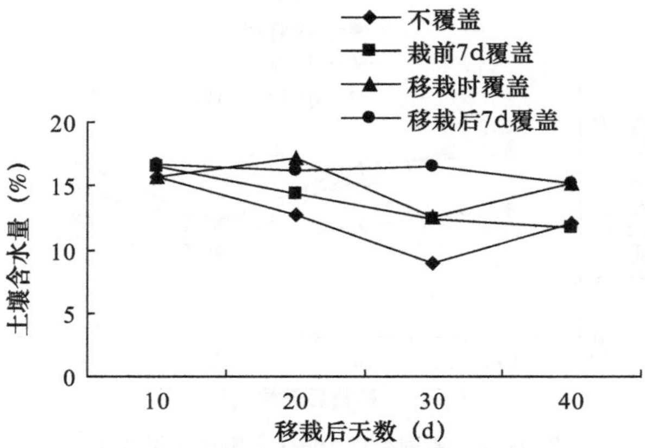

图 7-12　不同处理 20cm 土壤含水量变化

（三）不同处理试验产量、产值、上中等烟比例

结果表明（表 7-12）：亩产量、亩产值、上等烟比例以移栽后 7d 覆盖处理最好；每千克烟均价以移栽前 7d 覆盖处理最高；上中等烟比列以不覆盖秸秆较高。

表 7-12　产值结果调查表

处理	亩产量（kg）	亩产值（元）	上等烟比例（%）	上中等烟比例（%）	均价（元/kg）
不覆盖	142.7	1 349.86	31.8%	90.5%	9.46
栽前 7d 覆盖	151.6	1 444.44	33.0%	87.4%	9.53
移栽时覆盖	172.3	1 602.26	32.8%	86.9%	9.30
移栽后 7d 覆盖	179.7	1 690.94	35.6%	88.7%	9.41

三、试验结论

试验表明，旺长期以移栽时覆盖秸秆烟田长势强，叶色绿，抗病性较好，旺长期以后不同覆盖秸秆处理均表现较强的生长势；秸秆覆盖处理均提高了洛阳烟区各土层土壤含水量，秸秆覆盖在移栽后 30d 内保水效果明显，亩产量、亩产值、上等烟比例以移栽后 7d 覆盖处理最好；每千克烟均价以移栽前 7d 覆盖处理最高；上中等烟比列以不覆盖秸秆较高。秸秆覆盖对提高烟叶的产量、质量有较好的作用，不仅可保水保肥，提高水肥利用率，并且可改良土壤，增加土壤有机质含量，是洛阳烟叶生产过程中行之有效的覆盖方法。

第四节　不同覆盖方式对洛阳烤烟质量的影响

一、试验设计

通过不同覆盖方式对洛阳烤烟质量的影响研究，解决不同覆盖方式条件对烟叶质量的影响，有效存蓄土壤水分，提高水分利用率，实现烟叶优质稳产，从而为河南中烟工业有限责任公司巩固洛阳烟叶基地、打造河南卷烟工业品牌特色香气风格优质烤烟生产技术体系提供理论依据。试验于2007年度在河南省洛宁县东宋聂坟村进行。试验设3个处理，重复3次，共计9区，采用随机区组排列，小区面积为2亩，共计18亩。试验处理分别为：对照（CK）—常规栽培，大田全生育期裸地栽培方式；处理一（M）—地膜覆盖，大田全生育期地膜覆盖栽培方式；处理二（M+C）—地膜加秸秆覆盖，大田生育期地膜覆盖后再用小麦秸秆覆盖的栽培方式。烟苗于2007年5月10日移栽，种植密度为1 100株/亩。施肥方法：亩施纯氮6kg（含饼肥N量和农家肥N量），氮、磷、钾比例1∶1.5∶3，五氧化二磷6kg/亩，氧化钾12kg/亩。田间管理按照洛宁优质烟生产技术规程进行。各小区成熟采收，“三段式”烘烤工艺烘烤，42级国标分级，计产计质。然后分别取各小区B2F、C3F、X2F样品2kg进行常规化学成分、香气物质分析和原烟感官质量评吸评价。不同发育时期取样，分0~10cm、10~25cm、25~40cm土层，按照烤烟发育的不同时期（移栽前、移栽后15d、移栽后30d、移栽后45d、移栽后60d、移栽后75d、移栽后90d、采收结束）分8次取样，3个土层，3个处理。记录团棵期、旺长期、打顶时长势、株高、茎围、叶数、节距、最大叶长宽、打顶时顶叶长宽。病虫害发生情况及危害程度。

二、结果分析

（一）不同覆盖方式对洛阳烤烟发育过程中生物学性状和病情指数的影响

由表7-13可知：不同覆盖方式对洛阳烤烟发育过程中生物学性状和病情指数的影响较大，与对照相比，地膜覆盖和地膜+秸秆覆盖方式均对洛阳烟叶发育过程有较大促进作用。从团棵期生物学性状看，3个处理株高差异不大，均在43.5cm左右；茎围随地膜覆盖和地膜+秸秆覆盖的增加而增大，对照处理为6.93cm，地膜覆盖为对照的109.7%，地膜秸秆覆盖为对照的113.3%，差异较大；最大叶长宽以对照较大，地膜覆盖次之，地膜秸秆覆盖较小，这可能与地膜加秸秆处理、地膜覆盖生长势强，对照处理生长势较弱有关；团棵期主要病害为烟草花叶病，地膜及地膜秸秆覆盖大大降低了烟草前期烟草花叶病的发病指数，为中期生长发育奠定良好的基础；对照进入团棵期日期为6月29日，比地膜和地膜秸秆覆盖晚5d，表明地膜和地膜秸秆覆盖能提高水分利用率，促进烟株前期发育。从旺长期生物学性状看：对照处理株高为81.3cm，地膜覆盖为对照的136.4%，地膜秸秆覆盖为对照的144%左右；茎围、最大叶长宽3处理间差异较小，以地膜覆盖处理较大，这可能与地膜覆盖条件下地温较高有关；对照处理节距最小，仅为3.7cm，地膜覆盖为对照的115.4%，地膜秸秆覆盖为对照的115.9%左右；旺长期主要病害为烟草花叶病和角斑病，有表7-13可以看出，3个处理间角斑病发病指数均较小，烟草花叶病的发病指数以对照处理最大，达31.5%，地膜及地膜秸秆覆盖大大降低了烟草中期烟草花叶病和角斑病的发病指数，为后期生长发育奠定良好的基础。从成熟期生物学性状看，3个处理株高差异较大，对照处理株高为82.8cm，地膜覆盖为对照的136.5%，地膜秸秆覆盖为对照的143.5%左右；茎围3个处理间差异较小，以地膜覆盖处理较大；节距以地膜秸秆覆盖最大，达4.29cm，地膜覆盖与地膜秸秆覆盖差异较小，对照处理节距最小，仅为3.7cm，地膜覆盖为对照的115.4%，地膜秸秆覆盖为对照的115.9%左右；成熟期主要病害仍为烟草花叶病和角斑病，由表7-13可以看出，3个处理间角斑病发病指数均较小，烟草花叶病的发病指数以对照处理最大，达31.5%，地膜及地膜秸秆覆盖大大降低了烟草中期烟草花叶病和角斑病的发病指数，为烟叶品质的形成奠定了良好的基础。

表7-13　不同覆盖方式下洛阳烤烟发育过程中生物学性状和病情指数

发育时期	日期	处理	株高（cm）	茎围（cm）	节距（cm）	最大叶长宽（cm）	顶叶长宽（cm）	主要病害	发病指数
团棵期	6.24	地膜秸秆覆盖	43.6	7.85	1.69	45.7×26.1		花叶病	2
	6.24	地膜覆盖	43.2	7.6	1.63	46.7×25.9		花叶病	2.25
	6.29	对照	43.2	6.93	1.65	47.5×26.3		花叶病	18.50
旺长期	7.26	地膜秸秆覆盖	117.1	11.7	4.29	67.5×35	32.1×19.1	花叶病	2.75
								角斑病	1.5
	7.26	地膜覆盖	110.9	11.83	4.27	67.9×35.5	32.2×19.3	花叶病	3
								角斑病	3
	7.26	对照	81.3	11.22	3.7	59.6×32.2	28.8×18.7	花叶病	31.5
								角斑病	6
成熟期	8.12	地膜秸秆覆盖	118.8	12.2	4.29	69.3×36.1	26.4	花叶病	2.75
								角斑病	1.5
	8.12	地膜覆盖	113	12.28	4.27	70.1×36.8	24.9	花叶病	3
								角斑病	3
	8.12	对照	82.8	11.85	3.7	61.9×33.9	17.4	花叶病	31.5
								角斑病	6

（二）不同覆盖方式对洛阳烤烟 Cl^- 含量的影响

不同覆盖条件下洛阳烤烟不同部位烟叶 Cl^- 含量呈规律性变化（图7-13），无覆盖条件下随部位升高含量呈下降趋势，盖膜盖草条件下随部位的升高而增加，盖膜条件下含量随部位变化较小，保持稳定状态。下部叶片盖膜处理含量较低，为 0.134%，对照和盖膜盖草处理含量较高，为 0.21%左右，为盖膜处理的 159%左右，差异较大；中部叶片盖膜处理含量较低，为 0.131%，对照处理含量较高，为 0.163%，盖膜盖草处理含量最高，为 0.269%，为盖膜处理的 205.3%，为对照处理的 165.0%；上部叶片对照处理含量较低，为 0.124%，盖膜处理含量较高，为对照处理的 121.0%，盖膜盖草处理含量最高，为对照处理的 252.4%。盖膜条件下稳定了洛阳烤烟各部位叶片 Cl^- 的含量，盖膜盖草处理明显提高了各部位叶片 Cl^- 的含量。

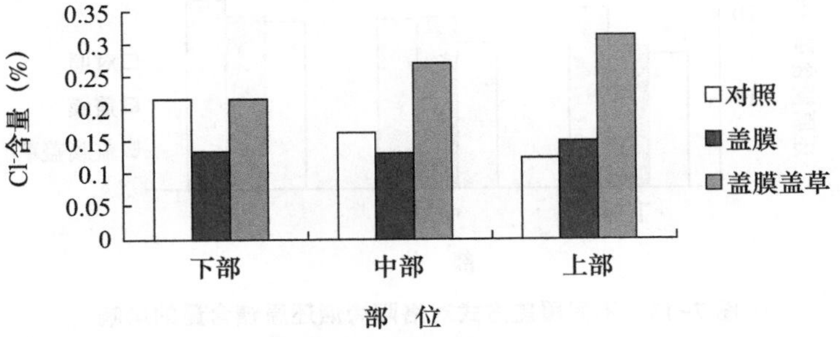

图 7-13 不同覆盖方式对洛阳烤烟 Cl^- 含量的影响

（三）不同覆盖方式对洛阳烤烟总糖含量的影响

不同覆盖条件下洛阳烤烟不同部位烟叶总糖含量呈规律性变化（图 7-14），随对照、盖膜、盖膜盖草处理含量总体呈上升趋势，盖膜盖草处理在各部位含量均较高。下部叶片对照和盖膜处理含量较低，为 16.5%左右，盖膜盖草处理含量较高，为 23.1%左右，为盖膜和对照处理的 140%左右，差异较大；中部叶片对照处理含量较低，为 17.8%，盖膜处理含量较高，为 21.6%，盖膜盖草处理含量最高，为 25.1%，为盖膜处理的 116.0%，为对照处理的 141.0%；上部叶片对照和盖膜处理含量较低，为 22.5%左右，盖膜盖草处理含量最高，为对照和盖膜处理的 115.0%左右。盖膜处理促进总糖含量的提高，盖膜盖草处理明显提高了洛阳烤烟叶片总糖含量。

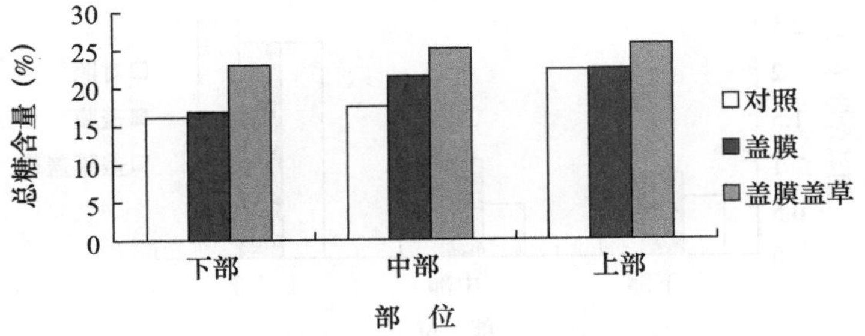

图 7-14 不同覆盖方式对洛阳烤烟总糖的影响

（四）不同覆盖方式对洛阳烤烟还原糖含量的影响

不同覆盖条件下洛阳烤烟不同部位烟叶还原糖含量呈规律性变化（图 7-15），随对照、盖膜、盖膜盖草处理含量总体呈上升趋势，盖膜盖草处理在各部位含量均较高。下部叶片对照处理含量较低，为 15.7%左右，盖膜盖草处理含量较高，为 20.8%左右，为盖膜处理的 125.9%，为对照处理的 132.6%左右，差异较大；中部叶片对照处理含量较低，为 16.9%，盖膜和盖膜盖草处理含量较高，为 20.0%左右，为对照处理的 116.0%；上部叶片对照处理含量较低，为 19.3%，盖膜处理含量较高，为 20.1%，盖膜盖草处理含量最高，为 21.9%，为对照的 113.3%，为盖膜处理的 109.0%。盖膜和盖膜盖草处理促进了洛阳烤烟叶片还原糖含量的提高。

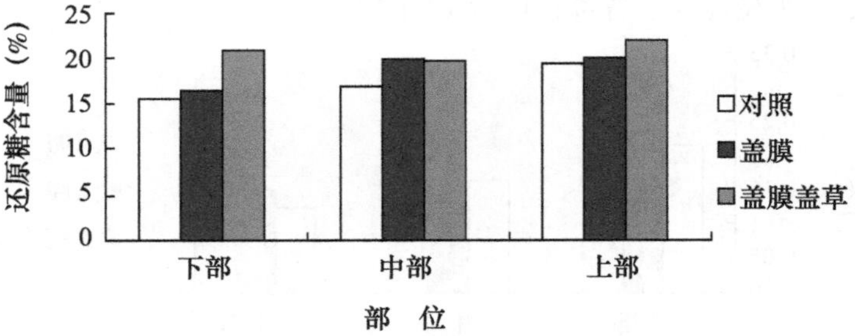

图 7-15 不同覆盖方式对洛阳烤烟还原糖含量的影响

（五）不同覆盖方式对洛阳烤烟烟碱含量的影响

不同覆盖条件下洛阳烤烟不同部位烟叶烟碱含量呈规律性变化（图 7-16），随对照、盖膜、盖膜盖草处理含量总体呈上升趋势，盖膜盖草处理在各部位含量均较高。下部叶片对照处理含量较低，为 0.65%，盖膜和盖膜盖草处理含量较高，为 0.85%左右，为对照处理的 130.0%左右，差异较大。中部叶片对照处理含量较低，为 0.57%，盖膜处理含量高，为 1.05%，盖膜盖草处理含量较高，为 1.50%，为对照处理的 262.5%，盖膜处理的 142.4%；上部叶片对照和盖膜处理含量基本相同，均为 2.30%左右，盖膜盖草处理含量最高，为 2.82%，为对照和盖膜处理的 120.0%左右。盖膜和盖膜盖草处理促进了洛阳烤烟叶片烟碱含量的提高，其中盖膜处理对中部、下部烟叶效果明显，盖膜盖草明显促进上部烟叶烟碱含量的提高。

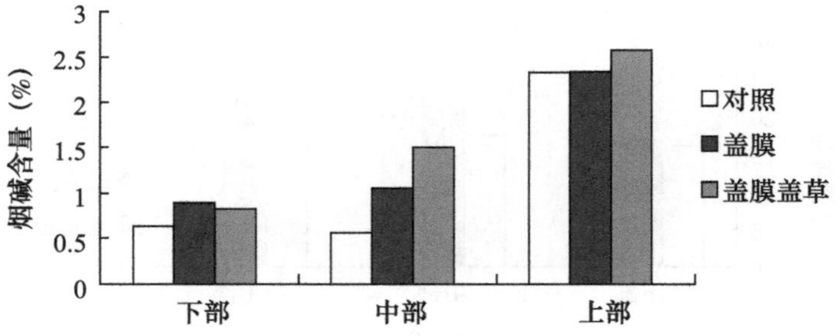

图 7-16 不同覆盖方式对洛阳烤烟烟碱含量的影响

（六）不同覆盖方式对洛阳烤烟 K^+ 含量的影响

不同覆盖条件下洛阳烤烟叶片 K^+ 含量随部位的提高而降低（图 7-17），不同处理

对不同部位烟叶 K^+ 含量的影响效应不同。下部叶片对照处理含量最高，为 2.14%，盖膜和盖膜盖草处理含量较低，为 1.90%左右，为对照处理的 89.0%左右。中部叶片三处理差异不大，含量均为 2.0%左右，其中盖膜处理略高。上部叶片对照和盖膜盖草处理含量基本相同，均为 1.27%左右，盖膜处理含量较高，为 1.38%，为对照和盖膜处理的 110.0%左右。盖膜和盖膜盖草处理促进了洛阳烤烟下部叶片 K^+ 含量的降低，盖膜处理有促进中部、上部烟叶 K^+ 含量提高的趋势，相关生理机制仍需进一步研究。

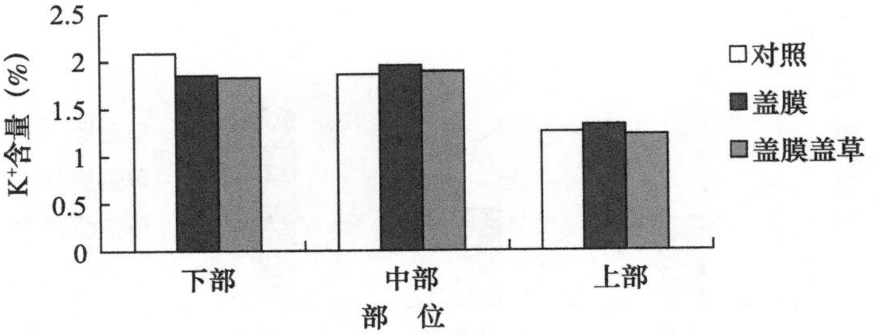

图 7–17　不同覆盖方式对洛阳烤烟 K^+ 含量的影响

（七）不同覆盖方式对洛阳烤烟总氮含量的影响

不同覆盖条件下洛阳烤烟叶片总氮含量随部位的提高而先降低，后升高（图 7–18），不同处理对不同部位烟叶总氮含量的影响效应不同。下部叶片对照处理含量最高，为 1.98%，盖膜处理次之，为 1.91%，盖膜盖草处理含量最低，为 1.64%，为对照处理的 82.8%。中部叶片盖膜处理含量较高，盖膜盖草次之，对照处理较小。上部叶片对照和盖膜盖草处理含量基本相同，均为 2.30%左右，盖膜处理含量较高，为 2.53%，为对照和盖膜处理的 110.0%左右。盖膜和盖膜盖草处理均促进了洛阳烤烟下部叶片总氮含量的降低，盖膜处理有促进中部烟叶总氮含量的提高的趋势，明显提高上部叶片总氮含量，相关生理机制仍需进一步研究。

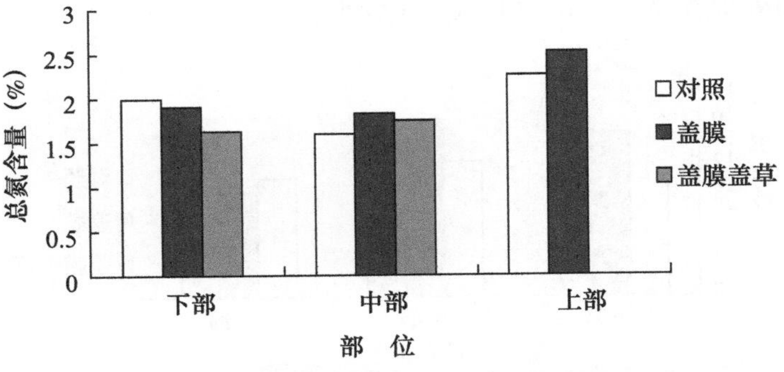

图 7–18　不同覆盖方式对洛阳烤烟总氮含量的影响

（八）不同覆盖方式对洛阳烤烟淀粉含量的影响

不同覆盖条件下洛阳烤烟不同部位烟叶淀粉含量呈规律性变化（图 7–19），随烟叶部位的上升含量总体呈上升趋势。其中下部叶片对照处理含量较低，为 4.05%，盖膜和盖膜盖草处理含量较高，为4.60%左右，为对照处理的113.0%左右。中部叶片盖膜处理含量较低，为5.13%，对照和盖膜盖草处理含量均较高，为6.70%左右，为盖膜处理的130.0%左右。上部叶片随盖膜和盖膜盖草处理含量呈下降趋势，对照含量最高，为10.23%，为盖膜处理的113.6%，为盖膜盖草处理的125.1%。盖膜和盖膜盖草处理促进了洛阳烤烟下部叶片淀粉含量的提高，盖膜处理对明显降低了中部烟叶含量，盖膜和盖膜盖草明显促进了上部烟叶淀粉含量的降低。

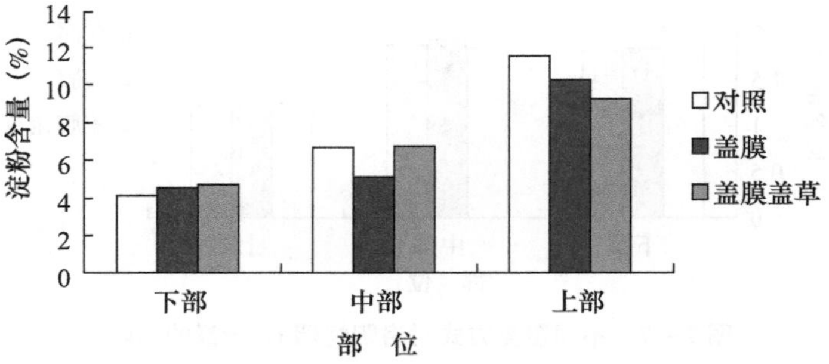

图 7-19 不同覆盖方式对洛阳烤烟淀粉含量的影响

（九）不同覆盖方式对洛阳烤烟 K^+/Cl^- 比值的影响

不同覆盖条件下洛阳烤烟不同部位烟叶 K^+/Cl^- 比值呈规律性变化（图 7-20），随烟叶部位的上升比例总体呈下降趋势。其中下部叶片对照和盖膜盖草处理数值较低，为9.5左右，盖膜处理较高，为14.4左右，为对照和盖膜盖草处理的150.0%左右，差异明显。中部叶片盖膜盖草处理数值较低，为7.2，对照处理较高，盖膜处理含量最高，为15.4，为盖膜处理的213.4%。上部叶片随盖膜和盖膜盖草处理数值呈下降趋势，对照含量最高，为10.2，为盖膜处理的111.1%，为盖膜盖草处理的252.8%。盖膜处理促进了洛阳烤烟下部和中部叶片 K^+/Cl^- 值的提高，盖膜盖草明显降低了不同部位烟叶 K^+/Cl^- 值，对照处理各部位间 K^+/Cl^- 值变化较小。

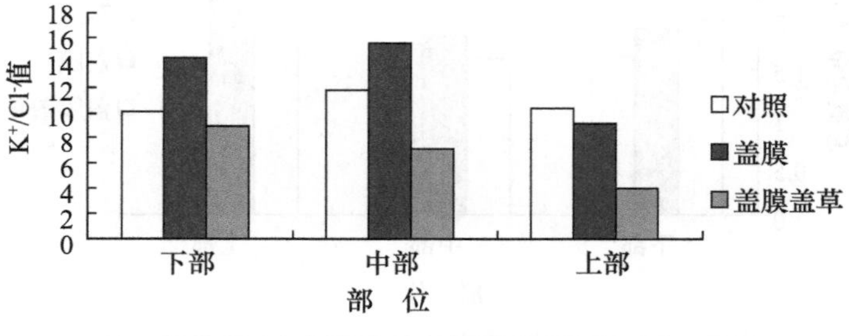

图 7-20 不同覆盖方式对洛阳烤烟 K^+/Cl^- 值的影响

（十）不同覆盖方式对洛阳烤烟还原糖/总糖值的影响

不同覆盖条件下洛阳烤烟不同部位烟叶还原糖/总糖值呈规律性变化（图 7-21），随烟叶部位的上升比例总体呈下降趋势。其中下部叶片对照和盖膜处理数值较高，为

0.97 左右，盖膜盖草处理较低，为 0.90，为对照和盖膜处理的 92.0%左右。中部叶片盖膜盖草处理数值较低，为 0.78，对照和盖膜处理较高，为 0.94 左右，为盖膜盖草处理的 120.0%左右。上部叶片对照和盖膜盖草处理数值均较低，为 0.85 左右，盖膜处理数值较高，为 0.89。盖膜盖草明显降低了不同部位烟叶还原糖/总糖值。

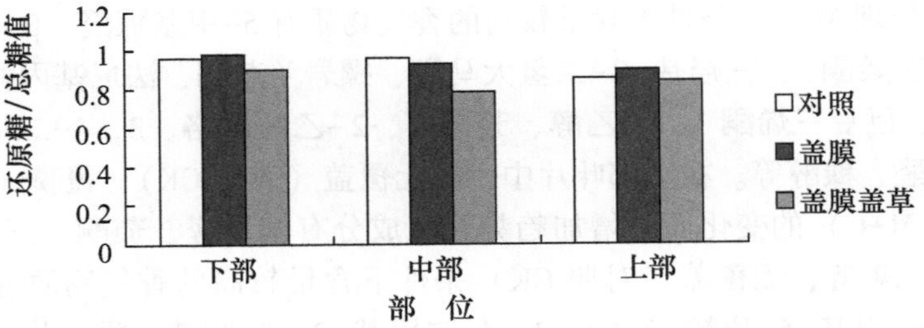

图 7-21　不同覆盖方式对洛阳烤烟还原糖/总糖比值的影响

（十一）不同覆盖方式对洛阳烤烟香气物质含量的影响

1. 香气物质含量测定结果

经气相色谱/质谱（GC/MS）对烤后烟叶样品进行定性和定量分析，共检测出 23 种对烟叶香气有较大影响的化合物（表 7-14）。其中，酮类 10 种，醛类 4 种，醇类 3 种，酯类 1 种，吡咯类 1 种，酚类 1 种，烯烃类 2 种。含量较高的致香物质主要有新植二烯、茄酮、法尼基丙酮、β-大马酮、巨豆三烯酮 4、巨豆三烯酮 2、螺岩兰草酮、香叶基丙酮、芳樟醇、糠醛等。

不同覆盖方式种植下的洛阳烟叶，致香物质总量差异明显（表 7-14）。下部烟叶以 CK 处理条件下的香气物质总量最高，M 处理次之，M+C 处理最低；中部叶片调制后香气物质总量 M+C 处理明显高于 CK 处理和 M 处理，但 CK 与 M 处理相比，差异较小；上部叶片在不同覆盖条件下各处理香气物质含量差异较大，M+C>M>CK。其中对照处理条件下下部叶片香气物质总量为 1 084μg/g，为对照处理中 3 部位叶片的最大值，为中部叶片的 138.0%，上部叶片的 114.1%；盖膜处理上部叶片香气物质含量为 1 193μg/g，为盖膜处理中 3 部位叶片的最大值，为中部叶片的 155.9%，下部叶片的 112.0%；盖膜盖草处理中部叶片香气物质含量为 1 302μg/g，为盖膜处理中 3 部位叶片的最大值，为上部叶片的 104.4%，下部叶片的 206.5%。洛阳烤烟烟叶香气物质总量变化为下部>上部>中部，盖膜条件下加大 3 部位的差异，但规律不变，盖膜盖草处理条件下改变了 3 部位的香气物质总量变化规律，该条件下中部>上部>下部，且中部、上部叶片差异较小。

在洛阳烤烟下部叶片中，随无覆盖（对照 CK）、盖膜（处理 M）、盖膜盖草（处理 M+C）的变化而呈增加趋势的香气成分有芳樟醇，随无覆盖（对照 CK）、盖膜（处理 M）、盖膜盖草（处理 M+C）的变化而呈减少趋势的香气物质有糠醇、2-乙酰呋喃、6-甲基-5-庚烯-2-酮、苯甲醇、苯乙醛、苯乙醇、茄酮、巨豆三烯酮 1、巨豆三烯酮 2、巨豆三烯酮 4、三羟基-β-二氢大马酮等，盖膜（处理 M）条件下含量较高的香气物质有 5-甲基糠醛、苯甲基糠醛、3，4-二甲基-2，5-呋喃二-酮、2-乙酰吡咯、螺岩兰草酮、新植二烯、法尼基丙酮、香叶基丙酮等。在中部叶片中，随无覆盖（对照 CK）、盖膜（处理 M）、盖膜盖草（处理 M+C）的变化而呈增加趋势的香气成分有 5-甲基糠醛、β-大马酮、香叶基丙酮、巨豆三烯酮 2、三羟基-β-二氢大马酮、螺岩兰草酮等；无覆盖（对照 CK）条件下含量较高的香气物质有糠醇、2-乙酰呋喃、6-甲基-5-庚烯-2-酮、苯甲醇、苯乙醛等；盖膜（处理 M）条件下含量较高的香气物质有茄酮；盖膜盖草处理（处理 M+C）条件下含量较高的香气物质有 5-甲基糠醛、β-大马酮、香叶基丙酮、巨豆三烯酮 2、三羟基-β-二氢大马酮、螺岩兰草酮、法尼基丙酮、新植二烯、巨豆三烯酮 4、巨豆三烯酮 1、苯乙醇、芳樟醇、2-乙酰吡咯、3，4-二甲基-2，5-呋喃二酮、苯甲醛、糠醇等。在上部叶片中，随无覆盖（对照 CK）、盖膜（处理 M）、盖膜盖草（处理 M+C）的变化而呈增加趋势香气成分有苯甲醛、茄酮、三羟基-β-二氢大马酮、新植二烯等；无覆盖（对照 CK）条件下含量较高的香气物质有糠醇、糠醛、2-乙酰呋喃、6-甲基-5-庚烯-2-酮、3，4-二甲基-2，5-呋喃二酮、苯乙醛、芳樟醇、β-大马酮、巨豆三烯酮 2、三羟基-β-二氢大马酮等；盖膜（处理 M）条件下含量较高的香气物质有 5-甲基糠醛、苯甲醇、苯乙醇、香叶基丙酮、巨豆三烯酮 1、螺岩兰草酮、法尼基丙酮等；盖膜盖草处理（处理 M+C）条件下含量较高的香气物质有苯甲醛、茄酮、三羟基-β-二氢大马酮、新植二烯、2-乙酰吡咯等。不同覆盖条件下不同部位烤烟叶片香气物质的多少受覆盖环境和不同部位烤烟叶片发育素质的共同影响。

表 7-14　不同覆盖条件下洛阳烤烟香气物质含量　　单位：μg/g

物质	下部			中部			上部		
	CK	M	M+C	CK	M	M+C	CK	M	M+C
糠醛	13.1	11.3	6.85	11.6	6.3	8.24	17.6	12.1	11.8
糠醇	1.26	1.16	0.11	0.93	0	1.4	2.43	1.36	1.1
2-乙酰呋喃	0.3	0.28	0.24	0.42	0.2	0.38	0.67	0.49	0.41
5-甲基糠醛	3.38	6.93	2.86	2.19	2.7	4.92	4.32	10.3	5.98
苯甲醛	0.4	0.86	0.73	0.48	0.3	1.41	0.49	0.58	0.61
6-甲基-5-庚烯-2-酮	0.34		0.28	0.36	0.2	0.3	0.34	0.34	0.34
6-甲基-5-庚烯-2-醇	0.15	0.13	0.12	0.11		0.14	0.16	0.14	0.14
3，4-二甲基-2，5-呋喃二酮	0.6	0.74	0.22	0.42	0.2	0.62	0.66	0.56	0.57
苯甲醇	19.1	12.1	0.73	15.9	1.8	12.5	24	30.4	27.7
苯乙醛	7.02	6.98	2.34	4.29	2.9	2.81	6.45	5.87	6.34
2-乙酰吡咯	0.27	0.34	0.29	0.3	0.2	0.41	0.31	0.28	0.33
芳樟醇	1.45	1.64	1.7	1.58	1.3	1.81	2.1	2.09	1.74
苯乙醇	3.45	2.59	0.11	1.87	0.3	2.2	4.35	6.1	5.3
茄酮	37.9	33.7	21.9	21.1	38	37.1	35	48.2	50.8
β-大马酮	4.78	4.23	4.43	3.58	4.6	6.58	5.31	4.95	5.12
香叶基丙酮	2.31	2.62	1.74	1.28	1.4	3.54	1.27	2.35	1.44
巨豆三烯酮 1	1.42	1.09	0.61	0.56	0.3	1.5	0.56	1.52	1.06
巨豆三烯酮 2	6.47	5.28	3.3	3.64	4.2	5.8	7.41	7.12	6.84

（续表）

物质	下部			中部			上部		
	CK	M	M+C	CK	M	M+C	CK	M	M+C
三羟基-β-二氢大马酮	2.15	1.13				8.25	0.93	0.82	0.65
巨豆三烯酮 4	6.03	5.96	2.63	3.6	3.5	6.24	5.93	6.36	6.92
螺岩兰草酮		6.33			12	16.6	18.7	43.1	26.1
新植二烯	963	972	586	722	691	1 178	829	1 024	1 099
法尼基丙酮	8.75	8.95	4.9	5.26	4	18.2	7.05	9.42	7.88
总量	1 084	1 066	631	785	766	1 302	949	1 193	1 248

2. 致香物质含量的分类分析

烟叶中化学成分较多，不同致香物质具有不同的化学结构和性质，因而对人的嗅觉可以产生不同的刺激作用，形成不同的嗅觉反应，对烟叶香气的质、量、型有不同的贡献。为便于分析不同覆盖条件下烤烟致香物质含量的差异，把所测定的致香物质按烟叶香气前体物进行分类，可分为苯丙氨酸类、棕色化产物类、类西柏烷类、类胡萝卜素类4类。苯丙氨酸类致香物质包括苯甲醇、苯乙醇、苯甲醛、苯乙醛等成分，对烤烟的香气有良好的影响，尤其对烤烟的果香、清香贡献较大。由图 7-22 可知，下部叶中苯丙氨酸类致香物质以无覆盖条件下含量（处理 CK）较高，盖膜（处理 M）次之，盖膜盖草（对照 M+C）条件下含量最小，其中对照处理苯丙氨酸类香气物质含量为 30.0μg/g，为盖膜处理的 133.3%，盖膜盖草处理的 768.0%，表明无覆盖对下部叶片苯丙氨酸类香气物质的形成创造了较为有利的条件；中部叶苯丙氨酸类香气成分含量仍以上无覆盖（对照 CK）条件下最高，盖膜盖草（处理 M+C）次之，盖膜（处理 M）含量最低；和中部叶片不同，上部叶片中苯丙氨酸类致香物质含量随以盖膜处理为最高，达 42.9μg/g，分布为盖膜盖草和对照处理的 107.5%和 121.6%。盖膜和盖膜盖草处理促进了洛阳烤烟上部叶片苯丙氨酸类香气物质的合成，部分抑制了中部、下部叶片苯丙氨酸类香气物质的合成。

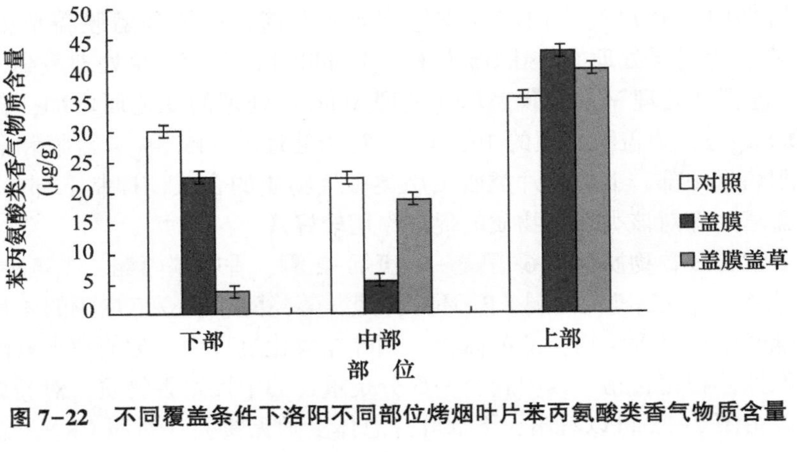

图 7-22 不同覆盖条件下洛阳不同部位烤烟叶片苯丙氨酸类香气物质含量

棕色化产物类致香物质包括糠醛、5-甲基糠醛、二氢呋喃酮、乙酰基吡咯和糠醇等成分，其中多种物质具有特殊的香味。由图 7-23 可以看出，下部叶中棕色化产物类致香物质以盖膜处理较高，对照处理次之，盖膜盖草处理含量较低，其中盖膜处理含量为 20.9μg/g，为对照处理的 109.9%，盖膜盖草处理的 195.6%；中部叶片以盖膜处理含量较低，对照和盖膜盖草处理含量基本相同，为 16.0μg/g 左右，为盖膜处理的 170%左右；上部叶片对照（处理 CK）条件下棕色化产物含量最高，盖膜处理次之，盖膜盖草条件下含量最低，表明无覆盖条件下有利于棕色化产物类香气物质的合成。盖膜促进下部叶片棕色化产物类致香物质的合成，但部分抑制了中部、上部叶片棕色化产物类致香物质的合成。

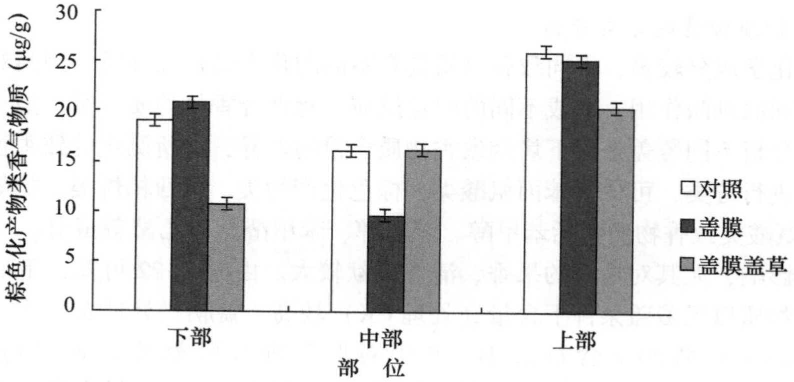

图 7-23 不同覆盖条件下洛阳不同部位烤烟叶片棕色化产物类香气物质含量

类西柏烷类致香物质主要包括茄酮和氧化茄酮，是烟叶中重要的香气前体物，通过一定的降解途径可形成多种醛和酮等烟草香气成分。由图 7-24 可以看出，下部叶片无覆盖条件下类西柏烷类香气物质含量最高，盖膜处理次之，盖膜盖草处理含量最低，其中无覆盖条件下类西柏烷类香气物质含量达 37.9μg/g，分布为盖膜和盖膜盖草处理的 125.1%和 173.0%；中部叶片盖膜和盖膜盖草处理含量差异不大，总体上盖膜和盖膜盖草促进洛阳烤烟中部叶片类西柏烷类香气物质的合成，盖膜和盖膜盖草处理含量为 37.0μg/g 左右，为对照处理的 180.0%左右；上部叶片以盖膜盖草处理最高，随无覆盖（对照 CK）、盖膜（处理 M）盖膜盖草（处理 M+C）处理的变化而增加，盖膜盖草处理含量达 50.8μg/g，为盖膜处理的 105.4%，对照处理的 145.3%。盖膜和盖膜盖草处理均促进洛阳烤烟中部、上部叶片类西柏烷类香气物质的合成，抑制下部叶片的合成，总体上盖膜盖草处理对该类香气物质的促进作用较好。

类胡萝卜素类致香物质包括 6-甲基-5-庚烯-2 酮、香叶基丙酮、二氢猕猴桃内酯、β 大马酮、三羟基-β-二氢大马酮、β-环柠檬醛、芳樟醇、巨豆三烯酮的 4 种同分异构体等，也是烟叶中重要香味物质的前体物。烟叶在醇化过程中，类胡萝卜素降解后可生成一大类挥发性芳香化合物，其中相当一部分是重要的中性致香物质，对卷烟吸食品质有重要影响。由图 7-25 可以看出，下部叶片总体上随无覆盖（对照 CK）、盖膜（处理

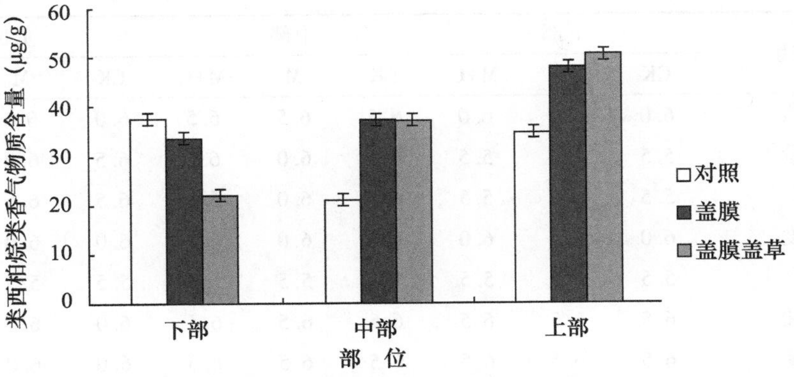

图 7-24　不同覆盖条件下洛阳不同部位烤烟叶片类西柏烷类香气物质含量

M、盖膜盖草（处理 M+C）类型的变化而呈增加趋势，各处理间差异明显；中部叶片盖膜和无覆盖处理间差异较小，盖膜盖草明显促进类胡萝卜素类香气物质含量的增加；上部叶片中类胡萝卜素类致香物质以盖膜（处理 M）处理较高，3 处理差异较小。盖膜盖草处理有利于提高洛阳烤烟中部叶片中类胡萝卜素类致香物质的含量，部分抑制下部叶片类胡萝卜素类致香物质的合成，促进上部叶片效应较小。

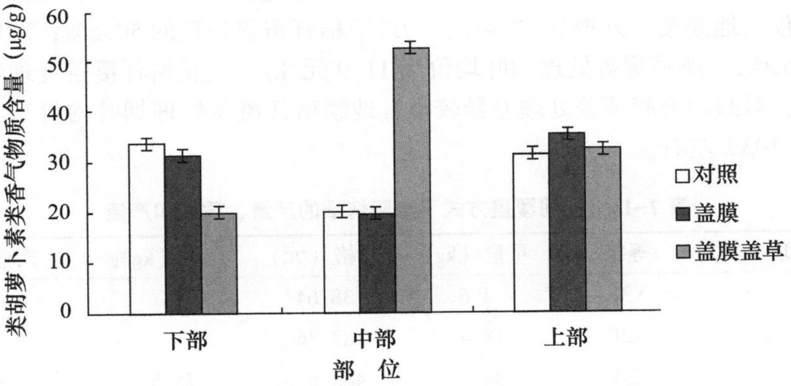

图 7-25　不同覆盖条件下洛阳不同部位烤烟叶片类胡萝卜素类香气物质含量

（十二）不同覆盖方式对洛阳烤烟评吸评价质量的影响

不同覆盖方式对洛阳烤烟叶片评吸质量有明显影响，不同覆盖方式对不同部位叶片评吸评价结果不同（表 7-15）。下部叶片盖膜处理的烟气浓度和香气量分值在各处理下部叶片中最高，导致盖膜处理下部叶片总评得分较高；中部叶片在盖膜处理条件下香气量仅为达 6.0，盖膜和盖膜盖草处理甜度增加，导致中部叶片评价结果为对照、盖膜处理叶片总分相同，盖膜盖草处理总分较高；对上部叶片而言，盖膜降低了香气量，盖膜盖草提高了香气质、刺激性和舒适度，导致盖膜盖草处理评吸总分最高。盖膜促进了洛阳烤烟下部叶片香气质量的提高，盖膜盖草处理主要促进中部、上部叶片品质的提高。

表 7-15　不同覆盖方式下洛阳烤烟评吸评价结果　　单位：分

评吸质量	下部			中部			上部		
	CK	M	M+C	CK	M	M+C	CK	M	M+C
香气质	6.0	6.0	6.0	6.5	6.5	6.5	6.0	6.0	6.5
香气量	5.5	6.0	5.5	6.5	6.0	6.5	6.5	6.0	6.5
浓度	5.5	6.0	5.5	6.0	6.0	6.0	6.5	6.5	6.5
细腻度	6.0	6.0	6.0	6.0	6.0	6.0	6.0	6.0	6.0
杂气	5.5	5.5	5.5	5.5	5.5	5.5	5.5	5.5	5.5
刺激性	6.5	6.5	6.5	6.5	6.5	6.5	6.0	6.0	6.5
舒适度	6.5	6.5	6.5	6.5	6.5	6.5	6.0	6.0	6.5
甜度	6.0	6.0	6.0	6.0	6.5	6.5	6.5	6.5	6.5
燃烧性	7.0	7.0	7.0	7.0	7.0	7.0	6.5	6.5	6.5
灰分	6	6	6	6	6	6	6	6	6
总分	60.5	61.5	60.5	62.5	62.5	63.0	61.5	61.0	63.0

（十三）不同覆盖方式对洛阳烤烟产量和产值的影响

不同覆盖方式对洛阳烤烟产量和产值的影响较大（表 7-16）。对照处理产量为 75.5kg，仅为地膜覆盖处理的 57.1%，为地膜秸秆覆盖处理的 51.7%；对照处理产值为 903.6 元，仅为地膜覆盖处理的 57.4%，为地膜秸秆覆盖处理的 50.5%；对照处理烟叶均价为 12 元/kg，地膜覆盖处理烟叶均价为 11.9 元/kg，地膜秸秆覆盖处理烟叶均价为 12.3 元/kg，对照和地膜覆盖处理差异较小，地膜秸秆覆盖处理烟叶均价为对照和地膜覆盖处理的 103%左右。

表 7-16　不同覆盖方式下洛阳烤烟的产量、质量和产值

试验处理	等级	重量（kg）	价格（元）	产量（kg）	产值（元）
对照	X3F	4.6	38.64	75.5	903.6
	X2F	18.4	187.36		
	C3F	34	482.8		
	B2F	12	139.2		
	B3F	6.7	55.61		
地膜覆盖	X3F	9.3	78.1	132.3	1573.7
	X2F	26.3	263.52		
	C3F	48.2	684.44		
	B2F	28	324.8		
	B3F	14	116.2		
	C2F	6.5	106.6		

（续表）

试验处理	等级	重量（kg）	价格（元）	产量（kg）	产值（元）
地膜秸秆覆盖	X3F	11.4	95.76	146.1	1 789.1
	X2F	29.5	301.8		
	C3F	50.7	719.94		
	B2F	29.8	345.78		
	B3F	16.2	136.46		
	C2F	8.5	189.4		

三、结论

本研究结果显示，地膜覆盖和地膜秸秆覆盖方式均对洛阳烟叶发育过程有较大促进作用，茎围随地膜覆盖和地膜加秸秆覆盖的增加而增大，地膜及地膜秸秆覆盖大大降低了烟草花叶病和角斑病的发病指数，为烟叶品质的形成奠定良好的基础；盖膜条件下稳定了洛阳烤烟各部位叶片 Cl^- 的含量，盖膜盖草处理明显提高了各部位叶片 Cl^-、总糖、还原糖、烟碱的含量，盖膜和盖膜盖草处理促进了洛阳烤烟下部叶片 K^+ 含量的降低，盖膜处理有促进中部、上部烟叶 K^+ 含量的提高的趋势，盖膜和盖膜盖草处理均促进了洛阳烤烟下部叶片总氮含量的降低，盖膜处理有促进中部烟叶总氮含量的提高的趋势，明显提高上部叶片总氮含量，盖膜和盖膜盖草处理促进了洛阳烤烟下部叶片淀粉含量的提高，盖膜处理对明显降低了中部烟叶含量，盖膜和盖膜盖草明显促进上部烟叶烟碱含量的降低，盖膜处理促进了洛阳烤烟下部和中部叶片 K^+/Cl^- 比值的提高，盖膜盖草明显降低了不同部位烟叶 K^+/Cl^- 比值，盖膜盖草明显降低了不同部位烟叶还原糖/总糖值；不同覆盖方式种植下的洛阳烟叶，致香物质总量差异明显，下部烟叶以 CK 处理条件下的香气物质总量最高，M 处理次之，M+C 处理最低；中部叶片调制后香气物质总量 M+C 处理明显高于 CK 处理和 M 处理，但 CK 与 M 处理相比，差异较小；上部叶片在不同覆盖条件下各处理香气物质含量差异较大，M+C>M>CK，洛阳烤烟烟叶香气物质总量变化为下部>上部>中部，盖膜条件下加大 3 部位的差异，但规律不变，盖膜盖草处理条件下改变了 3 部位的香气物质总量变化规律，该条件下中部>上部>下部，且中部、上部叶片差异较小；盖膜和盖膜盖草处理促进了洛阳烤烟上部叶片苯丙氨酸类香气物质的合成，部分抑制了中部、下部叶片苯丙氨酸类香气物质的合成，盖膜促进下部叶片棕色化产物类致香物质的合成，但部分抑制了中部、上部叶片棕色化产物类致香物质的合成，盖膜和盖膜盖草处理均促进洛阳烤烟中部、上部叶片类西柏烷类香气物质的合成，抑制下部叶片的合成，盖膜盖草处理有利于提高洛阳烤烟中部叶片中类胡萝卜素类致香物质的含量，部分抑制下部叶片类胡萝卜素类致香物质的合成，促进上部叶片效应较小；盖膜促进了洛阳烤烟下部叶片香气质量的提高，盖膜盖草处理主要促进中部、上部叶片品质的提高；地膜和地膜秸秆覆盖处理显著提高洛阳烟叶产量和产值，3 处理烟叶均价差异较小。

第八章　洛阳烟区土壤保育技术

第一节　洛阳烟区烟草种植对土壤养分特征的影响

在项目区分别采集未种植过烟草和经过连续烟草种植的耕作土壤样品，进行实验室常规土壤养分分析试验，建立土壤养分含量数据库，指导项目区改良土壤结构和提高土地生产力，在维持土壤质量的条件下，保障烟草种植与环境的和谐可持续发展。

一、材料方法

试验设置在洛阳市洛宁县王村乡聂坟。选择肥力中等，地块比较平整，交通较为便利且在项目区具有代表性的烟田和未经过烟草种植的农田土壤，分析其主要养分指标，研究烟草种植对烟田土壤养分供应状况的影响。供试品种：中烟 100。每处理 1 亩，不设重复。

土壤样品在烟草种植垄上采集，即分别在每个小区中采集靠近烟株根部、两株中间采集各 5 处以上土壤样品，经过充分混均，用四分法收集土壤样品 1kg 作为该小区土壤样品；所采集土壤样品经风干，去除可见有机质磨碎分别过 20 目、60 目和 100 目筛备进一步分析用。

有机质含量：浓硫酸—重铬酸钾氧化滴定法（外加热法容量法）。

土壤水解氮：碱解扩散法。

土壤速效磷：0.5mol/L $NaHCO_3$ 浸提—钼蓝比色法（Olsen 法）。

土壤缓效钾：硝酸煮沸法。

速效钾：1mol/L NH_4OAC 浸提—火焰光度法。

有效态微量元素（Cu、Zn、Mn、Fe）：DTPA 提取—原子吸收法。

有效态重金属元素（Pb、Cd）：DTPA 提取—原子吸收法。

二、试验结果分析

（一）烟草种植对洛宁烟区土壤养分供应状况的影响

项目选择了 3 年连续种植烟草的土壤及从未种植过烟草的农田土壤的土壤剖面

样品，分析了两种土壤养分状况，结果如表 8-1 所示，连续 3 年的烟草种植降低了土壤的 pH 值，降低了 0.29 个单位，3 年连续烟草种植增加了土壤缓效钾、速效钾、速效磷、有效 Cu、有效 Fe 的含量，分别增加了 28.7%、14.3%、44.8%、6.1%、25.8%，这一方面与烟草种植降低土壤 pH 值，促进钾素释放，增加了 Cu、Fe 的有效性有关，另一方面可能与土壤磷钾肥料的过量供应有关。连续种植烟草降低了土壤的有机质、速效氮、有效 Zn、有效 Mn 含量，分别降低了 26.6%、25.8%、17.6%、14.9%。对于洛宁烟区土壤养分状况来说，烟草种植过程存在氮肥、有机肥用量不足而磷肥用量稍大的问题，化肥的施用带入了 Pb，从而使得土壤中有效 Pb 含量显著增加（尿素、过磷酸钙、氯化钾和商品有机肥中 Pb 的含量分别为 1.37mg/kg、2.05mg/kg、17.80mg/kg、1.28mg/kg）；烟草是 Cd 的富集作物，虽然洛宁烟区土壤中 Cd 含量仅有 0.005mg/kg，肥料中 Cd 含量普遍较低（尿素、过磷酸钙、氯化钾和商品有机肥中 Cd 含量分别为 0.51mg/kg、0.53mg/kg、0.35mg/kg、0.67mg/kg），烟草种植降低了土壤中有效 Cd 的含量。

表 8-1 烟草种植对养分供应状况的影响

处理	pH 值	有机质（%）	缓效钾（mg/g）	速效钾（mg/g）	速效氮（mg/kg）	速效磷（mg/kg）
未种植烟草	8.04±0.08	0.79±0.31	1.01±0.21	0.14±0.03	78.75±57.16	1.05±0.82
连续种植烟草	7.75±0.09	0.58±0.25	1.30±0.76	0.16±0.01	58.45±17.54	1.52±0.54
处理	有效 Cu（mg/kg）	有效 Zn（mg/kg）	有效 Mn（mg/kg）	有效 Fe（mg/kg）	有效 Pb（mg/kg）	有效 Cd（mg/kg）
未种植烟草	0.691±0.057	1.197±0.528	11.848±4.822	6.084±0.471	0.682±0.342	0.005±0.001
连续种植烟草	0.733±0.160	0.986±0.326	10.088±5.461	7.653±0.396	0.712±0.220	0.004±0.001

进一步分析土壤各养分指标之间的相关分析（表 8-2）发现，未种植烟草时土壤有机质含量与土壤中 pH 值、缓效钾、速效钾、速效氮、速效磷、有效 Cu、有效 Mn、有效 Fe、有效 Pb 和有效 Cd 之间均呈现显著正相关，也就是说，有机质与土壤有效养分供应状况密切相关，可以存进土壤中养分向有效态的转化。经过 3 年的烟草种植，有机质与 pH 值、缓效钾、速效钾、速效磷之间已经没有显著的相关性，说明烟草种植过程中外源磷肥、钾肥的施用可以补充烟草对钾、磷的大量需求而烟草生长对有机质的大量需求没有得到足够的外源补充有关。土壤缓效钾是评价土壤供钾能力的重要指标，土壤缓效钾与土壤 pH 值呈现明显负相关关系，表明较低的 pH 值可以增加土壤的供钾能力；另外，在未种烟草情况下，缓效钾和速效钾均与土壤中有效态 Cu、Zn、Mn、Fe 微量养分元素的含量呈现显著的正相关关系，种植烟草后与土壤中有效态 Cu、Zn、Mn、Fe 微量养分元素之间均无显著相关关系，实际生产过程中忽略了烟草生长对微量元素肥料的需求，使有效态 Zn、Mn 含量显著降低。

表 8-2　土壤养分间的相关关系分析

		pH值	缓效钾	速效钾	有机质	速效氮	速效磷	有效 Cu	有效 Zn	有效 Mn	有效 Fe	有效 Pb
pH值		1										
缓效钾	未种烟	-0.938**	1									
	种烟	-0.786**										
速效钾	未种烟	-0.943**	0.963**	1								
	种烟	-0.014	-0.125									
有机质	未种烟	0.648*	0.728*	0.848**	1							
	种烟	-0.463	0.436	0.084								
速效氮	未种烟	-0.515	0.346	0.518	0.522*	1						
	种烟	-0.436	0.602	-0.030	0.740*							
速效磷	未种烟	-0.510	0.661*	0.752**	0.955**	0.351	1					
	种烟	-0.579	0.699*	-0.213	0.506	0.771**						
有效 Cu	未种烟	-0.592	0.728*	0.788**	0.885**	0.437	0.918**	1				
	种烟	-0.365	0.347	-0.075	0.937**	0.806**	0.633**					
有效 Zn	未种烟	-0.873**	0.732*	0.701*	0.301	0.543	0.111	-0.230	1			
	种烟	0.172	-0.082	-0.054	-0.154	-0.360	-0.346	-0.331				
有效 Mn	未种烟	-0.887**	0.946**	0.983**	0.900**	0.472	0.825**	0.827**	0.626	1		
	种烟	-0.624	0.489	0.010	0.962**	0.745**	0.627	0.941**	-0.300			
有效 Fe	未种烟	-0.843**	0.898**	0.896**	0.723*	0.430	0.698*	0.767**	0.663**	0.875**	1	
	种烟	0.772**	-0.565	-0.239	0.808**	-0.523	0.518	-0.677*	0.300	-0.857**		
有效 Pb	未种烟	-0.730*	0.833**	0.882**	0.861**	0.221	0.825**	0.784**	0.350	0.899**	0.641*	1
	种烟	-0.607	0.479	-0.062	0.957**	0.726**	0.601	0.938**	-0.221	0.991**	-0.804**	
有效 Cd	未种烟	-0.768	0.687*	0.710*	0.820**	-0.021	0.871**	0.752**	-0.060	0.777**	0.550	0.925**
	种烟	-0.848**	0.718*	-0.045	0.858**	0.689**	0.682**	0.780**	-0.168	0.928**	-0.871**	0.929**

综合以上分析，从土壤养分供应情况来看，可以看出目前烟草生产过程中存在有机肥，氮肥，Zn、Mn 微量元素肥料用量不足，磷肥用量过大，钾肥用量略大情况，应考虑选择 Pb 等重金属含量较低的肥料，重新设置施肥试验，改善肥料配比，适当增施微量元素肥料。

（二）烟草种植对土壤剖面养分含量变化的影响

1. pH 值和有机质

烟草种植对土壤剖面 pH 值的影响如图 8-1 所示。由图 8-1 可以看出，未种烟的情况下，土壤 pH 值在 0~60cm 土层中随剖面深度变化不明显，在 pH 值 8.0 左右摆动，剖面深度大于 60cm 后土壤 pH 值有逐渐升高趋势。种植烟草后耕层土壤（0～20cm）pH 值在 7.60 左右，随着剖面深度增加至 40cm pH 值增加至 7.85，40cm 后随着剖面深度的增加略有下降，烟草种植对耕层土壤 pH 值的影响最为明显，也就是说，烟草生长过程中根系活动是土壤 pH 值下降的主要原因。

烟草种植对土壤剖面中有机质含量的影响如图 8-2 所示。由图 8-2 可以看出，不管种烟与否，土壤 pH 值随剖面深度的变化规律基本一致，在 0～40cm 含量较高，60～100cm 含量较低且无显著变化。未种烟土壤耕层有机质含量比种烟土壤高 0.22 个百分点，在20～40cm土层比种烟土壤高出 0.39 个百分点，在 60～100cm 比种烟土壤高出 0.15 个百分点，也就是说烟草种植显著降低了土壤中有机质含量，以 20～40 cm 土层为最。

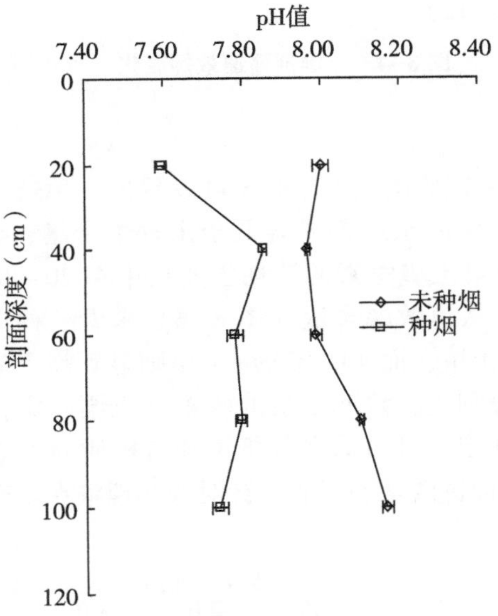

图 8-1　土壤剖面 pH 值变化

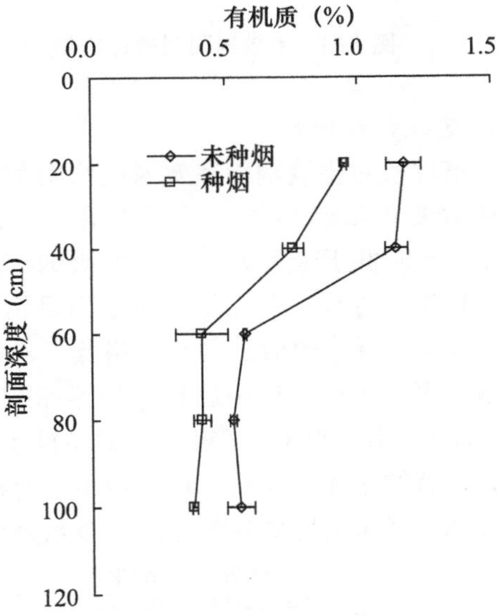

图 8-2　土壤剖面有机质变化

2. 缓效钾和速效钾

烟草种植对土壤剖面缓效钾的影响如图 8-3 所示。由图 8-3 可以看出，缓效钾含量随土壤剖面的增加呈现缓慢下降趋势，烟草种植增加了土壤中缓效钾含量，尤其是 80～100cm 土层，种烟土壤比未种烟土壤增加了 45.6%。从速效钾含量（图 8-4）来看，在0～20cm 土层种烟土壤比不种烟土壤高出 91.7%，在 20～40cm 二者无显著差异，40cm 以下随剖面深度增加种烟土壤速效钾含量与不种烟土壤之间的差值逐渐增大，至 80～100cm 土层，种烟土壤比不种烟土壤高 68.3%。表明烟草根系对土壤中钾素的吸收主要集中在 20～40cm 土层，另一方面也说明烟草生产过程中施用的钾肥过量，使耕层速效钾含量远高于未种烟土壤，未被烟草根系吸收的钾素随土壤水分向下迁移，在迁移过程中逐渐被硅酸盐矿物固定而转化为缓效钾。

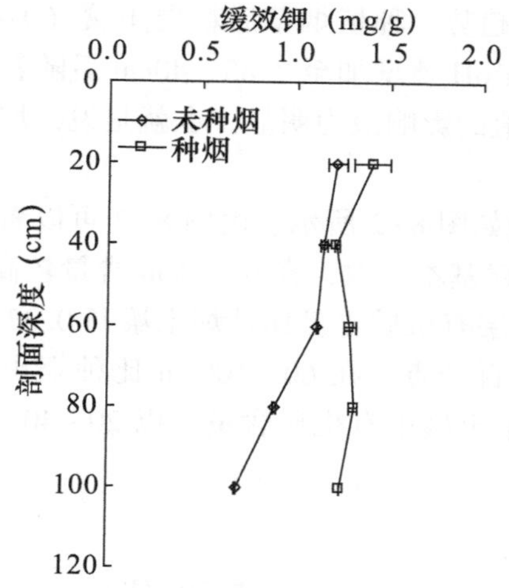

图 8-3　土壤剖面缓效钾变化

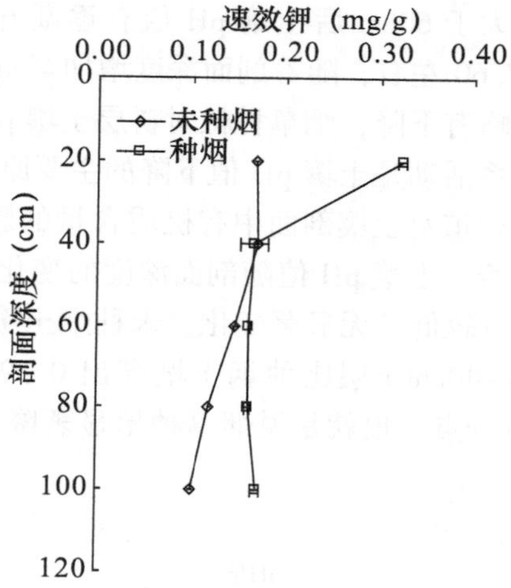

图 8-4　土壤剖面速效钾变化

3. 速效氮和速效磷

烟草种植对土壤剖面速效氮的影响如图 8-5 所示。由图 8-5 可以看出，种烟土壤耕层速效氮含量略高于未种烟土壤，而 20~40cm 土层则显著低于未种烟土壤，40~100cm 土层略低于未种烟土壤，表明烟草种植对土壤氮素的消耗主要集中在 20~40cm 土层，且生产过程中存在氮肥用量不足情况。从速效磷含量（图 8-6）来看，种烟土壤 0~40cm 土层中速效磷含量均略低于未种烟土壤，而 40~100cm 土层则显著高于未种烟土壤，表明生产过程中施用的磷素未被充分利用，致使多余的磷素被土壤固定，在 40~60cm 土层出现明显富集。磷素易被土壤固定，且由前文分析可知有机质与速效磷之间有显著的正相关关系，可通过增施有机肥促进磷素的释放，针对这一现象在生产过程中应充分考虑磷肥的后效作用，减量施磷。

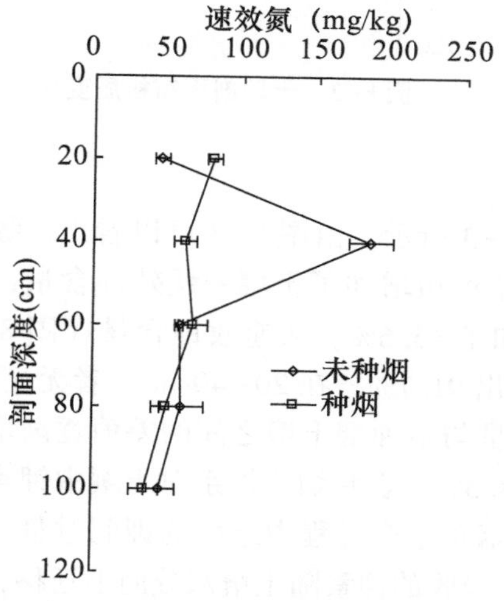

图 8-5　土壤剖面速效氮变化

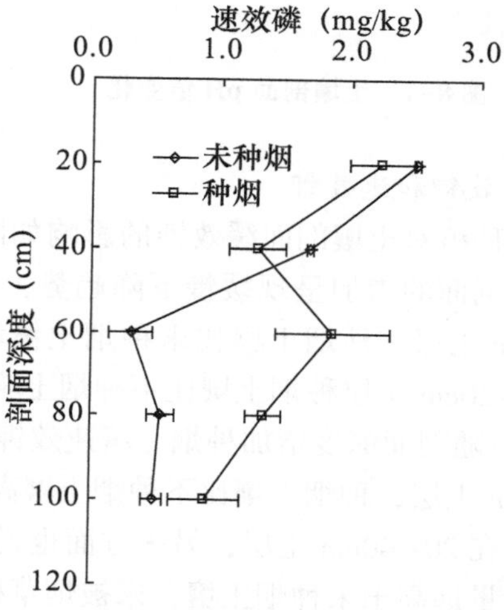

图 8-6　土壤剖面速效磷变化

4. 有效 Cu 和有效 Fe

烟草种植对土壤剖面有效 Cu 和有效 Fe 的影响如图 8-7 和图 8-8 所示。种烟土壤中有效 Cu 含量略高于未种烟土壤，方差分析显示，二者差异并不显著，种烟土壤的有效 Fe 含量显著高于未种烟土壤，这则可能是烟草种植使土壤 pH 值显著降低，促进了土壤中 Cu 和 Fe 的活化，且有效态 Cu、Fe 完全可以满足烟草生长需求。另外，Cu 和 Fe 属于微量养分元素，但也是重金属元素，生产过程中烟草连作致使烟草产量和品质下降可能与 Cu、Fe 对烟草的毒害作用有关。

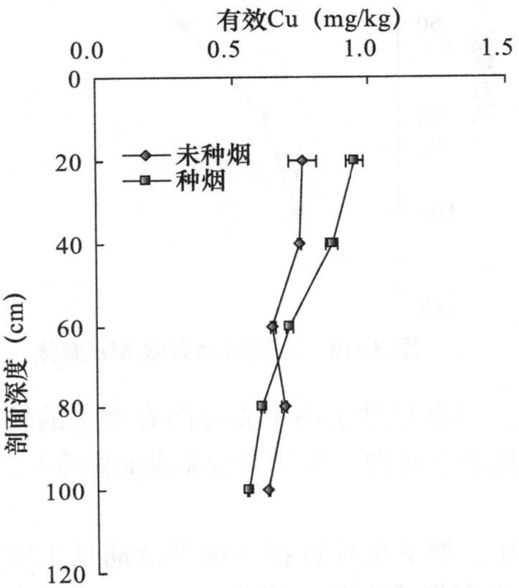

图 8-7　土壤剖面有效 Cu 变化

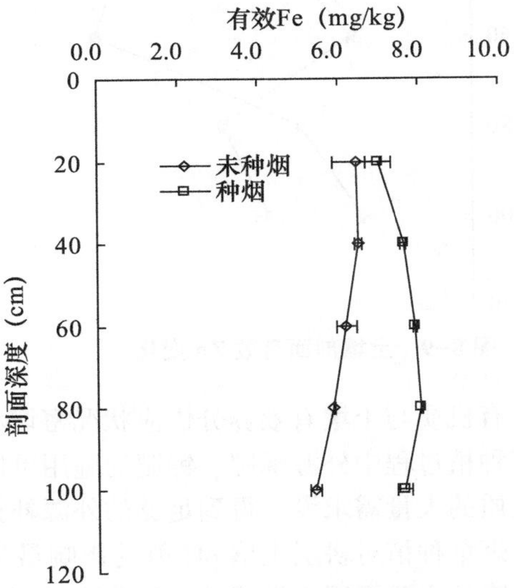

图 8-8　土壤剖面有效 Fe 变化

5. 有效 Zn 和有效 Mn

烟草种植对土壤剖面有效 Cu 和有效 Fe 的影响如图 8-9 和图 8-10 所示。由图 8-9 可以看出，种烟土壤耕层有效 Zn 含量略低于未种烟土壤，但二者差异不显著，在 20~60cm 土层显著低于未种烟土壤，60~100cm 土层高于未种烟土壤。由图 8-10 可以看出，除0~20cm 土层和 80~100cm 土层种烟土壤与未种烟土壤的有效 Mn 含量无显著差异外，烟草种植显著降低了 20~80cm 土层土壤中有效 Mn 含量。说明虽然烟草种植使土壤 pH 值显著降低，可能促进了土壤中 Zn 和 Mn 的活化，但土壤中有效态 Zn、Mn 的含量仍无法满足烟草生长需求，在生产过程中应考虑适当增施 Zn、Mn 微肥。

三、结论

综合以上分析，从土壤养分供应情况来看，连续 3 年的烟草种植降低了土壤的 pH 值，3 年连续烟草种植增加了土壤缓效钾、速效钾、速效磷、有效 Cu、有效 Fe 的含量。这与烟草种植降低土壤 pH 值，促进钾素释放，增加了 Cu、Fe 的有效性有关，另一方面可能与土壤磷钾肥料的过量供应有关。进一步分析土壤各养分指标之间的相关性发

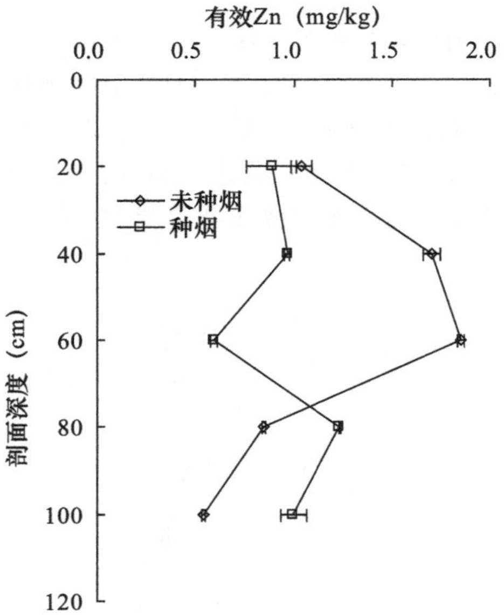

图 8-9　土壤剖面有效 Zn 变化

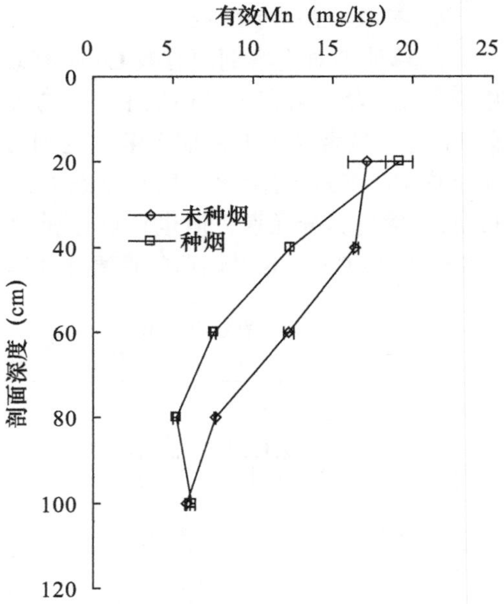

图 8-10　土壤剖面有效 Mn 变化

现，有机质与土壤有效养分供应状况密切相关，可以存进土壤中养分向有效态的转化。烟草种植过程中外源磷肥、钾肥的施用可以补充烟草对钾、磷的大量需求而烟草生长对有机质的大量需求没有得到足够的外源补充。

烟草种植对耕层土壤 pH 值的影响最为明显，烟草生长过程中根系活动是土壤 pH 值下降的主要原因。烟草种植显著降低了土壤中有机质含量，以 20～40 cm 土层为最。烟草种植对土壤氮素的消耗主要集中在 20～40cm 土层，且生产过程中存在氮肥用量不足情况。种烟土壤 0～40cm 土层中速效磷含量均略低于未种烟土壤，而 40～100cm 土层则显著高于未种烟土壤，生产过程中施用的磷素未被充分利用，致使多余的磷素被土壤固定，在 40～60cm 土层出现明显富集。

结合以上分析结果，针对目前烟草生产过程中存在有机肥、氮肥、Zn、Mn 微量元素肥料用量不足，磷肥用量过大，建议考虑选择 Pb 等重金属含量较低的肥料，重新设置施肥试验，改善肥料配比，适当增施微量元素肥料。

第二节　土壤改良剂对洛阳烟区土壤养分特征的影响

本节结合目前市场上现有土壤改良剂产品，开展新型高效土壤改良剂的应用筛选试验，筛选出适合洛宁烟区耕地质量现状的新型高效土壤改良剂，为推广使用土壤改良剂改良土壤结构、提高土壤质量、减轻土传病危害，在保证烟草正常生产的前提条件下逐渐恢复改善洛宁烟区原生态环境提供科学依据。

一、材料与方法

试验于2006年在河南省洛宁县王村乡聂坟试验田进行，供试品种为中烟100。选择肥力中等，地块比较平整，交通较为便利且在项目区具有代表性的烟田作为试验地。土壤改良剂为市售高分子天然改良剂（腐殖质）、低分子有机改良剂（土壤调理剂）。

本试验采用裂区设计，随机排列，按3个处理×3水平×6次重复布置试验，具体处理如下：对照B—不种植烟草，不施肥，不施用土壤改良剂；处理F—选用腐殖质盐作为天然土壤改良剂，设置F_0（0kg/亩）、F_1（15kg/亩）、F_2（30kg/亩）3个水平，在移苗前拌于土中，或于移苗后溶于水灌根或条施于距植株根系约5cm的两侧，深度10cm，施后覆土灌水；处理T—选用土壤调理剂作为低分子有机改良剂，设置T_0（0kg/亩）、T_1（15kg/亩）、T_2（30kg/亩）3个水平，在移苗前拌于土中，或于移苗后于距植株根系约5cm的两侧，挖5cm穴灌根，施后覆土。

各试验小区用地约为$50m^2$，合计用地1 $500m^2$，田间种植图如下：

B	F0	T2	T1	T2	F1	F2	F1	F2	F1	F2	T1	T2	T1
	T0	T1	T2	T2	F2	F1	F2	F1	F2	F1	T2	T1	T2
保护行													
小路													

注：每列代表2个烟草种植垄

土壤样品分别于移苗前、伸根期（移栽后10~15d）、团棵期（移栽后30d）、旺长期（移栽后60d）采集。

土壤样品在烟草种植龚上采集，即分别在每个小区中采集靠近烟株根部、两株中间采集各5处以上土壤样品，经过充分混均，用四分法收集土壤样品1kg作为该小区土壤样品；所采集土壤样品经风干，去除可见有机质磨碎分别过20目、60目和100目筛备进一步分析用。

有机质含量：浓硫酸—重铬酸钾氧化滴定法（外加热法容量法）。

土壤水解氮：碱解扩散法。

土壤速效磷：0.5mol/L $NaHCO_3$ 浸提—钼蓝比色法（Olsen法）。

土壤缓效钾：硝酸煮沸法。

速效钾：1mol/L NH_4OAC 浸提—火焰光度法。

有效态微量元素（Cu、Zn、Mn、Fe）：DTPA提取—原子吸收法。

有效态重金属元素（Pb、Cd）：DTPA提取—原子吸收法。

二、结果分析

（一）改良剂对养分含量的改良效果

项目组本年度研究了常见土壤改良剂（腐殖质作为天然土壤改良剂，记为F；斐特牌生态调理肥作为土壤调理剂，记为 T）对烟田土壤的改良效果，试验采用裂区设计，4 个处理×3 水平×3 次重复。改良剂在移栽烟苗的同时施入，随机排列，分别于缓苗期/伸根期（移栽后 15d）、团棵期（移栽后 30d）、旺长期（移栽后 60d）、采收期在烟草种植垄上采集土壤样品，即分别在每个小区中采集靠近烟株根部、两株中间采集各 5 处以上土壤样品，经过充分混匀，用四分法收集土壤样品 1kg 作为该小区土壤样品；样品经风干磨细后分析其 pH 值和有机质、大量养分元素和微量养分元素，根据项目区土壤质量状况筛选出最适土壤改良剂，重点研究目前市售不同类型土壤结构改良剂对提高项目区土壤质量、改善土壤结构、提高土壤肥力的效果。

1. pH 值和有机质

土壤 pH 值与土壤养分供应状况有密切的联系，比如，未种烟情况下 pH 值与土壤的速效钾、缓效钾、有效 Zn、有效 Mn、有效 Fe 等养分含量均有显著的负相关关系，且与有机质呈现显著正相关关系。由前文分析可以看出，经过烟草种植土壤 pH 值降低了 0. 29 个单位，施用改良剂后烟田土壤 pH 值均有不同程度提高，比如施用腐殖质和土壤调理剂后土壤 pH 值分别提高了 0. 15 和 0. 09 个单位，多重比较结果显示，施用腐殖质可以显著提高土壤 pH 值（表 8-3）。有机质含量是一个重要的土壤肥力指标，它不仅影响土壤结构、土壤的缓冲性能，还直接参与碳、氮、磷、钾和微量元素的供应，由前文分析可知，连续种烟显著降低了土壤有机质含量，施用腐殖质可以显著提高土壤有机质含量，提高了 11. 5%，而土壤调理剂则对土壤有机质含量没有显著影响，从以上分析可以看出，从提高土壤有机质含量和改善土壤 pH 值及缓冲性能方面来看，腐殖质是最适改良剂。

2. 大量元素（N、P、K）

从大量营养元素来看，改良剂施用对土壤钾素养分无显著影响（表 8-3）。比如，施用改良剂后土壤缓效钾含量虽有不同程度提高，施用腐殖质和土壤调理剂分别提高了 4. 55%和 5. 45%，但差异并不显著，对速效钾来说，施用改良剂与不施改良剂之间没有显著差异。改良剂的施用对土壤氮磷养分的影响较大，施用腐殖质可显著提高土壤速效氮的含量，提高了 11. 3%，施用土壤调理剂后土壤速效氮均有不同程度提高，提高了 7. 90%。施用改良剂均可显著提高土壤速效磷含量，尤其以施用腐殖质增幅最大，可达 2 倍以上。从改善土壤大量营养元素供应状况来看，腐殖质是项目区的最适改良剂。

3. 微量元素（Cu、Zn、Mn、Fe）

从微量元素角度来看，施用改良剂均不同程度促进了土壤微量元素的供应（表 8-3）。施用腐殖质显著提高了土壤有效 Cu、有效 Mn 和有效 Fe 含量，分别提高了 15. 2%、40. 2%和 30. 9%；施用土壤调理剂显著提高了土壤有效 Mn 和有效 Fe 的含量，分别提高了 39. 9%和 42. 3%。由前文分析可知，烟草种植促进了土壤中 Cu、Fe 的活化，主要消耗了土壤中 Mn 和 Zn。2 种改良剂均可显著改善土壤 Mn 素营养供应状况，但对 Zn 素营养的改良效果均不理想。

综合以上分析，从改善土壤 pH 值、有机质和大量营养元素和微量营养元素的供应状况来看，腐殖质是 2 种改良剂中最适合项目区的土壤改良剂，但腐殖质对于烟田土壤钾素和 Zn 素营养的改良状况不理想，需要考虑增施 Zn 肥。

表 8-3 改良剂对土壤养分状况的改良效果

处理	pH 值	缓效钾（mg/g）	速效钾（mg/g）	速效氮（mg/kg）
CK	7. 77±0. 02 c	1. 10±0. 08 a	0. 18±0. 02 bc	106. 05±24. 08 b
F	7. 92±0. 08 b	1. 15±0. 11 a	0. 18±0. 03 c	117. 99±11. 90 a
T	7. 86±0. 14 bc	1. 16±0. 09 a	0. 21±0. 04 ab	114. 43±16. 88 ab
处理	有效 Cu（mg/kg）	有效 Zn（mg/kg）	有效 Mn（mg/kg）	有效 Fe（mg/kg）
CK	1. 02±0. 08 b	1. 02±0. 11 a	14. 23±5. 45 b	6. 53±1. 03 b
F	1. 18±0. 24 a	0. 99±0. 26 ab	20. 01±8. 73 ab	8. 54±2. 63 a
T	1. 09±0. 16 b	1. 01±0. 19 ab	20. 32±9. 30 a	9. 13±3. 51 a
处理	速效磷（mg/kg）	有机质（%）	有效 Pb（mg/kg）	有效 Cd（mg/kg）
CK	1. 35±0. 71 b	0. 83±0. 04 b	1. 06±0. 13 b	0. 014±0. 007 a
F	4. 61±0. 99 a	0. 93±0. 08 a	1. 28±0. 18 a	0. 012±0. 004 a
T	4. 54±1. 16 a	0. 83±0. 07 b	1. 25±0. 21 a	0. 012±0. 003 a

（二）改良剂用量对养分含量的影响

为了比较不同改良剂对土壤养分供应状况的改良效果，不同改良剂均设置 3 个水平，不施用改良剂、施用量 I（15kg/亩）和施用量Ⅱ（30kg/亩）。前文已分析了不施用改良剂和施用改良剂对土壤养分供应状况的影响，在此仅讨论改良剂施用水平对土壤养分状况的影响。

由表 8-4 可以看出，对于土壤调理剂来说，不同用量之间均无显著差异。对于腐殖酸来说，不同施用量对土壤 pH 值、缓效钾、速效钾、有效 Cu、有效 Zn、有效 Mn、有效 Fe、有效 Pb 和有效 Cd 均无显著影响，仅对土壤中速效氮、速效磷、有机质含量有显著影响。施用 30kg/亩腐殖酸后土壤速效氮、速效磷和有机质分别比施用 15kg/亩提高了 14. 04%，36. 06%和 3. 30%。由前文分析可知施用腐殖酸可以显著提高土壤 pH 值、有机质、速效氮、速效磷、有效 Cu、有效 Mn 和有效 Fe，也就是说低用量（15kg/亩）的腐殖酸可以达到对土壤 pH 值、有效 Cu、有效 Mn 和有效 Fe 的改良效果，高用量则可显著提高土壤碳、氮、磷素营养的供应能力。因此在本项目试验条件下，腐殖酸用量 30kg/亩的改良效果最为理想。

表 8-4 改良剂用量对养分供应状况的影响

处理	水平	pH 值	缓效钾（mg/g）	速效钾（mg/g）	速效氮（mg/kg）
F	1	7. 92±0. 10 b	1. 14±0. 10 ab	0. 16±0. 02 c	110. 09±7. 46 bc
	2	7. 92±0. 06 b	1. 16±0. 13 a	0. 19±0. 04 bc	125. 88±10. 22a
T	1	7. 86±0. 17 b	1. 16±0. 07 a	0. 20±0. 04 ab	104. 30±11. 30 c
	2	7. 86±0. 10 b	1. 16±0. 12 a	0. 21±0. 05 ab	124. 55±15. 63 a

（续表）

处理	水平	有效 Cu（mg/kg）	有效 Zn（mg/kg）	有效 Mn（mg/kg）	有效 Fe（mg/kg）
F	1	1. 30±0. 32 a	0. 99±0. 25 a	16. 63±8. 91 a	8. 11±2. 38 ab
	2	1. 28±0. 27 ab	1. 00±0. 28 a	17. 55±9. 59 a	8. 76±2. 22 a
T	1	1. 20±0. 24 bc	1. 01±0. 24 a	17. 09±9. 48 a	8. 77±2. 97 a
	2	1. 21±0. 26 bc	1. 01±0. 13 a	17. 30±10. 26 a	8. 81±3. 31 a
F	1	速效磷（mg/kg）	有机质（%）		
	2	3. 91±0. 50 c	0. 91±0. 09 b		
T	1	5. 32±0. 85 a	0. 94±0. 07 a		
	2	4. 42±1. 00 bc	0. 83±0. 08 c		
		4. 67±1. 33 abc	0. 83±0. 07 c		

（三）施用改良剂后土壤养分的变化特征

1. pH 值和有机质

施用 2 种改良剂后土壤 pH 值随生育期的推进分别如图 8-11、图 8-12 所示。由图 8-11、图 8-12 可以看出，未施用改良剂烟田土壤 pH 值随生育期的推进无显著变化，施用腐殖酸和土壤调理剂后土壤 pH 值随生育期推进后延逐渐升高，均在团棵期达到最大值，分别为 7. 96 和 7. 99，施用土壤调理剂在旺长期有所下降。未施用改良剂烟田土壤有机质含量在生根期降至 0. 79%后随生育期后延逐渐升高，在旺长期达到最大，施用土壤调理剂后有机质随生育期的推进趋势也是如此，而施用腐殖酸后有机质在伸根期并未降低，团棵期和旺长期显著提高且高于其他处理。由此可以看出，有机质对烟草的缓苗生根有着重要作用，另外施用土壤调理剂对于土壤有机质含量并未显著影响。

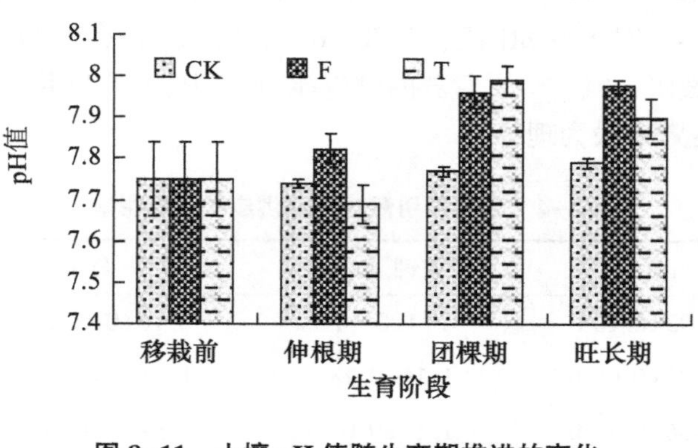

图 8-11　土壤 pH 值随生育期推进的变化

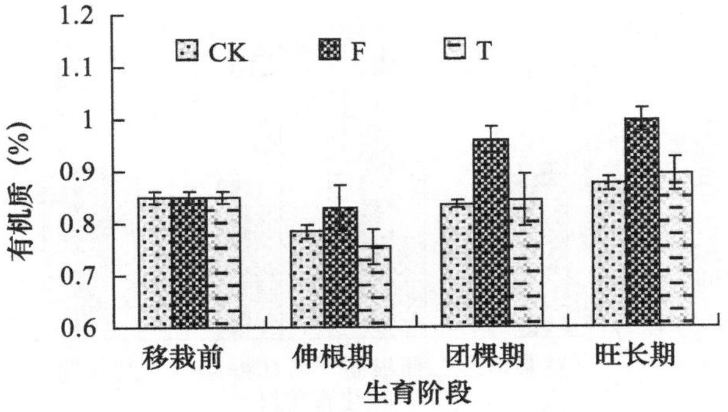

图 8-12 土壤有机质随生育期推进的变化

注：图中 CK 为不施用改良剂，F 为腐殖质，T 为土壤调理剂，下同

2. 缓效钾和速效钾

土壤缓效钾随生育期的变化如图 8-13 所示。由图 8-13 可以看出，无论施用改良剂与否，土壤缓效钾均从生根期开始逐渐降低，至旺长期虽有所增加，但与移栽前并无显著差异，且 2 种改良剂对于土壤缓效钾而言均无显著作用，这也从侧面说明土壤钾素营养充足。速效钾随生育期的变化如图 8-14 所示，未施改良剂烟田土壤速效钾在烟草移栽生根后逐渐增加，在团棵期最大，为 0. 21mg/g，在烟草生长进入旺长期后土壤速效钾降低至 0. 16mg/g，结合土壤速效钾随生育期的变化可以发现，移栽生根后，烟草的根系活动促进了土壤中缓效钾向速效钾的转化，缓效钾含量降低而速效钾含量升高，进入旺长期后，作物大量需钾使土壤速效钾降低至移栽前水平，施用腐殖酸和土壤调理剂可显著提高生根期土壤速效钾含量，而施用土壤调理剂可显著提高旺长期速效钾含量。施用 2 种改良剂各个生育时期的速效钾含量高于移栽前或者与移栽前速效钾含量无显著差异，表明土壤钾素供应适量。

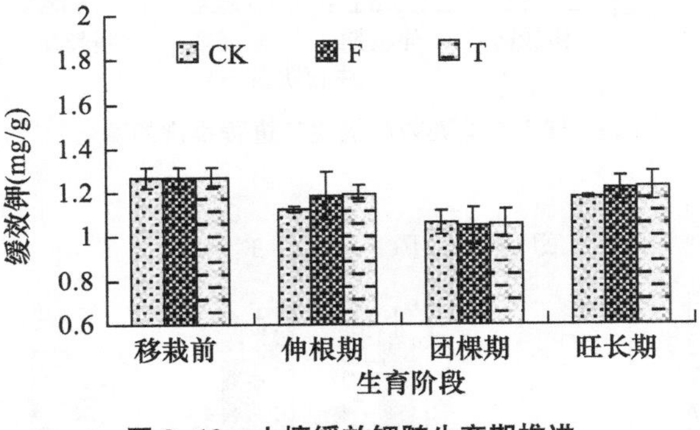

图 8-13 土壤缓效钾随生育期推进

3. 速效氮和速效磷

土壤速效氮随生育期的推进如图 8-15 所示。施肥使未施用改良剂烟田土壤速效氮伸根期高于移栽前且与施用改良剂之间无显著差异，团棵期显著降低至移栽前水平，而施用 2 种改良剂均使团棵期土壤速效氮高于未施用土壤，旺长期土壤速效氮恢复至生根

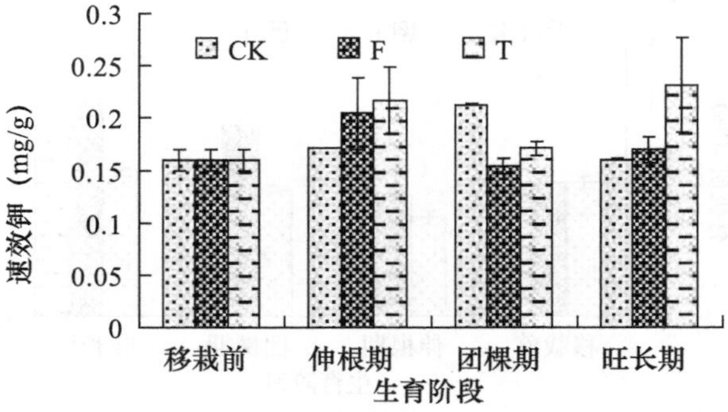

图 8-14　土壤速效钾随生育进程推进的变化

期水平可能与追肥有关。由此可以看出，土壤氮素供应较为充足，改良剂对速效氮的影响主要是保障了团棵期速效氮的供应。土壤速效磷随生育期的变化如图 8-16 所示，烟田土壤速效磷在伸根期、团棵期和旺长期均高于移栽前，说明烟田磷肥施用充足，与前文所述土壤剖面 40~100cm 土层则显著高于未种烟土壤，在 40~60cm 土层出现明显富集情况相符。施用改良剂对土壤速效磷含量未见显著促进作用，这也可能与磷素供应充足有关。

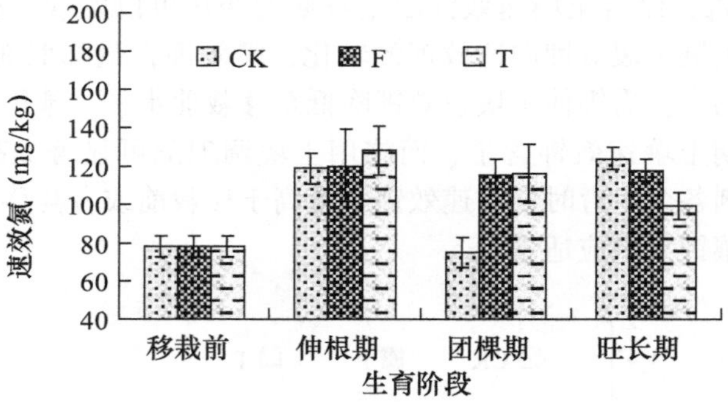

图 8-15　土壤速效氮随生育进程推进的变化

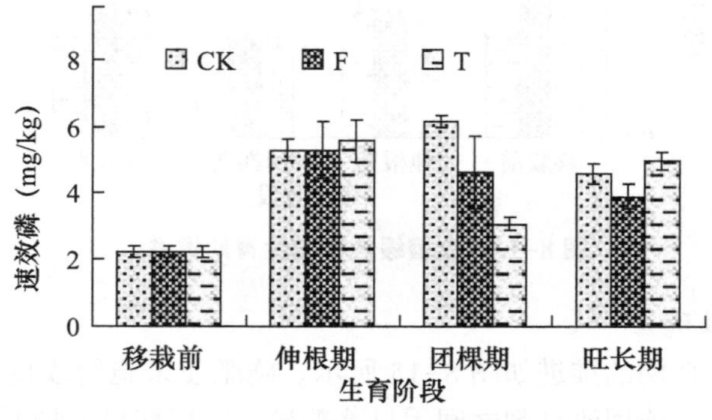

图 8-16　土壤速效磷随生育进程推进的变化

4. 有效 Cu 和有效 Fe

土壤有效 Cu 随生育进程推进的变化如图 8-17 所示。由图 8-17 可以看出，土壤有效 Cu 含量在伸根期达到最大，随生育期进程推进的延逐渐降低，至旺长期后与移栽前水平无显著差异，施用改良剂可以显著提高伸根期和团棵期耕层土壤中有效 Cu 含量，且腐殖酸效果优于土壤调理剂。土壤有效 Fe 含量在伸根期和团棵期略高于移栽前，至旺长期后略低于移栽前，差异不显著（图 8-18）。施用改良剂可显著提高伸根期有效 Fe 含量，尤以腐殖酸和土壤调理剂增加幅度最大，可以达到 63.82%和 89.16%。

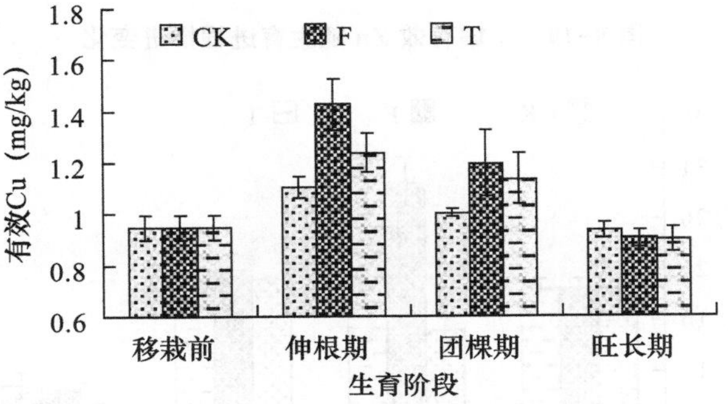

图 8-17　土壤有效 Cu 随生育进程推进的变化

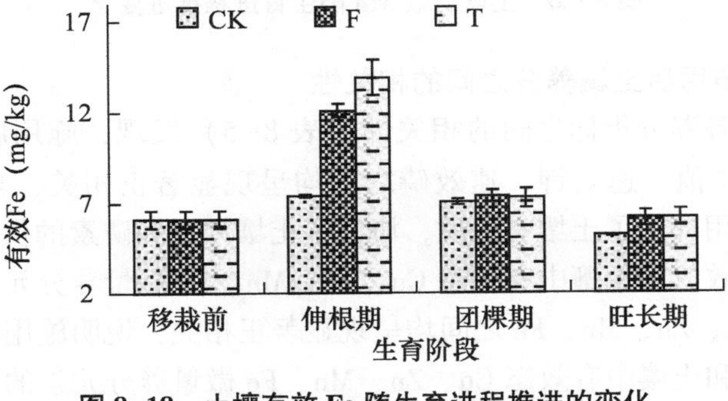

图 8-18　土壤有效 Fe 随生育进程推进的变化

5. 有效 Zn 和有效 Mn

烟田耕层土壤有效 Zn 含量随生育进程推进变化不明显（图 8-19），施用改良剂可提高生根期土壤中有效 Zn 含量，却降低了团棵期和旺长期土壤中有效 Zn 含量，尤其是施用腐殖酸后旺长期有效 Zn 含量比移栽前降低了 28.96%，这可能与施用改良剂促进烟草的生长对 Zn 的吸收和土壤 Zn 素没有外援供应有关。土壤中有效 Mn 含量随着生育期进程推进的逐渐降低（图 8-20），在旺长期降低至最低，仅为移栽前的 39.35%，施用 2 种改良剂均可使有效 Mn 含量在伸根期显著提高，比不施改良剂提高了约 1 倍以上，且减少了旺长期的降低幅度。由此可以看出，烟田土壤 Mn 素营养供应不足，如前文所述，烟草种植显著降低了 20～80cm 土层土壤中有效 Mn 含量，在生产过程中应考虑适当增施 Mn 肥。

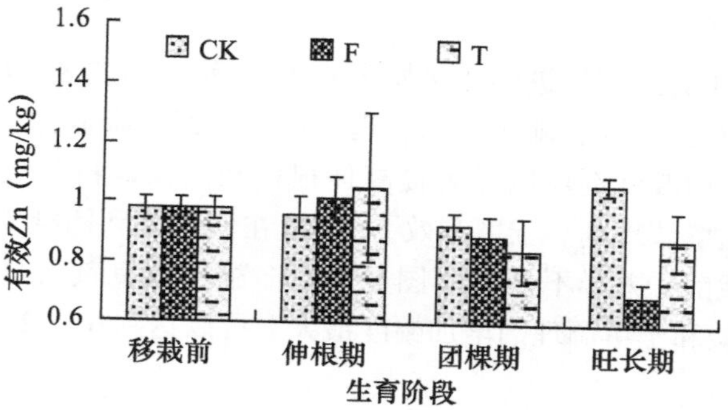

图 8-19　土壤有效 Zn 随生育进程推进变化

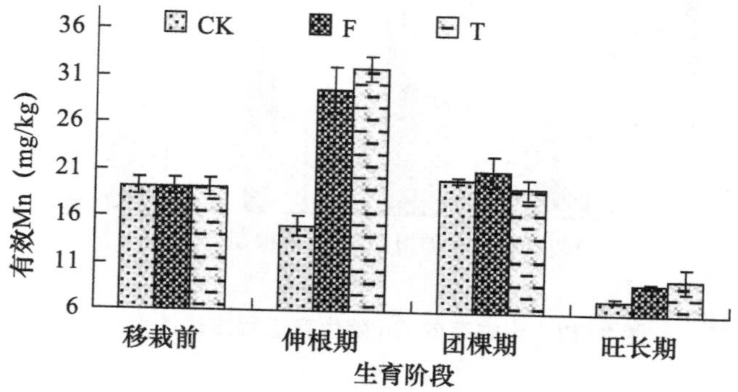

图 8-20　土壤有效 Mn 随生育进程推进变化

（四）改良剂施用后土壤养分之间的相关性

通过分析土壤各养分指标之间的相关性（表 8-5）发现，施用腐殖酸后土壤有机质含量与土壤中 pH 值、速效钾、速效磷之间均呈现显著正相关，与未种植烟草时相似，说明腐殖酸施用补充了土壤有机质，协调了土壤钾素和磷素的供应，增加了土壤的缓冲性能，而与速效氮和土壤中有效态 Cu、Zn、Mn、Fe 微量养分元素的含量呈现显著负相关，且有效 Cu、Zn、Mn、Fe 之间均呈现显著正相关，说明施用腐殖酸后有机质的增加与土壤速效氮和土壤中有效态 Cu、Zn、Mn、Fe 微量养分元素的增加不同步，也就是说氮素和微量营养元素是此时土壤肥力的限制因子，需要考虑增施氮和微肥。缓效钾和速效钾之间也呈现显著的正相关关系，与未种植烟草相同，表明 2 种改良剂的施用均不同程度促进了土壤自身钾素的供应。

表 8-5　改良剂施用后土壤养分间的相关关系

		pH 值	缓效钾	速效钾	有机质	速效氮	速效磷	有效 Cu	有效 Zn	有效 Mn	有效 Fe
缓效钾	F	-0.288									
	T	-0.473*									
速效钾	F	-0.706**	0.531**								
	T	-0.441*	0.761**								

（续表）

		pH 值	缓效钾	速效钾	有机质	速效氮	速效磷	有效 Cu	有效 Zn	有效 Mn	有效 Fe
有机质	F	0.827**	0.009	0.423*							
	T	0.679**	0.132	0.044							
速效氮	F	−0.216	0.208	0.532**	0.179						
	T	−0.415**	−0.202	−0.102	−0.664**						
速效磷	F	−0.442**	−0.116	0.605**	−0.350	0.673**					
	T	−0.737**	0.643**	0.376	−0.254	0.176					
有效 Cu	F	−0.701**	−0.211	0.401	−0.755**	0.186	0.605**				
	T	−0.428*	−0.382	−0.310	−0.681**	0.647**	0.023				
有效 Zn	F	−0.681**	−0.263	0.277	−0.782**	−0.073	0.432**	0.845**			
	T	−0.762**	0.374	0.426*	−0.413**	0.499*	0.549**	0.494**			
有效 Mn	F	−0.826**	−0.162	0.508*	−0.812**	0.149	0.615**	0.904**	0.886**		
	T	−0.684**	−0.076	−0.105	−0.820**	0.742**	0.300	0.870**	0.617**		
有效 Fe	F	−0.897**	0.115	0.657**	−0.907**	0.170	0.610**	0.852**	0.805**	0.889**	
	T	−0.847**	0.138	0.050	−0.822**	0.640**	0.564**	0.751**	0.700**	0.946**	

施用土壤调理剂后土壤有机质与土壤中 pH 值呈正相关，与土壤缓效钾、速效钾、速效氮、速效磷之间并无显著相关关系，与未施用改良剂相同。有机质与土壤中有效态 Cu、Zn、Mn、Fe 微量养分元素的含量呈现显著负相关，且有效 Cu、Zn、Mn、Fe 之间均呈现显著正相关，与施用腐殖酸类似，表明土壤调理剂的施用可以在增加土壤的缓冲性能，协调土壤微量元素供应方面起到土壤改良作用。

三、小结与讨论

综上所述并结合前文分析，腐殖酸应为项目区最适土壤改良剂，在本试验条件下用量以 30kg/亩较为理想，腐殖酸施用补充了土壤有机质，协调了土壤钾素和磷素的供应，增加了土壤的缓冲性能，施用腐殖酸后有机质的增加与土壤速效氮和土壤中有效态 Cu、Zn、Mn、Fe 微量养分元素的增加不同步，也就是说氮素和微量营养元素是此时土壤肥力的限制因子，需要考虑增施氮和微肥。

但仅经过 1 年施用 30kg/亩腐殖酸的土壤改良，土壤的养分供应状况及各个养分指标之间和谐统一性能与未种植烟草土壤仍有一定的差异，需要深入探索腐殖酸的最佳用量并继续改良。

第三节　洛阳烤烟轮作制度研究

一、材料与方法

试验于2015—2016年在洛阳市洛宁县进行，分别选定5个茬口：T1：连作1年；T2：连作2年；T3：连作4年；T4和T5。前茬分别为大豆和玉米。不同茬口的供试土壤为气候相同田块，管理水平一致。

烤烟各生育时期土壤样品的采集时间为烤烟移栽当天（5月20日）、移栽后20d、移栽后40d、移栽后60d和移栽后80d。采集方法是按S形在每块地随机取5株烟，将烟株根系区土壤用铁锹挖出，抖掉根系外围土，取紧贴在根表附近的土样，样品混合后装入无菌纸袋，立即带回实验室，将鲜新土过1mm筛，储存于冰箱内（4℃），测定土壤酶活性。另取根系间黏带土壤，混合后风干、研磨，过0.25mm和1mm筛，供测定土壤碱解氮、速效磷、速效钾、有机质和pH值。同时测定地下20~30cm土层的土壤容重。

烟叶取样：分别在移栽后20d、40d、60d、80d进行4次采取。每株取上部叶和中部叶各3片，每次取8株，样品杀青后烘干磨碎，用于烟叶主要矿质元素含量测定。其中矿质元素P、Na、Zn、B、Cu、Fe、Mn含量采用干灰化法、ICP分析仪测定。

二、结果分析

（一）不同连作和轮作对烤烟物理性状的影响

烟叶的物理特性是指影响烟叶质量以及工艺加工的一些物理方面的特性。主要包括叶片大小、叶片厚度、含梗率、填充性、燃烧性、单叶重、叶质重、机械强度等，是反映烟叶质量与加工性能的重要指标，直接影响烟叶品质和卷烟制造过程中的产品风格、成本及其他经济指标（表8-6）。通常优质烤烟的适宜厚度可能在130μm左右。试验地区烟叶叶片厚度整体偏低，以T1最高，T4较低，叶尖、叶中和叶基厚各处理变化趋势一致，都是叶中>叶尖>叶基；含梗率T2、T4较高，T5最低；叶质重的变化趋势是T3>T5>T2>T4>T1；填充值T1较高，T2次之，T3最低；抗张拉力T3最高，T1最低。

表8-6　不同处理对烤烟物理性状的影响

处理	叶尖厚（μm）	叶中厚（μm）	叶基厚（μm）	含梗率（%）	叶质重（g/m^2）	填充值（cm^3/g）	抗张拉力（N）
T1	71.2	75.6	66.2	25.3	43.62	3.08	2.41
T2	69.2	69.4	60.0	32.9	38.6	3.96	1.85

（续表）

处理	叶尖厚（μm）	叶中厚（μm）	叶基厚（μm）	含梗率（%）	叶质重（g/m^2）	填充值（cm^3/g）	抗张拉力（N）
T3	67.2	68.8	60.8	26.5	45.8	3.45	1.89
T4	64.6	64.8	54.4	29.9	38.9	3.31	2.23
T5	67.4	63.62	60.6	23.4	47.4	3.18	2.02

（二）不同连作和轮作对烤烟根系性状的影响

不同连作和轮作条件下烟株根系性状有显著差异（表 8-7）。根体积以 T5 在各个生育时期均最大，打顶 20d 前，T2 根体积最小，打顶后 30d 根系体积依次为 T5>T1>T4>T2>T3。根鲜重随着连作年限增长降低，T5 较 T4 根鲜重大，各处理以 T1 根鲜重最大，T3 根鲜重相对较小。根干重变化规律基本与根干重一致，T1 根干重最大，T2 和 T3 较小，但 T4 根干重大于 T5。根含水率一定程度上反映了根系活力的大小，根含水率高说明根系代谢旺盛，生长速度强劲。打顶后烟叶进入圆顶期，各处理根系含水率有增高趋势，以 T1 根系含水率最高，T4 最低，除打顶后 2d，各处理均与 T4 差异明显。根干物质积累强度规律表现不一致，T1 打顶后各个时期干物质积累强度均最大，T4 在打顶后 10d 干物质积累较快，后期降低，T2、T3 和 T5 随着生育期延长干物质积累加快，T1 打顶后各个时期干物质积累强度均最大，明显高于其他处理。以 T5 干物质积累强度最小。

表 8-7　不同连作和轮作条件下烤烟根系性状

项目	处理	打顶后 0d	打顶后 10d	打顶后 20d	打顶后 30d
根体积（cm^3）	T1	281.33	399.33	470.33	483.33
	T2	156.33	229.33	254.33	369.33
	T3	175.33	323.33	342.33	356.33
	T4	157.33	443.33	464.33	466.33
	T5	313.33	393.33	431.33	681.33
根鲜重（g）	T1	298.53	366.53	449.83	453.33
	T2	214.23	261.73	277.33	313.61
	T3	203.73	221.33	271.73	296.73
	T4	191.23	243.73	300.33	309.73
	T5	288.43	293.13	305.83	332.23
根干重（g）	T1	79.20	108.70	124.20	147.30
	T2	69.46	72.99	81.70	93.20
	T3	70.90	73.00	79.36	90.20
	T4	71.13	93.20	107.90	117.84
	T5	83.20	84.23	96.77	104.20

（续表）

项目	处理	打顶后 0d	打顶后 10d	打顶后 20d	打顶后 30d
根含水率（%）	T1	67.51	70.34	72.39	73.47
	T2	67.58	70.54	70.71	72.11
	T3	65.20	67.02	69.60	70.79
	T4	62.80	61.76	64.07	61.95
根干物质积累强度（g）	T1	—	2.95	1.55	2.31
	T2	—	0.35	0.87	1.15
	T3	—	0.21	0.64	1.08
	T4	—	2.21	1.47	0.99
	T5	—	0.10	1.25	0.74

（三）不同连作和轮作对烤烟根际土壤酶活性的影响（表 8-8）

表 8-8　不同连作和轮作条件下烤烟根际土壤酶活性

项目	处理	移栽当天	移栽后 20d	移栽后 40d	移栽后 60d	移栽后 80d	移栽后 100d
过氧化氢酶 Catalase（0.1mol/L $KMnO_4$，mg/g 干土）	T1	0.8063	0.9750	1.0063	1.1000	0.9988	0.8063
	T2	0.5188	0.8875	0.9875	0.9125	0.8938	0.4125
	T3	0.2313	0.5188	0.9000	0.8875	0.6000	0.3688
	T4	0.5500	0.9375	0.9500	0.9375	0.8313	0.7625
	T5	0.4000	0.5363	0.9938	0.9813	0.8688	0.4375
脲酶 Urase（mg/g 干土）（以 NH_3-N 计）	T1	0.4366	0.5632	1.3431	1.1202	0.4214	0.6189
	T2	0.5834	0.5632	2.2243	1.576 0	0.5125	0.9379
	T3	0.2947	0.3657	1.3887	1.2570	0.6341	0.7961
	T4	0.1479	0.6341	2.2243	1.5051	0.5935	0.5125
	T5	0.2796	0.4163	1.3988	0.7202	0.5429	0.4973
多酚氧化酶 Polyherol oxidase（mg/g 干土）	T1	0.8180	0.7847	1.6144	1.7437	0.8514	0.9807
	T2	1.0557	1.1766	1.2934	1.4146	1.5894	0.7764
	T3	0.7764	0.8556	1.1433	1.7603	0.6846	0.6971
	T4	0.4678	0.8014	1.0766	1.7979	0.9473	0.9098
	T5	0.6429	1.1558	1.3267	1.3467	0.5637	0.6971

过氧化氢酶可促进土壤中多种化合物氧化，防止过氧化氢积累对生物体造成毒害，当过氧化氢酶活性达到较高水平时，土壤的解毒能力较强；当过氧化氢酶活性偏低时，可能会影响土壤的解毒能力，容易对土壤和生物产生毒害作用。不同连作和轮作条件下过氧化氢酶活性存在较大差异，移栽当天和移栽后 20d，过氧化氢酶活性表现为 T1 >

T4 > T2 > T5 > T3；移栽后40d到60d，T1和T5较高，T3最小；移栽后80d到100d，各处理过氧化氢酶活性均有所下降。整个生育期内，各处理均表现出过氧化氢酶活性先上升后降低的趋势，在移栽后40d和60d达到最大值，且均以T1过氧化氢酶活性最高，T3最低。

脲酶是土壤中的主要酶类之一，是唯一对尿素在土壤中的转化及作用有着重大影响的酶，与土壤生物地球化学循环中的氮循环密切相关，其水解尿素生成的氨是植物氮素营养来源之一。脲酶活性过低，势必会影响尿素的利用率。由表8-8可知，移栽当天到20d，脲酶活性变化幅度较小，移栽后20d到40d，急剧上升达到最大值，然后较快下降，移栽后80d到100d小幅上升。移栽后40d，以T2和T4最大。

（四）不同连作和轮作对烟叶微量元素的影响

适宜的全P含量范围为2.5~5.0g/kg，Zn为12.5~25mg/kg，B为20~50mg/kg，Cu为6.3~14.2mg/kg，Fe为90~120mg/kg，Mn为100~200mg/kg。

随着生育进程的推进，各处理B含量逐步上升，在移栽后80d达到最大（表8-9）。以T1含量较高，T3和T4含量较低；Cu含量呈先上升后下降趋势，在移栽后40d达到最大值，T5整个生育期Cu含量均最低，移栽后40d及移栽当天以T4含量较高，移栽后60d及80d以T2含量较高；Fe含量也呈先升高后降低趋势，但是最大值出现在移栽后60d，移栽后80d有所下降，以T1较高，T2和T3较低；Mn含量规律与Cu相似，移栽当天到40d，上升到最大值，之后缓慢下降，整个生育期均以T1最高，也以T2和T3较低；Na呈波浪形规律，移栽当天到40d较低幅度下降，移栽40d到60d快速上升，至移栽后80d又下降，最大值出现在移栽后60d，以T5最大，T2最小；P表现出T3、T4和T5随生育进程推进升高趋势，T1和T2移栽当天到60d上升，再下降；Zn呈与Na相反的波浪形规律，移栽当天到40d上升，然后急剧下降，除T1和T2有略微上升外，其他各处理在移栽60d到80d均下降，最大值出现在移栽后40d，按大小顺序依次为T3、T4、T5、T1、T2。

表8-9 不同连作和轮作烟叶微量元素动态变化

时期	处理	B（mg/kg）	Cu（mg/kg）	Fe（mg/kg）	Mn（mg/kg）	Na（mg/kg）	P（g/kg）	Zn（mg/kg）
移栽20d	T1	11.96	1.37	4.75	147.01	15.06	0.91	6.67
	T2	5.96	1.24	4.73	60.02	13.83	0.67	5.74
	T3	2.92	1.45	6.17	78.15	13.27	1.25	6.93
	T4	1.37	1.72	4.48	50.34	11.34	1.13	6.61
	T5	7.25	0.94	5.97	77.46	11.20	1.17	6.25
移栽后40d	T1	16.16	2.07	21.24	177.45	11.78	0.81	6.78
	T2	11.73	1.57	20.44	98.36	11.67	077	5.44
	T3	2.07	2.52	15.23	80.28	10.40	1.71	8.74
	T4	10.16	1.79	18.76	144.17	10.48	1.30	8.03
	T5	15.91	1.18	20.50	118.69	11.38	1.02	7.21

（续表）

时期	处理	B（mg/kg）	Cu（mg/kg）	Fe（mg/kg）	Mn（mg/kg）	Na（mg/kg）	P（g/kg）	Zn（mg/kg）
移栽后60d	T1	38.57	9.35	75.76	97.96	19.84	2.82	3.47
	T2	24.18	9.01	39.28	35.76	18.79	2.08	2.62
	T3	21.01	6.21	44.07	50.68	14.64	1.77	6.54
	T4	20.34	8.78	55.94	96.35	16.29	2.05	6.13
	T5	29.18	4.65	55.48	83.24	17.40	2.39	3.95
移栽后80d	T1	67.10	5.76	56.91	76.61	13.96	2.04	3.63
	T2	58.92	7.28	27.43	26.35	13.77	1.45	3.46
	T3	41.61	5.26	33.67	14.24	14.64	2.71	4.32
	T4	46.57	5.14	33.61	42.58	16.29	2.99	5.77
	T5	45.80	2.49	41.39	37.23	17.40	2.82	3.82

（五）不同连作和轮作对烤烟土壤微量元素的影响

土壤养分失衡是导致连作障碍的重要因素，合理轮作是缓解养分失衡的有效手段。作物不同，吸收营养物质的种类和数量就不同，收获后土壤中残留的有效养分也不同。

各处理Ca元素表现出相近规律（表8-10），T5整个生育期均处于较低水平，呈缓慢下降，其他处理从移栽当天到20d略有降低，移栽后20d到40d迅速下降，之后又有所上升，再快速下降，移栽当天以T1最高，T5最低；Fe变化规律基本与Ca相似，移栽当天到移栽后60d，Fe含量T1 > T4 > T3 > T2 > T5，移栽60d到80d，T1和T4迅速下降，其他处理略有降低；T5的Mg含量在整个生育期变化幅度较小，移栽当天到40d其他处理均降低，从移栽40d到80d，T2小幅变化，T3继续降低，T1和T4先升高再降低；T5的Mn含量较低，呈缓慢下降，其他处理表现规律不尽一致，T1和T4从移栽当天到移栽后40d先降后升，移栽40d后急剧下降，T2从移栽当天到40d下降，之后有所上升，T3表现为从移栽当天到60d呈下降趋势，移栽后60d到80d有所上升；Zn含量以T3最低，呈先降低，在保持在较低水平，其他处理规律基本一致，呈先上升后降低趋势；T1和T3的Cu含量变化规律相近，先降低后有所上升，其他各处理表现为"Z"形，先升后降再升趋势。

表8-10　不同连作和轮作土壤微量元素动态变化

时期	处理	Ca（%）	Fe（%）	Mg（%）	Mn（%）	Zn（%）	Cu（%）
移栽当天	T1	2.1221	7.0034	1.8844	0.1466	0.0330	0.0024
	T2	1.1439	3.0485	0.8227	0.0515	0.0417	0.0017
	T3	1.5360	3.6356	0.8498	0.0611	0.0559	0.0118
	T4	1.0725	1.0584	0.7529	0.0199	0.0676	0.0017
	T5	1.2824	2.2461	0.9146	0.0444	0.0437	0.0018

（续表）

时期	处理	Ca（%）	Fe（%）	Mg（%）	Mn（%）	Zn（%）	Cu（%）
移栽后20d	T1	1.8117	5.4600	1.4564	0.1172	0.0555	0.0020
	T2	1.8343	4.6231	1.5047	0.0939	0.1382	0.0034
	T3	1.3825	4.0213	0.9998	0.0757	0.0182	0.0024
	T4	2.3337	6.4451	1.8816	0.1238	0.1013	0.0025
	T5	1.2769	1.5239	0.8929	0.0297	0.0927	0.0018
移栽后40d	T1	2.2563	6.7027	1.9260	0.1510	0.0345	0.0015
	T2	1.9652	5.9823	1.6514	0.1301	0.1295	0.0027
	T3	1.8377	4.9408	1.4208	0.0999	0.0279	0.0011
	T4	1.6679	4.5973	1.2715	0.0991	0.0209	0.0012
	T5	1.3977	2.9129	0.8503	0.0617	0.0210	0.0010
移栽后60d	T1	0.8708	2.0123	0.8258	0.0478	0.0170	0.0010
	T2	1.1754	3.4039	0.8630	0.0674	0.0300	0.0013
	T3	2.1725	5.9409	1.4519	0.1296	0.0332	0.0019
	T4	1.8113	6.4987	1.6748	0.1471	0.0551	0.0024
	T5	1.1930	3.2395	0.9113	0.0538	0.0350	0.0019
移栽后80d	T1	1.8267	6.1549	1.6108	0.1252	0.0529	0.0018
	T2	1.0386	3.3598	0.8642	0.0630	0.0319	0.0017
	T3	1.9261	5.9269	1.5189	0.1239	0.0235	0.0021
	T4	2.2852	6.1213	1.6515	0.1329	0.0487	0.0020
	T5	1.0349	2.9526	0.8911	0.0485	0.0246	0.0020

三、结论

不同连作和轮作条件下烤烟各时期土壤理化性状存在较大差异，土壤 pH 值随生育进程推进逐渐升高，在移栽后 60d 表现出大豆茬>连作 1 年>连作 2 年>连作 4 年>玉米茬，连作土壤的有机质、有效 N、P、K 均存在不同程度积累；连作 1 年和前茬为玉米的烤烟根系性状较优，连作 1 年烟叶物理性状最佳。连作 1 年过氧化氢酶活性最高，连作 3 年最低。多酚氧化酶和脲酶以连作 2 年较高。

第四节　洛阳烟区不同耕作栽培技术研究

一、试验设计

设置处理 1：常规耕作起垄；处理 2：常规耕作起垄+垄下深松；处理 3：常规耕作起垄+垄下深松+揭膜后中耕培土。

二、结果与分析

采用不同耕作栽培方式（冬前深耕，第2年栽烟前深耕细耙起垄和冬前免耕，第2年栽烟前深耕细耙起垄两个处理），研究了不同耕作方式对烤烟产质量的影响。结果表明（表8-11），两次深耕的处理其产量达到224.86kg/亩，产值为1 339.89元/亩，而一次冬前免耕处理的产量为195.81kg/亩，产值为1 073.12元/亩，两次深耕处理较一次深耕处理产量平均提高了14.84%，产值提高了24.86%，这说明两次深耕处理增强了烟田土壤的蓄水能力，能有效提高种烟经济效益。

进一步采用不同耕作方式（处理1：常规耕作起垄；处理2：常规耕作起垄+垄下深松；处理3：常规耕作起垄+垄下深松+揭膜后中耕培土）研究了不同耕作方式对产质量的影响。结果表明（表8-12），垄下深松+接膜后中耕培土烟叶糖含量降低，烟碱和钾含量提高，化学成分较协调，经济性状最优。

表8-11　不同耕作方式对烤烟主要经济性状的影响

处理	产量（kg/hm^2）		公顷产值（元/hm^2）		均价（元/kg）		上等烟比例（%）	
1	2 198.33 c	B	26 164.90 c	B	11.9 b	A	24.6 b	B
2	2 365.67 b	AB	29 685.57 b	AB	12.55 ab	A	29.3 a	AB
3	2 508.33 a	A	32 162.87 a	A	12.8 a	A	31.2 a	A

表8-12　不同处理对烤烟主要化学成分的影响

处理	总糖（%）	还原糖（%）	烟碱（%）	总氮（%）	蛋白质（%）	氯（%）	钾（%）	施木克值	还原糖/烟碱	总氮/烟碱
处理1	34.95	24.72	1.31	1.27	6.52	0.29	1.31	5.39	20.22	1.04
处理2	33.59	24.70	1.23	1.29	6.71	0.25	1.40	4.86	20.08	1.06
处理3	32.15	23.54	1.42	1.37	7.05	0.27	1.41	4.9	17.87	1.01

三、结论

（1）耕作可以起到土壤改良的作用，冬前深耕，可以熟化土壤，除草灭虫，垄下深松，可以多接纳降水，二者烟田土壤贮水量均高于传统的耕作方式，具有增加土壤水库库容的作用，利于烟株根系下扎扩展，烟株对土壤速氮、磷、钾的吸收利用增强，尤其是烟株生长的前期更强，达到天旱地不旱，地旱烟不旱，确保烟株正常生长，光合速率增强，稳定烤烟产量，提高烟叶质量。

（2）烟田合理轮作，可以起到控制病害、用地与养地相结合的目的。研究得出，建立了烟田合理的轮作制度，烟田连作1年，烟草与玉米轮作，烟叶化学成分较为协调，对改善烟叶香型有突出贡献的致香物质含量得到提高，生育期内烟田土壤微生物的数量变化也截然不同。

（3）烟田合理耕作和轮作对改良土壤的作用仍然有限，通过筛选洛阳植烟土壤优势菌种，经过培养，用于烟田土壤改良，可以起到良好效果。

第五节　土壤改良（绿肥翻压）对烟叶理化性质的影响研究

一、试验设计

试验田分别设置在所选的不同基点。待大田烟叶收获完成后种植绿肥，烟苗移栽前一个月进行绿肥翻压，翻压时测定并计算绿肥的翻压量和绿肥含水率。试验设置黑麦、大麦、黑麦草、油菜、紫云英五种绿肥试验，绿肥种植面积为 5 亩，以不种植绿肥的 1 亩冬闲地作为空白对照，供试品种为中烟 100。

二、结果分析

（一）土壤改良对烤烟农艺性状的影响

对照组早发快长，株高、叶数、茎围、节距、叶长及叶宽，但是其他五个处理在进入旺长期后，各项农艺指标也随之增高。整体来看，株高在圆顶期以前，对照较好，旺长期后，其他处理长势相对较好（表 8-13）。各项来看，株高之间有较明显差异，打顶之后，处理间株高范围在 132.2～154.6cm，叶片数在整个生育期内相差不大，各处理间基本保持一致，无明显差异。茎围在移栽 75d 后明显高的处理分别是黑麦草、油菜及苜蓿草。节距除毛叶苕子外，其他处理都相差不大。本试验移栽品种为中烟 100，腰叶长和腰叶宽在生长过程当中有差异，但是从叶面积来看，差异不显著，但是油菜地的叶面积在后期相对其他较高。

表 8-13　土壤改良对烤烟农艺性状的影响

处理代号	记载时间	株高（cm）	叶数（片）	茎围（cm）	节距（cm）	腰叶长（cm）	腰叶宽（cm）	叶面积（cm^2）
CK	栽后 35d	44.4	11	7.7	4.2	47.6	28.0	845.1
毛叶苕子		30.2	10	7.0	3.0	44.6	30.9	874.1
黑麦草		35.7	10	6.7	3.2	42.1	29.3	782.1
油菜		26.6	8	6.4	2.9	40.3	26.6	679.9
苜蓿草		35.2	10	7.0	3.1	42.6	26.5	717.2
大麦		31.4	9	6.8	3.4	42.5	28.3	761.6

（续表）

处理代号	记载时间	株高（cm）	叶数（片）	茎围（cm）	节距（cm）	腰叶长（cm）	腰叶宽（cm）	叶面积（cm^2）
CK	栽后 45d	56.3	15	9.4	4.7	54.9	33.4	1 162.3
毛叶苕子		56.0	14	9.3	6.1	54.7	35.0	1 214.0
黑麦草		52.1	15	9.3	5.7	53.3	32.2	1 088.5
油菜		41.6	12	8.5	4.3	50.1	32.0	1 016.2
苜蓿草		48.3	14	8.7	4.3	52.1	31.9	1 054.5
大麦		53.2	14	9.2	4.8	50.8	32.0	1 031.8
CK	栽后 55d	95.4	20	9.5	5.6	69.4	37.7	1 660.8
毛叶苕子		93.4	20	9.4	5.1	70.4	42.0	1 877.6
黑麦草		89.8	21	9.5	5.2	69.5	41.7	1 838.3
油菜		90.1	21	9.8	5.2	70.7	41.4	1 859.5
苜蓿草		97.0	21	9.5	4.8	69.3	38.3	1 683.3
大麦		96.5	20	9.8	4.9	71.7	43.6	1 982.0
CK	栽后 65d	138.4	28	10.8	5.1	71.6	36.9	1 675.6
毛叶苕子		124.0	27	9.3	4.7	69.9	36.7	1 626.2
黑麦草		122.5	25	9.8	5.4	70.8	40.3	1 809.7
油菜		120.8	25	9.7	5.5	68.7	37.0	1 610.6
苜蓿草		125.6	26	9.6	5.3	69.5	36.2	1 594.9
大麦		133.8	25	9.5	6.0	70.1	39.5	1 755.4
CK	栽后 75d	126.1	25	9.6	4.3	66.2	34.5	1 447.7
毛叶苕子		143.0	24	10.5	4.9	67.1	35.7	1 521.3
黑麦草		141.0	25	10.5	4.6	69.7	41.2	1 822.7
油菜		129.8	26	10.5	4.4	71.6	40.2	1 828.7
苜蓿草		149.2	24	10.5	4.6	68.4	36.1	1 568.9
大麦		134.3	24	9.8	4.2	65.2	35.2	1 457.6
CK	栽后 85d	139.2	22	9.5	5.2	73.5	31.6	1 474.4
毛叶苕子		132.2	24	9.8	4.4	72.7	35.4	1 634.5
黑麦草		154.6	23	11.6	5.1	74.6	33.6	1 590.4
油菜		137.1	23	11.6	4.9	78.1	35.1	1 738.5
苜蓿草		143.4	25	11.1	5.1	74.3	34.9	1 643.0
大麦		148.5	24	8.8	5.3	68.9	31.3	1 366.2

（二）土壤改良对烤烟化学成分的影响

表 8-14 显示绿肥翻压对烤烟中部叶化学成分及协调性的影响，还原糖含量最低

的是对照处理，最高的是毛叶苕子掩青处理，苜蓿草掩青和大麦掩青处理，还原糖含量在优质烟叶标准之内，毛叶苕子掩青还原糖含量稍高，对照最低。各处理烟碱含量都符合优质烟叶生产要求，处理间范围是2.56%~3.32%。氯含量都在2%以上3%以下，相对较高，但是相对较低的是毛叶苕子和油菜掩青处理。钾含量最高的是毛叶苕子掩青处理，对照次之，其他处理相对较低。总糖含量方面，苜蓿草、大麦和毛叶苕子掩青处理符合优质烟叶生产要求，其他处理相对较低，对照尤其明显。总氮含量都在优质烟叶生产要求，且处理间差异不显著。化学成分方面，总体来看，毛叶苕子掩青处理表现较好。

绿肥掩青中部叶化学成分之间的协调性比较：糖碱比比较低，对照最低其他处理相对较高，说明绿肥掩青有助于改善烟叶化学成分的协调性。各处理氮碱比在0.62~0.82，最高的是对照，最低的是毛叶苕子掩青处理，钾氯比最高的是毛叶苕子掩青处理，但是都低于优质烟叶钾氯比（>4），两糖比都在0.91以上，整体分析，绿肥掩青处理有助于改善烟叶的化学成分的含量及协调性。

表8-14 土壤改良对烤烟化学成分的影响 单位：%

绿肥中部	还原糖	烟碱	氯	钾	总糖	总氮	糖碱比	氮碱比	钾氯比	两糖比
黑麦草	10.72e	2.72e	2.55a	1.6d1	10.80e	2.20b	3.96	0.81ab	0.63f	0.99a
苜蓿草	16.85c	2.89c	2.52a	1.75c	18.54c	2.08c	6.42	0.72c	0.70e	0.91e
毛叶苕子	21.04a	3.14b	2.03d	2.55f	21.63a	1.95d	6.89	0.62e	1.26a	0.97b
油菜	14.91d	2.56f	2.20c	1.59e	15.38d	2.05c	6.02	0.80b	0.72d	0.97b
大麦	19.11b	3.32a	2.35b	1.88b	20.05b	2.21b	6.04	0.66d	0.80c	0.95c
对照	9.62f	2.82d	2.34b	2.19a	10.36e	2.32a	3.67	0.82a	0.94b	0.93d

（三）土壤改良对烤烟中性致香物质的影响

绿肥翻压对烤烟中部叶中性致香成分含量的影响表明（表8-15），类胡萝卜素类降解产物含量较高的是毛叶苕子翻压和对照处理，其他处理类胡萝卜素产物相对较低，且处理间没有明显差异。芳香族氨基酸类裂解产物，含量最低的是油菜翻压处理，最高的是对照处理，依次是黑麦翻压处理、大麦翻压处理、苜蓿草翻压处理、油菜翻压处理、毛叶苕子翻压处理。西伯烷类产物，各处理间含量有明显差异，含量最高的是毛叶苕子翻压处理，其次是大麦翻压处理，含量最低的是油菜翻压处理。棕色化反应产物，对照显著高于其他处理，但是占香气总量百分比小，棕色化反应产物含量最高的是对照，其次是大麦，含量最低的是毛叶苕子翻压处理。其他香气成分总量含量较其他香气类别总量低得多，但对烟叶质量也有重要作用，此类香气成分含量，处理间含量最高的是大麦翻压处理，其次是油菜翻压处理。各处理间新植二烯差异比较显著，含量最高的是毛叶苕子翻压处理，其次是对照和黑麦草翻压处理，最低的是苜蓿草翻压处理。中性致香成分总量，含量最高的是毛叶苕子翻压处理，其次是对照处理，黑麦草翻压处理与对照没有明显差异，与其他处理存在明显差异，含量最低的是苜蓿草翻压处理。

表 8-15　土壤改良对烤烟中性致香物质的影响　　单位：μg/g

香气类别	处理（中部叶）					
	黑麦草	苜蓿草	毛叶苕子	油菜	大麦	对照
类胡萝卜类总量	47.59	44.37	52.96	46.20	47.72	55.24
芳香族类总量	9.61	7.78	5.15	7.75	9.40	14.17
西柏烷类	15.23	13.22	22.08	12.32	19.05	12.84
棕色化产物总量	8.92	9.01	5.85	12.80	13.52	18.89
其他总量	1.81	1.71	1.65	2.37	2.74	1.96
新植二烯	661.00	471.48	804.34	512.57	528.96	662.65
总量	744.15	547.57	892.02	594.01	621.38	765.74

第六节　秸秆覆盖对洛阳烟区土壤养分特征的影响

洛阳烟区烟叶生产季节降雨分布不均，常年气候以干旱为主，旱作植烟为该区烟叶生产的重要特征。近年来，我国各主产烟区逐步推广“秸秆还田”和“秸秆覆盖后还田”技术，改良土壤，以促进烟叶生产可持续发展。为了解不同覆盖方式条件下烟田土壤肥力变化，本研究采用常规栽培、地膜覆盖、地膜加秸秆覆盖的方式，研究不同覆盖方式条件植烟土壤肥力的影响。

一、材料与方法

（一）试验设计

试验于 2007 年度在河南省洛宁县东宋聂坟村进行。供试烤烟品种为中烟 100。试验设三个处理，重复三次，共计 9 区，采用随机区组排列，小区面积为 2 亩，共计 18 亩。试验处理分别为：

对照（CK）：常规栽培，大田全生育期裸地栽培方式；

处理一（M）：地膜覆盖，大田全生育期地膜覆盖栽培方式；

处理二（M+C）：地膜加秸秆覆盖，大田生育期地膜覆盖后再用小麦秸秆覆盖的栽培方式。

烟苗于 2007 年 5 月 10 日移栽，种植密度为 1 100 株/亩。施肥方法：亩施纯氮 6kg（含饼肥 N 量和农家肥 N 量），氮、磷、钾比例 1：1.5：3，五氧化二磷 6kg/亩，氧化钾 12kg/亩。田间管理按照洛宁优质烟生产技术规程进行。

（二）测定项目与方法

有机质含量：浓硫酸—重铬酸钾氧化滴定法（外加热法容量法）。

土壤水解氮：碱解扩散法。

土壤速效磷：0.5mol/L $NaHCO_3$ 浸提—钼蓝比色法（Olsen 法）。

土壤缓效钾：硝酸煮沸法。

速效钾：1mol/L NH_4OAC 浸提—火焰光度法。

二、结果分析

（一）不同覆盖方式对洛阳烤烟发育过程中土壤速效氮含量的影响

不同覆盖方式条件下洛阳烤烟发育过程中 0~15cm 土壤速效氮含量呈规律性变化（图 8-21），总体上发育前期速效氮含量呈增加趋势，中期处理间差异较大，后期三处理间波动较大。移栽后 30d 以前，对照处理 0~15cm 土层中速效氮含量相对较高，差异较小；移栽后 30~75d，盖膜盖草处理 0~15cm 土层中速效氮含量明显高于其他处理，其中移栽后 45d 时 0~15cm 土层中速效氮含量 108.5mg/kg，为发育过程中最大值，分别是盖膜和对照处理的 147.4%和 157.3%，盖膜盖草处理明显促进速效氮在土壤 0~15cm 的移动；发育后期盖膜盖草处理在 0~15cm 土层中速效氮含量呈稳步下降趋势，对照和盖膜处理波动较大，采收结束时盖膜处理 0~15cm 土层中速效氮含量较高，为同期对照和盖膜盖草处理的 115%左右。

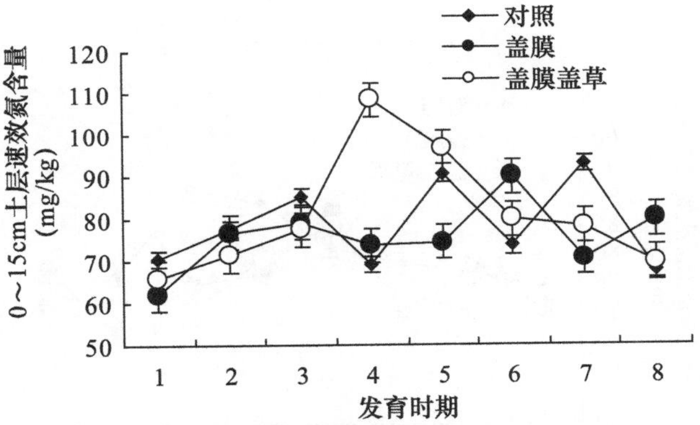

图 8-21　不同覆盖方式条件下洛阳烤烟发育过程中 0~15cm 土壤速效氮含量

不同覆盖方式条件下洛阳烤烟发育过程中 16~30cm 土层土壤速效氮含量呈规律性变化（图 8-22），总体呈波动上升趋势。移栽期时盖膜处理 16~30cm 土层含量较高，为 77.5mg/kg，为同期盖膜盖草和对照处理的 120%左右，差异较大；移栽后 30~60d，盖膜盖草处理 16~30cm 土层中速效氮含量明显高于其他处理，其中移栽后 45d 时速效氮含量 100.0mg/kg，为该处理发育过程中最大值，分别是盖膜和对照处理的 107.5%和 116.2%，盖膜盖草处理明显促进烟叶旺长期速效氮在土壤 16~30cm 的移动；发育后期盖膜盖草处理在 16~30cm 土层中速效氮含量呈稳步下降趋势，对照快速下降，盖膜处理波动上升，采收结束时盖膜处理 16~30cm 土层中速效氮含量较高，为同期对照处理的 130%，为盖膜盖草处理的 118.2%。

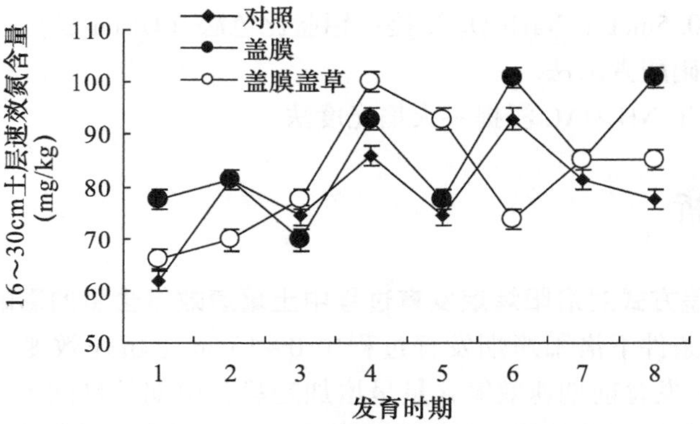

图 8-22　不同覆盖方式条件下洛阳烤烟发育过程中 16~30cm 土壤速效氮含量

不同覆盖方式条件下洛阳烤烟发育过程中 31~45cm 土层土壤速效氮含量呈倒“V”形变化（图 8-23）。移栽期时对照处理含量较高，为 73.6mg/kg，为同期盖膜处理的 105.5%，盖膜盖草处理的 116%；盖膜和盖膜盖草处理于移栽后 45d 含量达到高峰 85.0mg/kg，对照处理于移栽后 75d 达到最大值 91.4mg/kg；盖膜盖草和盖膜处理中后期呈下降趋势，对照处理于发育后期快速下降，其中盖膜处理发育末期含量反弹，采收结束时盖膜处理 31~45cm 土层中速效氮含量较高，为同期对照处理的 109.9%、盖膜盖草处理的 105.3%。

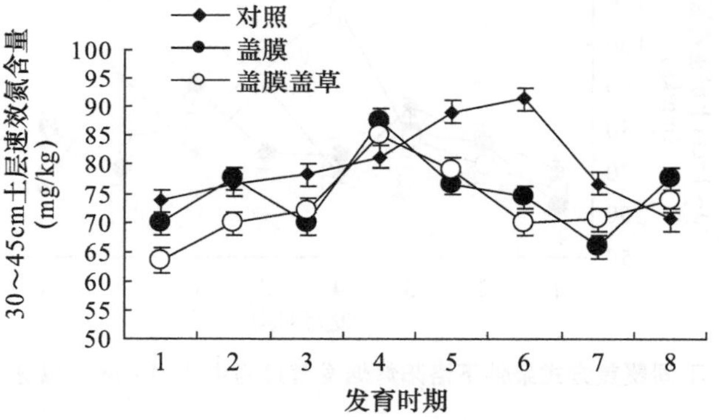

图 8-23　不同覆盖方式条件下洛阳烤烟发育过程中 31~45cm 土壤速效氮含量

无覆盖（对照处理）条件下洛阳烤烟发育过程中 3 土层土壤速效氮含量前中期呈波动上升，后期略有下降（图 8-24）。其中移栽期 31~45cm 土层土壤速效氮含量较高，达 73.6mg/kg，为同期 0~15cm 土层的 104.4%，16~30cm 土层的 118.8%；31~45cm 和 16~30cm 土层于移栽后 75d 达到最大值 92mg/kg，0~15cm 土层于移栽后 90d 达到最大值 93mg/kg；采收结束时 16~30cm 土层中速效氮含量较高，为同期 31~45cm 土层的 109.9%、0~15cm 土层的 114.9%。

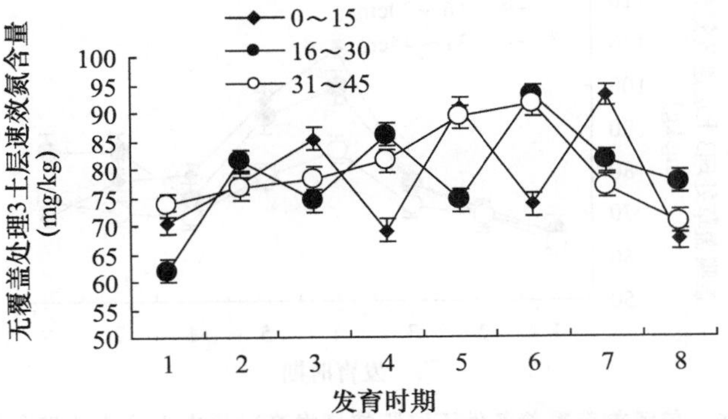

图 8-24　无覆盖条件下洛阳烤烟发育过程中土壤速效氮含量变化

盖膜处理条件下洛阳烤烟发育过程中 3 土层土壤速效氮含量总体呈波动上升（图 8-25）。其中移栽期 16～30cm 土层土壤速效氮含量较高，达 77.5mg/kg，为同期 31～45cm 土层的 111.1%，0～15cm 土层的 125.0%；0～15cm 土层速效氮含量前中期变化较小，移栽后 75d 时达最大值 89.9mg/kg；16～30cm 土层发育全期总体呈波动状态，含量较高，移栽后 75d 时达最大值 100.7mg/kg；采收结束时 16～30cm 土层中速效氮含量为 31～45cm 和 0～15cm 土层的 130%左右。

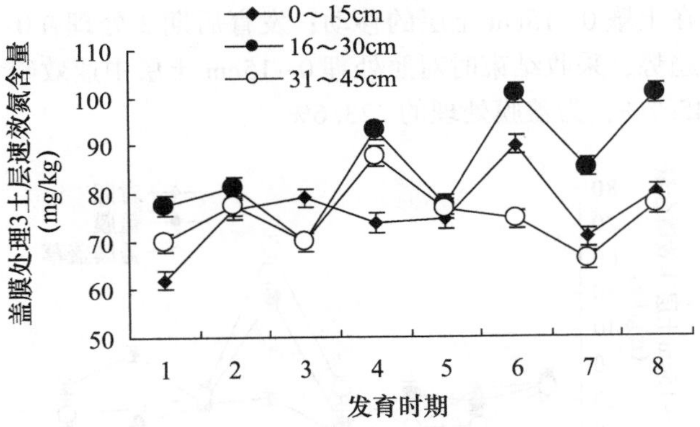

图 8-25　盖膜覆盖条件下洛阳烤烟发育过程中土壤速效氮含量变化

盖膜盖草处理条件下洛阳烤烟发育过程中 3 土层土壤速效氮含量前中期呈快速上升、后期波动下降态势（图 8-26）。其中移栽后 30d 3 土层均呈快速同步上升状态；移栽 45d 时 3 土层差异较大，随土层深度的增加速效氮含量快速下降，移栽 45d 时 0～15cm 土层含量为 108.5mg/kg，为同期 16～30cm 土层的 108.5%，31～45cm 土层的 127.3%；烟草发育后期 16～30cm 土层含量开始积累，0～15cm 土层含量缓慢下降，31～45cm 土层稳定缓慢增加；采收结束时 16～30cm 土层中速效氮含量较高，为同期 31～45cm 土层的 115.8%、0～15cm 土层处理的 122.2%。

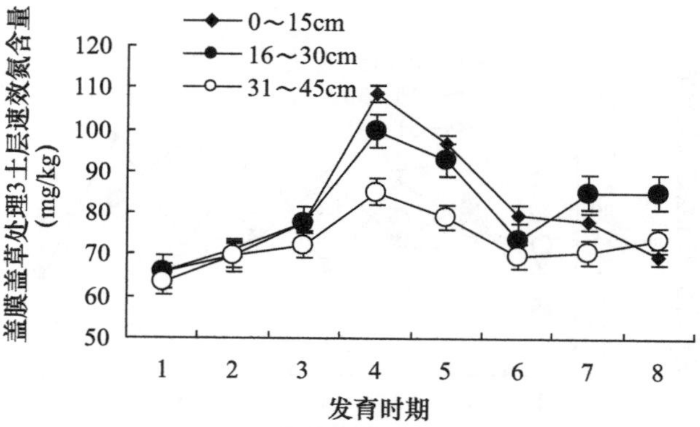

图 8-26 盖膜盖草覆盖条件下洛阳烤烟发育过程中土壤速效氮含量变化

（二）不同覆盖方式对洛阳烤烟发育过程中土壤速效磷含量的影响

不同覆盖方式条件下洛阳烤烟发育过程中 0～15cm 土层土壤速效磷含量呈规律性变化（图 8-27），总体上发育前期速效磷含量呈减少趋势，中期处理间差异较大，后期三处理均呈下降趋势。移栽后 30d 以前，对照处理 0～15cm 土层中速效磷含量相对较低，差异较小。移栽后 45～75d，盖膜盖草处理 0～15cm 土层中速效磷含量明显高于其他处理，其中移栽后 45d 时 0～15cm 土层中速效磷含量 23.2mg/kg，分别是盖膜和对照处理的 174.0%和 225.8%；栽后 60d 时 0～15cm 土层中速效磷含量63.4mg/kg，为发育过程中最大值，分别是盖膜和对照处理的 127.2%和 299.6%；盖膜盖草处理明显促进烟草生长发育中期速效磷在土壤 0～15cm 土层的移动；发育后期 3 处理在0～15cm 土层中速效氮含量呈稳步下降趋势，采收结束时对照处理 0～15cm 土层中速效磷含量较高，为同期盖膜盖草处理的 145.7%，为盖膜处理的 223.6%。

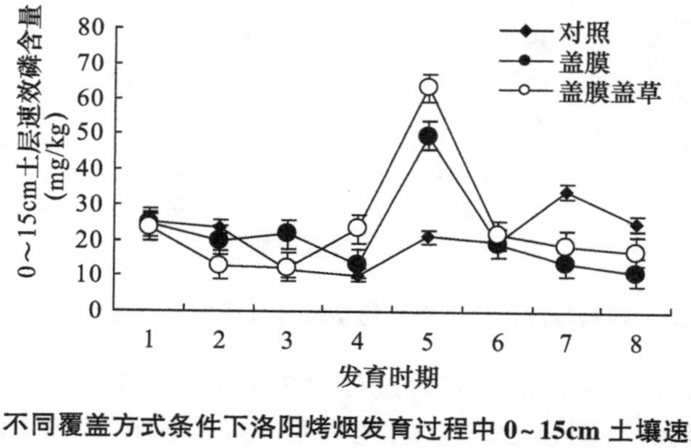

图 8-27 不同覆盖方式条件下洛阳烤烟发育过程中 0～15cm 土壤速效磷含量

不同覆盖方式条件下洛阳烤烟发育过程中 16～30cm 土层土壤速效磷含量规律变化明显，总体呈倒“V”形变化（图 8-28）。移栽期时对照处理 16～30cm 土层含量较高，为 29.1mg/kg，为同期盖膜处理的 125.5%，为盖膜盖草处理的 149.0%，差异较大；移栽后 45～60d，盖膜盖草处理 16～30cm 土层中速效磷含量明显高于其他处理，其中移栽后 45d 时速效磷含量 47.9mg/kg，为同期对照和盖膜处理的 372.9%左右，移栽后 60d

时速效磷含量 59.3mg/kg，为该处理发育过程中最大值，分别是盖膜和对照处理的 244.7%和 400.0%，盖膜盖草处理明显促进烟叶旺长期速效磷在土壤 16～30cm 的移动；移栽后 75d 时盖膜处理速效磷含量达发育过程的最大值 37.0mg/kg，为同期对照和盖膜盖草处理的 260%左右。发育后期 3 处理速效磷含量呈稳步下降趋势，对照快速下降，盖膜和盖膜盖草处理缓慢下降，采收结束时对照处理速效磷含量较高，为同期盖膜处理的 132.3%，为盖膜盖草处理的 231.8%。

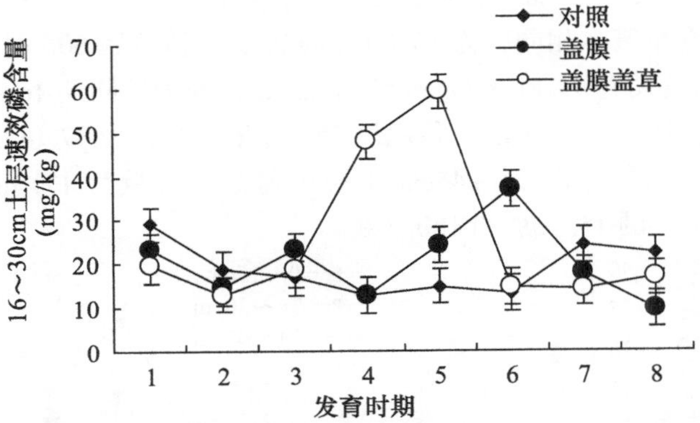

图 8-28　不同覆盖方式条件下洛阳烤烟发育过程中 16～30cm 土壤速效磷含量

不同覆盖方式条件下洛阳烤烟发育过程中 31～45cm 土层土壤速效磷含量呈倒“V”形变化（图 8-29）。移栽期时对照处理含量较高，为 73.6mg/kg，为同期盖膜处理的 105.5%，盖膜盖草处理的 116%；盖膜和盖膜盖草处理分别于移栽后 60d 含量达到高峰值 60.2mg/kg 和 53.4mg/kg，分别是同期对照含量的 469.4%和 529.4%；对照处理全期含量均稳定在 11.2～23.4mg/kg；盖膜盖草和盖膜处理后期呈快速下降趋势，其中盖膜处理发育末期含量反弹，采收结束时盖膜处理 31～45cm 土层中速效磷含量较高，为 17.3mg/kg，为同期对照处理的 116.7%、盖膜盖草处理的 102.9%。

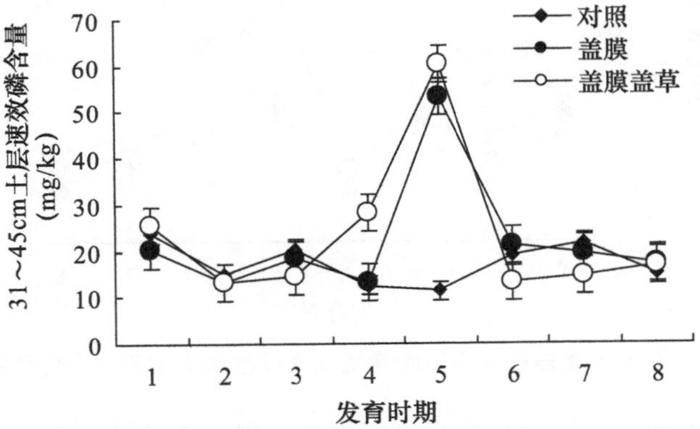

图 8-29　不同覆盖方式条件下洛阳烤烟发育过程中 31～45cm 土壤速效磷含量

无覆盖（对照处理）条件下洛阳烤烟发育过程中 3 土层土壤速效磷含量呈“V”形变化（图 8-30）。其中移栽期 16～30cm 土层土壤速效磷含量较高，达 29.1mg/kg，为同期 0~15cm 土层的 115.2%，31~45cm 土层的 122.9%；移栽期~移栽后 45d，3 土层含量均呈下降趋势，降幅基本相同，至移栽后 45d，3 土层均达各自的最小值；0~15cm 土层于移栽后 90d 达到最大值 34.1mg/kg；采收结束时 0~15cm 土层中速效磷含量较高，为同期 16~30cm 土层的 113.3%、31~45cm 土层的 170.0%。

盖膜处理条件下洛阳烤烟发育过程中 3 土层土壤速效磷含量总体呈波动上升（图 8-31）。其中移栽期 0~16cm 土层土壤速效氮含量较高，达 24.7mg/kg，为同期 16~30cm 土层的 106.4%，31~45cm 土层的 121.9%；3 土层速效磷含量前期变化较小，移栽后 45d 时 3 土层含量基本相同，为 13.0mg/kg 左右；移栽后 60d 时，0~15cm 和 31~45cm 土层含量均达最大值 49.8mg/kg 和 53.4mg/kg，分别是同期 16~30cm 土层含量的 205.5%和 220.2%；16~30cm 土层于移栽后 75d 含量较高，为 37.0mg/kg；后期 3 土层含量均快速下降，采收结束时 31~45cm 土层中速效磷含量为 17.3mg/kg，分别为0~15cm 和 16~30cm 土层的 153.5%和 180.3%。

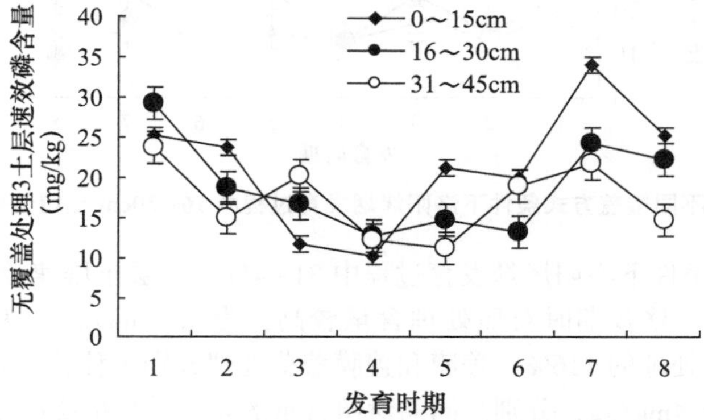

图 8-30　无覆盖盖条件下洛阳烤烟发育过程中土壤速效磷含量变化

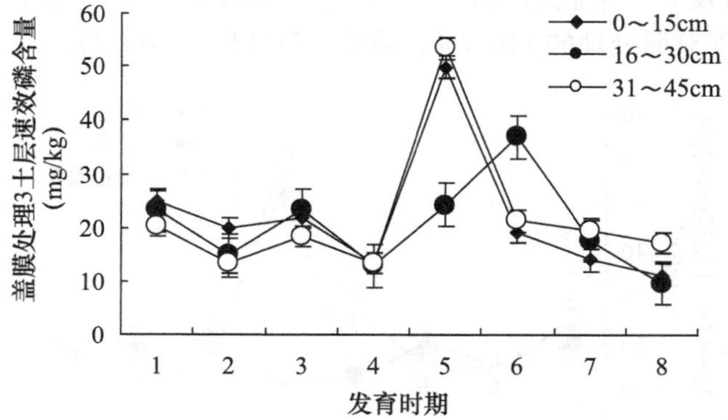

图 8-31　盖膜覆盖条件下洛阳烤烟发育过程中土壤速效磷含量变化

盖膜盖草处理条件下洛阳烤烟发育过程中 3 土层土壤速效磷含量呈倒“V”形变化（图 8-32）。其中移栽后 30~45d 期间 3 土层均呈快速同步上升状态，且 16~30cm 土层含量明显高于其他土层，移栽 45d 时 3 土层差异最大，16~30cm 土层含量为 47.9mg/kg，分别为 31~45cm 和 0~15cm 土层含量的 170.7%和 206.3%；3 土层均于移栽后 60d

达最大值60mg/kg，3土层差异较小；移栽后60~75d时3土层含量均快速下降，移栽后75d时0~15cm土层含量为18.7mg/kg，为同期16~30cm和31~45cm土层的130.0%左右；烟草发育后期差异较小，采收结束时3土层中速效磷含量为17mg/kg左右。

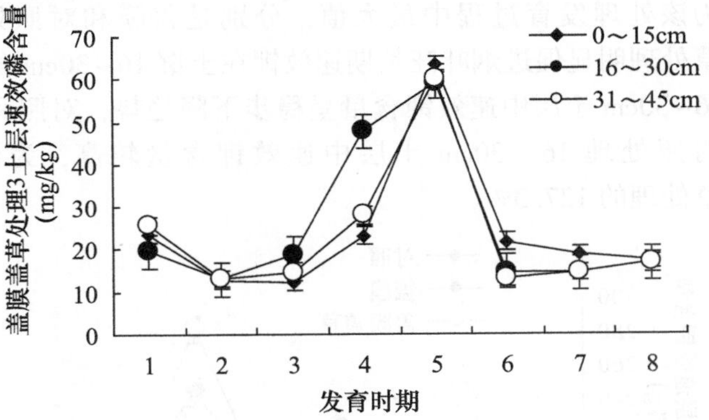

图8-32　盖膜盖草覆盖条件下洛阳烤烟发育过程中土壤速效磷含量变化

(三) 不同覆盖方式对洛阳烤烟发育过程中土壤速效钾含量的影响

不同覆盖方式条件下洛阳烤烟发育过程中0~15cm土壤速效钾含量呈规律性变化(图8-33)，3处理间变化差异较大。移栽期盖膜盖草处理含量较大，为192mg/kg，为同期盖膜和对照处理的126.8%和106.8%；移栽后15~60d期间，盖膜处理0~15cm土层中速效钾含量相对较高，变化较小；移栽后60d至采收结束期间，盖膜处理0~15cm土层中速效钾含量持续波动上升，其中移栽后75d时0~15cm土层中速效钾含量为275.7mg/kg，分别是盖膜和对照处理的156.9%和125.1%，盖膜处理明显促进速效钾在土壤0~15cm的移动；发育后期盖膜盖草处理在0~15cm土层中速效钾含量呈稳步下降趋势，对照和处理略有上升；采收结束时盖膜处理0~15cm土层中速效钾含量最高，达338.3mg/kg，为同期对照和盖膜盖草处理的156.3%和197.0%。

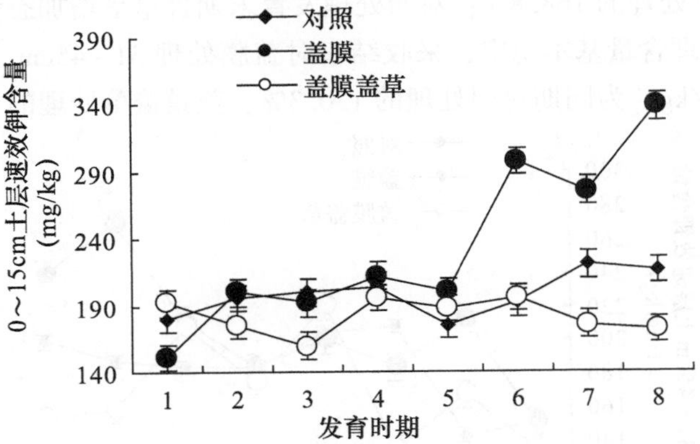

图8-33　不同覆盖方式条件下洛阳烤烟发育过程中0~15cm土壤速效钾含量

不同覆盖方式条件下洛阳烤烟发育过程中16~30cm土层土壤速效钾含量呈规律性

变化，总体上发育前期呈波动上升趋势，后期略有下降，盖膜处理全期含量较高（图8-34）。移栽后15～45d时盖膜处理16～30cm土层含量较高，为220.0mg/kg左右，而同期盖膜盖草处理含量较低，对照呈增加态势；移栽后75d时盖膜盖草处理速效钾含量达281.4mg/kg，为该处理发育过程中最大值，分别是盖膜和对照处理的114.9%和146.6%，盖膜盖草处理明显促进烟叶旺长期速效钾在土壤16～30cm的移动；发育后期盖膜盖草处理在16～30cm土层中速效钾含量呈稳步下降趋势，对照和盖膜处理波动上升，采收结束时对照处理16～30cm土层中速效钾含量较高，为同期盖膜处理的106.2%、盖膜盖草处理的127.3%。

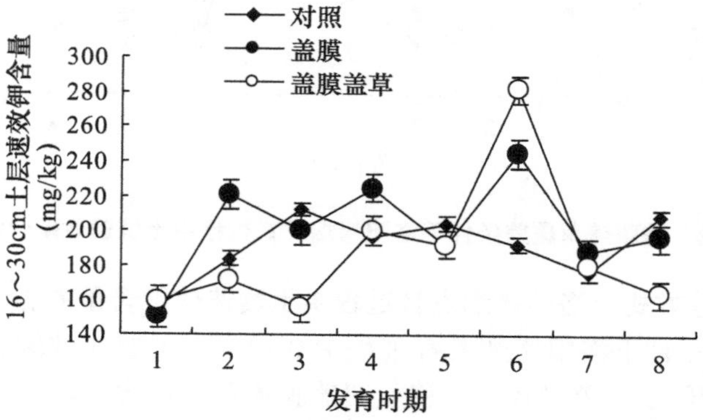

图8-34　不同覆盖方式条件下洛阳烤烟发育过程中16～30cm土壤速效钾含量

不同覆盖方式条件下洛阳烤烟发育过程中31～45cm土层土壤速效钾含量总体呈波动上升趋势，烟株发育后期3处理间差异较大（图8-35）。移栽后15d时盖膜处理含量较高，为212.3mg/kg，为同期盖膜盖草处理的126.7%，对照处理的148.2%；盖膜处理于移栽后30～75d含量基本稳定在200.0mg/kg左右，对照和盖膜盖草处理呈波动性增长变化；盖膜处理于移栽后90d达到最大值269.2mg/kg，为同期对照处理的143.2%、盖膜盖草处理的168.8%；对照处理发育末期含量呈增加态势，盖膜处理明显下降，盖膜盖草处理含量基本稳定，采收结束时盖膜处理31～45cm土层中速效钾含量较高，达240.7mg/kg，为同期对照处理的120.3%、盖膜盖草处理的154.9%。

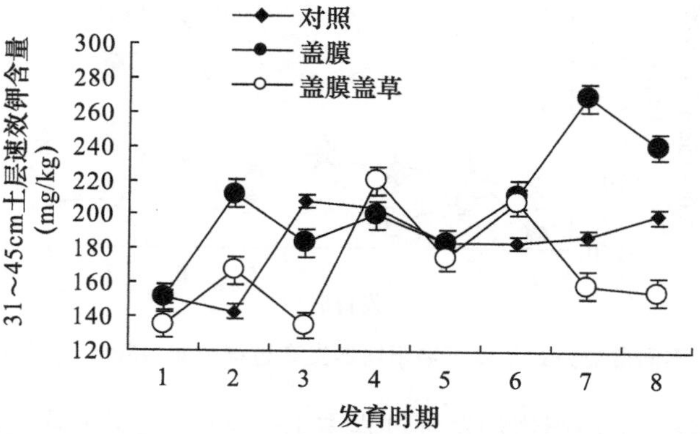

图8-35　不同覆盖方式条件下洛阳烤烟发育过程中31～45cm土壤速效钾含量

无覆盖（对照处理）条件下洛阳烤烟发育过程中 3 土层土壤速效钾含量前期呈增加态势，中后期呈波动变化（图 8-36）。其中移栽期 0~15cm 土层土壤速效钾含量较高，达 179. 8mg/kg，为同期 16~30cm 土层的 115. 7%，31~45cm 土层的 118. 8%；移栽期至移栽后 30d，3 土层含量均呈快速上升趋势，至移栽后 30d，3 土层均达 200mg/kg 以上，土层间差异较小；0~15cm 土层于移栽后 90d 达到最大值 220. 4mg/kg；采收结束时 0~15cm 土层中速效钾含量较高，为同期 16~30cm 土层的 103. 9%、31~45cm 土层的 108. 1%。

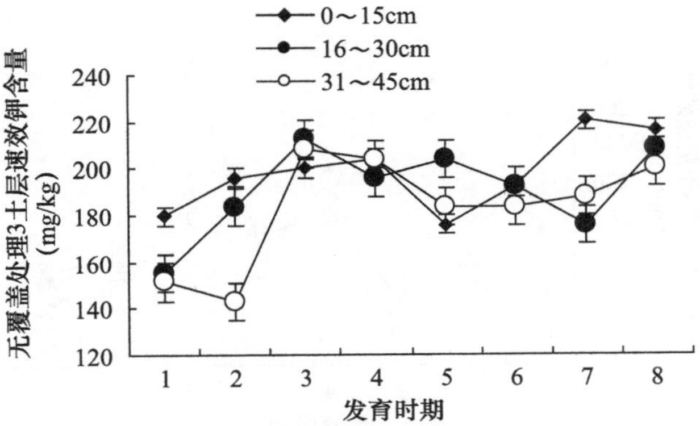

图 8-36 无覆盖条件下洛阳烤烟发育过程中土壤速效钾含量变化

盖膜处理条件下洛阳烤烟发育过程中 3 土层土壤速效钾含量总体呈波动上升（图 8-37）。其中移栽期 3 土层土壤速效钾含量相同，均为 150mg/kg 左右；3 土层速效钾含量前期变化较小，移栽后 15~60d 时 16~30cm 土层含量较高，为 210. 0mg/kg 左右；移栽后 75d 时，0~15cm 土层含量为 297. 6mg/kg，分别是同期 16~30cm 和 31~45cm 土层含量的 121. 6%和 140. 2%；16~30cm 土层于移栽后 75d 含量达最大值 244. 8mg/kg；后期 0~15cm 土层含量快速上升，16~30cm 土层缓慢上升，31~45cm 土层含量下降明显，采收结束时 0~15cm 土层中速效磷含量为 17. 3mg/kg，分别为 16~30cm 和 31~45cm 土层的 172. 5%和 140. 5%。

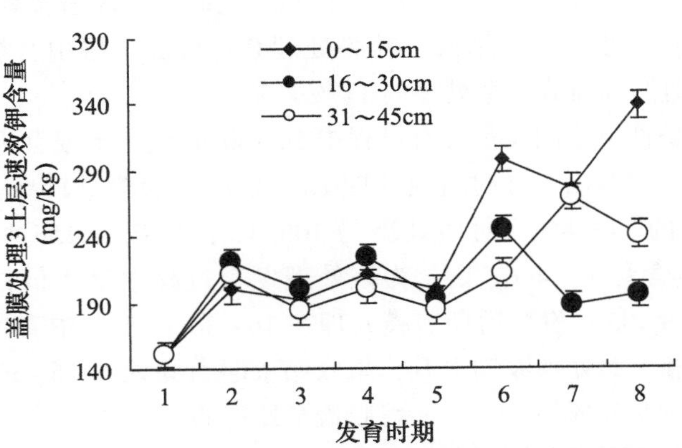

图 8-37 盖膜覆盖条件下洛阳烤烟发育过程中土壤速效钾含量变化

盖膜盖草处理条件下洛阳烤烟发育过程中 3 土层土壤速效钾含量呈倒“V”形变化(图 8-38)。其中移栽期 0~15cm 土层土壤速效钾含量较高，为 192mg/kg，分别为 16~30cm 和 31~45cm 土层含量的 120.4%和 142.1%；移栽后 30~45d 期间 3 土层均呈快速同步上升状态；移栽 75d 时 3 土层差异最大，16~30cm 土层含量为 281.4mg/kg，分别为 31~45cm 和 0~15cm 土层含量的 135.1%和 143.5%；3 土层均于发育后期快速下降；采收结束时 0~15cm 土层含量较高，为 171.7mg/kg，为同期 16~30cm 土层的 105%，31~45cm 土层的 110.5%。

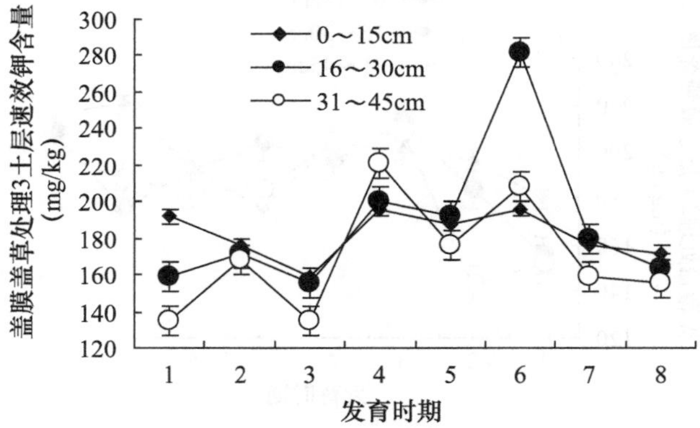

图 8-38 盖膜盖草覆盖条件下洛阳烤烟发育过程中土壤速效钾含量变化

(四) 不同覆盖方式对洛阳烤烟发育过程中土壤有机质含量的影响

不同覆盖方式条件下洛阳烤烟发育过程中 0~15cm 土壤有机质含量变化规律性较差，总体上发育前期呈积累态势，后期快速下降，末期 3 处理差异较大（图 8-39）。移栽后 15d 时，盖膜盖草处理有机质含量较高，为 14.8g/kg，为盖膜和对照处理的 111.7%和 126.4%；盖膜处理于移栽后 30d 含量达该处理最大值 14.1g/kg，盖膜盖草于移栽后 45d 含量达该处理最大值 15.7g/kg，对照处理于移栽后 60d 含量达该处理最大值 15.5g/kg；3 处理均于移栽后 60~75d 期间快速下降，移栽后 75d 时 3 处理 0~15cm 土壤有机质含量均为 11.5g/kg 左右；移栽后 75~90d 期间，盖膜盖草处理含量快速积累，对照和盖膜处理变化较小，采收结束时盖膜处理 0~15cm 土层中有机质含量较高，为 13.0g/kg，为同期对照和盖膜盖草处理的 117%左右。

不同覆盖方式条件下洛阳烤烟发育过程中 16~30cm 土层土壤有机质含量呈倒“V”形变化（图 8-40）。移栽后 30d 时盖膜处理 16~30cm 土层含量较高，为 14.6g/kg，为同期盖膜盖草处理的 113.8%，对照处理的 106.5%；移栽后 45d 时，对照处理 16~30cm 土层中有机质含量为 14.6g/kg，为该处理发育过程中最大值；盖膜盖草处理于 60d 时达最大值 14.9g/kg；发育后期盖膜处理在 16~30cm 土层中有机质含量呈稳步快速下降，盖膜盖草和对照处理波动上升，采收结束时盖膜处理 16~30cm 土层中有机质含量最低，为同期对照处理的 82.6%，盖膜盖草处理的 85.5%。

不同覆盖方式条件下洛阳烤烟发育过程中 31~45cm 土层土壤速效氮含量呈倒“V”形变化（图 8-41）。移栽期时盖膜处理含量较高，为 11.7mg/kg，为同期对照处理的

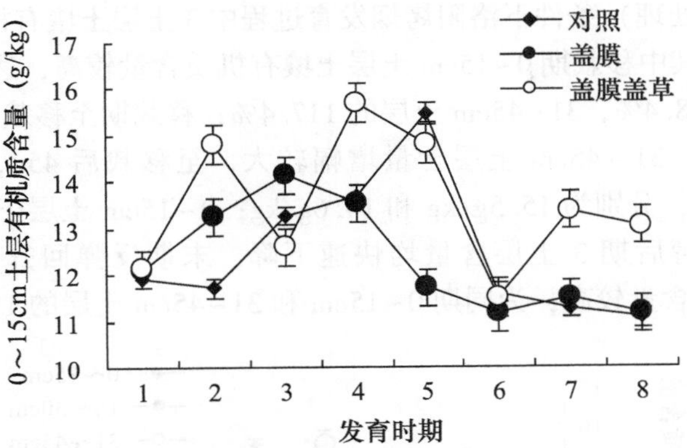

图 8-39　不同覆盖方式条件下洛阳烤烟发育过程中 0~15cm 土壤有机质含量

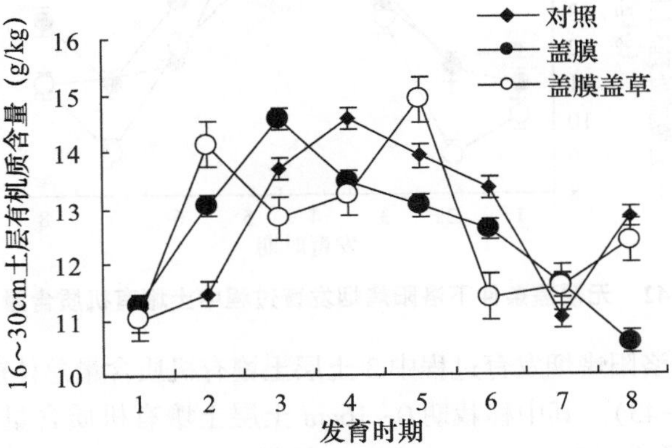

图 8-40　不同覆盖方式条件下洛阳烤烟发育过程中 16~30cm 土壤有机质含量

115.2%、盖膜盖草处理的 110.5%；盖膜处理于移栽后 30d 含量达到高峰 15.0mg/kg，盖膜盖草和对照处理于移栽后 45d 达到最大值 15.5mg/kg 左右；3 处理中后期均呈下降趋势，且发育末期含量均反弹，采收结束时盖膜盖草处理 31~45cm 土层中有机质含量较高，为同期对照处理的 112.0%、盖膜盖草处理的 107.7%。

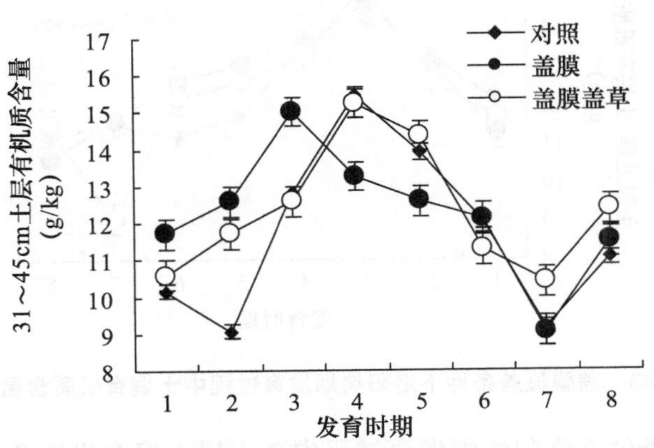

图 8-41　不同覆盖方式条件下洛阳烤烟发育过程中 31~45cm 土壤有机质含量

无覆盖（对照处理）条件下洛阳烤烟发育过程中3土层土壤有机质含量呈“V”形变化（图8-42）。其中移栽期0~15cm土层土壤有机质含量较高，达11.9g/kg，为同期16~30cm土层的108.4%，31~45cm土层的117.4%；移栽期至移栽后45d，3土层含量均呈快速积累趋势，31~45cm土层含量增幅较大，至移栽后45d，31~45cm和16~30cm土层达最大值，分别为15.5g/kg和14.6g/kg；0~15cm土层于移栽后60d达到最大值15.5g/kg；发育后期3土层含量均快速下降，末期反弹回升，采收结束时16~30cm土层中速效磷含量较高，为同期0~15cm和31~45cm土层的116.0%左右。

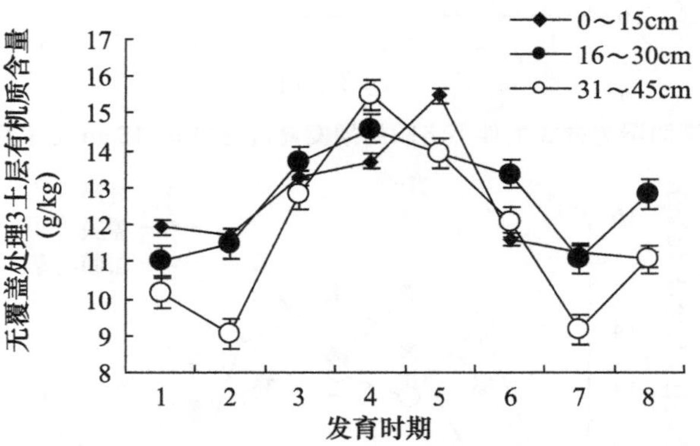

图8-42 无覆盖条件下洛阳烤烟发育过程中土壤有机质含量变化

盖膜处理条件下洛阳烤烟发育过程中3土层土壤有机质含量总体前期呈上升状态，中后期缓慢下降（图8-43）。其中移栽期0~16cm土层土壤有机质含量较高，为12.1g/kg，为同期16~30cm土层的107.6%，31~45cm土层的103.4%；3土层有机质含量前期均快速积累，移栽后30d时3土层含量均达最大值，31~45cm含量达15.0g/kg，分别是同期0~15cm和16~30cm土层含量的106.3%和103.0%；采收结束时31~45cm土层中有机质含量为11.5g/kg，分别为0~15cm和16~30cm土层的103.1%和108.6%。

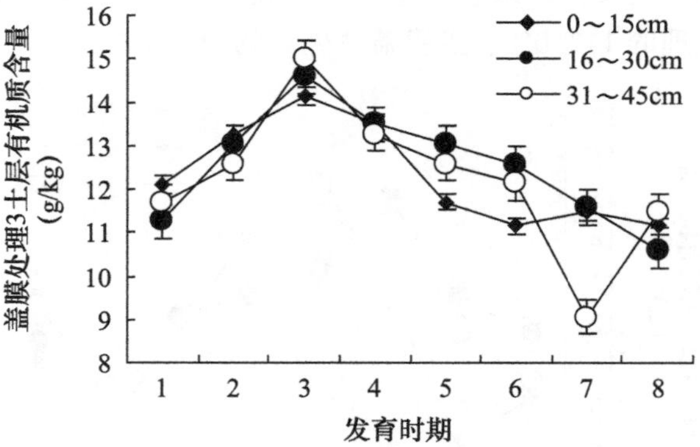

图8-43 盖膜覆盖条件下洛阳烤烟发育过程中土壤有机质含量变化

盖膜盖草处理条件下洛阳烤烟发育过程中3土层土壤有机质含量呈“M”形变化

(图 8-44)。其中移栽期至移栽后 15d 期间 3 土层均呈快速上升状态，且 0~15cm 土层含量明显高于其他土层，移栽 15d 时 0~15cm 土层含量为 14.8g/kg，分别为 31~45cm 和 16~30cm 土层含量的 126.4%和 104.5%；0~15cm 和 31~45cm 土层均于移栽后 45d 达最大值 15.5g/kg，两土层差异较小；移栽后 60d 时 16~30cm 土层含量达同土层最大值 14.9g/kg；均快速下降，移栽后 60~75d 期间 3 土层均快速下降，3 土层在发育末期回升，采收结束时 3 土层中有机质含量为 13g/kg 左右。

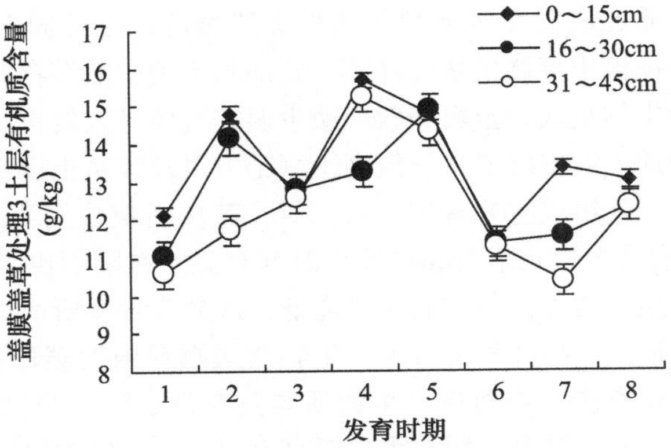

图 8-44　盖膜盖草覆盖条件下洛阳烤烟发育过程中土壤有机质含量变化

三、结果与讨论

随着我国烟草农业现代化工作的推进，烟叶生产地膜覆盖技术已经在我国各主要烟区推广应用，有力地推动了我国烟叶产量的提高和品质的改善。不同覆盖方式对洛阳植烟土壤烟草发育期间的土壤肥力影响效应为：无覆盖条件下洛阳烤烟发育过程中 3 土层土壤速效氮含量呈前中期波动上升，后期略有下降，盖膜处理条件下洛阳烤烟发育过程中 3 土层土壤速效氮含量总体呈波动上升，盖膜盖草处理条件下洛阳烤烟发育过程中 3 土层土壤速效氮含量呈前中期快速上升、后期波动下降态势，3 处理采收结束时 16~30cm 土层中速效氮含量均较高；无覆盖（对照处理）条件下 3 土层土壤速效磷含量呈“V”形变化，盖膜处理条件下 3 土层土壤速效磷含量总体呈波动上升，盖膜盖草处理条件下洛阳烤烟发育过程中 3 土层土壤速效磷含量呈倒“V”形变化，并促进了烟草发育后期土壤中速效磷的移动；无覆盖（对照处理）条件下 3 土层土壤速效钾含量前期呈增加态势，中后期呈波动变化，盖膜处理条件下 3 土层土壤速效钾含量总体呈波动上升，盖膜盖草处理条件下 3 土层土壤速效钾含量呈倒“V”形变化；无覆盖（对照处理）条件下 3 土层土壤有机质含量呈“V”形变化，盖膜处理条件下 3 土层土壤有机质含量总体呈前期上升状态，中后期缓慢下降，盖膜盖草处理条件下 3 土层土壤有机质含量呈“M”形变化，发育后期促进土壤有机质含量的提高。

第九章　生物炭改良土壤技术研究

生物炭是由生物质在高温无氧或缺氧条件下热裂解产生的固态物质，富含芳香类碳，性质稳定，能够抵抗土壤微生物的降解，施加到土壤中能够存在几百至上千年，因此，把生物质转变为生物炭成为土壤固碳和减少温室气体排放的重要策略。生物质炭对截获土壤碳排放、增加土壤碳库贮量、提高土壤肥力以及维系土壤生态系统平衡具有重要作用。生物质炭的元素组成主要有碳、氢、氧，其次是灰分元素（主要包括钾、钙、钠、镁、硅等）。生物质炭的元素组成与炭化温度有关。在限制供氧量条件下，随着炭化温度的升高，其含碳量增加，氢和氧含量降低，灰分含量有所增加。而灰分的元素组成还与植物生长地的地质、植物种类有关。生物质炭颗粒内的碳形态以多环芳烃为主，还有少量脂肪族、氧化态碳等有机碳。生物质炭具有发达的孔隙结构、巨大的比表面积。其表面含有大量羧基、羟基、醛基等含氧官能团，丰富的含氧官能团产生表面负电荷，从而使生物质炭具有较高的阳离子交换量（CEC）。另外，高度发达的孔隙结构和表面负电荷赋予生物质炭很强的吸附性能，能吸附水、土壤中的无机离子及极性或非极性有机化合物。作为一种新兴的土壤改良剂，生物炭有“黑色黄金”之称，相关研究报道逐年增加。

第一节　生物炭用量对烤烟生长发育、品质及土壤理化性状的影响

一　生物炭用量对植烟土壤特性的影响

（一）烟株根围土壤容重

施用生物炭可以明显地降低土壤容重，而且随着施用量的增大、碳氮比的提高，容重减小的幅度也增大（表 9-1、图 9-1）。说明生物炭对降低土壤容重有一定的作用，但是栽烟时每穴施 10~40g 生物炭尚不能在当年显著降低烟株根围土壤容重。生物炭的多孔性以及巨大的表面积应该是容重降低的原因。

表 9-1　移栽后 30d 不同用量生物碳穴施土壤容重变化（洛阳，大田）　单位：g/cm^3

生物炭用量	上河村	新建村
0	1.58 a	1.11 a

（续表）

生物炭用量	上河村	新建村
10g/穴	1.58 a	1.09 a
20g/穴	1.57 a	1.09 a
30g/穴	1.55 a	1.07 a
40g/穴	1.51 a	1.04 a

注：小写字母不同表示处理间差异达到5%显著水平。下同

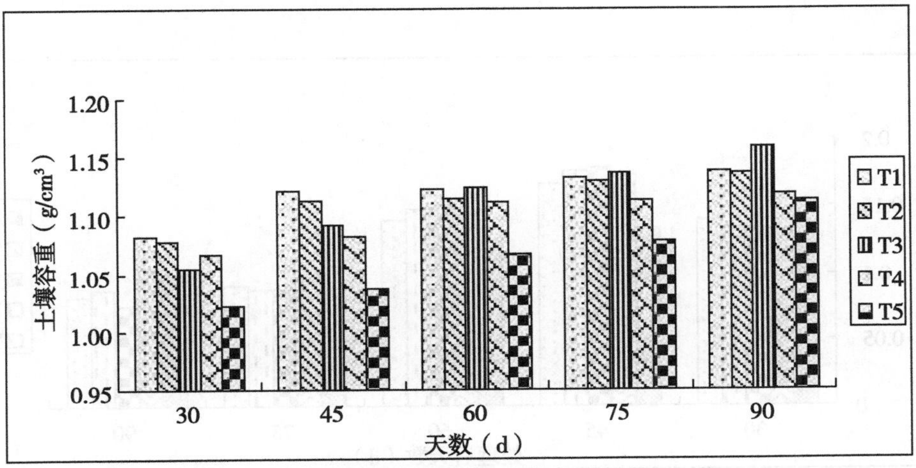

图 9-1　不同用量生物炭条施处理烟株根围土壤容重变化（河南许昌，大田）

注：各处理生物炭用量 T1 0kg/亩、T2 75kg/亩、T3 105kg/亩、T4 135kg/亩、T5 165kg/亩

（二）烟株根围土壤含水率

大田试验表明生物炭对土壤含水量有提高的作用。且随着生物炭使用量的增加、碳氮比的提高，土壤含水量呈增加的趋势（表 9-2、图 9-2）。干旱是洛阳烟区烟草生产的限制因子之一，利用生物炭改良土壤，增加土壤持水能力，降低土壤水分蒸发量，可以增加烟草抗旱抗逆性。

表 9-2　不同用量生物炭穴施处理烟株根围土壤含水量变化（洛阳，大田）　单位:%

试验点	处理	移栽后天数（d）				平均
		30	60	90	120	
上河村	CK	8.89 d	12.48 a	11.17 a	11.93 a	11.12
	10g/穴	9.25 cd	12.87 a	10.62 a	11.60 a	11.09
	20g/穴	9.90 bc	13.45 a	10.08 a	12.42 a	11.46
	30g/穴	10.17 b	13.47 a	11.03 a	11.91 a	11.65
	40g/穴	11.28 a	14.18 a	11.26 a	12.76 a	12.37

（续表）

试验点	处理	移栽后天数（d）				平均
		30	60	90	120	
新建村	CK	12.31 c	13.81 c	16.43 a	17.20 b	14.94
	10g/穴	16.33 b	14.54 c	16.62 a	17.13 b	16.16
	20g/穴	17.78 ab	16.19 b	16.30 a	16.40 b	16.67
	30g/穴	18.46 ab	17.46 a	17.04 a	18.67 a	17.91
	40g/穴	20.19 a	17.99 a	17.57 a	19.47 a	18.80

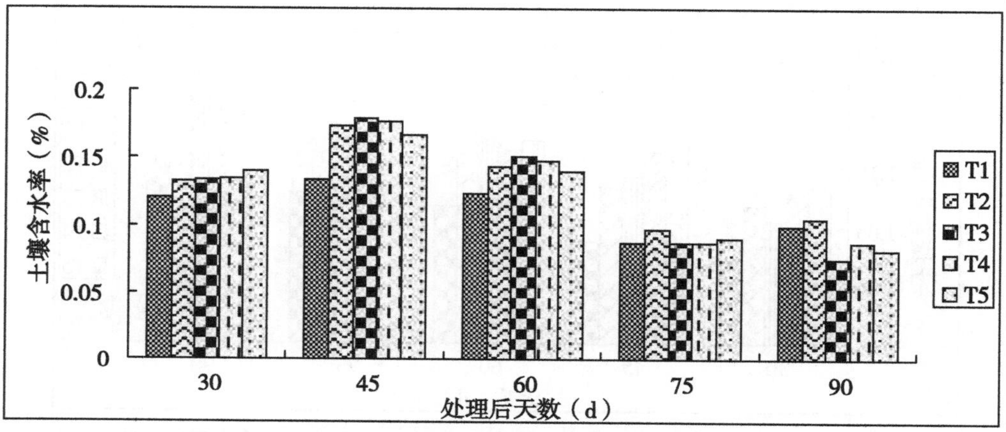

图 9-2　不同用量生物炭条施处理烟株根围土壤含水率的变化（河南许昌，大田）

注：各处理生物炭用量 T1 0kg/亩、T2 75kg/亩、T3 105kg/亩、T4 135kg/亩、T5 165kg/亩

（三）烟株根围土壤 pH 值

在烟草主要生育时期，取根围土调查增施生物炭后各处理土壤 pH 值变化情况，从表 9-3 和图 9-3 可以看出，生物炭对根围土壤 pH 值有提高的作用，这是因为生物炭中含有灰分，呈现碱性，而且生物炭的碱性随着热解温度的升高而增大，比如 750℃热解的生物炭的碱性就要比 500℃热解的生物炭碱性强。因此可以利用生物炭改良酸性土壤，但是对偏碱性土壤，生物炭应与其他酸性有机物料一起使用较为适宜。

表 9-3　不同用量生物炭穴施处理烟株根围土壤 pH 值变化（洛阳，大田）

试验点	处理	移栽后天数（d）				平均
		30	60	90	120	
上河村	CK	8.07a	8.19a	8.21a	8.18a	8.16
	10g/穴	8.09a	8.26a	8.23a	8.25a	8.21
	20g/穴	8.07a	8.26a	8.21a	8.13a	8.17
	30g/穴	8.12a	8.24a	8.23a	8.23a	8.20
	40g/穴	8.10a	8.22a	8.30a	8.16a	8.19

（续表）

试验点	处理	移栽后天数（d）				平均
		30	60	90	120	
新建村	CK	7.92a	8.08a	8.13a	8.07a	8.05
	10g/穴	7.98a	7.95a	8.22a	8.07a	8.06
	20g/穴	7.97a	8.10a	8.15a	8.05a	8.07
	30g/穴	7.98a	8.11	8.17a	8.10a	8.12
	40g/穴	7.92a	8.08a	8.18a	8.11a	8.07

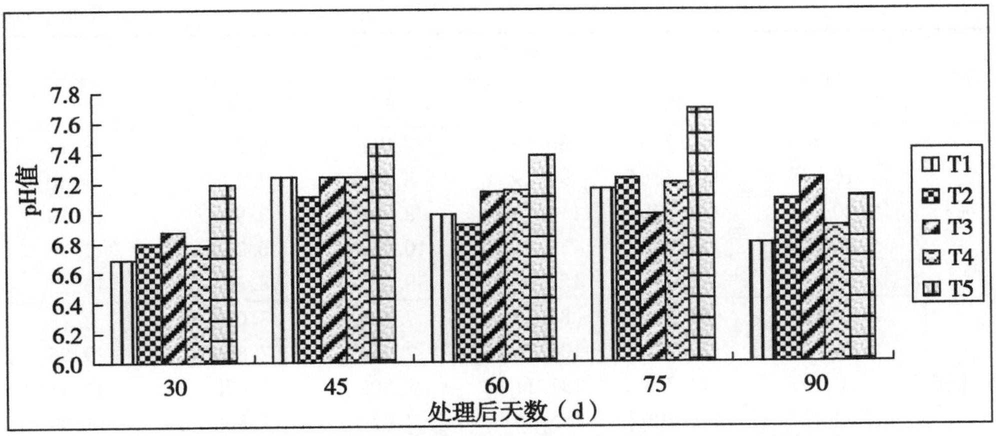

图 9-3　不同用量生物炭条施烟株根围土壤 pH 值的变化（河南许昌，大田）

注：各处理生物炭用量 T1 0kg/亩、T2 75kg/亩、T3 105kg/亩、T4 135kg/亩、T5 165kg/亩

（四）烟株根围土壤速效养分含量

生物炭穴施可以提高土壤速效氮磷钾含量，移栽后 60d 速效氮磷钾均显著增加，整个生育期，速效钾增加了 11.35%，速效磷增加了 36.37%，碱解氮在移栽后 30d 和 60d 显著增加。施用生物炭可以提高烤烟生长期内根围土壤的速效氮磷钾含量，且随生物炭用量增加，提升效果更显著（表 9-4 至表 9-6）。

表 9-4　不同生物炭用量穴施处理烟株根围土壤碱解氮含量变化（洛阳，大田）

单位：mg/kg

试验点	处理	移栽后天数（d）				平均
		30	60	90	120	
上河村	CK	25.96 d	18.05 d	29.10a	35.52a	27.16
	10g/穴	27.88 cd	19.05 cd	24.46a	32.62ab	26.00
	20g/穴	29.28 bc	19.81 c	26.77a	36.67a	28.13
	30g/穴	31.50 b	21.21 b	23.87a	27.92b	26.13
	40g/穴	35.12 a	22.95 a	27.35a	33.75a	29.79

（续表）

试验点	处理	移栽后天数（d）				平均
		30	60	90	120	
新建村	CK	48.15 c	42.5 c	68.13a	69.87a	57.16
	10g/穴	51.28 bc	44.39 bc	54.70b	64.57a	53.74
	20g/穴	53.03 bc	45.57 b	69.81a	69.80a	59.55
	30g/穴	55.74 ab	46.45 ab	51.21b	62.89a	54.07
	40g/穴	61.12 a	48.27 a	63.38a	68.20aa	60.24

表 9-5　不同生物炭用量穴施处理烟株根围土壤速效磷含量变化（洛阳，大田）

单位：mg/kg

试验点	处理	移栽后天数（d）				平均
		30	60	90	120	
上河村	CK	91.34d	80.63 d	7.26b	8.22a	8.17
	10g/穴	114.33cd	99.29 cd	8.94ab	7.29ab	9.40
	20g/穴	133.02bc	116.14 bc	8.45ab	8.97a	10.59
	30g/穴	158.28b	133.43 ab	10.01a	6.25b	11.36
	40g/穴	202.23a	150.03 a	9.50a	8.20a	13.23
新建村	CK	88.84d	83.35 d	7.50a	8.00b	8.18
	10g/穴	120.72c	106.76 cd	7.61a	7.86b	9.56
	20g/穴	140.73c	131.11 bc	8.80a	9.67b	11.41
	30g/穴	165.10b	155.76 b	7.02a	8.86b	11.99
	40g/穴	225.66a	195.03 a	8.55a	10.31a	15.23

表 9-6　不同生物炭用量穴施处理烟株根围土壤速效钾含量变化（洛阳，大田）

单位：mg/kg

试验点	处理	移栽后天数（d）				平均
		30	60	90	120	
上河村	CK	286.5d	230.0d	319.7a	313.1a	169.2
	10g/穴	331.6c	251.6c	288.1b	283.0b	154.5
	20g/穴	361.5bc	268.3c	306.4a	326.5a	170.5
	30g/穴	373.2b	296.6b	274.8b	278.1b	151.4
	40g/穴	424.7a	333.3a	333.1a	292.9ab	171.0
新建村	CK	308.2d	265.0c	422.8a	319.9b	208.4
	10g/穴	386.5c	296.6c	349.6b	334.7b	195.0
	20g/穴	413.2bc	334.9b	386.3ab	489.4a	243.6
	30g/穴	461.4ab	365.0b	409.7a	319.5b	207.8
	40g/穴	509.7a	418.3a	354.6b	489.6a	238.4

（五）烟株根围土壤有机质含量

由表9-7和表9-8可知，无论条施还是穴施生物炭处理，烟株生长期根围土壤有机质含量均随着生物炭添加量的增加而显著提高。对条施处理而言，添加少量生物炭（T1 ）处理的有机质含量增加7.9%~42.7%，添加中量生物炭（T2）处理的有机质含量增加16.21%~108.52%，添加高量生物炭处理（T3）的有机质含量增幅达43.48%~121.94%，增施生物炭各处理的有机质含量均在烤烟移栽后50d增幅最大。方差分析表明，不同时期各处理间差异均达到显著水平（$P<0.05$）。穴施生物炭烟株根围土有机质含量表现出相似的变化趋势，对于有机质含量较低的河滩垫土地（上河试验田），穴施生物炭对根围土有机质含量提升效果明显高于有机质含量较高的常年耕作土壤（新建烟田），对有机质含量极低的土壤，每株烟穴施生物炭40g，烟株根围土有机质含量提升了97.7%，对于有机质含量15g/kg的成熟耕作土壤，每株烟穴施生物炭40g，烟株根围土有机质含量提升了20.97%。总之，生物炭的施入，显著提高了根际土壤有机质含量，有利于土壤有机质积累，长期与化肥配合施用，有望改善我国大部分植烟土壤有机质含量偏低的现状。

表9-7　不同生物炭用量穴施处理烟株根围土壤有机质含量变化（洛阳，大田）

单位：g/kg

试验点	处理	移栽后天数（d）				平均
		30	60	90	120	
上河村	CK	7.2 d	8.4 d	0.94c	10.1c	8.8
	10g/穴	8.9cd	8.9 cd	10.6c	10.7c	9.8
	20g/穴	10.2 bc	10.2 c	12.3b	12.2b	11.2
	30g/穴	11.4 b	11.8 b	13.8b	12.2b	12.3
	40g/穴	15.4 a	15.6 a	20.0a	18.7a	17.4
新建村	CK	15.1d	19.4 d	19.6c	20.3bc	18.6
	10g/穴	15.7cd	19.8 cd	20.4c	20.8b	19.2
	20g/穴	16.0c	20.3 c	20.8c	21.4b	19.6
	30g/穴	16.9b	20.3 b	22.0b	22.6a	20.7
	40g/穴	19.0a	22.8 a	24.7a	23.4a	22.5

注：上河试验地为河滩土新垫地，有机质及养分含量偏低

表9-8　不同生物炭用量条施处理烟株根围土壤有机质含量变化（河南许昌，大田）

单位：g/kg

处理	35 d	50 d	65 d	80 d	95 d
CK	10.73 d	10.21 d	11.61 d	11.41 d	13.57 d
T1	11.58 c	14.57 c	13.38 c	12.90 c	14.80 c
T2	16.88 b	21.29 b	21.79 b	17.76 b	15.77 b
T3	19.95 a	22.66 a	22.57 a	21.79 a	19.47 a

注：各处理生物炭用量CK 0kg/亩、T1 70kg/亩、T2 140kg/亩、T3 210kg/亩

（六）烟株根围土壤酶活性

转化酶活性不仅能够表征土壤生物学活性强度，同时可作为评价土壤熟化程度和土壤肥力水平的指标，一般情况下，土壤肥力越高，转化酶活性越强。烤烟全生长期内，各处理的土壤转化酶活性均呈先升高后降低的变化趋势，移栽后65d左右达到最高峰（图9-4）。而各处理之间，移栽后35d，增施生物炭各处理（T1、T2、T3）的土壤转化酶活性显著低于对照；表现为生物炭用量越大，土壤转化酶活性降幅越大。之后，随着生长期的推进，增施生物炭各处理的转化酶活性与对照的差距逐渐缩小，T1在移栽后80d超过对照。这表明，在生物炭施入土壤初期，对土壤转化酶起抑制作用，但这种抑制作用随着生长期的推进逐渐减小，且T1处理在移栽后95d转化酶活性高于对照。

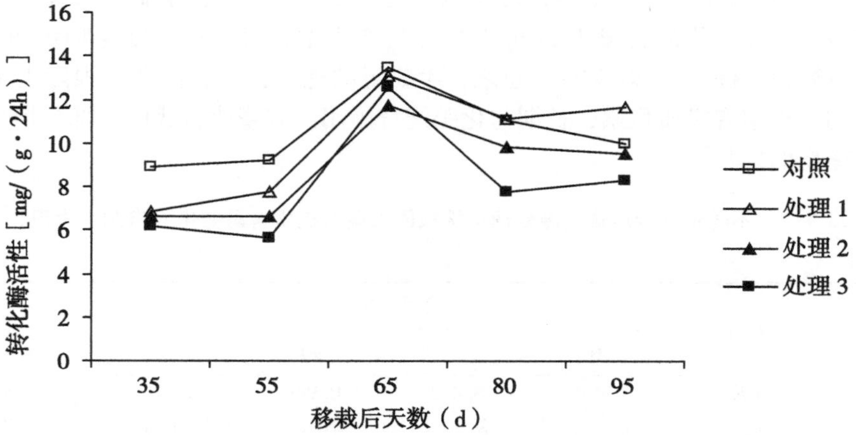

图9-4　不同用量生物炭处理对根际土壤转化酶活性的影响（河南许昌，大田）

注：各处理生物炭用量CK 0kg/亩、T1 70kg/亩、T2 140kg/亩、T3 210kg/亩

土壤过氧化氢酶能够促进过氧化氢分解，防止过氧化氢和各种自由基对生物体的毒害作用，是生物细胞的一类保护酶，其活性可以用来表征土壤氧化强度。由图9-5可知，随着烤烟生长期的推进，土壤过氧化氢酶活性呈升高—降低—升高—降低的变化趋势，移栽后55d和80d左右分别出现最大值。而各处理之间，大体表现为生长前期，不施或者少量施用生物炭处理（对照、T1）的过氧化氢酶活性高于其他两个处理；生长后期，中量或者高量施用生物炭的处理（T2、T3）显示了较高的过氧化氢酶活性。移栽后35d，增施生物炭各处理（T1、T2、T3）的土壤过氧化氢酶活性分别为4.78、4.75、4.21ml/g（以$KMnO_4$溶液用量计），显著低于同时期对照的5.13ml/g。移栽后50 d，T1过氧化氢酶活性为6.98ml/g，超过同时期对照的6.79ml/g。移栽后95d，各处理过氧化氢酶活性分别为：4.08、4.32、4.63、5.02ml/g，依次表现为T3>T2>T1>对照。由此可见，在烤烟大田生长后期，生物炭可以提高根际土壤过氧化氢酶活性。

（七）烟株根围土壤微生物量碳

表9-9显示，烤烟全生长期内各处理土壤微生物量碳（SMBC）呈先升高后降低的趋势，在移栽后65d左右达到最大值（T2除外）。而各处理间，移栽后35d，增施生物炭各处理（T1、T2、T3）的SMBC均有不同程度的下降。移栽后50d，各处理SMBC差

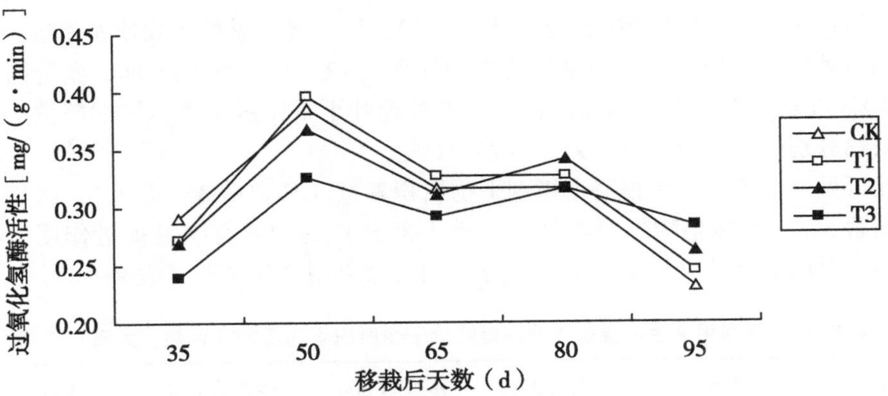

图 9-5　不同用量生物炭处理对根际土壤过氧化氢酶活性的影响（河南许昌，大田）

注：各处理生物炭用量 CK 0kg/亩，T1 70kg/亩，T2 140kg/亩，T3 210kg/亩

异不显著（$P>0.05$）。移栽后 65d，添加高量生物炭处理（T3）的 SMBC 较对照显著提高（$P<0.05$）。移栽后 80d、95d，与对照相比，增施生物炭各处理（T1、T2、T3）的土壤 SMBC 有不同程度增加；其中，移栽后 80d T1，移栽后 95d T1、T2 的 SMBC 显著高于同时期对照（$P<0.05$）。可见，生物炭与化肥配施可以增加生长后期的烤烟根际土壤 SMBC。SMBC 作为土壤有机库中的活性部分，被认为是易于被植物利用的养分库。因此，SMBC 提高，也就是养分供应的容量和强度提高。

表 9-9　不同用量生物炭处理对根围土微生物量碳含量的影响（河南许昌，大田）

单位：mg/kg

处理	35d	50d	65d	80d	95d
CK	241. 35a	380. 73a	416. 32b	230. 31b	225. 51b
T1	153. 00bc	387. 52a	407. 21b	343. 55a	335. 88a
T2	197. 21ab	392. 26a	413. 42b	318. 55ab	364. 82a
T3	133. 52c	378. 72a	448. 50a	264. 29ab	291. 43ab

注：各处理生物炭用量 CK 0kg/亩、T1 70kg/亩、T2 140kg/亩、T3210kg/亩

二、生物炭用量对烟叶生长、产量与质量的影响

（一）干物质积累

移栽后 35～80d，烤烟根、茎、叶干物质迅速积累，从 30～40g/株增加到 587～730g/株。移栽后 35d，与对照相比，增施生物炭的各处理（T1、T2、T3）烤烟的干物质积累量均显著降低，其中根、茎、叶干重的降低量均达显著水平（$P<0.05$）。移栽后 50d，T1、T2 的烤烟整株干物质积累量较对照稍有增减，但差异不显著（$P>0.05$）；T3 烤烟整株干物质积累显著下降，依次表现为 T1>对照>T2>T3；添加中量、少量生物炭

的处理（T1、T2）根干重显著高于对照（$P<0.05$），增幅分别为5.09%和13.73%。移栽后65d和80d，增施生物炭的各处理（T1、T2、T3）烤烟整株干物质积累量、茎干重均较对照显著提高，添加高、中量生物炭的处理（T2、T3）烟叶干重也显著高于对照（$P<0.05$）。在这两个时期，添加生物炭的各处理叶干重、茎干重、烤烟整株干物质积累最高增幅分别达24.99%、37.95%和24.31%。

由此可见，增施生物炭提高了烤烟干物质积累量（移栽后35d除外）。特别地，在烤烟移栽后50d，增施生物炭对烤烟根（地下部分）的积累有明显促进作用；移栽后65d、80d，对烤烟茎叶（地上部分）积累的促进效果则更为显著（表9-10）。

表9-10 不同用量生物炭条施处理对烤烟干物质积累的影响（许昌，大田） 单位：g/株

器官	处理	移栽后35d	移栽后50d	移栽后65d	移栽后80d
叶	CK	30.71 a	92.94 a	203.81 b	274.51 c
	T1	26.54 b	92.11 a	198.39 b	270.18 c
	T2	26.23 b	87.47 ab	222.56 a	343.11 a
	T3	25.19 b	80.42 bc	215.49 a	305.82 b
茎	CK	6.27 a	39.44 a	88.42 d	197.95 c
	T1	5.79 b	42.44 a	110.38 a	265.15 a
	T2	4.96 c	38.06 a	100.63 b	253.13 a
	T3	4.99 c	39.38 a	94.89 c	254.30 a
根	CK	2.91 a	23.95 c	65.03 b	114.75 b
	T1	2.51 b c	27.24 a	72.56 a	114.11 b
	T2	2.54 b	25.17 b	50.31 d	133.55 a
	T3	2.34 c	23.93 c	58.59 c	126.07 a
整株	CK	39.88 a	156.32 ab	357.26 c	587.21 c
	T1	34.83 b	160.79 a	381.33 a	649.44 b
	T2	33.73 b c	150.70 bc	373.50 b	729.79 a
	T3	32.51 c	143.73 d	368.97 b	686.19 b

注：各处理生物炭用量CK 0kg/亩、T1 70kg/亩、T2 140kg/亩、T3 210kg/亩

（二）烟株农艺性状和抗病性

生物炭处理显著提高了移栽后90d和120d烟草株高，上河和新建试验地移栽后90d烟草株高较对照分别提高6.4%和10.8%，移栽后120d上河和新建烟草株高较对照分别提高11.2%和13.29%，说明生物炭处理促进了烟草后期生长（表9-11）。且随生物炭用量增加，这种促进作用更加明显。生物炭用量对可以显著增加单株有效叶片数量，移栽后90d，上河村试验田有效叶片数平均增加了0.45片，新建村平均增加了1.85片（表9-12）。

表 9-11 不同用量生物炭穴施烟草株高变化（洛阳，大田） 单位：cm

试验点	处理	移栽后天数（d）			
		30	60	90	120
上河村	CK	–	60.06 a	96.78 b	99.67 b
	10g/穴	–	61.14 a	104.67 a	109.44 a
	20g/穴	–	61.03 a	102.89 a	112.00 a
	30g/穴	–	60.78 a	103.00 a	113.44 a
	40g/穴	–	60.61 a	104.56 a	111.67 a
新建村	CK	–	48.00 a	90.11 b	94.00
	10g/穴	–	48.83 a	98.06 ab	102.50
	20g/穴	–	48.83 a	97.72 ab	105.00
	30g/穴	–	48.42 a	100.61 a	110.00
	40g/穴	–	52.92 a	104.00 a	109.00

表 9-12 不同用量生物炭穴施烟草单株有效叶片数（洛阳，大田） 单位：片

试验点	处理	移栽后天数（d）		
		30	60	90
上河村	CK	9.00	15.17	16.67
	10g/穴	9.67	14.78	17.33
	20g/穴	9.11	15.28	16.78
	30g/穴	9.67	14.89	16.67
	40g/穴	9.17	14.78	18.11
新建村	CK	9.08	13.67	16.61
	10g/穴	8.92	14.00	18.22
	20g/穴	9.17	13.83	18.22
	30g/穴	8.92	13.75	18.11
	40g/穴	9.00	14.92	19.33

（三）烟株抗逆性

洛阳新建村试验地黑胫病发病严重，施用生物炭提高了烟草对黑胫病的抗性。于2014 年 7 月 10 日，调查各处理发病情况，所有使用生物炭处理的烟株黑胫病发病率均低于或等于对照，处理三每穴使用 30g 生物炭烟株发病率最低，为 13.33%，显著低于对照（表 9-13）。这对保障烟草稳产起到了较大作用。

上河村试验地烟草根结线虫病发生较多，黑胫病和根黑腐病零星发生，但因为根结线虫病调查时，需要挖出烟根，对烟叶生产破坏较大。对上河村烟株调查采用的方法是：调查能获得产量的有效烟株数量，各处理有效烟株数量见表 9-14。从表 9-14 中可以看出，有效烟株数量随着生物炭用量增加而增加，处理 3（30g/穴）和处理 4 效果最

佳（40g/穴）。损失掉的烟株主要由以下四个部分组成：①因为地块不平，烟田积水，淹死烟株较多；②取样损失掉烟株，4 次取样，每次至少取 3 株；③因为黑胫病、根黑腐病和根结线虫病，烟株发育不良；④不明原因造成的烟株发育不良。

在以上 4 种原因中，损失烟株最多的是烟田积水，因此各处理间有效烟株数量差异，主要反应的是生物炭处理，提高了烟株对烟田积水引发涝灾的抵抗力。这与生物炭多孔结构、持水能力强，将多余水分保留在生物炭空隙中有关。这说明生物炭施入土壤，改变了土壤的持水能力和对烟株供应水分的能力，增施生物炭对烟田土壤水分平衡和水分供应能力需要进行更深入的研究。

表 9-13　不同用量生物炭穴施对烟株黑胫病发病率的影响（移栽后 60d，洛阳新建）

处理	烟株数（株）	病株数	病株率（%）
CK	60	10	16.67
10g/穴	60	9	15.00
20g/穴	60	10	16.67
30g/穴	60	8	13.33
40g/穴	60	10	16.67

表 9-14　不同用量生物炭穴施处理对有效烟株数量影响（移栽后 60d，洛阳上河）

处理	移栽烟株数（株）	有效烟株数（株）
CK	300	200
10g/穴	300	211
20g/穴	300	218
30g/穴	300	242
40g/穴	300	247

（四）经济性状

应用生物炭改土可以提高烟叶经济效益，2014 年河南洛阳大田试验表明（表 9-15），每株烟穴施生物炭 10~40g 可以明显提高亩产量、上中等烟比例和亩产值，随生物炭用量增加，经济效益呈现先增加后降低的趋势。每株烟穴施生物炭 30g 获得最大经济效益，每亩地较对照增收 777 元，亩产量增加 18.86%，均价和上中等烟比例与对照相当。每株烟穴施 10g 生物炭处理上中等烟比例最高，较对照提高了 7.05%，产量略有增加，每亩地增收 331.9 元。在河南许昌进行的生物炭大田条施剂量试验表明（表 9-16），烟叶的产量和产值随生物炭施用量的增加呈逐渐提高的趋势。其中，T4 处理的产量和产值分别较 CK 提高 12.80%、13.54%。上等烟和中上等烟的比例随生物炭施用量的增加呈先升高后降低的趋势。

表 9-15　不同用量生物炭穴施的烟叶经济性状（洛阳，大田）

处理	亩产量（kg）	均价（元/kg）	亩产值（元）	上等烟比例（%）	中等烟比例（%）	上中等烟比例（%）
CK	146.60	23.04	3 378.24	64.12	21.42	85.54
10g/穴	149.48	24.82	3 710.14	70.14	21.43	91.57
20g/穴	155.37	24.18	3 756.80	67.37	21.75	89.12
30g/穴	174.40	23.83	4 155.36	68.12	18.92	87.04
40g/穴	162.34	23.72	3 850.64	64.39	25.29	89.68

表 9-16　不同用量生物炭条施烟叶的主要经济性状（许昌，大田）

处理	产量（kg/hm^2）	产值（元/hm^2）	均价（元/kg）	上等烟比例（%）	中上等烟比例（%）
CK	2 948.9c	58 211.28c	19.74	30.25	85.67
T1	3 071.1b	60 930.62b	19.84	31.33	87.45
T2	3 081.1b	61 467.94b	19.95	33.28	89.87
T3	3 103.2b	61 718.67b	19.89	32.19	88.65
T4	3 326.3a	66 093.58a	19.87	31.88	86.65

注：同列不同字母表示处理间在 0.05 水平差异显著，下同。各处理生物炭用量 CK 0kg/亩、T1 75kg/亩、T2 105kg/亩、T3 135kg/亩、T4 165kg/亩

（五）烟叶品质

从表 9-17 可以看出，随生物炭用量增加，烟叶总糖、还原糖含量逐渐增加，烟碱、总氮、蛋白质含量呈下降趋势，糖氮比呈现增加趋势，上、中、下三个部位烟叶化学成分均呈现出相似的变化规律。生物炭处理改变了烟株的碳氮代谢，碳代谢增强，烟叶积累较多糖类物质，而氮代谢相对减弱，烟碱和蛋白质积累减少，这对于减轻烟草刺激性和杂气具有积极作用。生物炭对烟草钾含量没有表现出明显的提升效果。

表 9-17　不同用量生物炭穴施处理烟叶化学成分比较（洛阳，大田）

等级	处理	总糖（%）	还原糖（%）	钾（%）	氯（%）	烟碱（%）	总氮（%）	蛋白质（%）	糖碱比	钾氯比
B2F	CK	22.6	21.4	2.25	0.48	3.16	2.15	10.45	7.15	4.69
	10g/穴	23.2	21.6	2.23	0.37	3.13	2.17	10.72	7.41	6.03
	20g/穴	22.9	21.1	2.29	0.39	3.02	2.08	10.00	7.58	5.87
	30g/穴	22.5	21.6	2.23	0.43	2.97	2.08	10.85	7.58	5.19
	40g/穴	21.8	20.4	2.28	0.55	2.74	1.80	8.42	7.96	4.15

（续表）

等级	处理	总糖（%）	还原糖（%）	钾（%）	氯（%）	烟碱（%）	总氮（%）	蛋白质（%）	糖碱比	钾氯比
C3F	CK	26.81	24.23	1.16	0.29	3.14	1.91	9.44	8.54	4.00
	10g/穴	34.94	30.43	1.33	0.21	3.40	1.91	9.27	10.28	6.33
	20g/穴	32.01	27.97	1.46	0.21	3.48	2.00	9.61	9.20	6.95
	30g/穴	27.25	24.58	1.34	0.21	3.46	2.00	9.61	7.88	6.38
	40g/穴	32.71	28.27	1.18	0.17	3.65	2.03	9.87	8.96	6.94
X2F	CK	22.1	19.8	2.30	0.47	3.05	2.01	9.56	7.25	4.89
	10g/穴	23.6	21.5	2.35	0.47	2.67	1.77	8.42	8.84	5.00
	20g/穴	24.5	22.4	2.21	0.41	2.88	1.96	9.44	8.51	5.39
	30g/穴	22.4	20.7	2.23	0.47	2.79	1.96	9.40	8.03	4.74
	40g/穴	22.0	20.4	2.31	0.55	2.73	1.80	8.40	8.06	4.20

从表9-18可以看出，随生物炭用量的增加，烟叶的香气质改善，杂气、刺激性减轻；烟叶香气量以生物炭用量为105kg/亩的T2处理最高，劲头、余味、燃烧性以生物炭用量为75~105kg/亩的T1、T2处理较高。对照烟叶评吸总分以杂气和刺激性大，总分最低（72.0分）。与CK相比，施用生物炭处理烟叶的香气质好、香气量大、香气柔和、杂气小、烟气净、劲头适中。总分以生物炭用量为105kg/亩的T2处理最高，生物炭用量过高或过低，烟叶感官质量均明显下降。

表9-18　不同用量生物炭条施处理烟叶（C3F）感官质量比较（河南许昌，大田）

处理	香气质（20）	香气量（20）	杂气（10）	刺激性（10）	劲头（10）	浓度（10）	余味（10）	燃烧性（5）	灰分（5）	总分（100）
CK	13.5	13.0	7.5	7.5	8.0	7.5	7.0	4.0	4.0	72.0
T1	13.8	13.5	8.3	8.0	8.5	8.0	8.3	4.5	4.5	77.4
T2	14.4	15.0	8.0	8.5	8.5	8.0	8.3	4.5	4.3	79.5
T3	14.3	14.0	8.3	8.5	8.3	8.0	7.5	4.0	4.0	76.9
T4	14.4	13.5	8.4	8.5	8.0	8.0	7.0	4.0	4.0	75.8

注：各项指标后括号内数值代表该项的满分值，各处理生物炭用量CK 0kg/亩、T1 75kg/亩、T2 105kg/亩、T3 135kg/亩、T4 165kg/亩

三、小结

施用适量的生物炭可以降低根际土壤容重、增加土壤水分含量，促进大田中后期根系发育。由于生物炭是在高温条件下裂解形成的，其多孔性、巨大的表面积和阳离子交换量可以吸附养分，加之北方烟区前期的干旱、土壤水分不足导致养分的解吸能力弱，

起到养分缓释作用，因此降低大田前期烟株对氮、钾等养分的吸收与积累，进而抑制前期烟株的生长；大田中后期，随土壤水分的增多，生物炭吸附的矿质元素大量进入土壤溶液，进而提高了土壤溶液养分浓度，促进烟株对养分的吸收以及烟株的生长，进而使烟叶产量提高。不同产区研究表明，生物炭条施用量在 0~200kg/亩，穴施用量为每株烟 10~30g，随生物炭用量增加，烟叶产量、产值显著增高。

第二节　不同生物炭对烤烟生长发育、品质及土壤理化性状的影响

一、不同来源生物炭的理化性质分析

由图 9-6 至图 9-9 可知稻壳炭、花生壳炭、麦秆炭、烟秆炭的微观表面结构保持完整，骨架结构清晰可见，微孔结构丰富。在炭化后的原生质材料中烟秆炭的内侧微孔结构相对于其他 3 种生物炭较丰富。麦秆炭的横截面是主要由木质素构成的多孔结构，轮廓清晰，微孔结构丰富。壳状与杆状的生物炭在微观表面上存在较明显的差异，同为杆状生物质在炭化后也存在较大差异。

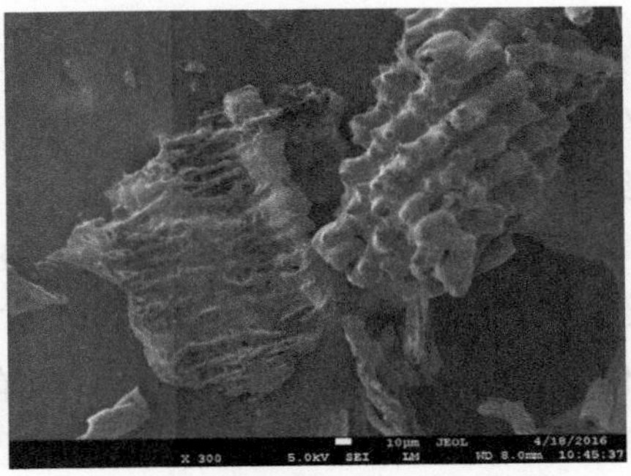

图 9-6　稻壳炭微观表面扫描

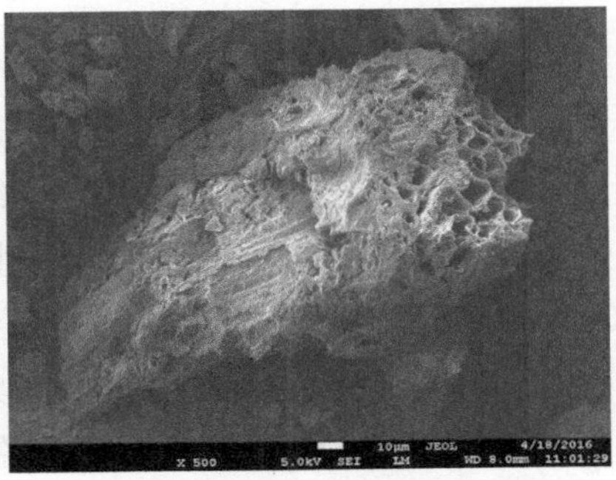

图 9-7　花生壳炭微观表面扫描

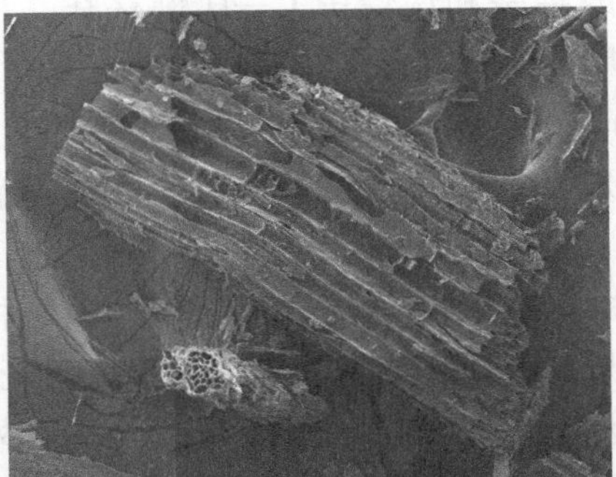

图 9-8　麦秆炭微观表面扫描

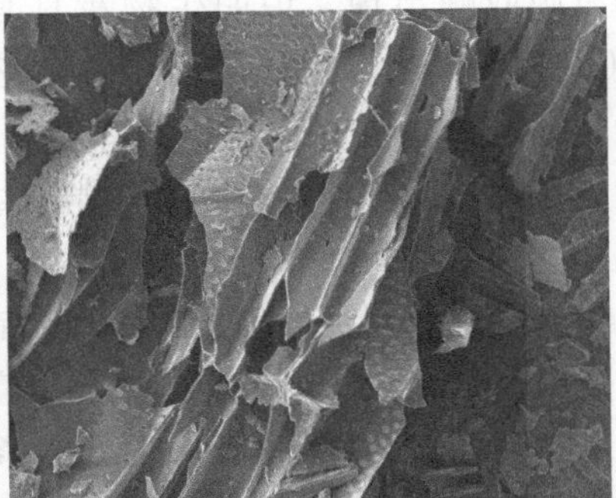

图 9-9　烟秆炭微观表面扫描

由图 9-10 可知，采用 BET 多点法测定的四种生物炭的比表面积大小顺序为稻壳炭>麦秆炭>花生壳炭>烟秆炭。两种壳类生物炭比较稻壳炭是花生壳炭的 4.54 倍，两种杆状生物炭比较麦秆炭是烟秆炭的 5.62 倍，而花生壳炭是烟秆炭的 2.48 倍。生物炭的比表面积间的差异与生物炭的来源不同有很大的关系，比表面积也与吸附性能有很大的关系。

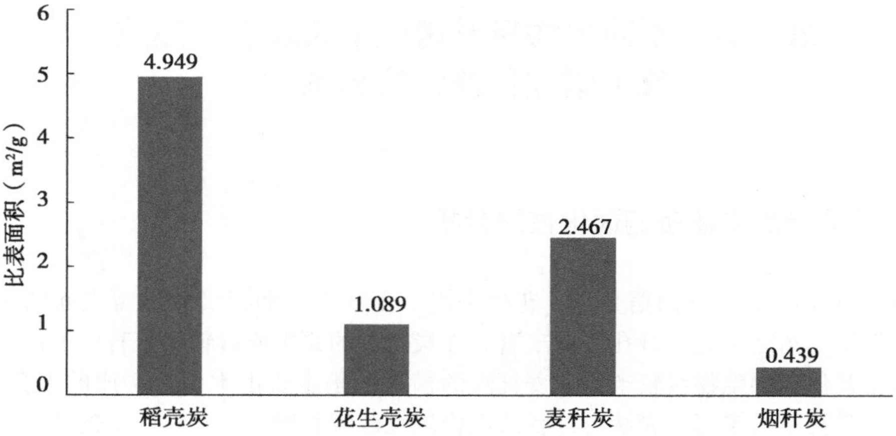

图 9-10　生物炭比表面积

由图 9-11 可知，稻壳炭在 815cm^{-1}处稻壳炭有明显的吸收峰，振动特征为 C—H 弯曲震动，说明为变形的芳环 C—H 键振动。在 1 110cm^{-1}处稻壳制成的生物炭吸收峰强度最大且对称振动明显，存在半纤维素和纤维的 C—O—C，脂肪性—OH。1 700 cm^{-1}处有吸收峰强度较小，说明四种生物炭均具有代表羧基中的 C=H 键。在 1 185~1 160cm^{-1}处有不对称振动，证明存在半纤维和纤维的 C—O—C。1 200~1 000cm^{-1}处烟秆生物炭存在变形振动，说明存在典型的取代芳环。1 440cm^{-1}处四种生物炭有为芳环 C 或脂肪性—CH_2，变形振动。在 2 380cm^{-1}处存在吸收峰，且麦秆炭的吸收峰强度大于稻壳炭，说明存在脂肪类 C—H 和 C=O。在 3 430和 2 940cm^{-1}处四种生物炭均有吸收峰出现，说明生物炭具有酚羟基或醇羟基和烷烃中 C—H 键存在，且在 3 430cm^{-1}处吸收峰由强到弱依次是花生壳炭、烟秆炭、稻壳炭、麦秆炭。综上所述，四种生物炭的红外光谱分析差异明显的是在 400~1 200波段的官能团，稻壳炭的 C—H 键、—OH 键较多，丰富的官能团结构使生物炭具有较强的亲水、疏水性及对酸碱的缓冲能力。

综上所述，四种生物炭的微观表面结构均保持完整，烟秆炭纵横截面的微孔结构较花生壳炭、稻壳炭、烟秆炭的更加丰富。稻壳炭与麦秆炭的比表面积远高于花生壳炭、烟秆炭。烟秆炭、麦秆炭的 C、N 元素含量多于花生壳炭、稻壳炭的。稻壳炭的红外光谱在 400~1 200cm^{-1}处与其他生物炭产生明显差异，较多的官能团可以提高生物炭对养分中酸碱的缓冲能力和亲水、疏水性，可以促进阳离子交换量。

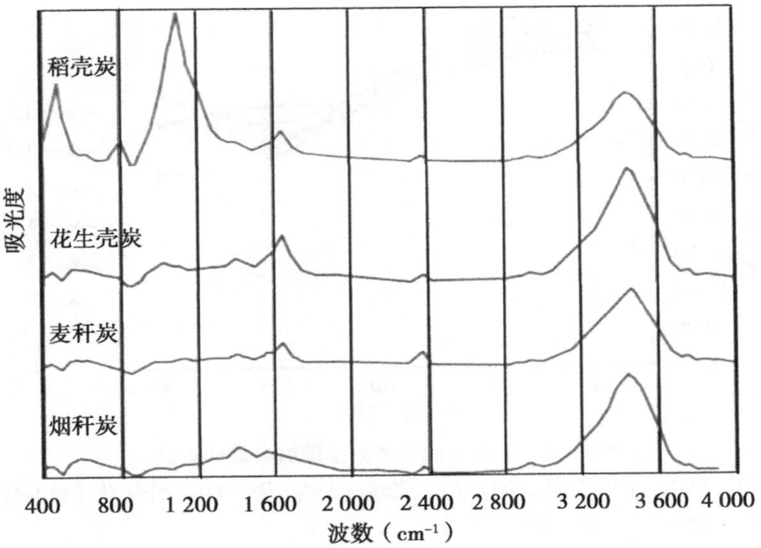

图 9-11 不同生物质炭的红外光谱

二、不同生物质炭对土壤性状的影响

2016 年在河南农业大学许昌科教园区内利用盆栽试验研究了花生壳炭（TH）、稻壳炭（TD）、麦秸秆炭（TM）和烟秆炭（TY）对植烟土壤改良效果以及对烟草生长、烟叶产质量的影响，试验设 2 个对照，CK1 不施肥对照，CK2 常规施肥对照。

（一）土壤速效氮磷钾含量

各处理土壤碱解氮、速效磷、速效钾含量如图 9-12 至 9-14 所示。移栽后 30~45d CK2 的碱解氮含量略有增加外，其各处理碱解氮含量均降低，至 75d 时降至最低点，之后又 CK1、CK2 处理的碱解氮含量继续降低，TD、TH、TM、TY 处理的碱解氮含量均呈增加趋势。移栽后 45d，土壤碱解氮较前期有所提高，这是因为肥料中的氮素释放到了土壤中，而此时烟株需要的氮素并不太多；移栽后 60d，烟株进入旺长期，此时需要大量氮素来合成有机物，烟株对土壤中氮素的吸收能力增强，土壤碱解氮含量快速下降。移栽后 75d，烟株下部叶已经开始成熟，对氮素的需求量逐渐减少，因此土壤中碱解氮含量较 60d 时有所提高，CK1、CK2 除外。

速效磷在整个生育期内规律表现不一致。整个生育期内 TH、TY 处理的土壤中速效磷含量呈降低趋势。CK1 处理在 30~75d 均呈增加趋势，75d 以后降低。TD 与 TM 在整个生育期的变化一致，30~60d 速效磷含量降低，60~75d 呈增加趋势，75d 以后降低。在烟叶生长进去成熟期即 75d 以后各处理土壤中的速效磷含量均降低，说明成熟期烟株对速效磷的吸收强度未降低。

整个生育期内施用生物炭的各处理的速效钾含量均高于 CK1、CK2，说明生物炭有利于土壤中速效钾含量的提高。30~45d 时 TM 的土壤中速效钾含量有明显的增加趋势，

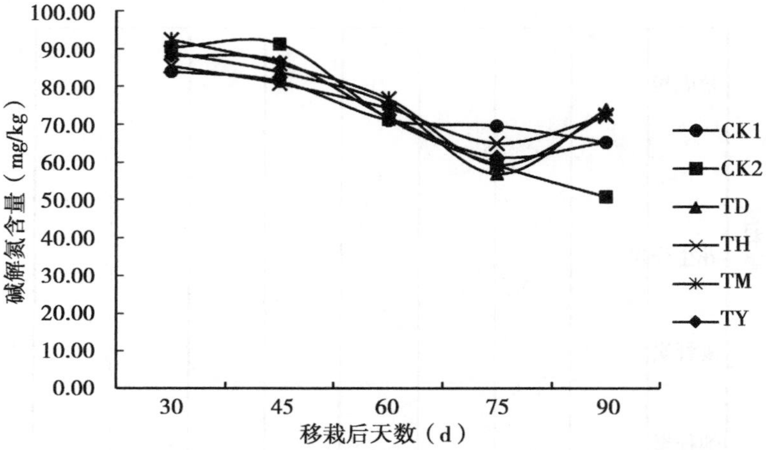

图 9-12　不同生物质炭对土壤碱解氮的影响

CK1：不施肥；CK2：常规施肥；TH：花生壳炭（150g/盆）TD：稻壳炭（150g/盆）TM：麦秸炭（150g/盆）TY：烟秆炭（150g/盆），下同

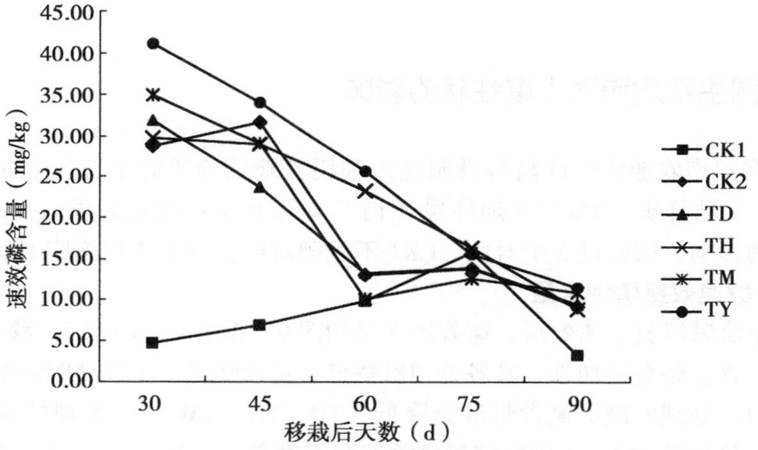

图 9-13　不同生物质炭对土壤速效磷的影响

CK1、TD 叶略有增加趋势。45d 后各处理土壤中速效钾的含量变化呈降低趋势。对土壤中速效钾含量的提高作用最大的是 TM，其次是 TY，TH、TD 对土壤中速效钾含量的提高作用不明显，TD、TH 与 CK2 处理对土壤中速效钾含量的促进作用差异不大。说明这两种杆状生物炭对土壤中速效钾含量的提高作用优于此两种壳类生物炭。

（二）土壤有机碳含量

总体来看，各处理的有机碳的含量有很明显的先增加再降低再增加的趋势。由表 9-19 可知，移栽后 30~45d 各处理除 CK1、TH 处理的有机碳含量增加，其他各处理的均呈降低趋势。30d 时土壤有机碳含量在 0.5 水平上 TH、TM、TY 处理间差异不明显。TH 与 TD 在 0.5 水平上存在显著差异，且 TH>TD 。各处理与 CK1 间均有显著差异，且有机碳含量均高于 CK1。在移栽后 45d 时，TH、CK1 处理间差异不明显，其他处理间

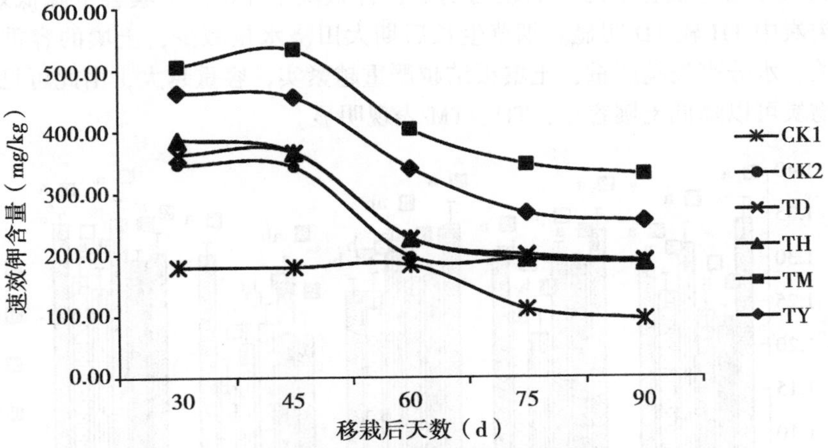

图 9-14　不同生物质炭对土壤速效钾的影响

差异也不明显，TH、CK1 与其他处理间达显著水平。TH 的土壤中有机碳含量最高为 14.96g/kg。45~60d，除 TH 的有机碳含量降低外，其他处理均增加。CK1、TY 与 TM、CK2 与 TH、TD 间存在显著差异，TY 含量最高。60~75d 土壤中有机碳含量变化不大，CK1 处理的有机碳含量最高，与其他处理在 0.5 水平上达显著差异。说明生物炭在烟株旺长期促进土壤中有机碳的转化，利于植物对有机碳的利用。在 75~90d 各处理土壤中有机碳含量成增加趋势，TD、TH、TM、TY 处理与 CK2、CK1 间在 0.5 水平上差异显著。此时烟株进入成熟期，对有机碳转化的营养物质需求量降低。

表 9-19　不同生物质炭对土壤中有机碳含量的影响　　单位：g/kg

处理	移栽后天数（d）				
	30	45	60	75	90
CK1	9.37d	13.98ab	14.57a	12.48a	11.38c
CK2	12.74c	12.32b	13.03b	11.93b	12.26bc
TD	13.12bc	11.88b	12.10c	11.82b	13.18ab
TH	14.77a	14.96a	12.14c	11.27c	13.05ab
TM	14.14ab	11.83b	13.24b	11.06cd	13.32ab
TY	14.12ab	12.43b	14.39a	10.75d	14.29c

注：小写字母不同表示处理间差异达到 5%显著水平。下同

（三）土壤容重

各处理在移栽后 30~45d 时土壤容重降低，施用生物炭的各处理均比不施用生物炭的处理降低幅度大，其中以 TH 的土壤容重降低幅度最大，其次是 TM 与其他处理差异显著。移栽后 45~60d CK1、CK2、TH、TM 的土壤容重有升高的趋势，TD、TY 的持续降低。移栽后 60~75d 时，各处理土壤容重持续降低，并且达到最低点，TM、TH 容重小于 TD、TY。75~90d 土壤容重又升高 TH、TM 的容重小于其他处理（图 9-15）。总

体来看 TH、TM 对土壤容重的影响较为明显，秆状炭中 TM 使土壤容重降低效果较 TY 明显，壳类炭中 TH 较 TD 明显。烟草生长后期大田浇水量减少，土壤的容重增加与水分丧失有关，水分丧失越严重，土壤板结越严重越紧实，容重越大，由此可见在同等条件下，生物炭可以降低土壤容重，TH、TM 表现明显。

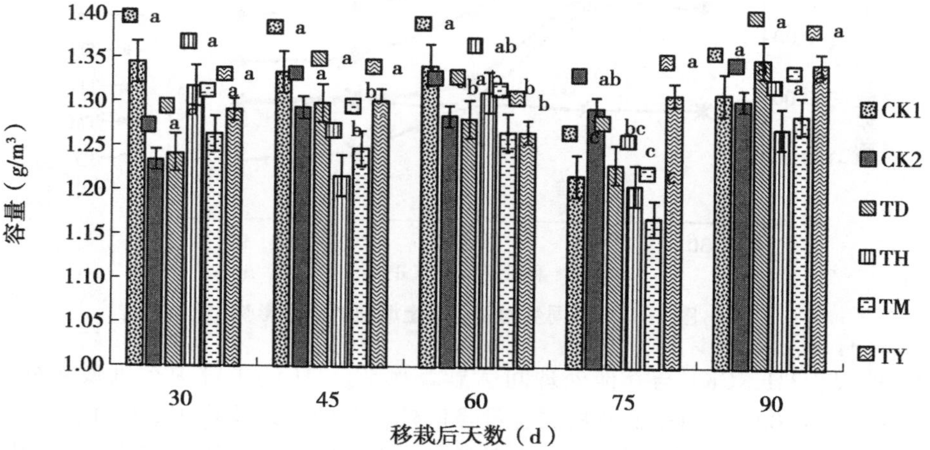

图 9-15　不同生物质炭对土壤容重的影响

三、不同生物质炭对烤烟生长发育的影响

由图 9-16 可知，各处理烟株根系活力呈先增大再减小的变化趋势，其中在 60d 时根系活力最大，之后根系活力呈下降趋势。在移栽后 30d 左右根系活力的差异不大。45d 时各处理根系活力都增加较快，此时 CK2 的根系活力最大，TM 处理的根系活力最小，其他处理的根系活力差异不大。45～60d 各处理烟株根系活力快速增加，TH 处理的根系活力增速最快，在 60d 时最大，其次是 CK2、CK1、TD、TY、TM。90d 时烟株还保持一定的活力，CK1 处理的根系活力较其他的都大，其次是 CK2、TD，TH 较 TM、TY 的大。造成上述现象的原因可能与胁迫因素有关。施用生物炭各处理间的数据差异可能与生物炭的理化特性有关，生物炭的微孔结构、官能团、比表面积等不同，对土壤的理化性状产生不同的影响，根系活力与土壤中的理化性状有关。

由图 9-17 可知，烟株根系体积前期在 30、45d 时差异不大。在移栽后 45d 时施加生物炭的处理烟株体积均大于不施用生物炭的处理，其中 TH>TM>TY>TD。在生长到 75d 时 TH 处理的烟株根系体积最大，其他处理的根系体积差异不大。90d 时，烟株根系体积 TD>TY> TM >TH>CK2>CK1。60～90d 时烟株根系生长较快，各处理烟株根系都成增长趋势。整体来看，在 60～75d 时，TH 处理的烟株根系体积较 CK2 增长速率大，其他处理差异不大，说明在此生育期花生壳炭较其他三种生物炭促进烟株根系体积的生长。在 90d 时各处理烟株根系体积均达到最大值，此时可以明显看出施加的四中生物炭对烟株根系生长的促进作用，TD>TY>TM>TH>CK2>CK1，在 75d 以后，施用花生壳炭的处理烟株根系体积增长速度较其他三种炭低。

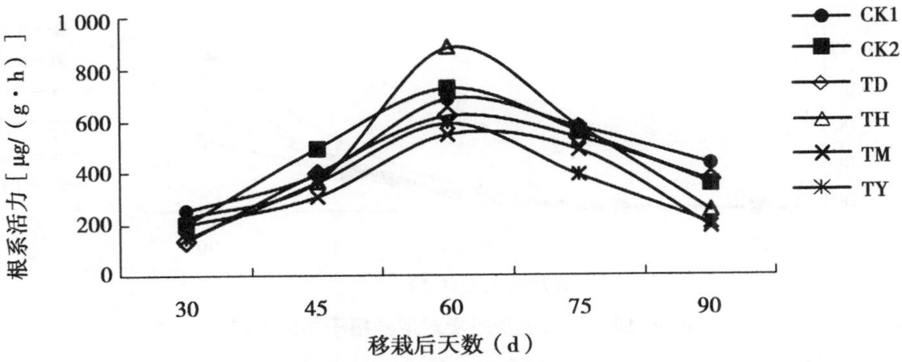

图 9-16　不同生物质炭对烟株根系活力的影响

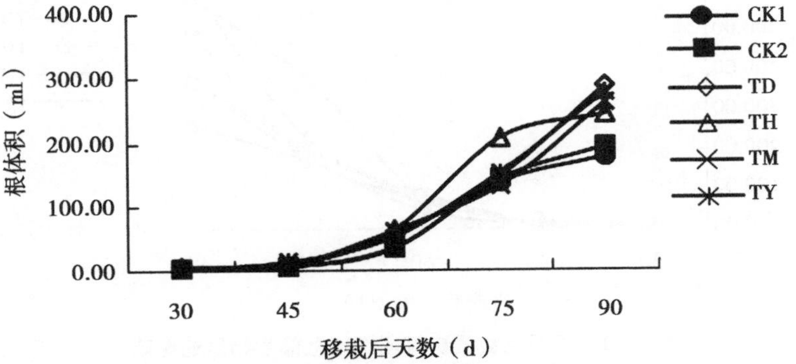

图 9-17　不同生物质炭对烟株根体积的影响

烟株根系是重要的吸收器官，根系的分布及活力高低决定烟株吸收养分的数量和种类，决定烟叶品质的优劣。同时烟株是重要营养物质的合成场所，激素和生物碱等有机物在烟株根系合成，根系合成的烟碱是烟叶品质的重要指标。由图 9-18 可知，在烟株移栽后 30~60d 时，根干重增长缓慢，在 60d 时烟株根干重 TH 处理最大，其次是 TM，TD、TY 差异不大，CK2、CK1 差异不大。在 60~75d，根干重迅速增加，TH 处理的根干重远大于其他处理。在移栽后 90d 时，根干重 TH>TD>TM>TY>CK2>CK1，且 TD、TH、TM、TY 处理间差异显著，且与 CK2、CK1 间差异显著。综上所述 TH 对烟株根系的促进作用最强，其次是 TD、TM、TY 处理。

烟株干物质积累反映其对营养物质吸收及烟叶的产量和品质，是烟株生长发育状况的重要指标。由图 9-19 可知，在烟株移栽后 60d 以前各处理地上部分生物量差异不大。在 60~75d 时，各处理烟株地上部生物量开始增加，地上部干物质日积累量分别为：8.71g/株、7.77g/株、7.50g/株、19.50g/株、8.37g/株、9.66g/株。75d 时各处理地上部干物质积累量为：TH>TY>TM>TD>CK2>CK1，且差异显著。在烟株移栽后 90d 时，TY 处理的地上部分生物量最大，其次是 TH、TD、TM，CK2、CK1 处理的地上部分生物量最小。TY、TH、TD 处理对烟株地上部分生物量积累的促进作用较 TM、CK2、CK1 处理更显著。

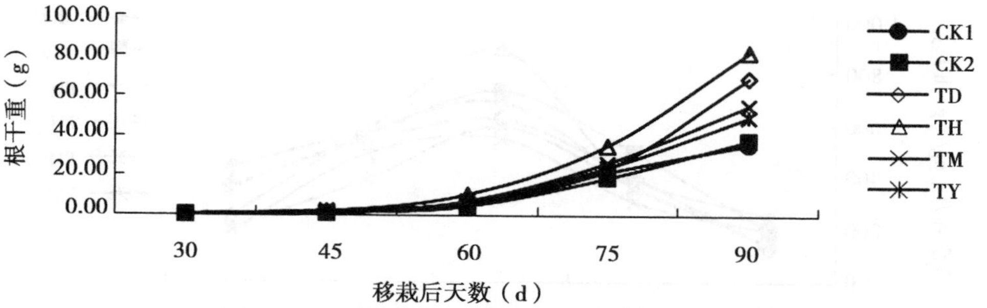

图 9-18　不同生物质炭对烟株根干重的影响

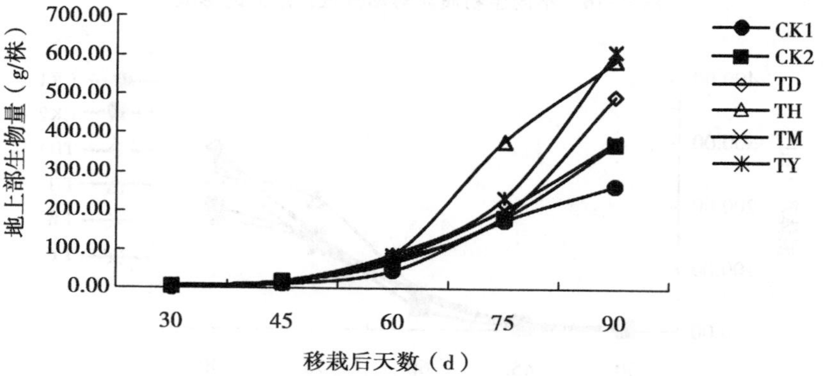

图 9-19　不同生物质炭对烟株地上部生物量的影响

由图 9-20 可知，移栽后 30~45d 烟株生长缓慢，各处理间差异不大。移栽后 45~60d 时，烟株生长逐渐加快，施用生物炭的各处理增长速度均大于不施用生物炭的，TY>TH>TM>TD>CK2>CK1。在移栽后 60~75d 时，烟株生长进入快速增长期，增长速度 TH>TY>TM>CK2>TD>CK1。在移栽 75~90d 时下部叶开始渐渐成熟，烟株生长开始减缓，但 CK1 处理的烟株生长速度依然很快，说明 CK1 处理烟株生长后期并未转入成熟阶段，这可能与生物炭有关，加入生物炭的各处理与 CK2 的烟株在旺长期生长迅速，后期生物炭促进了烟叶的成熟。但是 TD 除外，这可能与稻壳炭的表面结构有关。TH 处理的烟株株高值最大，其次是 TD、TM、TY、CK2。

由图 9-21 可知，烟株茎围在前期差异不大，在移栽 60d 以后，CK2、TD、TH、TM、TY 处理烟株茎围高于 CK1 处理的。TM 处理在移栽后 30~45d 增长速度较快。在移栽后 60d 时各处理烟株的茎围差异不大，TY>TM>TH>CK2>TD>CK1。移栽后 60~90d 处理间烟株茎围差异开始加大。在烟株移栽后 90d 时，TH 处理的烟株茎围最大，其次是 TY>CK2>TM>TD，CK1 最小。生物炭在前期对烟株茎围生长的促进或者抑制作用并不明显。从 90d 烟株茎围情况看来，TH、TY 处理对烟株茎围的增长作用最明显，均高于 CK2 处理，CK1 处理的茎围值最小，说明不施用生物炭和化肥对烟株的影响较大，施用化肥不施用生物炭对烟株的促进作用较施用生物炭和化肥效果差。

由图 9-22 可知，叶面积大小对烟叶的产量和品质有很重要的影响。在移栽后 30d

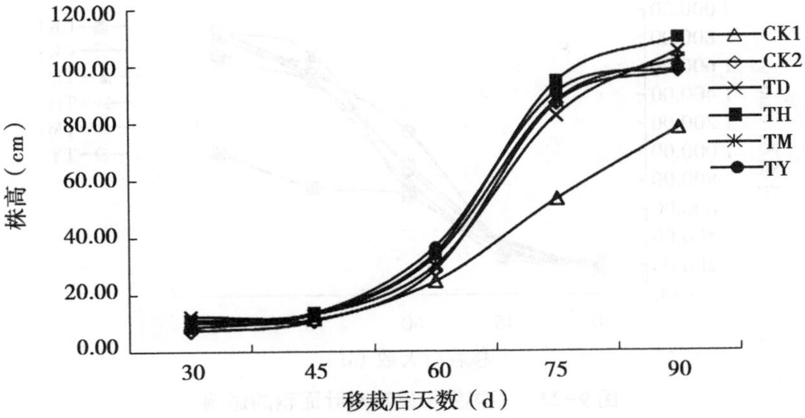

图 9-20　不同生物质炭对株高的影响

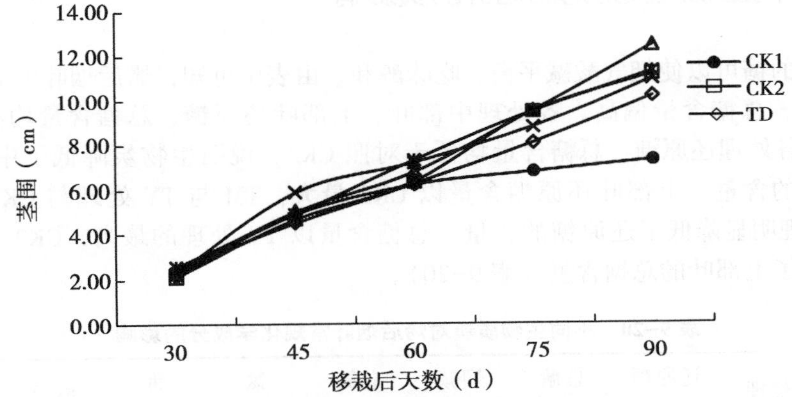

图 9-21　不同生物质炭对烟株茎围的影响

时各处理的叶面积基本相差不大，CK1 与 TD 最大，TM、CK2 次之，TH 处理最小。在移栽后 45d 时，叶面积 TH、TM 处理的叶面积最大，CK2 与 TY 叶面积几乎相等次之，TD>CK1。此时施加生物炭的处理叶面积除 TD 外均大于 CK2。在移栽后 45～60d 时叶面积增加迅速，增长量最大的是 TY 处理，其次是 TM、CK2，TH 处理的增长量最少。在移栽后 60d 时各处理叶面积 TY> TM>CK2>TD>TH>CK1。60～75d 时叶面积增加量最大的为 TH。在烟株移栽后 90d 时，烟叶基本停止生长，此时各处理叶面积 TY>TH 差异不大，TD 次之，CK2>TM 差异不大，CK1 叶面积最小。在烟株生长前期各处理间叶面积差异不大，但是在烟株生长后期使用化肥和生物炭的处理，尤其 TY 处理在 45～90d 时增长迅速，在烟株生长前期，从 TH、TD 处理可以看出，施加生物炭的处理叶面积生长受到抑制，后期促进烟株叶面积的增加，对 TM 处理的前抑后促作用并未表现。

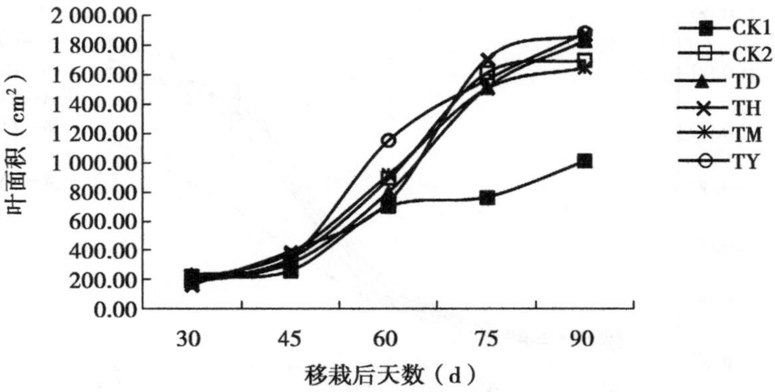

图 9-22　不同生物质炭对叶面积的影响

四、不同生物质炭对烤后烟叶品质影响

烟叶中的糖可以使烟气酸碱平衡、吃味醇和。由表中可知，烤后烟叶中部叶、上部叶中还原糖、总糖含量偏高。各处理中部叶、上部叶还原糖、总糖含量均高于 18%、22%，但是各处理还原糖、总糖含量均低于对照 CK2，说明生物炭降低了中部叶中总糖、还原糖的含量。上部叶还原糖含量以 CK2 最大，TM 与 TY 处理与 CK2 较接近，TD、TH 处理明显降低了还原糖的含量。总糖含量以 TY 处理的最高，CK2 处理次之，烟秆炭提高了上部叶的总糖含量（表 9-20）。

表 9-20　不同生物质炭对烤后烟叶常规化学成分的影响

部位	处理	还原糖（%）	总糖（%）	烟碱（%）	总氮（%）	氯（%）	钾（%）	两糖比	氮碱比
中部叶	CK1	24.93	30.36	2.65	2.01	0.32	1.37	0.82	0.76
	CK2	25.41	32.30	2.81	2.26	0.60	1.42	0.79	0.80
	TD	23.28	27.03	2.90	2.30	0.43	1.50	0.86	0.79
	TH	22.83	29.40	2.96	2.24	0.46	1.45	0.78	0.76
	TM	24.71	27.98	2.74	2.17	0.78	1.49	0.88	0.79
	TY	23.50	28.63	2.85	2.21	0.71	1.60	0.82	0.78
上部叶	CK1	25.60	28.24	2.57	1.74	0.47	1.29	0.91	0.68
	CK2	27.81	29.36	2.62	2.05	0.62	1.54	0.95	0.78
	TD	24.33	26.88	2.74	2.35	0.36	1.46	0.91	0.86
	TH	24.96	27.21	2.83	2.60	0.55	1.39	0.92	0.92
	TM	27.21	28.89	2.93	2.42	0.97	1.74	0.94	0.83
	TY	27.00	30.15	2.79	2.13	0.72	1.62	0.90	0.76

烟碱又称尼古丁，可以产生生理强度。由表可知 CK2、TD、TH 处理的烟碱含量值

较接近。中部叶烟碱含量各处理表现：TD、TH、TY 大于 CK2，TM 处理的烟碱含量较低，说明麦秆炭使中部叶烟碱含量降低。上部叶烟碱含量表现为 TM>TH>TY>TD>CK2>CK1，施加生物炭增加了上部叶烟碱的含量，其中麦秆炭、花生壳炭、烟秆炭、稻壳炭分别与常规施肥配施增加烟碱含量较 CK2 高出 0.12%、0.21%、0.31%、0.17%。所以麦秆炭、花生壳炭与常规施肥配施使上部叶烟碱含量增加量最大。

烟叶中总氮含量过大，吸食时劲头足，刺激性强，辛辣味重，吸味变差；总氮含量过小，劲头不足，吸味平淡、香气量不足。适宜的总氮含量对烤烟品质尤为重要。由表可知各处理烟叶总氮含量均在 1.4%~2.7%之间，符合优质烟叶对总氮含量的标准。中部叶 TD 处理的总氮含量最高，其次是 CK2 和 TH 处理，TM、TY 处理的总氮含量高于 CK1 低于 CK2 处理。稻壳炭、花生壳炭对中部叶的总氮含量有提高作用，烟秆炭、麦秆炭降低了中部叶中总氮的含量。TH 处理上部叶总氮含量最高，TM 处理次之，TD、TY 处理的总氮含量高于 CK2、CK1。花生壳炭、麦秆炭提高上部叶总氮含量较稻壳炭、烟秆炭幅度大。综上所述，稻壳炭、花生壳炭对中部烟叶总氮含量提高有显著促进作用，麦秆炭、花生壳炭对上部叶总氮含量提高幅度更大。

优质烟叶中的氯含量小于 1%，各处理各部位烟叶中氯离子含量均低于 1%。除 TD 处理上部叶氯离子含量最低，TM 处理上部叶氯离子含量最高外，其他处理氯离子含量中部叶最低，上部叶较高。中部叶 TM、TY 处理的氯离子含量大于 CK2 处理，TD、TH、CK1 处理氯离子含量均低于 CK2，TD 处理的氯离子含量最低，稻壳炭、花生壳炭有效降低了中部叶氯离子含量。上部叶各处理氯离子含量同比较中部叶，稻壳炭、花生壳炭有效降低了上部叶氯离子含量。

优质烟叶中钾含量大于 2%，但是各处理各部位烟叶中钾的含量均低于 2%，这可能与该地域有关。增施生物炭的处理中部叶烟叶钾含量均高于常规处理，且 TY>TD>TM>TH，上部叶中钾的含量以 TM 处理最高，其次是 TY 处理，其他处理的烟叶钾含量均低于 CK2。综上所述，四种生物炭对中部叶的钾含量均有提高作用，烟秆炭、稻壳炭对中部叶钾含量提高作用更明显，增施烟秆炭、麦秆炭处理对上部叶钾含量有提高作用。

优质烟叶的两糖比接近 1.0 最好，中部叶 TH 处理的两糖比值最低，其他处理的比值均大于 CK2 处理的，TM 两糖比最接近 1，其次是 TD 处理。上部叶两糖比值均在 0.9 以上，较中部叶两糖比值高，但各处理两糖比均低于 CK2 处理，增施生物炭降低了两糖比值。优质烟叶的氮碱比在 0.8~1.0 为合适，中部叶氮碱比值除 CK2 外均低于标准范围，TD=TM>TY>TH，与 CK2 处理的差异不大。上部叶氮碱比 TH>TD>TM 在合适范围内，TY 处理降低了氮碱比值。

第三节　生物炭与有机、无机肥混施调节土壤碳氮、提高香气质量研究

本实验研究生物炭与化肥、饼肥混施对改善土壤理化性质、提高烟叶产质量和香气

品质的效果。实验设计 4 个处理：CK—化肥；T1— 化肥+生物炭；T2—化肥+饼肥；T3—化肥+生物炭+饼肥。在烟株主要生育时期测定土壤物理和化学指标、烟草根系发育、品质形成等相关指标。

一、生物炭与有机、无机肥混施用对土壤特性的影响

（一）土壤 pH 值

随着生长期的延长，土壤 pH 值呈现逐渐下降的趋势，但移栽后 75d 时，土壤 pH 值又有所升高，移栽 90d 时，CK 处理的土壤 pH 值降低到最低点，移栽 110d 时，烟叶已采收完毕，土壤 pH 值又有所提高（图 9-23），可能是因为烟草是需要碱性土壤的植物，种植烟草会对土壤 pH 值产生影响，因此呈现总体下降的趋势，但 T3 处理的土壤 pH 值下降比较缓慢，保证了烟叶生长需要的微碱性环境，说明生物炭与无机、有机肥料混合施用可以对土壤 pH 值起到缓冲的作用。

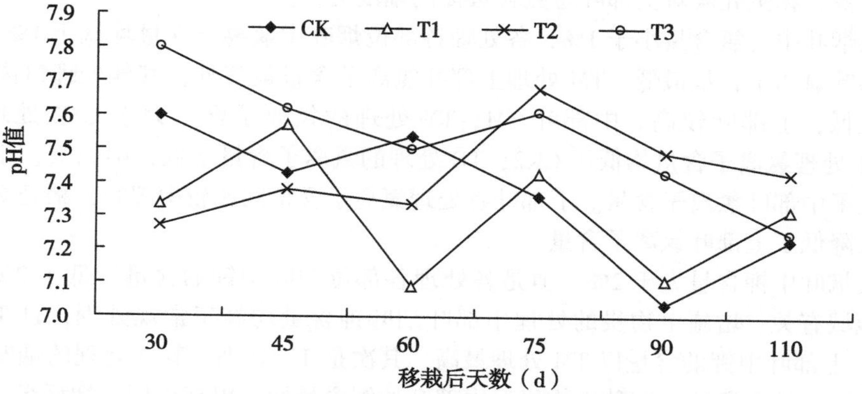

图 9-23 生物炭与有机、无机肥料混合施用对土壤 pH 值的影响

（二）土壤容重

生物炭与无机、有机肥料混合施用可以起到降低土壤容重的作用，但生物炭+饼肥+化肥的处理并没有比生物炭+化肥处理降低的更多，说明了生物炭与有机肥料混合施用并不能起到进一步降低土壤容重的作用。移栽后 30d，添加生物炭的 T1、T3 处理容重比 CK 要小，但没有达到显著差异的水平，移栽后 45d，T3 处理的容重最小，并且显著低于 CK，其他处理间没有显著差异；移栽后 60d，各处理容重有所下降，原因可能是因为长时间的干旱造成土壤过于疏松，此时 T2 处理（化肥+饼肥）容重最小，并且显著低于 CK，移栽后 75~90d，添加生物炭的 T1、T3 处理土壤容重显著低于没有添加生物炭的 CK 和 T2 处理（图 9-24），说明添加生物炭对土壤容重可以起到降低的效果，生物炭+化肥+饼肥处理的土壤容重与生物炭+化肥处理之间没有显著差异，说明生物炭与饼肥混施并没有对土壤容重降低起到增益效果。

（三）土壤有机质

在烟株整个生长时期，T1、T3 处理的土壤有机质含量要高于 CK（化肥）（图 9-

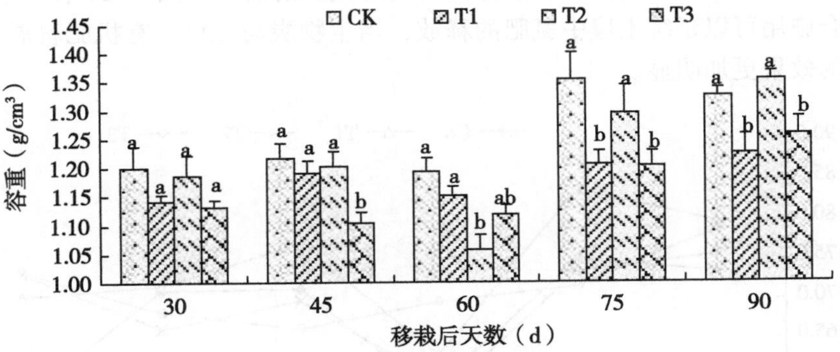

图 9-24　生物炭与有机、无机肥料混合施用对土壤容重的影响

注：同一时期不同字母表示处理间在 0.05 水平差异显著，下同

25），移栽后 45d 较移栽后 30d 相比，土壤有机质有所提高，原因可能是烟株根系脱落的分泌物提高了土壤有机质含量，随着生长期的延长，土壤有机质表现出下降的趋势，但 T1（化肥+生物炭）处理的土壤有机质下降趋势要比 T3（化肥+生物炭+饼肥）处理缓慢，原因是生物炭的碳稳定性，生物炭的半衰期一般都在几十年，甚至几百年上千年，稳定的生物炭施入土壤中，降解是非常缓慢的，而腐熟的饼肥是易于分解的，施入土壤中以后，很快就会被土壤中微生物分解利用。

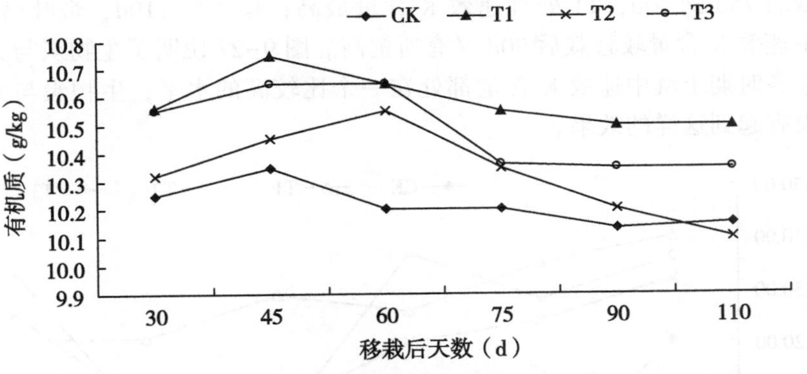

图 9-25　生物炭与有机、无机肥料混合施用对土壤有机质的影响

（四）土壤速效养分含量

从图 9-26 可知，移栽后 45d，土壤碱解氮较前期有所提高，这是因为肥料中的氮素释放到了土壤中，而此时烟株需要的氮素并不太多；移栽后 60d，烟株进入旺长期，此时需要大量氮素来合成有机物，烟株对土壤中氮素的吸收能力增强，土壤碱解氮含量快速下降，但 T3 处理除外；移栽后 75d，烟株下部叶已经开始成熟，对氮素的需求量逐渐减少，因此土壤中碱解氮含量较 60d 时有所提高；移栽后 110d，烟叶采收完毕，此时烟株对氮素几乎不再吸收，而土壤中残余的肥料又补充了土壤氮素供应，因此碱解氮含量又有所提高。从烟株整个生长时期来说，T1 处理碱解氮含量始终高于 CK 和其他处理，但移栽后 60d 除外，T3 处理碱解氮含量变化比较平缓，特别是移栽后 60d，还

能保持在较高的水平，从而保证了烟株旺长期对氮素的需求。图 9-26 表明生物炭与无机肥料混合施用可以延缓土壤中氮肥的释放，当生物炭与无机、有机肥料混合施用时，这种缓释的效果更加明显。

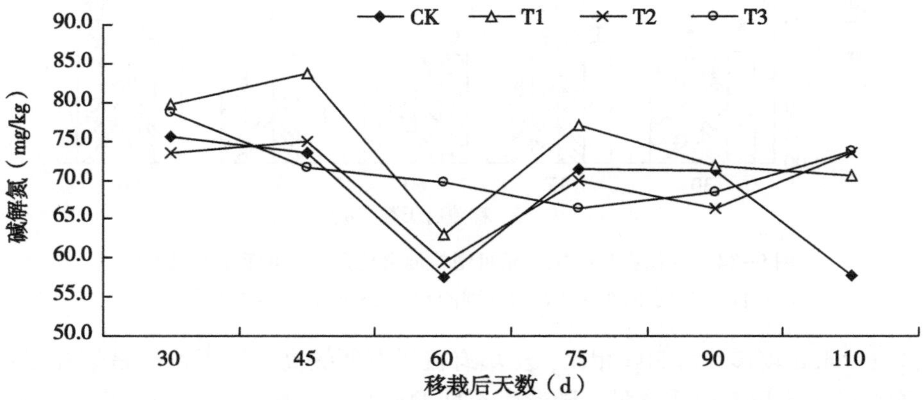

图 9-26　生物炭与有机、无机肥料混合施用对土壤碱解氮的影响

如图 9-27 结果所示，在移栽后 90d 以前，各处理速效 K 含量均高于 CK，且随着生长期的延长，呈现不断下降的趋势；移栽后 45d 以前，T1 处理速效 K 含量要高于其他处理和 CK；移栽后 60d，T3 处理速效 K 含量最高，原因可能是饼肥中 K 释放到了土壤中；移栽后 75d 到 90d，T1 处理速效 K 含量最高；移栽后 110d，烟叶已采收完毕，此时土壤中速效 K 含量较移栽后 90d 又有所提高。图 9-27 说明了生物炭与无机肥料混施可以保证各时期土壤中速效 K 含量都处在一个比较高的水平，生物炭与无机、有机肥料混施没有起到这样的效果。

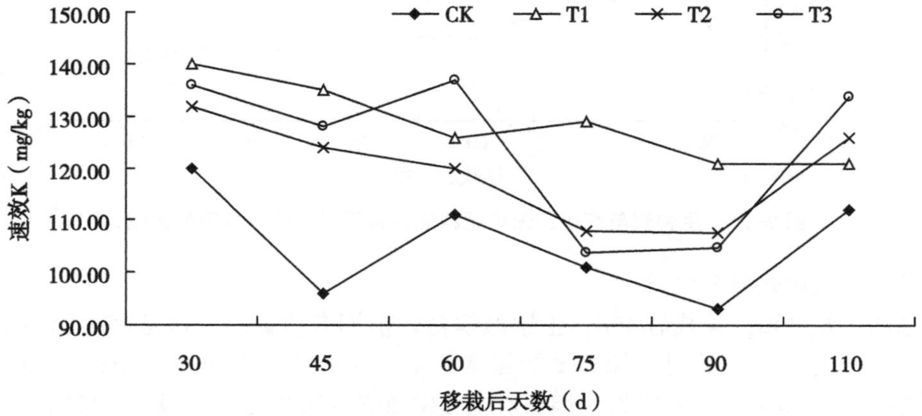

图 9-27　生物炭与有机、无机肥料混合施用对土壤速效 K 的影响

由图 9-28 可知，土壤速效 P 的变化规律与土壤速效 K 的变化规律大致一致，所不同的是，T3 处理速效 P 含量在烟株整个生长时期均高于 T1，移栽后 30d 除外，原因可能是生物炭中含有少量容易释放的 P，在前期释放到了土壤中，提高了土壤速效 P 的含

量，但生物炭中含有的 P 没有饼肥丰富，因此移栽后 30d 开始，饼肥中的 P 就缓慢的释放到了土壤中，提高了土壤速效 P 含量。图 9-28 表明了生物炭与无机、有机肥料混合施用可以保证烟叶生长各时期土壤中速效 P 处在一个比较高的水平。

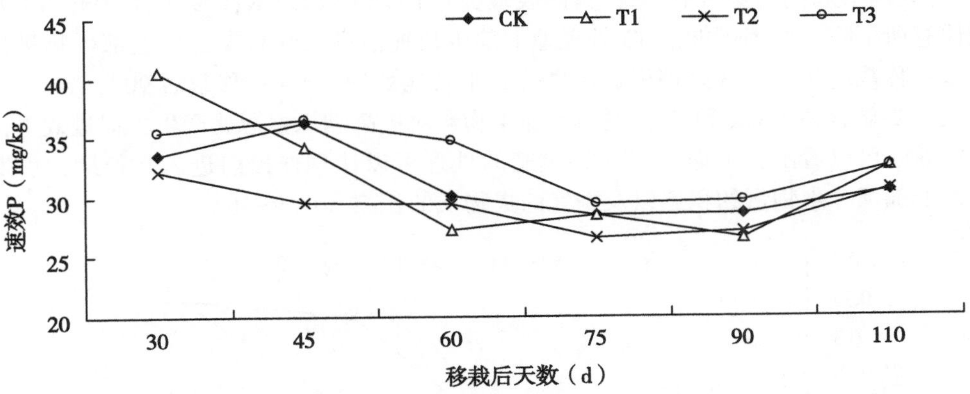

图 9-28　生物炭与有机、无机肥料混合施用对土壤速效 P 的影响

二、生物炭与有机、无机肥混施用对烟草根系发育的影响

（一）地下部生物量

移栽后 45d，各处理地下部生物量与 CK 没有显著差异，这可能是因为前期烟株比较小，根系比较小，肥料的作用还没有显现；移栽后 60d，烟叶生长进入旺长期，各处理地下部生物量均高于 CK，并且达到了显著水平，但各处理间差异没有达到显著水平；移栽后 75d，T3 处理地下部生物量显著高于 CK 和其他处理；移栽后 90d，各处理地下部生物量都显著高于 CK，具体表现为：T3>T1>T2>CK（图 9-29）。从移栽后 90d 可以看出，添加生物炭的 T1、T3 处理地下部生物量积累显著高于 CK，这说明添加生物炭对烟株地下部生物量积累起到了促进的作用，而且生物炭+化肥+饼肥处理的地下部生物量要高于生物炭+化肥处理，说明生物炭与饼肥混施对烟株地下部生物量积累起到了增益效果。

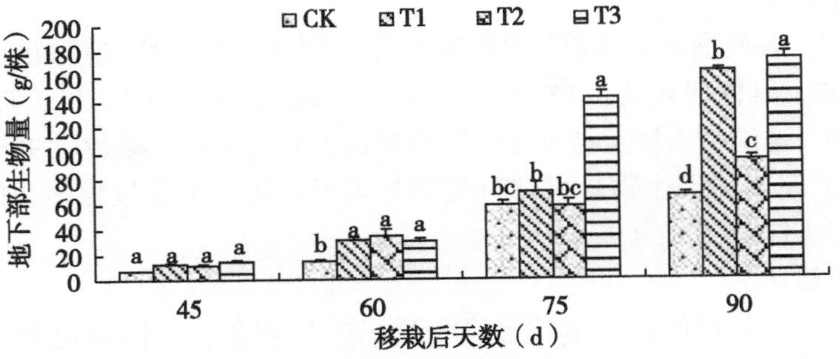

图 9-29　生物炭与有机、无机肥料混合施用对烟株地下部生物量积累的影响

（二）根冠比

生物炭与无机、有机肥料混合施用可以对烟株地上部生物量积累起到一定的促进作用，并且生物炭与有机肥混合施用可以进一步促进烟株地上部生物量的积累。移栽后45d，各处理根冠比都要高于CK，具体表现为：T3>T1>T2>CK；移栽后60d，T3处理根冠比有所下降，原因可能是T3处理地上部生长提前进入旺长期，地上部生物量积累比较多；移栽后75d，T3处理根冠比显著高于其他处理和CK；移栽后90d，T1、T3处理根冠比要显著高于CK和T2，说明添加生物炭对提高烟株根冠比产生了促进效果，从移栽后60d可以看出，生物炭+化肥+饼肥的处理可以让烟株提前进入旺长期，后期有利于地上部烟叶生物量的积累以及香气前提物质的积累（图9-30）。

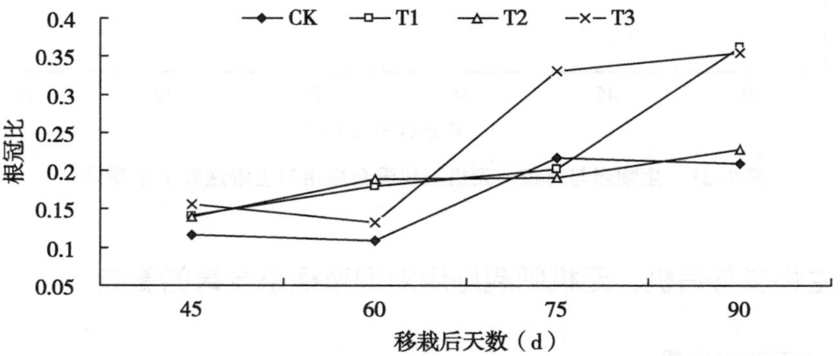

图9-30　生物炭与有机、无机肥料混合施用对烟叶根冠比的影响

（三）根系活力

在烟叶生长前期，各处理间根系活力并没有显著差异；移栽60d时，各处理根系活力达到最大值，此时各处理根系活力大小关系为：T3>T1>T2>CK；移栽后75d，各处理根系活力有所下降，但添加生物炭的T1、T3处理下降的趋势比较缓慢；移栽后90d，烟叶已进入成熟期，根系活力大幅下降，T3处理根系活力最大，其他处理之间几乎没有差异。从图9-31中可以看出，添加生物炭可以促进烟株根系活力的提高，并且生物炭+化肥+饼肥处理要比生物炭+化肥处理提高幅度要大，说明生物炭与饼肥混施可以进一步提高烟株根系活力。

（四）根系体积

移栽后45d，各处理间根体积几乎没有差异（图9-32）；移栽后60d，各处理间根体积表现出差异，具体表现为：T3>T1>T2>CK；移栽后75~90d，T1、T3处理根体积要远远高于CK，这说明添加生物炭对根体积起到了促进作用，移栽后90d时，T3处理的根体积略高于T1，说明生物炭+饼肥+化肥处理可以更好地促进根体积的增加，但增加的趋势不是太明显。

（五）根干鲜比

移栽后45d，各处理间根干鲜比已经表现出差异现象，具体表现为：T3>T1>T2>CK；移栽后60d，T3处理根干鲜比明显高于其他处理，其他处理间几乎没有差异；移栽后75d，T1、T3处理根干鲜比要高于CK和T2，但T1、T3之间几乎没有差异；移栽

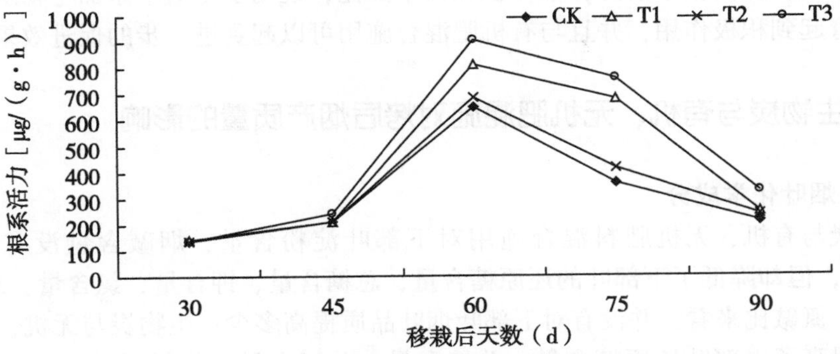

图 9-31 生物炭与有机、无机肥料混合施用对烟株根系活力的影响

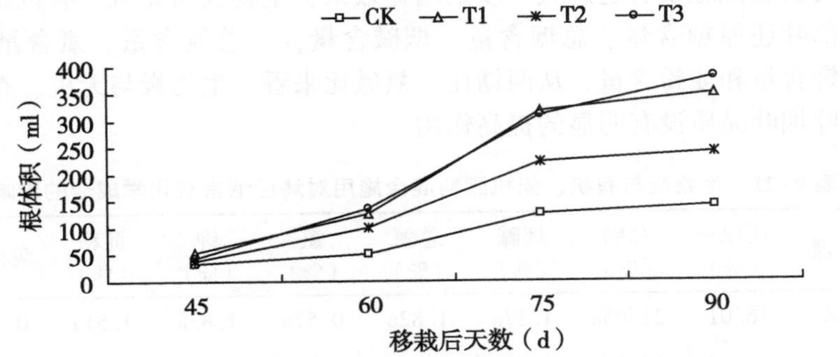

图 9-32 生物炭与有机、无机肥料混合施用对烟株根体积的影响

后 90d，各处理间跟干鲜比大小关系：T3>T1>CK>T2。从图 9-33 看出，添加生物炭对烟株根干鲜比的提高起到了促进作用，并且生物炭+化肥+饼肥的处理提高的效果要高于生物炭+化肥处理，说明生物炭与饼肥混施对提高根干鲜比起到了更好了效果。

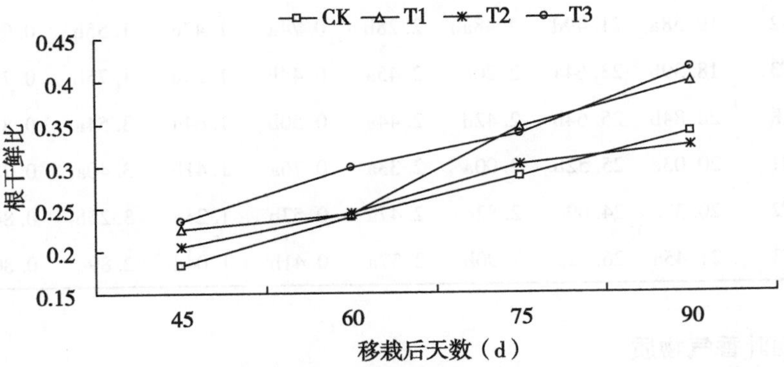

图 3-33 生物炭与有机、无机肥料混合施用对烟株根干鲜比的影响

生物炭与无机、有机肥料混合施用可以提高烟株地下部生物量的积累，并且生物炭与饼肥混合施用可以起到进一步的促进效果，生物炭与无机、有机肥料混合施用可以提高烟株根冠比，提高根系活力，根体积和根干鲜比，说明了土壤中添加生物炭的确可以对根系发育起到积极作用，并且与有机肥混合施用可以起到进一步的促进效果。

三、生物炭与有机、无机肥混施对烤后烟产质量的影响

（一）烟叶化学成分

生物炭与有机、无机肥料混合施用对下部叶淀粉含量、烟碱含量没有显著影响（表9-21），但却降低了下部叶的还原糖含量、总糖含量、钾含量、氯含量、总氮含量，从两糖比、氮碱比来看，并没有对下部叶烟叶品质提高多少；生物炭与无机、有机肥料混合施用提高了中部叶还原糖含量、总糖含量、总氮含量，降低了烟碱含量、淀粉含量、钾含量，对氯含量没有显著影响，但从两糖比、氮碱比来看，T2处理表现最好，说明生物炭与饼肥混施没有起到进一步的增益效果；生物炭与无机、有机肥料混合施用可以提高上部叶还原糖含量、总糖含量、烟碱含量，对总氮含量、氯含量没有显著影响，降低了钾含量和淀粉含量，从两糖比、氮碱比来看，生物炭与无机、有机肥料混合施用对上部叶烟叶品质没有明显的提高作用。

表9-21　生物炭与有机、无机肥料混合施用对烤后烟常规化学成分的影响

部位	处理	还原糖（%）	总糖（%）	烟碱（%）	总氮（%）	氯（%）	钾（%）	淀粉（%）	两糖比	氮碱比
下部叶	CK	16.01a	21.05a	1.17a	1.82a	0.57a	1.83a	1.51a	0.76a	1.55a
	T1	14.15c	19.05c	1.08a	1.79a	0.72a	1.61b	1.50a	0.74a	1.64a
	T2	15.89b	20.59b	1.16a	1.68b	0.63a	1.83a	1.48a	0.77a	1.44a
	T3	13.42d	18.56c	1.16a	1.48c	0.48b	1.21c	1.45a	0.72a	1.27b
中部叶	CK	17.96c	22.52c	2.55a	2.28b	0.43b	1.55b	2.14c	0.79b	0.89b
	T1	17.92c	23.4b	2.62a	2.51a	0.71a	1.74a	2.45a	0.76b	0.95b
	T2	19.58a	21.49d	2.48ab	2.28b	0.74a	1.47c	1.55b	0.91a	0.91b
	T3	18.39b	23.64a	2.20b	2.45a	0.44b	1.29d	1.75b	0.77b	1.10a
上部叶	CK	20.84b	25.64b	2.42d	2.44a	0.50b	1.64a	3.54a	0.81a	1.00a
	T1	20.03c	25.52b	3.00a	2.33a	0.76a	1.41b	3.40a	0.78a	0.77b
	T2	20.32c	24.09c	2.82c	2.47a	0.57b	1.23c	3.25b	0.84a	0.87b
	T3	21.45a	26.72a	2.90b	2.37a	0.41b	1.04d	2.89c	0.80a	0.81b

（二）烟叶香气物质

生物炭与无机肥料混合施用可以提高烤后烟叶苯丙氨酸类降解产物总量、棕色化反应产物总量、类胡萝卜素降解产物总量，但生物炭与饼肥混施没有起到进一步的促进效果，生物炭与无机肥料混合施用可以提高烤后烟叶茄酮含量，与饼肥混合施用可以进一步提高茄酮含量，生物炭与无机肥料混合施用可以提高新植二烯的含量，但生物炭与无

机有机肥料混合施用却降低了烤后烟叶新植二烯的含量，除新植二烯外，其他香气成分总量来看，添加生物炭可以提高烤后烟叶香气总量，但生物炭与饼肥混施没有起到进一步的促进效果（表 9-22 至表 9-25）。

表 9-22　生物炭与有机、无机肥料混合施用对苯丙氨酸类降解产物的影响

苯丙氨酸类降解产物	CK	T1	T2	T3
苯甲醛	0.5068	0.4366	0.323	0.3603
苯甲醇	5.7873	5.0622	6.2502	4.5435
苯乙醛	5.9928	7.0898	5.7282	5.9795
苯乙醇	2.4062	2.465	2.5872	1.6124
总量	14.6931	15.0536	14.889	12.496

表 9-23　生物炭与有机、无机肥料混合施用对棕色化反应产物的影响

棕色化反应产物	CK	T1	T2	T3
糠醛	9.8368	9.723	10.813	10.491
糠醇	0.8107	0.7611	1.1562	0.868
2-乙酰基呋喃	0.367	0.3413	0.4066	0.3801
3，4-二甲基-2，5-呋喃二酮	5.9928	7.0898	5.7282	5.9795
2-乙酰基吡咯	0.2073	0.1425	0.3286	0.1579
总量	17.3806	18.0577	18.433	17.877

表 9-24　生物炭与有机、无机肥料混合施用对类胡萝卜素降解产物的影响

类胡萝卜素降解产物	CK	T1	T2	T3
6-甲基-5-庚烯-2-酮	0.8946	0.408	0.9251	0.837
6-甲基-5-庚烯-2-醇	0.2374	0.268	0.229	0.241
芳樟醇	0.7454	0.6293	0.6971	0.6758
β-大马酮	11.2309	11.7494	12.782	11.123
香叶基丙酮	2.5414	3.1543	3.2441	3.1228
二氢猕猴桃内酯	0	1.2202	1.5474	1.3031
巨豆三烯酮 1	1.8398	1.7028	1.8486	1.7469
巨豆三烯酮 2	5.3252	5.5778	5.007	5.6324
巨豆三烯酮 3	2.0264	2.0384	2.2576	2.9558
3-羟基-β-二氢大马酮	1.3683	1.399	1.2799	1.2679
巨豆三烯酮 4	7.9512	7.9972	7.8729	8.3413

（续表）

类胡萝卜素降解产物	CK	T1	T2	T3
螺岩兰草酮	0.5026	0.5621	0.5674	0.5015
法尼基丙酮	10.6068	12.7222	9.9739	10.924
总量	45.27	49.4287	48.232	48.672

表 9-25　生物炭与有机、无机肥料混合施用对类西柏烷类降解产物的影响

产物		CK	T1	T2	T3
类西柏烷类降解产物	茄酮	18.9828	19.347	22.921	23.8
叶绿素降解产物	新植二烯	762.415	967.74	790.43	703.33
除新植二烯外其他香气总量		112.351	117.14	121.47	118.06

生物炭与无机肥料混合施用可以提高下部叶石油醚提取物的含量，但与饼肥混施没有起到进一步的促进效果；生物炭与无机、有机肥料混合施用可以提高中部叶和上部叶石油醚提取物含量，说明生物炭与饼肥化肥混合施用可以提高烟叶石油醚提取物含量（图 9-34）。

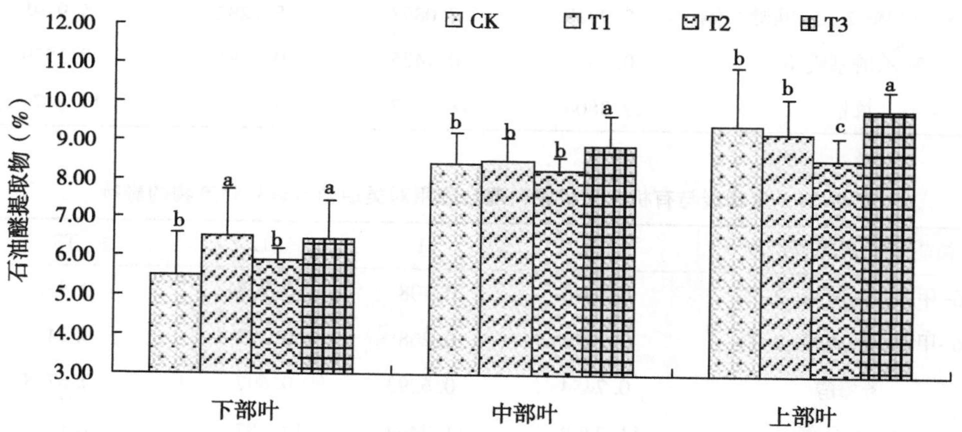

图 9-34　生物炭与有机、无机肥料混合施用对烤后烟叶石油醚提取物的影响

（三）烟叶经济性状

生物炭与无机、有机肥料混合施用可以提高烟叶产量和产值（表9-26），提高上等烟和中上等烟的比例，说明生物炭与无机、有机肥料混合施用对提高烟叶经济性状有一定的促进效果。各处理产量产值均高于 CK，产量具体表现为：T3>T2>T1≥CK，产值表现为：T3>T1≥T2>CK，上等烟比例和中上等烟比例最高的是 T3 和 T1，这说明生物炭与无机、有机肥料混合施用可以提高烟叶产量和产值，以及烟叶质量，并且要高于化肥+生物炭处理和化肥+饼肥处理。

表 9-26　生物炭与有机、无机肥料混合施用对烟叶经济性状的影响

处理	产量（kg/hm²）	产值（元/hm²）	均价（元/kg）	上等烟比例（%）	中上等烟比例（%）
CK	3 534. 5c	66 237. 0c	18. 74	15. 25	65. 67
T1	3 590. 4c	71 413. 8b	19. 89	23. 19	75. 65
T2	3 715. 3b	70 777. 5b	19. 05	21. 28	71. 87
T3	4 046. 8a	80 411. 3a	19. 87	23. 88	75. 65

四、小结

生物炭与无机肥料混合施用可以提高烤后烟叶苯丙氨酸类降解产物总量、棕色化反应产物总量、类胡萝卜素降解产物总量，但生物炭与饼肥混施没有起到进一步的促进效果，生物炭与无机肥料混合施用可以提高烤后烟叶茄酮含量，与饼肥混合施用可以进一步提高茄酮含量，生物炭与无机肥料混合施用可以提高新植二烯的含量，但生物炭与无机、有机肥料混合施用却降低了烤后烟叶新植二烯的含量，除新植二烯外，其他香气成分总量来看，添加生物炭可以提高烤后烟叶香气总量，但生物炭与饼肥混施没有起到进一步的促进效果。生物炭与无机肥料混合施用可以提高下部叶石油醚提取物的含量，但与饼肥混施没有起到进一步的促进效果；生物炭与无机、有机肥料混合施用可以提高中部叶和上部叶石油醚提取物含量，说明生物炭与饼肥化肥混合施用可以提高烟叶石油醚提取物含量。

生物炭对作物的肥效作用往往是间接的，因为其矿质养分低，所以直接作用有限。在大部分土壤上，生物炭对作物生长的促进作用通常是通过改变土壤环境及微生物群落及保持土壤养分不流失实现的。生物炭和肥料混施或复合施用的显著肥效与生物炭和肥料的互补或协同作用有关，因为生物炭延长肥料养分的释放期，降低养分损失，反之肥料消除了生物炭养分不足的缺陷。生物炭与无机、有机肥料混合施用可以提高烟叶产量和产值，提高上等烟和中上等烟的比例，说明生物炭与无机、有机肥料混合施用对提高烟叶经济性状有一定的促进效果。

第四节　生物炭保肥效果研究

壤土和砂壤土都是我国常见植烟土壤。壤土通气透水、保水保温性能都较好，是较理想的农业土壤。砂壤土保水保肥能力较差，养分含量少，土温变化较快，但通气透水性较好，并易于耕种。目前生物质炭施用于土壤的研究并不少见，但多数为室内模拟土柱淋溶试验或大田统一土层试验，缺乏作物与分土层淋溶试验统一起来的研究。本试验

将烟草种植与三个土层淋溶试验统一起来，研究植烟条件下在壤土和砂壤土两种土质中添加不同温度炭化的生物炭时铵态氮和硝态氮在各土层的垂直分布及动态变化，并比较烟株长势，计算氮素利用率及氮素表观损失量，旨在为减少植烟土壤氮素损失与烟草种植合理施用生物炭提供科学依据。

试验于 2016 年在河南农业大学许昌校区烟草科教园区玻璃温室蒸渗仪内进行，蒸渗仪内径 40cm，高 80cm，自上而下每隔 10cm 沿桶壁四周设 4 个取样孔。从蒸渗仪桶底向上依次装填 20cm 厚细沙、30cm 厚供试土壤（晾干，过 20#筛）和 20cm 厚的肥料—生物炭—供试土壤混合物。试验共设 8 个处理，每处理 9 株烟，3 株一个重复（表 9-27）。5 月 8 日将烟苗移栽进蒸渗仪桶内，每桶栽 1 株烟。每 3d 浇 1 800ml 水（旺长期浇水量为 3 倍）。

供试氮肥为分析纯 NH_4NO_3，磷肥和钾肥分别为 KH_2PO_3 和 K_2SO_4。每桶纯氮 3g，$N:P_2O_5:K_2O=1:1.5:3$。生物质炭添加量为 0.5%（w/w），生物质炭、化肥与土壤混匀后装填入蒸渗仪上层 0~20cm。

表 9-27　试验处理

编号	处理
RCK1	壤土，不施肥
RCK2	壤土，施化肥
RT1	壤土，施化肥，施 360℃生物质炭
RT2	壤土，施化肥，施 500℃生物质炭
SCK1	砂壤土，不施肥
SCK2	砂壤土，施化肥
ST1	砂壤土，施化肥，施 360℃生物质炭
ST2	砂壤土，施化肥，施 500℃生物质炭

分别于烟苗移栽进入桶内后的第 3、6、9、13、16、19、27、48、90d 取 0~10cm、10~20cm、20~30cm 层土样，测定土壤铵态氮及硝态氮含量。在移栽后 90~120d，按叶位收获全部烟草叶片及根茎，分析其重量及总氮含量。烟株拔除后，取蒸渗仪各层土壤测总氮含量。

供试土壤采自河南省许昌县（34°8′24″N、113°48′16″E）和河南省登封市烟田（34°22′27″N、112°57′0″E）耕作层（0~20cm 土层），分别为长期种植烟草的代表性壤土（R）、砂壤土（S）。供试壤土的基本理化性质：pH 值为 7.78，有机质 0.47%，全氮 0.11%，碳氮比 10.91，碱解氮 78.15mg/kg，速效磷 13.56mg/kg，速效钾 220.51mg/kg。供试砂壤土的基本理化性质：pH 值 6.52，有机质 0.35%，全氮 0.09%，碳氮比 8.25，碱解氮 56.72mg/kg，速效磷 6.38mg/kg，速效钾 181.34mg/kg。

供试生物炭：以花生壳为原材料，分别在 360℃、500℃左右限氧烧制而成。360℃炭化的花生壳炭基本性质为全碳 35.82%，全氮 1.29%，全硫 0.18%，碳氮比 27.75。500℃炭化的花生壳炭基本性质为全碳 36.85%，全氮 1.23%，全硫 0.11%，碳氮比

30.03。供试烟草为烤烟品种 K326。

一、不同炭化温度生物质炭对植烟土壤 NH4⁺-N 含量的影响

在烟草整个生育期内，低温炭处理显著提高了砂壤土 0~30cm 土层 NH_4^+-N 含量，为 17.34mg/kg，比对照高 22.32%；而高温炭处理显著减少了砂壤土 0~30cm 土层 NH_4^+-N 含量，为 12.65mg/kg，比对照低 10.79%（图 9-35）。其中，低温炭处理显著提高了 0~10cm 土层 NH_4^+-N 含量，较对照增加了 31.82%，而对 10~20cm、20~30cm 土层没有显著影响，说明可能是低温炭减少了 NH_4^+-N 的淋溶，也可能是其减少了 NH_3 的挥发；高温炭处理显著减少了 0~10cm、10~20cm 土层 NH_4^+-N 含量，较对照分别减少了 8.25%和 30.21%，而 20~30cm 土层 NH_4^+-N 含量有所增加，说明可能高温炭的施入促进了 NH_3挥发或硝化，也可能 NH_4^+-N 随高温炭的细小颗粒迁移到土壤更下层。

在烟草整个生育期内，壤土 NH_4^+-N 含量明显低于砂壤土（图 9-36），这可能受土质影响。两种生物炭处理下壤土 0~30cm 土层 NH_4^+-N 含量（生育期内平均值）与对照相比均无显著差异，但从 0~10cm（上层）、10~20cm（中层）、20~30cm（下层）土层分布上来看，生物炭处理上层 NH_4^+-N 含量明显低于对照而中、下层 NH_4^+-N 含量明显高于对照。其中上层土壤中，低温炭、高温炭处理 NH_4^+-N 含量分别为 4.87 mg/kg 和 4.14 mg/kg，较对照分别减少了 12.17%、25.34%；中层土壤中，其值分别为 3.25 mg/kg 和 3.60 mg/kg，较对照分别增加了 2.48%、13.38%；下层土壤中，其值分别为 3.17 mg/kg 和 3.33 mg/kg，较对照分别增加了 32.14%、38.84%。这说明可能是添加生物炭尤其是高温炭促进了壤土 NH_4^+-N 的淋溶，也可能是其增加了 NH_3的挥发或硝化，还有可能是生物质炭的施入促进了微生物对 NH_4^+-N 的吸附利用等。

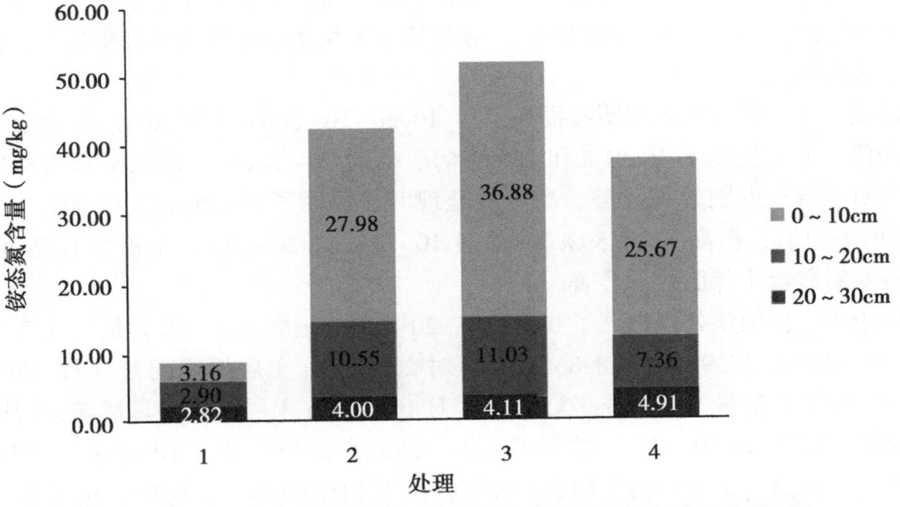

图 9-35 不同生物质炭对 0~30cm 土层砂壤土铵态氮含量变化的影响

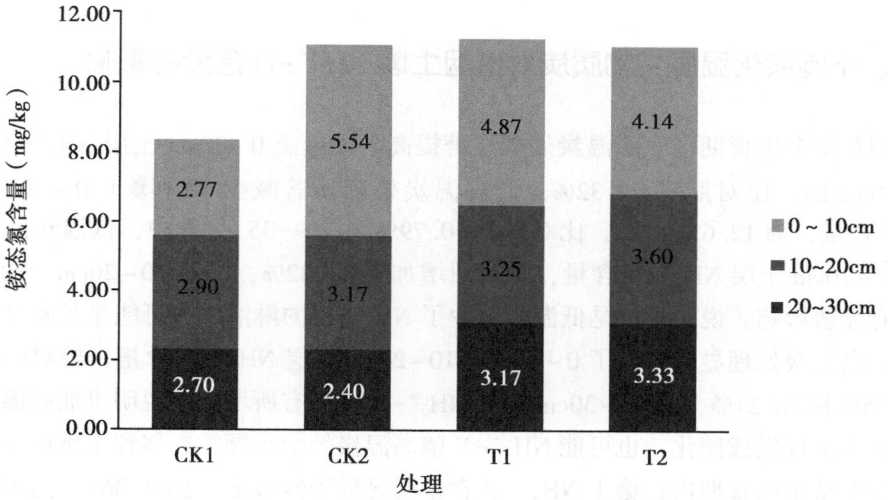

图 9-36　不同生物质炭对 0~30cm 土层壤土铵态氮含量变化的影响

二、不同炭化温度生物质炭对植烟土壤 NO_3^--N 含量的影响

在烟草整个生育期内，生物质炭处理提高了 0~30cm 土层 NO_3^--N 含量（图 9-37、图 9-38）。在砂壤土中，低温炭和高温炭处理 NO_3^--N 含量（生育期内平均值）分别为 66. 35mg/kg 和 53. 91mg/kg，较对照分别增加了 29. 18%和 4. 97%，均达到了显著水平；在壤土中，低温炭和高温炭处理 NO_3^--N 含量（生育期内平均值）分别为 114. 58mg/kg 和 109. 59mg/kg，较对照分别增加了 16. 09%和 11. 03%，均达到了显著水平。这说明生物质炭可以增强 0~30cm 土层保肥能力，在砂壤土和壤土中保肥效果都很显著；低温炭效果好于高温炭。

在砂壤土中，低温炭处理明显提高了 0~10cm、10~20cm 土层 NO_3^--N 含量（生育期内平均值，分别提高了 46. 01%和 18. 99%），而对 20~30cm 土层没有显著影响，说明低温炭对砂壤土保肥效果显著。高温炭处理明显提高了 0~10cm 土层 NO_3^--N 含量（生育期内平均值，提高了 14. 89%），而对 10~20cm、20~30cm 土层没有显著影响，说明高温炭对砂壤土保肥效果显著。

在壤土中，低温炭处理提高了 0~10cm、20~30cm 土层 NO_3^--N 含量（生育期内平均值，分别提高了 33. 91%和 18. 85%），但对 20~30cm 土层提高的量（11. 45mg/kg）没有 0~10cm 提高的量（40. 31mg/kg）多，对 10~20cm 土层没有显著影响，说明低温炭显著增强了壤土 0~10cm 土层的保肥能力。高温炭处理提高了 10~20cm、20~30cm 土层 NO_3^--N 含量（生育期内平均值，分别提高了 12. 23%和 41. 04%），但对 20~30cm 土层提高的量（24. 93mg/kg）比 10~20cm 提高的量（14. 25mg/kg）多，对 0~10cm 土层没有显著影响，说明低温炭主要对 10~20cm 土层的 NO_3^--N 有明显的持留效果，但与低温炭对比有更多的硝态氮淋溶到下层土壤。

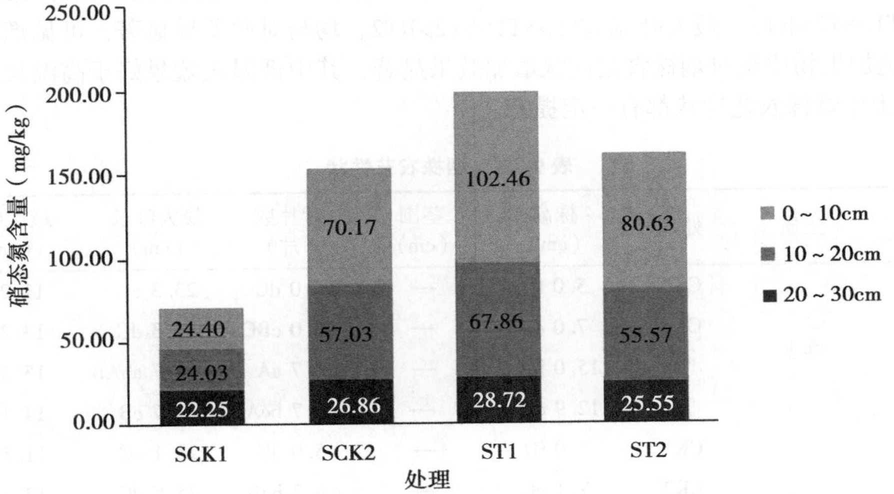

图 9-37 不同生物质炭对 0～30cm 土层砂壤土硝态氮含量变化的影响

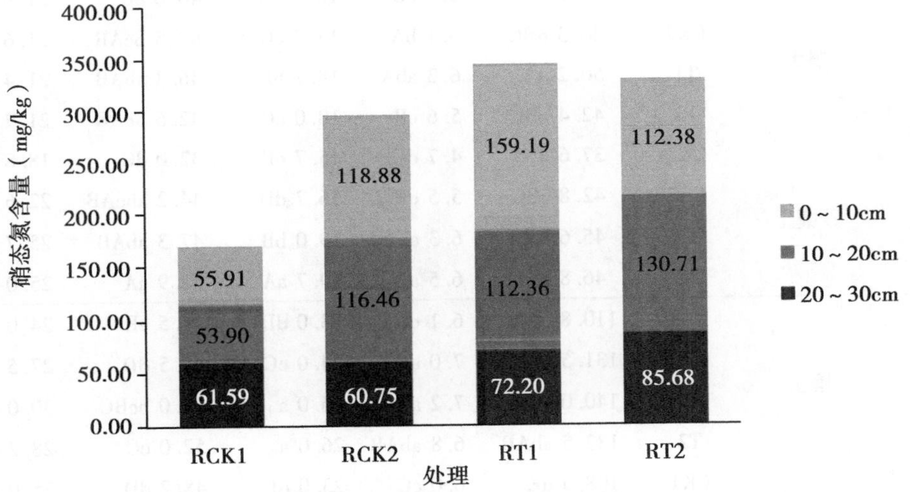

图 9-38 不同生物质炭对 0～30cm 土层壤土硝态氮含量变化的影响

三、不同炭化温度生物质炭对烟株生长发育的影响

烟株移栽后 30d、60d、90d 时分别测量烟株的农艺性状，包括株高、茎围（移栽后 30d 时烟株未拔节，未测茎围）、叶面积、最大叶长、最大叶宽；每处理分别做三次重复；数据做方差分析。

由表 9-28 可知，烟株随移栽天数增加，株高、茎围、叶片数、最大叶长、叶宽随之增加；30d 时烟株株高 ST1>RT1>ST2>RT2，叶片数 RT1 = ST1>ST2>RT2，最大叶长 ST1>RT1>ST2>RT2，最大叶宽 RT1>ST1>ST2>RT2，均与对照差异显著，可见烟株移栽 30d 时施加生物质炭对烟株农艺性状增加效果显著，其中低温炭效果好于高温炭，壤土和砂壤土中烟株农艺性状都有一定提升。

表 9-28　烟株农艺性状

移栽天数	土质	处理	株高（cm）	茎围（cm）	叶片数（片）	最大叶长（cm）	最大叶宽（cm）
30d	壤土	CK1	5.0 fD	—	5.0 dC	23.3 eC	11.2 cD
		CK2	7.0 eC	—	6.0 cBC	25.3 dC	13.2 bC
		T1	15.0 bA	—	7.7 aA	32.7 abAB	15.5 aA
		T2	12.9 dB	—	6.7 bcAB	30.7 cB	14.1 bBC
	砂壤土	CK1	5.0 fD	—	5.0 dC	23.1 eC	11.5 cD
		CK2	7.1 eC	—	6.3 bcB	25.5 dC	13.4 bC
		T1	15.8 aA	—	7.7 aA	33.7 aA	15.2 aA
		T2	13.8 cB	—	7.0 abAB	31.0 bcAB	14.8 aAB
60d	壤土	CK1	37.8 dC	5.4 cB	16.7 dD	40.6 cB	21.9 bB
		CK2	40.3 dBC	6.1 bA	17.7 cC	42.5 bcAB	21.6 bB
		T1	50.2 aA	6.3 abA	18.7 bB	46.3 abAB	21.4 bB
		T2	42.4 cBC	5.6 cB	18.0 cC	42.6 bcAB	21.7 bB
	砂壤土	CK1	37.6 dC	4.7 dC	15.7 eE	32.0 dC	18.8 cC
		CK2	42.8 cBC	5.5 cB	16.7 dD	44.2 abcAB	22.6 bB
		T1	45.6 bAB	6.3 abA	19.0 bB	47.3 abAB	25.7 aA
		T2	46.8 bAB	6.5 aA	19.7 aA	48.9 aA	25.0 aA
90d	壤土	CK1	110.8 dDE	6.1 cC	23.0 dD	44.5 eE	24.0 eD
		CK2	131.5 abAB	7.0 aA	24.0 cC	49.5 dD	27.5 dC
		T1	140.0 aA	7.2 aA	26.0 a	53.0 bcBC	30.0 bB
		T2	132.5 abAB	6.8 abAB	26.0 a	52.0 cC	28.2 cdBC
	砂壤土	CK1	108.5 dE	6.0 cC	23.0 dD	48.2 dD	25.0 eD
		CK2	120.5 cCD	6.4 bcBC	24.3 bcBC	54.2 bBC	29.0 bcBC
		T1	131.5 abAB	7.1 aA	26.0 a	58.0 aA	32.1 aA
		T2	125.0 bcBC	7.0 aA	25.0 bB	54.2 bBC	28.0 cdBC

注：CK1：不施肥；CK2：单施化肥；T1：化肥+360℃生物炭；T2：化肥+500℃生物炭。下同

60d 时烟株株高 RT1>ST2>ST1>RT2，茎围 ST2>RT1 = ST1>RCK2，其中 ST2 与 RT1、ST1 差异不显著；叶片数 ST2>ST1>RT1>RT2，最大叶长 ST2>ST1>RT1>SCK2，最大叶宽 ST1>ST2>SCK2>RT1 = RT2，其中 ST1 与其余三个处理差异显著，但三个处理间差异不显著。可见 60d 时在壤土中施加低温炭对烟株株高提升明显，对茎围也有提升但处理

间差异不显著，对叶片数和最大叶长、最大叶宽的提升在砂壤土中效果较好，低温炭和高温炭处理差异不显著。

90d 时烟株株高 RT1 > RT2 > ST1 > RCK2 = ST2，茎围处理间差异不显著；叶片数 RT1 = RT2 = ST1>ST2，最大叶长 ST1>ST2 = SCK2 = RT1，最大叶宽 ST1>RT1>ST2 = RT2。可见 90d 时低温炭对壤土中烟株株高、叶片数提升明显，而对砂壤土中最大叶长及叶宽提升明显。次结果与 60d 时结果一致。

以上分析可以得出，施加生物质炭对烟株农艺性状增加效果显著。30d 时壤土和砂壤土中烟株农艺性状都有一定提升，低温炭效果好于高温炭；60d 和 90d 时壤土中施加低温炭对烟株株高提升明显，对叶片数和最大叶长、最大叶宽的提升在砂壤土中效果较好。总的来看，施加生物质炭能促进烟株生长发育，其中低温炭效果好于高温炭。

四、不同炭化温度生物质炭对土壤—烟株体系氮素表观损失量的影响

由表 9-29 可知，各处理（RT1、RT2、ST1、ST2）土壤—烟株体系氮素表观损失量分别较各自常规施肥对照（RCK2、SCK2）减少了 99.59%、29.82%、81.26%、70.67%。由此可知，施加生物质炭能减少土壤—烟株体系的氮素表观损失量，低温炭效果优于高温炭。一方面可能是生物炭增强了土壤保肥能力，另一方面可能是生物炭促进了烟株生长。

表 9-29 土壤—烟株体系氮素表观损失量

土壤类型	不施化肥和生物炭	单施化肥	化肥+360℃生物炭	化肥+500℃生物炭
壤土	3.01c	9.69a	0.04d	6.80b
砂壤土	4.04b	4.91a	0.92d	1.44c

五、小结

施加生物质炭能提高植烟土壤硝态氮含量，低温炭比高温炭效果更显著。施加低温炭能显著提高砂壤土铵态氮含量，施加高温炭显著降低其铵态氮含量，壤土中施加生物质炭铵态氮含量变化不显著。生物质炭与土质互作对土壤铵态氮及硝态氮含量的影响均达到显著水平。施加生物质炭显著促进烟株生长发育，低温炭效果更显著。施加生物质炭显著降低土壤-烟株体系氮素表观损失量。

第十章　洛阳烟区烤烟营养调控技术

第一节　洛阳烟区烟叶基肥施用技术

一、基肥用量

（一）氮肥

为研究氮肥用量对洛阳烟区烟叶产量和质量的影响，在洛阳烟区设置了肥料试验，主要研究了在磷肥亩用量 3kg P_2O_5 和 6kg K_2O 的基础上进行了氮肥施用量对洛阳烟区烟叶产量和质量的影响，施肥方法，全部肥料作为基肥于栽前开沟条施。

由表 10-1 可以看出，随着施氮量的增加烟叶产量呈同步增加，表现出明显正相关关系。且亩施氮量在 0~3kg 随着施氮量的增加，上等烟比例逐渐增加，呈明显正相关关系，在 3~6kg 施氮量，随着施氮量的增加，上等烟比例逐渐降低。对于上中等烟所占比例与施氮量的关系来说，施氮量在 0~3kg，随着施氮量的增加，上中等烟比例逐渐增加，呈明显正相关，在 3~6kg 的施氮量，随着施氮量增加，上中等烟比例逐渐降低。由此可以看出，亩施氮量在 3kg 可以获得较高的烟叶产量和质量。

表 10-1　氮肥用量对洛阳烟区烟叶产量和质量的影响

氮肥施用量（kg/亩）	产量（kg/亩）	上等烟比例（%）	上中等烟比例（%）
0	118. 3±9. 5 e	6. 7±4. 7 b	74. 2±11. 5 ab
1. 5	134. 1±9. 8d	23. 5±19. 1 ab	81. 4±3. 4 ab
3. 0	147. 8±13. 8 c	31. 5±6. 4 a	90. 4±0. 8 a
4. 5	161. 9±12. 1 b	28. 0±4. 2 ab	78. 5±12. 0 ab
6. 0	174. 4±7. 6 a	15. 5±10. 6 ab	61. 0±4. 2 b

注：同列数据字母不同表示差异显著

由表 10-2 可以看出，不同施氮量对烟叶的化学性状及其相互之间的比例有明显的影响。随着施氮量的增加，糖含量（总糖、还原糖）逐渐降低，氮及含氮化合物（总氮、蛋白质、烟碱、烟碱氮）逐渐升高，施木克值和糖碱比逐渐下降。综合以上分析可以看出，在洛阳烟区，中等肥力烟田以亩施纯氮 3kg 的烟叶质量和产量较好。

表 10-2 氮肥用量对洛阳烟区烟叶质量化学性状的影响

氮肥施用量（kg/亩）	总糖（%）	还原糖（%）	总氮（%）	烟碱（%）
0	21.7	19.22	1.19	1.68
1.5	19.19	16.54	1.27	1.87
3.0	17.47	15.15	1.33	2.14
4.5	15.94	13.05	1.40	2.58
6.0	17.71	15.22	1.49	2.67
氮肥施用量（kg/亩）	烟碱氮（%）	蛋白质（%）	施木克值	还原糖/烟碱
0	0.29	5.63	3.92	10.3
1.5	0.32	5.92	3.33	8.8
3.0	0.37	6.00	3.00	7.1
4.5	0.45	5.94	2.69	5.6
6.0	0.46	0.40	2.45	5.7

（二）磷肥

为研究磷肥用量对洛阳烟区烟叶产量和质量的影响，在洛阳烟区设置了肥料试验，主要研究了在氮肥用量 4kg P_2O_5 和 12kg K_2O 的基础上进行了磷肥施用量对洛阳烟区烟叶产量和质量的影响，施肥方法为全部肥料作为基肥于栽前开沟条施。

由表 10-3 可以看出，在氮肥用量 4kg P_2O_5 和 12kg K_2O 的基础上，随着施磷量由 0kg 增加至 8kg，烟叶的产量逐渐增加，上等烟的比例也逐渐增加，且中等烟的比例没有明显变化。施磷量由 8kg 增加至 12kg，不管是烟叶产量、上等烟比例或者是中等烟比例均明显下降。从产量和中等烟比例来看，亩施 4kg 磷和 8kg 磷之间并无显著差异。由此可以看出，在洛阳烟区，中等肥力烟田以亩施 $P_2O_5$4kg 的烟叶质量和产量较好。

表 10-3 磷肥用量对洛阳烟区烟叶产量和质量的影响

磷肥用量（kg/亩）	产量（kg/亩）	上等烟比例（%）	中等烟比例（%）
0	190.1	11.2	74.8
4	199.4	14.0	74.3
8	202.7	15.6	73.3
12	191.1	15.0	69.9

（三）氮磷比例

针对氮磷化肥施用不协调影响烟叶质量和肥料、资源浪费情况，在钾肥施用量固定为 6kg K_2O/亩的基础上，设置氮、磷肥用量配比试验。氮肥设置亩施 2kg 纯氮和 3kg 纯氮两个水平，磷肥设置亩施 P_2O_5 2kg、4kg、6kg 三个水平。小区面积 0.042 亩，三次重复，随机排列，4 月 18 日肥料按照小区施用量，结合整地起垄，将肥料混合后，全部施入。密度 1 333株/亩，中耕除草与病虫害防治按照常规管理措施。

根据对烟草生长期株高、叶片数、最大叶面积的调查结果，不同氮磷配比对烟草的生长有显著差别，尤其在烟草团棵期以后，各处理之间差别十分突出。氮肥用量相同时，随磷肥用量的增加烟草长势增强，株高增加，叶片数增多，叶面积变大（表 10-4）。磷肥施用量相同时，随着施氮量的增加株高、叶片数、叶面积均显著增加。进入收获期后除不施用磷肥处理外，各处理之间株高、叶片数等生长指标之间无显著差异。收获期前以 N3P4 处理生长情况最好。

表 10-4　氮磷化肥用量对烟草植株生长状况的影响

日期	6 月 24 日			7 月 24 日			9 月 10 日	
项目	株高（cm）	叶片数（片）	最大叶面积（cm^2）	株高（cm）	叶片数（个）	最大叶面积（cm^2）	茎粗（cm）	节间距（cm）
N2P0	17.7	15.5	485.0	91.4	25.2	666.8	2.31	3.88
N2P2	24.8	18.0	577.7	106.9	29.2	709.8	2.49	3.91
N2P4	29.1	18.1	569.1	113.9	31.1	729.4	2.37	3.96
N2P6	31.0	20.7	620.5	108.9	30.1	727.9	2.27	3.82
N3P2	30.6	20.8	735.2	112.4	29.4	785.8	2.56	4.07
N3P4	32.8	19.1	778.8	107.3	27.2	827.5	2.39	4.20
N3P6	32.7	19.2	763.9	115.3	31.6	796.9	2.60	4.06

烤烟产量以不施磷肥最低，仅为 108.1kg/亩，增加磷肥用量，增大 N/P，烤烟单产可以提高 12.18～41.51kg，增产 11.3%～38.4%（表 10-5）。在施磷量相同的情况下，增加施氮量，可显著增加烤烟单产 13.9%～20.0%。从增产效应来看，随着施磷量的增加，产量随之增加，增加至一定程度后，继续增加磷肥用量无明显增产作用。比如，在 N2 水平，亩施磷量 4kg，6kg 与 2kg 的增产效应之间并无显著差异，又如，N3 水平下，施磷量 4kg、6kg 与 2kg 的增产效应之间也无显著差异。结果表明，烤烟产量同时受到氮磷用量的制约，在低氮肥用量条件下，氮与 P_2O_5 的比例以 1：1为宜，在高氮肥用量条件下，以 1：1.3为宜，这与 1.1 和 1.2 的研究结果基本一致。

表 10-5　氮磷用量对烤烟产量的影响

处理	N/P	产量（kg/亩）	增产效应		显著性检验（0.05）
			增量（kg/亩）	增幅（%）	
N2P0	2：0	108.13	-	-	d
N2P2	1：1	120.30	12.18	11.3	c
N2P4	1：2	130.95	22.83	21.1	bc
N2P6	1：3	134.00	25.88	23.9	bc
N3P2	1：0.6	141.97	33.85	31.3	ab
N3P4	1：1.3	149.63	41.51	38.4	a
N3P6	1：2	148.97	40.85	37.8	a

从烟叶的主要化学成分来看，在低氮肥用量条件下，氮磷用量比例在 1∶3 时总糖、总氮、烟碱总氮、烟碱含量最高（表 10-6），而还原性糖、糖碱比和蛋白质则在氮磷比为 1∶1 时最高；在高氮肥用量条件下，总糖、还原糖、烟碱总氮在氮磷比为 1∶2 时最高，总氮、蛋白质、烟碱含量在 1∶0.6 时最高。但从烟叶的外观和质量综合分析来看，N/P 在 1∶1.3 时烟叶质量最好，吸味醇和，劲头适中，香气充足。在一定的施氮水平下，适当增加磷肥用量，增加氮磷比可以提高烟叶品质。

表 10-6　氮磷用量对洛阳烟区烟叶质量化学性状的影响

处理	N/P	总糖（%）	还原糖（%）	总氮（%）	蛋白质（%）
N2P2	1∶1	18.89	17.30	1.44	7.66
N2P4	1∶2	17.30	15.34	1.56	8.56
N2P6	1∶3	19.28	16.68	1.62	8.63
N3P2	1∶0.6	17.94	15.80	1.44	7.50
N3P4	1∶1.3	17.94	14.92	1.46	9.00
N3P6	1∶2	18.50	16.20	1.26	8.03
处理	N/P	烟碱总氮（%）	总糖/烟碱	烟碱（%）	施木克值
N2P2	1∶1	0.87	15.91	1.25	2.60
N2P4	1∶2	0.68	16.73	1.06	2.07
N2P6	1∶3	0.90	13.21	1.46	2.23
N3P2	1∶0.6	1.01	12.29	1.46	2.39
N3P4	1∶1.3	0.86	14.35	1.25	1.99
N3P6	1∶2	1.06	13.81	1.34	2.30

（四）饼肥配施

饼肥也是促进烟草生长发育的最优肥料之一，通过设置不同饼肥/化肥用量试验，研究了饼肥与化肥配施对洛阳烟区烟叶产量和质量，尤其是香气的影响，为合理使用饼肥提供支持。试验布置在洛宁县下峪乡杨楼村，前茬大豆，红黏土质，肥力中等，饼肥使用菜籽饼，先发酵至半腐熟，然后施入，肥料作为底肥，于起垄时条施于垄底。试验设置如下：

N1B1 亩施纯氮 2kg，复合肥 20kg。

N1B2 亩施纯氮 2kg，复合肥 2/3，饼肥 1/3（亩施复合肥 16.7kg、饼肥 15kg）

N1B3 亩施纯氮 2kg，复合肥 1/2，饼肥 1/2（亩施复合肥 10kg、饼肥 22.5kg）

N1B4 亩施纯氮 2kg，全部施用饼肥（亩施饼肥 45kg）

N2B1 亩施纯氮 3kg，全部施用复合肥（亩施复合肥 30kg）

N2B2 亩施纯氮 3kg，复合肥 2/3，饼肥 1/3（亩施复合肥 20kg、饼肥 22.5kg）

N2B3 亩施纯氮 3kg，复合肥 1/2，饼肥 1/2（亩施复合肥 15kg、饼肥 33kg）

N2B4 亩施纯氮 3kg，全部施用饼肥（亩施饼肥 66.5kg）

由表 10-7 可以看出，从农艺性状来看，在团棵期全部施用复合肥处理的生长发育明显优于全部施用饼肥和饼肥与复合肥配施。复合肥为速效性肥料，在土壤中分解和被烟草吸收利用比饼肥快，对烟株大田初期早发快长非常有利，而饼肥为缓效性肥料，在土壤中需要经过一定时间的分解和转化才能被烟株吸收利用。另外，低氮水平和高氮水平在团棵期对于烟草的生长发育并无明显差异，表明亩施 2kg 纯氮可以满足团棵期烟草正常生长需要。

进入现蕾期后，饼肥和化肥配合处理的烟株的各项农艺指标均优于单一施用饼肥或者化肥。说明饼肥为全效性肥料，有机质含量高，营养元素齐全充分，且在现蕾期已经分解发挥其应有作用，复合肥含有氮磷钾等丰富的速效养分，二者取长补短、相互弥补，对烟株旺长期的生长发育非常有利。在施纯氮 2kg 水平条件下，以复合肥 2/3，饼肥 1/3（亩施复合肥 16.7kg、饼肥 15kg）最优，在施纯氮 3kg 条件下，则以复合肥 1/2，饼肥 1/2（亩施复合肥 15kg、饼肥 33kg）最优。

在采收成熟期，相同施氮水平，不同处理烟草的各项农艺指标之间均无显著差异，表明在保证氮素供应的条件下，无论化肥与饼肥如何配比均可使烟株正常发育，充分圆顶，正常落黄。亩施氮素 3kg 水平的各个处理的总生长势优于亩施氮素 2kg 的各个处理，亩施 2kg 氮素水平下，烟草叶片长宽比偏大，叶片展开不充分，显示有轻微脱肥现象。

表 10-7　不同生育期烟草农艺性状

时期	处理	株高（cm）	叶片数（个）	茎粗（cm）	最大叶面积（cm^2）
团棵期	N1B1	23.39	12.72	6.24	362.12
	N1B2	21.19	12.16	5.66	289.61
	N1B3	20.31	11.67	5.55	337.92
	N1B4	20.58	12.11	5.50	320.3
	N2B1	22.5	12.11	5.94	352.6
	N2B2	22.03	11.78	5.57	340.2
	N2B3	20.59	11.91	5.85	328.66
	N2B4	19.9	11.45	5.41	296.29
现蕾期	N1B1	80	20	10.5	839.77
	N1B2	90	21.33	10.7	945.18
	N1B3	82.4	21.67	10.24	888.4
	N1B4	86	19.83	10.82	946.95
	N2B1	78.92	20.33	9.89	845.84
	N2B2	81.17	21.67	10.25	908.87
	N2B3	85.17	20.5	10.94	1 061.37
	N2B4	79.5	21.17	10.37	940.14

（续表）

时期	处理	株高（cm）	叶片数（个）	茎粗（cm）	最大叶面积（cm^2）
采收成熟期	N1B1	119.67	21	10.65	902.53
	N1B2	115.34	21	10.83	865.42
	N1B3	111.07	21	11.32	937.35
	N1B4	104.84	21	11.44	878.14
	N2B1	112.67	21	11.44	1 518.16
	N2B2	110.21	21	11.01	783.75
	N2B3	111.59	21	10.85	945.56
	N2B4	110.34	21	12.25	1 035.77

虽然在采收成熟期，相同施氮水平不同处理烟草的各项农艺指标之间无显著差异，但是由表 10-8 可以看出，复合肥与饼肥按照不同比例配施后，烟草的产量及上、上中等烟比例明显不同。在低氮水平（亩施纯氮 2kg）条件下，从上等烟比例、上中等烟、产量和单叶重比例来看，以复合肥 1/2、饼肥 1/2（亩施复合肥 10kg，饼肥 22.5kg）和全部施用饼肥（亩施饼肥 45kg）两种处理较好，产量以全部施用饼肥最好，全部施用饼肥落黄较迟，其上中等烟比例显著下降，而复合肥 1/2、饼肥 1/2（亩施复合肥 10kg，饼肥 22.5kg）处理的上中等烟比例最高，且产量较高。因此该处理在低肥条件下可以获得最优产值。在高氮水平（亩施纯氮 3kg）条件下，仅从产量来看以全部施用饼肥最大，但其上中等烟比例较低；而复合肥 2/3、饼肥 1/3（亩施复合肥 20kg，饼肥 22.5kg）的配施处理可以获得最大的上中等烟比例和较高的产量，因此该处理在高肥条件下可以获得最优产值。另外，也可以看出，饼肥用量与烟叶产量呈显著正相关，而复合肥用量则与烟叶质量呈显著正相关。

表 10-8　不同化肥饼肥配施对烟叶产量质量的影响

处理	单叶质量（g）	上等烟比例（%）	中等烟比例（%）	产量（kg/亩）
N1B1	7	24.3	47.4	168.1
N1B2	7.03	27.4	53.8	168.8
N1B3	7.1	31.5	54.11	170.5
N1B4	7.8	11.9	38.6	187.3
N2B1	7.57	7.1	28.6	181.8
N2B2	7.2	34.4	60.2	173.5
N2B3	7.47	13.4	42	179.4
N2B4	7.85	11.8	30.4	188.5

二、施肥方法、时期和深度

合理的施肥方法、施肥时期和施肥深度可以很大程度决定烟叶的产量和质量，提高烟叶的经济效益。

（一）农家肥施用方法

通过设置四种农家肥施用方法，比较施肥方法对洛阳烟区烟叶产量和质量的影响。施肥方法设置如下。

（1）前茬和当季不施用农家肥，仅施用化肥（复合肥和硫酸钾）。

（2）当季施用农家肥 $2m^3$/亩，配合施用化肥（复合肥和硫酸钾）。

（3）前茬施用 $3m^3$/亩，当季不再施肥。

（4）当季施用农家肥 $2m^3$/亩与 30kg 磷肥混合沤制肥，配合复合肥和硫酸钾。

由表 10-9 可以看出，有机肥的施用方法显著影响洛阳烟区烟叶的产量和质量。从产量角度来看，以当季施用农家肥 $2m^3$/亩，配合施用化肥（复合肥和硫酸钾）和当季施用农家肥 $2m^3$/亩与 30kg 磷肥混合沤制肥，配合复合肥和硫酸钾两种施肥方法较高，比其他方法增产 15.8%左右。从上等烟比例来看，则以当季施用农家肥 $2m^3$/亩与 30kg 磷肥混合沤制肥，配合复合肥和硫酸钾的施肥方法最好，其上等烟的比例比其他施肥方法高出 29.6%～264.4%，尤其是前茬施用 $3m^3$/亩，当季不再施肥的施肥方法，显著降低了上等烟的比例，其比例仅为 10.1%。由本试验也可以看出，农家肥用量与烟叶的产量呈正相关关系，而化肥用量则与烟叶质量呈正相关关系。

表 10-9　有机肥施用方法对洛阳烟区烟叶产量和质量的影响

施肥方法	产量（kg/亩）	上等烟比例（%）
（1）	153.1	28.4
（2）	172.6	25.7
（3）	146.5	10.1
（4）	174.3	36.8

（二）复合肥施用方法

通过设置四种复合肥施用方法、时期和深度，比较施肥方法、时期和深度对洛阳烟区烟叶产量和质量的影响。肥料采用有机复合肥（含有机质 15%），小区面积 $66.6m^2$，密度 1.0m×0.5m，田间管理措施同大田。处理设置如下。

（1）早春起垄时肥料全部施入垄底沟内。

（2）早春起垄，按照株距穴施深度 15～20cm，一次施入。

（3）栽前，垄上穴施深度 5～10cm，一次施入。

（4）早春起垄时 80%的肥料作为基肥施入，移栽后 20～25d 在烟苗两侧施入 20%的肥料。

由表 10-10 可以看出，进入团棵期后各处理的株高、叶片数以处理 3 最高。进入旺长期后，株高、叶片数、最大叶面积仍然是最高，表明肥料在栽前施入最合适，施肥深度以 5～10cm 最好，垄上穴施是比较合理的施肥方法。而在成熟期，株高、最大叶面积均以处理4最高，其次为处理3，这可能与处理3施肥深度较浅，氮素挥发较多，肥力水平降低，而处理4栽后追肥补充了耕层土壤养分含量有关。

表10-10 烟草各时期生物学性状调查

时期	处理	株高（cm）	叶片数（个）	最大叶（长×宽，cm）
团棵期	(1)	23.9	13.4	25.5×14.0
	(2)	25.8	14.0	27.6×15.5
	(3)	26.7	14.6	23.7×13.4
	(4)	24.8	14.4	26.5×15.3
旺长期	(1)	34.5	16.8	38.1×19.0
	(2)	36.8	17.0	33.7×16.5
	(3)	38.1	17.8	38.7×19.8
	(4)	34.2	17.4	38.2×17.2
成熟期	(1)	94.2	21.0	53.3×25.3
	(2)	95.6	22.0	51.1×26.2
	(3)	102.0	20.0	52.7×25.1
	(4)	106.0	22.0	54.7×25.3

从产量来看（表10-11），以处理3（栽前，垄上穴施深度5~10cm，一次施入）的产量最高，为116.7kg/亩，其次是处理4（早春起垄时80%的肥料作为基肥施入，移栽后20~25d在烟苗两侧施入20%的肥料），114.9kg/亩。从烟叶质量来看，以处理4（早春起垄时80%的肥料作为基肥施入，移栽后20~25d在烟苗两侧施入20%的肥料）可以获得较高的上中等烟比例，约71%。综合以上分析可以看出，施肥方法（4）均为较好的施肥方法。

表10-11 不同施肥方法对烟叶产量和质量的影响

处理	产量（kg/亩）	上等烟比例（%）	中等烟比例（%）
(1)	108.6	33.0	38.0
(2)	88.2	37.0	30.0
(3)	116.7	25.0	33.0
(4)	114.9	38.0	33.0

第二节 锌肥追施对洛阳烟区烤烟质量的影响

一、试验设计

试验于2006年在河南省洛宁县赵村乡赵村试验田进行，供试品种为中烟100。前茬作物为烟草，土壤肥力中等。移栽密度 15 000 株/hm^2，行距 120cm，株距 55cm。移栽时间：5 月 10 日。田间种植管理按照洛阳烟草种植标准化操作规程进行。处理：于烟株旺长期按照 2.5g/kg 浓度配制 $ZnSO_4$ 溶液，按 25kg/亩喷施；对照 CK：团棵期每亩喷 25kg 清水。从试验处理间各选取生长整齐一致的烟株挂牌标记，于下部 5~6 叶位叶片、中部 10~12 叶位片叶、上部 17~18 叶位叶片正常成熟时，分别采收烟叶 4 竿，统一装置于烤房第 2 棚中部，按照烤房配套“三段式”烘烤工艺烘烤。

取烤后初烤烟叶各部位干样 2.0kg，进行中性香气物质分析和评吸评价。

二、结果分析

经气相色谱/质谱（GC/MS）对烤后烟叶样品进行定性和定量分析，共检测出 25 种对烟叶香气有较大影响的化合物（表 10-12）。其中，酮类 10 种，醛类 7 种，醇类 3 种，酯类 1 种，吡咯类 1 种，酚类 1 种，烯烃类 2 种。含量较高的致香物质主要有新植二烯、茄酮、7，11，15-三甲基-3-亚甲基十六烷-1，6，10，14-四烯、4-乙烯基-2-甲氧基苯酚、β-大马酮、巨豆三烯酮 4、二氢猕猴桃内酯、香叶基丙酮、糠醛等。

旺长期喷施锌肥对洛阳烤烟叶片香气物质总量的影响效果明显（表 10-12）。旺长期喷施锌肥对下部烟叶香气物质含量的提高效果最大，锌肥处理香气物质含量为 940.0μg/g，为对照处理的 123.4%；对中部叶片香气物质含量的提高效应较小，该部位叶片锌肥处理香气物质含量为 692.0μg/g，为对照处理的 103.9%；锌肥处理条件下上部叶片香气物质总量的提高效果明显，为 569.0μg/g，为对照处理的 105.7%。锌肥对洛阳烤烟叶片香气物质总量的影响效应为下部>上部>中部，锌肥对洛阳烤烟叶片香气物质总量的影响效应及其生理机制尚需进一步研究。

从香气物质数据上看，旺长期喷施锌肥处理降低了上部叶片中苯甲醇、二氢猕猴桃内酯、巨豆三烯酮 1、巨豆三烯酮 2、巨豆三烯酮 4 等香气物质含量；降低了中部叶片中苯甲醇、苯乙醛、糠醛、乙酰基呋喃、茄酮、6-甲基-5-庚烯-2-酮、4-乙烯基-2-甲氧基苯酚、二氢猕猴桃内酯、巨豆三烯酮 3 和三羟基-β-二氢大马酮等香气物质含量；降低了下部叶片中乙酰基呋喃、6-甲基-2-庚酮、茄酮、6-甲基-5-庚烯-2-酮、2，4-庚二烯醛 1、芳樟醇、香叶基丙酮等香气物质含量。明显提高了洛阳烤烟叶片中β-大马酮、7，11，15-三甲基-3-亚甲基十六烷-1，6，10，14-四烯和新植二烯等香气物质含量，提高了上部叶片中苯甲醛、苯乙醛、苯乙醇、糠醛、乙酰基呋喃、6-甲基-2-庚酮、5-甲基-2-糠醛、茄酮、6-甲基-5-庚烯-2-酮、2，4-庚二烯醛 2、芳樟醇、β-环柠檬醛、4-乙烯基-2-甲氧基苯酚、β-大马酮、香叶基丙酮和巨豆三烯酮 3、三羟基-β-二氢大马酮等香气物质含量；提高了中部叶片中苯甲醛、苯乙醇、6-甲基-2-庚酮、5-甲基-2-糠醛、2，4-庚二烯醛 1、2，4-庚二烯醛 2、芳樟醇、β-环柠檬醛、β-大马酮、香叶基丙酮、巨豆三烯酮 1、巨豆三烯酮 2、巨豆三烯酮 4 等香气物质含量；提高了下部叶片中苯甲醛、苯甲醇、苯乙醛、苯乙醇、糠醛、5-甲基-2-糠醛、2，4-庚二烯醛 2、β-环柠檬醛、4-乙烯基-2-甲氧基苯酚、β-大马酮、二氢猕猴桃内酯、巨豆三烯酮1、巨豆三烯酮2、巨豆三烯酮3、三羟基-β-二氢大马酮、7，11，15-三甲基-3-亚甲基十六烷-1，6，10，14-四烯和巨豆三烯酮4等香气物质含量。

表10-12　锌肥追施对洛阳烟叶香气成分含量的影响　　单位：μg/g

物质	下部		中部		上部	
	CK	Zn肥	CK	Zn肥	CK	Zn肥
苯甲醛	0.61	0.65	0.54	0.63	0.45	0.6
苯甲醇	2.71	4.01	4.07	3.95	2.67	1.94
苯乙醛	4.55	5.97	5.16	5.04	3.53	4.22
苯乙醇	1.3	1.32	1.04	1.43	1.08	1.54
糠醛	6.68	7.17	8.16	7.91	4.17	9.9
乙酰基呋喃	0.27	0.22	0.5	0.48	0.3	0.6
6-甲基-2-庚酮	0.14	0.08	0.18	0.33	0.44	0.6
5-甲基-2-糠醛	0.61	0.61	0.76	0.91	0.42	0.86
茄酮	7.11	6.66	9.65	8.73	9.86	11.3
6-甲基-5-庚烯-2-酮	0.58	0.41	0.67	0.56	0.38	0.71
2，4-庚二烯醛1	6.33	5.87	1.95	2.16	0.53	0.7
2，4-庚二烯醛2	1.57	1.86	0.69	0.69	0.29	0.41
芳樟醇	0.96	0.93	1.12	1.32	0.98	1.52
β-环柠檬醛	0.4	0.4	0.33	0.57	0.54	0.61
4-乙烯基-2-甲氧基苯酚	3.81	4.83	4.18	2.86	3.43	3.77
β-大马酮	21.5	23.2	22.1	24.9	17	20.6
香叶基丙酮	2.54	2.29	2.49	2.49	1.79	2.14
二氢猕猴桃内酯	5.18	6.4	6.57	4.83	2.74	2.31
巨豆三烯酮1	0.88	1.11	0.8	1.22	1.07	0.97
巨豆三烯酮2	4.1	5.63	4.86	5.36	4.48	4.23
巨豆三烯酮3	0.87	1.22	1.04	1	0.94	1.04
三羟基-β-二氢大马酮	2.59	2.69	2.7	2.5	1.15	1.7
巨豆三烯酮4	5.55	8.5	6.05	6.59	4.95	4.66
7，11，15-三甲基-3-亚甲基十六烷-1，6，10，14-四烯	11.4	13.8	9.24	10.4	7.58	8.87
新植二烯	670	834	571	595	468	483
总量	762	940	666	692	539	569

烟叶中化学成分较多，不同致香物质具有不同的化学结构和性质，因而对人的嗅觉可以产生不同的刺激作用，形成不同的嗅觉反应，对烟叶香气的质、量、型有不同的贡献。为便于分析，把所测定的致香物质按烟叶香气前体物进行分类，可分为苯丙氨酸类、棕色化产物类、类西柏烷类、类胡萝卜素类4类。苯丙氨酸类致香物质包括苯甲醇、苯乙醇、苯甲醛、苯乙醛等成分，对烤烟的香气有良好的影响，尤其对烤烟的果

香、清香贡献较大。由图 10-1 可知，各部位叶片苯丙氨酸类香气物质均以旺长期锌肥追施含量较高，其中下部叶锌肥追施处理苯丙氨酸类致香物质含量最高，达 11.95μg/g，为对照处理的 130.3%，表明锌肥追施对下部叶片苯丙氨酸类香气物质的形成影响最大；中部叶锌肥追施处理苯丙氨酸类香气成分含量为 11.05μg/g，为对照处理的 102.3%，两处理差异较小；上部叶片锌肥追施处理苯丙氨酸类致香物质含量为 8.30μg/g，为对照处理的 107.4%。表明旺长期追施锌肥促进了洛阳烤烟各部位叶片苯丙氨酸类香气物质的形成。

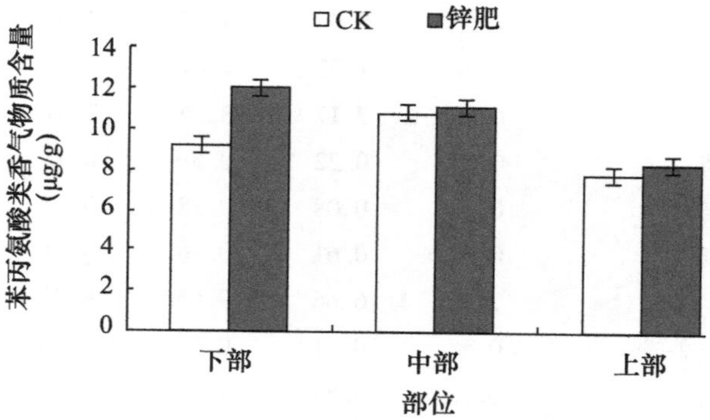

图 10-1　锌肥追施对洛阳烟叶苯丙氨酸类香气成分含量的影响

棕色化产物类香气物质包括糠醛、5-甲基糠醛、二氢呋喃酮、乙酰基吡咯和糠醇等成分，其中多种物质具有特殊的香味。由图 10-2 可以看出，洛阳烤烟各部位叶片中棕色化产物类香气物质含量均随锌肥处理而呈增加的趋势；下部叶片锌肥追施处理比对照处理增加 0.38μg/g，增幅为 4.9%；中部叶片两处理差异较小，含量均为 9.60μg/g 左右；上部叶片锌肥追施处理比对照处理棕色化产物类香气物质含量增加 6.62μg/g，为对照处理的 223.9%，锌肥追施显著促进洛阳上部叶片棕色化产物类香气物质含量的增加。

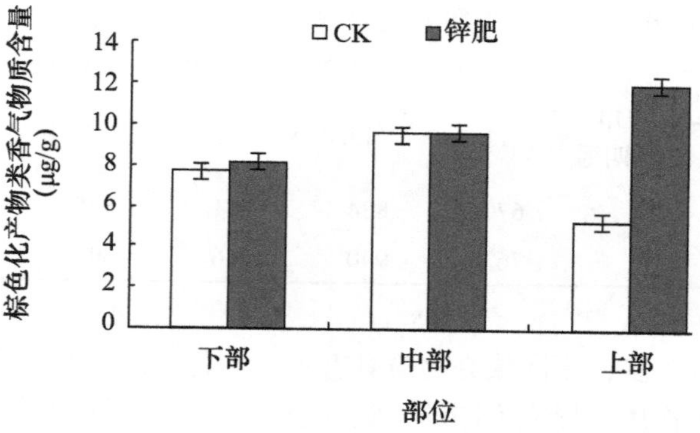

图 10-2　锌肥追施对洛阳烟叶棕色化产物类香气成分含量的影响

类西柏烷类香气物质主要包括茄酮和氧化茄酮，是烟叶中重要的香气前体物，通过一定的降解途径可形成多种醛和酮等烟草香气成分。由图 10-3 可以看出，中、下部叶片锌肥追施处理与对照处理相比，含量均不同程度的下降，其中下部叶片下降 0.45μg/g，降幅为 6.4%，中部叶片下降 0.92μg/g，降幅达 9.6%；上部叶片以锌肥追施处理类西柏烷类香气物质含量较高，含量达 11.34μg/g，为对照处理的 115.0%，增加较多。锌肥追施促进上部叶片类西柏烷类香气物质含量的增加，部分抑制中下部叶片类西柏烷类香气物质合成的生理机制需进一步研究。

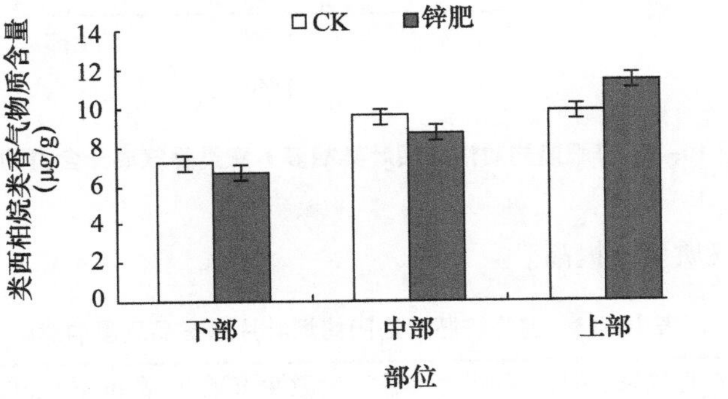

图 10-3　锌肥追施对洛阳烟叶类西柏烷类香气成分含量的影响

类胡萝卜素类香气物质包括 6-甲基-5-庚烯-2 酮、香叶基丙酮、二氢猕猴桃内酯、β-大马酮、三羟基-β-二氢大马酮、β-环柠檬醛、芳樟醇、巨豆三烯酮的 4 种同分异构体等，也是烟叶中重要香味物质的前体物。烟叶在醇化过程中，类胡萝卜素降解后可生成一大类挥发性芳香化合物，其中相当一部分是重要的中性致香物质，对卷烟吸食品质有重要影响。由图 10-4 可以看出，洛阳烤烟各部位叶片锌肥追施均促进类胡萝卜素类香气物质含量的增加。其中下部叶片锌肥追施处理较对照处理含量高 10.93μg/g，是豆浆灌根处理的 116.0%，各处理间差异较大；中部叶片的锌肥追施处理较对照处理含量高 2.76μg/g，是对照处理的 104.3%，各处理间差异较小；上部叶片锌肥追施处理较对照处理含量高 6.34μg/g，是对照处理的 113.3%。锌肥追施处理明显促进洛阳烤烟不同部位叶片的类胡萝卜素类香气物质影响的增加，但促进效应为下部>上部>中部，对中部叶片促进效应较小。

锌肥追施对洛阳烟叶评吸质量有明显影响，锌肥追施条件下各部位叶片评吸评价总分均较高（表 10-13）。下部叶片锌肥追施处理的香气评吸评价总分值为 65.5，较对照高 1.7，其中香气质提高 0.5，浓度提高 0.5，杂气提高 0.2，灰分提高 0.5；评吸劲头有所提高，综合评价香气质较好。中部叶片在锌肥追施条件下香气评吸评价总分值为 66.2，较对照高 2.1，其中香气质提高 0.7，香气量提高 0.2，浓度提高 0.2，杂气提高 0.2，舒适度提高 0.3，甜度提高 0.5；评吸劲头有所提高，综合评价香气清雅，而对照为不具备中部烟特征。上部叶片在锌肥追施条件下香气评吸评价总分值为 64.6，与对照持平，其中香气质提高 0.3，香气量提高 0.2，刺激性下降 0.5，舒适度降低 0.3，甜度提高 0.3；造成评吸评价结果为不具备上部烟特征。锌肥追施明显促进了洛阳烤烟下

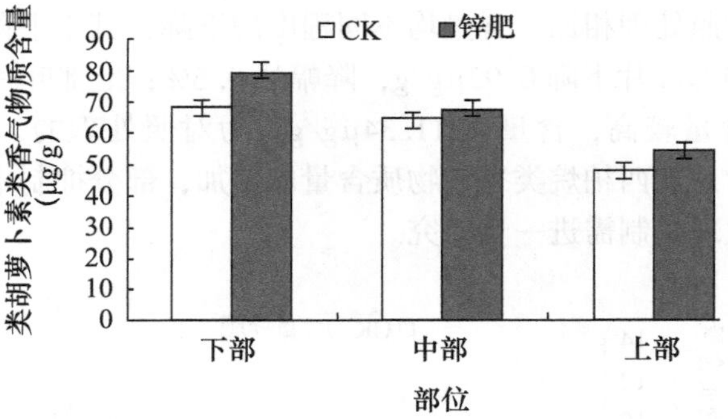

图 10-4　锌肥追施对洛阳烟叶类胡萝卜素类香气成分含量的影响

部、中部叶片香气质量的提高。

表 10-13　追施锌肥对洛阳烤烟叶片感官品质量的影响　　单位：分

部位	品种	香气质	香气量	浓度	细腻度	杂气	刺激性	舒适度	甜度	燃烧性	灰分	总分	劲头
下部	CK	6.0	6.0	6.0	6.5	6.3	6.5	6.5	6.0	7.0	7	63.8	较小
	Zn 肥	6.5	6.0	6.5	6.5	6.5	6.5	6.5	6.0	7.0	7.5	65.5	较小+
中部	CK	6.0	6.0	6.3	6.5	6.3	6.5	6.5	6.0	7.0	7	64.1	中-
	Zn 肥	6.7	6.2	6.5	6.5	6.5	6.5	6.8	6.5	7.0	7	66.2	中
上部	CK	6.0	6.3	6.5	6.5	6.3	6.5	6.5	6.0	7.0	7	64.6	中
	Zn 肥	6.3	6.5	6.5	6.5	6.3	6.0	6.2	6.3	7.0	7	64.6	中

三、结论

旺长期喷施锌肥对洛阳烤烟叶片香气物质总量的影响效果明显，对下部烟叶香气物质含量的提高效果最大，影响效应为下部>上部>中部，锌肥对洛阳烤烟叶片香气物质总量的影响效应及其生理机制尚需进一步研究。从香气物质数据上看，旺长期喷施锌肥处理明显提高了洛阳烤烟叶片中 β-大马酮、7，11，15-三甲基-3-亚甲基十六烷-1，6，10，14-四烯和新植二烯等香气物质含量。旺长期追施锌肥促进了洛阳烤烟各部位叶片苯丙氨酸类香气物质的形成。洛阳烤烟各部位叶片中棕色化产物类香气物质含量均随锌肥处理而呈增加的趋势，锌肥追施显著促进洛阳上部叶片棕色化产物类香气物质含量的增加。锌肥追施促进上部叶片类西柏烷类香气物质含量的增加，部分抑制中下部叶片类西柏烷类香气物质合成的生理机制需进一步研究。锌肥追施处理明显促进洛阳烤烟不同部位叶片的类胡萝卜素类香气物质影响的增加，但促进效应为下部>上部>中部，对中部叶片促进效应较小。锌肥追施对洛阳烟叶评吸质量有明显影响，锌肥追施条件下各部位叶片评吸评价总分均较高，锌肥追施明显促进了洛阳烤烟下部、中部叶片香气质量的提高。

第三节 铵硝比对烤烟上部叶生理特性及产品质量的影响

一、试验设计

试验地土壤质地壤土或沙壤土，土层肥厚，肥力均匀适中，地势平坦，最好有灌溉条件。供试品种为中烟 100，种植密度为 120cm×50cm，覆盖地膜且移栽后 40d 揭膜，单株留叶 18~22 片。试验地土壤质地位黄壤土，土层肥厚，肥力均匀适中，地势平坦，灌溉条件尚可。采取低起垄、深栽烟、高培土的栽培措施。4 月 28 日至 5 月 1 日移栽，其他按照当地标准烤烟生产规程进行施肥和田间管理。

试验处理以正常施氮、磷、钾水平下进行，具体铵态氮和硝态氮施用量比例为：T1 处理（100% ：0）；T2 处理（75% ：25%）；T3 处理（50% ：50%）；T4 处理（25%：75%）;T5 处理（0：100%）（注：铵态氮肥料为硫酸铵，硝态氮肥料为硝酸钾及硝酸磷）。

二、结果分析

（一）不同铵硝比对烤烟农艺性状的影响

各处理植株的农艺性状从表 10-14 中可以看出，株高、茎围、节距和有效叶片数等农艺性状均随着硝态氮含量的增加而增多，各处理间除 T1 和 T5 外的变化趋势较小。40d 各处理的株高变化在 19.2~25.8cm，其中 T2 处理比较大，T1 处理烟株长势比较差；茎围变化在 5.7~7.2cm，其中茎围较粗的是 T3 处理和 T4 处理，T1 处理的烟株最小；叶数变化在 10~13 片，其中叶数较多的是 T3 处理，T2 和 T4 处理次之。

表 10-14 不同铵硝比烟叶生长期农艺性状统计

移栽后时间（d）	指标	T1	T2	T3	T4	T5
40	株高（cm）	19.2	25.8	21.0	22.7	23.0
	茎围（cm）	5.7	6.9	7.0	7.2	6.2
	节距（cm）	3.1	4.2	3.5	3.3	4.4
	有效叶片数	10	12	13	12	11
50	株高（cm）	48.7	63.1	52.9	51.3	49.5
	茎围（cm）	7.0	7.6	8.0	7.7	7.8
	节距（cm）	3.7	4.7	4.3	3.8	5.1
	有效叶片数	11	15	14	13	11

（续表）

移栽后时间（d）	指标	T1	T2	T3	T4	T5
60	株高（cm）	69.9	87.0	87.3	72.2	72.1
	茎围（cm）	8.9	8.8	8.5	8.3	8.3
	节距（cm）	4.6	4.9	5.7	5.1	5.8
	有效叶片数	19	22	17	17	14
80	株高（cm）	118.9	122.6	141.6	136.9	123.7
	茎围（cm）	9.5	9.5	9.8	8.3	9.3
	节距（cm）	8.5	8.6	8.8	7.9	7.0
	有效叶片数	20	24	22	20	19

旺长期各处理的株高变化在69.9~87.3cm，其中T3处理的烟株株高最高，T1处理最矮；各处理烟株茎围变化范围不大，差异不显著；叶数变化在14~22片，其中T2处理较多，T5处理叶数最少；节距除T5处理的烟株外，其他4个铵硝比氮肥处理的烟株差异不明显。

成熟期各处理的株高变化在118.9~141.6cm，茎围变化在8.3~9.8cm，叶数变化在19~24片，其中株高、茎围、节距和有效叶片数均较高的是T3处理、T4处理次之，T1和T5处理的表现最差。在农艺性状上，T3处理的烟株表现最好。

（二）不同铵硝比对烤烟物理特性的影响

烟叶的物理特性是影响烟叶质量以及工艺加工的重要参数，直接影响着烟叶品质、卷烟制造过程、产品风格、成本以及其他经济指标，主要包括单叶重、含水率、叶质重、含梗率、填充值、叶片厚度、抗张拉力等。

不同铵硝比氮肥处理的上部叶烟叶物理性状指标均存在差异（表10-15）。不同处理间表现为T3处理烟叶单叶重10.62g为最大，其次是T4处理，T1处理的平均单叶重最小为7.77g，处理间差异较为显著。烤后烟叶含水率和含梗率差异不明显，变化范围分别为13.72%~14.73%和30.25%~34.11%。其中各处理烤后烟叶含梗率普遍较高，与优质烟叶25%含梗率的要求还有一定差距，烟叶有效利用率欠佳。各铵硝比氮肥处理的烟叶填充值变化规律不明显，表现为T3>T5>T2，T4处理填充值最低。叶质在一定程度上反映了烟叶发育和成熟程度，与烟叶组织结构和内含物的充实程度密切相关，对烟叶单叶重产生直接影响。各处理间烟叶叶质重差异显著，T3处理的烤后烟叶叶质重最大，这与其单叶重也是几个处理中最大相吻合，表现较好。T4和T2处理烟叶次之，两者间差异不明显。抗张拉力结果分析表明，T2、T4和T5处理的烟叶拉力较大，100%铵态氮+0%硝态氮（T1）处理的烟叶拉力1.22N/m最小。

表10-15　不同铵硝比烤后烟叶物理特性

处理	单叶重（g）	含水率（%）	厚度（mm）	含梗率（%）	填充值（cm^3/g）	叶质重（g/m^2）	拉力（N/m）
T1	7.77	13.84	0.109	33.89	3.17	56.29	1.22
T2	8.64	14.58	0.118	30.25	3.43	64.37	1.56

（续表）

处理	单叶重 (g)	含水率 (%)	厚度 (mm)	含梗率 (%)	填充值 (cm^3/g)	叶质重 (g/m^2)	拉力 (N/m)
T3	10. 62	14. 73	0. 127	34. 11	3. 58	80. 13	1. 38
T4	8. 91	13. 72	0. 108	32. 46	2. 91	67. 56	1. 45
T5	8. 17	13. 99	0. 121	32. 79	3. 48	53. 62	1. 44

（三）不同铵硝比对烤烟感官质量评价的影响

由洛阳市烟技术研发中心组织多位评吸专家，按照《烟草及烟草制品感官评吸方法》（YC/T 138—1998）标准进行感官评吸。质量指标包括香气质、香气量、杂气、刺激性、余味、燃烧性和灰色，各指标按评吸质量档次分别给予不同分值（表 10–16）。

表 10–16　不同铵硝比烤后烟叶感官质量评价　　单位：分

处理	香气质	香气量	浓度	杂气	劲头	刺激性	余味	燃烧性	灰色	合计	香味风格	口感特征
T1	6	6. 5	6. 5	6	6	6	6	6. 5	6	55. 5	7	5
T2	7	6. 5	6. 5	6. 5	6. 5	6	6. 5	6	6	57. 5	7	6
T3	6. 5	6. 5	6. 5	6	6. 5	6	6	6	6	56	7	5
T4	6	6. 5	6. 5	6	6. 5	6	5. 5	6. 5	6	55. 5	7	5
T5	7	6. 5	6. 5	6. 5	6. 5	6. 5	6. 5	6	6. 5	58. 5	7	5

不同铵硝比处理的烟叶香气质、香气量、余味和总分均以 T5 处理分值最高，且与其他处理间存在显著差异。经过不同铵硝比配比的烟叶杂气有显著差异，T2 和 T5 杂气较大。除 T5 处理外，其他处理间刺激性无显著性差异。T1 处理的劲头较小，这可能与铵态氮肥施用较多有一定关系。处理间燃烧性和灰色同时也有显著性差异，不同铵硝比处理间以 T1 和 T4 的燃烧性较好，灰色较白。由此可见，不同铵硝比处理的差异都会对烟叶的感官评吸造成影响，而在适宜的范围内合理调配铵硝比，可使得香气质、香气量、余味等有利于感官评吸的因素得到提高，劲头适中，杂气和刺激性下降，燃烧性和灰色有所提高。

（四）不同铵硝比对烤烟常规化学成分的影响

烟草中的常规化学成分是烟叶内部各类致香化合物形成某种香韵风格的平衡点，原料中常规化学成分的协调与平衡，很大程度上决定了卷烟吃味的好坏。同时也能通过降解和与其他化学成分反应等途径形成香味成分。根据文献报道，质量良好的卷烟中还原糖最佳含量范围在 5%~25%，15%时最佳。烟碱 1. 5%~3. 5%，以 2%~2. 5%为佳。钾含量>2%，氯含量<1%，0. 氯 3%~0. 8%为佳。

1. 总糖

各处理的上部烟叶总糖含量明显偏低，低于优质烤烟总糖含量最适宜范围（表 10–17）。T3 处理的总糖含量为 12. 00%在 5 个处理中最高，最低的是 T4 处理，总糖含量为 6. 04%。不同铵硝比氮肥的施用对烤后烟样的总糖含量还是有直接的关系。

表 10-17 不同铵硝比烤后烟叶常规化学成分 单位:%

处理	总糖	还原糖	总氮	烟碱	钾	氯	糖碱比	氮碱比	钾氯比
T1	9.71c	7.86b	2.78a	3.44b	1.22b	2.25a	2.82b	0.81a	0.54b
T2	7.90b	7.19a	2.83a	3.85a	1.28b	1.64c	2.05c	0.73b	0.78a
T3	12.00c	10.65a	2.71a	3.20b	1.24b	2.26a	3.75a	0.85a	0.55b
T4	6.04b	5.95b	2.83a	4.05a	1.64a	1.84b	1.49d	0.70b	0.89a
T5	7.96a	7.33ab	2.68b	3.55b	1.58a	1.88b	2.24bc	0.76ab	0.84a

2. 还原糖

水溶性糖特别是其中的还原性糖，在烟支燃吸时，一方面能产生酸性反应，抑制烟气中碱性物质的碱性，使烟气的酸碱平衡适度，降低刺激性，产生令人满意的吃味。各处理还原糖的含量与总糖含量类似，也显著低于优质烤烟的要求，表现为 T3>T1>T5>T2>T4。但是，烟叶中糖的含量并不是越高越好，烟草的吸食质量是各种化学成分综合影响的结果。

3. 总氮

总糖和总氮作为烟草中两大类化学成分总是相互消长的，除其他因素外出现这种规律性的主要原因是调制方法不同形成的。调制时间越长，糖类因呼吸作用而消耗越多；调制时间越短，糖类消耗得越少，保存下来的越多。当然含氮化合物在调制过程中也作为呼吸机制消耗，但是其消耗量远不如糖类多。各处理间的总氮含量差异不明显。

4. 烟碱

烟碱是一组含 3-吡啶衍生物的生物碱，烟草中的烟碱分别以结合态和游离态存在，它和糖一起调节烟草的酸碱平衡，其控制烟草碱性，调节卷烟刺激性。同时这种刺激作用也形成了使人愉悦和产生依赖感的络合物，调节卷烟劲头，导致生理满足感。5 个处理的烤后烟叶烟碱含量显著升高，其中以 T4 处理尤为突出。

5. 钾

钾与卷烟燃烧速率和阻燃持火力呈正相关，提高燃烧效率。施用铵硝比氮肥处理的烤后烟叶钾含量分布规律较为明显，T4 和 T5 处理的烤后烟叶钾含量明显高于另外三个处理，含量分别为 1.64%和 1.58%。T1、T2 和 T3 处理间的差异不明显。

6. 氯

氯是烟草生长必需的影响元素，过低或过高都对卷烟原料的品质产生不良影响。少量的氯可以改善烟叶的品质，在一定范围内烟叶氯含量有增加烟叶中烟碱含量的趋势，且呈现较明显的正相关。T1 和 T3 处理的氯含量最高，而 T2、T4 和 T5 处理的含量没有明显差异。

7. 糖碱比

烟叶水溶性总糖含量与烟碱含量也应保持适当的比例，即糖碱比。烟支燃吸时烟碱可直接挥发进入烟气，产生生理强度和烟草特有的香气，但是烟碱含量过高会产生刺激性和辛辣味。糖碱比例协调能使烟气在醇和的同时又保持香气、吃味及适宜的浓度和劲头，使吸烟者得到心理和生理上的满足。此外糖含量高对烟叶的燃烧性产生不良影响，燃烧不易达到完全的程度。糖含量高，烟气中产生焦油也高，增加烟气对人体的危害。优质烤烟糖碱比在8.50~9.50为最适宜区。5个处理的的糖碱比不协调，显著低于优质烤烟的比例要求。各处理中比例最高的T3处理的糖碱比也仅为3.75，远远小于8.50~9.50的适宜区间。其他4个处理表现为T1>T5>T2>T4。

8. 氮碱比

氮碱比是衡量烟叶含氮化合物转化情况的重要指标之一，优质烤烟的氮碱比以1左右为宜。T1和T3处理烤后烟叶较符合氮碱比的适宜区间，而T2、T4和T5的氮碱比稍低于优质烤烟的要求。

9. 钾氯比

烤烟钾氯比反映了烟叶的燃烧性，优质烤烟钾氯比≥8为最适宜区。由表10-17可知，各处理上部叶的钾氯比严重不协调，均小于1，距离优质烤烟钾氯比≥8的要求还有很大差距。这可能与品种没能较好地吸收钾肥，且植烟土壤中或者当地水质中氯离子含量偏高有很大的关系。其中T2、T4、T5处理间的烤后烟叶钾氯比没有明显差异，T1和T3处理钾氯比处于较低水平。

对不同组分上部烟叶常规化学成分含量进行描述性统计分析可以看出（表10-18），总氮的变异系数较小，变化较为稳定。总糖含量的标准差在化学成分指标中最大，达到了2.25。总糖、还原糖、烟碱、钾、氯含量的偏度系数为正，属于正向偏态峰，总氮含量的偏度系数为负，为负向偏态峰。总糖、还原糖峰度系数大于0，为尖峭峰，数据相对集中；总氮、烟碱、钾、氯峰度系数为负，为平阔峰，数据相对分散。总糖、还原糖的变化范围为6.04%~12.00%和5.95%~10.65%。

表10-18 不同铵硝比烤后烟叶常规化学成分描述分析 单位:%

处理	最小值	最大值	平均值	标准差	变异系数	偏度系数	峰度系数
总糖	6.04	12.00	8.72	2.25	0.26	0.58	0.30
还原糖	5.95	10.65	7.80	1.74	0.22	1.30	2.60
总氮	2.68	2.83	2.77	0.06	0.02	-0.36	-2.51
烟碱	3.20	4.05	3.62	0.33	0.09	0.14	-1.21
钾	1.22	1.64	1.39	0.20	0.14	0.61	-2.97
氯	1.64	2.26	1.97	0.27	0.13	0.08	-2.23

（五）不同铵硝比对烤烟中性致香物质成分的影响

为便于分析不同铵硝比上部烤后烟叶中性致香物质含量的差异，把所测定的致香物质按烟叶香气前体物进行分类，可分为类胡萝卜素类、类西柏烷类、棕色化产物类、苯丙氨酸类和新植二烯5大类。不同铵硝比施肥条件下烤后烟叶的类胡萝卜素类、类西柏烷类、新植二烯和中性致香物质总量均以T2处理为最高，棕色化产物以T4处理较高，而苯丙氨酸类降解产物T3>T2>T4，三者之间并无显著性差异。除T1处理外，其他4种施肥方式随着铵态氮肥的减少，硝态氮肥施用量的增加，各种致香物质含量基本上表现出逐渐降低的趋势（表10-19）。

表 10-19 不同铵硝比烤后烟叶中性致香物质含量 单位：μg/g

香气物质类型	中性致香成分	T1	T2	T3	T4	T5
	面包酮	0.59	0.66	0.70	0.56	0.40
	5-甲基糠醛	1.80	1.91	2.05	2.27	0.93
	6-甲基-5-庚烯-2-醇	2.03	1.71	1.71	1.41	0.96
	6-甲基-5-庚烯-2-酮	1.98	1.36	1.77	1.15	0.86
	愈创木酚	2.41	3.39	2.54	2.80	1.52
	芳樟醇	0.95	1.13	1.07	0.90	0.63
	异佛尔酮	0.48	0.26	—	—	—
	氧化异佛尔酮	0.27	0.28	0.32	0.28	0.15
	2，6-壬二烯醛	0.36	—	0.31	0.32	0.18
	藏花醛	0.22	0.29	0.23	0.26	0.16
类胡萝卜素降解物类	β-环柠檬醛	0.58	0.90	0.64	0.65	0.44
	β-大马酮	21.47	25.90	22.72	22.95	16.54
	β-二氢大马酮	4.88	4.59	4.42	3.74	2.52
	香叶基丙酮	4.35	4.78	3.85	4.07	3.32
	二氢猕猴桃内酯	2.38	2.63	2.08	2.81	1.85
	巨豆三烯酮 1	1.44	2.13	2.15	1.76	1.15
	巨豆三烯酮 2	7.18	9.21	8.48	7.16	6.15
	巨豆三烯酮 3	1.93	4.91	1.82	3.49	2.63
	3-羟基-β-二氢大马酮	1.71	2.05	1.87	1.64	1.08
	巨豆三烯酮 4	9.01	10.94	7.54	9.22	5.23
	螺岩兰草酮	1.81	1.62	3.24	2.05	2.16
	法尼基丙酮	10.10	14.16	11.26	10.20	10.01
类西柏烷类	茄酮	58.06	91.01	60.48	47.40	33.26
	糠醛	14.92	15.60	15.61	16.13	7.39
	糠醇	0.90	1.01	1.23	1.01	1.32
棕色化产物类	2-乙酰基呋喃	0.17	0.21	0.21	0.23	—
	3，4-二甲基-2，5 呋喃二酮	1.48	0.85	1.12	1.48	0.87
	2-乙酰基吡咯	0.06	—	—	0.03	—
	苯甲醛	2.99	3.18	2.71	2.36	1.90
苯丙氨酸类	苯甲醇	6.37	4.53	5.31	5.77	1.83
	苯乙醛	7.20	11.38	11.82	10.28	5.13
	苯乙醇	3.21	2.39	2.49	2.91	2.72
新植二烯	新植二烯	572.14	746.97	653.50	583.22	571.77
总量		745.41	971.96	835.23	750.51	691.53

注：“—”表示相关物质含量为痕量

（六）不同铵硝比处理对植物学生理指标的影响

1. 不同铵硝比对叶绿素含量的影响

叶绿素是植物的光合色素，其含量对叶片光合性能有较大影响。叶片叶绿素含量的消长规律是反映叶片生理活性变化的重要指标之一，与叶片光合机能大小具有密切关系，了解和掌握叶片的叶绿素含量变化规律是提高作物产量的理论基础。高等植物中含有叶绿素 a 和叶绿素 b，叶绿素在植物细胞中的存在部位是叶绿体。叶绿素在质体色素中含量最高，新鲜烟叶中叶绿素的含量一般为 0.5%~4%。不同铵硝比处理的叶片叶绿素含量随着打顶后天数的增加而呈现下降的趋势（图 10-5）。上部叶在打顶处理后各处理间差异显著，随着时间推移，各处理间在 21d 时差异已经较小。

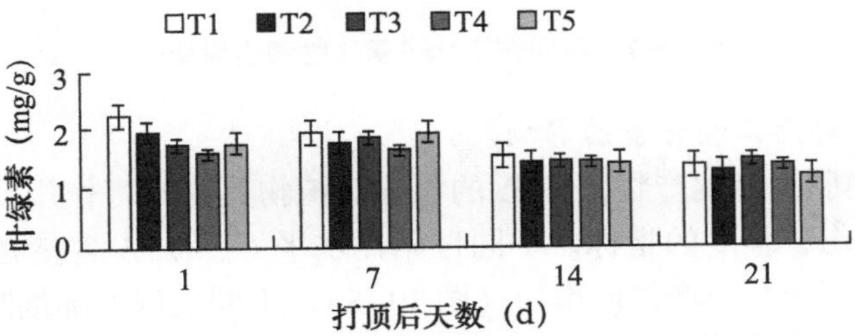

图 10-5　不同铵硝比叶绿素含量变化

2. 不同铵硝比对超氧化物歧化酶含量的影响

SOD 含量随着硝态氮肥的施用量增加而呈上升的趋势，随打顶处理天数的增加 SOD 活性呈逐渐下降的趋势（图 10-6）。总体来看，各处理 SOD 含量到 21d 达到最大值。在打顶初期，T3 处理的烟叶 SOD 含量最高，以后各处理间差异不显著，其中 T1 和 T2 处理的烟叶 SOD 含量始终处于较低水平。T2 处理的 POD 活性最高，其降低程度低于其他处理，说明 T2 处理的酶促防御系统能有效提高烟株的抗逆性和抗衰老能力。

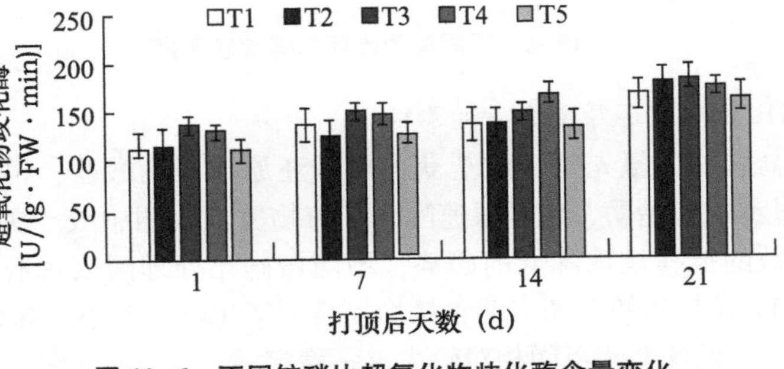

图 10-6　不同铵硝比超氧化物歧化酶含量变化

3. 不同铵硝比对过氧化物酶含量的影响

过氧化物酶是植物体内的重要防御酶之一，它的主要生理功能是清除逆境（包括紫外辐射胁迫）下细胞内活性氧自由基的含量，抑制膜内不饱和脂肪酸的过氧化作用，提高植物抗逆性。不同铵硝比处理对烟叶过氧化物酶的影响：同一施肥处理条件下，随着打顶时间的推移，各处理烟叶过氧化物含量逐渐上升，其中以打顶 7~14d 过后各处理变化波动最大（图 10-7）。上部叶在打顶 14d 之后表现为 T2>T4>T1>T3>T5。综上所述，各处理间均以 T2 处理烟叶 POD 含量最高，T3 和 T5 处理含量最低。

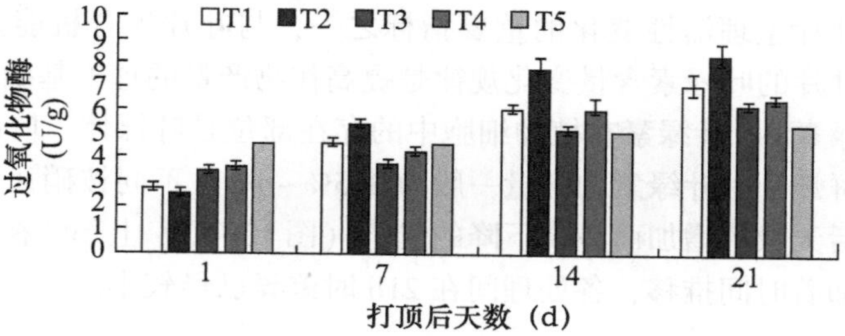

图 10-7　不同铵硝比过氧化物酶含量变化

4. 不同铵硝比对丙二醛含量的影响

MDA 是细胞膜脂过氧化产物，MDA 的积累对植物具有毒害作用，其积累的多少可作为植物遭受逆境伤害程度的指标。不同铵硝比水平下，MDA 含量在各处理间变化规律不明显，随着打顶天数的增加而增加（图 10-8）。不同处理上部烟叶在打顶 21d 后除 T3 外，各处理间差异不显著。其中 T2 和 T4 含量对高，T1 和 T5 次之。

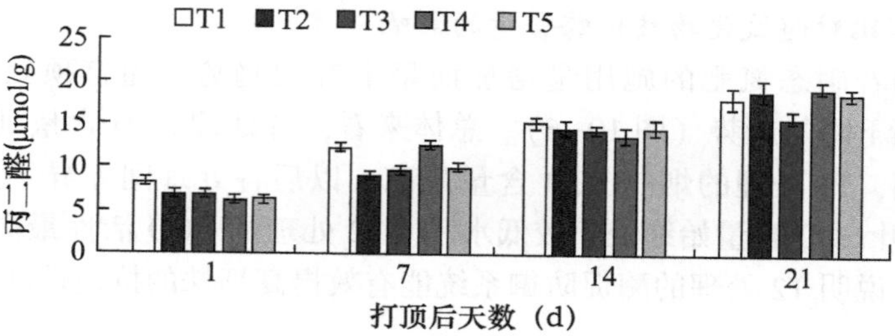

图 10-8　不同铵硝比丙二醛含量变化

5. 不同铵硝比对硝酸还原酶含量的影响

植物中硝酸盐转化为氨先是硝酸盐获得电子还原成亚硝酸盐，再由硝酸还原酶催化。NR 是这个过程的起始酶，也是限速酶，在植物氮素代谢中处于关键地位。硝酸还原酶随着打顶天数的推移呈现降低的趋势，不同铵硝比处理间表现有所不同（图 10-9）。上部叶中，T2 在打顶初期和末期含量均较高，变化范围较小。综合来看，T2 和 T4 处理较好，T1 和 T5 处理变化范围相对较大，不稳定。

6. 不同铵硝比对转化酶含量的影响

蔗糖是高等植物光合产物运输的主要形式，通过韧皮部，蔗糖从合成部位被运输到大量需要能源和碳源的组织细胞，然后在转化酶作用下分解为葡萄糖和果糖，经糖酵解进入三羧酸循环，其活性强弱对碳代谢影响很大。烟叶生产是以提高烟叶品质为核心，碳氮代谢的强弱和协调程度影响着烟叶内部的化学成分，也直接影响着烟草品质。上部烟叶转化酶含量呈抛物线形状变化，T1 和 T5 含量相对较高，T3 含量最低（图 10-

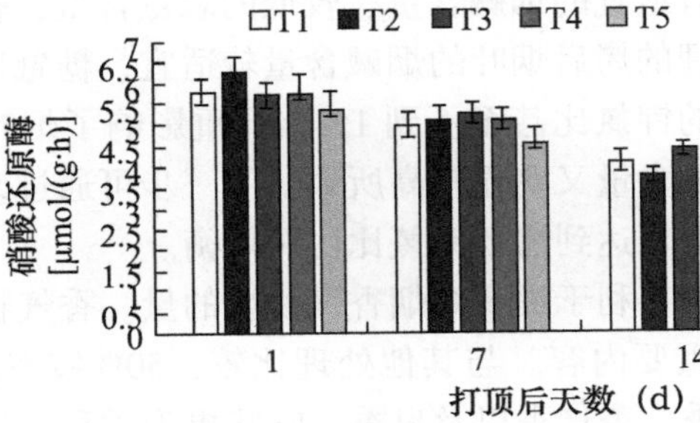

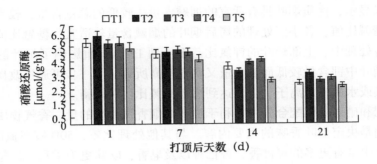

图 10-9　不同铵硝比硝酸还原酶含量变化

10）。此后，随着烟叶逐渐成熟，T2 和 T3 转化酶含量迅速降解，在 5 个处理中含量处于最低水平。

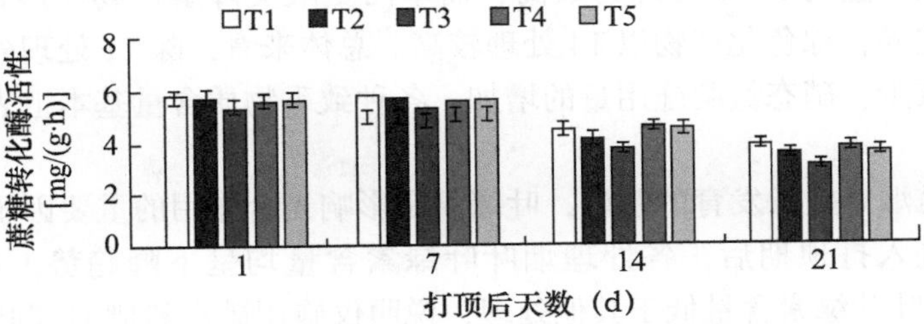

图 10-10　不同铵硝比转化酶含量变化

三、结论与讨论

研究表明，烟叶的物理特性与加工性能、可用性和烟气组分密切相关，是烟叶质量的重要构成因素。在一垄双行栽培模式下施用不同比例的铵、销态氮肥可以较明显改善烟叶外观质量，降低烟叶的含梗率和叶面密度，使叶片变得疏松，并且有利于促进上部叶开片，增加叶面积，降低上部叶身份，提高上部叶工业可用性，这与前人研究结果保持一致。

叶质质量在一定程度上反映了烟叶发育和成熟程度，与烟叶组织结构和内含物的充实程度密切相关，对烟叶单叶重产生直接影响。各处理间烟叶叶质质重差异显著，T3 处理的烤后的中上部烟叶叶质质重最大，表现较好。拉力影响着烟叶的内在质量，并且拉力与内在质量呈负相关。而施用 50%铵态氮+50%硝态氮处理能较小降低烟叶的抗拉力，使烟叶变得疏松，从而改善烟叶的内在质量。在施用不同铵硝比氮肥的处理中，以 T3 处理的烟叶物理特性表现最好，这与该肥料配比较均衡且铵态氮在施入土壤中损失较少有关，具体机制还有待进一步研究。综上所述，T3 处理烤后烟叶物理特性指标表现较好，比例较为协调。

研究结果显示，优质烟叶具有适宜的烟碱含量、较低的总氮含量、较高的还原糖含量与较高的糖碱比值，各小区处理的烤后烟叶的烟碱含量较适宜、糖碱比值和钾氯比值显著偏低，各处理中、上部烟叶的钾氯比甚至不到1%，严重影响了烟叶的可用性。这主要是由于烟叶中钾含量较低而氯含量又明显较高所致，下一步可通过改良土壤理化环境，降低土壤或水质中氯离子，以求达到烤烟钾氯比协调均衡。

铵态氮肥和硝态氮肥配合施用有利于提高烤烟香气物质的量。香气物质的含量、种类及组成比例是决定烟叶香味的重要内容。与其他处理比较，50%铵态氮肥+50%硝态氮肥处理烟叶中带有更多的樱桃香、杏仁香以及皂香，吃味更为柔和；二氢猕猴桃内酯高，因此刺激性减少；花香特征虽然不能从苯乙醇和苯甲醇中得到提高，但是可从大马酮、β-紫罗兰酮、巨豆三烯酮中得到提升。总体来说，50%铵态氮+50%硝态氮肥处理中苯丙氨酸类、棕色化产物类、类西柏烷类以及类胡萝卜素降解产物也不同程度高于其他处理。不同铵硝比施肥条件下烤后上部烟叶的类胡萝卜素类、类西柏烷类、新植二烯和中性致香物质总量均以T2处理为最高，而苯丙氨酸类降解产物T3>T2>T4，三者之间并无显著性差异，棕色化产物以T4处理较高。总体来看，除T1处理外各施肥方式随着铵态氮肥的减少，硝态氮肥施用量的增加，各种致香物质含量基本上表现出逐渐降低的趋势。

光合作用是烟草生长发育的基础，叶绿素是影响光合作用的重要因子之一。试验结果表明，烤烟进入打顶期后，各处理烟叶叶绿素含量均呈下降趋势。100%硝态氮肥（T5）烤烟上部叶叶绿素含量低于其他处理，说明仅施用硝态氮肥对烟叶叶绿素影响很大。在打顶前期各处理间绿素含量差异不明显，而后期差异较为显著，说明不同肥料配比对烟叶叶绿素含量的影响具有后滞性。

在生物系统进化过程中，细胞内形成了防御活性氧毒害的保护机制，超氧化物歧化酶就是植物体内防御氧毒害的关键酶。SOD活性绝对值水平表现为上部叶>中部叶>下部叶，与POD酶活性变化规律一致。POD能清除活性氧，是评价植物抗逆性的指标。不同铵硝比施肥水平的上部烟叶SOD含量变化不明显，随着打顶天数的增加而缓慢上升。上部叶各处理中，T2处理的POD活性最高，其降低程度低于其他处理，说明T2处理的酶促防御系统能有效提高烟株的抗逆性和抗衰老能力。植物体内MDA大量积累，会造成膜透性增加，细胞内物质外渗，电导率增大，细胞失去活力，迅速衰老，但由于细胞内存在一系列的抗氧化系统而使这些活性氧得以清除。整个打顶期内，不施铵态氮和硝态氮肥处理的T1和T5，产生速率和MDA含量均较大，且与T3之间存在显著性差异，T2和T4处理也明显高于T3处理。这表明烤烟进入成熟期后，膜质过氧化作用明显加强，叶片衰老加剧，而施用50%铵态氮+50%硝态氮肥料能显著降低烤烟叶片MDA产生速率和含量，延迟衰老，效果显著。究其原因，可能是合理的铵硝比施肥能显著提高烤烟叶片的SOD活性，同时POD活性也得到一定程度的提高。

硝酸还原酶是氮代谢的关键酶和诱导酶，其活性高低反映了植株营养状况和氮代谢水平。本试验结果表明，打顶初期到打顶21d后，上部烟叶硝酸还原酶活性始终较强。打顶21d后，上部叶硝酸还原酶活性降低并趋于相同。

转化酶与植物的碳代谢密切相关，可催化细胞质中蔗糖转化形成单糖，促进叶绿体中磷酸丙糖向外运转，使叶绿体中淀粉积累减少，光和碳固定过程加强。烟株转化酶活性降低说明烟株碳水化合物的积累代谢增强。本试验中，整个时期内，各施肥处理烟叶转化酶含量随施肥梯度的变化，大致呈现“抛物线”变化规律，其中以T1和T5处理转化酶含量最高。

本研究仅针对有限的不同比例铵硝态氮肥形态的有机肥进行试验，涵盖的试验因素较少，得出的结论只是初步的。在推广不同比例铵硝态氮肥种植烤烟的过程中，由于肥料肥力有限，对烟叶产量带来一定限制，从而影响烟农的产值和收益，这都为大面积推广带来了一定难度和阻力。

第四节 豆浆灌根对洛阳烤烟香气质量的影响

烤烟香气物质含量是衡量烟叶品质的重要因素之一，烟叶的香气质和香气量与其香气物质含量呈正相关，通过分析烟叶香气物质含量，可以对烟叶的香气质量进行客观、准确的评价。由于长期单一施用无机化肥，土壤有机质含量下降，我国烟叶呈现“营养比例失调，油分少，香气量不足”现象。我国豫西烟叶产区（洛阳、三门峡）烟农在农业生产实践中发现，在烤烟生长团棵期使用发酵后的豆浆灌根，对当季烟叶产量和品质的提高有明显作用，因而每年烟叶生长到团棵期时，自发采用豆浆灌根，以促进当地烟叶生产。使用有机氮肥（有机氮肥）能改善烟叶品质，增加烟叶香气，改善吃味，有利于糖分和芳香物的积累，从而赋予烟叶优良的品质。相关研究多集中在有机肥对烤烟生理过程及产质的影响，对施用豆浆团棵期灌根对烤烟叶片香气物质含量和评吸质量的影响研究国内外未见报道。本书探讨了豆浆灌根对洛阳烤烟香气物质含量和评吸质量的影响，为科学使用豆浆追肥，促进洛阳烤烟烟叶香气质量提供理论依据。

一、材料与方法

（一）试验材料

试验于2006年在河南省洛宁县赵村乡赵村试验田进行，供试品种为中烟100。前茬作物为烟草，土壤肥力中等。移栽密度15 000株/hm^2，行距120cm，株距55cm。移栽时间：5月10日。田间种植管理按照豫西烟草种植标准化操作规程进行。处理：于烟株团棵期按照5kg/667m^2黄豆打浆，阳光下暴晒3d，对水50kg灌根；对照CK：团棵期每亩灌水50kg。从试验处理间各选取生长整齐一致的烟株挂牌标记，于下部5~6叶位叶片、中部10~12叶位片叶、上部17~18叶位叶片正常成熟时，分别采收烟叶4竿，统一装置于烤房第2棚中部，按照烤房配套“三段式”烘烤工艺烘烤。

取烤后初烤烟叶各部位干样2.0kg，进行中性香气物质分析和评吸评价。

（二）中性香气成分的测定

粉碎过60目的烟叶粉末→水蒸气蒸馏→二氯甲烷萃取（10.00g烟样+0.5g柠檬酸+350ml蒸馏水+0.3ml内标于500ml圆底烧瓶中，再加40ml二氯甲烷于另一250ml圆底烧瓶中，60℃水浴加热 250ml 圆底烧瓶，用同时蒸馏萃取仪蒸馏萃取。）→无水硫酸钠干燥有机相→60℃水浴浓缩至 1ml 左右即得烟叶的精油。

经前处理制备得到的分析样品，由 GC / MS 鉴定结果和 NIST 库检索定性。

GC/MS 分析条件　色谱柱：HP-5（60m×0.25mm. i. d. ×0.25μmd. f.）；载气及流速：He 0.8ml/min；近样口温度：250℃；传输线温度：280℃；离子源温度：177℃升温程序：50℃（2min）2℃/min 120℃（5min）2℃/min 240℃（30min）；分流比和进样量：1∶15，2μl；电离能：70eV；质量数范围：50~500amu；MS 谱库：NIST02；内标法定量。

（三）初烤烟叶评吸鉴定

由河南新郑烟草集团公司技术中心进行评吸鉴定，评吸结果采用打分法表示。

二、结　果

（一）豆浆灌根对烤烟香气物质含量的影响

1. 香气物质含量测定结果

经气相色谱/质谱（GC/MS）对烤后烟叶样品进行定性和定量分析，共检测出 25 种对烟叶香气有较大影响的化合物（表 10-20）。其中，酮类类 10 种，醛类 7 种，醇类 3 种，酯类 1 种，吡咯类 1 种，酚类 1 种，烯烃类 2 种。含量较高的致香物质主要有新植二烯、茄酮、7，11，15-三甲基-3-亚甲基十六烷-1，6，10，14-四烯、4-乙烯基-2-甲氧基苯酚、β-大马酮、巨豆三烯酮 4、二氢猕猴桃内酯、香叶基丙酮、糠醛等。

表 10-20　豆浆灌根对洛阳烟叶香气成分含量的影响　　单位：μg/g

物质	下部		中部		上部	
	处理	CK	处理	CK	处理	CK
苯甲醛	0.63	2.90	0.55	1.80	0.36	4.43
苯甲醇	2.53	5.48	1.62	4.12	1.78	6.92
苯乙醛	5.05	0.66	3.29	0.33	3.54	0.48
苯乙醇	1.84	1.35	1.44	0.95	0.66	2.10
糠醛	10.49	7.49	9.89	5.83	9.89	11.24
乙酰基呋喃	0.30	0.21	0.52	0.21	0.80	0.44
6-甲基-2-庚酮	0.14	0.09	0.17	0.14	0.46	0.45
5-甲基-2-糠醛	1.30	0.74	1.10	0.56	0.77	1.00
茄酮	8.91	5.65	9.96	8.87	10.40	10.70
6-甲基-5-庚烯-2-酮	0.48	0.62	0.56	0.35	0.68	0.50
2，4-庚二烯醛	2.88	4.75	2.05	0.93	0.84	0.85
2，4-庚二烯醛 2	0.58	1.05	0.53	0.27	0.42	0.20
芳樟醇	1.52	0.97	1.49	1.05	1.85	1.74

（续表）

物质	下部		中部		上部	
	处理	CK	处理	CK	处理	CK
β-环柠檬醛	0.43	0.39	0.50	0.36	0.55	0.48
4-乙烯基-2-甲氧基苯酚	5.36	5.87	5.22	2.16	2.06	3.28
β-大马酮	26.35	22.26	25.71	22.86	22.75	21.79
香叶基丙酮	2.01	2.39	2.36	1.90	2.59	1.92
二氢猕猴桃内酯	5.10	5.20	3.78	3.08	3.05	3.34
巨豆三烯酮 1	0.91	1.15	1.04	0.86	0.94	0.90
巨豆三烯酮 2	4.74	5.59	4.60	4.38	3.84	5.25
巨豆三烯酮 3	1.13	1.21	1.06	0.91	0.91	1.12
三羟基-β-二氢大马酮	2.67	2.95	2.49	1.34	1.53	1.64
巨豆三烯酮 4	8.20	7.86	6.64	6.28	5.00	7.71
7，11，15-三甲基-3-亚甲基十六烷-1，6，10，14-四烯	12.23	14.11	8.45	9.85	9.42	10.22
新植二烯	771.96	672.50	889.66	729.71	596.09	640.06
总量	877.75	773.44	984.70	809.09	681.19	738.75

团棵期豆浆灌根对洛阳烤烟叶片香气物质总量的影响效果明显。团棵期豆浆灌根对下部烟叶香气物质含量的提高效果明显，豆浆处理香气物质含量为877.75μg/g，为对照无豆浆灌根处理的113.5%；对中部叶片香气物质含量的提高效果最大，该部位叶片豆浆处理香气物质含量为984.70μg/g，为对照无豆浆灌根处理的121.7%；豆浆处理条件下上部叶片香气物质总量较低，为681.19μg/g，为对照无豆浆灌根处理的92.2%，豆浆灌根对上部烤烟叶片香气物质积累的负效应可能与豆浆明显改善上部叶片的开片情况，促进上部叶片发育，因洛阳烤烟上部叶片生育时期较短，豆浆促进叶片发育后成熟时期延迟，导致烤烟香气物质积累不足有关。豆浆灌根对洛阳烤烟叶片香气物质总量的影响效应为中部>下部>上部，豆浆灌根对洛阳烤烟叶片香气物质总量的影响效应及其生理机制尚需进一步研究。

从香气物质数据上看，团棵期豆浆灌根处理明显降低了洛阳烤烟各个部位叶片中苯甲醛、苯甲醇物质含量，降低了上部叶片中苯乙醇、糠醛、5-甲基-2-糠醛、4-乙烯基-2-甲氧基苯酚、二氢猕猴桃内酯、巨豆三烯酮 2、巨豆三烯酮 3、巨豆三烯酮 4、7，11，15-三甲基-3-亚甲基十六烷-1，6，10，14-四烯和新植二烯等香气物质含量；降低了中部叶片中 7，11，15-三甲基-3-亚甲基十六烷-1，6，10，14-四烯的物质含量；降低了下部叶片中 6-甲基-5-庚烯-2-酮、2，4-庚二烯醛 1、2，4-庚二烯醛 2、4-乙烯基-2-甲氧基苯酚、香叶基丙酮、二氢猕猴桃内酯、巨豆三烯酮 1、巨豆三烯酮 2、巨豆三烯酮 3、三羟基-β-二氢大马酮和 7，11，15-三甲基-3-亚甲基十六烷-1，6，10，14-四烯等香气物质含量。显著提高了豫西烤烟叶片中苯乙醛含量，提高了上部叶片中乙酰基呋喃、6-甲基-2-庚酮、6-甲基-5-庚烯-2-酮、2，4-庚二烯醛 2、芳樟醇、β-环柠檬醛、4-乙烯基-2-甲氧基苯酚、β-大马酮、香叶基丙酮和巨豆三烯酮1等香气物质含量；提高了中部叶片中苯乙醇、糠醛、乙酰基呋喃、6-甲基-2-庚酮、5-甲基-2-糠醛、茄酮、6-甲基-5-庚烯-2-酮、2，4-庚二烯醛1、2，4-庚二烯醛2、芳樟醇、β-环柠檬醛、4-乙烯基-2-甲氧基苯酚、β-大马酮、香叶基丙酮、二氢猕猴桃内酯、巨豆三烯酮1、巨豆三烯酮2、巨豆三烯酮3、巨豆三烯酮4、三羟基-β-二氢大马酮和新植二烯等香气物质含量；提高了下部叶片中苯乙醇、糠醛、乙酰基呋喃、6-甲基-2-庚酮、5-甲基-2-糠醛、茄酮、芳樟醇、β-环柠檬醛、β-大马酮、巨豆三烯酮4和新植二烯等香气物质含量。

2. 致香物质含量的分类分析

烟叶中化学成分较多，不同致香物质具有不同的化学结构和性质，因而对人的嗅觉可以产生不同的刺激作用，形成不同的嗅觉反应，对烟叶香气的质、量、型有不同的贡献。为便于分析豆浆灌根对烤烟致香物质含量的影响差异，把所测定的致香物质按烟叶香气前体物进行分类，可分为苯丙氨酸类、棕色化产物类、类西柏烷类、类胡萝卜素类4类。苯丙氨酸类致香物质包括苯甲醇、苯乙醇、苯甲醛、苯乙醛等成分，对烤烟的香气有良好的影响，尤其对烤烟的果香、清香贡献较大。由图10-11可知，下部叶中苯丙氨酸类致香物质以团棵期无豆浆灌根处理较高，两处理差异较小，表明豆浆灌根对下部叶片苯丙氨酸类香气物质的形成影响较小；中部叶苯丙氨酸类香气成分含量团棵期无豆浆灌根处理较高，两处理差异较小；和下部、中部叶片不同，上部叶片中苯丙氨酸类致香物质含量在团棵期豆浆灌根处理条件下含量显著减少，减少量在55%左右，表明豆浆灌根严重影响了豫西烤烟上部叶片苯丙氨酸类香气物质的形成，其影响原因尚需进一步研究。

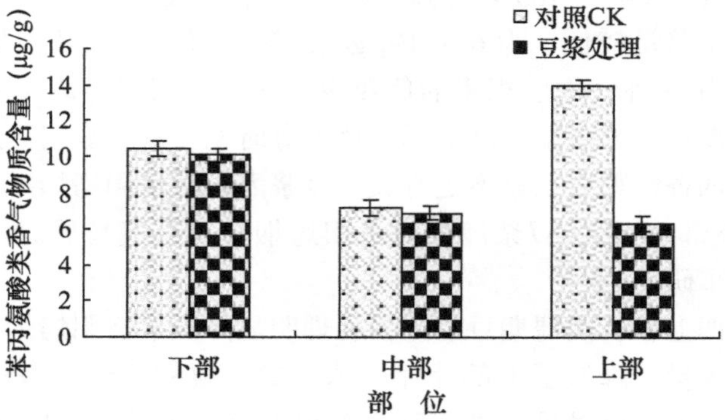

图10-11　豆浆灌根对洛阳烟叶苯丙氨酸类香气成分含量的影响

棕色化产物类香气物质包括糠醛、5-甲基糠醛、二氢呋喃酮、乙酰基吡咯和糠醇等成分，其中多种物质具有特殊的香味。由图10-12可以看出，洛阳烤烟下部、中部叶片中棕色化产物类香气物质含量随团棵期豆浆灌根的处理而呈增加的趋势；下部叶片豆浆灌根处理比对照处理棕色化产物类香气物质含量增加3.71μg/g，增幅达43.5%；中部叶片下部叶片豆浆灌根处理比对照处理棕色化产物类香气物质含量增加4.94μg/g，增幅达73.3%；上部叶片豆浆灌根处理比对照处理棕色化产物类香气物质含量减少

1.20μg/g，为对照处理的90.9%。豆浆灌根造成上部叶片棕色化产物类香气物质含量减少可能与洛阳烤烟上部叶片生长发育时期较短有关。

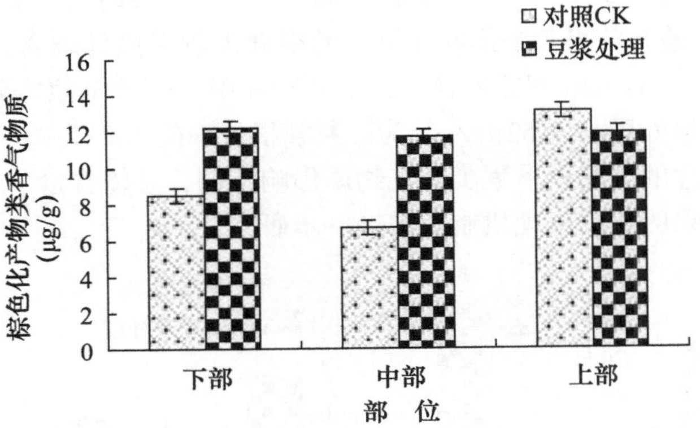

图10-12　豆浆灌根对洛阳烟叶棕色化产物类香气成分含量的影响

类西柏烷类香气物质主要包括茄酮和氧化茄酮，是烟叶中重要的香气前体物，通过一定的降解途径可形成多种醛和酮等烟草香气成分。由图10-13可以看出，下部叶片豆浆灌根处理与对照处理的类西柏烷类香气物质含量差异最大，比对照增加3.26μg/g，增幅达57.8%；中部叶片豆浆灌根处理与对照处理的类西柏烷类香气物质含量差异较大，比对照增加1.09μg/g，增幅达12.2%；上部叶片以对照处理类西柏烷类香气物质含量较高，为豆浆灌根处理的102.9%，差异较小。豆浆灌根造成上部叶片类西柏烷类香气物质物质含量减少可能与洛阳烤烟上部叶片生长发育时期较短有关。

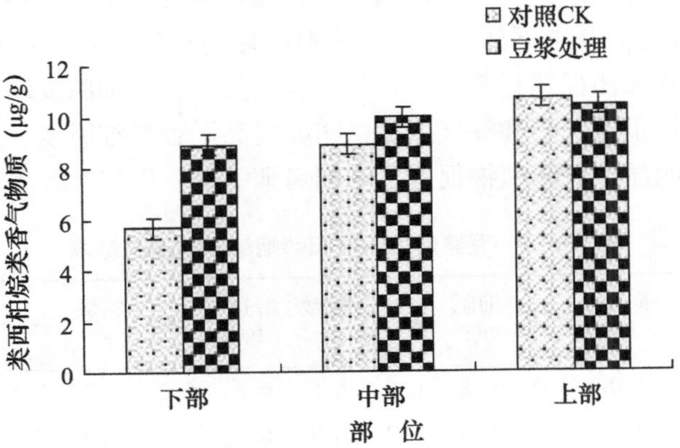

图10-13　豆浆灌根对洛阳烟叶类西柏烷类香气成分含量的影响

类胡萝卜素类香气物质包括6-甲基-5-庚烯-2酮、香叶基丙酮、二氢猕猴桃内脂、β大马酮、三羟基-β-二氢大马酮、β-环柠檬醛、芳樟醇、巨豆三烯酮的4种同分异构体等，也是烟叶中重要香味物质的前体物。烟叶在醇化过程中，类胡萝卜素降解后可生成一大类挥发性芳香化合物，其中相当一部分是重要的中性致香物质，对卷烟吸食品质有重要影响。由图 10-14 可以看出，除中部叶片豆浆灌根促进类胡萝卜素类香气物质含量增加外，下部、上部叶片豆浆灌根处理均不同程度的影响了类胡萝卜素类香气物质的形成。下部叶片对照处理较豆浆灌根处理含量高 1.77μg/g，是豆浆灌根处理的 102.4%，各处理间差异较小；中部叶片豆浆灌根处理较对照处理含量高 9.91μg/g，是对照处理的 117.5%，各处理间差异较大；上部叶片中类胡萝卜素类致香物质以对照处理最高，较豆浆灌根处理高 4.52μg/g，为豆浆灌根处理的 108.1%。豆浆灌根处理对豫西烤烟不同部位叶片的类胡萝卜素类香气物质影响不同，总体含量表现为增加，具体影响结果及其导致结果的相关生理机制尚需进一步研究。

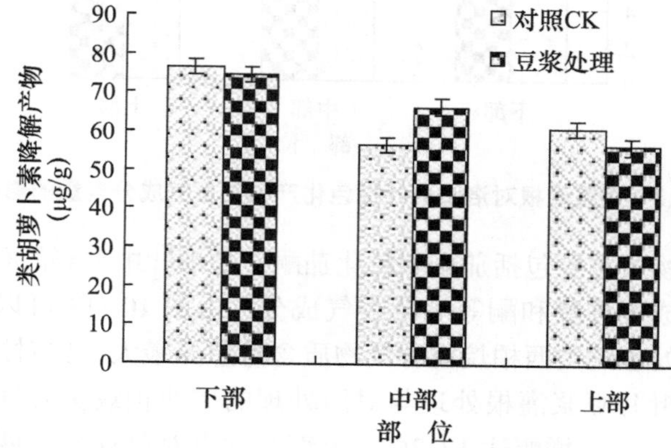

图 10-14 豆浆灌根对洛阳烟叶类胡萝卜素类香气成分含量的影响

（二）豆浆灌根对洛阳烤烟叶片香气质量的影响

豆浆灌根对烟叶评吸质量有明显影响，豆浆灌根条件下下部、中部叶片评吸评价总分均较高（表 10-21）。其中下部叶片豆浆灌根处理的香气评吸评价总分值在各处理中增量最高；中部叶片在团棵期豆浆灌根条件下香气量、香气细腻度略有提高；上部叶片豆浆处理条件下降低了香气量和香气浓度，明显提高了香气细腻度，造成评吸评价结果为上部烟特征不太明显。豆浆灌根促进了洛阳烤烟下部、中部叶片香气质量的提高。

表 10-21 豆浆灌根对洛阳烤烟感官质量的影响 单位：分

部位	处理	香气质	香气量	浓度	细腻度	杂气	刺激性	舒适度	甜度	燃烧性	灰分	总分	劲头	综合评价
下部	豆浆处理	6.2	6.0	6.0	6.8	6.5	6.5	6.5	6.2	7.0	7.5	65.2	较小	正常
	对照 CK	6.0	5.5	5.3	6.8	6.3	6.7	6.5	6.0	7.0	7.5	63.6	较小	正常
中部	豆浆处理	6.5	6.5	6.5	6.5	6.5	6.5	6.5	6.5	7.0	7	66.0	中	正常
	对照 CK	6.5	6.3	6.5	6.3	6.5	6.0	6.5	6.5	7.0	7.5	65.6	中	正常
上部	豆浆处理	6.5	6.5	6.8	6.5	6.0	6.0	6.3	6.0	7.0	6.5	64.1	中	上部烟特征不太明显
	对照 CK	6.5	6.7	7.0	6.0	6.0	5.6	6.0	6.0	7.0	7.5	64.3	较大	正常

三、讨　论

刘国顺等研究了饼肥中有效成分对烤烟生长及氮素吸收的影响，表明其促进了烟株的生长发育和氮代谢。刘卫群等研究不同氮素形态对烤烟根系生长发育的影响，表明适量配施腐熟饼肥对根系后期的生长发育有促进作用。聂荣邦的研究表明，化肥配合施用适量饼肥，有利于烟苗前期早发，中期旺长，后期适时落黄成熟，实现优质适产。李广才等研究表明饼肥比腐植酸更有利于烟株的生长，可能由于饼肥中的氮素能更多地转化为硝态氮，有利于烟株吸收其他营养元素。韩锦峰等研究表明饼肥和化肥各半，有利于成熟期烟叶落黄。郭予琦研究表明芝麻饼肥、秸秆还田与化肥配施对提高烟叶产量和品质有利，芝麻饼肥氮占66.6%+化肥+秸秆还田处理成熟期提前，烟叶分层落黄明显，成熟度好。韩锦峰研究在芝麻饼与化肥配比处理中，以各占50%的烤烟品质为好，糖/碱比值接近10。武雪萍等研究配施芝麻饼肥后烟叶内游离氨基酸含量和氨基酸总量增加，评吸质量得分也相应得到提高。

四、结　论

本试验表明，洛阳烟叶中性香气成分含量为中部>上部>下部，其中棕色化产物类香气物质含量较小，然后依次为苯丙氨酸类、类西柏烷类、类胡萝卜素降解产物类，新植二烯在不同部位烟叶中含量均最大。豆浆灌根对洛阳烤烟不同部位烟叶中性香气成分影响均较大，其中豆浆灌根条件下中部、下部叶片形成的中性香气成分较多。豆浆灌根促进了洛阳烤烟叶片下部、中部叶片香气质量的提高。团棵期豆浆灌根对洛阳烤烟叶片香气物质和香气质量的影响效应及其生理生化机制尚需进一步研究。

第十一章　洛阳烟区提钾关键技术

钾是最重要的烟叶品质元素之一，既对烟草的可燃性有明显作用，又与烟叶香吃味及卷烟制品安全性有关。为了保持较好的可燃性，烟叶含钾量应不低于2%。据报道，烟叶含钾量可在2%~8%，美国、津巴布韦等世界优质产区的烟叶含钾量多在4%~6%。较低的烟叶含钾量一直困扰着我国烟草生产，成为进一步提高烟叶质量的主要限制因素。因此，如何通过提高烟草吸钾能力及钾肥利用率从而提高烟叶含钾量是目前这一领域研究的焦点和基本思路。

第一节　覆盖对洛阳烟区土壤速效钾的调控效应

覆盖是一项有效的旱作农业技术，是用人工方法在土壤表面设置一道物理阻隔层，使其产生对农作物有益作用的一项栽培技术措施。近些年来，覆盖技术在中国，尤其在中国北方旱作农业地区的推广应用进展迅速。覆盖物质主要有砂砾、秸秆、作物残茬、地膜等，其中最有应用价值的是地膜和秸秆覆盖。覆盖通过影响太阳光能对地表的直接辐射以及土壤和大气之间的水、气、热交换，直接影响土壤的水、气、热状况，进而影响土壤的生物活性、土壤有机质的分解以及土壤中养分物质的转化与释放，最终影响土壤的肥力水平。覆膜能提高作物的水分利用效率，使有限的降水得到合理有效地利用，改善土壤生态环境，即水、热状况，活化土壤养分，有利于增加作物对养分的吸收利用，提高养分有效性和水分利用效率。但塑料地膜的抗分解特性及广泛使用，使得用后的地膜很难回收和再利用，残存于土壤中的地膜很难自然降解，造成“白色污染”；而且地表全部覆膜不利于降水下渗，也会改变地表水分入渗的特性，继而影响地区水文状况。秸秆覆盖，尽管无明显的增温效果，但稳温效果明显，具有培肥改土、协调养分供应、调节地温、增加降水入渗和减少地表径流等作用，同时也实现了农业废弃物的资源化利用。但是，秸秆覆盖也存在不足，比如秸秆覆盖后前期土壤温度偏低，影响养分的供给；在肥力低或不施肥时，幼苗生长欠佳，导致作物生长发育延迟；在较大面积上长期实施秸秆覆盖技术，会使许多常见病虫害加重。豫西烟区烟叶生产季节降雨分布不均，常年气候以干旱为主，旱作植烟为该区烟叶生产的重要特征，干旱条件下土壤速效钾含量较低，导致烟叶钾含量低已经成为豫西烟叶质量提高的障碍因子。近年来，豫西烟区探索推广“秸秆还田”和“秸秆覆盖后还田”技术，改良土壤，提高土壤速效钾含量，以促进烟叶生产可持续发展。已有的研究，多是地膜或秸秆覆盖与不覆盖对照的比较，直接比较二者的研究较少，而且主要集中在地表覆盖对土壤水分、温度的影响，本研究以不同覆盖条件下的不同深度的植烟土壤和收获的烟叶为研究对象，对常规栽培、地膜覆盖、地膜加秸秆覆盖的植烟土壤不同深度速效钾和烟叶含钾量的差异进行了比较。研究覆盖对洛阳烟叶钾含量和植烟土壤速效钾含量的调控效应，为改进洛阳旱区地表覆盖栽培技术，提高豫西烟叶钾含量、维持土壤供钾能力和彰显洛阳烟叶质量特色风格提供理论依据。

一、材料与方法

（一）试验设计

试验于 2016 年在河南省洛宁县东宋聂坟村进行。供试烤烟品种为中烟 100。土壤质地：红黏土。供试土壤耕层基础理化性状：pH 值 7.35，有机质 15.4g/kg，碱解氮 91.9mg/kg，速效磷 62.3mg/kg，速效钾 127.8mg/kg。试验设三个处理，重复三次，共计 9 区，采用随机区组排列，小区面积为 2 亩，共计 18 亩。试验处理分别为：

对照（CK）：常规栽培，大田全生育期裸地栽培；

处理一（M）：地膜覆盖，大田全生育期地膜覆盖栽培；

处理二（M+C）：地膜加秸秆覆盖（前膜后秸），大田生长前期地膜加小麦秸秆覆盖，团棵期后揭膜培土后小麦秸秆覆盖栽培。

烟苗于 2016 年 5 月 10 日移栽，种植密度为 1 100株/亩。施肥方法：亩施纯氮 5kg（含饼肥 N 量和农家肥 N 量），氮、磷、钾比例 1∶1∶2，五氧化二磷 5kg/亩，氧化钾 10kg/亩。田间管理按照洛宁优质烟生产技术规程进行。

（二）测定项目与方法

各小区成熟采收，“三段式”烘烤工艺烘烤，42 级国标分级，计产计质。然后分别取各小区 B2F、C3F、X2F 样品 2kg 进行常规化学成分分析。

不同发育时期取样，分 0~10cm、10~25cm、25~40cm 土层，按照烤烟发育的不同时期（移栽前、移栽后 15d、移栽后 30d、移栽后 45d、移栽后 60d、移栽后 75d、移栽后 90d、采收结束）分 8 次取样，3 个土层，3 个处理。

（三）钾测定

按国家标准方法测定烟叶钾和土壤钾素含量。

二、结果分析

（一）覆盖对洛阳烤烟发育过程中不同土层速效钾的调控

1. 覆盖对洛阳烤烟发育过程中 0~15cm 土壤速效钾的调控

洛阳烤烟发育过程中 0~15cm 土壤速效钾含量呈规律性变化（图 11-1），3 处理间变化差异较大。移栽期前膜后秸含量较大，为 192mg/kg，为同期盖膜和对照处理的 126.8%和 106.8%；移栽后 15~60d 期间，盖膜处理 0~15cm 土层中速效钾含量相对较高，变化较小；移栽后 60d 至采收结束期间，盖膜处理 0~15cm 土层中速效钾含量持续波动上升，其中移栽后 75d 时 0~15cm 土层中速效钾含量为 275.7mg/kg，分别是前膜后秸和对照处理的 156.9%和 125.1%，盖膜处理明显促进速效钾在土壤 0~15cm 的转化；发育后期前膜后秸在 0~15cm 土层中速效钾含量呈稳步下降趋势，对照和处理略有上升；采收结束时盖膜处理 0~15cm 土层中速效钾含量最高，达 338.3mg/kg，为同期对照和前膜后秸的 156.3%和 197.0%。覆盖促进了洛阳烤烟发育中后期 0~15cm 土壤速效钾含量的提高，其中覆膜提高幅度较大。

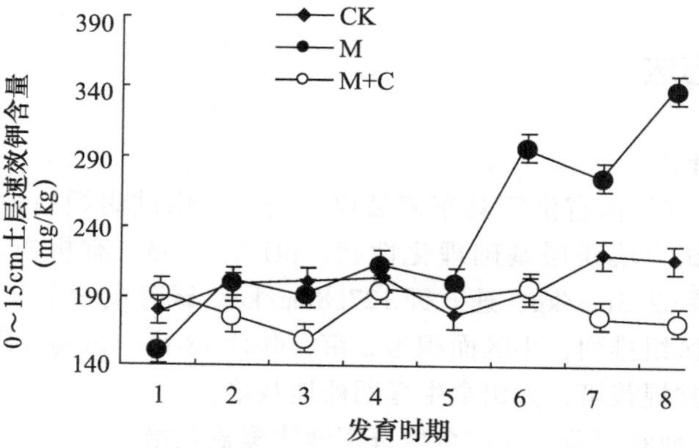

图 11-1　覆盖对洛阳烤烟发育过程中 0~15cm 土壤速效钾含量的影响

2. 覆盖对洛阳烤烟发育过程中 16~30cm 土壤速效钾的调控

洛阳烤烟发育过程中 16~30cm 土层土壤速效钾含量呈规律性变化，总体上发育前期呈波动上升趋势，后期略有下降，盖膜处理全期含量较高（图 11-2）。移栽后 15~45d 时盖膜处理 16~30cm 土层含量较高，为 220.0mg/kg 左右，而同期前膜后秸含量较低，对照呈增加态势；移栽后 75d 时前膜后秸速效钾含量达 281.4mg/kg，为该处理发育过程中最大值，分别是盖膜和对照处理的 114.9%和 146.6%，前膜后秸明显促进烟叶旺长期土壤 16~30cm 速效钾含量的提高；发育后期前膜后秸在 16~30cm 土层中速效钾含量呈稳步下降趋势，对照和盖膜处理波动上升，采收结束时对照处理 16~30cm 土层中速效钾含量较高，为同期盖膜处理的 106.2%，盖膜盖草处理的 127.3%。覆盖调整了豫西烤烟发育过程中 16~30cm 土壤速效钾含量变化，其中旺长期以前膜后秸较好，其余时期均以地膜覆盖较好。

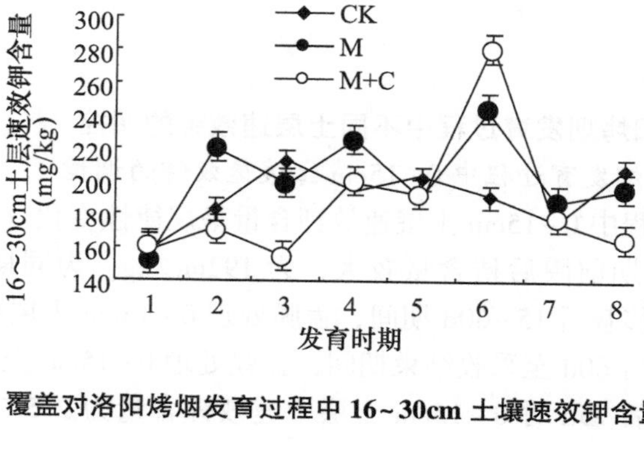

图 11-2　覆盖对洛阳烤烟发育过程中 16~30cm 土壤速效钾含量的影响

3. 覆盖对洛阳烤烟发育过程中 31~45cm 土壤速效钾的调控

洛阳烤烟发育过程中 31~45cm 土层土壤速效钾含量总体呈波动上升趋势，覆盖调整了烟株发育后期土壤速效钾含量变化（图 11-3）。移栽后 15d 时盖膜处理含量较高，为 212. 3mg/kg，为同期前膜后秸的 126. 7%，对照处理的 148. 2%；盖膜处理于移栽后 30~75d 含量基本稳定在 200. 0mg/kg 左右，对照和前膜后秸呈波动性增长变化；盖膜处理于移栽后 90d 达到最大值 269. 2mg/kg，为同期对照处理的 143. 2%，前膜后秸的 168. 8%；对照处理发育末期含量呈增加态势，盖膜处理明显下降，前膜后秸含量基本稳定，采收结束时盖膜处理 31~45cm 土层中速效钾含量较高，达 240. 7mg/kg，为同期对照处理的 120. 3%、前膜后秸的 154. 9%。覆盖对洛阳烤烟发育后期 31~45cm 土壤速效钾的调控明显，其中覆膜明显提高速效钾含量，前膜后秸明显降低速效钾含量，可能是前膜后秸降低了后期土壤温度，导致速效钾活性下降。

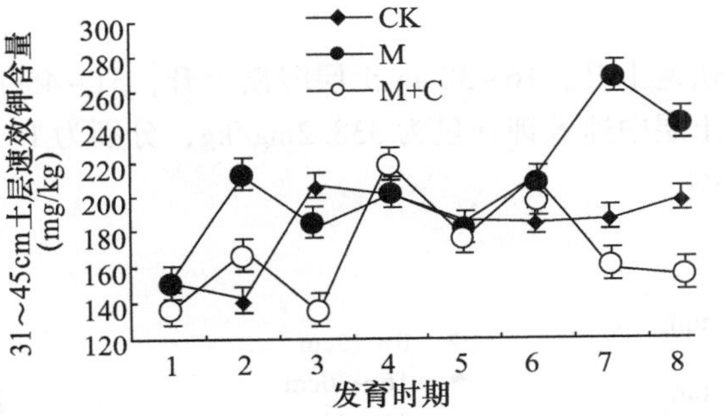

图 11-3　覆盖对洛阳烤烟发育过程中 31~45cm 土壤速效钾含量的影响

（二）不同覆盖对洛阳烤烟发育过程中速效钾的调控效应

1. 洛阳烤烟发育过程中土壤速效钾含量变化规律

洛阳烤烟发育过程中 3 土层土壤速效钾含量呈规律性变化，其中前期呈增加态势，中后期呈波动变化（图 11-4），31~45cm 土层前期变化剧烈。其中移栽期 0~15cm 土层土壤速效钾含量较高，达 179. 8mg/kg，为同期 16~30cm 土层的 115. 7%，31~45cm 土层的 118. 8%；移栽期至移栽后 30d，3 土层含量均呈快速上升趋势，至移栽后 30d，3 土层均达 200mg/kg 以上，土层间差异较小；0~15cm 土层于移栽后 90d 达到最大值 220. 4mg/kg；采收结束时 0~15cm 土层中速效钾含量较高，为同期 16~30cm 土层的 103. 9%、31~45cm 土层的 108. 1%。

2. 盖膜对土壤速效钾的调控

盖膜处理条件下洛阳烤烟发育过程中 3 土层土壤速效钾含量总体呈波动上升（图 11-5）。其中移栽期 3 土层土壤速效钾含量相同，均为 150mg/kg 左右；3 土层速效钾含量前期变化较小，移栽后 15~60d 时 16~30cm 土层含量较高，为 210. 0mg/kg 左右；移栽后 75d 时，0~15cm 土层含量为 297. 6mg/kg，分别是同期 16~30cm 和 31~45cm 土层含量的 121. 6%和 140. 2%；16~30cm 土层于移栽后 75d 含量达最大值 244. 8mg/kg；后

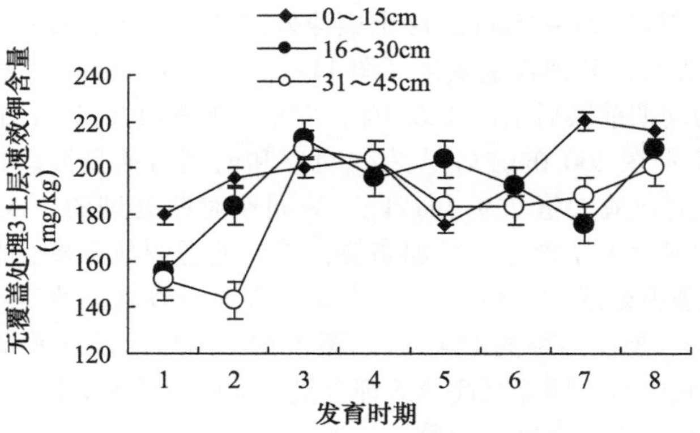

图 11-4　无覆盖条件下洛阳烤烟发育过程中土壤速效钾含量变化

期 0~15cm 土层含量快速上升，16~30cm 土层缓慢上升，31~45cm 土层含量下降明显，采收结束时 0~15cm 土层中速效钾含量为 338. 2mg/kg，分别为 16~30cm 和 31~45cm 土层的 172. 5%和 140. 5%。

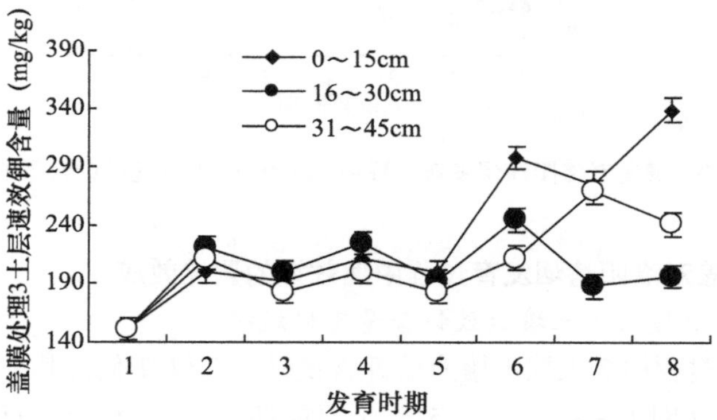

图 11-5　盖膜对洛阳烤烟发育过程中土壤速效钾含量的影响

3. 前膜后秸对土壤速效钾的调控

前膜后秸影响了洛阳烤烟发育过程中 3 土层土壤速效钾呈倒“V”形变化（图 11-6）。其中移栽期 0~15cm 土层土壤速效钾含量较高，为 192mg/kg，分别为 16~30cm 和 31~45cm 土层含量的 120. 4%和 142. 1%；移栽后 30~45d 期间 3 土层均呈快速同步上升状态；移栽 75d 时 3 土层差异最大，16~30cm 土层含量为 281. 4mg/kg，分别为31~45cm 和 0~15cm 土层含量的 135. 1%和 143. 5%；3 土层均于发育后期快速下降；采收结束时 0~15cm 土层含量较高，为 171. 7mg/kg，为同期 16~30cm 土层的 105%，31~45cm 土层的 110. 5%。

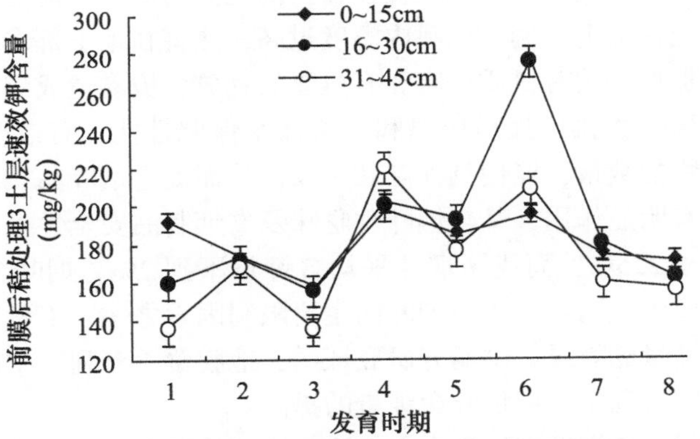

图 11-6　前膜后秸对洛阳烤烟发育过程中土壤速效钾含量的影响

（三）覆盖对洛阳烤后烟钾含量的调控

不同覆盖条件下洛阳烤烟叶片 K^+含量随部位的提高而降低（图 11-7），不同处理对不同部位烟叶 K^+含量的影响效应不同。下部叶片对照处理含量最高，为 2.14%，盖膜和盖膜盖草处理含量较低，为 1.90%左右，为对照处理的 89.0%左右。中部叶片三处理差异不大，含量均为 2.0%左右，其中盖膜处理略高。上部叶片对照和盖膜盖草处理含量基本相同，均为 1.27%左右，盖膜处理含量较高，为 1.38%，为对照和盖膜处理的 110.0%左右。盖膜和盖膜盖草处理促进了洛阳烤烟下部叶片 K^+含量的降低，盖膜处理有促进中部、上部烟叶 K^+含量的提高的趋势。

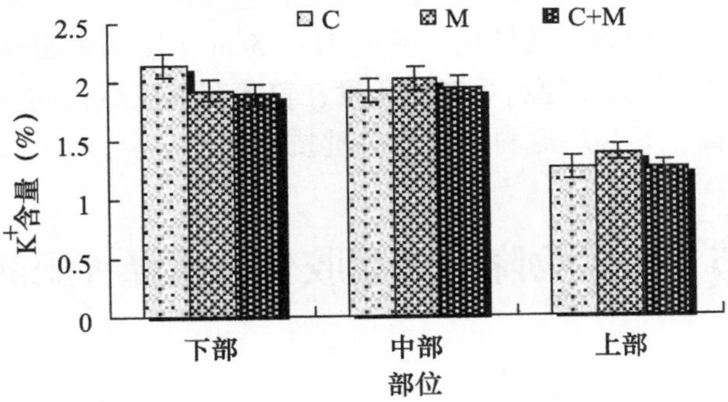

图 11-7　覆盖对洛阳烤烟钾含量的影响

三、结论与讨论

本试验条件下，不同土层的土壤速效钾含量均有明显改变，而且最终影响了烟叶中钾含量的变化。秸秆覆盖栽培可以增加土壤有机质和养分含量，促进土壤微生物活动，调节和稳定表土层水、肥、气、热等诸因素，有利于植株根系活力及光合速率的提高。覆草有明显的稳温保水效果，但是降低了土壤的温度，从而抑制了作物生长期间的土壤微生物活性。覆膜具有增温保墒的效果，提高了土壤微生物的活性，促进了对土壤营养的矿化和对作物的营养供应。但是地膜覆盖在提高地温的同时可能造成地上部分和地下部分生长比例在一定程度上失调，如膜内温度过高，热害在地下部发生，土温高有利于土壤微生物活动，加速土壤有机质分解和有机氮的释放，极易造成烟株前期旺长，后期早衰。地膜覆盖和秸秆覆盖可提高地温和土壤保水保肥性能，有效改善土壤的理化性质，增加土壤微生物的数量，能使烟株健壮生长，从而促进烟叶品质、产量的提高。钾既对烟叶的可燃性有明显作用，又与烟叶香吃味及卷烟制品安全性密切相关。国际优质烟叶含钾量应不低于2.5%，而我国烟叶平均含钾量不到2%。烟叶含钾量低一直困扰着我国烟草生产，成为我国生产优质烟叶的主要限制因素之一。王贵等试验表明，地膜覆盖有提高烟叶含钾量的效果。洪丽芳研究证明，地膜覆盖有利于中前期烟叶含钾量的积累，而打顶后揭膜有利于后期烟叶含钾量的提高。

本研究结果表明，烤烟发育过程中3土层土壤速效钾含量前期呈增加态势，中后期呈波动变化；盖膜促进了烤烟发育过程中3土层土壤速效钾含量总体上升，前膜后秸调整了不同土层速效钾含量变化，形成了洛阳烤烟发育过程中3土层土壤速效钾含量呈倒“V”形变化，3土层均于发育后期快速下降。盖膜处理明显促进土壤0~15cm速效钾的转化，采收结束时盖膜处理0~15cm土层中速效钾含量最高，达338.3mg/kg，为同期对照和盖膜盖草处理的156.3%和197.0%；前膜后秸明显促进烟叶旺长期土壤16~30cm速效钾的转化，洛阳烤烟发育过程中31~45cm土层土壤速效钾含量总体呈波动上升趋势。洛阳烤烟叶片K^+含量随部位的提高而降低，盖膜和前膜后秸降低了洛阳烤烟下部叶片K^+含量，盖膜促进了中部、上部烟叶K^+含量的提高。

从提高土壤速效钾肥力供应的角度，盖膜促进了烤烟发育过程中3土层土壤速效钾含量总体供应能力的上升，明显促进土壤0~15cm速效钾的转化。前膜后秸明显促进烟叶旺长期土壤16~30cm速效钾的转化，促进31~45cm土层土壤速效钾含量总体呈波动上升趋势。从开发中上部高端原料生产的角度，盖膜和前膜后秸均促进促进了中部、上部烟叶K^+含量的提高，是高端原料开发的关键技术之一。

第二节　可生物降解水凝胶包膜缓释钾肥的研制

一、试验设备和主要原料

本节将要用到的试验仪器、试剂和药品列于表11-1和表11-2。

表11-1　试验仪器

名称	型号	厂家
电热鼓风干燥箱	101-3	上海申光仪器有限公司
真空干燥箱	DZF-6050	上海精宏实验设备有限公司
磁力搅拌器	98-2	上海司乐仪器厂

（续表）

名称	型号	厂家
恒温水浴锅	ZKSY	巩义市予华仪器有限公司
无级恒温搅拌器	DW-1	巩义市英峪予华仪器厂
电子天平	AL104	梅特勒-托利多仪器
电子天平	WT5102	常州万得天平仪器有限公司
电子天平	ES-15	常州万得天平仪器有限公司
旋转黏度计	NDJ-8S	上海越平科学仪器有限公司
颗粒强度测定仪	YHKC-2A	姜堰市银河仪器厂
旋转造粒机	DP2400	泰安市东方干燥设备制造有限公司

表 11-2　实验试剂和主要原料

名称	规格	厂家
蒙脱土（MMT）	AR	烟台市双双化工有限公司
分子筛	13X	
壳聚糖（CS）	乙酰化 85%~90%	国药集团化学试剂有限公司
羧甲基纤维素钠（CMC）	AR	天津市光复精细化工研究所
聚乙烯醇（PVA）	AR	天津市盛奥化学试剂有限公司
控释钾肥（商业肥）	$K_2O \geq 30\%$	锦州保丰肥业有限公司
硼砂（$Na_2B_4O_7 \cdot 10H_2O$）	AR	西安化学试剂厂
甲醛（HCHO）	AR	洛阳昊华化学试剂有限公司
乙酸（CH_3COOH）	AR	安徽宿州化学试剂厂
氯化钾（KCl）	PT	天津市科密欧化学试剂有限公司
爱普硫酸钾肥料	$K_2O \geq 52\%$	浙江农资集团有限公司
粉煤灰	二级灰	石家庄电厂

二、包膜缓释钾肥制备方法的初期探索

本课题依据农作物生长周期，以一年做为一个试验周期，连续进行了两个试验周期。第一年（2011 年）是试验的探索阶段，本阶段肥料制备方面上的主要任务是初步确定包膜材料，基本确定缓释肥料制备的基本工艺，总结和分析存在的问题，制定解决方案，为下一年肥料制备试验做准备。

缓释钾肥包膜的设计：合适的包膜材料是制备性能优异的缓释钾肥重要条件，因此选择什么材料做包膜材料是本课题首先要解决的问题。经过查阅文献资料和讨论，最初确定采用壳聚糖、蒙脱土和分子筛作为缓释肥料的主要包膜材料。

1. 包膜材料

（1）壳聚糖。壳聚糖是从自然界的虾、蟹壳所含的甲壳素经过脱乙酰作用得到的。化学名：聚葡萄糖胺（1-4）-2-氨基-B-D 葡萄糖，它具有生物相容性、血液相容性、安全性、微生物降解性等优良性能。因此被广泛应用在医药、食品、化工、化妆品、水处理、金属提取及回收、生化和生物医学工程等诸多领域。目前，壳聚糖凭借本身具有的血液相容性、安全性，被广泛用作药物缓释的载体。有关壳聚糖缓释材料的研究和应用更是研究热点。

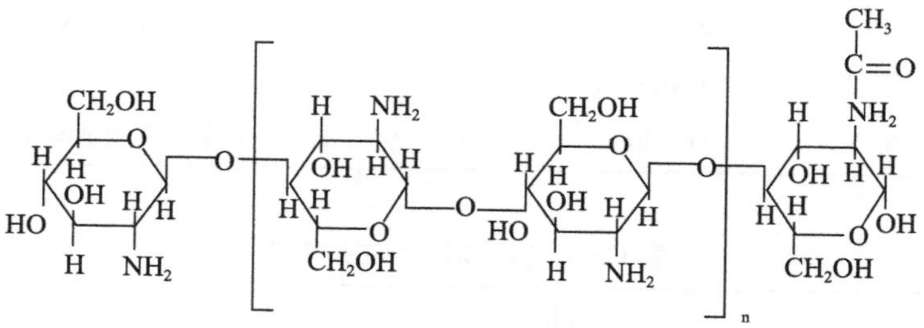

（式 11.1）

在农业上主要是将壳聚糖用作植物营养促长剂——叶面肥的原料。使用壳聚糖复配成的叶面肥，既能给植物杀虫，抗病，起到肥料的作用，又能分解土壤中动植物残体及微量金属元素，从而转化为植物的营养素，增强植物免疫力，促进植物的健康。

目前壳聚糖药物缓释研究已经较成熟，因此我们借鉴壳聚糖制备缓释药物的成功经验，设计利用壳聚糖作为缓释材料的一部分，添加其他材料制备包膜缓释钾肥。

（2）蒙脱土。蒙脱土主要成分为蒙脱石，具有独特的层状结构，晶片层间存在过剩负电荷，通过静电吸附层间阳离子保持电中性，由于层间阳离子的水和作用，蒙脱土能够稳定分散在水中，这是其吸水性的原因，其层间阳离子可以同外部的有机和无机阳离子进行离子交换。蒙脱土属于 2∶1 型三层结构的黏土矿物，是由两层 Si-O 四面体和一层 Al-O 八面体，组成的层状硅酸盐晶体，层内含有阳离子主要是钠离子、镁离子、钙离子，其次有钾离子、锂离子等，如图 11-8 所示。

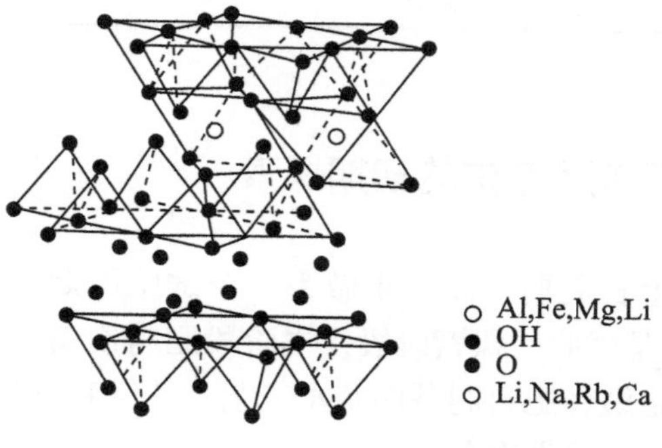

图 11-8　蒙脱土的结构

典型的蒙脱土结构的晶格中，Al^{3+} 和 Si^{4+} 易被其他低价离子所取代，因此晶层带负电荷，通过层间吸附的等电量阳离子来维持电荷平衡。

（3）分子筛。分子筛是一类具网状结构的天然或人工合成的化学物质，它是由结晶态的硅酸盐或硅铝酸盐，由硅氧四面体或铝氧四面体通过氧桥键相连而形成分子尺寸大小（通常为 0.3~2.0 nm）的孔道和空腔体系，从而具有筛分分子的特性。利用分子筛易吸水，具有网状结构的特性，用它来做包膜材料的骨架可起一定的保水作用。

（4）羧甲基纤维素钠。羧甲基纤维素钠是纤维素羧甲基醚的钠盐，为天然高分子聚合物的衍生物，易溶于水，具有一定的保湿性。低浓度的羧甲基纤维素钠溶液有较好的粘接性能，同时也具有较好的流动性。

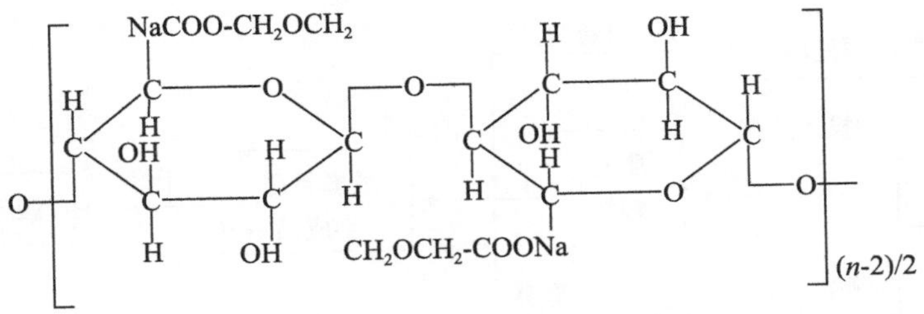

（式 11.2）

根据各种材料的特性，设计蒙脱土和分子筛为包膜材料主体，起保持肥料强度和缓释的作用。壳聚糖和羧甲基纤维素钠则配置成溶液使用，其中壳聚糖起到缓释和粘接作用，羧甲基纤维素钠只作为粘接剂使用。

为了对比不同包膜材料的缓释效果，本实验设计两组肥料制备配方。它们均以蒙脱土和分子筛为包膜材料主体。其中缓释钾肥 A 以羧甲基纤维素钠溶液为粘接剂，缓释钾肥 B 则是以壳聚糖溶液做粘接剂。两种包膜材料中各组分含量列于表 11-3，两种缓释钾肥包膜厚度均为 30%。

表 11-3　两种缓释钾肥包膜材料的组分含量（%）

编号	包膜材料		
	分子筛	蒙脱土	粘接材料
缓释钾肥 A	25	70	5
缓释钾肥 B	25	70	5

2. 包膜缓释钾肥造粒方法探索

在用壳聚糖为包膜材料的研究中，将壳聚糖溶于醋酸溶液，然后加入表面活性剂，形成“油包水/水包油”乳液，再干燥固化或其他方式造粒的是常用的制备壳聚缓释肥料的方法。但这类方法制得的缓释肥料存在粒径小（通常小于 1 000 μm）、比表面积大、制作步骤烦琐、所需试剂价格昂贵等缺点。这些缺点导致缓释肥存在缓释效果不理想，不易大规模生产，成本高，仅能用于实验室研究等问题。而圆盘喷雾包膜法工艺简单、生产能力较大，因此选用该方法制备缓释钾肥。

三、包膜缓释钾肥制备工艺的探索

（一）包膜缓释钾肥的制备

在确定了制备缓释钾肥的配方后，即开始缓释钾肥的制备。缓释钾肥制备流程如图11-9所示。利用分样筛将所制缓释钾肥料粒径范围控制在7~2目之间（2.8mm≤d≤8mm）。最终得到缓释钾肥A约6.43kg，肥料为表面呈黄色圆球或椭球状小颗粒；缓释钾肥B约6.7kg，肥料为表面呈白色圆球或椭球状小颗粒。

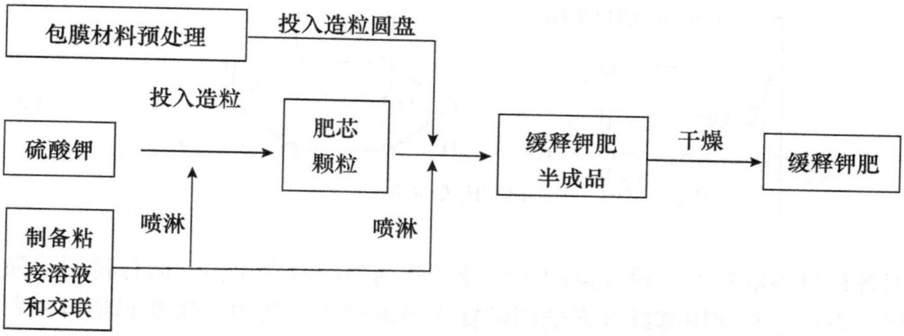

图 11-9　缓释钾肥制备流程图

（二）不同缓释钾肥的成本估算与比较

参考当时各种原料的价格，对制得的缓释肥料的原料成本进行了估算，并与硫酸钾和商业控释钾肥的销售价格进行参对，其数据列于表11-4。

表 11-4　各种肥料价格参对

（元/t）

	市售硫酸钾	商业控释钾肥	缓释钾肥 A	缓释钾肥 B
销售价格	约 4 000	约 10 000	—	—
成本价格	—	—	约 5 600	约 6 500

可以看到，相对于本身就为原料之一的硫酸钾，本实验制作的两种缓释钾肥在成本上增加的并不多，分别为缓释钾肥A增加40%，缓释钾肥B增加62.5%。虽然这里只是计算了原料成本，但是与市售的商业控释钾肥销售价格相比本实验制作的缓释钾肥在65%以下，在价格上依然很有竞争力。接下来的大田试验中两种缓释钾肥均表现出较好的缓释性能。

（三）初期所制包膜缓释钾肥存在的问题及解决方法

1. 包膜缓释钾肥存在的问题

虽然本实验所制造的两种缓释钾肥在大田试验中缓释效果优良，但仍然存在着一些问题。主要表现在以下几个方面：

（1）缓释钾肥抗压强度低。为了保证肥料在存放、运输过程中不被物理机械作用破坏，导致肥料损耗加大、肥力降低等问题，要求肥料具备一定强度。对于包膜缓释肥料来说，缓释性能是通过包膜实现，如果在其被使用前包膜破裂或者损坏，这对于包膜缓释肥料来说是致命的。包膜破碎会降低缓释性能，甚至导致缓释性能丧失。

（2）耐水性差。初期所制存在耐水性差的问题。将缓释肥料投入水中时，肥料立即在水中分散，几乎不具备耐水性，包膜缓释肥料会因为包膜的溶散失去缓释效果。这一缺点限制缓释钾肥的使用范围，如不能施用于水稻等根或茎部浸泡在水中的作物，以及南方降水量较大的地区。

（3）成本仍然较高。所制缓释钾肥相对于商业控释肥价格有所下降，但是仍达不到我们的所期望的价格区间，不能大规模使用和推广。

2. 解决方法

针对上一个周期的试验产品存在的问题，采用了一系列措施和方法，对每一个问题予以解决。

（1）提高抗压强度的方法

对于去缓释钾肥 A、B 来说，它们的强度只能由高分子聚合物粘接剂的对无机粉末的粘接强度决定。在不改变粘接剂种类的情况下要提高粘接强度，只能通过提高粘接剂溶液浓度或提高溶液喷淋量，增加单位面积内粘接剂的量来实现。但是这样的方法会导致以下两个问题：

首先随着粘接剂浓度的增加，溶液的黏度也随之增加，造成在喷淋粘接溶液时，溶液难以喷出或者喷出雾化效果不好。前者导致肥料不能顺利制备；后者使得所制肥料成球性不好，肥料出现各向异性。

然后如果粘接剂浓度增加，势必导致较贵的高分子聚合物材料消耗量增加，这样的话，肥料的成本必然也大幅度增长，这与本研究的目的相悖。

因此我们采用其他方法增加肥料的抗压强度，即包膜材料里增加可起固化的材料，是最好材料，价格便宜。

（2）改善耐水性的方法。肥料 A、B 采用的粘接剂都是易溶于水的高分子材料，所以当肥料暴露在水环境中的情况下，粘接剂就会因溶解而失效。因此我们将高分子聚合物进行交联，进而形成凝胶。凝胶不仅能解决肥料耐水性差的问题，还能起到缓释和保水的效果。另外，还可作为封闭剂喷涂在肥料表面起到一定的隔离水分和提高缓释性能的作用。

（3）减少包膜缓释钾肥的成本。分析成本较高的缓释钾肥 B，其中壳聚糖价格高昂（每吨价格在 10 万元以上）是导致肥料价格高的主要原因。而其他的材料价格区间大致在 8 000~14 000元/t，其中分子筛价格最高约为 14 000元/t。要做到降低成本就需要尽可能使用低价格的材料替换高成本材料。

正因为试验初期阶段制备的缓释钾肥存在着上述问题，所以在新的试验周期中，将在以前的试验基础上对缓释钾肥的制备方法，包括包膜材料和制备工艺进行改进和优化，力求得到理想的产品。

四、改进包膜缓释钾肥制备

（一）包膜材料的改进

1. 降低原料成本

为了降低缓释钾肥的成本，首先应该放弃采用价格高昂的壳聚糖，价格高且用量大的分子筛。然后，如果甄选出价格低廉的材料替代用量最大的蒙脱土。对降低成本也有很大贡献，因此选择了工业废料粉煤灰作为替代材料。

粉煤灰，是从煤燃烧后的烟气中收捕下来的细灰，它是燃煤电厂排出的主要固体废物，成为我国当前排量较大的工业废渣之一。粉煤灰颗粒呈多孔型蜂窝状组织，比表面积较大，具有较高的吸附活性，颗粒的粒径范围为 0.5~300 μm。并且珠壁具有多孔结构，空隙率为 60%~75%，比表面积可达 2 900~4 000 cm^3/g，有很强的吸水性。粉煤灰主要化学成分是二氧化硅（SiO_2）、三氧化二铝（Al_2O_3）、三氧化二铁（Fe_2O_3），其在颗粒粒径及化学成分上与土壤相近，同时含有较多微量元素，且其中的有害重金属（Cr、Cd、Hg、Pb）含量低，水溶出量更是极低，符合国家相关标准，不会给环境带来负面影响，更不会通过食物链危及人类的健康，因此可用于农业。还可利用粉煤灰生产复合肥料，这种肥料制作工艺简单，长期施用不会导致土壤板结、退化。开发和推广粉煤灰复合肥具有广阔的市场前景。

2. 提高抗压性能方案

固化剂又名硬化剂、熟化剂或变定剂，是一类增进或控制固化反应的物质或混合物。树脂固化是经过缩合、闭环、加成或催化等化学反应，使热固性树脂发生不可逆的变化过程，固化是通过添加固化（交联）剂来完成的。

在包膜材料中加入固化剂使某一包膜材料或某几种包膜材料之间发生固化反应，改变包膜内部结构，提高包膜材料的抗压性能。在本研究中选用固化剂 A 作为固化剂添加到包膜材料中。

3. 改善耐水性方案

在放弃用价格昂贵的壳聚糖做粘接剂后，我们把选用聚乙烯醇（PVA）作为黏接剂，并在肥料制备工程中喷淋交联剂使其交联，另外在肥料结束包裹后再在其表面喷涂封闭剂。

虽然与羧甲基纤维素钠相比聚乙烯醇价格较贵，但是 PVA 的交联剂价格便宜，预处理简单，在实际操作中使用方便。因此改用 PVA 做肥料的粘接剂。为了避免使用新封闭剂导致添加新的工作量，选择 PVA 同时也做封闭剂。这样选择的益处有：简化了工序以节约时间；PVA 和交联剂反应能在表面形成凝胶结构，封闭剂在起到封闭作用的同时，还能起到一定的缓释作用。

聚乙烯醇（PVA）是长链状高分子，具有良好的水溶性、成膜性、黏结力、乳化性以及卓越的耐油脂和耐有机溶剂等性能，且无毒无味。PVA 可被土壤微生物降解，又是一种优良的土壤改良剂，并对土壤养分离子有良好的吸附和抗淋溶效果。由于 PVA 分子中羟基之间会以氢键相互结合，其分子排列规整，水分子难以侵入而使其凝胶吸水能力下降。PVA 凝胶溶胀率会随其醇解度的增加先增加后下降，醇解度为 88%的 PVA 凝胶的溶胀率最低，醇解度为 95%的 PVA 凝胶的溶胀率较高。这是因为醇解度较低的 PVA 分子中含有较多的—$OCOCH_3$，削弱了氢键的作用，破坏了 PVA 大分子的规整性，从而使水分子易进入 PVA 大分子之间，提高了溶剂化作用和吸水能力。但是，—$OCOCH_3$ 含量过高会使 PVA 的水溶性下降。故而，为了保证 PVA 水凝胶足够的溶胀率，本课题使用的 PVA 的聚合度为 1 750±50，醇解度为 97%。

在明晰了改进方案后，设计了制备 4 种新的缓释钾肥用来测试缓释肥料包膜材料中包膜材料类型、包膜厚度和凝胶对缓释等因素对缓释钾肥性能的影响。

（二）肥料工艺参数制定

1. 粘接剂溶液浓度的选取

在 250ml 浓度不同的 PVA 溶液中加入 1ml 的 HCHO（交联剂）和 3ml 的 CH_3COOH（催化剂），反应完成后使用混合溶液进行造粒，然后测定肥料的抗压强度和直观耐水性，结合生产工艺选择合适的 PVA 溶液的浓度。试验方案设计如表 11-5 所示。

表 11-5　PVA 浓度试验所需肥料颗粒的配方

PVA 浓度（%）	PVA—甲醛混合液（ml）	K_2SO_4（g）	粉煤灰（g）
1	33	140	60
2	33	140	60
3	33	140	60
4	33	140	60

2. 交联剂种类的选择

保持 PVA 溶液的浓度不变，改变交联剂的种类，分别用两种交联液进行造粒，测定肥料的抗压性能和直观耐水性，以选择合适的交联剂。试验方案设计如表 11-6 所示。

表 11-6　交联剂选择实验所需肥料颗粒的配方

交联剂种类	混合液（ml）	K_2SO_4（g）	粉煤灰（g）
甲醛	33	140	60
硼砂	33	140	60

3. 交联剂用量的选取

（1）将 3%的硼砂溶液 5ml 逐渐加入 250ml 3%的 PVA 溶液中，并在反应温度为 20、30、40、50、60、70、80℃时测定反应时间为 0、15、30、45、60min 时的反应体系的黏度，观察反应时间对 PVA 溶液交联度的影响。对结果进行分析，选取合适的反应时间。

（2）配制 8 瓶 250ml 2%的 PVA 溶液，往其中分别逐滴加入 0、1、2、3、4、5、6、7ml 的 3%的硼砂溶液，控制合适的反应温度和时间。反应完毕后测定其黏度，分析交联剂用量对 PVA 交联度的影响。然后上述各组配方造粒，干燥后分别测定其抗压强度，分析交联剂用量对肥料强度的影响。再分别配制250ml 2%的溶液PVA 11瓶，往其中加入0、2、4、6、6.5、7、7.5、8、10、12、14ml的3%的硼砂溶液，而后在培养皿中制膜，测定PVA改性膜的吸水率。最后以提高耐水性为主，提高其粘结性为辅，确定合适的硼砂的量，即得到PVA与硼砂的用量比。

4. 固化剂含量的确定

确定固化剂种类以后，确定合适的用量是关键。改变固化剂的用量，造粒并检测包膜肥料的抗压强度和直观耐水性。分析并确定填料的用量，试验方案设计如表11-7所示。

表11-7 固化剂A含量选择试验所需肥料颗粒的配方

PVA-硼砂交联液（ml）	K_2SO_4（g）	粉煤灰（g）	固化剂A（g）
33	140	60	0
33	140	50	10
33	140	40	20

5. 制作流程的优化

随着包膜材料改进，缓释钾肥的制作工艺也因随之作出相应的调整。具体优化方法如下：

（1）从硫酸钾投入旋转开始到缓释钾肥造粒结束，每一次喷淋粘接剂溶液后，立即喷淋交联剂溶液。

（2）在造粒结束后在肥料表面喷涂封闭剂。

（3）缓释钾肥造粒结束后，将缓释肥颗粒在常温下放置一段时间进行固化，然后再进行烘干。

五、改进后包膜缓释钾肥的制备工艺及讨论

（一）包膜缓释钾肥包膜的组成

在对缓释肥改进后，制备了两类共四种缓释钾肥用来试验缓释肥料包膜材料中包膜材料种类、包膜厚度和凝胶对缓释等因素对缓释钾肥性能的影响。各缓释钾肥包膜材料的组成情况如表11-8所示。

表11-8 各种缓释钾肥包膜的组成

编号	主要包膜材料	包膜厚度	固化剂	粘接剂	是否交联
1	蒙脱土	30%	固化剂A	PVA	是
2	粉煤灰	30%	固化剂A	PVA	是
3	粉煤灰	30%	固化剂A	PVA	否
4	粉煤灰	20%	固化剂A	PVA	是

（二）粘接剂的适合浓度

使用不同浓度的 PVA 溶液制作包膜肥料，测试值其最大破坏力并观察直观耐水性情况，所得结果如表 11-9 所示。

表 11-9 PVA 溶液浓度与肥料抗压性能、耐水性能的关系

PVA 的浓度（%）	肥料的最大破坏力（N）	肥料的直观耐水性
1	0.5	较差
2	0.4	较差
3	0.3	较差
4	0.2	较差

由表 11-9 可知包膜肥料的抗压强度随着 PVA 溶液浓度的增加呈降低趋势。同时，其直观耐水性能不理想。试验过程中，PVA 浓度越高，溶液的表观黏度越大，造粒过程中喷洒 PVA 溶液的越困难。同时，又因为低分子量 PVA 的临界凝胶浓度为 1.67%。因此，为了使 PVA 能够交联生成凝胶，肥料拥有较高强度的同时降低加工成本，结合试验中的实际情况，本课题选取 1.7%～4%为 PVA 溶液的合理浓度范围。

（三）选定合适的交联剂

分别用 250ml，浓度为 2%的 PVA 溶液与 1ml HCHO，3ml CH_3COOH 和 5ml 浓度为 3%的硼砂（交联剂）溶液反应，并使用各自的交联液进行造粒后所测得的肥料的抗压强度和直观耐水性如表 11-10 所示。

表 11-10 交联剂种类对肥料抗压性能、耐水性能的影响

交联剂	肥料的最大破坏力（N）	耐水性
甲醛	0.4	较差
硼砂	0.3	一般

由表 11-10 可知，甲醛作交联剂制备的肥料最大破坏力与硼砂作交联剂的相差不大，但在肥料的直观耐水性上甲醛不如硼砂。硼砂使聚乙烯醇失去水溶性，也可称为不溶化剂。大多数不溶化剂的使用是在加热的情况下才可达到最大的耐水性，而硼砂对聚乙烯醇溶液，在室温下即可获得最大的耐水性且交联反应快速、不可逆。同时，由于游离的甲醛具有毒性，且具有刺激性气味，加工困难，污染环境；而硼砂无毒，且硼元素本事是植物所需要的营养物质，肥料中未反应的硼砂还可为植物提供硼元素。综合考虑，使用硼砂作为 PVA 的交联剂。

（四）交联剂用量的确定

选择交联剂用量，不能单纯的通过对肥料抗压强度和其直观耐水性的测试来完成。PVA 与硼砂的交联反应过程中有许多影响因素，各种因素相互关联，不能简单地依靠某一种因素来控制反应的程度。为确定最佳配方和反应条件的大致范围，本课题针对在缓释化肥生产过程中影响比较大的因素进行考察，分别考察反应时间和硼砂的用量。要弄清楚这些因素对交联反应的影响，首先应该了解 PVA 与硼砂的交联反应机制。

1. PVA 与硼砂的反应机制

PVA 的主要化学结构为 1，3-乙二醇结构也叫做头尾结构，因此，在长链分子中与 C_1、C_3 相连接的羟基是“独立羟基”。即为 PVA 提供了能被交联的基团。硼砂溶于水后水解形成硼酸，硼酸可电离成［HO·B（OH）$_3$］$^-$，其结构式如式 11.3 所示。其中 1 号羟基是来自水，使硼酸分子成电负性，并能和 PVA 分子的“独立羟基”上的氧以共价键连接（此时羟基放出一个氢），由于硼酸吸收了 1 号羟基电负性增大，而 2 号羟基空间位置与其接近，而受排斥，使 2 号羟基易受外界影响脱离硼离子，使硼离子产生了剩余键与 PVA 分子“独立羟基”上的氧以配位形成络合，此时硼酸离子是中心离子，配位体是 PVA 单元，“独立羟基上”的氧是配位原子。在此络合反应中有一个水分子生成。硼酸离子中的 3，4 号羟基则是与“独立羟基”上的氧原子以氢键相连接，尽管氢键的键能不高，但易断裂也易恢复。所以硼砂和 PVA 形成的络合物中含有共价键，配位键和氢键。它同时可与 PVA 不同单体的四个“独立羟基”结合。其反应机制如式 11.4、式 11.5 所示。

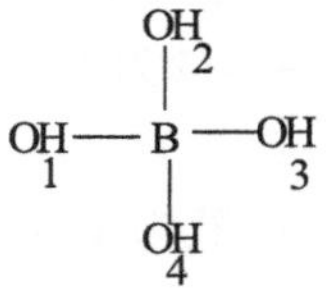

（式 11.3）

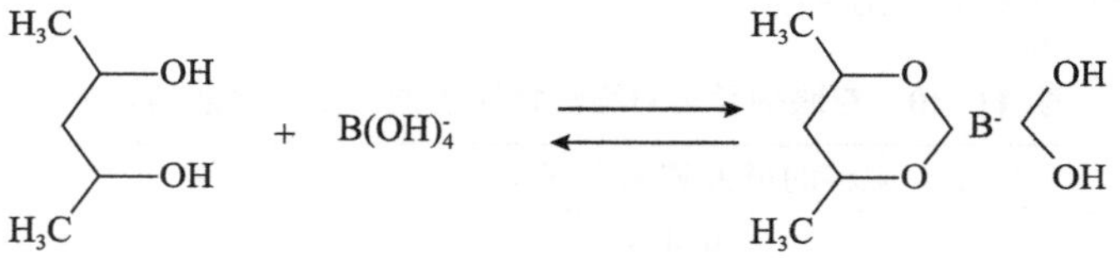

（式 11.4）

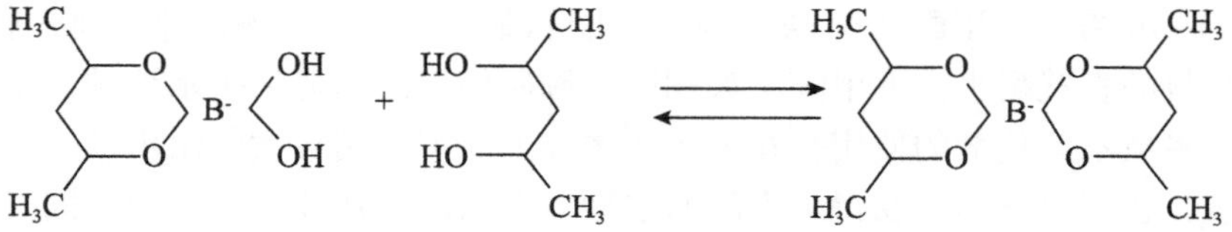

（式 11.5）

2. 交联反应的反应时间

PVA 水凝胶的交联度的测试方法有很多，如溶胀比、红外光谱分析等。因 PVA 的交联度越大，其表观黏度也会变大。基于现实条件，本课题采用旋转黏度计测其表观黏度来表征 PVA 的交联度。

为了考察反应时间对交联反应中 PVA 的交联度的影响，在 250ml 浓度 2% 的 PVA 溶液中加入 5ml 浓度为 3% 的硼砂溶液，而后在不同的反应时间内，对不同反应温度下体系的黏度进行测定，结果如表 11-11 所示。

从表 11-11 中可以看出，反应时间对体系黏度的影响很小，PVA 与硼砂的反应可认为是瞬时完成，交联度与时间无关，在很短的 PVA 分子就可形成凝胶体系，这确保了在缓释钾肥制备过程中，喷淋在肥料表面的 PVA 分子接触到喷淋硼砂溶液后即能完成交联反应，生成凝胶。

表 11-11 反应温度和时间对体系黏度的影响

黏度（mPa·s）		反应时间（min）					反应后体系黏度的平均值（mPa·s）
		0	15	30	45	60	
反应温度（℃）	20	5.8	142.4	136.2	133.6	133.0	136.3
	30	5.8	52.6	54.6	54.0	54.2	53.9
	40	5.6	14.7	14.8	14.6	14.6	14.7
	50	5.4	10.0	10.1	10.7	10.4	10.3
	60	4.5	6.0	6.4	7.1	6.5	6.5
	70	4.5	5.8	5.7	5.7	5.9	5.8
	80	4.5	4.9	4.8	5.4	5.1	5.1

3. *硼砂的用量*

交联剂的用量与 PVA 膜的耐水性有很大的关系，提高 PVA 膜的耐水性能够提高肥料的耐水性和缓释性能。交联度高，能提供肥料更好的耐水性和缓释性能。为了考察交联剂用量对反应体系黏度的影响，控制反应温度为 40 ℃，反应时间 30min，往 250ml 浓度为 2%的 PVA 溶液中加入不同量硼砂溶液使之反应。测得体系的黏度如表 11-12 所示。

表 11-12 交联剂用量对反应后体系黏度的影响

硼砂/PVA（wt%）	反应后体系黏度（mPa·s）			平均值（mPa·s）
0.0	5.5	5.9	5.8	5.7
0.6	6.8	6.9	6.7	6.8
1.2	8.0	8.2	8.2	8.1
1.8	9.8	9.8	9.7	9.8
2.4	11.2	11.1	11.0	11.1
3.0	16.5	16.5	16.4	16.5
3.6	30.4	31.5	32.0	31.3
4.2	79.1	79.8	80.0	79.6

由表 11-12 可知，当交联剂的用量逐渐增大时，体系的黏度也随之逐渐增大。这是因为当交联剂的用量较小时，硼砂只能与聚乙烯醇分子上少量的—OH 形成共价键，网络结构较为疏松，当交联剂的用量增加时，聚乙烯醇上与硼砂反应的 —OH的数量增加，形成的三维网络结构也越来越密集，分子量越来越大，聚合物的黏度会逐渐增加。

（1）粘结性。适量的硼砂作为交联剂对于PVA粘合剂的粘结性能有较大提高。主要原因是硼原子可以通过硼氧键与聚乙烯醇分子交联，一个硼原子与三个聚乙烯醇分子相链接，成为立体状结构，分子运动由链间移动变为分子团的碰撞和摩擦。但是，当硼砂过量时，由于交联产物的分子量增大过多，导致溶水性降低，黏合剂的粘结性能反而下降。故而，找到合适的硼砂的用量，提高PVA交联液的粘结性能也是很有必要的。使用表11-12反应后的交联液，在无机材料配方为140g K_2SO_4，60g粉煤灰（过200目筛）情况下进造粒，对所生产出的8批肥料进行抗压强度的测试，结果如图11-10所示。

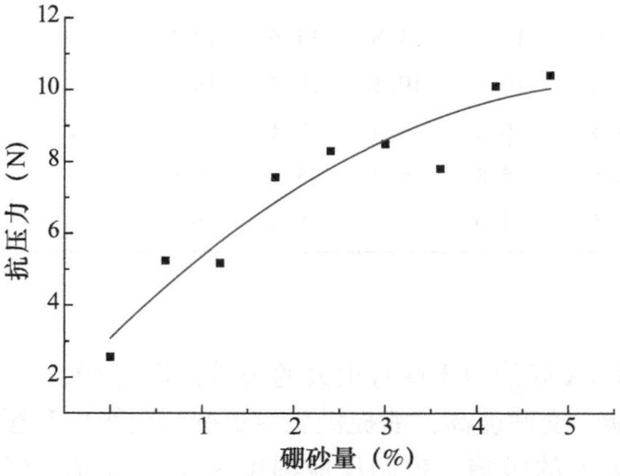

图11-10　交联剂用量对肥料抗压强度的影响

由图11-10可知，在3%左右硼砂用量为3ml时，PVA交联液的粘结性能较好。在缓释肥料制作过程中，提高PVA粘结性的同时尽量提高其耐水性对于缓释性能的提高也是非常重要的。研究表明，PVA水凝胶的吸水性会随着交联度的增大而减小。这是因为硼砂与聚乙烯醇发生交联反应使PVA中的羟基数量减少，因此PVA膜的吸水率减少，随着硼砂用量的增加，硼砂与PVA的交联达到平衡，形成网络结构，使膜中羟基与水接触的机会减少，从而提高膜的耐水性。

（2）耐水性。对于耐水性的测试，可通过测定PVA膜的吸水率来完成。控制反应温度为40℃，反应时间为30min，在250ml，2%的PVA溶液中加入3%的硼砂溶液使之反应，改变硼砂溶液的添加量，然后使用交联液制膜，测定其吸水率。其吸水率测试结果如图11-11所示。由图11-11可知，随着硼砂用量的增加，PVA膜的吸水率呈现先降低后增高的趋势。当硼砂的使用量为PVA的4.2%时，膜的吸水率最低。在一定条件下，硼砂能够与PVA中的羟基发生化学反应，生成不溶于水的络合物。当硼砂用量很少时，由于交联键的存在增大了分子的自由体积，使分子间难以实现紧密排列，分子间产生了空隙，造成交联比未交联的膜的吸水率还高。随着硼砂用量的增加，减少了聚乙烯醇交联液中的羟基的数量，使膜的吸水率降低。当硼砂用量达到某一数值时，交联反应达到平衡状态，此时膜的吸水率降至最低。继续增加硼砂的用量，将会导致大量的硼砂分子存在于交联液中，硼砂分子本身也有较强的吸水性（水解后，亲水基羟基含量较高），使得膜吸水性增强。如果硼砂用量过多，则会形成凝胶，黏度变大，不能喷洒。

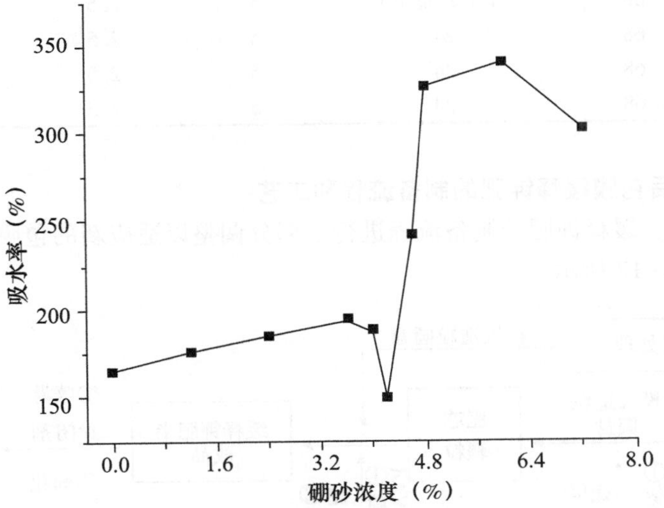

图 11-11 硼砂用量对 PVA 膜材料吸水率的影响

综上所述，硼砂溶液浓度范围为 2%～4%，PVA 膜的耐水性和其交联液的胶黏性较好。

（五）固化剂用量确定

确定 PVA-硼砂交联液的使用量后，开始选定固化剂 A 用量。改变固化剂 A 的用量，通过测试肥料颗粒的抗压性能和观察其直观耐水性来筛选的。相关数据如表 11-13 所示。

表 11-13 固化剂 A 用量对包膜肥料性能的影响

固化剂 A 占肥料总量的比例（%）	最大破坏力（N）	耐水性
0	0.3	一般
5	4.4	良好
10	2.1	良好

由表 11-13 可知，当固化剂 A 含量占总量比例为 5%时，肥料颗粒的强度最高，耐水性能也较为理想。较不加固化剂 A 的试样而言，强度有大幅度的提高，可见固化剂是提高包膜肥料强度的主要因素，对肥料耐水性也有很大影响。当固化剂 A 含量为 10%时，肥料强度反而降低了，这可能是由于过多的固化剂加入使得参与固化反应的反应物的相对量减少，而固化剂本身不能为提高肥料强度做出贡献，故而使得固化剂 A 含量较高的肥料其抗压强度比较低含量的肥料低。因此固化剂 A 添加量为 1.7%～7.5%较为合适。

至此，经过一系列的试验，通过对试验结果的分析后，确定包膜释钾肥的合理配方，各缓释钾肥的成分含量见表 11-14。

表 11-14　各种缓释钾肥的成分含量　　单位：%

肥料编号	硫酸钾	主要包膜材料	固化剂 A	PVA	硼砂
1	68	24（蒙脱土）	5	2.5	0.1
2	68	24	5	2.5	0.1
3	68	24	5	2.5	0
4	68	24	5	2.5	0.1

（六）改进后包膜缓释钾肥的制备流程和工艺

经过改进后，缓释钾肥的制备流程进行了部分调整以适应新的包膜材料。调整后的制备流程如图 11-12 所示。

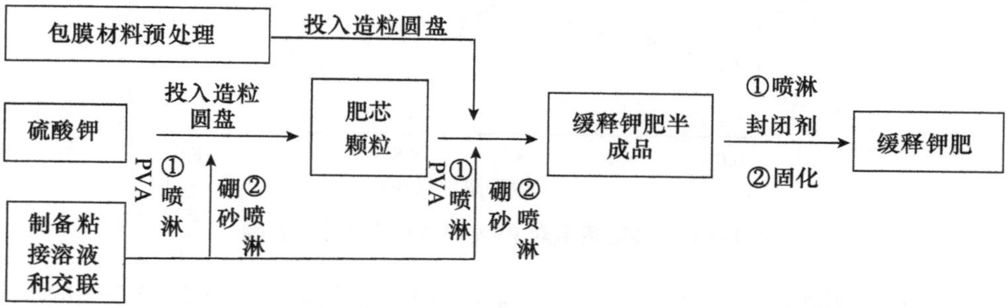

图 11-12　改进后缓释钾肥的制造流程

（七）改进后各种肥料的肥料成本估算与比较

根据主要包膜材料的差异，将本周期制备的两种缓释钾肥（1 号和 2 号）的原料成本价格与初期价格较低的缓释钾肥 A 的原料成本价格，商业控释肥和市售硫酸钾的销售价格进行参比。具体数据见表 11-15，从中我们可以看到，缓释钾肥制作工艺改进后缓释钾肥的成本有了明显的降低。以粉煤灰做主要包膜材料的缓释肥 2 原料成本仅为3 100 元/t，远低于其他缓释肥料，甚至低于市售的硫酸钾价格，价格具有很强的竞争力。而同样使用 MMT 作为主要包膜材料的缓释肥 2 其原料成本比缓释钾肥 A 低了约 10%，是商业控释钾肥的 50%，价格同样具有竞争力。改进后的两种缓释钾肥的成本价格低廉，这说明了该方案比较成功。新的缓释钾肥制备工艺可以制造出低成本的缓释肥料。

表 11-15　不同缓释肥料的相关价格参比　　单位：元/t

	市售硫酸钾	商业控释钾肥	缓释钾肥 A	缓释钾肥 1	缓释钾肥 2
销售价格	约 4 000	约 10 000	—	—	—
成本价格	—	—	约 5 600	约 5 000	约 3 100

因为在初期制备的缓释钾肥 A 和缓释钾肥 B 强度低不满足大多数试验测试条件，所以本章所进行的各种表征样品基本都是改进后的缓释钾肥，初期制备的缓释钾肥的表征实验只在少数几处出现。为了更好地说明制备的缓释钾肥的性能，对商业控释钾肥进行一些性能的表征，该肥料记为缓释钾肥 5 号；为了研究包膜厚度对包膜缓释肥料各种

性能的影响，制备了包膜厚度为25%，其余各参数皆与缓释钾肥2相同的缓释钾肥，记为缓释钾肥6号。

第三节　包膜缓释钾肥的结构和性能

一、试验设备和主要原料

本节将要用到的试验仪器、试剂和用品分别列于表11-16和表11-17。

表11-16　实验仪器

名称	型号	厂家
水浴锅	ZKSY	巩义市豫华仪器有限公司
火焰光度计	FP 6410	上海精密科学仪器有限公司
扫描电子显微镜（SEM）	Quanta 200	荷兰FEI公司
傅立叶变换红外光谱仪（FTIR）	Nicolet 460	美国Nicolet公司

表11-17　实验试剂和主要原料

名称	规格	厂家
碳酸氢钠（$NaHCO_3$）	AR	天津市博迪化工有限公司
乙二胺四乙酸二钠	AR	天津市科密欧化学试剂有限公司
透析袋	36mm	郑州创生生物工程有限公司
氯化钾（KCl）	PT	天津市科密欧化学试剂有限公司
控释钾肥（商业肥）	$K_2O \geqslant 30\%$	锦州保丰肥业有限公司

二、包膜缓释钾肥的结构

（一）包膜材料的FTIR表征

取各种配方的粒径大小为3~4mm的肥料颗粒50粒，粉碎，放入盛有150ml蒸馏水的烧杯中，覆上保鲜膜，而后置于90℃的烘箱中保温48h，以除去未交联的PVA。而后取出，抽滤。将所得粉末置于60℃的真空干燥箱中12h，取出，研磨成粉。而后继续在干燥箱内干燥10h。然后取少量干燥后的样品，每样取等量的粉末加3~4倍已干燥的溴化钾（KBr）混合研磨，使样品与KBr充分均匀混合。取少量用压片机压成薄片，用傅里叶变换红外光谱尽快测定，范围400~4 000cm^{-1}。

（二）包膜缓释钾肥的SEM观察

选取蒙脱土为主要包膜材料的包膜缓释钾肥1，粉煤灰做主要包膜材料的包膜缓释钾肥2、3（其中3制备中未使用交联剂），65℃烘干10h后。将肥料样品平放于实验台上，用手术刀垂直切下后，取在切刀作用下自然断开处的肥料剖面和表面，将所要观察的样品粘在电镜观测载样板上，肥料颗粒剖面或外表面向上，用离子溅射仪在观察样品的表面溅射喷金，然后用扫描电镜观察。

（三）包膜缓释肥料的结构表征结果和分析

1. 包膜材料的 FTIR 表征结果与分析

有机物的红外光谱能够提供丰富的物质结构信息，通过物质官能团红外光谱的特征峰可以判断物质的化学结构，也可以通过化学结构的变化，了解物质之间是否发生了化学反应。因此分别对 1、2、3、4、6 五种缓释钾肥的包膜进行 FTIR 分析，结果如图 11-13 所示，图中特征峰如表 11-18 所示。

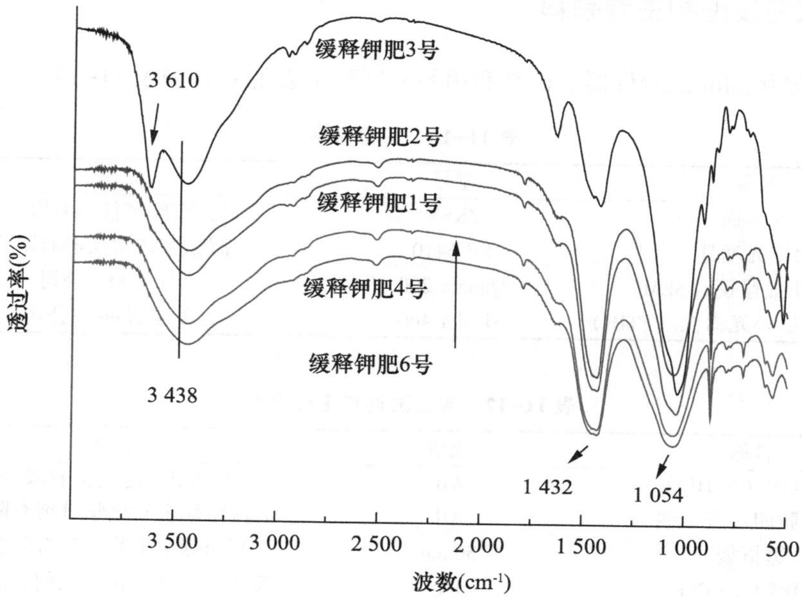

图 11-13　各种缓释钾肥包膜的 FTIR 图

表 11-18　红外光谱的特征峰与对应基团

特征峰波数（cm^{-1}）	振动类型
1 432	C═O 的伸缩振动
1 054	C—O 的伸缩振动
3 439	—OH 的伸缩振动（缔合、分子间）
3 610	—OH 的伸缩振动（酚、游离）

从图 11-13 和表 11-18 可以看到，相对缓释钾肥 3 的包膜，其他四种肥料的包膜在波数 3 610cm^{-1}处的羟基的伸缩振动峰消失，该峰是游离羟基或酚羟基的伸缩振动峰。该峰消失说明包膜肥料中游离的-OH 发生了反应，而 1、2、4、6 号肥相较于 3 号肥来说，只是多了硼砂，因此可以认为游离的-OH 是与硼砂发生了交联反应使得该处峰消失。3 439cm^{-1}对应的是分子间-OH 的伸缩振动，与 3 号肥相比其他四种肥在该处峰吸收强度变小，透过率增加，说明 PVA 分子中的部分-OH 也与硼砂发生了交联反应。因此从肥料包膜的 FTIR 表征结果中，可以确定 1、2、4、6 号肥分子中的 PVA 与硼砂发生了交联反应，这四种缓释肥中存在凝胶。

2. SEM 观察结果和分析

缓释钾肥 1、2、3 的剖面扫描电镜照片如图 11-14 所示，肥料包膜表面扫描电镜照片如图 11-15 所示。

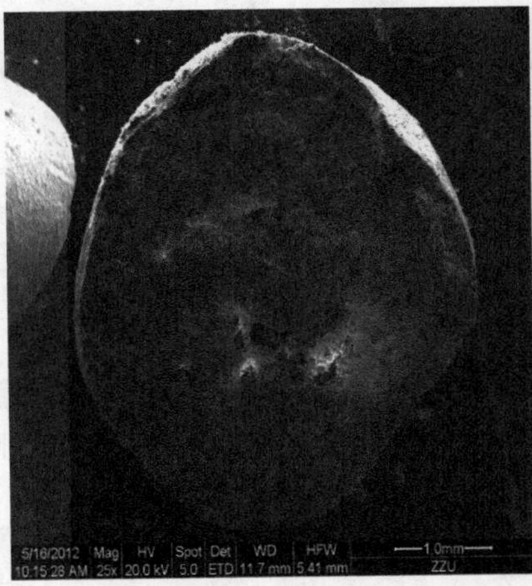

（a）1 号肥放大 25 倍剖面照片

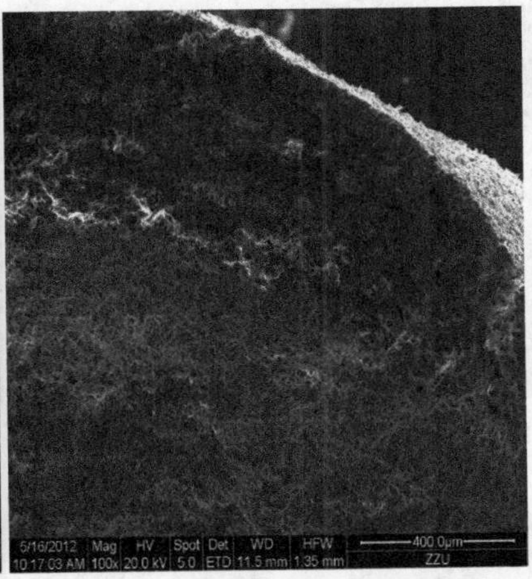

（b）1 号肥 100 倍肥芯层—包裹层界面照片

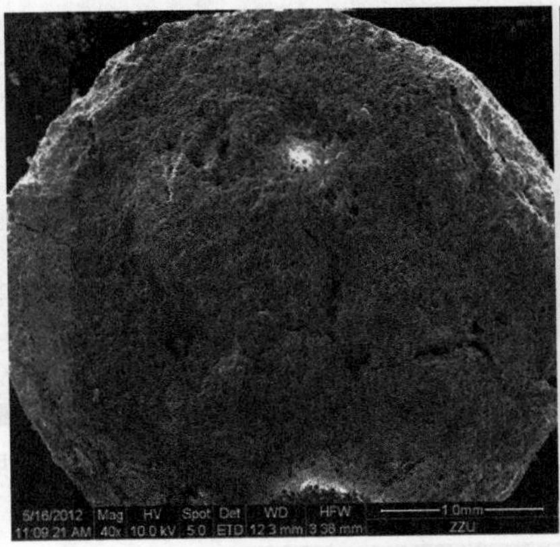

（c）2 号肥放大 40 倍剖面照片

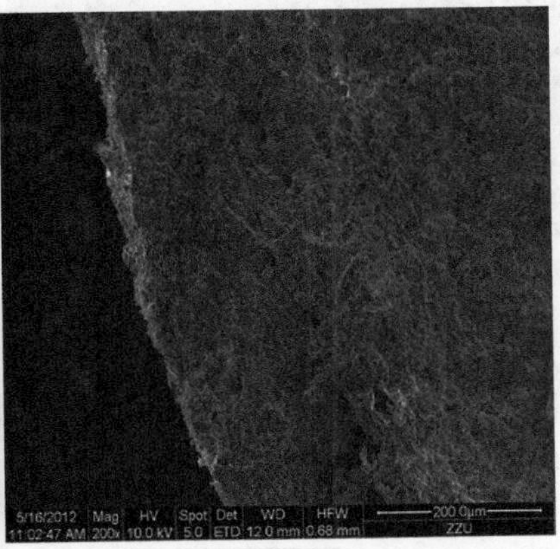

（d）2 号肥 200 倍肥芯层—包裹层界面照片

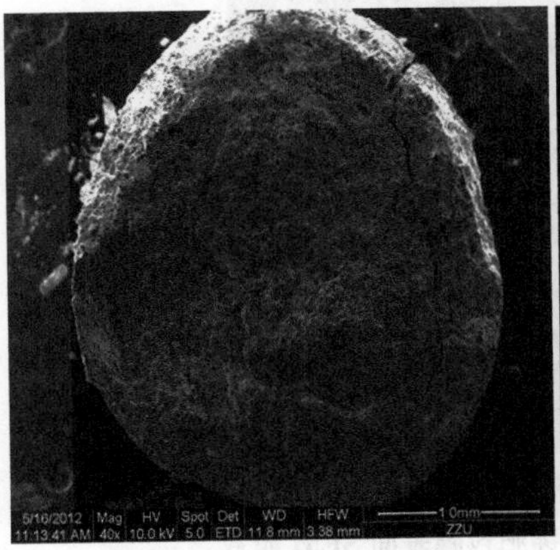

（e）3 号肥放大 40 倍剖面照片

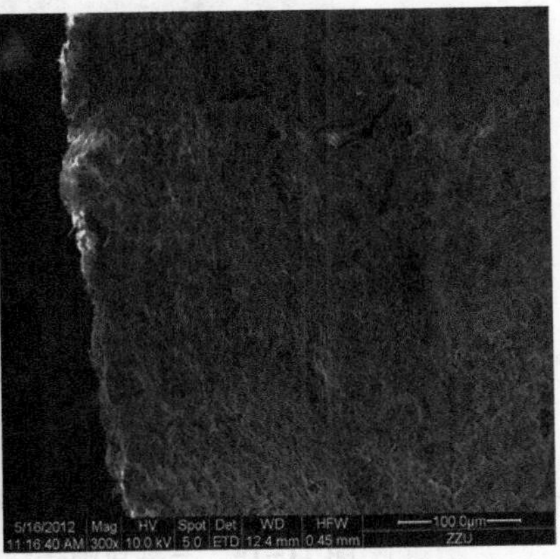

（f）3 号肥 300 倍肥芯层—包裹层界面照片

图 11-14　三种包膜缓释钾肥剖面 SEM 照片

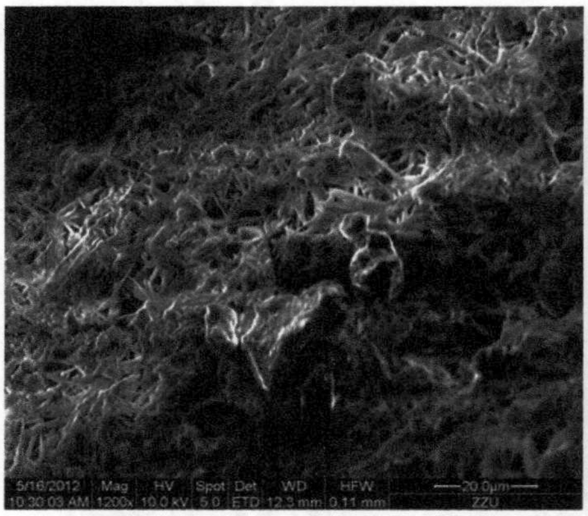

（a）缓释钾肥 1 放大 1 200 倍表面照片

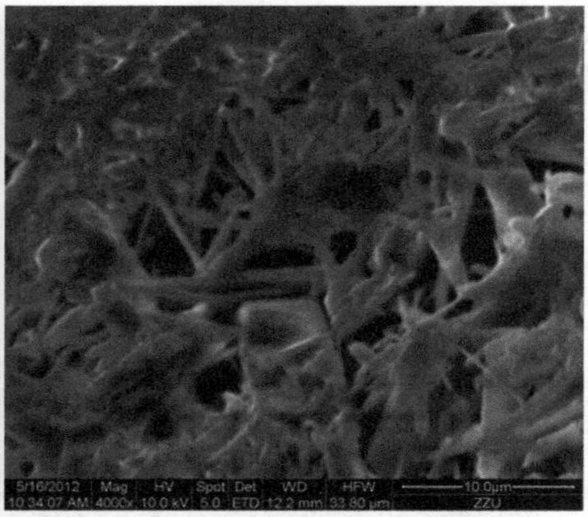

（b）缓释钾肥 1 放大 4 000 倍表面照片

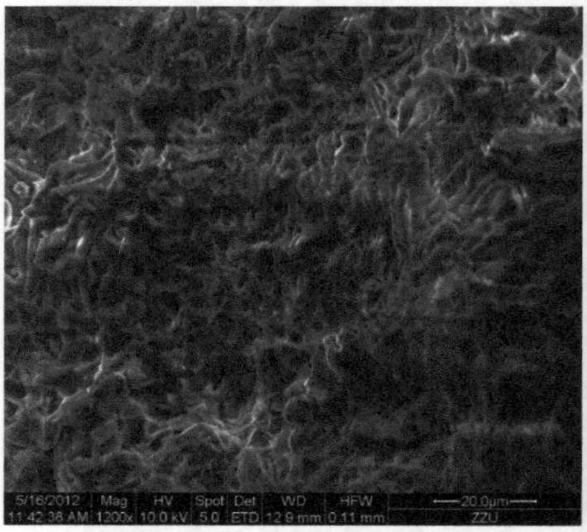

（c）缓释钾肥 2 放大 1 200 倍表面照片

（d）缓释钾肥 2 放大 3 000 倍表面照片

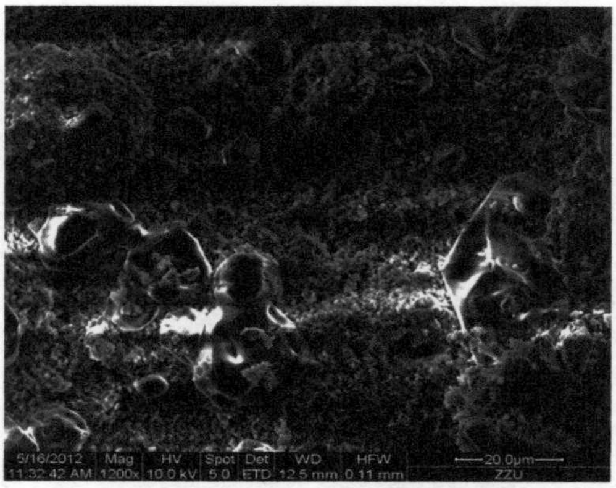

（e）缓释钾肥 3 放大 1 200 倍表面照片

图 11-15　三种包膜缓释钾肥包膜表面 SEM 照片

由图 11-15 中可以看出三种包膜缓释钾肥明显的分为两层，即以 K_2SO_4 为主的肥芯层和包膜层，包膜层呈现层状结构，而封闭层不能被明显观察到。在照片 a 中，1 号包膜缓释钾肥剖面密实，整体性较好，可以看到清晰的层间分界线。而在 c、e 两张照片中则看到包膜缓释钾肥 2、包膜缓释钾肥 3 的剖面显得更蓬松，存在若干条裂纹，这些裂纹应该是在切割肥料制样的过程中肥料发生脆性破坏造成的。

从图 11-15 的 a～d 四张照片中可以看到缓释钾肥 1、2 表面存在着大量网络结构，而 e 图中的 3 号缓释钾肥表面只有一些颗粒，并没有网络结构。在缓释肥 1、2 表面存在的网络结构应为在制备肥料时，作为封闭剂喷淋在肥料表面的封闭剂 PVA 与硼砂发生交联反应，而形成的网络状结构的凝胶。因此有理由相信之前喷淋溶液中的 PVA 和硼砂也发生了交联反应在肥料内部形成了 PVA 凝胶。

对比 c，e 两图中 2，3 号肥料的剖面的裂纹可以发现：2 号肥料裂纹所延伸的区域较小，且集中在某一区，沿肥料的直径方向发展；3 号肥料裂纹延伸区域较大，且裂纹主要是垂直于肥料直径，即平行于包膜层的方向发展。两种肥料除了是否喷淋交联剂，从原料到制作工艺均相同。在图 11-15 的 c、d 两图中已证明 2 号肥料含有交联 PVA，经交联的 PVA 分子呈三维网络结构。结构上的不同带来的差异如下：首先与链条状的 PVA 分子链相比网络状的 PVA 分子有更好的力学性能，在被破坏时 PVA 网络结构能够吸收更多的能量；其次在受到外力时，网络状的三维结构可以把力通过分子链和链间交联点分散传递，把点受力变为面受力；最后 2 号肥料表面包裹着网络结构的 PVA 封闭剂，这类似给肥料带上了一个有弹性的“套子”，能使肥料各部分的位置相对固定，一定程度上避免了内部剪切作用的发生，而减少剪切力。这就解释了 2 号肥料出现裂纹少的情况。

第四节　包膜缓释钾肥在洛阳烟叶生产中的应用

为了实际检验自制包膜缓释钾肥的效果，于 2011 年、2012 年连续两年在河南省洛阳市洛宁县的小界乡王村优质烟叶生产示范田进行肥料实际使用效果试验。

一、试验设备和主要原料

本章将用到的实验设备和试剂分别列于表 11-19 和表 11-20 中。

表 11-19　试验仪器

名称	型号	厂家
电热恒温鼓风干燥箱	DHG-9145A	上海一恒科技有限公司
电感耦合等离子光谱发生仪（ICP）	iCAP 6000	美国 Thermo Scientific 公司
高速多功能粉碎机	XT-100	永康市红太阳机电有限公司
元素分析仪	FLASH EA 1112	美国 Thermo 公司
红外曼散射吸光计	MATRIX-1	德国 BRUKER 公司

表 11-20 试验试剂和主要原料

名称	规格	厂家
高氯酸（$HClO_4$）	AR	天津市博迪化工有限公司
硝酸（HNO_3）	AR	天津市科密欧化学试剂有限公司
中烟 100 烟苗		洛阳市洛宁县王村烤烟育苗工场
龙江 981 烟苗		洛阳市洛宁县王村烤烟育苗工场
氯化钾（KCl）	PT	天津市科密欧化学试剂有限公司
磷酸二氢钠（NaH_2PO_4）	AR	天津市科密欧化学试剂有限公司
复混肥料（烟草专用肥）	10-12-18	洛阳天露肥业有限公司
尿素	≥46.3%	洛阳骏马化工有限公司
控释钾肥（商业肥）	K_2O≥30%	锦州保丰肥业有限公司

二、包膜缓释钾肥应用实验

大田试验主要是为了研究各缓释钾肥对烤烟农艺性状的影响。

（一）施肥方案和烟苗移栽

1. 2011 年施肥方案和烟苗移栽

根据烟叶基地多年使用肥料的经验和我们的试验要求，确定了 2011 年的施肥方案如下：施肥保证 $N:P_2O_5:K_2O=8:12:22$。将实样品分为六组，第一组为对照样品，按照以往施肥比例和方式进行，记做 CK；第二组用缓释钾肥替换原配方肥中钾素，记做 CL1；第三组为用缓释钾肥替换原钾素的 80%，记做 CL2；第四组为替换原钾素含量的 50%，记做 CL3；第五组为改变缓释钾肥的包膜材料样品，用量与第三组相同，记做 CL4；第六组为改变缓释钾肥的包膜材料用量比例的样品，用量与第三组相同，记做 CL5。具体的施肥配方见表 11-21。

表 11-21 2011 年大田实验施肥配方

单位：kg

编号	复合肥	尿素	重钙	饼肥	钾肥
CK	10	-	15	22.5	
CL1	-	2.5	13	12.5	4.5（5 号肥）
CL2	-	2.5	13	12.5	4.5（5 号肥 80%替换）
CL3	-	2.5	13	12.5	4.5（5 号肥 50%替换）
CL4	-	2.5	13	12.5	4.5（肥料 A 50%替换）
CL5	-	2.5	13	12.5	4.5（肥料 B 50%替换）

每组净占地 1 亩，试验地净占地面积 6 亩，四周保护行 2 亩，总占地 8 亩。肥料于 5 月 5 日施入大田，烟苗于 5 月 12 日移栽。7 月 30 日以溶液注入土壤的形式，每亩追

施肥硫酸钾 5kg。

2. 2012 年施肥方案和烟苗移栽

总结 2011 年经验，为考察单独使用缓释肥能否完全满足烤烟对 K 的需要，因此本年施肥方案设计如下：

第一组为对照样品，按照上一年施肥比例和方式进行；第二组用市售商业缓释钾肥，钾素含量为第一组的 50%；第三组到第五组用自制的三种不同的缓释钾肥，钾素含量与第二组相同。具体施肥配方见表 11-22。

肥料于 4 月 13 日施入大田，烟苗于 5 月 12 日移栽。7 月 1 日以后，先后分四次叶面喷施磷酸二氢钾 6kg。

表 11-22　2012 年大田实验施肥配方

单位：kg

编号	复合肥	尿素	重钙	饼肥	缓释钾肥
CK	10	–	15	12.5	–
CL1	–	2.5	13	12.5	2.9（5 号肥）
CL2	–	2.5	13	12.5	2.5（3 号肥）
CL3	–	2.5	13	12.5	2.19（4 号肥）
CL4	–	2.5	13	12.5	2.5（2 号肥）
CL5	–	2.5	13	12.5	2.5（1 号肥）

（二）烟株农艺性状的测量

烟苗移栽 30d 后开始测定烟株的农艺性状（最大叶的叶长、叶宽、株高、茎围和最大叶面积），每 10d 测定 1 次，连续 5 次，每次每个重复定点定株测定 3 株长势较一致的烟株的农艺性状。测量方法如下。

（1）株高：从地表到茎的最顶端的距离即为株高。

（2）最大叶长与叶宽：一般腰部烟叶叶长最大，在腰部选取最大叶，测定其叶长、叶宽，叶长从叶柄主脉量至叶尖，叶宽量取叶片最宽处。对测量的腰部烟叶进行挂牌，每次测同一片腰叶。

（3）最大叶面积：根据最大叶长、最大叶宽计算最大叶面积。计算的经验公式如式 11.6。

$$最大叶面积=最大叶长\times最大叶宽\times0.6345 \qquad (式 11.6)$$

其中：0.634 5——叶面积指数。

（4）茎围：从根部开始在茎高 1/3 节间处测量茎的圆周长度。

（三）烤烟叶化学物质含量的测定

烟叶及时采摘后立即进行烘烤，取经过初烤的不同部位烟叶，并对其所含化学物质含量分析，包括 N、P、K 等矿质元素，还原糖，烟碱。所测烟叶等级为下部叶为 X_2F，中部叶为 C_3F，上部叶为 B_2F。

1. 磷、钾元素含量的测定

首先用 2%硝酸溶液配制含 K、P 元素均 100mg/L 的母液，然后稀释 2 倍、5 倍、

10 倍、50 倍，用稀释液测定 K、P 标准曲线。

每份粉碎好的干样品称取 0.2000g 左右放入于 50ml 的锥形瓶中，加入 HNO_3-$HClO_4$（体积比 4∶1）的混合液 10ml，用保鲜膜封住瓶口置与通风橱中过夜，然后用电炉加热消化，期间持续加入混合液，待消化液中有机物分解完全，溶液清澈透明为止。取下锥形瓶冷却，后用 2%的硝酸溶液溶解，过滤后定容至 50ml 备用。使用 ICP 测定不同样品的 P、K 元素含量。

2. 氮元素含量测定

每个样选取粒径均匀的样品 3 份，然后送至郑州大学分析测试中心，委托其使用元素分析仪测定 N 含量。

3. 还原糖和烟碱测定

将烟叶用高速粉碎机打成粉末，待测。每个样取 100g 左右，放入试样筒，利用红外漫散射吸光计测定烟叶的红外漫散射光谱，对比数据库即可得各烟叶中还原糖和烟碱等化学物质的含量。

4. 烤烟叶产值效益统计

烟叶采收完毕后由专人统计所种烟叶的品级，计算产量和产值。

三、结果和讨论

（一）2011 年应用试验结果与分析

1. 农艺性状测量结果与分析

烤烟从移苗到烟叶全部采收完毕要经历五个生育阶段，即返苗期（从移栽开始直到移栽后第 7d）、伸根期（移栽后 7~35d）、旺长期（移栽后 35~60d）、顶叶扩展期（移栽后 60~70d）和采收期（移栽后 70d 到采收完毕）。测量各生育阶段烤烟的农艺性状，有助于研究缓释钾肥的效果和对烟叶农艺性状的影响。

2011 年使用的缓释钾肥是商业肥（5 号肥）、缓释钾肥 A 和缓释钾肥 B，并用 5 号肥以不同比例的替换传统钾素。对烤烟生物性状的测量是在移栽后 30d 开始的，总共进行了 5 次，其测量结果分别列于表 11-23 至表 11-27。

表 11-23　2011 年第一次测量结果（6 月 11 日）

编号	株高（cm）	最大叶长（cm）×最大叶宽（cm）	最大叶面积（cm^2）	茎围（cm）
CK	15.3	27.7×16.2	284.7	4.9
CL1	17.8	27.7×17	304.1	4.9
CL2	17.7	27.7×17.2	302.3	5.1
CL3	19.2	28×17.4	309.1	5
CL4	18.2	28.3×19	341.2	5.4
CL5	19.2	19.3×18.7	347.6	5.2

表 11-24　2011 年第二次测量结果（6 月 21 日）

编号	株高（cm）	最大叶长（cm）×最大叶宽（cm）	最大叶面积（cm^2）	茎围（cm）
CK	34.7	42×25.3	674.2	6.7
CL1	36.0	41×24.7	642.6	6.7
CL2	33.3	40×23	583.7	6.4
CL3	35.3	44.3×23.7	666.2	7.0
CL4	35.7	40.7×23.3	601.7	7.1
CL5	32.0	43×24.3	663	7.3

表 11-25　2011 年第三次测量结果（7 月 1 日）

编号	株高（cm）	最大叶长（cm）×最大叶宽（cm）	最大叶面积（cm^2）	茎围（cm）	病毒病	
					病株率（%）	病指（%）
CK	62.0	49×28.3	879.9	7.7	5	1.35
CL1	61.3	49.7×30.7	968.1	7.4	7	1.68
CL2	56.0	49×30.3	942.0	7.0	6	1.5
CL3	59.7	51.7×30.3	994.0	7.6	5	1.2
CL4	59.7	49.7×27.7	873.5	7.4	15	3.15
CL5	63.0	47.7×30.3	917.1	7.8	20	4.2

表 11-26　2011 年第四次测量结果（7 月 11 日）

编号	株高（cm）	最大叶长（cm）×最大叶宽（cm）	最大叶面积（cm^2）	茎围（cm）	病毒病、花叶病	
					病株率（%）	病指（%）
CK	82.7	54.2×32.3	1 110.8	7.7	6	1.4
CL1	77.0	54.3×30.5	1 050.8	7.0	7	1.68
CL2	84.3	53.5×31.7	1 076.1	7.1	6	1.5
CL3	88.0	55.3×32.8	1 150.9	7.1	5	1.2
CL4	84.5	51×32.5	1 151.7	7.6	16	3.25
CL5	87.0	50.2×32	1 019.3	7.5	20	4.6

表 11-27　2011 年第五次测量结果（7 月 21 日）

编号	株高（cm）	最大叶长（cm）×最大叶宽（cm）	最大叶面积（cm^2）	茎围（cm）	病毒病、花叶病	
					病株率（%）	病指（%）
CK	94.3	53.3×29.2	987.5	8.4	8	2.1
CL1	91.0	55.7×32.5	1148.6	7.9	8	2.1
CL2	93.0	49.3×28.3	885.3	7.5	7	1.8

（续表）

编号	株高（cm）	最大叶长（cm）×最大叶宽（cm）	最大叶面积（cm^2）	茎围（cm）	病毒病、花叶病	
					病株率（%）	病指（%）
CL3	110. 3	54×30. 2	1034. 7	8. 3	6	1. 6
CL4	99. 7	51. 5×29. 8	957. 4	8. 0	18	3. 45
CL5	93. 0	48. 8×33. 5	1037. 3	8. 0	21	4. 85

从上面各表中可以看出前期 CL1、2、4、5 组烤烟长势与 CK 组差异不大，CL3 长势则略好于 CK 组；在后期施用缓释肥的各组烤烟长势均好于 CK 组。将烤烟株高生长情况绘制成生长趋势图，如图 11-16。

由图 11-16 可以看出，CK 平均株高在 50d 后平均株高生长速度降低，60d 后平均株高生长速度进一步降低；而 CL3、CL4 在 70d 内平均株高与时间近似线性关系，CL5 在 60d 内平均株高与时间近似线性关系；同样的，CL3、CL4 在前 60d，CL5 在前 50d 平均最大面积和时间均呈线性；CK 呈反“L”型曲线。烟株径围在前 40d 各组烟株增长速度大致相同，40d 后各烟株平均径围增速都有所降低，但是 CK 所降幅度小于其他烟样。

2011 年 6 月 11 日至 7 月 27 日，烟田所在地区遭受旱灾，长时间没有有效降水。而前期施用缓释肥的各组与对照组农艺性状上基本相同可能是因为实验田在 6 月 11 日至 7 月 21 日期间内基本没有降雨，不能让被包裹的肥料充分释放，所以缓释肥的优势不能充分体现，缓释钾肥的施用发挥不了作用。

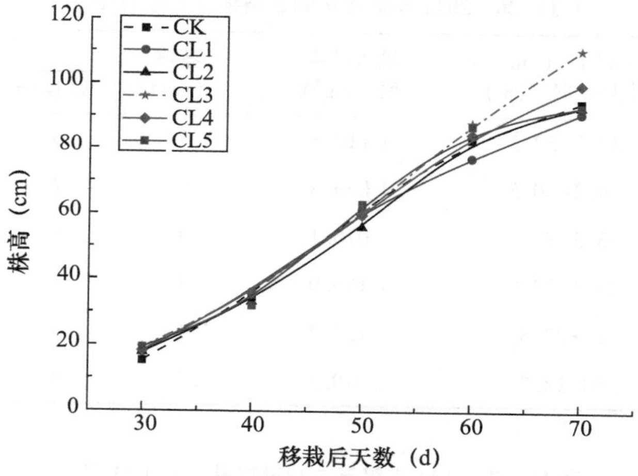

图 11-16　2011 年烤烟生长的趋势

施用自制肥料在全过程中 CL3 组烤烟长势最好，这说明 50% 的缓释肥施用量比较合理，这也是 2012 年制定施肥方案的最主要考虑因素之一。而施用自制肥料 CL4、CL5 的两组烟株相对于其他组更容易感染病害。

2. 烤烟叶化学物质含量测定结果和分析

(1) 矿质元素含量测定结果。

氮含量：烤烟叶氮含量的测定结果如图 11-17 所示。从图 11-17 可以看到下部叶各组 N 含量相差不大；施用缓释肥的各组中部叶 N 含量均略高于 CK 组，其中 CL5 的 N 含量远高于各组；而上部叶中施用缓释肥的各组 N 含量明显高于 CK 组，各缓释组间的差别不是很大。

造成下部叶各组 N 含量相差不大的原因为旱灾导致了缓释钾肥的养分不能得到释放。因此各缓释肥组的烟株并不能得到更多的养分，N 含量就与 CK 组基本相同。而在 7 月 28 日开始烟田所在地持续时间降水，使得缓释肥中的养分充分释放，所以烤烟叶中的 N 含量得到了提高。

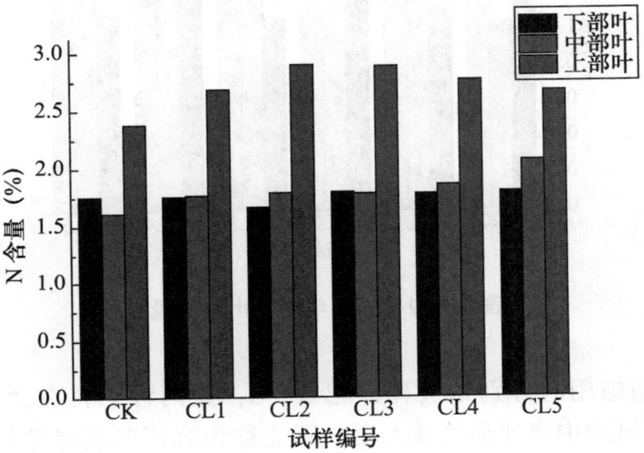

图 11-17　2011 年烤烟叶 N 含量

磷含量：烤烟叶磷含量的测定结果如图 11-18 所示。由图 11-18 可以看到除个别外缓释组的下部叶 P 含量和 CK 的没有明显的差别；各缓释组上部叶的 P 含量则明显高于 CK 组。

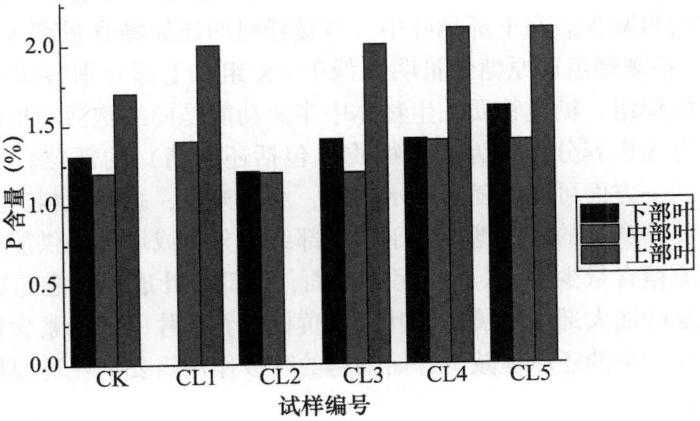

图 11-18　2011 年烤烟叶 P 含量

钾含量：烤烟叶钾含量的测定结果如图 11-19 所示。从图 11-19 可见，烤烟叶 K 含量变化趋势和 N 含量的一致，均为下部叶缓释组与 CK 组差别不大，而中部叶和上部叶缓释组能明显提高 K 含量。经计算缓释组能提高中部叶 K 含量 13.2%以上，其中自制肥 CL4 和 CL5 分别提高 34.0%和 19.8%；提高上部叶 K 含量 18.9%以上，其中 CL4 和 CL5 分别提高 32.6%和 27.3%。自制的两种缓释钾肥缓释效果良好。

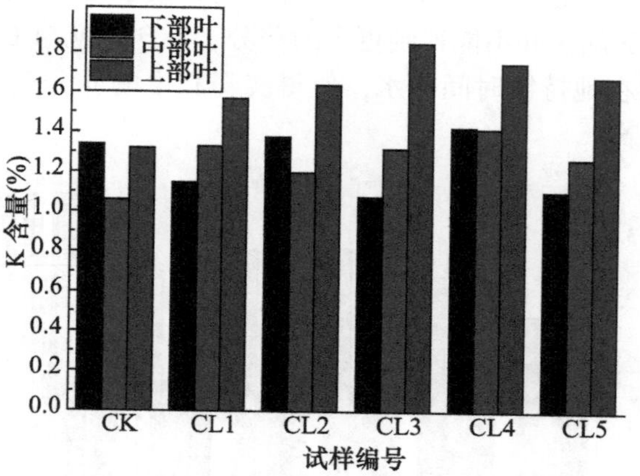

图 11-19　2011 年烤烟叶 K 含量

CL4、CL5 两组施用的分别是缓释钾肥 A、B，这两种肥料在“7d 静置水溶出实验”和累计溶出率试验中表现都差强人意，不能称为真正的缓释肥料，但是在大田应用试验中却表现出良好的缓释效果。这是因为在试验前期，烟田处于干旱缺水状态，这正好避免了两种缓释钾肥的缺点，缓释钾肥保存了大量的钾素未释放。到了试验后期，随着降水的到来，缓释钾肥能迅速释放钾素使得烟株有充足的钾素吸收，以提高烟叶中的 K 含量。

（2）烤烟叶还原糖和烟碱的测定结果与分析。烤烟叶还原糖和烟碱的测定结果如图 11-20 和图 11-21 所示。由图中可以看到，烤烟叶还原糖含量变化趋势为下部叶到上部叶先增加然后再减少。在下部烟叶中，各缓释组的还原糖含量高于 CK 组；中部叶除了 CL2、CL4，各缓释组还原糖含量明显低于 CK 组；上部叶则各缓释组还原糖含量均很大程度低于缓释组。糖类物质在生物体中主要功能是向细胞活动提供能量，烟叶是进行光合作用，将无机养分转换为有机物质（包括还原糖）的部位。不同烤烟叶中还原糖的变化原因：一方面可能是随着降水到来，水分充足，缓释肥料养分充分释放，烟株则迅速生长，叶片产生的还原糖被用于为茎部细胞分裂或增长提供能量。这就可以解释缓释肥组的还原糖含量少于 CK 组。另一方面，下部烟叶成熟标志是边角泛黄，而中部叶和下部叶则是叶面大部分变黄，当叶面变黄标志着叶片中叶绿素含量减少，叶片光合作用减少，叶片产生的还原糖减少，而细胞的呼吸作用需要消耗还原糖，所以叶片中还原糖含量减少。

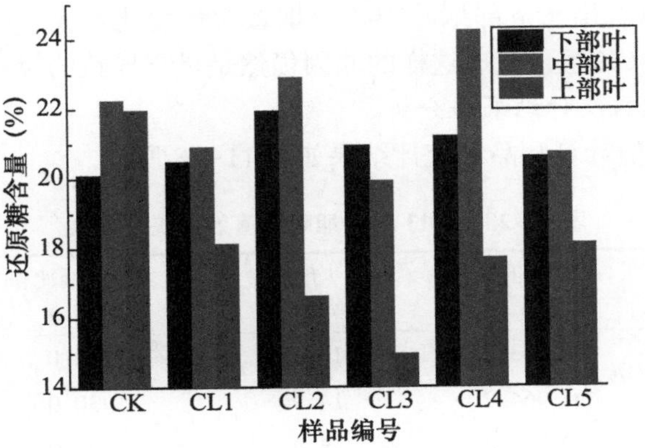

图 11-20　2011 年烤烟叶还原糖的含量

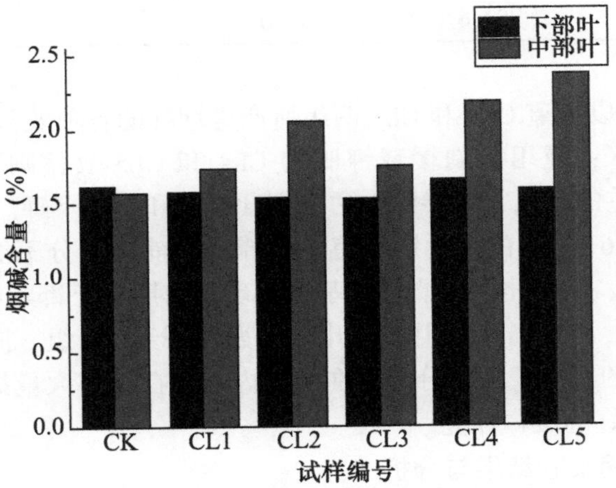

a. 2011 年的下部烤烟叶和中部烤烟叶烟碱的含量

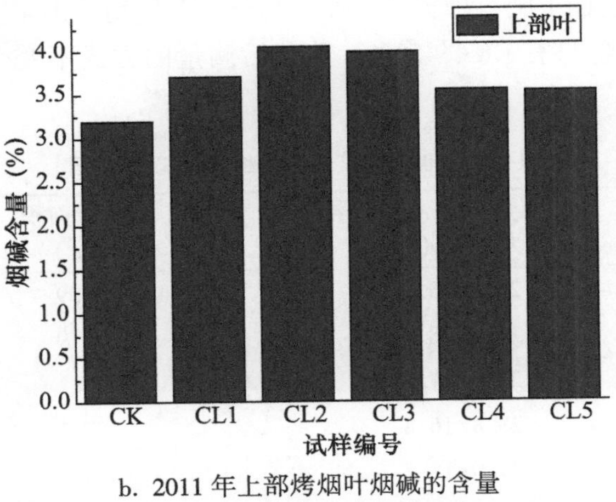

b. 2011 年上部烤烟叶烟碱的含量

图 11-21　2011 年烤烟叶中烟碱的含量

由图 11-21 可以看出，下部烟叶中各组烟碱含量变化不大，中部叶和上部叶各缓释组烟碱含量均高于 CK 组，造成这样的原因仍然是旱灾导致的缓释肥不能充分释放。

3. 烤烟叶产值效益统计结果与分析

烤烟叶产量、产值计算和品级统计结果如表 11-28 所示。

表 11-28　2011 年烤烟叶产值效益统计结果

编号	产量（kg）	产值（元）	均价（元/kg）	上等烟比例（%）	中等烟比例（%）
CK	130.0	1 943.5	14.95	28.0	49.8
CL1	131.3	1 964.2	14.96	30.0	46.7
CL 2	132.7	2 071.4	15.61	31.0	56.0
CL 3	139.0	2 237.9	16.10	33.0	58.0
CL 4	125.0	1 870.0	14.96	29.6	35.2
CL 5	123.0	1 783.6	14.50	27.8	32.0

由表 11-28 中可以知道 CL2 和 CL3 两组所产烤烟叶的各项效益指标均明显高于 CK 组；CL1 则略好于 CK；施用自制缓释钾肥的 CL4 和 CL5 效益则不如 CK，这是因为 CL4、CL5 受到了严重的病虫害，导致这两组烟叶减产和品质下降。

综上所述，因为 6、7 月的干旱影响使得缓释肥在前期养分不能得到有效释放。所以各缓释组烟株长势、烟叶化学物质含量基本表现为前期（下部烟叶）与 CK 组相差不大或表现不如 CK 组，后期（中、上部烟叶）则大多好于 CK 组。同时对于自制缓释钾肥 A、B 也因为干旱的原因，把养分保存在肥料内部，在后期大量提供，两种肥料在半干旱地区表现出了良好的缓释性能。

（二）2012 年应用实验结果与分析

1. 烟株农艺性状测量结果

2012 年除了 CK、CL1 肥料种类不变外，其余三个组均采用了改进的缓释钾肥，且缓释钾肥组钾素施用量只有 CK 的 50%。移栽后测量的方式不变，其结果分别列于表 11-29 至表 11-33。

表 11-29　2012 年第一测量结果（6 月 11 日）

编号	株高（cm）	最大叶长（cm）×最大叶宽（cm）	最大叶面积（cm^2）	茎围（cm）
CK	10.7	28.5×15.2	274.9	5.0
CL1	10.3	28.8×18.0	328.9	5.1
CL2	10.8	27.3×17.5	303.1	5.3
CL3	10.7	28.8×16.8	307.1	5.2
CL4	10.3	29.0×18.2	334.9	5.2
CL5	10.7	26.0×17.0	280.5	4.5

表 11-30 2012 年第二次测量结果（6 月 21 日）

编号	株高（cm）	最大叶长（cm）×最大叶宽（cm）	最大叶面积（cm^2）	茎围（cm）
CK	21.0	34.3×18.3	405.2	5.2
CL1	20.3	33.5×18.7	401.0	5.1
CL2	19.7	33.8×18.6	401.7	5.1
CL3	19.7	33.5×18.6	396.9	5.2
CL4	19.5	33.1×18.7	393.9	5.3
CL5	19.4	32.8×18.5	386.6	5.4

表 11-31 2012 年第三次测量结果（7 月 1 日）

编号	株高（cm）	最大叶长（cm）×最大叶宽（cm）	最大叶面积（cm^2）	茎围（cm）	病毒病、花叶病	
					病株率（%）	病指（%）
CK	33	44.0×22.5	628	5.5	1.5	0.18
CL1	34	43.0×23.8	650	6.2	1.2	0.15
CL2	34	44.0×23.8	665	6.3	1.0	0.11
CL3	34	43.5×23.8	660	6.2	1.0	0.12
CL4	34	43.8×24.0	667	6.8	0.5	0.1
CL5	34	44.5×25.7	726	7.1	0.5	0.1

表 11-32 2012 年第四次测量结果（7 月 11 日）

编号	株高（cm）	最大叶长（cm）×最大叶宽（cm）	最大叶面积（cm^2）	茎围（cm）
CK	68.3	66.0×34.7	1 459.8	9.7
CL1	61.0	62.0×34.2	1 350.2	8.7
CL2	64.3	66.0×35.0	1 469.6	9.2
CL3	64.0	64.6×34.9	1 434.9	9.2
CL4	63.9	65.1×35.3	1 465.3	9.3
CL5	64.7	65.2×35.7	1 480.5	9.4

表 11-33 2012 年第五次测量结果（7 月 21 日）

编号	株高（cm）	最大叶长（cm）×最大叶宽（cm）	最大叶面积（cm^2）	茎围（cm）	病毒病、花叶病	
					病株率（%）	病指（%）
CK	113	66.7×36.7	1 552	10.1	1.5	0.19
CL1	104	73.8×36.7	1 719	10.4	1.2	0.15

（续表）

编号	株高（cm）	最大叶长（cm）×最大叶宽（cm）	最大叶面积（cm^2）	茎围（cm）	病毒病、花叶病	
					病株率（%）	病指（%）
CL2	109	70.8×40.8	1 833	11.4	1.0	0.12
CL3	108	70.3×39.5	1 762	10.3	10.1	0.13
CL4	117	71.0×41.5	1 870	10.5	0.6	0.11
CL5	118	77.5×40.0	1 967	10.6	0.6	0.11

由以上各表中可以看到，各缓释组在农艺性状上基本上没有表现出明显的优势，到了7月21日（移栽后70d），缓释组在最大叶面积和茎围上表现一定的优势，但是考虑到缓释组K含量只有CK组的50%，实际上缓释钾肥是起到缓释作用的。将烟株株高的变化趋势绘制成图11-22。

从图11-22可以看到，各缓释组在移栽后50d以前与CK组长势接近；移栽后50~60d之间，CK组烟株长势好于各缓释组；移栽60d以后各缓释组烟株长势明显加快，长势好于CK组。施用自制缓释钾肥的CL2、CL3、CL4、CL5四组烟株长势好于施用商业肥CL1，其中CL4、CL5两组长势最好。

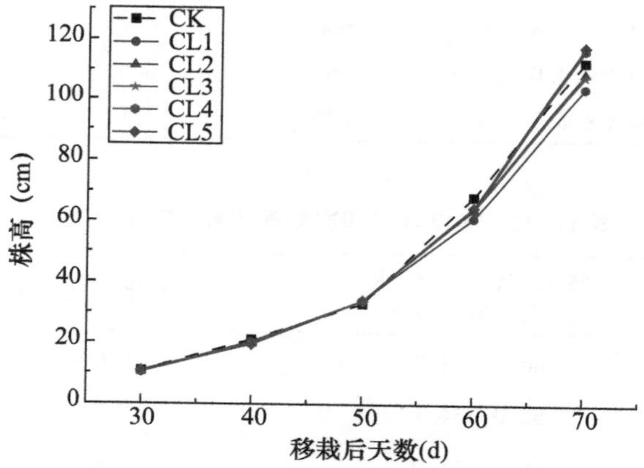

图11-22　2012年烤烟的生长趋势

2. 烤烟叶化学物质含量测定结果和分析

（1）矿质元素含量测定结果。

氮含量：烤烟叶N含量的测定结果如图11-23所示。

由图中可以看到下部叶各缓释组N含量明显高于CK组，差距大20%以上；中部叶CK组N含量略高于各缓释组；上部叶N含量则是各组相差不大。

磷含量：烤烟叶P含量的测定结果如图11-24所示。由图中我们可以看到除了CL5的上部叶P含量较高各组之间的P含量相差不大。

钾含量：烤烟叶K含量的测定结果如图11-25所示。由图11-25可以看到除了中

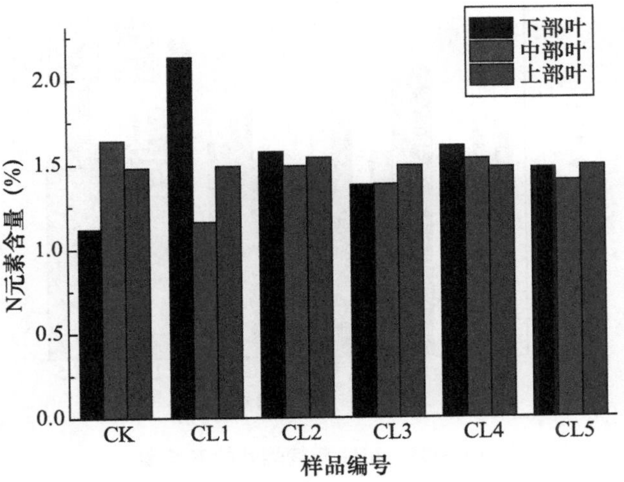

图 11-23　2012 年烤烟叶 N 含量

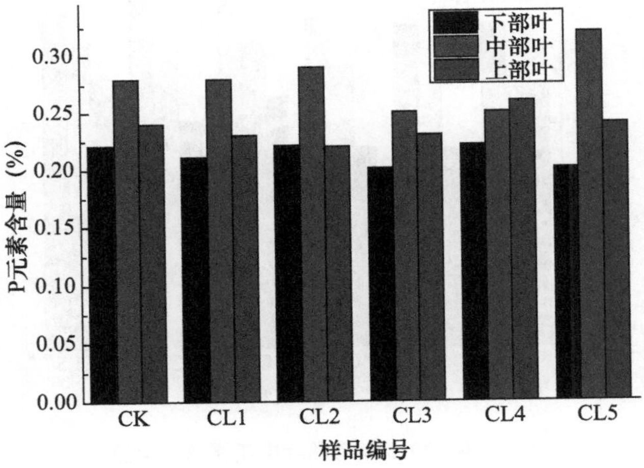

图 11-24　2012 年烤烟叶的 P 含量

部叶 CK 组 K 含量略高（<16%）于各缓释组外，下部叶和上部叶缓释钾组 K 含量整体大于对照组，特别各缓释组的上部叶（烟株生长后期采摘）K 含量基本上都高于对照组，这说明缓释钾肥的缓释作用得到发挥；在钾施用量为 CK 的 50%情况下，提高了钾利用率；并且适时释放，提高烟叶 K 含量。

使用自制缓释钾肥 2 号的 CL4 综合效果最好，施用该肥料的各部烟叶 K 含量均大于 1.82%，最高含量为 2.52%，达到了项目设定目标。

（2）烤烟叶还原糖和烟碱的测定结果与分析。烤烟叶还原糖和烟碱的测定结果如图 11-26 和图 11-27 所示。

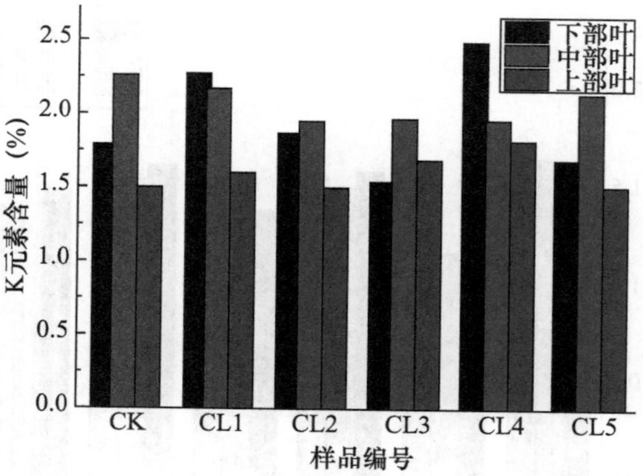

图 11-25　2012 年烤烟叶的 K 含量

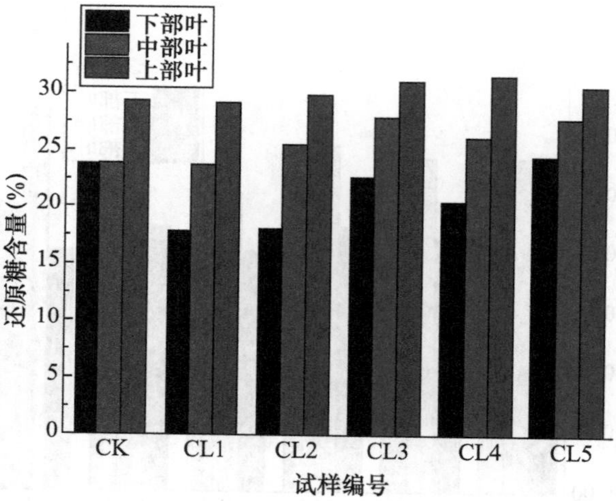

图 11-26　2012 年烤烟叶中还原糖的含量

由图 11-26 可知，下部叶中还原糖含量为 CK 组高于各缓释组；除了 CL1 外，中部叶则是各缓释组均明显高于 CK，各缓释组上部叶还原糖略高于 CK，CL1 则和 CK 组无明显区别。这个结果与上年的不同，主要是缓释各组钾素只为 CK 的一半，在前期养分的释放的少。在后期因为当年降水及时，缓释肥中的养分能够适时释放，所以还原糖表现为前少后多。

而从图 11-27 上看，下部叶、上部叶各组烟碱含量相差不大；中部叶除 CL2 外，各缓释组烟碱含量少于 CK。

3. 烤烟叶产值效益统计结果与分析

烤烟叶产量、产值计算和品级统计结果如表 11-34 所示。

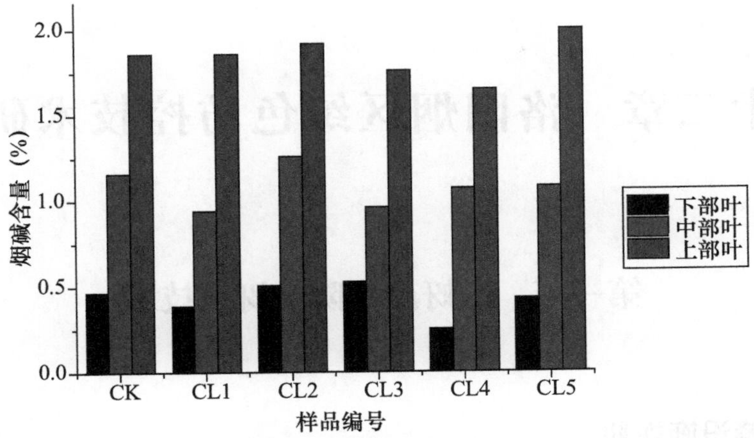

图 11-27　2012 年烤烟叶烟碱含量

由表 11-34 可以看到缓释肥的使用能有效提高烤烟叶产值效益的各项指标，特别是施用自制的缓释钾肥的 CL2、CL3、CL4、CL5 组的产值效益不仅优于 CK 组，更是优于使用商业控制肥的 CL1 组。其中 CL4、CL5 施用的缓释钾肥 1、2 效果最好，与 CK 组对比亩产量分别提高 10. 5%、17. 9%，亩产值分别提高 22. 8%、29. 1%，上等烟比例分别提高 10. 6%、12. 8%。在施用自制缓释钾肥的 CL2、CL3、CL4、CL5 组，烟株的病株率和病指数小于 CK 和 CL1，这说明我们制备的缓释钾肥在减少烟株感染病害上有一定的效果。

表 11-34　2012 年烤烟叶产值效益统计结果

编号	亩产量（kg）	亩产值（元）	均价（元/kg）	上等烟比例（%）	中等烟比例（%）
CK	190	3 542	18. 6	47	37
CL1	198	3 726	18. 8	48	37
CL 2	205	4 019	19. 6	50	40
CL 3	210	3 864	19. 32	50	38
CL 4	218	4 351	19. 96	52	40
CL 5	224	4 575	20. 4	53	42

综上所述，由于缓释组肥料 K 含量只有 CK 的 50%且均为缓释钾，这使得缓释组烟株、烟叶大部分指标优势不大甚至没有优势。但是在移栽后 60d 烟株株高，特别是下部叶、上部叶 K 含量各缓释组优势明显，考虑到缓释组钾肥用量和类型，可以认为缓释效果明显。其中 CL4 中自制的缓释钾肥 2 号综合表现最好，CL5 施用的缓释肥 1 号则在产值效益中表现最突出。这些试验结果与缓释钾肥性能测试中的结论基本一致。

总之，应用试验的结果证实，研制的缓释钾肥缓释性能优异，具有很强的实用性，为肥料的推广应用打下了坚实的基础。

第十二章　洛阳烟区绿色防控技术研究

第一节　烟蚜茧蜂防治蚜虫技术

一、繁蜂设施规划

根据洛阳市烟区分布及地理环境特点，在全市建立 1 个烟蚜茧蜂繁育基地和 8 个繁蜂点，用于烟蚜茧蜂的繁育和技术推广。繁蜂大棚全部采用单栋育苗大棚改建而成，全市共设 32 座（表 12-1）。在大棚内部的育苗池内搭建繁蜂拱棚，每个大棚 8 个，由可拆卸支架和 60 目防虫网组成，繁蜂拱棚规格：10m×4m×1. 8m，占地面积 $40m^2$。

繁蜂基地位于汝阳县三屯镇北堡村，共设 10 座繁蜂大棚，主要用于全市烟蚜和烟蚜茧蜂的保种、一级繁蚜繁蜂、规模繁蜂等，其中 1 号棚和 2 号棚分别划分为一级繁蚜棚和一级繁蜂棚，为各繁蜂点提供优质种蚜及种蜂，3~6 号棚用于幼苗繁蜂，7~10 号棚用于成株繁蜂。其他各繁蜂点共计 22 个繁蜂大棚，全部用于成株繁蜂。

表 12-1　洛阳市烟蚜茧蜂繁育点分布表

序号	县别	烟站	村	大棚数量（个）	大棚编号
1	汝阳	三屯	北堡（基地）	10	1~10
			南堡	10	11~20
2	洛宁	长水	河码头	3	21~23
3	宜阳	莲庄	涧河村	2	24、25
4	伊川	葛寨	烟涧	2	26、27
5	嵩县	九店	郭岭	2	28、29
6	新安	仓头	郭峪村	1	30
7	孟津	小浪底	班沟村	1	31
8	栾川	秋扒	秋扒村	1	32

二、繁蜂管理

（一）繁蜂时期

目前，烟蚜茧蜂的应用还处在即繁即用阶段，繁育出的成蜂或僵蚜要在一定时间内投放到大田，因此，繁蜂时期要与最佳的放蜂时期相吻合。根据洛阳烟区的气候条件和烟田蚜虫的发生时期，将放蜂时期确定在 5 月下旬、6 月中旬、7 月中上旬，因此，要在这三个阶段分批将烟蚜茧蜂繁育出来，保证充足的蜂源。同时，繁蜂基地还要兼顾各繁蜂点的种蚜、种蜂需求，根据各繁蜂点的繁蜂时期，合理规划种蚜、种蜂的扩繁时期（图 12-1）。

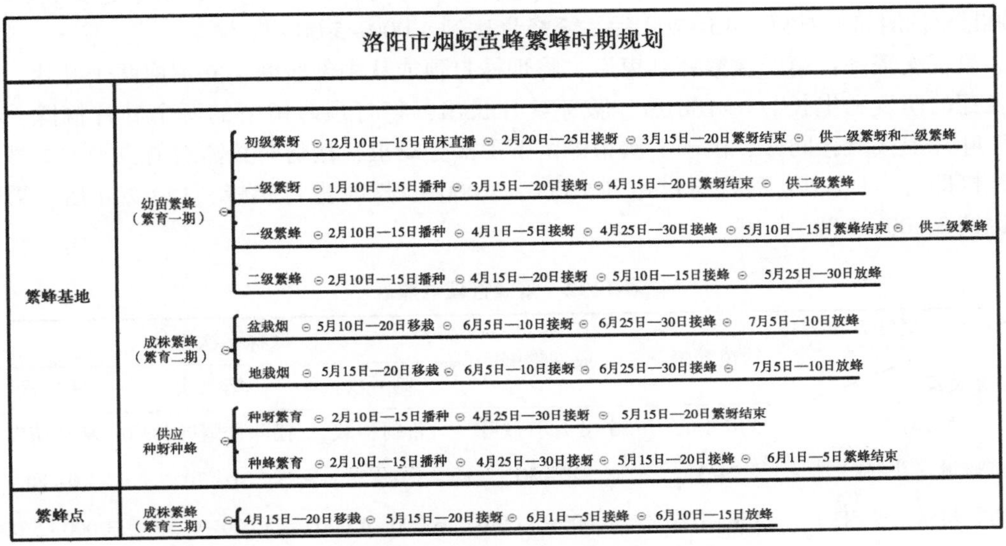

图 12-1　洛阳市 2017 年烟蚜茧蜂繁蜂时期规划

（二）繁蜂方法

1. 幼苗繁蜂法（表 12-2）

采用 200 孔育苗盘进行漂浮育苗，每盘保留 80～100 株健壮烟苗用来繁蜂。当烟苗长至 5 叶 1 心时开始接蚜。接蚜方法：将携带有种蚜的叶片撕开，带有蚜虫的一侧朝上，均匀放置在烟苗上，24h 后待种蚜全部转移至烟苗上，再将叶片取走。繁蜂棚温度控制在（22±5）℃，湿度控制在 50%～80%。

蚜虫繁育 20～25d 后，蚜量达 90～120 头/株时，按照蜂蚜比 1∶100 进行接蜂，收蜂到接蜂的时间间隔不超过 30min。15～20d 后，繁蜂量达到 120～150 头/株。

2. 成株繁蜂法

烟苗移栽前 3～5d 对繁蜂棚开墒起垄，株距行距均为 40cm，烟株距棚边 25cm，每 100 株烟用 300g 复合肥对水，根据墒情及时浇水。移栽 25d 后，当烟苗长至 6～8 片有效叶时，开始接蚜。接蚜方法与幼苗繁蜂法相同，将撕开的叶片均匀的接到烟株中下部 3 片上，每片叶接 6~7 头。繁蜂棚温度控制在 22±5℃，湿度控制在 50～80%。

蚜虫繁育 15～20d 后，蚜量达 4 000~5 000头/株时，按照蜂蚜比 1∶100 进行接蜂，收蜂到接蜂的时间间隔不超过 30min。15～20d 后，繁蜂量达到 5 000~7 000头/株。

3. 成株多次繁蜂法

第一次繁蜂：将无病壮苗进行带蚜移栽，烟苗带蚜量在 5 头/株以下，移栽方法参照成株繁蜂法，移栽20~25d后，蚜量达2 000~3 000头/株时，按照蜂蚜比1：100进行接蜂，收蜂到接蜂的时间间隔不超过30min。15~20d后，繁蜂量达到2 500~3 500头/株。

第二次繁蜂：第一次繁蜂结束后，将下部僵蚜叶片摘除，留取新发的叶片，此时，烟株根部已经非常发达，叶片长势较快，且由于第一次繁蜂会在新叶上留下部分蚜虫，因此，第二次繁蜂不用接蚜或对部分烟株进行补接即可，15~20d后，蚜量达到3 000~4 000头/株时进行接蜂，15~20d后，繁蜂量达到4 000~5 000头/株。

第三次繁蜂：第二次繁蜂结束后，将烟株打顶或从中部斩断，并留取两个叶片，促进腋芽的萌发和生长。7~10d后，腋芽叶片长出，将打顶时留下的两个叶片摘除，在腋芽叶片上接蚜，同样，由于上次繁蜂留下了部分蚜虫，接蚜时只需对蚜虫少的烟株进行补接即可。15~20d后，蚜量达到2 000~3 000头/株时进行接蜂，15~20d后，繁蜂量达到3 000~4 000头/株。

表12-2　繁蜂管理对照表

繁蜂方法 / 繁蜂关键点	幼苗繁蜂	成株繁蜂	成株多次繁蜂		
			第一次	第二次	第三次
接蚜时期	5叶1心	6~8片有效叶	带蚜移栽	摘除僵蚜叶片后	腋芽萌发
接蚜量（头/株）	2~3	20~30	1~5	0~20	0~20
最适繁蚜量（头/株）	150~200	6 000~8 000	3 000~4 000	5 000~6 000	3 000~5 000
繁蚜周期（d）	20~25	15~20	20~25	15~20	15~25
接蜂时期（蚜量，头/株）	90~120	4 000~5 000	2 000~3 000	3 000~4 000	2 000~3 000
接蜂量（头/株）	1	40~50	20~30	30~40	20~30
繁蜂周期（d）	15~20	15~20	15~20	15~20	15~20
繁蜂量（头/株）	120~150	5 000~7 000	2 500~3 500	4 000~5 000	3 000~4 000
单位面积繁蜂量（头/m^2）	25 000~35 000	20 000~30 000	40 000~50 000		

三、大田应用

（一）放蜂时期

5月中下旬。5月是洛阳烟区繁蜂的最佳时期，繁蜂量最大，也最适合烟蚜茧蜂在田间的成活和寄生。但是，5月中下旬，烟苗尚处于还苗期，有翅蚜刚刚开始迁飞，烟田若蚜量较小，在烟田放蜂不合时宜，可以在烟田附近的大农业作物上释放，对蚜虫进行源头控制，防止蚜虫迁飞至烟田。若有条件，可将放蜂时期适当前移，在小麦、油菜、桃树等作物上释放，效果最佳。

6月中下旬。6月中下旬是预防性放蜂阶段，烟田若蚜开始零星发生，为害较轻，可在这个时期持续大规模放蜂，降低蚜虫的虫口基数，防止蚜虫数量快速增长。

7月中上旬。7月中上旬是洛阳烟区蚜虫为害最严重的时期，但由于气温过高，也是繁蜂最困难的时期。因此，要有针对性的对蚜虫严重发生的地块进行重点防治，节约蜂源，避免盲目大规模释放。

（二）放蜂方法

1. 烟蚜茧蜂的运输

将收集的烟蚜茧蜂成蜂放于容蜂袋中，加入蘸有5%左右蜂蜜水或白糖水的棉花球，或将带有僵蚜的叶片放于容蜂袋种，用绳扎好口，挂放或平放于运输车中，不可挤压；僵蚜苗的摆放要整齐，同样不可过分挤压，车内要通风遮阴，温度维持在（22±5）℃，两小时内运至放蜂地点。

2. 烟蚜茧蜂的释放

烟蚜茧蜂的释放要根据田间蚜虫的发生量进行合理安排（表12-3）。成蜂释放时，采用边走边放的方式，任成蜂自由扩散，寻找烟蚜寄生。面积较小的地块，使用容蜂瓶，在垄间匀速前行，可用手适当遮挡瓶口，避免蜂一次大量飞出，导致放蜂不均匀。大面积连片烟田，可选择几个中心地块集中放蜂，3~10人一组，排列成行，集体匀速向前放蜂。

散放僵蚜苗时，根据僵蚜苗的僵蚜量计算每亩散放量，散放时把僵蚜苗根部用塑料袋包裹，竖立放于田间，僵蚜苗与烟株必须保持一定距离，不可接触烟叶。

表12-3　蚜虫发生程度对应放蜂量参照表

蚜虫发生程度	蚜量（头/株）	放蜂量（头/亩）
初发生	1~5	200~500
轻度发生	6~20	500~1 000
中度发生	21~30	1 000~1 200

放蜂一般在上午8—11点，下雨天不放蜂；成蜂在容蜂器中保存时间不超过3h；放蜂前后7d不喷施杀虫剂；蚜虫严重发生时需要配合化学农药进行防治。

第二节　洛阳市烟田土壤微生物检测

一、试验设计

2013—2014年分别在在洛阳市嵩县、汝阳县、洛宁县等地，选取植烟1~3年、3~6年、6年以上的烟田各1块，分别在烤烟的苗期、团棵期、旺长期及采收期，采用五点取样法采集土壤样品（表12-4），在实验室进行真菌、细菌、放线菌的分离和鉴定，并筛选出具有拮抗作用的微生物，测定其对烟草疫霉、瓜果腐霉、尖孢镰刀菌等土传病原菌的拮抗作用，筛选出洛阳烟区的本地的拮抗微生物，用于土传病害的防控。

表 12-4 洛阳烟田土壤微生物分离土样基本信息

地点	样品代号	连作年限（年）	烟草品种	经度	纬度	海拔高度（m）
嵩县南安	SM1 ST1 SW1 SC1	1	豫烟9号	112°09′01″E	34°16′56″N	464.54m
嵩县张庄	SM3 ST3 SW3 SC3	4	优选一号	112°08′55″E	34°17′59″N	489.47m
嵩县杨湾	SM6 ST6 SW6 SC6	9	秦烟96	112°10′23″E	34°18′12″N	436.41m
洛宁王窑村	LM1 LT1 LW1 LC1	1	中烟100	111°38′58″E	34°25′53″N	546.87m
洛宁王村	LM3 LT3 LW3 LC3	5	龙江981	112°26′09″E	34°11′05″N	563.75m
洛宁祝家园	LM6 LT6 LW6 LC6	26	地方品种	111°35′40″E	34°27′14″N	605.81m
汝阳张河村	RM1 RT1 RW1 RC1	3	秦烟96	112°26′08″E	34°11′06″N	470.16m
汝阳张河村	RM3 RT3 RW3 RC3	5	秦烟96	112°26′09″E	34°11′05″N	476.20m
汝阳张河村	RM6 RT6 RW6 RC6	7	秦烟96	112°25′46″E	34°11′10″N	489.18m

注：E—东经；N—北纬；S—嵩县；L—洛宁；R—汝阳；M—苗期；T—团棵期；W—旺长期；C—采收期

二、结果分析

（一）烟田土壤真菌的监测与种群鉴定

1. 烟田土壤真菌数量及其年动态变化

在烤烟整个生长期，三个县真菌数量基本上呈现出先增加然后减少的趋势（图 12-2 至 12-4），在旺长期达到峰值，而汝阳县植烟 1~3 年土壤真菌数量却呈现先减少后增加的趋势，在采收期达到了峰值。嵩县烤烟三种不同植烟年限土壤真菌数量，旺长期与团棵期相比分别增加了 3.94、12.08 和 7.73 倍；而采收期与旺长期相比分别下降了 85.18%、41.57%和 84.58%。洛宁县烤烟三种不同植烟年限土壤真菌数量，旺长期与团棵期相比分别增加了 0.34、0.25 和 10.47 倍；分别下降了 89.88%、25.07%和 87.14%。汝阳县烤烟三种不同植烟年限土壤真菌数量，旺长期与团棵期相比，植烟 3~6 年和植烟 6 年以上的土壤分别增加了 0.45 和 3.62 倍，而植烟 1~3 年土壤真菌数量却下降了 25.07%；而采收期与旺长期相比，植烟 3~6 年和植烟 6 年以上的土壤真菌数量分别下降了 93.04%和 83.36%。在植烟 1~3 年土壤上真菌数量增加了 0.51 倍。

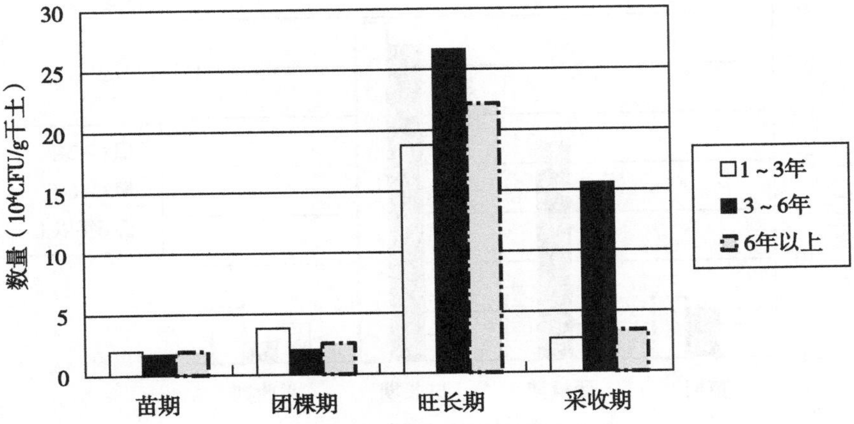

图 12-2　嵩县烟田土壤真菌数量

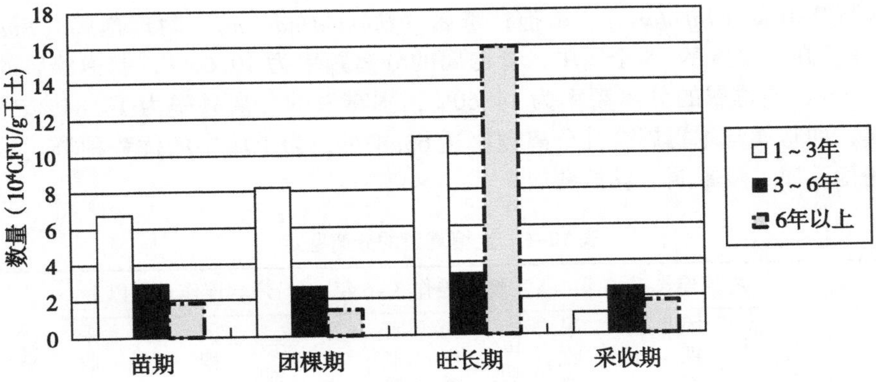

图 12-3　洛宁县烟田土壤真菌数量

嵩县烤烟在整个生长期土壤真菌数量为植烟 3-6 年 >植烟 6 年以上>植烟 1~3 年，分别为 4.60×10^5、3.01×10^5、2.74×10^5CFU/g 干土，最大值出现在植烟 3~6 年的旺长期土壤，其数值为 26.68×10^4CFU/g 干土（图 12-1）。洛宁县烤烟在整个生长期土壤真菌数量为植烟 6 年以上>植烟 1~3 年>植烟 3~6 年，分别为 2.92×10^5、2.70×10^5、1.14×10^5CFU/g 干土，最大值出现在植烟 6 年以上的旺长期土壤，其数值为 15.94×10^4 CFU/g 干土（图 12-2）。汝阳县土壤真菌数量为植烟植烟 3~6 年>6 年以上>植烟 1~3 年，分别为 6.14×10^5、5.38×10^5、1.36×10^5CFU/g 干土，最大值出现在植烟 6 年以上的旺长期土壤，其数值为 34.45×10^4CFU/g 干土（图 12-3）。

2. 烟田土壤真菌种群的鉴定

共分离纯化真菌 178 株（表 12-5），已鉴定的真菌类群有青霉属（*Penicillium*）、曲霉属（*Aspergillus*）、帚霉属（*Gliocladium*）、镰孢菌属（*Fusarium*）、毛霉属（*Mucor*）、根霉属（*Rhizopus*）、木霉属（*Trichoderma*）、头孢霉属（*Cephalosporium*）、链格孢属

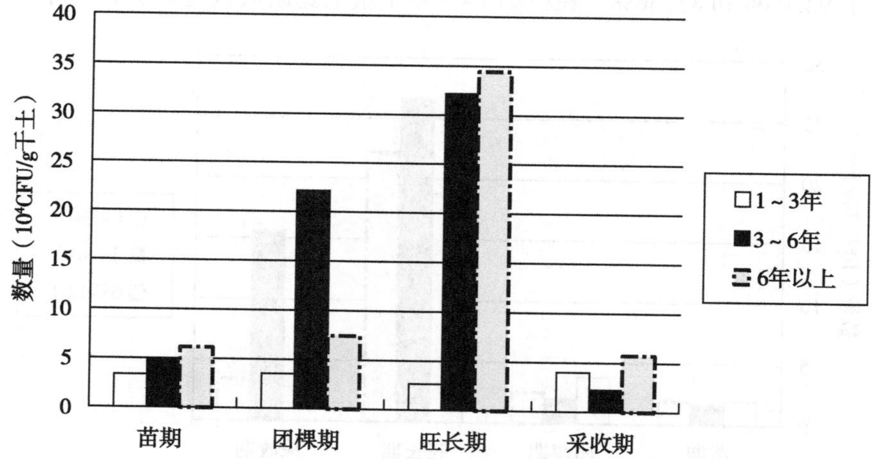

图 12-4　汝阳县烟田土壤真菌数量

（*Alternaria*）、丝核菌属（*Rhizoctonia*）、疫霉属（*Phytophthora*）、漆斑菌属（*Myrothecium*）、平脐蠕孢属（*Bipolaris*）、单孢枝霉属（*Hormodendrum*）、附球孢属（*Epicoccum*）等 15 个属。在已鉴定的 15 个属中，青霉属的分离频率为 19.66%，镰孢菌属的分离频率为 15.73%，曲霉属的分离频率为 14.60%，木霉属的分离频率为 13.84%。青霉属、镰孢菌属、曲霉属与木霉属合计分离频率达 63.83%，为土壤中的优势种群。常见的致病菌有镰孢菌属、疫霉属、丝核菌属。

表 12-5　土壤真菌的分离鉴定

真菌	烤烟连作 1~3 年				烤烟连作 3~6 年				烤烟连作 6 年以上				总数	分离频率（%）
	苗期	团棵期	旺长期	采收期	苗期	团棵期	旺长期	采收期	苗期	团棵期	旺长期	采收期		
Penicillium	1	4	6	3	0	1	1	2	2	1	7	7	35	19.66
Aspergillus	1	2	4	1	1	2	3	1	4	3	4	0	26	14.60
Gliocladium	0	0	2	0	0	1	0	1	0	0	1	0	5	2.81
Fusarium	1	5	3	1	2	3	4	1	4	1	2	1	28	15.73
Mucor	0	0	2	1	0	0	0	1	0	0	0	1	5	2.81
Rhizopus	1	0	0	0	0	0	0	0	0	0	0	0	1	0.56
Trichoderma	3	3	3	4	1	1	3	0	0	2	4	0	24	13.84
Cephalosporium	1	0	0	0	0	0	0	0	0	0	0	0	1	0.56
Alternaria	1	0	0	0	0	0	0	0	1	0	0	1	3	1.69
Rhizoctonia	0	0	0	0	0	1	0	0	0	0	0	0	1	0.56
Phytophthora	0	0	0	0	0	0	0	0	1	0	0	0	1	0.56

（续表）

真菌	烤烟连作1~3年				烤烟连作3~6年				烤烟连作6年以上				总数	分离频率（%）
	苗期	团棵期	旺长期	采收期	苗期	团棵期	旺长期	采收期	苗期	团棵期	旺长期	采收期		
Myrothecium	0	0	0	0	0	0	0	0	2	0	0	0	2	1.12
Bipolaris	0	0	0	0	0	1	0	0	0	1	0	0	2	1.12
Hormodendrum	0	0	0	0	0	0	0	0	0	0	0	1	1	0.56
Epicoccum	0	1	0	0	0	0	0	0	0	0	0	0	1	0.56
Ascomycotina	0	1	0	0	0	0	0	0	0	2	0	0	3	1.69
未知	5	2	2	1	4	2	1	2	7	5	5	3	39	21.91
总计	14	18	22	11	8	12	12	8	22	14	23	14	178	—

（二）土壤拮抗真菌的拮抗作用测定

1. 土壤拮抗真菌的分离

通过对土壤样品的分离和鉴定（表12-6），共获得拮抗木霉菌5种，分别是哈茨木霉（*Trichoderma Harzianum* Rifai）、绒毛木霉（*Trichoderma Tomentosum* Bissett）、毛簇木霉（*Trichoderm velutinum* Bissett）、棘孢木霉（*Trichoderma asperellum* Samuels）、深绿木霉（*Trichoderma atroviride* Karsten）；获得青霉菌2种，分别是纯绿青霉（*Penicillium polonicum*）、产黄青霉（*Penicillium chrysogenum*）；获得曲霉菌1种，是土曲霉（*Aspergillus terreus* Thom）。

表12-6　土壤中分离的拮抗真菌菌株编号及种类

属别	菌株编号	种类
木霉菌	S1-6、R3-15、L1-20	哈茨木霉（*Trichoderma Harzianum* Rifai）
	L1-21	绒毛木霉（*Trichoderma Tomentosum* Bissett）
	S1-7	毛簇木霉（*Trichoderm velutinum* Bissett ）
	R1-12	棘孢木霉（*Trichoderma asperellum* Samuels）
	R3-16	深绿木霉（*Trichoderma atroviride* Karsten）
青霉菌	WS1 4	纯绿青霉（*Penicillium polonicum*）
	TS1-3	产黄青霉（*Penicillium chrysogenum*）
	WR1 12、R1 11、R3-3	青霉菌（*Penicillium* sp.）
曲霉菌	WR3 10	土曲霉（*Aspergillus terreus* Thom）
	WR3 4	土曲霉（*Aspergillus* sp.）

2. 木霉菌的拮抗作用测定

（1）木霉菌对烟草疫霉的拮抗作用。对峙培养4d后木霉菌开始表现出对疫霉抑制作用，形成了较明显的抑菌圈，后来木霉菌丝继续扩展，逐渐把疫霉菌菌落包围、覆盖，疫霉菌停止生长，抑菌圈也逐渐消失，有些木霉菌株和疫霉菌的抑菌圈则一直存在，且越来越明显，L1-20 菌株和疫霉菌的抑菌圈达到了 7.6mm，且疫霉菌菌落逐渐变黄，一周后菌落基本被完全被覆盖。S1-6 菌株的抑菌圈一直>5mm，抑菌率达到了 87.50%。R1-12 菌株的抑菌率最高，达到了 89.58%，且拮抗系数为Ⅰ级，R1-12 菌株生长迅速，与病原菌接触后 2d 内将病原菌完全覆盖（表 12-7）。在显微镜下观察到 R3-15菌株的菌丝缠绕在疫霉菌菌丝上。

表 12-7　木霉菌对烟草疫霉的抑制效果

菌株编号	抑菌率（%）	拮抗系数	抑菌圈（mm）
S1-6（哈茨木霉）	87.50	Ⅰ～Ⅱ	5.1
S1-7（毛簇木霉）	77.59	Ⅰ～Ⅱ	不明显
R1-12（棘孢木霉）	89.58	Ⅰ	不明显
R3-15（哈茨木霉）	81.25	Ⅰ～Ⅱ	不明显
R3-16（深绿木霉）	83.33	Ⅰ～Ⅱ	不明显
L1-20（哈茨木霉）	82.98	Ⅰ～Ⅱ	7.6
L1-21（绒毛木霉）	81.63	Ⅰ～Ⅱ	不明显

（2）木霉菌对瓜果腐霉的拮抗作用。腐霉接种后 24 小时两菌落开始接触，并抑制腐霉菌丝继续生长，S1-6、R3-15、L1-20 菌株与病原菌接触的部位产生黄色的条带，且黄色条带逐渐变宽，5d 后整个腐霉菌落基本上完全变成黄色。木霉继续生长，将病原菌菌株逐渐覆盖，一周后基本完全覆盖病原菌的菌落。其中，R1-12 菌株抑菌率最大，达 80.95%，拮抗系数达Ⅰ级，生长最快，5d 后就将病原菌菌落完全覆盖（表 12-8）。

表 12-8　拮抗木霉对瓜果腐霉的抑制效果

菌株编号	抑菌率（%）	拮抗系数
S1-6（哈茨木霉）	79.62	Ⅲ
R1-12（棘孢木霉）	80.95	Ⅰ
R3-15（哈茨木霉）	72.58	Ⅱ
R3-16（深绿木霉）	79.98	Ⅱ
L1-20（哈茨木霉）	76.92	Ⅰ～Ⅱ
L1-21（绒毛木霉）	73.75	Ⅲ

（3）木霉菌对尖孢镰刀菌的拮抗作用。对峙培养 3d 后木霉菌就表现出对尖孢镰刀菌的抑制作用，之后木霉继续扩展，逐渐把尖孢镰刀菌包围，被包围的病原菌停止生长，大部分木霉菌株与病原菌形成了较明显的抑菌圈，其中 R1-12 菌株覆盖病原菌生长，且覆盖部分越来越多，抑制作用最强，抑菌率达到 80.95%，抑菌圈>5mm，拮抗系数为Ⅰ～Ⅱ级。S1-6 和 L1-20 菌株边缘的病原菌菌丝枯萎、塌陷，R3-15 菌株边缘

的病原菌菌丝干枯且干枯的条带逐渐变宽，与病原菌呈现对抗生长的状况（表 12-9）。

表 12-9　木霉菌对尖孢镰刀菌的抑制效

菌株编号	抑菌率（%）	拮抗系数	抑菌圈（mm）
S1-6（哈茨木霉）	74.19	Ⅱ	4.4
S1-7（毛簇木霉）	79.03	Ⅱ	2.7
R1-12（棘孢木霉）	80.95	Ⅰ～Ⅱ	5.5
R3-15（哈茨木霉）	72.58	Ⅱ	3.3
R3-16（深绿木霉）	79.98	Ⅲ	5.6
L1-20（哈茨木霉）	70.31	Ⅲ	4.9

3. 青霉菌的拮抗作用测定

（1）青霉菌对烟草疫霉的拮抗作用。对峙培养 6d 以后，青霉菌对疫霉开始产生抑制作用，继续培养两天菌落的抑菌圈越来越明显，培养两周后两菌落一直表现出对抗生长，两菌落既不接触也不会被彼此覆盖。抑菌率都在 70% 以上，最大抑菌圈达到 8.67mm（表 12-10）。

表 12-10　青霉菌对烟草疫霉的拮抗效果

菌株编号	抑菌率（%）	抑菌圈（mm）
WR1 12（青霉菌属）	72.60	8.67
R1 11（青霉菌属）	70.42	7.67
WS1 4（纯绿青霉）	79.03	8.00

（2）青霉菌对瓜果腐霉的拮抗作用。对峙培养 36h 后，青霉菌对瓜果腐霉开始表现出强烈的抑制作用，腐霉菌落受到明显的抑制，产生明显的抑菌圈，最大抑菌圈达到 15.33mm（表 12-11）。其中 R3 3 菌株产生黄色物质，使整个培养基变成透明的淡黄色，病原菌指向菌株那半边自接种点处都几乎不会生长。靠近 WR1 12 和 R1 11 菌株的病原菌菌丝明显稀薄，靠近 WS1 4 的病原菌受到抑制后，菌落边缘呈平截状，且不再生长。

表 12-11　青霉对瓜果腐霉的拮抗效果

菌株编号	抑菌率（%）	抑菌圈（mm）
R3 3（青霉菌属）	80.16	15.33
WR1 12（青霉菌属）	71.43	10.33
R1 11（青霉菌属）	75	3.67
WS1 4（纯绿青霉）	78.57	3.67

（3）青霉菌对尖孢镰刀菌的拮抗作用。对峙培养一周后，青霉菌对尖孢镰刀菌开

始表现出抑制作用，靠近青霉菌边缘的镰刀菌菌落的 R3 3、WR1 12、R1 11 和 TS1 3 菌株呈弧形生长，且靠近 R1 11 菌株边缘的镰刀菌菌丝稀薄；WS1 4 呈平截状且不再生长。抑菌圈最大的达到 9. 67mm，最小的只有 2. 33mm（表 12-12）。

表 12-12　青霉菌对尖孢镰刀菌的拮抗效果

菌株编号	抑菌率（%）	抑菌圈（mm）
R3 3（青霉菌属）	75. 81	9. 67
WR1 12（青霉菌属）	67. 19	3. 33
R1 11（青霉菌属）	54. 87	2. 33
WS1 4（纯绿青霉）	65. 22	5. 33
TS1 3（产黄青霉）	58. 87	3. 33

4. 曲霉菌的拮抗作用测定

（1）曲霉对烟草疫霉的拮抗作用。对峙培养一周后，曲霉菌对疫霉菌开始表现出抑制作用，最大抑菌率达到 84. 38%（表 12-13）。疫霉菌菌落明显生长缓慢，且整个菌落成扇形生长，两菌落渐渐接触但不覆盖，两菌落间的抑菌圈不明显。

表 12-13　曲霉菌对烟草疫霉的拮抗效果

菌株编号	抑菌率（%）	抑菌圈（mm）
WR3 4（曲霉属）	84. 38	3. 33
WR3 10（土曲霉）	72. 22	—

（2）曲霉对瓜果腐霉的拮抗作用。对峙培养 36h 后，曲霉对瓜果腐霉开始产生强烈的抑制作用，WR3 4 和 WR3 10 菌株对瓜果腐霉作用明显，指向曲霉菌边缘的病原菌明显生长缓慢，产生明显的抑菌圈，最大的达到 18. 00mm（表 12-14）。

表 12-14　曲霉对瓜果腐霉的拮抗效果

菌株编号	抑菌率（%）	抑菌圈（mm）
WR3 4（曲霉属）	89. 68	18. 00
WR3 10（土曲霉）	86. 37	16. 67

第三节　微生态制剂对根围微生物的影响

一、试验设计

（一）微生态制剂的制备

微生态制剂的研制与生产在洛阳市鑫沃牧业科技有限公司进行，其工艺流程如图

12-5 所示。试验所用有机肥由鲜羊粪堆制发酵而成，发酵基料与腐殖质按一定比例混合后加工制粒，得到有机肥颗粒剂。将拮抗真菌、细菌、放线菌生物发酵液与机肥颗粒剂按一定比例混合后进行自然发酵，使拮抗微生物以有机肥为载体生长繁殖 10~15d 后形成固体菌种，将二次发酵得到的固体菌种自然风干后即得复合微生态制剂（复合生物有机肥），包装成为微生态制剂初级产品。

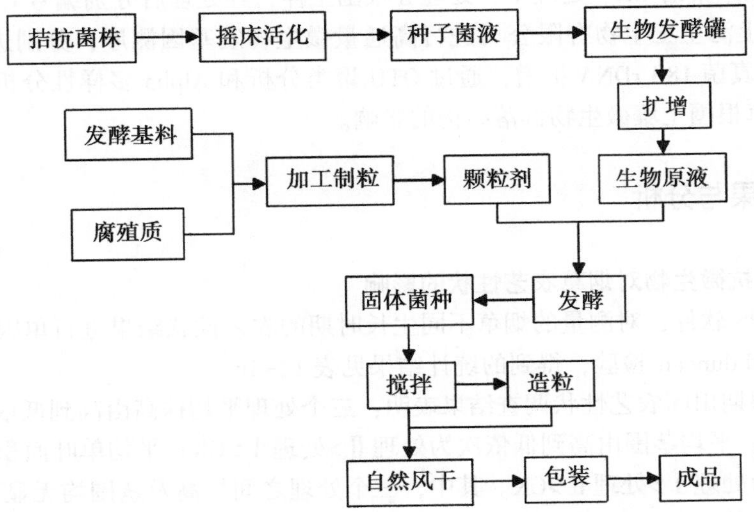

图 12-5　复合微生态制剂制备工艺流程图

（二）微生态制剂田间应用

1. 试验地选择与田间试验设计

田间试验在河南省洛阳市洛宁县小届乡徐村进行。试验地经度为东经 111°38′47″；纬度为北纬 34°26′30″；海拔为 570m；土壤类型为黄壤土；连作年限 4~5 年。田间试验设计见表 12-15。供试烤烟品系为 LY1306。烟苗移栽前至少一周以上按照田间试验设计施用要求施肥，并盖膜增加地温，移栽时，先在穴内浇一勺水，再在距离烟苗心叶 2cm 以下位置四周回填好土，确保烟苗移栽后叶片竖起呈猫耳状。

表 12-15　洛阳市烟草土传真菌病害微生态治理田间试验设计

处理	面积（亩）	微生态制剂（kg）	有机肥（kg）	复合肥（kg）	饼肥（kg）	重过磷酸钙（kg）	硫酸钾（kg）
对照 CK	1	0	0	20	25	15	15
处理Ⅰ	1	0	200	5	20	15	15
处理Ⅱ	1	200	0	5	15	15	15

2. 烟草不同生长时期农艺性状调查

烟苗移栽后，在烟草团棵期与旺长期分别对不同处理地块中烟株的茎围、株高、叶片数及叶片长、宽等主要农艺性状进行调查和测量，调查方法参照 YC/T 142—2010 烟草农艺性状调查测量方法进行。

3. 烟草根围微生物数量测定

在试验地施肥前期采集大田土样，烟草团棵期、旺长期与采收期采集各试验处理烟草根围土样。通过稀释平板法将各土壤样品进行微生物分离和计数。

4. 烟草根围微生物群落结构测定

将采收期采集的 CK、处理Ⅰ、处理Ⅱ根围土样，经处理后分别编号 CLN1、CLN2、CLN3，送至上海生工生物有限公司进行高通量微生物宏基因测序，分别进行细菌 16S rDNA 扩增与真菌 18S rDNA 扩增，通过 OTU 聚类分析和 Alpha 多样性分析，探究拮抗微生物对烟草根围土壤微生物群落结构的影响。

二、结果与分析

（一）拮抗微生物对烟草农艺性状的影响

利用 SPPS 软件，对测量的烟草不同生长时期的农艺性状结果进行单因素方差分析（$\alpha=0.05$）和 duncan 检验，得到的统计结果见表 12-16。

烟草团棵期田间农艺性状调查结果表明：三个处理平均株高由高到低依次为处理Ⅰ>处理Ⅱ>CK；平均茎围由高到低依次为处理Ⅱ>处理Ⅰ>CK；平均单叶面积与叶片数由高到低依次为处理Ⅰ>处理Ⅱ>CK。其中，三个处理之间株高及茎围均无显著差异，CK 与处理Ⅱ之间单叶面积及叶片数无显著差异，处理Ⅰ单叶面积及叶片数均显著高于处理Ⅱ和 CK。

烟草旺长期田间农艺性状调查结果表明：三个处理平均株高与茎围由高到低依次为处理Ⅰ>处理Ⅱ>CK，平均单叶面积与叶片数由高到低依次为处理Ⅱ>处理Ⅰ>CK。其中，三个处理之间株高及茎围均有显著差异，处理Ⅰ与处理Ⅱ的单叶面积均显著高于 CK，处理Ⅰ与处理Ⅱ单叶面积差异不显著，处理Ⅱ叶片数显著高于 CK，处理Ⅱ叶片数与 CK 和处理Ⅰ之间均无显著差异。

表 12-16　烟草不同生长时期农艺性状统计分析结果

处理		株高（cm）	茎围（cm）	叶面积（cm^2）	叶片数
团棵期	CK	26.441±1.107a	6.939±0.187a	524.623±17.481a	11.333±0.256a
	处理Ⅰ	26.794±1.497a	7.461±0.308a	631.077±17.499b	14.500±0.430b
	处理Ⅱ	26.529±0.728a	7.486±0.240a	552.589±14.142a	11.500±0.146a
旺长期	CK	109.611±1.919a	10.520±0.091a	1 124.828±12.340a	28.471±0.375a
	处理Ⅰ	138.000±1.586c	11.426±0.111c	1 190.534±20.914b	29.529±0.421ab
	处理Ⅱ	118.889±3.362b	10.977±0.139b	1 201.451±16.755b	30.118±0.342b

注：表中数据为平均值±标准误，同列数字后不同小写字母表示在 0.05 水平上差异显著（n=30）

（二）拮抗微生物对烟草根围微生物数量的影响

利用 SPPS 软件对分离获得的真菌、细菌和放线菌菌落数量进行单因素方差分析

（α=0.05）和 duncan 检验，结果见表 12-17。在烟草不同生育期，根围土壤中微生物数量细菌最高，放线菌次之，真菌最低。

表 12-17　烟草不同生长时期各处理土壤样品中的微生物菌落数量　（10^4CFU/g）

微生物类群	处理	施肥前期	团棵期	旺长期	采收期
真菌菌落数量	CK	8.3517	32.9914±1.0336c	13.1079±0.4922b	10.8698±1.1124a
	处理Ⅰ		20.3916±0.6581b	14.0148±0.7341b	52.0790±1.3983c
	处理Ⅱ		11.0879±0.7321a	10.0007±0.4145a	19.3543±1.6061b
细菌菌落数量	CK	2 441.2521	9 155.7392±284.7877b	3 581.1131±267.6496a	4 757.1188±135.3350a
	处理Ⅰ		4 775.0353±162.1030a	4 876.1810±172.0235b	5 539.7813±198.2949ab
	处理Ⅱ		3 859.7760±368.2330a	4 030.8818±155.8804a	5 004.9764249.4173b
放线菌菌落数量	CK	578.1913	606.9727±39.3256b	562.3547±13.0650b	676.9090±18.0447a
	处理1.		431.6224±37.9595ab	461.3617±13.9515b	740.3394±45.3812a
	处理Ⅱ		423.1259±48.1835a	435.4033±8.9028a	711.7051±10.2404a

注：表中数据为平均值±标准误，同列数字后不同小写字母表示在 0.05 水平上差异显著（n=6）

烟草不同生育期各处理土壤真菌菌落数量如图 12-6 所示。在烟草整个生育期，CK 和处理Ⅰ真菌数量变化波动较大，处理Ⅱ较为稳定。团棵期 3 个处理真菌数量均有不同程度的增加；旺长期呈下降趋势；采收期 CK 真菌数量持续下降，处理Ⅰ大幅上升，处理Ⅱ平稳上升。烟草团棵期处理Ⅰ和处理Ⅱ真菌数量较 CK 分别减少了 38.19%和 66.39%；旺长期处理Ⅰ真菌数量较 CK 增加 6.992%，处理Ⅱ真菌数量较 CK 减少了 23.70%；采收期处理Ⅰ和处理Ⅱ真菌数量较 CK 分别增加了 379.12%和 78.06%。试验结果表明：施复合微生态制剂能够在团棵期和旺长期显著降低土壤中真菌菌落数量，并能在烤烟整个生长时期保持土壤中真菌数量的相对稳定。

烟草不同生育期各处理土壤细菌菌落数量如图 12-7 所示。3 个处理的细菌数量在团棵期均有不同程度的增加，其中 CK 增加最为明显。CK 细菌数量旺长期急剧下降，采收期有回升趋势；处理Ⅰ与处理Ⅱ在旺长期和团棵期土壤中细菌数量整体呈上升趋势。处理Ⅰ和处理Ⅱ的细菌数量在烟草团棵期较 CK 分别减少了 47.85%和 57.84%；在旺长期较 CK 分别增加了 36.16%和 12.56%；在采收期较 CK 分别增加了 16.45%和 5.21%。试验结果表明，施有机肥和复合微生态制剂的处理，均能在旺长期和采收期增加土壤中细菌菌落的数量；且在烟草整个生育期土壤中细菌数量呈逐渐上升的趋势。

烟草不同生育期各处理土壤放线菌菌落数量如图 12-8 所示。在烟草整个生育期，CK 放线菌数量变化趋势平稳，呈现团棵期增加、旺长期减少、采收期增加的趋势。处理Ⅰ和处理Ⅱ放线菌数量变化趋势较为接近，在团棵期放线菌数量大幅减少，后逐渐上升，采收期分别达到最高。处理Ⅰ和处理Ⅱ的放线菌数量在烟草团棵期较 CK 分别减少了 28.89%和 30.29%；旺长期较 CK 分别减少了 17.96%和 22.57%；采收期较 CK 分别增加了 9.37%和 5.14%。试验结果表明，施有机肥和复合微生态制剂处理，均能在一定程度增加采收期土壤中放线菌的数量。

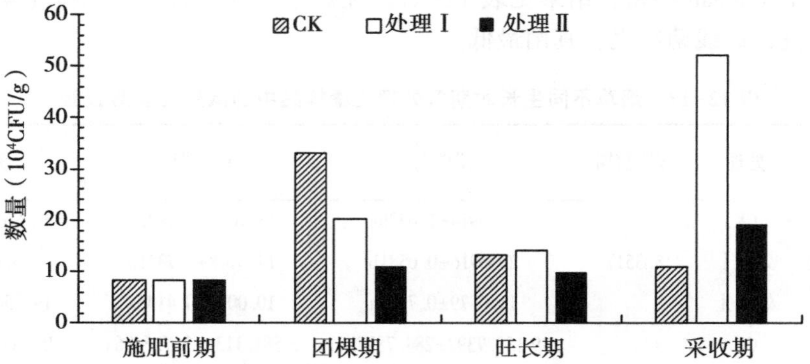

图 12-6　烟草不同生育期各处理土壤真菌菌落数量

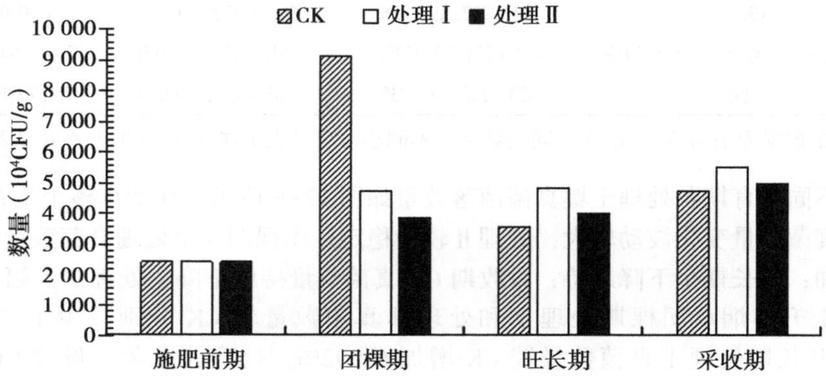

图 12-7　烟草不同生育期各处理土壤细菌菌落数量

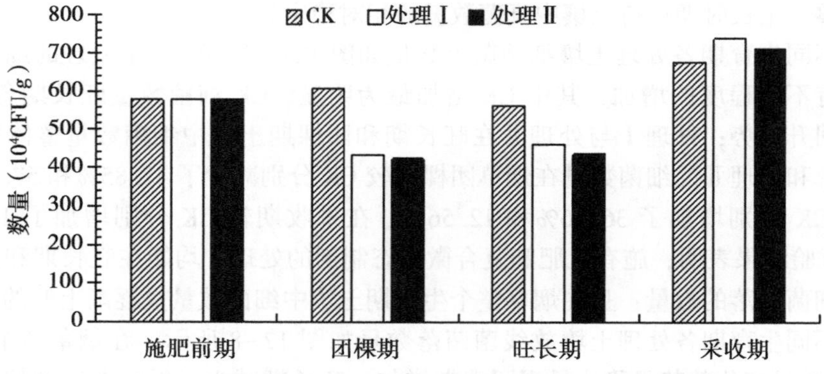

图 12-8　烟草不同生育期各处理土壤放线菌菌落数量

（三）拮抗微生物对烟草根围土壤微生物群落结构的影响

1. 拮抗微生物对烟草根围土壤原核生物群落结构的影响

提取样本中的 DNA，以 341F 和 805R 为特异性引物对 V3-V4 区域进行扩增，得到多条序列。通过 barcode 区分样品序列，并对各样本序列做质量控制，去除非特异性扩增序列及嵌合体，得到有效的 DNA 序列数目，测序获得的 CLN1、CLN2、CLN3 3 个样本的优质 reads 数目。

分别为将得出的 reads 序列根据其序列之间的距离来对它们进行聚类，根据序列之间的相似性作为域值分成操作分类单元，进行 OTU 聚类分析，得到了 3 个样本分布的 Venn 图（图 12-9）。Venn 图反映了样本中共有的和独有的 OTU 数目，结果表明，3 个样本的 OTU 总数为 9 141；其中样本 CLN1、CLN2 和 CLN3 的 OTU 数目分别为 4 303、4 724、4 545；3 个样本所共有的 OTU 数目为 1 512；CLN1、CLN2、CLN3 独有的 OTU 数目分别为 1 921，2 252，2 049；CLN1 与 CLN2、CLN1 与 CLN3、CLN2 与 CLN3 所共有的 OTU 数目分别为 1 395、1 959、2 049。通过 OTU 聚类分析可以得出，3 个样本中共对应 9141 种不同的分类单元，CLN2 与 CLN3 样本相似度高。

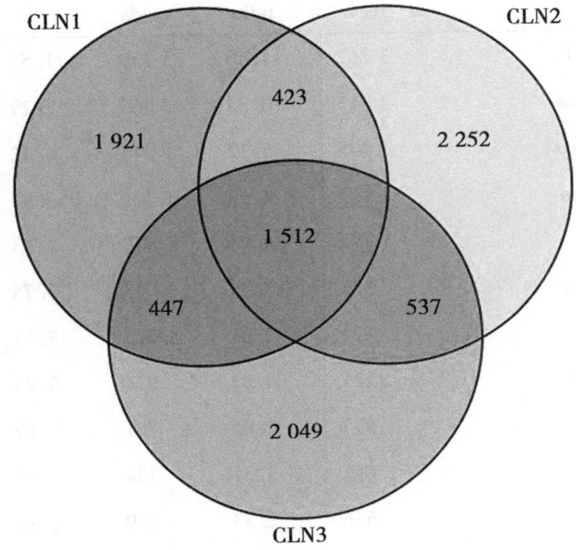

图 12-9　16S rDNA 扩增之 3 样本 OTU 分布 Venn 图

对单样本进行 Alpha 多样性分析，得出 Alpha 多样性指数统计表（表 12-18），从表中数据可以得出，3 个样本的 Shannon 指数 CLN2>CLN3>CLN1，Simpson 指数 CLN1>CLN3>CLN2，表明 3 个样本的群落多样性由高到低依次为 CLN2、CLN3、CLN1。

为了得到每个 OTU 对应的物种类信息，利用 RDP classifier 的物种分类方法对 3 种样本的 OTU 进行物种分类，根据分类学分析结果，得到在各个分类阶层水平上每个样品的群落组成（表 12-19），根据表中数据分析，链霉菌属（*Streptomyces*）对应的 CLN1、CLN2、CLN3 的 reads 数目分别为 914、1 068、1 020，由高到低排列为 CLN2>CLN3>CLN1；对应的 ratio 值分别为 3. 34、3. 75、3. 75，从大到小排列为 CLN3＝CLN2>CLN1。芽孢杆菌属（*Bacillus*）对应的 CLN1、CLN2、CLN3 的 reads 数目分别为 577、761、702，对应的 ratio 值分别为 2. 05、2. 67、2. 58，由高到低排列为 CLN2>CLN3>CLN1。表明 CLN2 和 CLN3 中的链霉菌和芽孢杆菌相对含量高于 CLN1 中的含量（图 12-10）。

表 12-18　16S rDNA 扩增之多样性指数统计表

Sample_ ID	Seq_ num	OTU_ num	Shannon_ index	ACE_ index	Chao1_ index	Coverage	Simpson
CLN1	28 215	4 303	6. 468027	15 556. 96993	10 244. 12264	0. 91104	0. 011679
CLN2	28 512	4 724	6. 743171	14 917. 25735	10 920. 72174	0. 906355	0. 008099
CLN3	27 231	4 545	6. 63876	14 615. 72496	9 875. 057143	0. 904814	0. 010373

Sample_ ID：样本名称；Seq_ num：样本的优质 reads 数目；OTU_ num：样本聚类得到的 OTU 数目；其余 5 列分别是 5 种 Alpha 指数数值

表 12-19　16S rDNA 扩增之基因水平上 3 个样本主要序列数目和相对比例

taxonomy	CLN1		CLN2		CLN3	
	reads	ratio	reads	ratio	reads	ratio
unclassified	3 262	11. 56	3 299	11. 57	3 150	11. 57
Sphingomonas	2 911	10. 32	2 365	8. 29	2 678	9. 83
Gemmatimonas	1 445	5. 12	1 346	4. 72	1 405	5. 16
Pseudomonas	1 165	4. 13	1 103	3. 87	1 018	3. 74
Gaiella	1 195	4. 24	950	3. 33	1 089	4
Streptomyces	941	3. 34	1 068	3. 75	1 020	3. 75
Gp6	821	2. 91	1 065	3. 74	956	3. 51
Streptophyta	1131	4. 01	924	3. 24	295	1. 08
Bacillus	577	2. 05	761	2. 67	702	2. 58
Gp4	651	2. 31	734	2. 57	609	2. 24
Gp16	656	2. 33	529	1. 86	569	2. 09
Subdivision3_ genera_ incertae_ sedis	706	2. 5	479	1. 68	468	1. 72
Solirubrobacter	564	2	484	1. 7	444	1. 63
Ohtaekwangia	442	1. 57	395	1. 39	447	1. 64
Aciditerrimonas	394	1. 4	367	1. 29	432	1. 59

taxonomy：生物分类学分类名称；reads：每个 taxonomy 对应 reads 数目；ratio：每个 taxonomy 在单一样本中所占的比例

2. 拮抗微生物对烟草根围土壤真核生物群落结构的影响

提取样本中的 DNA，以 V43NDF 和 Euk_ V4_ R 为特异性引物对 18SV4 区域进行扩刚，得到多条序列。通过同样的方法得到 3 个样本的优质 reads 数目，分别为将得出的 reads 序列根据其序列之间的距离来对进行 OTU 聚类分析，得到了 3 个样本分布的 Venn 图（图 12-11）。Venn 图表明：3 个样本所共有的 OTU 总数为 3 256；样本 CLN1、CLN2、CLN3 的 OTU 总数目分别为 1 110、1 308、1 272；3 个样本所共有的 OTU 数目为 135；CLN1、CLN2、CLN3 独有的 OTU 数目分别为 874，1 056，1 027；CLN1 与

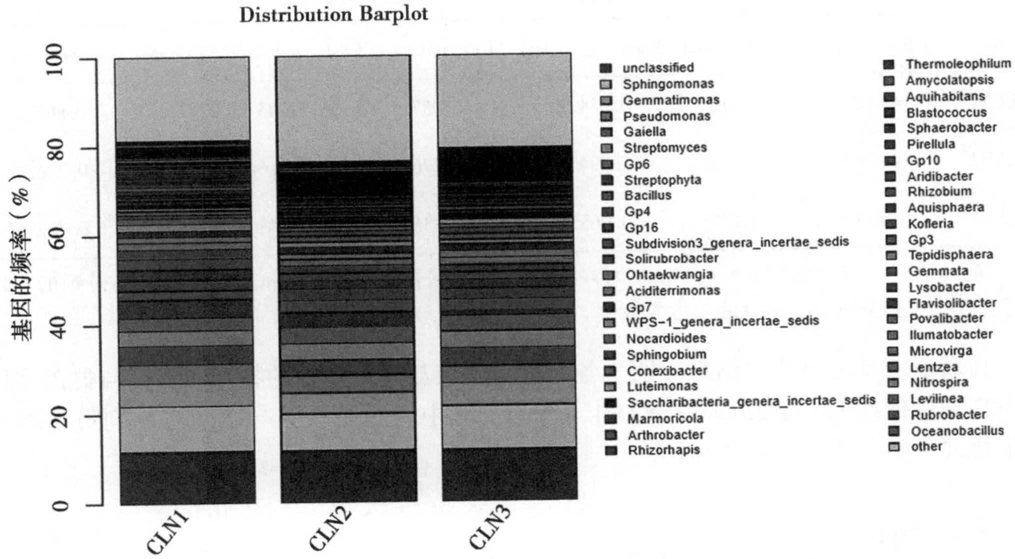

图 12-10　16S rDNA 扩增之基因水平 3 个样本群落结构分布图

CLN2、CLN1 与 CLN3、CLN2 与 CLN3 所共有的 OTU 数目分别为 189、198、182。通过 OTU 聚类分析可以得出，3 个样本中共对应 3 256种不同的分类单元，CLN2 与 CLN3 样本相似度高。

对单样本进行 Alpha 多样性分析，得出 Alpha 多样性指数统计表（表 12-20），从表中数据可以得出，3 个样本的 Shannon 指数 CLN2>CLN3>CLN1，Simpson 指数 CLN1>CLN3>CLN2，说明 3 个样本的群落多样性由高到低依次为 CLN2、CLN3、CLN1。

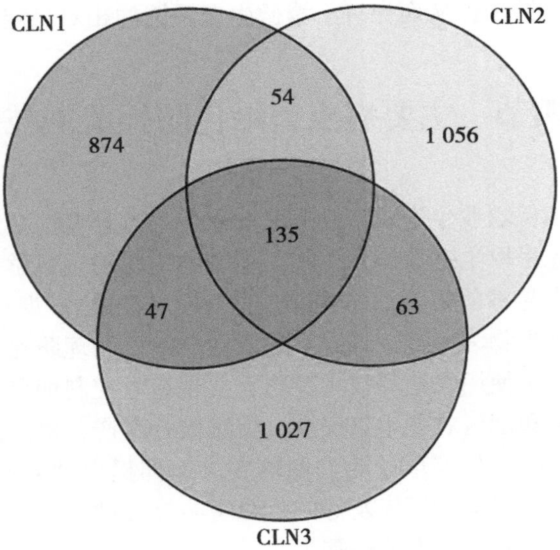

图 12-11　18S rDNA 扩增之 3 样本 OTU 分布 Venn 图

表 12-20　18S rDNA 扩增之多样性指数统计表

Sample_ ID	Seq_ num	OTU_ num	Shannon_ index	ACE_ index	Chao1_ index	Coverage	Simpson
CLN1	45 023	1 110	0. 65421	27 856. 0371	10 155. 12245	0. 979077	0. 867274
CLN2	44 767	1 308	1. 094625	19 535. 07612	9 653. 567164	0. 976367	0. 736148
CLN3	46 719	1 272	0. 963543	21 162. 33609	8 405. 486486	0. 977996	0. 782561

Sample_ ID：样本名称；Seq_ num：样本的优质 reads 数目；OTU_ num：样本聚类得到的 OTU 数目；其余 5 列分别是 5 种 Alpha 指数数值

高通量宏基因组测序结果表明，各处理中原核与真核生物的物种丰富度与群落多样性由高到低依次为 CLN2>CLN3>CLN1，表明土壤中增施有机肥与微生态制剂可以增加微生物的种类，改善其群落结构。

三、小结

增施有机肥与微生态制剂的处理，烟株团棵期与旺长期的平均株高、茎围与平均叶面积均高于对照，表明有机肥能够有效促进烟株地上部分的生长，增强烟株长势。

增施有机肥与微生态制剂的处理，能够增加烟草采收期根围土壤真菌、细菌与放线菌的菌落数量；但使用微生态制剂的处理根围土壤真菌的增加幅度远低于增施有机肥的处理。

烟草根围土壤微生物群落结构测定结果表明，微生态制剂可以增加土壤微生物的种类和数量，改其善群落结构，从而保持土壤微生态系统的相对稳定。

第四节　主要病虫害绿色防控关键技术

绿色防控是指以确保农业生产农产品质量和农业生态环境安全为目标，以减少化学农药使用为目的，优先采取生态控制、生物防治和物理防治、科学用药等环境友好型技术措施控制农作物病虫为害的行为（农办农〔2011〕54 号）。烟草绿色防控是指以烟草为主体，以烟草有害生物为靶标，综合利用农业防治、物理防治、生物防治、生态调控以及科学、合理、安全使用农药等技术措施，实现有效控制烟草病虫害，确保烟草生产安全、烟叶质量安全和烟区农业生态安全，促进烟叶增产，提高烟叶品质，增加烟农收入。开展烟草绿色防控，是烟草行业贯彻落实农业部提出“双减”农业安全生产战略的重要举措。集成生态安全、环境友好的病虫害防控关键技术，是保障我国烟叶质量安全和烟草农业可持续发展的重大战略需求。

一、农业生态调控

（一）选用抗病品种

选育和利用抗病品种是控制烟草病虫最经济有效的方法。生产中选用主栽品种时，各烟区根据当地的自然生态条件、烟农种植习惯、烟区主要病虫害及工业企业需求进行选择。当前豫中产区以种植中烟 100 为主，可适当搭配中烟 205、豫烟系列品种。

（二）植烟土壤保育

健康的土壤是烟株健康的生态学基础，平衡的营养是烟株健康的营养学基础，培育发达的根系是烟株抗逆的生物学基础。因此在防病时应建立以烟为主的耕作制度，推广合理轮作和土壤改良相结合的耕作防病技术体系，提倡与禾本科作物进行 3~4 年轮作，不与茄科或十字花科植物轮作。在轮作的同时结合土壤翻晒、绿肥掩青、秸秆还田、清洁田间病残体等耕作方式，可有效减少病原菌及害虫的越冬数量，有利于减轻病虫害的发生危害。在平衡施肥方面，应控制氮肥的用量，适当增加磷钾肥和有机肥的用量，在移栽时施一定量的生物菌肥可有效改善根际微生物环境，促进烟株前期发育，抑制病害的发生。

（三）培育无病壮苗

育苗环节应将“严格消毒、操作规范”作为管理重点。育苗环节务必按照漂浮 育苗技术规程进行逐项落实。育苗开始前，要对育苗工厂周围及苗棚内外进行杂草清除，并对苗棚内外、旧盘进行严格消毒，彻底杀灭病原物；落实育苗全程覆盖防虫网与卫生管理制度，减少人为传毒；加强育苗棚内温湿度管理，严防棚内湿度过大导致病菌滋生；育苗中后期落实剪叶、通风、锻苗等技术，提高烟苗抗逆性；烟苗成苗出售前做好病毒检测，确认为无毒壮苗后方可进入大田，杜绝带毒烟苗进入大田。

（四）落实保健栽培

合适的移栽期是烟草防病避虫的基础；带水、带肥、带药的“三带”移栽技术可缩短返苗时间，减轻地下害虫危害，促进烟苗根系早发健长；合理施肥，适当调控氮肥用量，增施磷钾肥和有机肥，提高烟株营养抗性；及时中耕培土，清除烟株残体、残留地膜、杂草等废弃物，做好清洁生产，以减少初浸染源；及时清理底脚叶，改善通风透光条件，提高烟株抗病能力；烟叶采收后及时拔除烟杆并清理出烟田，防止病原物遗落烟田。

（五）重建农业生态

在烟田四周种植非作物植物，形成非作物生境，为天敌提供食物库；或是在烟田四周建立一定宽度的（1m 以上）的植物诱集带，将害虫诱集到其偏好的植物上，让其产卵、危害，然后对其施药，相对集中消灭。譬如利用烟粉虱对黄瓜的选择性显著高于其他寄主植物的特性，在烟田四周进行黄瓜搭架种植不仅可阻隔烟粉虱迁入烟田，还可以对其集中诱杀。同样在烟田周围种植油菜、向日葵或田菁作为诱集植物对蚜虫进行防治。在烟田地头种植玉米、藿香，对烟田防蚜驱蚜有良好效果。

二、理化诱控技术

理化诱控技术以“四诱”技术（灯诱、色诱、性诱、食诱）为主，主要对地下害虫、有翅蚜、烟粉虱、烟青虫和斜纹夜蛾等害虫进行防治。

灯诱主要利用害虫趋光性用杀虫灯进行诱杀的一种物理防治方法。频振式杀虫灯专门诱杀有翅害虫，对有翅害虫的杀灭率高达98%以上，属于主动防治。不但可以诱杀金龟子、地老虎等地下害虫成虫，大幅减少来年地下害虫虫口基数，还可大量诱杀烟青虫、棉铃虫和斜纹夜蛾等鳞翅目害虫，使田间落卵量减少30%~40%。每盏杀虫灯的有效控制面积通常在2.5~4hm^2。

色诱是利用某些害虫成虫对蓝、黄色具有强烈趋性对其进行诱杀或驱避的技术，主要以蓟马、烟蚜和烟粉虱等为靶标。蓝色捕虫板主要防治蓟马。烟粉虱对黄色具有强烈的正趋性，黄板诱杀对烟粉虱种群的控制效果可以达到59.21%。在烟草团棵期平行于烟垄并高出垄体50~60cm、旺长期黄板底线高出烟株10~15cm悬挂黄板对烟蚜防治效果最好，可有效减少烟蚜数量和降低蚜传病毒病的发病率。建议每公顷放置黄板420~600张为宜。但生产中常用的黄板大都以不可降解的聚丙烯（PP）或聚乙烯（PE）材质为原料，使用后，主要以随地丢弃、焚烧和掩埋等方式进行不当处理，往往对环境造成二次污染。建议生产中尽量采用可降解黄板或是对不可降解黄板进行回收。

性诱是应用昆虫性信息素防治害虫的一种防虫技术，具有高效、无毒、无污染、不伤益虫的优点，通过缓释性信息素引诱同种雄性昆虫，达到诱杀或迷向的作用。性诱剂对斜纹夜蛾雄蛾有非常强的诱杀作用，对小地老虎诱杀效果明显，可有效降低虫口密度，减少药剂使用量，有效控制斜纹夜蛾及小地老虎为害。烟青虫性诱剂可以直接诱杀雄性成虫，同时还可以对其进行预测预报和迷向防治。考虑到经济成本，通常每1hm^{2}烟田放置15套性诱捕器，即可达到防控斜纹夜蛾、烟青虫的目的。调查表明，高峰日单个诱芯可诱杀26头斜纹夜蛾、5头烟青虫、14头棉铃虫，平均每个诱芯每天共诱杀3种害虫4.8~34.5头，降低了虫口密度，减少了用药次数，减轻了斜纹夜蛾、烟青虫和棉铃虫为害。

烟叶上应用的食诱技术主要是采用深圳百乐宝生物有限公司生产的烟叶蛾虫食诱剂（商品名：烟叶宝），烟叶宝通过释放害虫喜欢的气味，诱使其聚集取食，借助添加的微量杀虫剂，达到集中高效消灭害虫的目的。经示范验证，烟叶宝对烟青虫、斜纹夜蛾、甜菜夜蛾、地老虎等害虫具有较好的诱杀效果，且具有操作简便、安全、高效等特点，可在烟草生产中推广应用，推荐每亩用3个诱捕箱。

三、生物防治技术

（一）天敌防治

保护利用天敌是烟草害虫生物防治的基本途径和方法。烟叶生产上应用面积最大的当数烟蚜茧蜂防治烟蚜技术。这项源于云南烟区的生物防治新技术，经过技术人员十数年的潜心研究，如今已形成完善的技术体系在全国进行推广，并逐步延伸至大农业，传递了行业社会正能量，打造了责任烟草新名片。烟蚜茧蜂是烟蚜的重要寄生性天敌，对烟蚜种群有较强的抑制作用，田间释放人工饲养的烟蚜茧蜂能很好地控制烟蚜种群数量的增长，放蜂后期蚜虫寄生率最高达 93.5%。利用赤眼蜂可防治烟青虫和斜纹夜蛾，但对烟青虫防控效果较好。

（二）微生物农药制剂

烟叶生产上防治效果较好的有苏云金杆菌、阿维菌素、核型多角体病毒、白僵菌、绿僵菌等微生物制剂，对防治烟青虫、斜纹夜蛾幼虫、小地老虎、烟蚜均有很好的防效。苏云金杆菌对烟青虫和小地老虎防治效果良好。阿维菌素对烟青虫 3 龄幼虫的防效达 100%，对烟蚜的田间防效高于 90%。烟夜蛾核型多角体病毒对烟青虫具有较强的毒力。白僵菌对烟蚜的防治效果可达到 80%以上。国外利用绿僵菌防治烟蚜取得了很好的效果，绿僵菌对于烟蚜的致死率可以到 100%，且效果好于同属的白僵菌。0.3%的苦参碱水剂在施药后 14d 对斜纹夜蛾幼虫的防效可达 92.6%。

四、减量化精准施药技术

施药是保证农业高产、安全的一个关键环节，而施药机械、农药制剂、施药技术被誉为高效施药的三大支柱，三者相辅相成，缺一不可。由于当前应用的施药机械落后和农民施药技术（施药方法、农药剂量、施药时间、药剂选择及安全间隔期）不够科学，造成农药有效利用率不足 30%，其余 70%~80%沉降到地面和漂移到周围环境中，又造成了农药残留超标和环境污染等问题。应用精准施药技术可以提高农药利用率 50.0%以上，降低农药用量 30.0%~50.0%，减少农药漂移对环境造成的污染，缓解环保压力，在社会、经济、生态等方面将产生较好的效益。

相关研究表明，烟雾机漂移 10m 内、弥雾机和常规喷雾器对烟青虫、赤星病的防治效果好，而且差异不大，但烟雾机工作效率最高，用药量最低。WS-18D 电动喷雾器使用起来轻巧，喷头设计合理，出药量均匀。适用于旱地的自走式喷雾机等新型药械农药利用率比传统的手动喷雾器高 20%左右。在化学农药选取上，应选择中国烟叶公司推荐的高效、低毒、低残留的环保型农药。在使用过程中，应在合适的防治时期，严格按照给药剂量对症下药，严禁不按规定施药、任意加大剂量、随意混用乱配农药现象发生。

第十三章　洛阳烟叶采收烘烤关键技术

第一节　不同类型烤房对洛阳烟叶香气成分和评吸质量的影响

烤烟的烘烤调制是烤烟生产过程中的重要环节，烘烤结果的优劣直接关系到烟叶的品质和工业可用性。烤房是烤烟生产中重要的烟叶烘烤场所。调制的目的是通过强化烟叶生化进程，把采收的潜在质量转变为期望的消费质量。以前，很多烟区仍普遍采用气流上升式烤房开展烟叶调制，然而，气流上升式烤房存在一些容易引起烟叶挂灰、糟片等缺点和不足，同时耗煤量较大。贵州省在 20 世纪 90 年代初成功研制气流下降式烤房，并在贵州、河南、山东等省的示范推广过程中不断改进。气流下降式烤房烘烤期间气流运动方向较有规律，有部分热空气循环，烤后烟叶颜色较好。密集烤房采用强制通风、热风循环和自动控制系统，增加装烟密度，同时节约农业用工，降低了烟叶种植的劳动强度。

不同类型烤房对烤烟烟叶香气质量和其他品质指标均有较大影响。目前关于烘烤的研究多集中于烘烤过程中不同时期温度、湿度和转火时机对烟叶品质的影响，而不同类型烤房对烟叶香气品质的影响研究较少。本试验初步探讨了洛阳目前推广的三种类型烤房对不同部位烤烟叶片香气物质含量和评吸质量的影响，以期为提高洛阳地区烟叶香气质量和烘烤技术推广提供技术依据。

一、材料与方法

（一）试验材料

供试品种为中烟 100，种植于河南省洛宁县东宋乡聂坟村，前茬作物为烟草，土壤肥力中等。移栽密度 15 000株/hm^2，行距 120cm，株距 55cm。移栽时间：2006 年 5 月 10 日。田间种植管理按照豫西烟草种植标准化操作规程进行。从试验田选取生长整齐一致的烟株挂牌标记，于下部 5~6 叶位叶片、中部 10~12 叶位片叶、上部 17~18 叶位叶片正常成熟时，分别采收烟叶 12 竿作为试验材料。

（二）试验设计

试验设 3 个处理：CK—气流上升式烤房；处理 A—气流下降式烤房；处理 B—密集烤房。

每烤房装试验烟叶 4 竿，统一装置于烤房第 2 棚中部，按照各自烤房配套“三段式”烘烤工艺烘烤。烤后初烤烟叶各处理取干样 2.0kg，进行中性香气物质分析和评吸评价。

（三）中性香气成分的测定与分类

粉碎过 60 目的烟叶粉末→水蒸气蒸馏→二氯甲烷萃取（10.00g 烟样+0.5g 柠檬酸+350ml 蒸馏水+0.3ml 内标于 500ml 圆底烧瓶中，再加 40ml 二氯甲烷于另一 250ml 圆底烧瓶中，60℃水浴加热 250ml 圆底烧瓶，用同时蒸馏萃取仪蒸馏萃取。）→无水硫酸钠干燥有机相→60℃水浴浓缩至 1ml 左右即得烟叶的精油。

经前处理制备得到的分析样品，由 GC/MS 鉴定结果和 NIST 库检索定性。

GC/MS 分析条件。色谱柱：HP-5（60m×0.25mm. i. d. ×0.25μm d. f.）；载气及流速：He 0.8ml/min；近样口温度：250℃；传输线温度：280℃；离子源温度：177℃升温程序为 50℃（2min）2℃/min，120℃（5min）2℃/min，240℃（30min）；分流比和进样量：1：15，2μl；电离能：70eV；质量数范围：50～500amu；MS 谱库：NIST02；内标法定量。

（四）初烤烟叶评吸鉴定

由河南新郑烟草集团公司技术中心进行评吸鉴定，评吸结果采用打分法表示。

二、结果与分析

（一）不同类型烤房对洛阳烤烟香气物质含量的影响

1. 香气物质含量测定结果

经气相色谱/质谱（GC/MS）对烤后烟叶样品进行定性和定量分析，共检测出 26 种对烟叶香气有较大影响的化合物（表 13-1）。其中，酮类类 10 种，醛类 7 种，醇类 3 种，酯类 1 种，吡咯类 1 种，酚类 1 种，烯烃类 2 种。含量较高的致香物质主要有新植二烯、茄酮、7，11，15-三甲基-3-亚甲基十六烷-1，6，10，14-四烯、4-乙烯基-2-甲氧基苯酚、β-大马酮、巨豆三烯酮 4、二氢猕猴桃内酯、香叶基丙酮、糠醛等。

不同类型烤房调制的洛阳烟叶，致香物质总量差异明显（表 13-1）。下部烟叶以 B 处理条件下的香气物质总量最高，A 处理次之，CK 最低；中部叶片调制后香气物质总量 B 处理明显高于 CK 处理和 A 处理，但 CK 与 A 处理相比，差异较小；上部叶片在不同烤房调制下各处理香气物质含量变化不大。表明三种烤房条件下烤烟不同部位叶片中性香气物质总量呈规律性变化，为中部>上部>下部，不同类型烤房对该规律影响较大。其中上排湿烤房加剧该香气物质总量变化规律，下部叶片香气总量为 456μg/g，仅为中部叶片的 63.1%，为上部叶片的 57.7%；下排湿烤房减小不同部位烟叶香气物质含量差异，下部叶片香气总量为 636μg/g，为中部叶片的 86.5%，为上部叶片的 80.9%。密集烤房进一步缩小不同部位烟叶香气物质含量差异，该烤房条件下下部叶片香气物质含量达 734μg/g，与上部叶片香气物质含量 732μg/g 差异较小，而中部叶片香气物质含量为最高，达 824μg/g。

烤烟不同部位叶片在不同类型烤房条件下香气物质总量程规律性变化，为密集>下排>上排，不同部位叶片间该规律变化较大（表 13-1）。其中对烤烟下部叶片而言，三种烤房间香气物质总量差异最大，上排湿条件下为456μg/g，仅为下排湿烤房的71.6%，密集烤房的62.1%。中部叶片上排湿和下排湿条件下烟叶香气物质总量基本相同，均为800μg/g；而密集烤房条件下香气物质含量较高，为824μg/g。上部叶片香气总量不同烤房间差异缩小，上排湿烤房条件下为733μg/g，下排湿条件下为732μg/g，密集条件下为736μg/g。

表13-1　不同类型烤房对洛阳烟叶香气成分含量的影响　　单位：μg/g

香气物质	下部叶片			中部叶片			上部叶片		
	CK	A	B	CK	A	B	CK	A	B
糠醛	1.83	2.62	5.39	1.90	2.11	2.32	2.58	2.99	2.19
乙酰基呋喃	0.11	0.22	0.39	0.03	0.10	0.13	0.15	0.16	0.15
6-甲基-2-庚酮	0.39	1.50	0.43	0.11	0.18	0.13	0.15	0.18	0.19
苯甲醛	0.45	0.16	0.50	0.28	0.50	0.42	0.72	0.52	0.42
5-甲基-2-糠醛	0.08	0.16	0.79	0.06	0.10	0.10	0.20	0.07	0.05
6-甲基-5-庚烯-2-酮	0.52	0.87	0.53	0.22	0.28	0.22	0.43	0.80	1.05
2，4-庚二烯醛1	0.71	1.42	0.28	0.82	1.17	0.77	1.02	2.72	2.06
2，4-庚二烯醛2	1.25	2.05	1.24	0.93	1.66	1.13	0.96	2.67	2.20
苯甲醇	6.17	10.74	11.35	5.97	4.09	1.88	0.46	4.70	4.56
苯乙醛	1.90	2.59	4.60	2.68	2.04	1.23	2.31	2.04	3.08
芳樟醇	0.39	0.63	0.73	0.28	0.31	0.28	0.40	0.44	0.37
苯乙醇	0.48	4.58	0.60	2.57	0.75	0.27	2.55	1.95	2.97
β-环柠檬醛	0.70	1.42	0.86	0.42	0.51	0.29	0.78	0.53	0.49
吲哚	0.24	0.59	0.82	0.01	0.45	0.41	0.42	0.97	0.82
4-乙烯基-2-甲氧基苯酚	4.56	4.46	7.64	5.09	0.03	5.03	7.20	5.67	4.25
茄酮	13.75	10.57	18.08	10.94	11.71	13.31	8.87	12.94	14.53
β-大马酮	4.68	8.80	7.31	5.39	5.34	5.71	5.97	5.80	5.24
香叶基丙酮	1.80	2.89	1.96	1.46	1.59	0.87	2.19	2.59	3.12
二氢猕猴桃内酯	1.73	2.29	3.96	2.17	2.04	2.41	2.05	2.69	3.03
巨豆三烯酮1	0.81	0.89	1.54	0.73	0.98	1.00	1.19	1.04	1.17
巨豆三烯酮2	3.36	3.25	5.72	3.72	4.52	4.06	5.37	3.98	4.18
巨豆三烯酮3	0.93	0.88	1.99	1.09	1.50	1.07	1.64	1.35	1.55
三羟基-β-二氢大马酮	1.23	1.69	1.76	1.64	1.94	2.53	1.62	2.68	1.64
巨豆三烯酮4	4.35	4.21	9.74	5.62	6.08	6.04	6.74	5.82	6.21
新植二烯	399.1	561.3	637.0	727.1	728.4	766.2	666.0	659.3	655.5
7，11，15-三甲基-3-亚甲基十六烷-1，6，10，14-四烯	4.30	6.24	8.97	8.74	9.22	6.55	10.76	11.44	10.71
总量	456	636	734	790	788	824	733	732	736

在洛阳烤烟下部叶片中，随上排湿（对照CK）、下排湿（处理A）、密集烤房（处理B）类型的变化而呈增加趋势香气成分有糠醛、乙酰基呋喃、5-甲基-2-糠醛、苯甲醇、苯乙醛、芳樟醇、吲哚、二氢猕猴桃内酯、巨豆三烯酮1、三羟基-β-二氢大马酮、7，

11，15-三甲基-3-亚甲基十六烷-1，6，10，14-四烯、新植二烯等，下排湿（处理A）烤房条件下含量较高的香气物质有6-甲基-2-庚酮、6-甲基-5-庚烯-2-酮、2，4-庚二烯醛1、2，4-庚二烯醛2、苯乙醇、β-环柠檬醛、β-大马酮、香叶基丙酮等，茄酮在密集烤房条件下含量最高，达18.08μg/g，上排湿烤房次之，下排湿条件下含量最低，仅为10.56μg/g。在中上部叶片中，茄酮随上排湿（对照CK）、下排湿（处理A）、密集烤房（处理B）类型的变化而增加；密集条件下中部叶片含量较高的香气成分有糠醛、乙酰基呋喃、β-大马酮、二氢猕猴桃内酯、巨豆三烯酮1、三羟基-β-二氢大马酮、新植二烯等。密集条件下上部叶片含量较高的香气成分有6-甲基-2-庚酮、6-甲基-5-庚烯-2-酮、苯乙醛、苯乙醇、香叶基丙酮、二氢猕猴桃内酯等。不同烤房不同烤烟部位叶片香气物质的多少受调制环境和不同部位烤烟叶片发育素质的共同影响。

2. 致香物质含量的分类分析

烟叶中化学成分较多，不同致香物质具有不同的化学结构和性质，因而对人的嗅觉可以产生不同的刺激作用，形成不同的嗅觉反应，对烟叶香气的质、量、型有不同的贡献。为便于分析不同成熟度烤烟致香物质含量的差异，把所测定的致香物质按烟叶香气前体物进行分类，可分为苯丙氨酸类、棕色化产物类、类西柏烷类、类胡萝卜素类4类。苯丙氨酸类致香物质包括苯甲醇、苯乙醇、苯甲醛、苯乙醛等成分，对烤烟的香气有良好的影响，尤其对烤烟的果香、清香贡献较大。由图13-1可知，下部叶中苯丙氨酸类致香物质以下排湿烤房调制条件下含量（处理A）较高，密集烤房（处理B）次之，上排湿烤房（对照CK）条件下含量最小，表明下排湿烤房对下部叶片苯丙氨酸类香气物质的形成创造了较为有利的条件；中部叶苯丙氨酸类香气成分含量则以上排湿烤房（对照CK）条件下最高，下排湿烤房（处理A）次之，密集烤房（处理B）含量最低；和中部叶片不同，上部叶片中苯丙氨酸类致香物质含量随上排湿（对照CK）、下排湿（处理A）、密集烤房（处理B）类型的变化而呈增加的趋势，密集烤房（处理B）条件下香气物质含量最高。

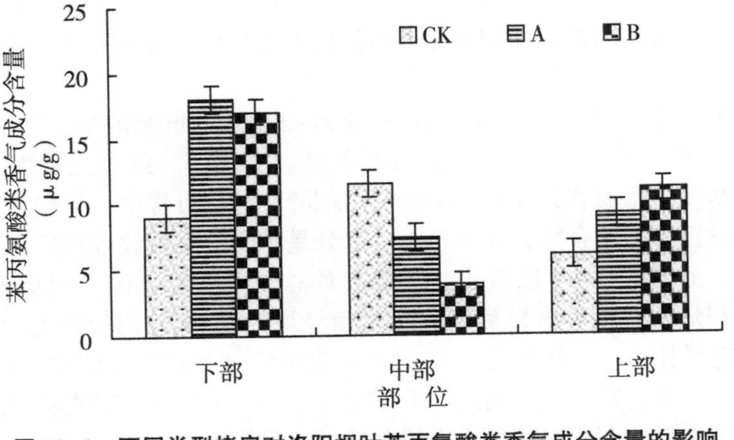

图13-1 不同类型烤房对洛阳烟叶苯丙氨酸类香气成分含量的影响

棕色化产物类致香物质包括糠醛、5-甲基糠醛、二氢呋喃酮、乙酰基吡咯和糠醇等成分，其中多种物质具有特殊的香味。由图 13-2 可以看出，下部叶中棕色化产物类致香物质随上排湿（对照 CK）、下排湿（处理 A）、密集烤房（处理 B）类型的变化而呈增加的趋势，密集烤房（处理 B）条件下香气物质含量最高；中部叶片各处理含量接近，变化趋势与下部叶片相同；上部叶片下排湿（处理 A）条件下棕色化产物含量最高，下部叶片次之，密集条件下含量最低，表明正常情况下棕色化产物类香气物质含量随上排湿（对照 CK）、下排湿（处理 A）、密集烤房（处理 B）类型的变化而呈增加的，上部叶片的差异性可能与洛阳烤烟上部叶片生长发育时期较短有关。

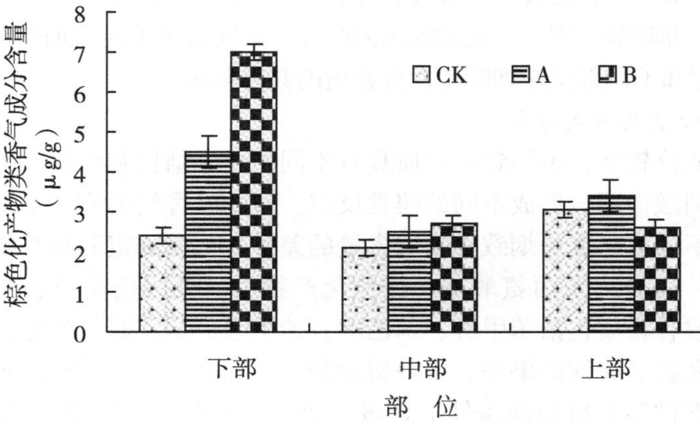

图 13-2　不同类型烤房对洛阳烟叶棕色化产物类香气成分含量的影响

类西柏烷类致香物质主要包括茄酮和氧化茄酮，是烟叶中重要的香气前体物，通过一定的降解途径可形成多种醛和酮等烟草香气成分。由图 13-3 可以看出，下部叶片密集烤房条件下类西柏烷类香气物质含量最高，上排湿烤房次之，下排湿烤房含量最低；中部叶片各处理含量差异不大，总体上随上排湿（对照 CK）、下排湿（处理 A）、密集烤房（处理 B）类型的变化而呈增加趋势；上部叶片以密集烤房处理最高，随上排湿（对照 CK）、下排湿（处理 A）、密集烤房（处理 B）类型的变化而增加，且各处理建差异较大。因此，就提高洛阳烤烟叶片类西柏烷类香气物质含量而言，各部位均应采用密集烤房。

类胡萝卜素类致香物质包括 6-甲基-5-庚烯-2 酮、香叶基丙酮、二氢猕猴桃内酯、β-大马酮、三羟基-β-二氢大马酮、β-环柠檬醛、芳樟醇、巨豆三烯酮的 4 种同分异构体等，也是烟叶中重要香味物质的前体物。烟叶在醇化过程中，类胡萝卜素降解后可生成一大类挥发性芳香化合物，其中相当一部分是重要的中性致香物质，对卷烟吸食品质有重要影响。由图 13-4 可以看出，下部叶片总体上随上排湿（对照 CK）、下排湿（处理 A）、密集烤房（处理 B）类型的变化而呈增加趋势，各处理间差异明显；中部叶片各处理间差异较小；上部叶片中类胡萝卜素类致香物质以下排湿（处理 A）处理最高。表明下部叶采用密集烤房调制、中部叶和上部叶采用下排湿烤房调制有利于提高洛阳烤烟叶片中类胡萝卜素类致香物质的含量。

（二）不同类型烤房对洛阳烤烟叶片香气质量的影响

不同类型烤房对洛阳烟叶评吸质量有明显影响，密集烤房条件下各部位叶片评吸评

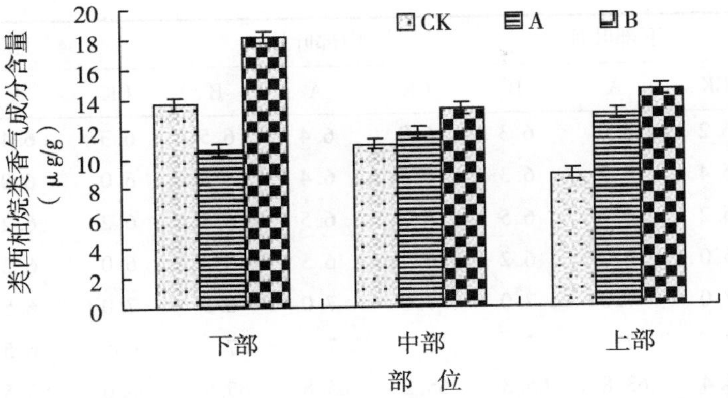

图 13-3　不同类型烤房对洛阳烟叶类西柏烷类香气成分含量的影响

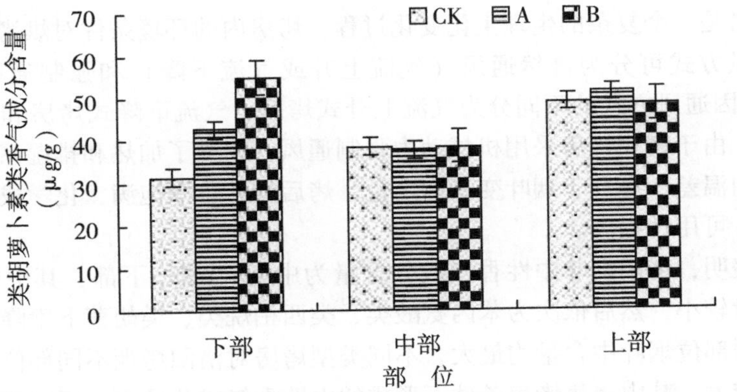

图 13-4　不同类型烤房对洛阳烟叶类胡萝卜素类香气成分含量的影响

价总分均较高（表13-2）。下部叶片密集烤房处理的香气质、香气量分值在各处理中最高；中部叶片在密集烤房调制下香气质达6.8，为洛阳烤烟最高值；密集烤房促进了豫西烤烟叶片香气质量的提高；从总分上看，密集烤房对洛阳烤烟下部叶片和上部叶片综合评吸评价数据的影响大于中部叶片。

表 13-2　不同类型烤房对洛阳烤烟叶片香气质量的影响　　单位：分

评吸质量	下部叶片			中部叶片			上部叶片		
	CK	A	B	CK	A	B	CK	A	B
香气质	6.4	6.2	6.5	6.5	6.5	6.8	6.5	6.5	6.5
香气量	6.3	6.4	6.5	6.3	6.5	6.5	6.5	6.5	6.5
浓度	6.4	6.5	6.5	6.5	6.5	6.5	6.6	6.5	6.6
细腻度	6.5	6.3	6.5	6.5	6.5	6.6	6.0	6.2	6.3

（续表）

评吸质量	下部叶片			中部叶片			上部叶片		
	CK	A	B	CK	A	B	CK	A	B
杂气	6.2	6.0	6.3	6.0	6.4	6.5	6.3	6.4	6.3
刺激性	6.4	6.2	6.3	6.5	6.4	6.5	6.0	6.0	6.4
舒适度	6.2	6.2	6.5	6.5	6.5	6.5	6.2	6.2	6.5
甜度	6.0	6.0	6.2	6.4	6.5	6.5	6.0	6.2	6.3
燃烧性	7.0	7.0	7.0	7.0	7.0	6.5	7.0	6.5	7.0
灰分	7	7	7	7	7	7	6.5	6.5	7
总分	64.4	63.8	65.3	65.2	65.8	65.9	63.6	63.5	65.4

三、讨论

烟叶烘烤是一个复杂的生理生化变化过程，烤房内的环境条件对烘烤效果有重要影响。烤房通风方式可分为自然通风（气流上升或气流下降）和强制通风（热风循环式），烤房也因通风方式的不同分为气流上升式烤房、气流下降式烤房和密集烤房。不少试验表明，由于密集烤房采用机械动力强制通风，改进了加热和排湿系统，降低了水平和垂直方向温差，有利于烟叶变黄和定色，烤后烟叶色泽饱满，化学成分协调，香吃味得到改善，可用性提高。

本试验表明，洛阳烟叶中性香气成分含量为中部>上部>下部，其中棕色化产物类香气物质含量较小，然后依次为苯丙氨酸类、类西柏烷类、类胡萝卜素降解产物类，新植二烯在不同部位烟叶中含量均最大。不同类型烤房对洛阳烤烟不同部位烟叶中性香气成分影响均较大，其中密集烤房条件下形成的中性香气成分较多；不同部位烟叶的影响效应不同，随烟叶部位上升，密集烤房对叶片中性香气物质和香气质量的积累效应逐渐下降。密集烤房促进了洛阳烤烟叶片香气质量的提高。密集烤房对烤烟香气物质和香气质量的促进效应及其生理生化机制尚需进一步研究。

第二节　烘烤过程中不同变黄条件对上部叶烟叶品质影响研究

按实验要求采收，烟叶发育良好，适熟采收，无明显气候斑及病斑的中烟 100 上部烟叶，使用炕房为标准现代化电烤房。

一、试验设计

试验设计为：①采用现行的烘烤方法（CK）；②变黄期在 CK 的基础上延长 24h，定色期和干筋期不变；③定色期在 CK 的基础上延长 24h，变黄期和干筋期不变；④在

CK 的基础上，变黄期和定色期各延长 24h。

二、结果分析

（一）不同变黄条件对烤烟物理特性的影响

对比不同烘烤处理之间的烤后烟叶物理特性数值（表 13-3），可以看出，按优质烟的适宜范围来看，各烘烤处理的叶质重和叶片厚度均较低，填充值均较为适宜，除处理 CK 外其他处理的含梗率均较低。其中，处理 T2 的叶片厚度、填充值、叶质重和抗张力最大；处理 T1 的单叶重最大，含水率和含梗率最低；处理 T3 的含水率最大，单叶重、烟叶厚度和填充值最低；处理 CK 的含梗率偏高，而叶质重和抗张力又在几个处理中处于较低的水平。可见不同处理间的物理特性有一定的差异，综合各处理之间的表现，以处理 T2 的表现最优，T3 处理最差。

表 13-3　不同变黄条件烤后烟叶物理特性

处理	单叶重（g）	含水率（%）	厚度（mm）	含梗率（%）	填充值（cm^3/g）	叶质重（g/m^2）	拉力（N/m）
CK	10.41	11.48	0.125	34.56	3.64	54.18	1.24
T1	10.58	11.96	0.137	26.79	3.56	59.24	1.58
T2	9.36	12.45	0.168	28.41	3.89	61.35	1.75
T3	8.69	13.67	0.119	30.56	3.17	57.36	1.67

（二）不同变黄条件对感官质量评价的影响

不同变黄条件的香气质、香气量、余味和总分均以 T3 处理分值最高（表 13-4），且与 CK 处理间存在显著差异。经过变黄处理的杂气有显著差异，杂气随变黄时间的延长而增大。T1 和 T3 处理刺激性无显著性差异，其中 T2 处理的烟叶刺激性最大。T3 处理的劲头与 T1、T2 有显著差异，T3 和 CK 的劲头较高，T1 和 T2 的劲头无显著性差异。燃烧性和灰色同时也有显著性差异，不同变黄条件处理间以 T1 的燃烧性较差，其他三个处理的灰色较白。总的来说，不同变黄条件会对烟叶的感官评吸造成影响，而合理的调控变黄时间和温度，香气质、香气量、余味等有利于感官评吸的因素得到提高，劲头适中，杂气和刺激性下降，燃烧性和灰色无显著变化。

表 13-4　不同变黄条件烤后烟叶感官质量评价　　单位：分

处理	香气质	香气量	浓度	杂气	劲头	刺激性	余味	燃烧性	灰色	合计	香味风格
CK	6	6	6.5	5.5	6.5	6.5	5.5	6.5	5	54	7
T1	6	6	6	5.5	6	6	5.5	6	5.5	52.5	7
T2	6.5	6	6	6	6	6.5	6	6.5	5.5	55	7
T3	6.5	6.5	6.5	6.5	6.5	6	6	6.5	6	57	7

（三）不同变黄条件对常规化学成分的影响

1. 总糖

总糖是决定烟气醇和度的主要因素。各处理的中部烟叶总糖含量普遍偏低，差异显著。其中T3和CK处理的总糖含量较高，分别为15.24%和14.54%。经过延长变黄24h的烟叶总糖含量在几个处理中最低，仅有11.43%。

2. 还原糖

烤烟的还原糖含量一般在15%~26%，以18%~25%为最佳，还原糖在卷烟燃吸时，可单独热解形成多种香气物质，其中重要的有呋喃衍生物、简单的酮类和醛类等羧基化合物。还原糖含量的提高有利于烟叶吸食品质的提高。各处理间无明显变化规律，其中以T2处理的烤后烟叶还原糖含量较高。

3. 总氮

总氮含量高的烟叶，一般劲头大，刺激性大。而氮过低，气味差，有杂气，所以总氮含量适中的烟叶，一般烟质较好。从烘烤过后烟叶总氮含量看，T1和T2间总氮含量变化不大，较符合优质烤烟总氮含量范围。经过特殊烘烤处理的烟叶的总氮含量要高于正常烘烤条件下的烟叶。

4. 烟碱

烤烟的烟碱含量一般要求在1.5%~3.5%，以2.5%为适宜值。烟碱含量过低，劲头小，吸食淡而无味；烟碱含量过高，则劲头大，使人有呛鼻之感。通过对比分析发现，经过特殊烘烤处理过后的烟叶烟碱含量明显升高，以T2处理的最高，达到4.02%；正常条件下的烘烤出来的烟叶烟碱含量适中，为2.23%。T1和T3处理差异不显著。

5. 钾

钾能促进烟株的光合作用，增加含糖量，增强烟株的抗旱、抗病虫能力，是烟叶重要品质要素之一，正常含量范围为2%~8%。钾有助于改善烟叶的燃烧性，提高烟叶安全性、香气质和香气量。而各烘烤条件过后的烟叶钾含量明显偏低，均不超过1%水平。考虑到临颍其他试验的烟叶钾含量也偏低，这可能是与当地土壤环境和施肥条件有关，与烘烤水平的关系不大。

6. 氯

氯素含量影响烟叶的燃烧性，也是烟叶品质的重要指标之一。不同烘烤处理过后的烟叶氯素含量均远大于优质烤烟要求水平，含量在2%水平附近变化。这可能与当地土壤或水质中氯离子含量偏高有关，有待进一步调查研究。

7. 糖碱比

糖碱比通常被用作对烟气强度和柔和性评价的基础。糖碱比协调能使烟气在醇和的同时又保持丰富的香气、吃味及适宜的浓度和劲头，使吸烟者得到心理上和生理上的满足。糖碱比是评价烟叶吃味的一项重要指标，烤烟糖碱比要求在8~10。若比值超过15，虽然烟味温和，但劲头小，香气平淡；若比值在5以下，则刺激性大，并有苦味。通过分析，各处理糖碱比普遍偏低，T1、T2和T3处理尤为突出。CK处理烟叶糖碱比相对较适宜，为6.52。

8. 氮碱比

烤烟的总氮与烟碱比值一般在 0.8～1.0，以 1 较为合适。比值增大，烟叶成熟不佳，身份往往趋轻，颜色变浅，烟气的香味逐步减少；比值接近 2 时，烟气香味严重不足；比值低于 1 时，烟叶往往身份趋重，烟味转浓，但刺激性逐步加重。CK 处理烟叶氮碱比 0.83 较适宜，当变黄和定色时间延长过长，烟叶氮碱比又呈下降趋势。

9. 钾氯比

由烤烟钾氯比含量分布可知，各烘烤处理过后烤烟钾氯比很低，均小于 1 水平，这主要是由于烟叶中钾含量较低而氯含量又明显较高所致。CK 处理的烟叶钾氯比相对其他 3 个处理较高，为 0.51，其他处理表现为 T3>T1>T2。

对不同烘烤处理过后的烟叶常规化学成分含量进行描述性统计分析可以看出（表 13-5、表 13-6），总糖、还原糖含量的变化范围为 11.43%～15.24% 和 10.72%～14.20%，变异系数较小，各数据间离散程度较小，变化较为稳定。几个化学成分的偏度系数均为负值，属于负向偏态峰。总糖、烟碱和钾含量的峰度系数大于 0，为尖峭峰，数据相对集中；总氮、还原糖、氯含量的峰度系数为负，为平阔峰，数据相对分散。烟碱含量的变化范围为2.23%～4.02%，变异系数较大，说明各数据间离散程度大，不同烘烤措施对烟碱含量的变化还是有显著影响的。

表 13-5 不同变黄条件烤后烟叶常规化学成分

单位：%

处理	总糖	还原糖	总氮	烟碱	钾	氯	糖碱比	氮碱比	钾氯比
CK	14.54a	13.63b	1.85c	2.23b	0.94a	1.83b	6.52a	0.83a	0.51a
T1	11.43c	10.72c	2.62a	3.83a	0.83a	2.21a	2.99b	0.68b	0.38b
T2	15.24b	14.20a	2.81a	4.02a	0.57b	1.73b	3.79b	0.70b	0.33b
T3	12.55c	12.02b	2.47b	3.81a	0.98a	2.19a	3.29b	0.65b	0.45a

表 13-6 烤后烟叶常规化学成分分析

单位：%

指标	最小值	最大值	平均值	标准差	变异系数	偏度系数	峰度系数
总糖	11.43	15.24	13.44	1.76	0.13	−0.21	−3.42
还原糖	10.72	14.20	12.64	1.58	0.12	−0.43	−2.48
总氮	1.85	2.81	2.44	0.42	0.17	−1.35	2.08
烟碱	2.23	4.02	3.47	0.84	0.24	−1.92	3.77
钾	0.57	0.98	0.83	0.19	0.22	−1.39	1.63
氯	1.73	2.21	1.99	0.25	0.12	−0.13	−5.21

（四）不同变黄条件对烤烟中性致香物质成分的影响

在烟草中，类胡萝卜素是最重要的萜烯类化合物之一，烟叶经调制、醇化后 95% 的类胡萝卜素将分解形成不同的香味物质，其中不少化合物（如紫罗兰酮、大马酮和异佛尔酮、巨豆三烯酮等）通常被视为烟草香味物质的核心，这些致香物质是形成烤烟细腻、高雅和清新香气的主要成分，对烟叶的香气起着重要的作用。对类胡萝卜素降解产物分析结果表明，类胡萝卜素类降解产物含量大小顺序为 T1>CK>T3>T2，不难看出 T1 处理的含量最高。

西柏烷类是烟叶腺毛分泌物，西柏三烯的降解产物是烟草中含量最丰富的中性香味物质茄酮的来源，茄酮本身具有很好的香气，赋予一种醛和酮的气味。由表 13-7 可以看出，类西柏烷类致香物质含量以延长变黄时间 24h（T1）的处理 84.98μg/g 含量为最高，T2 处理的最低，含量为 38.03μg/g。

表 13-7　不同变黄条件烤后烟叶中性致香物质含量　单位：μg/g

香气物质类型	中性致香成分	CK	T1	T2	T3
类胡萝卜素降解物类	面包酮	0.57	0.56	0.42	0.40
	5-甲基糠醛	3.73	1.96	0.45	1.06
	6-甲基-5-庚烯-2-醇	0.52	3.06	1.06	2.17
	6-甲基-5-庚烯-2-酮	1.85	1.69	0.87	0.89
	愈创木酚	1.99	3.23	2.05	2.61
	芳樟醇	1.17	1.09	0.70	0.80
	异佛尔酮	0.56	0.45	0.35	—
	氧化异佛尔酮	0.21	0.25	0.13	0.22
	2，6-壬二烯醛	0.23	0.28	0.21	0.18
	藏花醛	0.16	0.23	0.19	0.24
	β-环柠檬醛	0.73	0.69	0.55	0.48
	β-大马酮	20.82	21.96	16.21	20.01
	β-二氢大马酮	2.98	3.68	1.72	3.89
	香叶基丙酮	4.68	4.01	4.15	3.72
	二氢猕猴桃内酯	3.23	2.69	0.84	1.84
	巨豆三烯酮 1	1.18	1.60	1.17	1.57
	巨豆三烯酮 2	4.93	7.27	4.29	6.81
	巨豆三烯酮 3	2.38	2.97	0.62	2.19
	3-羟基-β-二氢大马酮	1.20	1.69	1.00	1.50
	巨豆三烯酮 4	6.17	9.09	4.25	9.24
	螺岩兰草酮	1.27	1.24	0.92	0.74
	法尼基丙酮	9.61	9.70	6.06	8.99
类西柏烷类	茄酮	38.03	84.98	73.29	62.56
棕色化产物类	糠醛	17.47	19.06	5.82	11.78
	糠醇	1.34	1.27	0.46	0.49
	2-乙酰基呋喃	0.97	0.32	—	—
	3，4-二甲基-2，5 呋喃二酮	0.92	1.62	0.10	0.94
	2-乙酰基吡咯	0.06	0.02	—	—

（续表）

香气物质类型	中性致香成分	CK	T1	T2	T3
苯丙氨酸类	苯甲醛	1.23	2.21	2.11	2.30
	苯甲醇	3.82	5.95	1.03	4.04
	苯乙醇	1.53	3.54	1.01	3.19
	苯乙醛	4.57	9.73	7.79	7.01
新植二烯	新植二烯	412.34	480.41	301.59	549.03
总计		552.44	688.53	441.42	710.90

注："—"表示相关物质含量为痕量

棕色化反应是烟叶调制、陈化、加工和燃吸过程中发生的一类重要反应，其产物中的致香物质包括糠醛、5-甲基糠醛、二氢呋喃酮、乙酰基吡咯、糠醇等成分，烟叶醇化后的坚果香，甜香等优美香气与这些化合物有很大的关系。尤其是其中的吡咯、呋喃类物质，虽然含量较低，却对可可香味的形成至关重要。对棕色化反应产物分析结果表明，其含量大小顺序为 T1>T3>T2>CK。可见，变黄时间的延长对棕色化反应产物的形成有很大的关系。

苯丙氨酸类香气物质对烤烟香气具有良好的影响，尤其是对烤烟的果香、清香贡献最大。在烤烟的挥发油中，最重要的化合物是苯甲醇和苯乙醇，它们可使烟气增加花香的香味苯甲醛具有杏仁香、樱桃香和甜香，苯乙醛具有玫瑰花香，苯甲醇具有醇香。苯丙氨酸类香气物质的含量如表 13-7，其大小顺序为 T1>T3>T2>CK。

新植二烯是烟叶中叶绿素降解的重要香气成分之一，也是烟叶中性挥发性香气成分中含量最高的，新植二烯本身不仅具有一定的香气，而且可分解转化形成低分子香味成分。由于其可直接转移到烟气中，并具有减轻刺激和柔和烟气的作用，因而与烟气的品质密切相关。对比发现，4 个处理表现为 T3>T1>CK>T2。

综上所述，单纯延长定色期 24h 的烟叶香气量不足，而变黄时间延长 24h（T1）处理的烤后上部烟叶中性致香物质总量和各类香气物质含量较充分，化学成分较协调，品质也最优。

三、结论与讨论

烟叶的物理特性是反映烟叶品质与加上性能的重要参数，它不但与烟叶的类型、品种、等级和质量相关，而且与卷烟配方设计、烟叶加工和贮存工艺有着极其密切的关系，因而直接影响烟叶品质和卷烟制造过程中的产品风格、成本及其他经济指标。烘烤技术及生态环境条件差异，可使得烟叶的物理特性存在一定差异。优质烟叶以叶中部平均厚度在 0.10~0.12mm、平均含梗率在 27%~29%较为适宜，变黄时间延长 24h 的烤后烟叶较符合该特点。优质烟叶的叶面密度在 70~80g/m²，在这点上各处理与其还有一定差距，处理间差异不明显。平衡含水率与烟叶的机械性能、燃烧速率和吃昧密切相关，是反映烟叶物理特性的一个重要指标，其一般在 15%~16%较适宜，在该指标上 T3

较适宜，CK、T1 处理含量偏低。该研究结果显示：T1 处理烟叶厚度适中，属较优质烟叶，平衡含水率和含梗率较适宜，烟叶的加工利用率较好。

不同变黄和定色时间处理对初烤烟叶常规化学成分有一定的差异。常规化学成分中总糖含量是影响烟气醇和度、甜度的重要因素，而烟碱和总氮的含量决定着烟气强度和烟叶的生理强度。糖碱比和氮碱比是评价烟气酸碱平衡的重要指标，优质烟叶的糖碱比为 8~10、氮碱比为 0.8~1.0。不同变黄和定色时间处理的烟叶的规化学成分含量均在较为适宜的范围内，糖碱比、氮碱比相对较低，其中以 CK 处理比值相对最高，烘烤出来的烟叶化学成分较协调。钾氯比均小于 1，与优质烟叶的特征相差较大。考虑到临颍地区其他烤烟的钾氯比也均较低，这可能是当地土壤理化性状和生态因素造成的，烘烤工艺水平对其并无太大影响。总糖、还原糖、总氮均以 T2 处理的烟叶含量最高，CK 处理次之，T3 最差。经过 24h 变黄期的延长，烤后烟中烟碱含量相对较大，而正常烘烤出来的烟叶烟碱含量处于较低水平。

综合来看，T3 处理的烟叶化学成分协调性差，可能是由于过度延长变黄时间和定色后期的稳温时间，导致了烟叶干物质转化过度消耗，最终引起常规化学成分不协调，进而影响了烟叶化学成分协调。CK 和 T1 处理烘烤过后的烟叶化学成分较协调，其中以适当延长变黄时间对临颍当地烟叶的化学组分配比影响最佳。

烤烟香气物质大部分在烘烤的变黄和定色期形成，因此变黄和定色期温度条件对烟叶的香吃味具有决定性影响。变黄期形成的小分子香气前体物质在定色阶段缩合形成致香物质。因此，改善变黄和定色期的调制工艺以增加香气物质显得尤为重要。经主成分 PCA 分析表明，不同变黄条件处理对烟叶中香气物质含量有很大影响，T3 处理中性致香物质总量最高，其中对烟叶香气有重要贡献的有 3-羟基-β-二氢大马酮、新植二烯、β-二氢大马酮、苯乙醛、巨豆三烯酮 2、巨豆三烯酮 4 等 20 种香气物质。香气总量在第一主成分中与 β-环柠檬醛、香叶基丙酮、螺岩兰草酮和 2-乙酰基呋喃呈显著负相关性，与其他几种特征物质呈显著正相关性。经过各致香物质数据加权中心化处理，得到各类物质的载荷图分布图，其中 CK 处理与香叶基丙酮相关联性较大；T1 处理与氧化异佛尔酮、β-大马酮、巨豆三烯酮 3、3，4-二甲基-2，5 呋喃二酮和苯甲醇相关联性较大；T2 处理与 2-乙酰基呋喃相关联性较大；T3 处理与苯甲醛物质的相关联性较大。

变黄时间的适当延长创造了烟叶代谢更为适宜的温湿度环境，使烟叶适度失水和凋萎，烟叶的氧化和还原平衡状态失衡较慢，有利于各类酶活性的提高。淀粉酶、蛋白酶活性增强使烟叶内的碳氮化合物充分降解，形成大量糖与氨基酸，有利于美拉德反应产物类香气物质的形成；叶绿素酶和催化类胡萝卜素降解的酶活性的提高，使烟叶内叶绿素和胡萝卜素降解彻底，增加类胡萝卜素类、类西柏烷类和新植二烯等香气物质含量；苯丙氨酸裂解酶活性的提高催化苯丙氨酸产生苯甲醇、苯甲酸、苯乙醇、苯乙醛等香味物质。同时，在低温和适宜湿度条件下，烟叶变黄速度较慢，变黄时间较长，烟叶的失水速率较慢，烟叶内具有适宜的水分，促进了烟叶前提物质的转化分解和烟叶致香成分的形成，有利于提高烟叶的香气品质。综上所述，T1、T3 和 CK 处理相对较好，T2 处理表现最差，其中以适当延长变黄时间处理 T1 的烟叶香气物质比例更为协调，改善和增进烟叶香气质量。

第三节　烘烤过程中不同转火定色温度对烤烟内在质量的影响

以不同部位烟叶不同定色温度为处理，研究了不同定色温度处理对烤烟香气质量的影响。

一、试验设计

试验设计为下部叶定色期设三个处理，即初始温度分别为 A 40℃、B 42℃、C 44℃，然后进行常规烘烤；中部叶定色期设三个处理，即初始温度分别为 A 41℃、B 43℃、C 45℃，然后进行常规烘烤；上部叶定色期设三个处理，即初始温度分别为 A 42℃、B 44℃、C 45℃，然后进行常规烘烤。

在传统三段式烘烤工艺的基础上，不同部位烟叶设置不同的转火定色温度，研究其对烤后烟叶内在质量的影响。

二、结果分析

结果表明，下部烟叶转火定色温度 44℃，中部烟叶转火定色温度 45℃，上部烟叶转火定色温度 46℃，烤后烟叶化学成分协调，致香物质含量高（表 13-8）。

表 13-8　不同部位不同定色处理烤后烟叶的香气成分含量

致香成分（μg/g）	A 41℃	B 43℃	C 45℃
糠醛	17. 12	15. 02	11. 12
糠醇	2. 22	0. 56	0. 92
2-乙酰呋喃	0. 88	0. 77	0. 82
5-甲基糠醛	0. 24	0. 24	0. 23
苯甲醛	0. 96	0. 80	0. 65
6-甲基-5-庚烯-2-酮	1. 06	0. 85	0. 86
6-甲基-5-庚烯-2-醇	0. 62	0. 73	0. 49
苯甲醇	7. 26	2. 91	2. 45
苯乙醛	0. 98	0. 36	0. 50
3，4-二甲基-2，5-呋喃二酮	2. 13	3. 56	2. 67
2-乙酰基吡咯	0. 65	0. 28	0. 38
芳樟醇	1. 70	2. 06	1. 58
苯乙醇	2. 40	1. 10	0. 92
氧化异佛尔酮	0. 17	0. 17	0. 19
4-乙烯基-2-甲氧基苯酚	0. 21	0. 15	0. 08

（续表）

致香成分（μg/g）	A 41℃	B 43℃	C 45℃
茄酮	97.78	92.37	100.63
β-大马酮	0.22	0.15	tr
香业基丙酮	13.05	9.91	10.09
二氢猕猴桃内酯	2.14	2.54	1.67
巨豆三烯酮 1	0.57	0.57	0.67
巨豆三烯酮 2	1.07	1.97	1.13
巨豆三烯酮 3	7.79	0.29	5.87
巨豆三烯酮 4	2.70	1.41	1.19
螺岩兰草酮	8.92	5.73	5.96
新植二烯	709.35	410.73	835.67
法尼基丙酮	11.28	7.46	9.36

试验设计为：按烘烤变黄期和定色期的时间不同设 4 个处理，CK：传统三段式烘烤工艺，即 37℃变黄 55h，保持干湿球温差 2℃左右，然后以 1℃/h 升温到 54 ℃定色 40 h，此时保持湿球温度 37~39℃，之后干球温度以 2℃/h 升至 68 ℃保温，湿球温度相应升到 42℃左右，直到干筋为止；T1：在 CK 基础上延长变黄期 24h，其他烘烤工艺条件不变；T2：在 CK 基础上延长定色期 24h，其他烘烤工艺条件不变。T3：在 CK 基础上，变黄期和定色期各延长 24h，其他烘烤工艺条件不变。试验重复 3 次（表 13-9、表 13-10）。

表 13-9 不同烘烤工艺对烤烟致香物质含量的影响　单位：μg/g

致香物质	CK	T1	T2	T3
苯甲醛	0.67	0.85	0.71	0
苯甲醇	3.33	6.22	4.35	3.28
苯乙醛	4.17	5.13	7.10	3.71
苯乙醇	2.18	3.34	3.55	2.85
糠醛	13.19	15.00	12.60	9.41
糠醇	2.96	3.89	1.24	0
乙酰基呋喃	0.61	0.39	0.35	0.57
5-甲基-2-糠醛	0.85	1.09	0.80	0.71
3，4-二甲基-2，5-呋喃二酮	1.27	1.79	1.42	1.28
2-乙酰基吡咯	1.09	1.71	0.80	1.57
茄酮	36.91	54.62	59.61	63.70
6-甲基-5-庚烯-2-醇	0.54	0.54	0.44	0.43
6-甲基-5-庚烯-2-酮	0.36	0.39	0	0.71

（续表）

致香物质	CK	T1	T2	T3
β-大马酮	28.01	29.68	39.38	50.87
假紫罗兰酮	14.16	20.20	24.84	28.79
香叶基丙酮	2.42	3.34	4.44	4.56
β-紫罗兰酮	1.15	1.71	2.31	2.71
二氢猕猴桃内酯	2.84	4.58	4.35	6.56
巨豆三烯酮-1	0.61	1.24	1.69	1.71
巨豆三烯酮-2	4.42	6.06	8.87	9.55
巨豆三烯酮-3	0.61	1.17	1.24	1.57
巨豆三烯酮-4	4.42	7.69	9.58	10.26
3-羟基-β-二氢大马酮	2.48	4.43	2.39	5.99
法尼基丙酮	9.32	16.01	16.05	27.79
β-环柠檬醛	0.61	0.70	0.80	0.86
3-甲基-2-丁烯醛	0.24	0.31	0.44	0
芳樟醇	1.82	1.86	1.77	2.00
螺岩兰草酮	0	0.62	0	0
小计	141.24	194.56	211.12	241.44
新植二烯	605.01	777.13	887.00	1 125.20
总量	746.25	971.69	1 098.12	1 366.64

表 13-10　不同烘烤工艺对烟叶感官质量的影响　　单位：分

处理	香气质（20）	香气量（20）	杂气（10）	刺激性（10）	劲头（10）	浓度（10）	余味（10）	燃烧性（5）	灰色（5）	总分（100）
CK	13.0	14.0	7.0	7.0	7.5	7.0	7.0	4.5	4.5	71.5
T1	14.0	14.5	7.5	7.5	8.0	7.5	7.5	4.5	4.5	75.5
T2	14.0	15.0	7.5	8.0	7.5	8.0	8.0	4.6	4.8	77.4
T3	15.0	16.0	8.5	8.5	8.5	8.0	8.5	4.8	4.8	82.6

试验结果表明，本试验检测到的 29 种烟叶香气成分中，各处理烤后烟叶中叶绿素的降解产物新植二烯含量均占绝对优势，且新植二烯及其以外致香物质含量随着烘烤时间的延长而增加，由此导致 T3 烘烤工艺烟叶致香物质总量最高。这表明 T3 烘烤工艺先延长变黄时间后延长定色时间有利于变黄期烟叶大分子化合物的降解、转化和定色期致香物质的形成。

4 种烘烤工艺中，T3（在 CK 基础上，变黄期和定色期各延长 24h）烟叶香气质量最好，其香气质较为纯净，香气量较足且特征明显，这可能与该烘烤工艺能使提高烟叶香气质量的致香物质含量增高及化学成分和致香物质的组成较为协调有关。这一方面表明，烟叶化学成分和致香物质的组成、含量及各组分的平衡协调是影响烟叶香气质量的核心；另一方面表明，对于河南田间成熟烟叶，适当延长变黄时间是上述各组分含量平衡协调的基础，适当延长定色时间是烟叶香气质量形成的重要因素。

三、结论与讨论

（1）通过烟叶烘烤技术研究，证明了下部烟叶变黄程度达七成黄，转火升温至44℃定色，中部烟叶八成黄转火至45℃定色，上部烟叶九成黄转火至46℃定色为最优处理。

（2）在传统烘烤工艺基础上，河南变黄期和定色期各延长24h，烟叶内含物质转化充分，烤后烟叶外观质量好，化学成分协调，致香物质的形成和积累量多，评吸质量好。

第四节　烟叶烘烤动态传质与传热的CFD模拟研究

目前，由于烟叶烘烤的复杂性、随机性和不确定性，大多研究只停留在单纯的实验分析上，实际加工方案通常以烘烤师个人经验而定，人为因素干扰严重。本研究旨在建立科学统一的烟叶质量控制管理体系；通过试验研究与理论分析相结合的方法确定最佳的烟叶烘烤工艺条件，并用计算流体力学模拟的方法对设备及烘烤工艺参数模拟优化，实现试验确定的最佳烟叶烘烤工艺条件；建立计算机模拟模型并通过中试放大试验进行验证调试，最终形成科学规范的烟叶烘烤工艺软件。

一、烟叶烘烤装置的研制优化及烘烤模型建立

（一）烟叶烘烤装置的研制优化

对现行密集烤房进行实地考察，开发实验室用鲜烟叶烘烤装置，以实现研究烟叶烘烤过程烟叶中化学成分的实时检测和分析，装置如图13-5所示。

（二）鲜烟叶烘烤试验

1. 试验内容概述

分析三段式烘烤工艺中不同阶段的温湿度对烘烤中烟叶化学成分变化的影响，得到烘烤过程中烟叶主要化学成分的变化规律，对试验结果进行综合研究，进而建立烘烤试验数学模型。

2. 试验设计与方法

（1）小试试验设备。基于化工洞道干燥试验研制小型烘烤设备，主要有供热设备、通风排湿口、温湿度和重量传感器以及装烟室。小型烘烤设备装烟量为100~120片。

（2）试验设计。

以现行“三段式”烘烤工艺为基础，改变关键温度点的湿球温度进行试验。

图 13-5　均热式智能烟叶烘烤装置

供试品种中烟 100、豫烟 6 号。选取大田管理规范，长势均匀的烟田，待烟叶成熟后，采收备用。

3. 烟叶烘烤试验过程

（1）前期（8 月底到 9 月中旬）。下乡考察各乡烟叶生长情况和烘烤情况，参加烘烤实操培训，采集新鲜烟叶和不同品种初烤烟叶带回以备检测。新鲜烟叶杀青处理测定含水量，初烤烟叶进行烘干，将样品称量、记录并粉碎研磨装入试样袋，待测。

采用连续流动分析仪测定烟叶中各种成分的含量，根据行业检测标准配制相关标准溶液，还原糖、总糖工作溶液 8 种、氯标准溶液 4 种。按照标准要求称取烟叶粉末 0.25g，用已配好的乙酸溶液溶解，放入摇床混合萃取 30min，过滤，并放入样品杯中进行检测，每个指标重复检测 1 次，以减小检测误差。

（2）中期（9 月中旬到 10 月底）。组织进行烟叶烘烤设备的安装和调试，编烟进行烟叶烘烤实验，按照实验方案，采摘嵩县某烟站豫烟 6 号烟田下部叶、中部叶和上部叶以及中烟 100 烟田上部叶进行烘烤实验。考虑到当年烟叶的特殊情况，重新制定烘烤条件参数，进行对比实验。实验中每隔 12h 取样 1 次，取出的样品分别进行杀青和干燥处理，最终获得烟叶样品。

烘烤实验期间，采用连续流动分析仪测定烟叶中还原糖、总糖、氯及烟碱的含量，根据行业检测标准配制相关标准溶液和工作溶液十几种。按照标准要求称取烟叶粉末 0.25g，用已配好的乙酸溶液溶解，放入摇床混合萃取 30min，分别将样品过滤，并放入样品杯中进行各种成分含量的检测，重复检测 1 次。

采用原子吸收分光光度计测定烟叶中钾的含量，根据标准要求对烟叶样品进行萃取，然后样品稀释 100 倍后进行测量，钾含量检测重复测量 3 次。

称量 0.2g 烟叶样品以及氧化汞、硫酸钾和浓硫酸，对烟叶样品进行消化，根据标准要求配制总氮检测工作溶液 6 种，采用连续流动分析仪检测 105 个样品中总氮和蛋白质含量，分别重复检测 1 次。

采用碘显色法测定 105 个烟叶样品中淀粉含量，称取 0.2g 烟叶样品加入 80% 乙醇—氯化钠饱和溶液震荡 25min，过滤得滤渣，向滤渣中加入 10ml 高氯酸溶液震荡 20min 后过滤，滤液加水定容至 100ml，采用紫外分光光度计进行检测，重复检测一次。根据检测结果，对淀粉含量较高的样品进行稀释后重新测量，以减小检测误差。

用紫外分光光度法检测类胡萝卜素含量。称取 1g 干粉，加入 80%丙酮 15ml，浸提 3h，过滤，将滤渣刮下来，用同样的方法再次浸提，滤纸和滤渣用丙酮清洗，最后定容至 50ml，用紫外分光光度计进行检测。样品重复制作和检测两次，以保证试验数据的准确性。

（3）后期（10 月底到 11 月初）。按照标准要求对样品进行震荡萃取，采用连续流动分析仪，完成样品中化学成分含量的检测。

4. 烟叶烘烤试验结果

烘烤实验过程中，采集干湿球温度、含水率和主要化学成分等数据，包括淀粉、还原糖、总糖、总氮、烟碱、氯、钾、类胡萝卜素等为烘烤工艺的优化提供依据。

（三）正交试验方法优化烘烤工艺

以现行“三段式”烘烤工艺为基础，进行不同烟叶烘烤工艺条件下的正交试验设计（表 13-11），以考察烟叶中还原糖、水溶性糖、氯、烟碱、总氮、钾等含量随烘烤过程的变化规律（图 13-6 至图 13-16），归纳烘烤工艺对烟叶中主要化学成分含量的影响，结合评吸结果，筛选出香味浓郁、余味持久、烟气柔和的优质烟叶烘烤工艺条件，为建立烤房的计算流体力学模型提供全面的烘烤实验数据，实现对烘烤工艺条件的模拟优化，为烘烤工艺软件包的开发奠定数据基础。

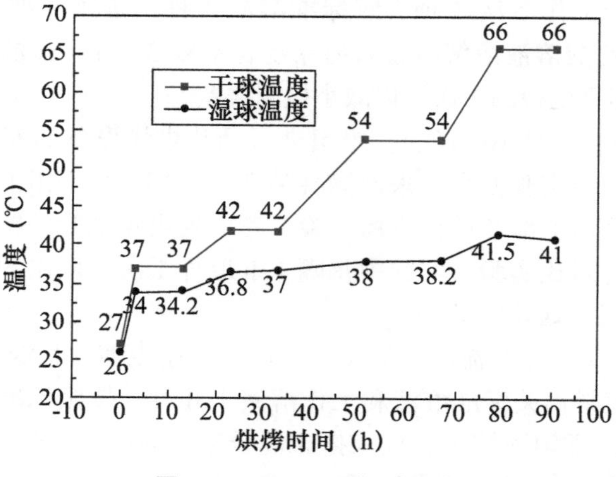

图 13-6（a）　干湿球温度

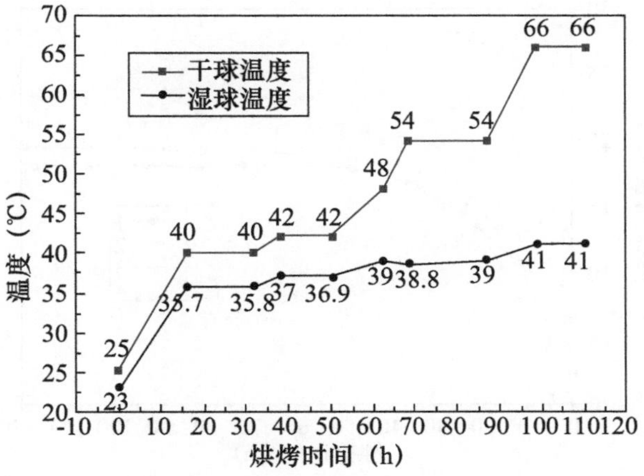

图 13-6（b）　干湿球温度

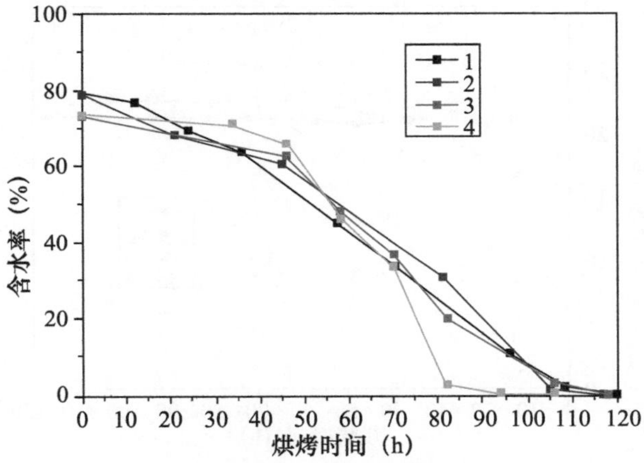

图 13-7　含水率随时间的变化

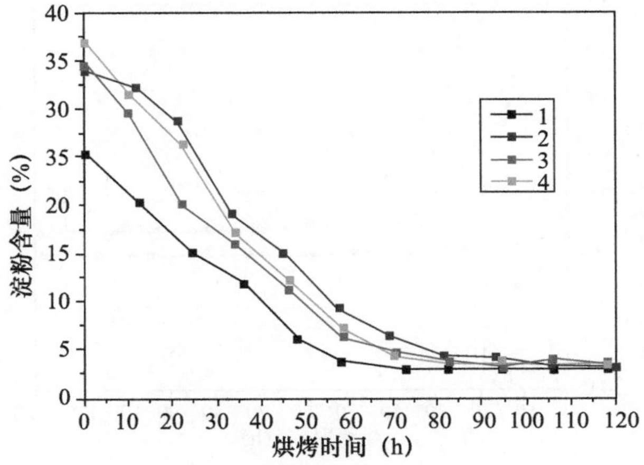

图 13-8　淀粉含量随时间的变化

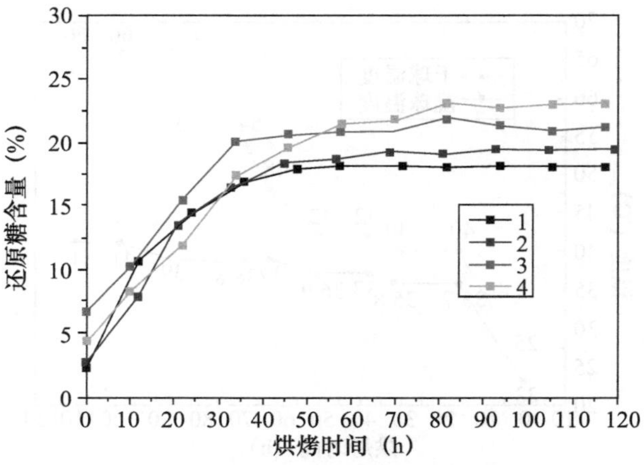

图 13-9　还原糖含量随时间的变化

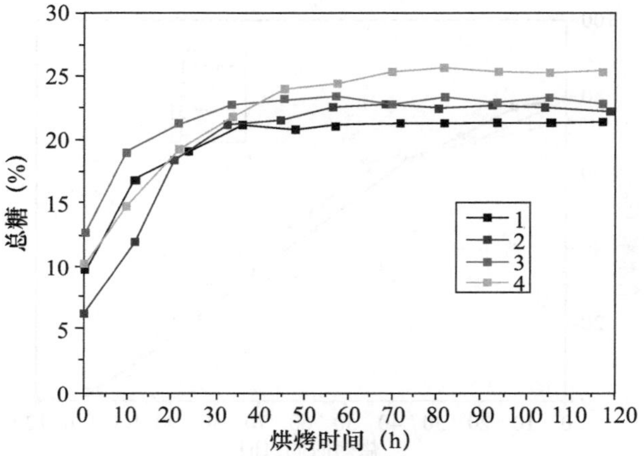

图 13-10　总糖含量随时间的变化

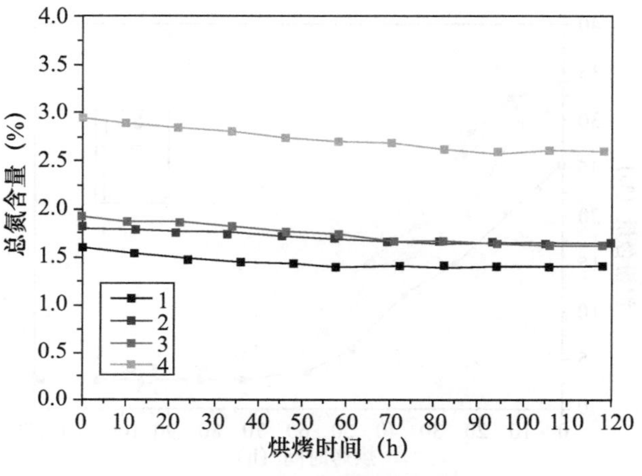

图 13-11　总氮含量随时间的变化

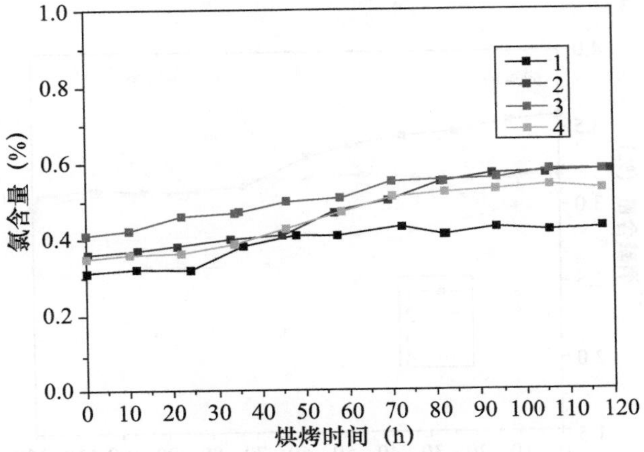

图 13-12　氯含量随时间的变化

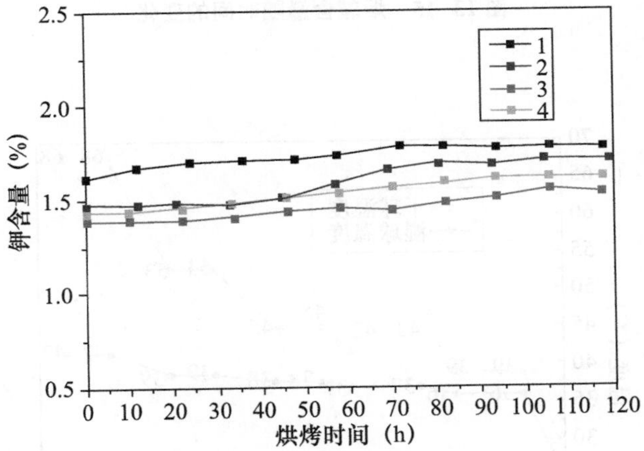

图 13-13　钾含量随时间的变化

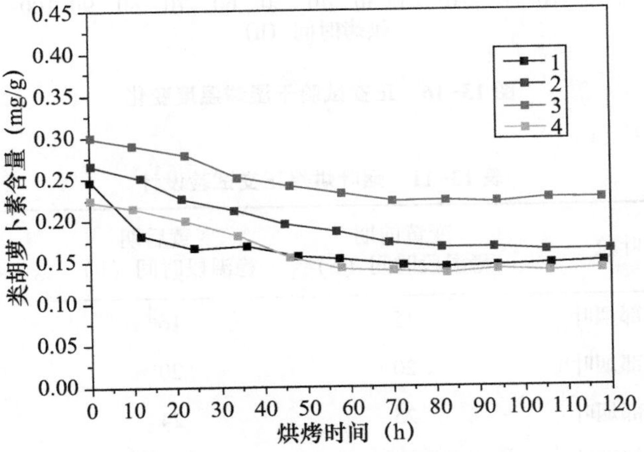

图 13-14　类胡萝卜素含量随时间的变化

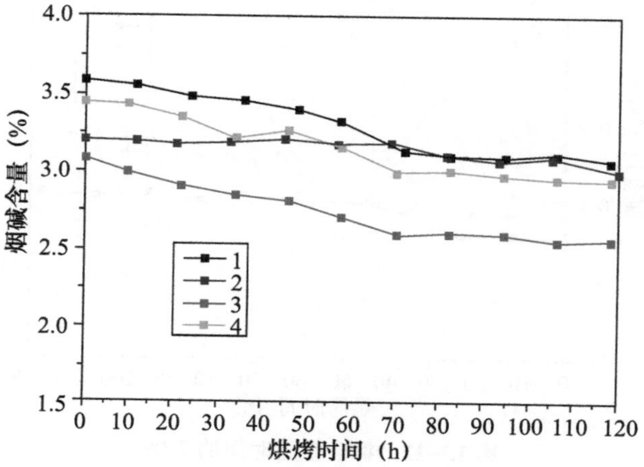

图 13-15　烟碱含量随时间的变化

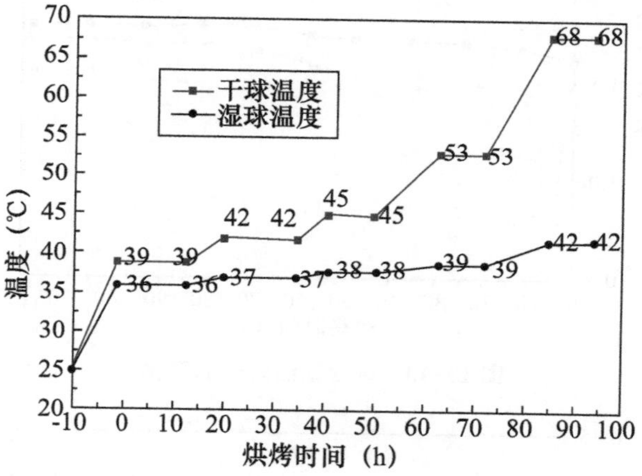

图 13-16　正交试验干湿球温度变化

表 13-11　烟叶烘烤正交试验设计

试验编号	叶位	变黄前期稳温段时间（h）	变黄后期稳温段时间（h）	定色前期稳温段时间（h）
1	上部烟叶	15	16	10
2	上部烟叶	20	20	15
3	上部烟叶	25	24	20
4	中部烟叶	15	20	20
5	中部烟叶	20	24	10

（续表）

试验编号	叶位	变黄前期稳温段时间（h）	变黄后期稳温段时间（h）	定色前期稳温段时间（h）
6	中部烟叶	25	16	15
7	下部烟叶	15	24	15
8	下部烟叶	20	16	20
9	下部烟叶	25	20	10

完成9次烘烤正交试验，采集180个烘烤中的烟叶样品，考察烟叶中主要化学成分随烘烤过程的变化规律。

（四）烟叶烘烤数学模型建立

烟叶在密集烘烤过程中会发生复杂的物理和化学变化，研究表明，烟叶烘烤过程中含水率以及淀粉、蛋白质和烟碱含量下降，总糖、还原糖含量升高，氯、钾含量基本不变。其中以含水率以及淀粉、烟碱、总糖和还原糖含量的变化最显著，与烟叶品质密切相关。根据烟叶中淀粉、烟碱、总糖、还原糖含量以及含水率在烘烤过程中的动态含量变化建立烘烤过程数学模型。采用自适应加权最小二乘法支持向量机（WLS-SVM）的建模方法，数据分析在Matlab R2015a软件平台上完成，并将建立的烟叶烘烤模型集成到微观质量控制烘烤工艺软件包。

（五）烟叶质量评价模型建立

分析烤烟的外观质量、内在化学成分及评吸质量，建立了基于灰色统计的烟叶质量评价模型。

1. 评价方法

根据灰色聚类原理确定聚类对象所属灰类，灰类即表示对象的优劣及位次。首先根据白化权函数计算指标的灰色聚类系数，然后根据指标权重进行综合聚类系数的确定，最后得出对象所属灰类，其中白化权函数的确定是计算过程的重点，而灰类界值划分直接影响白化权函数的确定。

由于烘烤工艺的19个聚类指标意义、量纲不同，并且在数量上悬殊较大，需要采用灰色定权聚类，避免某些指标参与聚类的作用十分微弱。

2. 烟叶质量评价指标体系构建

烟叶质量评价系统是一个存在未知成分的、受多因素影响的、具有结构层次分明的灰色系统。为了准确划分烟叶质量评价层次，必须寻找到能代表评价系统变化，定量描述评价系统，且遵循主导性、简单、易获取的指标体系。将颜色、成熟度、身份作为评价外观质量的3个指标。选取8个烤后烟叶内在的化学成分指标，选取8个评吸指标，最后，形成了3个1级指标，19个2级指标的烟叶质量评价指标体系。如表13－12所示。

表 13-12　烟叶质量评价指标体系

1 级指标	2 级指标		层次权重	1 级指标
外观质量指标 X1	X11	颜色	0.4	0.300
	X12	成熟度	0.5	
	X13	身份	0.1	
化学成分指标 X2	X21	还原糖	0.14	0.300
	X22	总氮	0.09	
	X23	烟碱	0.17	
	X24	钾	0.08	
	X25	氯	0.07	
	X26	氮碱比	0.11	
	X27	钾氯比	0.09	
	X28	糖碱比	0.25	
评吸指标 X3	X31	香型程度	0.1	
	X32	香气质	0.2	
	X33	香气量	0.2	
	X34	浓 度	0.15	
	X35	杂 气	0.1	
	X36	刺激性	0.05	
	X37	余 味	0.1	
	X38	劲 头	0.1	

表 13-13 给出了烤烟化学成分指标赋值方法。表 13-14 给出了评吸鉴定结果。

表 13-13　烤烟化学成分指标赋值方法

类群	指标	评分（分）					
		100	100~90	90~80	80~70	70~60	<60
常规化学成分	烟碱（%）	2.20~2.80	2.20~2.00	2.00~1.80	1.80~1.70	1.70~1.60	<1.60
			2.80~2.90	2.90~3.00	3.00~3.10	3.10~3.20	>3.20
	总氮（%）	2.00~2.50	2.50~2.60	2.60~2.70	2.70~2.80	2.80~2.90	>2.90
			2.00~1.90	1.90~1.80	1.80~1.70	1.70~1.60	<1.60
	还原糖（%）	18.00~22.0	18.00~16.0	16.00~14.0	14.00~13.0	13.00~12.0	<12.00
			22.00~24.0	24.00~26.0	26.00~27.0	27.00~28.0	>28.00
	钾（%）	≥2.50	2.50~2.00	2.00~1.50	1.50~1.20	1.20~1.00	<1.00
	氯（%）	0.40~0.60	0.60~0.70	0.70~0.80	0.80~0.90	0.90~1.00	>1.00
			0.40~0.30	0.30~0.25	0.25~0.20	0.20~0.15	<0.15
	糖碱比	8.50~9.50	8.50~7.00	7.00~6.00	6.00~5.50	5.50~5.00	<5.00
			9.50~12.00	12.00~13.0	13.00~14.0	14.00~15.0	>15.00
	氮碱比	0.95~1.05	0.95~0.80	0.80~0.70	0.70~0.65	0.65~0.600	<0.60
			1.05~1.20	1.20~1.30	1.30~1.35	1.35~1.40	>1.40
	钾氯比	≥8.00	8.00~6.00	6.00~5.00	5.00~4.50	4.50~4.00	<4.00

表 13-14 评吸鉴定表 单位：分

编号	品种	等级	风格特征评价				质量评价分值				劲头
			香型风格		香气质	香气量	浓度	杂气	刺激性	余味	
			香型	程度							
1	豫烟 6 号	X2F	浓香	6.3	5.8	6.0	5.8	6.0	5.5		
2	豫烟 6 号	X2F	浓香	6.4	6.0	6.0	6.0	5.9	6.0	6.1	5.7
3	豫烟 6 号	X2F	浓香	6.4	6.1	6.1	5.9	5.9	5.9	6.0	5.7
4	豫烟 6 号	C3F	浓香	6.5	6.5	6.0	6.0	6.5	6.5	6.0	5.5
5	豫烟 6 号	C3F	浓香	6.5	6.0	6.0	6.3	6.0	6.0	5.8	6.0
6	云烟 87	C3F	浓香	6.8	6.0	6.4	6.4	5.9	6.1	5.7	6.2
7	豫烟 6 号	B2F	浓香	6.6	5.7	6.1	6.3	5.6	5.9	6.0	6.2
8	豫烟 6 号	B2F	浓香	6.4	6.0	6.4	6.4	5.9	6.0	6.1	6.1
9	中烟 100	B2F	浓香	6.1	5.6	5.6	5.9	5.3	5.9	5.6	5.9
10	中烟 100	C3F	浓香	6.4	6.2	6.1	6.1	6.0	6.2	6.1	6.1
11	中烟 100	C3F	浓香	6.4	6.2	6.1	6.2	5.9	5.9	5.9	6.1
12	豫烟 6 号	B2F	浓香	6.4	5.8	5.9	6.1	5.6	5.9	5.6	6.1
13	豫烟 6 号	B2F	浓香	6.4	5.9	6.0	6.1	5.6	5.8	5.6	6.1
14	豫烟 6 号	C3F	浓香	6.9	6.1	6.4	6.3	5.9	6.0	5.9	6.2
15	豫烟 6 号	C3F	浓香	6.4	5.9	6.0	6.1	5.8	5.5	5.8	6.0
16	豫烟 6 号	X2F	浓香	6.4	6.0	5.9	5.8	5.7	5.6	5.9	5.6
17	豫烟 6 号	X2F	浓香	6.1	5.6	5.6	5.6	5.7	5.9	6.0	5.5
18	豫烟 6 号	C3F	浓香	6.6	6.5	6.1	6.1	6.2	6.1	6.1	5.7
19	豫烟 6 号	C3F	浓香	6.6	6.6	6.2	6.1	6.3	6.2	6.2	5.9
20	豫烟 6 号	X2F	浓香	6.2	5.7	5.9	5.8	5.9	5.9	5.9	5.4
21	云烟 87	C3F	浓香	6.5	5.9	6.0	6.0	5.7	5.9	5.9	6.0
22	云烟 87	C3F	浓香	6.1	5.9	6.0	6.1	5.6	5.9	5.8	6.0
23	中烟 100	B2F	浓香	6.2	5.6	5.7	5.9	5.4	5.7	5.4	5.9
24	豫烟 6 号	X2F	浓香	6.1	5.9	5.7	5.7	5.7	5.9	6.0	5.5
25	豫烟 6 号	C3F	浓香	6.4	5.9	6.1	6.1	5.8	5.9	5.9	5.9
26	豫烟 6 号	C3F	浓香	6.3	6.4	6.1	6.1	5.9	5.9	6.0	5.8
27	豫烟 6 号	C3F	浓香	6.4	6.4	6.3	6.1	6.1	5.9	6.0	6.1
28	云烟 87	C3F	浓香	6.4	6.1	6.1	6.2	5.8	6.0	5.9	6.0
29	豫烟 6 号	C3F	浓香	6.8	6.3	6.4	6.5	6.0	6.1	6.0	6.1
30	云烟 87	C3F	浓香	6.6	6.1	6.0	6.1	5.8	6.0	5.9	6.1
31	云烟 87	C3F	浓香	6.5	6.0	6.0	6.2	5.8	5.8	5.9	5.9
32	豫烟 6 号	B2F	浓香	6.3	5.8	6.1	6.1	5.4	5.9	5.9	6.1
33	中烟 100	B2F	浓香	6.3	5.6	5.9	6.1	4.9	5.5	5.6	6.4

（续表）

编号	品种	等级	风格特征评价				质量评价分值				劲头
			香型风格		香气质	香气量	浓度	杂气	刺激性	余味	
			香型	程度							
34	LY1306	X2F	浓香	6.0	6.0	6.0	6.0	5.8	5.5	5.8	5.8
35	LY1306	B2F	浓香	6.0	6.2	6.0	5.8	6.0	6.2	6.0	6.0
36	LY1306	C3F	浓香	6.0	6.2	6.0	5.8	6.0	6.2	6.0	5.7

二、烟叶烘烤动态传质与传热的 CFD 模拟

（一）烟叶烘烤过程数学模型的建立

连续性方程：

$$\frac{\partial(\rho)}{\partial t} + \nabla \cdot (\rho v_i) = 0$$

其中，ρ 和 v_i 分别代表密度和速度矢量。

动量守恒方程：

$$\frac{\partial(\rho v_i)}{\partial t} + \nabla \cdot (\rho v_i v) = - \nabla p + \nabla \cdot \tau_{ij} + \rho g_i + S_i$$

其中，p 为压力；τ 为黏性应力 τ 的分量；S_i 为外部作用力。

能量守恒方程：

$$\frac{\partial(\rho T)}{\partial t} + \nabla \cdot (\rho u T) = - \nabla \left[\frac{k}{C_p} grad(T) \right] + S_T$$

其中，T 为温度；C_p 为比热容；k 为流体导热系数；S_T 为流体的内热源及因为黏性作用流体机械能转换为内能的部分。

（二）模型基本假设

根据密集烤房装烟特点，将每一棚挂烟区假设为多孔介质区域，则烟叶烘烤过程即为多孔介质热质传递过程，为了便于求解使问题简化，对实际烤房传热过程做以下假设：

a. 烤房内空气为不可压缩的理想气体；

b. 烟叶为均匀的连续介质，且不与气相发生化学反应；

c. 烤房墙壁及地面绝热，且认为装烟门、排湿窗及地面与墙壁物性参数一致；

d. 因烘烤过程温度不高，不考虑辐射传热，仅考虑对流传热。

（三）物理模型的建立及边界条件设置

根据密集烤房技术规范，建立实际烤房三维物理模型，装烟室内室长 8 000mm、宽 2 700mm、高 3 500mm，装烟棚数为 4 棚，4 棚装烟区分别用 4 块多孔介质区域进行模拟，烤房物理模型如图 13-17。在此基础上在 ICEM 软件中对计算区域进行网格划分，网格总数为 440 万个。以热风进风口为计算进口，采用速度入口边界条件；热风回风口

为计算出口，采用压力出口边界条件；壁面采用无滑移条件，壁面为绝热壁，具体参数设置见表 13-15。

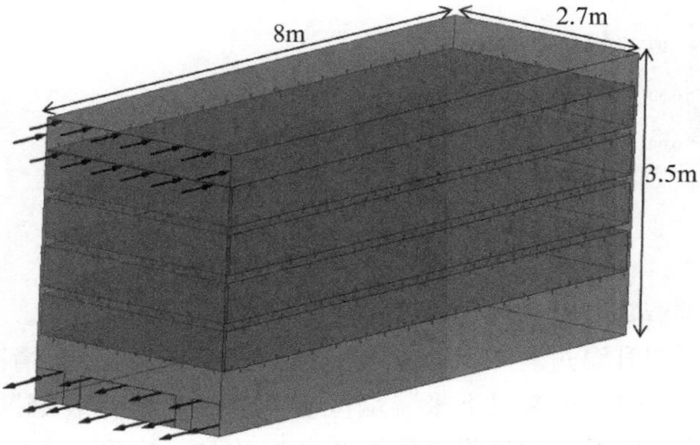

图 13-17　密集烤房物理模型示意图

表 13-15　边界条件设置

项目	参数值
入口风速（m/s）	2
入口温度（℃）	40
出口压力（Pa）	0
多孔区域流固换热系数［W/（m^2·k）］	1 000

（四）烤房内流场分布情况及其分析

1. 变黄期升温过程中烤房内空气流动模拟

图 13-18 和图 13-19 分别为变黄期升温过程中烤房内热风自进口进入烤房后的流线图和速度矢量图。结果显示，装烟区整体叶间风速约在 0.1～0.6m/s，顶棚烟叶上端风速较高，达 1m/s 左右。由于热风进入后流动的惯性作用，在热风进口附近空气整体呈横向流动而不能沿高度方向进入装烟区，导致存在左图所示的流动死区，该区域排湿效果相对较差；另外循环风大部分聚集在装烟室门附近，导致在装烟门附近出现空气高速区，高速区则会出现排湿过快，湿球温度相对较低的情况，因此这样的流动状态势必会造成烤烟质量的差异。

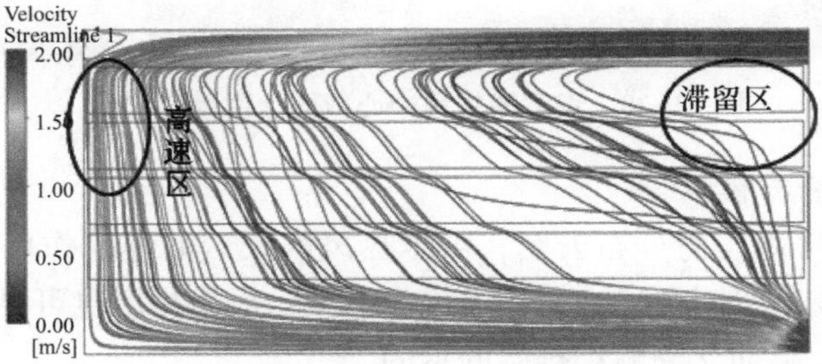

图 13-18　烤房内空气流线图

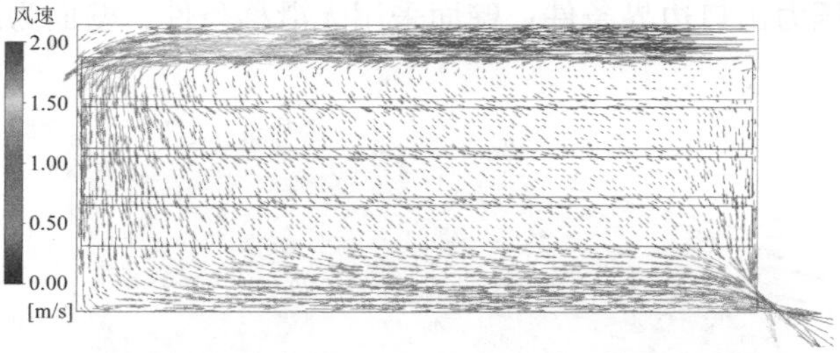

图 13-19　烤房内空气速度矢量图

2. 变黄期升温过程温度变化动态模拟

图 13-20 为变黄期升温过程中烤房内中心截面上的温度分布情况，从模拟结果可以看出，热风的进入首先使顶棚以上未装烟区温度升高，顶棚装烟区温度亦稍有增加。随后由于热风的流动，靠近装烟门附近的烟叶最先升温，然后逐步扩至整个烤房，在靠近回风口的位置升温最慢。

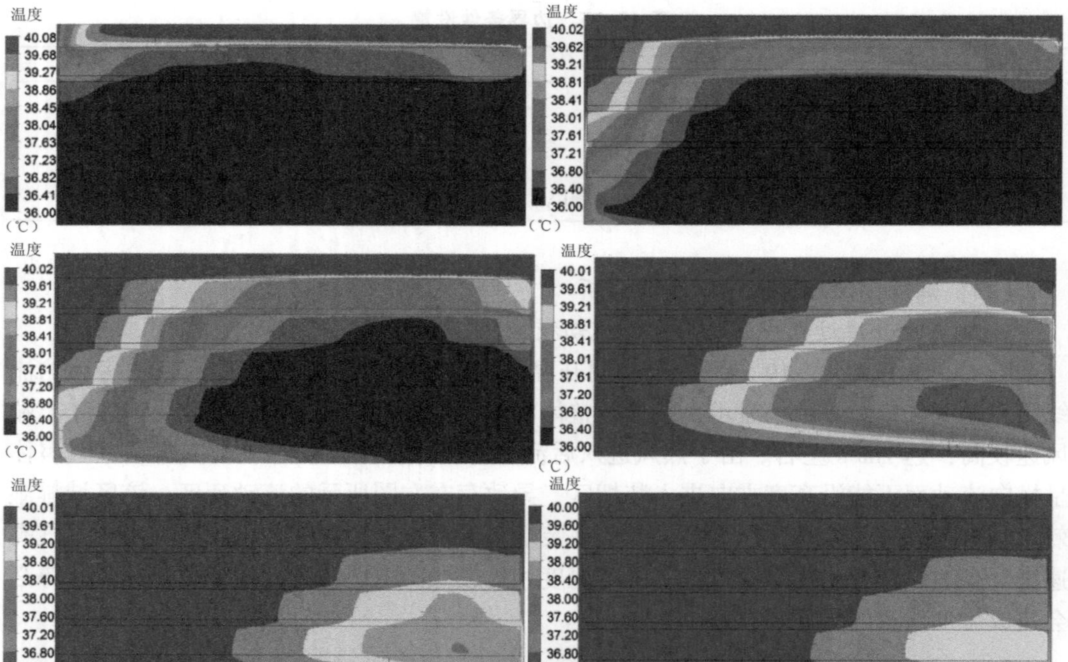

图 13-20　变黄期烤房中心截面上温度变化图

3. 烤房内压力分布模拟

图 13-21 为烤房内压力分布云图，由于热风鼓入后的惯性作用，在进风口相对一端出现局部高压区，并沿对角线方向压力逐步递减，压力梯度也可更好地保证含湿热气流沿高度方向运动，从而达到顺利排湿的目的。

图 13-21　烤房内压力分布图

4. 装烟区气相速度变化曲线

图 13-22 为四棚烟中部风速分布，烤房中间区域维持风速 0.1m/s 左右，而在两端出现高速区，叶间风速的不同必然导致强制排湿效果的不同，结果就会造成烤烟质量的差异，因此烤房内需设置合理的布风装置以进一步缩小不同区域烤烟质量差异。

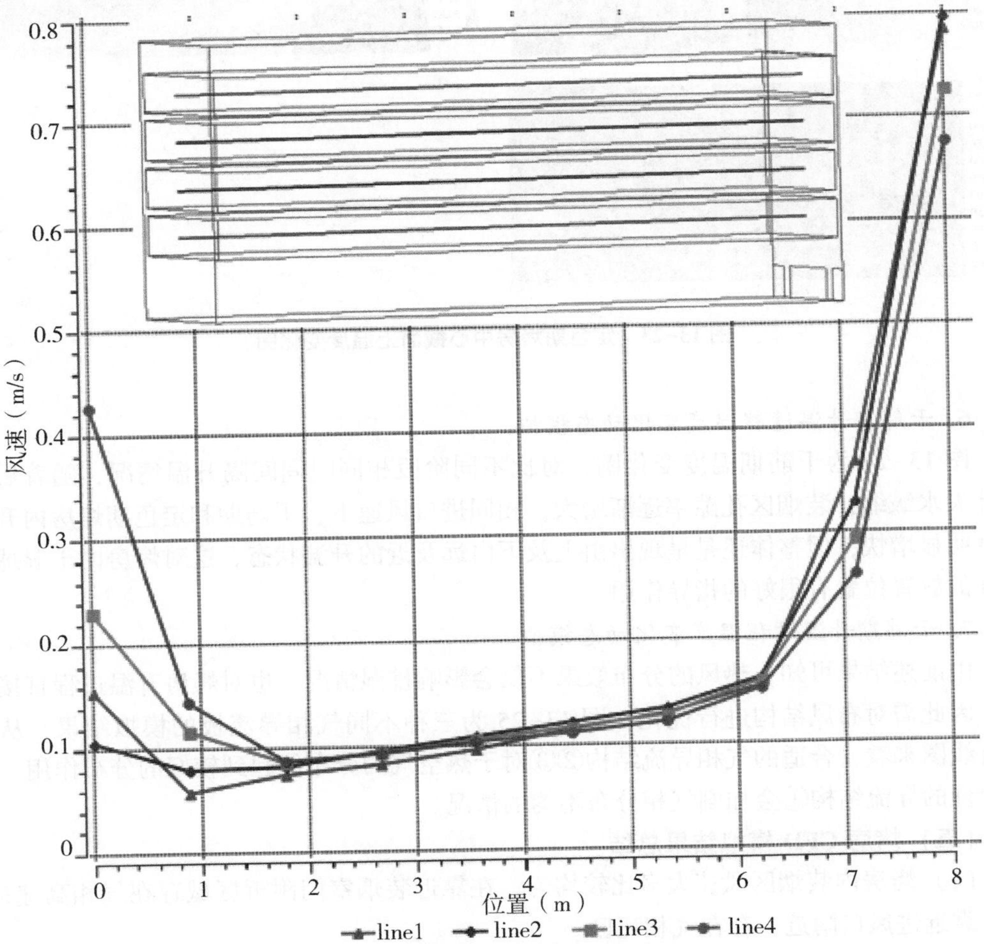

图 13-22　四棚装烟区中部风速分布

5. 定色期升温过程温度变化动态模拟

图 13-23 为定色期烤房升温情况模拟结果，对比变黄期结果发现，相同入口风速下，定色期升温较快，更快达到整个烤房温度均匀。

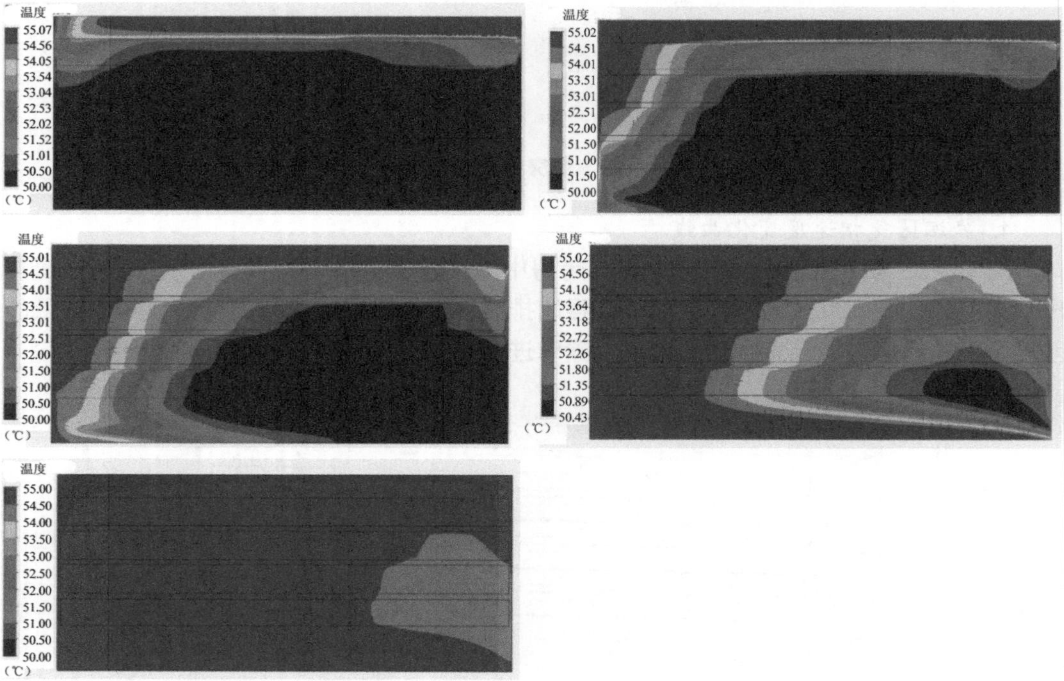

图 13-23　定色期烤房中心截面上温度变化图

6. 干筋期升温过程温度变化动态模拟

图 13-24 为干筋期温度变化图，对比不同阶段相同时间间隔升温情况，随着后期烟叶失水皱缩，装烟区孔隙率逐渐增大，相同进口风速下，干筋期和定色期烤房内升温速度明显增快，但整体还是呈现出由上及下由远及近的升温状态，这对烤房内干湿球温度计的放置位置有很好的指导作用。

7. 干筋期升温过程温度变化动态模拟

由前述结果可知，热风的分布效果不仅会影响排湿情况，也对烤房升温过程直接相关，因此需对布风结构进行优化，图 13-25 为三种不同气相导流板的模拟结果，从气相流线图来看，合适的气相导流结构②③对于热空气的分布能起到较好的分布作用，而不合理的导流结构①会加剧气相分布不均的情况。

（五）烤房 CFD 模拟结果总结

（1）烤房内装烟区风速大多比较均匀，在靠近装烟室门附近区域存在气相高速区，而在靠近进风口附近，存在气相死区。

（2）烤房内升温时，顶棚以上未装烟区温度升高，顶棚装烟区温度亦稍有增加，

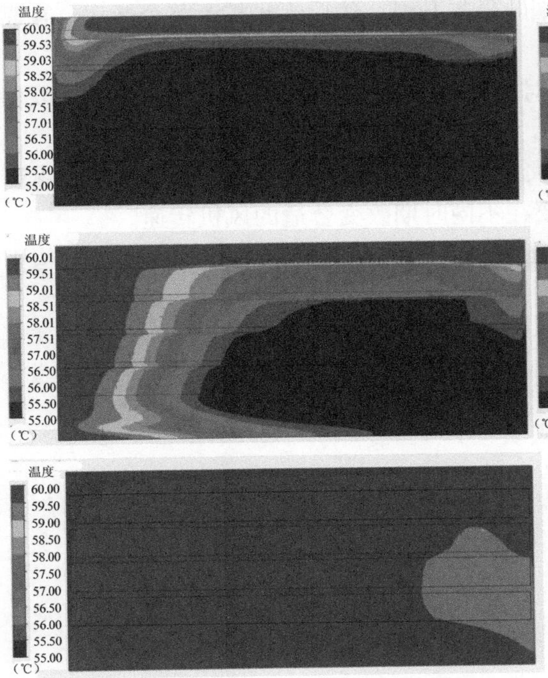

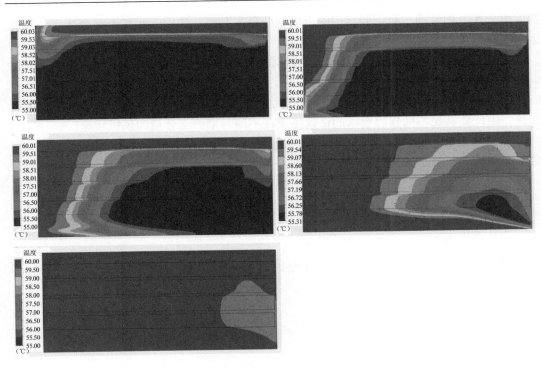

图 13-24　干筋期烤房中心截面上温度变化

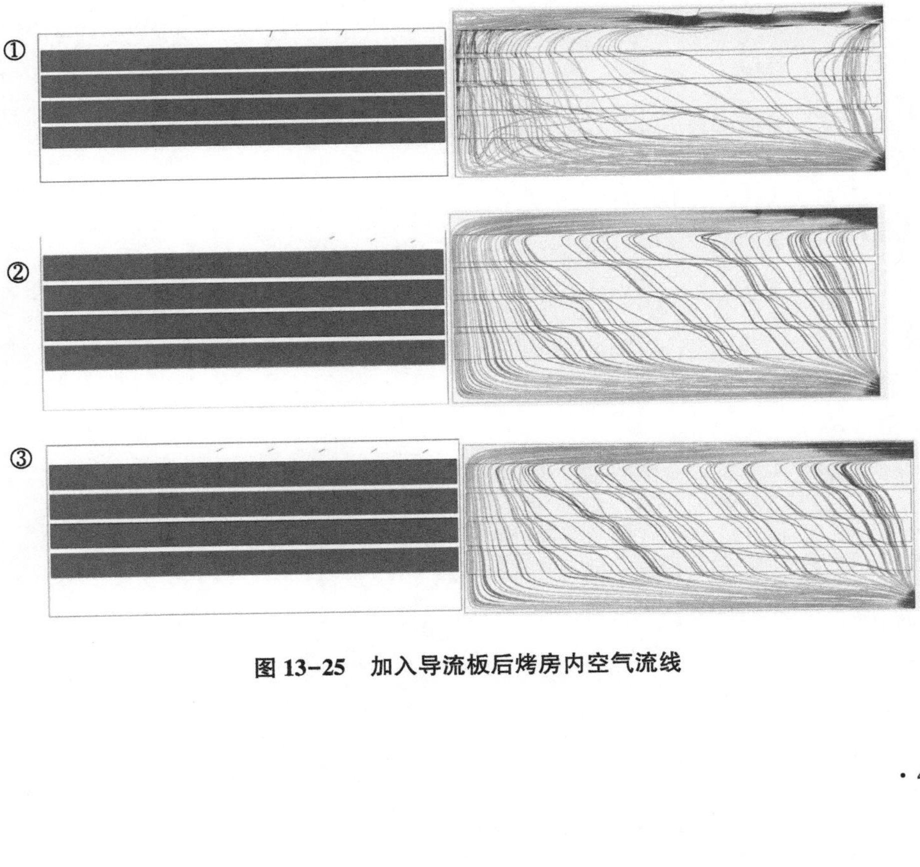

图 13-25　加入导流板后烤房内空气流线

随后由于热风的流动，靠近装烟门附近的烟叶最先升温，然后逐步扩至整个烤房，在靠近回风口的位置升温最慢。

（3）烤房内压力分布呈现出从出风口对角位置到出风口压力递减的趋势，可以保证顺利排出湿空气。

（4）相同入口风速下，随着叶间隙增大，变黄期、定色期和干筋期升温速度逐渐加快，因此要满足不同排湿要求的话就需要在不同时期改变合适的风机转速。

（5）合适的气相导流结构对于热空气能起到较好的分布作用，但不合理的结构则会加剧气相分布的不均匀度。

参考文献

艾复清，江锡瑜，肖吉中，等 . 1999. 烤烟成熟外观特征与品质关系的研究 [J]. 中国烟草科学（3）：27-30.

艾树理 . 1992. 中国烤烟育种现状 [J]. 烟草科技（3）：32-35.

包可翔 . 2011. 翠碧 1 号烟叶总糖、还原糖和淀粉含量的区域分布特征 [J]. 安徽农业科学，39（8）：4486-4488.

蔡宪杰，刘茂林，谢德平，等 . 2010. 提高上部烟叶工业可用性技术研究 [J]. 烟草科技（6）：10-17.

蔡宪杰，王信民，尹启生 . 2005. 成熟度与烟叶质量的量化关系研究 [J]. 中国烟草学报，11（4）：42-46.

曹景林，程君奇，李亚培，等 . 2015. 从品种角度试论提高中国烤烟质量的途径 [J]. 中国农学通报，31（22）：75-87

常剑波，韦凤杰，岳俊 . 2018. 卢氏烟叶标准化生产技术 [M]. 北京：中国农业科学技术出版社.

常思敏，韦凤杰 . 2010. 烟草集约化育苗理论与技术 [M]. 北京：中国农业出版社.

陈强 . 2000. 缓释肥料的研究进展 [J]. 宝鸡文理学院学报，20（3）：189-193.

陈晓波 . 2010. 豫西烟区现代烟草农业发展研究 [D]. 郑州：河南农业大学.

邓国栋，姚光明，李晓，等 . 2011. 松散回潮工序加工强度对烤烟烟叶感官特性的影响 [J]. 郑州轻工业学院学报：自然科学版，26（2）：32-35.

邓小华，谢鹏飞，彭新辉，等 . 2010. 土壤和气候及其互作对湖南烤烟部分中性挥发性香气物质含量的影响 [J]. 应用生态学报（8）：2063-2071.

邓云龙，崔国民，孔光辉，等 . 2006. 品种、部位和成熟度对烟叶淀粉含量及评吸质量的影响 [J]. 中国烟草科学，27（4）：18-23.

邓云龙，孔光辉，武锦坤 . 2001. 云南烤烟中上部叶片含氮化合物代谢规律研究 [J]. 云南大学学报（自然科学版），23（1）：65-70.

丁燕芳，李亚培，张小全，等 . 2012. 基因型、环境及其互作对烤烟主要致香成分的影响 [J]. 西北农业学报，21（3）：97-102.

杜咏梅，郭承芳，张怀宝，等 . 2000. 水溶性糖、烟碱、总氮含量与烤烟吃味品质的关系研究 [J]. 中国烟草科学（1）：9-12.

樊芬，屠乃美，王可，周乾，等 . 2013. 改善烤烟上部烟叶工业可用性研究进展 [J]. 作物研究，27（1）：81-85.

宫长荣，金文华 . 1997. 上部烟叶烘烤工艺研究 [J]. 河南农业科学（8）：12-14.

宫长荣 . 2003. 烟草调制学 [M]. 北京：中国农业出版社.

古战朝 . 2012. 烤烟主产区生态因子与烟叶品质的关系 [D]. 郑州：河南农业大学.

郭会仙 . 2007. 松香甘油酯包膜肥料的制备及其在烤烟种植中的应用研究 [D]. 云南：昆明理工大学.

郭群召，刘卫群，陈良存，等 . 2004. 降低烤烟上部叶烟碱含量的综合措施 [J]. 耕作与栽培（1）：58-59.
郭群召 . 2004. 氮及土壤氮素矿化对烤烟生长及品质的影响 [D]. 郑州：河南农业大学.
郝世雄，刘兴勇，余祖孝，等 . 2006. 磷酸氢钙包膜尿素的研制及其释放特性 [J]. 植物营养与肥料学报，12（3）：426-430.
郝万晨 . 2003. 缓释肥料的开发 [J]. 应用化工，32（5）：8-10.
何承刚 . 2005. 烤烟新品种 K326 不同采收方式和采收时期对上部叶产量和品质的影响研究 [J]. 种子，24（6）：75-76.
何海斌，王海斌，陈祥旭，等 . 2006. 壳聚糖包膜缓释钾肥的初步研究 [J]. 亚热带农业研究，2（3）：194-197.
何泽华 . 2005. 烟叶生产可持续发展的理性思考 . 中国烟草学报，26（3）：2-4.
胡国松，王志彬，王凌，等 . 1999. 烤烟烟碱积累特点及部分营养元素对烟碱含量的影响 [J]. 河南农业科学（1）：10-14.
扈强，李旭华，卢叶，等 . 2014. 采收成熟度与留叶数对烟叶品质的影响 [J]. 江苏农业科学，42（3）：61-63.
黄立栋，艾复清 . 1997. 烤烟上部叶片采收方法的研究 [J]. 耕作与栽培（1）：91-92.
黄立章 . 2004. 壳聚糖包膜尿素的研制及其特性与肥效研究 [D]. 杭州：浙江大学.
贾琪光，宫长荣 . 1988. 烟叶生长发育过程中主要化学成分含量与成熟度关系的研究 [J]. 烟草科技（6）：40.
贾琪光，宫长荣 . 1990. 烟草调制学 [M]. 郑州：河南科技出版社.
贾兴华 . 2002. 烤烟新品种“中烟 99”的选育及其特征特性 [J]. 中国烟草学报，8（1）：20-24.
贾兴华，王元英，佟道儒，等 . 2006. 烤烟新品种中烟 100（CF965）的选育及其应用评价 [J]. 中国烟草学报，12（2）：20-25.
简永兴，杨磊，董道竹，等 . 2006. 生长调节剂 2，4-D 灌施对烤烟上部叶常规化学成分的影响 [J]. 作物杂志（6）：20-23.
蒋水萍，张拯研，郑仕方，等 . 2013. 优化烟叶结构后不同采收成熟度对烤烟品质的影响 [J]. 河南农业科学（11）：40-45.
蒋予恩 . 1996. 中美两国烤烟育种比较与分析 [J]. 中国烟草学报，3（1）：26-35.
金文华，宫长荣，王振坤，等 . 1997. 烤烟成熟度质量效应分析 [J]. 烟草科技（3）：36-38.
李明德，肖汉乾，汤海涛，等 . 2004. 氯素营养对烤烟生长发育和产量、品质的影响 [J]. 中国烟草学报，10（6）：21-24.
李鹏飞，周冀衡，张建平，等 . 2009. 烤烟成熟期土壤水分状况对烟叶挥发性香气物质及主要化学成分的影响 [J]. 中国烟草学报（3）：44-48.
李世勇，关博谦，韦凤杰 . 2010. 现代烟草农业生产技术 [M]. 北京：中国农业出版社.
李淑娥，刘开平，杨居健 . 2013. 烟叶入户预检约时收购探讨 . 现代农业科技（4）：302-303.
李文卿，陈顺辉，林晓路 . 2013. 不同覆膜移栽方式对烤烟生长发育的影响 [J]. 中国农学通报，29（7）：138-142.
李小兰，孙建生，梁伟 . 2008. 构建卷烟工业烟叶原料质量保障体系的思考 [J]. 广东农业科学（11）：142-144.
李永平，马文广 . 2009. 美国烟草育种现状及对中国的启示 [J]. 中国烟草科学，30（4）：6-12.
李永平 . 2001. 烤烟新品种云烟 87 的选育及特征特性 [J]. 中国烟草科学（4）：38-42.
李章海，徐晓燕，季学军，等 . 2005. 不同栽培条件对烤烟上部烟叶烟碱和总氮含量的影响 [J].

中国烟草科学（1）：28-30.
李正风，孔光辉，张晓海，等 . 2007. 干旱胁迫对不同基因型烤烟品种旺长期光合作用的影响［J］. 中国农学通报，23（8）：240-244.
连长伟 . 2006. 烟叶质量保证体系建设研究［D］. 杭州：浙江大学.
梁蕊，柳明珠 . 保墒缓释肥料研究现状与进展［J］. 土壤，40（2）：159-166.
梁蕊 . 2007. 吸水保水缓释肥料的制备及其性能研究［D］.［博士学位论文］. 甘肃：兰州大学.
梁艳萍，刘静，王少先，等 . 2010. 不同烤烟品种烟叶品质特性研究［J］. 湖南农业科学（9）：19-21.
廖宗文，贾爱萍 . 2005. 环境友好型肥料的研制及其应用［J］. 广东化工（3）：28-30.
凌寿军，柯油松 . 2001. 推迟采收对烤烟淀粉含量及产质量的影响［J］. 中国烟草科学，22（4）：29-31.
刘爱平，冯启明，王维清，等 . 2012. 几种天然多空矿物对钾肥的吸附及缓释效果［J］. 环境科学与技术，35（5）：131-135，146.
刘国顺，刘韶松，贾新成，等 . 2005. 烟田施用有机肥对土壤理化性状和烟叶香气成分含量的影响［J］. 中国烟草学报，11（3）：29-33.
刘国顺 . 2003. 烟草栽培学［M］. 北京：中国农业出版社.
刘好宝，李锐 . 1995. 论中国优质烟生产现状及其发展对策［J］. 中国烟草（4）：1-5.
刘泓 . 1997. 影响烟叶总糖和烟碱含量的土壤肥力因子评价［J］. 福建农业大学学报，26（1）：82-86.
刘烈定，邱万勇 . 2005. 烟叶不同部位成熟时期的外观特征标准研究［J］. 安徽农业科学，33（5）：860-861.
刘培玉，王新发，汪健，等 . 2010. 不同生态地区烤烟主要致香物质含量的变化［J］. 浙江农业学报，22（2）：239-243.
刘勇，周冀衡，周国生，等 . 2012. 采收方式和成熟度对烤烟上部烟叶产质量的影响［J］. 江西农业大学学报，34（1）：16-21.
卢秀萍，许仪，许自成，等 . 2007. 不同烤烟基因型主要挥发性香气物质含量的变异分析［J］. 河南农业大学学报（2）：142-148.
陆继锋，刘建利，黄勤勤，等 . 2006. 以全面质量管理理论构建烟叶质量管理体系［J］. 中国烟草科学（1）：11-13.
潘家华，周尚勇，李鸣，等 . 2006. 加拿大烤烟生产和品种的选育推广［J］. 中国烟草学报，12（6）：44-48.
潘家华，周尚勇，李鸣，等 . 2006. 美国烤烟生产和品种的选育推广［J］. 中国烟草学报，12（5）：59-65.
潘家驹 . 1996. 作物育种学总论［M］. 北京：农业出版社.
彭仁，张俊文，丁灿 . 2014. 不同调控措施和施肥方法对烤烟产质量的影响［J］. 中国农学通报，30（7）：174-178.
浦文宣，张新要，李天福，等 . 2010. 不同土壤类型上氮素形态配比对烤烟生长发育及产质量的影响［J］. 中国农学通报，26（7）：142-146.
齐群刚 . 1982. 生长调节剂对烟草产质的影响［J］. 中国烟草（3）：24-26.
乔学义，姚光明，王兵，等 . 2012. 滚筒干燥工序加工强度对烤烟烟叶感官质量影响研究［J］. 中国农学通报，28（27）：290-295.
任学良，王云鹏，史跃伟 . 2009. 烤烟抗旱品种选育研究进展和方法［J］. 中国烟草科学，30

（4）：74-80.
山添文雄 . 1983. 肥料分析方法详解［M］. 韩辰报，等译 . 北京：化学工业出版社.
邵丽，晋艳，杨宇虹，等 . 2002. 生态条件对不同烤烟品种烟叶产质量的影响［J］. 烟草科技（10）：40-45.
盛立冉，杨乐 . 2012. 优化烟叶结构的对策研究 . 宁夏农林科技，53（11）：169-170.
石俊雄，郑少清，刁朝强，等 . 2004. 有机肥及施氮水平对烟叶质量和可用性的影响［J］. 中国烟草科学，25（2）：42-45.
史宏志，刘国顺，杨惠娟，等 . 2011. 烟草香味学［M］. 北京：中国农业出版社.
宋朝鹏，张勇刚，许自成，等 . 2010. 河南烤烟总糖含量的区域特征及其对评吸质量的影响［J］. 云南农业大学学报，25（4）：506-510.
孙福山，王丽卿，刘伟，等 . 2002. 烟叶成熟度及烘烤关键指标与烟叶质量关系的研究［J］. 中国烟草科学，（3）：25-27.
汤烨 . 2012. 烤烟新品种在常德不同海拔烟区的生态适应性研究［D］. 长沙：湖南农业大学.
唐国强 . 2011. 提高上部烟叶的可用性为卷烟上水平提供原料保障［J］. 中国农业信息（10）：20-21.
唐远驹 . 2005. 质量目标——烟叶生产基地发展的关键问题［J］. 中国烟草科学（2）：1-4.
唐远驹 . 2007. 关于烟叶的可用性问题［J］. 中国烟草科学，28（1）：1-5.
唐远驹 . 2010. 特色烟叶区域划分中的几个问题［J］. 中国烟草科学，31（2）：1-4，9.
佟道如 . 1997. 烟草育种学［M］. 北京：中国农业出版社.
汪耀富，高华军，刘国顺，等 . 2005. 不同基因型烤烟叶片致香物质含量的对比分析［J］. 中国农学通报，21（5）：117-120.
王爱华，王松峰，宫长荣 . 2005. 氮素用量对烤烟上部叶片多酚类物质动态的影响［J］. 西北农林科技大学学报（自然科学版），33（3）：57-60.
王宝元，马二登，张庆珠 . 2014. 不同种类有机肥施用对烤烟产质量的影响［J］. 安徽农业科学，42（16）5060-5062，5120.
王根恒，程占省 . 2001. 烤烟上部叶采收与烘烤技术［J］. 河南农业科学（10）：18.
王浩雅，孙力，简彬 . 2010. 海拔高度对烤烟品质影响的研究进展［J］. 云南大学学报：自然科学版，32（S1）：222-226.
王健强，张立新，王进录，等 . 2011. 中国烤烟主栽品种在陕南烟区的农艺适应性和品质差异研究［J］. 中国烟草科学，32（1）：39-42.
王军，高远峰，王闯 . 2008. 叶成熟度与烟叶品质的关系探讨［J］. 河北农业科学，12（6）：16-18.
王亮，秦玉波，于阁杰，等 . 2008. 新型缓控释肥的研究现状及展望［J］. 吉林农业科学，33（4）：38-42.
王能如，李章海，徐增汉，等 . 2005. 烘烤过程中烤烟上部叶片厚度及解剖结构的变化［J］. 烟草科技（9）：29-31.
王瑞新 . 2003. 烟草化学［M］. 北京：中国农业出版社.
王少先 . 2009. 烤烟专用缓释肥研制及作用机理研究［D］.［博士论文］. 湖南：湖南农业大学.
王绍坤，罗华元，王玉，等 . 2011. 不同烤烟品种主要挥发性香气物质含量的比较与分析［J］. 中国烟草科学（4）：10-13.
王同朝 . 刘作新，高致明 . 等 . 2002. 分期追施钾肥对烤烟生长和品质的影响［J］. 河南农业大学学报，36（4）：348-351.

王彦亭 . 2010. 中国烟草种植区划［M］. 北京：科学出版社.
王元英，周健 . 1995. 中美主要烟草品种亲源分析与烟草育种［J］. 中国烟草学报，2（3）：11-22.
王月祥，赵贵哲，刘亚青，等 . 2008. 缓/控释肥料的研究现状及进展［J］. 化工中间体（11）：5-11.
韦凤杰，苏新宏，王宏超 . 2016. 烟草工程化育苗理论与技术［M］. 北京：中国农业出版社.
韦凤杰 . 2006. 饼肥对烤烟质体色素变化和品质形成的影响及其生理机制［D］. 郑州：河南农业大学.
冼可法，朱忠，尚希勇 . 2008. 中上部不同成熟度烤烟烟叶与主要化学成分和香味物质组成关系的研究［J］. 中国烟草学报，14（1）：6-12.
向慧慧，李小青，罗真华，等 . 2013. 不同氮肥水平及氮钾配比对烤烟化学品质的影响［J］. 中国农学通报，29（13）：158-162.
徐安传，胡巍耀，李佛琳，等 . 2011. 中国烤烟种植品种现状分析与展望［J］. 云南农大学报，26（S2）：104-109.
徐建平，胡选彪，朱颖勋，等 . 2006. 不同采收方法对烤烟上部叶烘烤质量及烤烟产量的影响［J］. 安徽农业科学，34（8）：1609-1610.
徐秀成 . 2002. 21 世纪化肥展望［J］. 磷肥与复肥，17（5）：1-5.
徐增汉，王能如，刘领，等 . 2007. 烘烤工艺、成熟度和取样方式对烤后烟叶多酚的影响［J］. 湖北农业科学，46（4）：587-589.
徐增汉，王能如，王东胜，等 . 2003. 半晾半烤法提高烤烟上部叶可用性的研究［J］. 浙江农业科学（5）：259-261.
徐增汉，王能如，夏炳乐，等 . 2003. 半晾半烤法调制烤烟品种 K326 上部叶的研究［J］. 湖北农业科学（3）：81-82.
徐增汉，王能如，徐兴阳 . 1998. 乙烯利对烤烟上部叶烘烤特性的影响［J］. 现代化农业（8）：8-10.
许东亚，焦恒哲，孙军伟，等 . 2015. 云南大理红大产区土壤理化性状与烟叶质量的关系［J］. 土壤通报（6）：1373-1379.
许美玲，刘慧慧 . 2016. 种质库保存的烟草种子活力和出苗率及其关系［J］. 云南农业大学学报（自然科学）（3）：469-477.
许自成，黄平俊，苏富强，等 . 2005. 不同采收方式对烤烟上部叶内在品质的影响［J］. 西北农林科技大学学报（自然科学版），33（11）：13-17.
宣晓泉，薄云川，徐如彦，等 . 2007. 不同成熟度烟叶中香味成分分析［J］. 中国农学通报，23（2）：98-102.
闫克玉 . 2002. 烟草化学［M］. 郑州：郑州大学出版社.
闫克玉 . 2003. 烟叶分级［M］. 北京：中国农业出版社.
阎克玉，李兴波，赵学亮，等 . 2000. 河南烤烟理化指标间的相关件研究［J］. 郑州轻工业学院学报（3）：20-24.
杨占伟，何跃兴，李名荣，等 . 2014. 不同移栽方式对烤烟生长发育及烟叶产质量的影响［J］. 江西农业学报，26（3）：50-53.
叶红朝，韦凤杰 . 2009. 汝阳烟叶标准化生产技术［M］. 郑州：中原农民出版社.
叶晓青，王行，张丹丹，等 . 2012. 不同采收成熟度对烟叶质量的影响［J］. 现代农业科技（4）：64-65.

易建华，彭新辉，邓小华，等 . 2010. 气候和土壤及其互作对湖南烤烟还原糖、烟碱和总氮含量的影响［J］. 生态学报，30（16）：4467-4475.
于海芹，焦芳婵，卢秀萍，等 . 2010. 7 个烤烟品种主要化学成分含量特点研究［J］. 浙江农业科学（5）：969-972.
于华堂 . 1996. 烟草原料的发展方向［J］. 烟草科技（6）：27-28.
于建军，庞天河，刘国顺，等 . 2006. 烤烟香气质与化学成分的相关和通径分析［J］. 中国农学通报，22（1）：71-73.
于经元，白书培，康仕芳 . 1999. 缓释化肥概况（上）［J］，化肥工业，26（5）：15-19.
于永靖，周树云 . 2012. 烤烟烟叶结构优化配套栽培技术研究［J］. 现代农业科技（6）：50-52.
袁汝红，张承明，杨卫花，等 . 2008. 上下部烟叶综合应用的研究初探［J］. 云南化工，35（5）：43-47.
詹金华，雷永和 . 2002. 三明烟区特色产业新举措［J］. 中国烟草科学，23（4）：27-29.
詹军，武圣江，贺帆，等 . 2011. 密集烘烤干筋期温湿度对上部烟叶外观质量和内在品质的影响［J］. 甘肃农业大学学报，46（6）：29-35.
张海伟，黄建，唐民，等 . 2014. 有机无机肥配施对烤烟生长及产质量的影响［J］. 江西农业学报，26（1）：110-113.
张辉，李群萍，叶红朝，等 . 2008. 国内自育烤烟品种在河南的适应性研究［J］. 河南农业科学（8）：49-51，126.
张金霖，陈建军，吕永华，等 . 2010. 早花烤烟氮、磷、钾吸收规律研究初报［J］. 中国农学通报，26（24）：115-119.
张树堂，杨雪彪，王亚辉，等 . 2005. 不同成熟度烤烟鲜烟叶的组织结构比较［J］. 烟草科技（1）：38-40.
张树堂，杨雪彪 . 2006. 采收成熟度对烤烟亚硝胺和烟叶品质的影响［J］. 西南农业学报，19（6）：1019-1022.
张雪芹 . 2008. 缓释钾肥钾素养分释放特性及其施用效果［D］. 长沙：湖南农业大学.
张永安，周冀衡，黄义德，等 . 2004. 我国上部烟叶可用性偏低的原因分析及改善措施［J］. 安徽农业科学，32（4）：783-785，788.
章启发，陈刚，刘光亮，等 . 1999. 施肥技术对上部烟叶使用价值的影响［J］. 中国烟草科学（4）：16-18.
赵进恒，赵铭钦，韩富根，等 . 2010. 水肥耦合对烤烟质体色素及其降解产物的影响［J］. 华北农学报，25（2）：216-220.
赵铭钦，苏长涛，姬小明，等 . 2008. 不同成熟度对烤后烟叶物理性状、化学成分和中性香气成分的影响［J］. 华北农学报，23（3）：146-150.
赵兴，刘卫群，张维理，等 . 2003. 中国烟草平衡施肥技术研究现状与展望［J］. 中国烟草学报（8）：46-48.
赵元宽，陈江华 . 2000. 中烟与菲·莫技术合作开发优质烟叶的收获与体会［J］. 烟草科技（7）：34-37.
郑圣先，肖剑，易国英 . 2006. 旱地土壤条件下包膜控释肥料养分释放的实验与数学模拟［J］. 磷肥与复肥，21（2）：16-21.
周冀衡，王勇，肖志新，等 . 2007. 不同成熟度对烤烟烟叶品质和安全性指标的影响［J］. 中国烟草科学，28（3）：26-29.
周冀衡，朱小平，王彦亭，等 . 1996. 烟草生理与生物化学［M］. 合肥：中国科学技术大学出版社.
周金仙 . 2005. 不同生态条件下烟草品种产量与品质的变化［J］. 烟草科技（9）：32-35.
周淼，沈宏，李志涛，等 . 2002. 环切对烤烟上部叶烟碱含量及品质的影响［J］. 西南农业大学学报，24（2）：131-134.
朱忠，冼可法，杨军 . 2002. 烟叶成熟度与其化学成分的相关性研究进展［J］. 烟草科技（8）：25-29.
朱尊权 . 1998. 当前制约两烟质量提高的关键因素［J］. 烟草科技（4）：3-4.
朱尊权 . 2000. 烟叶的可用性与卷烟的安全性［J］. 烟草科技（8）：3-6.
朱尊权 . 2007. 重点品牌的原料保障：论政策及农、商、工交接收购方式的创新［J］. 烟草科技，（11）：5-7.
朱尊权 . 2010. 提高上部烟叶可用性是促"卷烟上水平"的重要措施［J］. 烟草科技（6）：5-9.
邹洪涛，虞娜，张玉龙 . 2006. PVA 包膜缓释肥料在旱稻上施用效果［J］. 沈阳农业大学学报，37（2）：191-194.
左天觉，朱尊权 . 1993. 烟草的生产、生理和生物化学［M］. 上海：上海远东出版社.